中国地质调查“1212011121092”项目资助

新疆北部晚古生代大规模岩浆作用与成矿耦合关系研究

李文渊 等 著

科学出版社
北 京

内 容 简 介

本书为中国地质调查局“新疆北部晚古生代大规模岩浆作用与成矿耦合关系研究”项目成果。本书系统阐述了新疆北部晚古生代岩浆作用特征、与岩浆作用有关的成矿作用，并对新疆北部晚古生代构造-地貌特征及演化进行了分析，重点以新疆北部晚古生代（特别是石炭纪—二叠纪）内生金属矿床集中巨量爆发为切入点，深入探讨了其深部动力学机制。创新性地提出新疆北部晚古生代板块构造与地幔柱活动两种构造体制并存叠加岩浆成矿作用的动力学概念模型，板块构造与地幔柱活动在时间上的叠加和空间上的并存，造就了新疆北部晚古生代的成矿大爆发以及成矿类型上的时空变化。

本书可为在新疆北部从事基础地质研究和矿产勘查的人员提供参考。

图书在版编目(CIP)数据

新疆北部晚古生代大规模岩浆作用与成矿耦合关系研究／李文渊等著．—北京：科学出版社，2019．12

ISBN 978-7-03-062689-9

Ⅰ．①新… Ⅱ．①李… Ⅲ．①晚古生代-岩浆作用-关系-成矿作用-岩浆-新疆 Ⅳ．①P588．11 ②P617．245

中国版本图书馆 CIP 数据核字（2019）第 233781 号

责任编辑：王 运 陈姣姣／责任校对：张小霞
责任印制：吴兆东／封面设计：图阅盛世

科学出版社 出版
北京东黄城根北街 16 号
邮政编码：100717
http://www.sciencep.com
北京虎彩文化传播有限公司 印刷
科学出版社发行 各地新华书店经销
*
2019 年 12 月第 一 版 开本：787×1092 1/16
2019 年 12 月第一次印刷 印张：21
字数：500 000

定价：198.00 元

（如有印装质量问题，我社负责调换）

本书作者名单

李文渊　张照伟　张江伟　王亚磊

张铭杰　杨兴科　牛耀龄　胡沛青

高永宝　李　侃　钱　兵　刘月高

尤敏鑫　孙文礼

序

新疆北部包括阿尔泰造山带、东准噶尔造山带、西准噶尔造山带和天山造山带，为中亚巨型复合造山系的中国新疆境内部分。大地构造位置恰处于哈萨克斯坦、西伯利亚和塔里木三个古板块交汇复合部位，先后经历了元古宙大陆裂解，早古生代洋盆扩张、晚古生代板块增生边缘的地壳伸展及中生代板内演化过程。新疆北部存在多阶段大规模成矿作用，巨量镍、铁、铜、铅锌等多金属的聚集，使该区成为国家新的资源接替基地，尤其在晚古生代石炭纪—二叠纪，具有成矿作用“集中爆发”特性，在全球范围内都具有一定的独特性。

我国众多研究者对新疆北部开展了多轮地质调查和科技攻关，并取得了重要的勘查及研究进展。《新疆北部晚古生代大规模岩浆作用与成矿耦合关系研究》专著是李文渊同志及一批科技人员集体劳动的结晶。该专著以翔实的资料、新颖的观点，系统论述了新疆北部古生代地层、岩浆岩的时空结构、地球化学特征、构造演化特点，以晚石炭世—二叠纪“集中爆发”的大规模岩浆作用和成矿作用为切入点，全面阐述了新疆北部晚古生代岩浆成矿作用的时空格架、主要特征、矿床类型、成矿过程及构造背景等内容，深入探索了导致晚古生代岩浆矿床“集中爆发”的深部动力学机制。

该专著主要有三大鲜明特点：一是基础资料扎实，学术观点新颖。作者立足新疆北部地区，放眼古亚洲洋演化及塔里木地幔柱，通过对新疆北部古生代区域构造演化的深入研究，特别是对古生代各种岩石类型及与之相关的矿床时空分布规律的系统总结，提出新疆北部在晚古生代石炭纪—二叠纪存在大规模岩浆作用和成矿作用的“集中爆发”是区别于其他地质时期的典型特征。二是将板块构造与地幔柱作用紧密联系，创新性地提出了新疆北部晚古生代石炭纪—二叠纪板块构造与地幔柱两种构造体制并存及转换是导致大规模岩浆矿床形成最主要的深部动力学机制。以与镁铁-超镁铁岩有关的铜镍硫化物矿床、与中酸性侵入岩有关的斑岩型（夕卡岩型）铜（钼）矿床以及与中基性火山岩有关的喷溢型磁铁矿床和块状硫化物矿床为重点研究对象，通过开展构造地质学、岩石学、矿物学、地球化学、稀有气体同位素地球化学等研究工作，将成矿作用放在古亚洲洋演化和塔里木地幔柱演化的框架之下，揭示岩浆矿床集中形成与动力学过程的耦合关系和成因联系。三是理论研究密切联系勘查实际，研究成果颇具实用性。作者在创新理论认识的基础上，着力向区域矿产勘查评价延伸，进一步提出了下一步的找矿方向和找矿标志，成功地应用于勘查实践，有效支撑了区域矿产勘查，在此基础上，获得了新疆“358”地质找矿项目优秀成果二等奖。

《新疆北部晚古生代大规模岩浆作用与成矿耦合关系研究》这部专著，是中国地质调查局西安地质调查中心、长安大学、兰州大学三家单位通力合作的成果，是“产、学、研”结合、理论与实践结合的典范。它既有对前人成果的继承，又有新的发展，不乏创新的思维和成果。它的出版，将对新疆北部岩浆矿床的找矿勘查和研究有重要的指导和借鉴意义，也必将为进一步丰富地幔柱、板块构造与成矿研究做出新的贡献。

2019 年 3 月

前　　言

《新疆北部晚古生代大规模岩浆作用与成矿耦合关系研究》是中国地质调查局科技外事部下达的研究项目“新疆北部晚古生代大规模岩浆作用与成矿耦合关系研究”的研究成果反映。项目隶属于“中国北方古生代以来重要地质事件与成矿作用关系”计划，项目编号为1212011121092，研究起止年限为2011年1月至2013年12月，性质为科学研究。

项目总体目标任务是：在充分收集、分析新疆北部晚古生代地质-构造-岩浆作用与成矿作用前人研究成果的基础上，应用板块构造、地幔柱和现代成矿理论，进行岩浆岩岩石学、地球化学和区域成矿学研究，探索新疆北部晚古生代镁铁-超镁铁岩与岩浆铜镍（铂族元素）矿床、中酸性侵入岩与斑岩型（夕卡岩型）铜（钼）矿床以及火山岩与喷溢型磁铁矿床和块状硫化物矿床的成生关系，系统总结新疆北部晚古生代大规模岩浆作用与成矿的耦合关系。

研究区地处西伯利亚克拉通以南、塔里木克拉通以北的中国新疆。

此次研究以新疆北部晚古生代区域地质-构造演化-岩浆作用-成矿表现为主线，梳理新疆北部晚古生代岩浆作用时空格架，分析板块构造与地幔柱两种构造体制并存及转换中深部岩浆过程与成矿的关系，综合建立新疆北部晚古生代构造-岩浆作用-成矿的概念模型，支撑服务区域找矿实现新突破。

研究紧紧围绕新疆北部晚古生代镁铁-超镁铁岩与岩浆铜镍矿床、中酸性侵入岩与斑岩型（夕卡岩型）铜（钼）矿床以及火山岩与喷溢型磁铁矿床和块状硫化物矿床的主题开展工作，以地球系统科学理论方法为指导，采用野外与室内、宏观与微观、理论与实践相结合原则及构造地质学、岩石学、矿物学、地球化学、稀有气体同位素地球化学等多学科相互配合综合研究方法进行工作。本书共分六章，各章内容简介如下：

第一章概述，主要介绍新疆北部晚古生代岩浆作用与成矿的研究程度和取得的主要进展与成果，由张照伟撰写完成。第二章新疆北部晚古生代岩浆作用，重点梳理新疆北部晚古生代岩浆作用时空格架，分析构造-岩浆作用与成矿的关系，主要由张江伟、张铭杰、牛耀龄、胡沛青、孙文礼撰写完成。第三章新疆北部晚古生代与岩浆作用有关的矿床类型及成矿作用，重点介绍新疆北部晚古生代与岩浆作用有关的三类矿床及其岩浆成矿过程，主要由王亚磊、张照伟、张江伟、尤敏鑫、李侃撰写完成。第四章新疆北部晚古生代构造-地貌恢复，重点介绍构造与岩浆作用的关系，并讨论构造对成矿的影响，主要由尤敏鑫、杨兴科、钱兵、刘月高撰写完成。第五章新疆北部晚古生代构造-岩浆-成矿动力学讨论，重点阐述新疆北部晚古生代板块构造与地幔柱两种构造体制并存叠加及转换的岩浆成矿作用特点，并建立了岩浆动力学与成矿作用概念模型，主要由张照伟、李文渊、张江伟、王亚磊、刘月高撰写完成。第六章结语，主要由李文渊、张照伟撰写完成。

全书最终由李文渊和张照伟修改、整理、定稿。

本书编撰过程中，得到中国地质调查局科技外事部、资源评价部、总工室领导及西安地质调查中心领导的大力支持和热情帮助，在此一并表示由衷的感谢。

由于作者水平所限，书中疏漏之处在所难免，敬请读者批评指正。

目　　录

第一章 概 述

第一节 研究范围、交通及自然地理

新疆北部系指新疆中塔里木盆地以北地区，包括阿尔泰山、东准噶尔和西准噶尔低山丘陵、准噶尔盆地、天山等，属于中亚地区巨型盆岭地貌格局的重要组成部分。研究区位于中国西北部，总体属于温带干旱、半干旱大陆性气候，全年降水量为150～200mm，全年无霜期为140～185天。研究区主要地貌类型为山系和盆地，两者相间分布。区内地势高差大，最高处的托木尔峰海拔7443m，最低处吐鲁番盆地的艾丁湖海拔约155m。主要山系有天山山脉、阿尔泰造山带等，海拔500～5000m，盆地主要为准噶尔盆地。地形或是沙漠戈壁，或是高山峻岭，部分地区终年为冰雪覆盖。野外地质工作条件恶劣。

研究区经济以农牧业、矿业、工业为主，交通以铁路和公路为主。铁路主要包括陇海线、兰新线、包兰线、宝成线等；主干公路包括国道12条，局部地段已建成高速公路，大部分山区交通不便。

第二节 新疆北部岩浆成矿作用研究程度

地幔柱假说的兴起和发展，丰富完善了板块构造理论，并成功解释了一些通常板块构造不能解释的地质问题。地幔柱已不仅仅是假说，而是实实在在的构造理论，连同板块构造一起，极大地推动了地学的快速发展。热点、地幔柱、大火成岩省是三个不同的概念，并具有其独自的解释和意义。地幔柱活动可间歇性地形成多个大火成岩省，每个大火成岩省都有其完整的岩浆活动，但并不是每个大火成岩省都成矿，成矿的大火成岩省有其典型的成矿系统。相对而言，地球深部的运动是缓慢的或者说是静止的，但以板块为主要单元的地球表壳却是运动的。换言之，地幔柱可以不动，而地幔柱上方的板块却是在不停运动的。来自深部的地幔物质与表壳不同的物质组分发生交换，形成了不同的岩石和矿床。将地幔柱与板块构造联系起来，搭建同一时空域，岩浆活动与成矿作用、地球深部与表壳物质相联系，地幔柱深部过程与成矿作用研究则成为当前地学研究的最前沿和主要研究内容。

一、新疆北部研究历史及主要进展

近20年来，有关新疆北部地区古生代地质演化历史重建的论述很多，提出了许多观点。李春昱等（1982）通过地质、古地磁和古生物资料的综合研究，认为构成新疆的地质体在古生代期间分属于塔里木–中朝、哈萨克斯坦和西伯利亚三个板块，它们彼此之间为大洋分隔；黄汲清等（1994）把新疆划分为四个板块三个缝合带，概括为“手风琴式运动”；Sengör 等（1993）认为新疆及其邻区是古复杂陆缘区的一部分，提出弧岩浆前锋概念并运用其划分了该区古构造单元。Coleman（1989）从地体角度研究了天山构造，提出了天山是许多地体拼贴而成的造山带。高长林等（1995）通过主要蛇绿混杂岩带的研究提出了天山地质演化为板块构造的传输带式板块拼贴模式。何国琦等（1995）从建造分析和变形体制入手，将板块构造模式具体化为发生在古陆缘的不同类型地壳的交替，提出了新疆地壳发展的五阶段模式，即基底陆壳—拉张型过渡壳—洋壳—汇聚型过渡壳—新陆壳阶段。国家 305 项目研究成果认为，新疆北部地区在中、新元古代经历了全球新元古代罗迪尼亚（Rodinia）超大陆汇聚和裂解的历史，天山古洋盆是古亚洲洋的组成部分，它形成于南华纪始的古陆裂解，在经历了震旦纪至石炭纪复杂的洋陆转化过程之后，在石炭纪中期相继关闭，至此新疆大陆地壳基本形成（肖序常等，2010）。于古生代晚期，即石炭纪晚期至二叠纪，包括天山造山带在内的新疆北部地区又经历了极为强烈的大规模岩浆活动和成矿作用，此后，天山造山带开始了真正意义上的地壳陆内演化过程。以上诸多观点被前人概括为“异地大洋收缩论”“原地小洋开合论”“复杂陆缘增生论”“陆内演化论”“地体拼贴论”“地壳发展阶段论”“复杂洋陆转换论”七种观点。

夏林圻等（2004）提出新疆古生代洋盆于早石炭世早期最终闭合，以后转入板内伸展阶段。李永军等（2009）认为新疆古生代洋盆于早石炭世末期闭合，以后进入板内演化阶段。有关天山古生代洋盆最后闭合的时限，目前在我国地质界比较流行的一种认识是石炭纪中期（肖序常等，2001）。其主要证据是来自天山及其邻区不同蛇绿岩残片所含硅质岩中放射虫化石所指示的蛇绿岩最晚形成时代信息。如东准噶尔卡拉麦里蛇绿岩带硅质岩中曾发现有晚泥盆世—早石炭世放射虫化石，北天山巴音沟蛇绿岩带硅质岩中曾发现有晚泥盆世—早石炭世放射虫化石（肖序常等，1992），南天山库勒湖蛇绿岩的硅质岩块中曾发现有晚泥盆世—早石炭世放射虫化石（高俊等，1995）等。但是，放射虫化石所给出的时代信息只是一个从晚泥盆世到早石炭世的年龄区间，究竟是晚泥盆世还是早石炭世，仅凭放射虫化石本身还无法确定。

1∶5 万巴斯克阔彦德幅区域地质调查（新疆地质调查院 2003 年内部资料）已发现东准噶尔卡拉麦里蛇绿岩为上泥盆统克拉安库都组不整合覆盖；龙灵利等（2006）测得南天山库勒湖蛇绿岩玄武岩岩块中锆石的微区 SHRIMP U-Pb 年龄为 425±8Ma；库勒湖蛇绿岩的辉长岩块中锆石的 LA-ICP-MS U-Pb 年龄为 417.7±8.7Ma（夏林圻等未发表数据，2005）。这些数据表明，这两个地区的蛇绿岩所记录的洋盆形成时限应远早于晚泥盆世。同样，东、西准噶尔其他地区蛇绿岩所记录的洋盆形成时限远早于晚泥盆世。如西准噶尔中部达拉布特蛇绿岩的辉长辉绿岩中锆石的 LA-ICP-MS U-Pb 年龄为 398±10Ma（相当于早泥盆世，夏林圻等未发表数据，2005）；唐巴勒蛇绿岩组合下部斜长花岗岩和浅色辉长岩中斜长石和榍石的 Pb-Pb 年龄为 508～523Ma（相当于早-中寒武世）（Kwon et al., 1989；肖序常，1990）；阿尔曼太蛇绿岩组合中侵入辉长-辉绿岩的斜长花岗岩的锆石 SHRIMP U-Pb 年龄值为 503±7Ma（相当于中寒武世）（肖文交等，2006a）。

此外，若根据天山及其邻区已发现的伴生有高压变质岩石（蓝闪石片岩+榴辉岩）的蛇绿混杂岩带（或称作“古海沟俯冲杂岩带”）所记录时代信息判断，可以发现天山及邻区古生代洋盆（相当于古亚洲洋）的消减闭合时代亦应早于早石炭世。例如，伊犁-中天山微陆块北缘的干沟-乌斯特沟蛇绿混杂岩被含笔石化石的下志留统不整合覆盖，表明其形成时代应早于志留纪；西准噶尔南缘唐巴勒蛇绿混杂岩中蓝闪石的^{40}Ar-^{39}Ar坪年龄为458~470Ma（相当于早-中奥陶世）（张立飞，1997）。

（一）天山古生代火山作用形成的构造环境

迄今为止，对天山造山带中各古生代构造-岩浆岩带（伊犁构造-岩浆岩带、北天山依连哈比尔尕构造-岩浆岩带、东天山博格达-哈尔里克构造-岩浆岩带、东天山觉罗塔格构造-岩浆岩带和南天山哈尔克山-库米什-霍拉山-额尔宾山构造-岩浆岩带）的分布、时代、岩石组合、岩石地球化学、构造属性等均进行了不同程度的研究，积累了大量资料，但对它们形成地质环境的认识尚有分歧。如北天山依连哈比尔尕（巴音沟）构造岩浆岩带有晚古生代早-中期洋壳板片（肖序常等，1992）、晚古生代裂陷槽（王广瑞，1996）、泥盆纪—石炭纪火山型被动陆缘（何国琦等，1994）等不同认识；博格达构造-岩浆岩带有晚古生代岛弧带（张良臣等，1991）、晚古生代裂陷槽（肖序常等，1992）、石炭纪拗拉谷（何国琦等，1994）等不同认识；哈尔里克构造-岩浆岩带有早古生代弧前盆地（张良臣等，1991）、晚古生代裂陷槽（肖序常等，1992）、晚古生代岛弧带（何国琦等，1994）等不同意见；觉罗塔格构造-岩浆岩带有晚古生代弧后盆地（张良臣等，1991）、晚古生代裂陷槽（肖序常等，1992）、晚古生代岛弧带、石炭纪火山岩型被动陆缘（何国琦等，1994）等不同见解；南天山（哈尔克山-库米什-霍拉山-额尔宾山）构造带有晚古生代弧前盆地（张良臣等，1991）、早-中古生代活动大陆边缘（肖序常等，1992）、弧后盆地、志留纪—泥盆纪非火山岩型被动陆缘（何国琦等，1994）等不同意见。

其中特别是博格达、觉罗塔格两个石炭纪—二叠纪构造-岩浆岩带，由于许多大型矿床产于其中，多年来也一直是新疆北部地区地质矿产研究的重点地区。应当指出，对于天山二叠纪火山岩，一般都认为是形成于陆内环境，但是，对于天山石炭纪火山岩系的产出环境，却一直有着不同的认识。一部分人认为全是岛弧火山岩系（赵振华等，2003）。另一部分人则曾分别提出：天山西段产于伊犁微克拉通之上的石炭纪火山岩盆地发育于大陆裂谷环境（肖序常等，1992；车自成等，1996）；天山中段在石炭纪时也应当是大陆裂谷环境（车自成等，1996，陈丹玲等，2001）；天山东段北部博格达地区则应当是石炭纪陆内裂谷（顾连兴等，2000a，2000b）或裂陷槽（肖序常等，1992）、拗拉谷（何国琦等，1994）；顾连兴等（2001）还进一步提出博格达石炭纪裂谷的形成与古亚洲洋在石炭纪时向东南准噶尔-吐鲁番-哈密地块斜向俯冲引起的弧后撕裂有关；天山东段南部觉罗塔格地区为石炭纪岛弧弧间盆地或石炭纪裂陷槽（肖序常等，1992，2001）。

前人对于天山石炭纪火山岩系形成环境的认识之所以出现分歧，主要是因为石炭纪火山岩系本身研究程度较低（夏林圻等，2002a，2002b，2004）。近年来的火山岩研究结果已经揭示：无论是天山西段或是天山中段还是天山东段，石炭纪火山岩系均具有大陆板内裂谷火山岩系的岩石地球化学属性，它们是古生代洋盆消失后，陆内环境下裂谷岩浆作用的产物。王方正等（2002）报道，他们在天山以北的准噶尔盆地腹地陆梁隆起区发现了具大陆裂谷特点的石炭纪双峰式火山岩系。

因此，许多重大基础地质问题，如对该区广泛发育的石炭纪（雅满苏组、柳树沟组、七角井组）—二叠纪双峰式火山岩、碱质-富碱质A型花岗岩和基性-超基性杂岩形成的地质背景及动力学机制、构造-岩浆作用与成矿的关系等重大问题的认识仍需要进一步深入研究。新疆北部近年来大量与岩浆作用有关的内生金属矿床的研究显示，其集中形成于晚古生代的石炭纪—二叠纪的显著特点，与整个古生代和中生代岩浆作用的发育明显不协调。石炭纪—二叠纪的成矿地质背景以及成矿的地质构造岩浆约束条件已成为关注的焦点。

（二）地幔柱成矿作用稀有气体示踪

流体组分由于活动性强，赋存在矿物岩石中的不同位置，并与捕获历史和流体来源密切相关，保存着不同演化过程的流体介质信息（Zhang M J et al., 2009）。大火成岩省矿物岩石中流体的可能来源一般有大气或饱和大气水（ASW）、地幔流体、地壳流体及矿物内后期放射性成因组分。各来源流体端元在C、H、O、S和稀有气体元素与同位素组成上具有自身独特的定量内涵，相互之间的差异很大，这种显著的差异是其他示踪体系所不具备的。另外，化学惰性的稀有气体同位素组成可示踪有关的物理过程而不涉及复杂的化学过程，核-幔边界赋存着地球形成时捕获的大量原始流体。因此，流体组分及稀有气体同位素组成在示踪地幔柱相关的深源物质、混染地壳组分和壳幔相互作用等方面具有灵敏而独特的作用（Burnard, 1997；张铭杰，2009）。

地幔柱与上地幔和地壳的稀有气体同位素组成有明显的差异（Trieloff, 2000）。地幔柱$^{3}He/^{4}He$值高于上地幔和地壳，为MORB值的2～5倍，大于8～8.5Ra，且变化较大；$^{20}Ne/^{22}Ne$值≥10.8，与上地幔或MORB值接近，但$^{21}Ne/^{22}Ne$值低于上地幔值，二者结合可以清楚地示踪地幔柱源区；$^{40}Ar/^{36}Ar$值在295.5～8000，一般明显低于上地幔或MORB值（Trieloff, 2000）。

地幔柱（大火成岩省）物质的主要特点之一是高He同位素比值，如西伯利亚大火成岩省橄榄霞石岩中橄榄石达12.7Ra的$^{3}He/^{4}He$值（Basu et al., 1995）、德干暗色岩套（68.5Ma）中辉石达13.9Ra的$^{3}He/^{4}He$值（Basu et al., 1993）、西格陵兰苦橄岩中橄榄石斑晶高达30.74Ra的$^{3}He/^{4}He$值、苏格兰大火成岩省中橄榄石斑晶高达22.1Ra的$^{3}He/^{4}He$值及Ethiopian的高Ti玄武岩中橄榄石达到19.6Ra的$^{3}He/^{4}He$值（Marty et al., 1996；Scarsi and Craig, 1996）揭示了地幔柱的存在。研究表明超镁铁质岩对稀有气体具有良好的保存能力，古老的、蚀变强烈的超镁铁质岩中仍然保存着地幔柱特征的稀有气体同位素组成。如加拿大安大略省的Abitibi古老绿岩带（2765±42Ma）的科马提岩的$^{3}He/^{4}He$值达到30.7Ra，为古老地幔柱的产物（Matsumoto et al., 2002）。稀有气体是研究用地球物理方法无法获得直接证据的古老地幔柱（如西伯利亚地幔柱）的重要方法和有效途径（Trieloff, 2000）。

另外，稀有气体同位素组成对地幔柱与岩石圈的相互作用具有明显的判识作用。Marty等（1996）、Scarsi和Craig（1996）利用Ethiopian的高Ti玄武岩$^{3}He/^{4}He$值在空间上的差异约束了该地幔柱的影响范围及地幔柱与岩石圈的相互作用区（$^{3}He/^{4}He$值小于8Ra），确定高Ti玄武岩由≤5%的下地幔端元组分、≥95%的亏损地幔端元组分以及富集地幔端元组分构成。

（三）天山及邻区石炭纪—早二叠世大火成岩省的研究

亚洲地区除了上述4个大火成岩省之外，天山及邻区石炭纪—早二叠世大火成岩省在21世纪初已被识别和正式提出（夏林圻等，2002a，2002b，2004；Xia et al.，2003，2004b），并已经开始引起国际地学界的重视。

夏林圻等通过“天山造山带岩浆作用研究”项目以恢复重建天山造山带古生代洋陆转换过程为主题，重点研究了与古生代大陆裂解-会聚、拼合和洋陆转换过程密切相关的岩浆作用事件（包括火山活动和浅-深层花岗质岩浆作用）、蛇绿岩组合和有关沉积作用特征等，以此重塑天山古生代岩浆演化历史，古构造环境及其地球动力学机制。首次提出和查明天山及其相邻地区广泛分布的石炭纪—早二叠世火山岩系为大陆裂谷火山岩系，它们与同时代产出的层状基性-超基性侵入体和花岗岩构成了一个大火成岩省，即天山（中亚）大火成岩省，其起源于地幔柱，可能是古特提斯拉伸裂解作用的深部地球动力学在中亚地区的地表响应。

（1）诸多证据表明天山及相邻地区的古生代洋盆（即古亚洲洋）在早石炭世时已经消减闭合。自早石炭世开始，整个天山造山带及其相邻地区又进入到了一个新的地质演化阶段，即“造山后陆内裂谷拉伸阶段”。

（2）天山及相邻地区的石炭纪—早二叠世裂谷火山岩系构成了一个大火成岩省，即天山（中亚）大火成岩省，它囊括了境内外天山造山带以及天山以北的准噶尔地区和天山以南塔里木板块的北缘，总体分布范围达$1.5\times10^6 km^2$。该火山岩系以玄武质熔岩为主（玄武质岩石占整个火山岩系的体积百分比大于80%），其次有中性和酸性熔岩及火山碎屑岩。

（3）根据岩石地球化学研究，天山（中亚）大火成岩省的玄武质熔岩可以被分为高Ti/Y（HT）和低Ti/Y（LT）两个主要岩浆类型。HT类型，以高Ti/Y（>500）、高Ce/Y（>3）和相对低Nb/Zr（<0.11）、低$\varepsilon_{Nd}(t)$为特征；LT类型，以低Ti/Y（<500）为特征。LT熔岩又可以进一步分为LT1和LT2两个亚类：LT1熔岩以低Nb/Zr（<0.15）和高$\varepsilon_{Nd}(t)$（+3.1～+9.7）为特征；LT2熔岩以较高的Nb/Zr值（>0.16）和较低的$\varepsilon_{Nd}(t)$值（-2.91～-0.98）为特征。

（4）元素和同位素数据表明，HT和LT熔岩的化学变异不是由一个共同母岩浆的结晶分异作用产生。它们极有可能是源于一种似洋岛玄武岩源的地幔柱源，天山（中亚）石炭纪—早二叠世大火成岩省地幔柱头组分的成分为：$^{87}Sr/^{86}Sr(t)\approx0.7045$，$\varepsilon_{Nd}(t)\approx+4$，$^{206}Pb/^{204}Pb(t)\approx18.35$，$^{207}Pb/^{204}Pb(t)\approx15.66$，$^{208}Pb/^{204}Pb(t)\approx38.25$，La/Nb≈0.7。不同的岩浆类型具有不同的熔融条件，并经受了不同的分异和混染。以碱性熔岩为主的HT熔岩是产生于地幔柱较深层位石榴子石稳定区的低度部分熔融，其化学变异受控于单斜辉石（Cpx）[±橄榄石（Ol）]分离作用。相反，LT类型的母岩浆则是产生于地幔柱较浅层位的尖晶石-石榴子石过渡带：碱性LT2亚类的母岩浆产生于部分熔融程度较低的条件下；而以拉斑玄武质为主的LT1亚类的母岩浆则产生于部分熔融程度较高的条件下。LT熔岩经受了浅层位辉长岩质[斜长石（Plag）+单斜辉石（Cpx）±橄榄石（Ol）]分离作用，化学变异较大。HT和LT岩浆的岩石成因又进一步为地壳和岩石圈地幔的混染作用所复杂化。

(5) 研究揭示，天山（中亚）大火成岩省的火山岩存在空间上的岩石地球化学变化。LT1 亚类以拉斑玄武质为主的熔岩主要分布于天山（中亚）大火成岩省中部（指天山中-东段和准噶尔地区），该岩浆类型代表了天山裂谷火山作用的主相，该处火山岩系的厚度最大，岩石圈较薄，可能是地幔柱或地幔熔融异常的中心位置。向西，至位于天山（中亚）大火成岩省边缘的天山西段和塔里木西北缘，火山岩系厚度较小，岩石圈较厚，其熔岩分别由以碱性玄武岩为主的 HT 熔岩和碱性 LT2 熔岩组成。相比而言，LT1 熔岩具有较高的 $\varepsilon_{Nd}(t)$ 值（+3.1 ~ + 9.7）和较低的 Ce/Zr 值（0.09 ~ 0.34）；而 HT 和 LT2 熔岩，则显示相对较低的 $\varepsilon_{Nd}(t)$ 值（-0.98 ~2.91）和相对较高的 Ce/Zr 值（0.26 ~0.55）。这种从天山（中亚）大火成岩省中心向边缘的玄武岩化学成分上的空间变异，不仅反映了天山（中亚）大火成岩省岩浆形成时，从中心向边缘地幔中熔融柱的位置加深和部分熔融程度降低，而且也意味着从中心向边缘，受地幔柱活动的影响减弱。换句话说，这种岩浆类型在空间分布上的变化，很可能是受控于岩石圈厚度和地幔热结构在空间上的改变。LT1 熔岩是产生于地幔柱的轴部区，该处地幔温度较高，岩石圈较薄，部分熔融程度较高；相反，HT 和 LT2 熔岩是产生于地幔柱的边部，地幔温度较低，岩石圈较厚，部分熔融程度较低。

(6) 研究证明：①天山石炭纪裂谷酸性熔岩是玄武质岩浆分离结晶作用的产物；②由基性和酸性岩石组成的双峰式火山组合（中性岩石量少或缺失）主要喷发于天山中段和东段；产生从基性至酸性连续成分图谱的正常火山作用主要发生于天山西段。这种空间变异很可能受控于东-西天山地壳厚度和岩浆房冷却速率上的差异，即天山西段火山岩的母岩浆是在地壳较厚、岩浆房冷却速率较小的条件下，可能经受了充分的分离结晶作用；相反，天山中段和东段的双峰式火山岩套则是产生于地壳较薄和岩浆房冷却速率较大条件下的镁铁质岩浆分离结晶作用，冷却速率大、温度下降迅速，使得中性熔体形成时的温度间隔很窄，由此极大地降低了中性岩浆产生的数量。

(7) 已有研究提出，巴音沟蛇绿岩是天山早石炭世“红海型”洋盆的地质记录。

(8) 从造山带尺度而言，天山造山带及邻区从早石炭世至早二叠世发生的大规模裂谷化作用可能与下述机制有关，即古亚洲洋闭合-碰撞造山后，板块缝合带成为一个地壳增厚的地区，由于迅速上隆，增厚的陆下地幔根发生拆离和下沉，造成热的软流圈物质替代、上涌，发生部分熔融，从而导致强烈后造山岩浆活动，并在天山及相邻地区诱发产生石炭纪—二叠纪裂谷拉伸体系（简称“天山石炭纪—二叠纪裂谷系”）。这一时期除了大规模裂谷火山活动之外，还广泛发育同时代的花岗质岩浆和层状基性-超基性岩侵入活动，它们共同构成了天山（中亚）大火成岩省。

（四）新疆北部晚古生代与大火成岩省有关的矿床研究

新疆北部大火成岩省囊括天山造山带及其邻区，即除天山外还包括天山以北的准噶尔地区和天山以南塔里木板块的北缘。位于中国西北部的天山造山带是中亚巨型复合造山系的组成部分。它是夹持于北部西伯利亚板块和南部塔里木板块、华北板块（中朝板块）之间的古亚洲洋在形成、演化和消亡过程中伴随诸多陆块拼合、增生-俯冲-消减、碰撞造山的产物。在早石炭世早期，古生代洋盆已经闭合，板块缝合带成为一个地壳增厚的地区，由于迅速上隆，增厚的陆下地幔根发生拆离和下沉，热的软流圈物质替代、上涌，发生部分熔融，从而导致强烈后造山岩浆活动，并在天山及相邻地区诱发产生石炭纪—二叠纪裂谷拉伸体系。这一时期除了大规模裂谷火山活动之外，还广泛发育同时代的花岗质岩浆和层状基性-超基性岩侵入活动，它们共同构成了天山（中亚）大火成岩省（夏林圻等，2002a，2002b，2004；Xia et al.，2003，2004a）。

新疆北部大火成岩省所囊括的天山造山带、准噶尔地区和塔里木板块北缘的矿床研究工作均以西北地区区域地质及矿产勘查工作展开，1949 年前发展缓慢。中华人民共和国成立后随着国家对矿产资源的需求增加和重视，经过相关地质勘查部门近半个世纪的艰苦努力，截至 1999 年，区内矿产勘查工作已有长足发展，发现了一大批重要的能源和金属、非金属矿产。截至目前，中国地质调查局根据以往地质工作和大地质调查项目工作的进展和矿产资源的新发现，于天山成矿带、阿尔泰成矿带安排数个计划项目及工作项目，在该区内发现了一批典型的矿床。

西天山的阿吾拉勒火山岩型铁矿，位于天山造山带的中西段，北为伊赛克-伊犁陆块的婆罗科努古生代岛弧带，南属依什基里克晚古生代裂谷系。成矿上划归伊犁地块南缘（造山带）Cu、Ni、Au、Fe、Mn、Pb、Zn、白云母成矿带。与晚古生代岩浆作用有关的火山岩型铜、铁、金多金属矿产极多，包括火山-沉积型的查岗诺尔大型铁矿、式可布台中型铁（铜）矿、利源铁矿、智博冰川铁矿、欠哈布代克铅锌矿及备战次火山隐爆角砾岩-夕卡岩型中型铁矿、群吉火山热液型铜矿、特克斯金矿、尔戈带萨依金矿等，以及玉希莫勒盖达坂热液型铜（金）矿、旺江德克热液型银铜矿等。

东天山的土屋铜矿，位于康古尔大断裂北侧的哈萨克斯坦-准噶尔板块内的大南湖晚古生代岛弧带中段南缘，为康古尔-黄山韧性剪切带的北部边缘带。围岩为上石炭统企鹅山组火山-沉积岩系，岩性下部为中细粒砂岩夹沉凝灰岩，中部为玄武岩、安山岩夹火山角砾岩，上部为细（粉）砂岩、含砾长石岩屑粗砂岩夹凝灰岩。地层褶皱，呈一近东西向似箱状背斜，并遭韧性变形。成矿斑岩体是一个由早期闪长玢岩体和晚期斜长花岗斑岩体组成的复合岩体，呈近东西向长条状侵入似箱状背斜核部。岩体亦遭韧性变形和局部糜棱岩化，时代为海西晚期（早二叠世）。矿（化）带产于韧性剪切带边缘较弱变形的岩体旁侧。典型的如土屋、土屋东、延东、赤湖、灵龙、三岔口等斑岩型铜矿床。

东准噶尔的卡拉先格尔铜、金、铁、钴矿区，地处查尔斯克-乔夏哈拉缝合带与萨吾尔-二台-琼河坝古生代岛弧带的结合部，属于塔尔巴哈台-喀拉通克-琼河坝 Ni、Cu、Au、Mo、Fe、Co、Cr、Pb、Zn 成矿带的部分。选区构造上位于可可托海-二台大断裂以东。出露地层主要为一套泥盆系—石炭系的岛弧类型火山沉积建造。其中，下-中泥盆统为海相中基性火山岩夹碎屑沉积岩建造，下石炭统为浅海相正常沉积-火山碎屑岩建造。侵入岩有辉长岩、二长岩、石英闪长玢岩、花岗闪长岩、花岗岩等。区内已发现铁、铜、金、钴矿床（点）70 余处。铜矿以斑岩型为主，部分为热液型。铁矿主要为海相火山岩沉积类型的铜铁建造型。金矿主要为构造破碎蚀变岩型，部分与铁、铜矿产共生（含铜金磁铁矿型）。斑岩型铜矿较大的有哈腊苏铜矿（中-大型）、玉勒肯哈腊苏铜矿（小-中型）、卡拉先格尔铜矿（小型）等，成矿通常与晚石炭世花岗闪长斑岩密切相关；具规模的金矿有阿拉塔斯动力变质岩型金矿（中型）。较大的铁矿有托斯巴斯套（老山口）含铜金磁铁矿（小型）。

二、此次研究工作概述

目前对新疆北部的地质演化、构造环境、火山岩研究有了较多的资料积累，但分歧较大。本书立足于天山及其邻区石炭纪—二叠纪大火成岩省的创新认识，开展新疆北部晚古生代大规模岩浆作用与成矿耦合关系研究，对火山岩有关的喷溢磁铁矿床、中酸性侵入岩有关的斑岩型铜钼矿床、与镁铁-超镁铁岩有关的铜镍矿床进行重点攻关，通过岩相学、岩石学、岩石地球化学、同位素地质年代学等对区内典型矿床进行解剖并开展成矿模式研究；通过对地幔柱岩浆体系及成矿作用具良好示踪作用的稀有气体同位素组成研究，揭示成矿岩浆、成矿控制要素与地幔柱岩浆体系可能的内在联系；利用成矿岩浆不同演化过程留下的不同岩石结构、矿物组合以及一些特殊元素与同位素组成在空间上（特别是横穿接触带）的变化规律，从地幔柱岩浆演化系统探讨上述各种可能的过程，确定成矿控制因素，主要利用地质构造背景、重要岩浆作用发生和重要成矿作用事件响应这一主线，采取由点到面、以点代面和突出重点的研究方法，构建新疆北部晚古生代板块构造消减和地幔柱作用兴起相互交织的演化模型，证实和修订设想，形成有明确数据支撑的理论认识成果，从更大地质事件视角揭示中亚成矿域晚古生代重要成矿时期的构造-岩浆作用对成矿的控制作用。

（一）存在的关键科学问题

由新疆北部晚古生代大规模岩浆作用与成矿的国内外研究现状及最新研究发展趋势，联系新疆北部研究程度，我们认为仍存在以下两个主要科学问题。

1. 新疆北部晚古生代构造体制及地球动力学背景

以天山为中心的中亚地区石炭纪—早二叠世大规模裂谷火山事件的综合确定和提出（夏林圻等，2002a，2002b，2004；Xia et al.，2003，2004b），是亚洲区域火山岩研究的一项重大进展。初步估算，这套在古亚洲洋闭合之后发生的大规模裂谷火山事件的产物，即裂谷火山岩系的分布范围至少有150万km^2，连同与其同期侵位的层状基性-超基性岩和大范围花岗岩可以统称为“天山（中亚）大火成岩省”。该大规模裂谷火山事件似乎不应当简单地归为由于古亚洲洋闭合-碰撞造山-地壳增厚-岩石圈拆沉诱发软流圈上涌-减压熔融而产生的被动式碰撞后裂谷火山事件。它可能有着更为深刻的全球动力学背景。也就是说，石炭纪—二叠纪时在亚洲大陆，即劳亚大陆（Laurasia）之下是否存在一个具有全球尺度的地幔柱——超级地幔柱？是否是它的活动引发了大火成岩省事件和同时期的中亚大规模成矿事件（中亚地区已知许多大-超大型Cu、Fe、Au、Ni、V、Ti、Pb-Zn、稀土矿床均形成于石炭纪—二叠纪，如斑岩型铜金矿、铜铅锌矿、岩浆喷溢型铁矿、火山沉积型铅锌矿、火山热液型金矿等），并与“古特提斯”的裂解有着密不可分的关系？这是涉及亚洲大陆（乃至整个欧亚大陆）地质演化的重大地质问题。

新疆北部上述如此大规模火成岩的形成，具有什么样的地球动力学背景，归纳起来有四种主要的模式：第一种模式是伴随板块运动，早期俯冲板片的拆沉和晚期岩石圈的拆沉造成软流圈上涌，并由此引起地壳的伸展，形成大规模的花岗岩和玄武岩；第二种模式认为是陆内裂谷背景下的产物，代表了地块内部一次大的岩浆活动；第三种模式认为是伸展-转换构造引起的，这一构造模式是Jong等提出的，他们认为从二叠纪一直持续到三叠纪的同构造双峰式岩浆活动和地幔柱无关，这种伸展转换构造与相关的岩浆作用导致的地壳内热液活动是天山地区同位素体系重置的重要原因；第四种模式为地幔柱模式。

具体到新疆北部地区，石炭纪—二叠纪的大规模岩浆作用和成矿爆发，单从一种模式考虑似乎很难解释其形成过程，既有斑岩型铜矿、岩浆型铜镍矿、岩浆型钒钛磁铁矿，又有火山岩型磁铁矿等，且基本形成于晚古生代石炭纪—二叠纪。单独板块俯冲碰撞体制和单独地幔柱大火成岩省体制似乎难以形成如此巨量的金属富集与成矿，是否是板块俯冲和地幔柱并存机制，在两种机制并存的同时发生转换，随着板块俯冲体制的减弱，地幔柱体制加强，同时期形成大规模的岩浆作用和成矿。深入探讨岩浆作用的构造属性，喷出火山作用与侵入岩浆作用成生关系，以及板块构造体制向地幔柱体制转化的地质特征，必将揭示新疆北部晚古生代时期如此巨大规模的岩浆作用和金属富集与成矿的动力学机制和过程。

2. *新疆北部晚古生代构造-岩浆-成矿作用深部过程*

不同构造动力学体制影响下的岩浆作用对成矿作用是如何影响和制约的？并存或者转换期间具有哪些特色，在成矿方面又是如何表现的？

对于新疆北部及邻区广泛分布的石炭纪火山岩系的产出环境，一直有不同的认识，前人对于天山石炭纪火山岩系形成环境的认识出现分歧，主要还是石炭纪火山岩系本身研究程度较低所造成的。现有的资料表明，天山地区石炭纪（包括早二叠世）火山岩系长期以来并没有受到应有的重视，迄今为止，缺乏精确的定年数据，并且大部分火山岩系的喷发序列、相和旋回不清。以往绝大部分火山岩系的微量元素分析不是运用中子活化分析或ICP-MS测定，从而无法对比和利用，同时缺乏Sr、Nd同位素分析数据，Pb、O同位素地球化学研究基本上是空白。随着天山大规模石炭纪—早二叠世裂谷火山事件的确定和天山（中亚）大火成岩省的提出，相关研究工作才开始。

尽管如此，天山（中亚）大火成岩省内裂谷火山岩系的区域时空喷发序列，裂谷火山作用开始和结束时间的精确测定，各火山喷发幕的规模、特点和性质，以及与表层火山事件同期的深成侵位事件（层状基性-超基性岩、花岗岩）对于大火成岩省的贡献，与地壳、岩石圈地幔和软流圈地幔（地幔柱）等不同圈层在大火成岩省形成中的作用等问题还不是十分清楚。尤其是大火成岩省与大规模成矿作用的内在联系等重要问题还只是刚刚被涉及，其本质内涵尚未查明。单独地幔柱作用的大火成岩省，表现在层状基性-超基性岩、中-酸性岩、火山岩等的成矿上有什么联系，就目前研究程度还难以做出精确判断。

板块俯冲体制下的岩浆作用与成矿也是如此，具体的表现形式和特色与其他构造体制下的岩浆作用和成矿有什么不同？需要围绕构造-岩浆-成矿这一主线，解释新疆北部晚古生代主要成矿类型与相关岩浆作用的关联，探讨岩浆作用演化、分布与成矿作用谱系、产出的响应关系。以构造-岩浆-成矿作用互为印证的统一体系为出发点，通过恢复晚古生代的构造环境，认识不同性质岩浆岩和相关矿产的时空分布关系问题。

因此，有必要对新疆北部晚古生代大规模岩浆作用及其成矿地质背景开展进一步的深入系统的综合研究，发展、丰富和深化我们对亚洲大陆地质的认识，而本书正是以天山及其邻区石炭纪—二叠纪大火成岩省的创新认识和新疆北部晚古生代大规模岩浆作用与成矿的内在联系为出发点展开系统的研究工作。

（二）主要研究内容

新疆北部晚古生代大规模岩浆作用与成矿耦合关系研究，与制约找矿突破的关键因素密切结合，其主要研究内容包括以下几个方面。

1. 板块构造碰撞岩浆作用与地幔柱大火成岩省并存的空间配置关系及成矿系统

在充分收集分析研究新疆北部晚古生代地质构造、岩浆作用和成矿作用研究成果的基础上，运用板块构造理论、地幔柱理论和现代成矿理论，进行岩浆岩岩石学、地球化学和区域成矿学的研究，以板块俯冲碰撞体制和地幔柱大火成岩省体制的并存作为研究的关键点；综合分析前人研究成果，通过编制岩浆建造与矿产地质图，总结研究新疆北部晚古生代（特别是石炭纪—二叠纪）岩浆作用的类型、时限、范围、大地构造属性、成矿特点，综合建立新疆北部晚古生代（特别是石炭纪—二叠纪）构造-岩浆-成矿作用概念模型，建立新疆北部晚古生代（特别是石炭纪—二叠纪）构造背景-岩浆分布-矿产形成的动力学初步模型，并按不同成矿类型开展研究工作。

系统研究新疆北部晚古生代（特别是石炭纪—二叠纪）大规模岩浆作用与成矿关系，以构造-岩浆-成矿作用互为印证的统一体系为出发点，通过恢复晚古生代的构造环境，认识不同性质岩浆岩和相关矿产的时空分布与改造，探索构造-岩浆-成矿动力学模型。初步建立新疆北部晚古生代岩浆作用时空格架，理清板块俯冲岩浆作用和地幔柱大火成岩省岩浆作用的地质特点和成矿表现。

2. 构建镁铁-超镁铁岩成生演化与岩浆铜镍矿床形成机理

将镁铁-超镁铁质岩体及岩浆铜镍硫化物矿床置于岩浆作用时空格架中剖析研究，解决动力学机制和成矿过程。区内岩浆铜镍硫化物矿床形成于陆内拉张环境的早二叠世（278～298Ma），主要分布于准噶尔拼贴块体的南、北缝合带中，处于构造薄弱位置，也是汇聚后最易拉裂的位置。稍晚（278Ma）时北山裂谷形成了坡北和白石泉等矿化岩体。主要通过对喀拉通克、黄山、北山三个岩带的岩石、地球化学和成矿特征对比研究，探讨二叠纪幔源岩浆作用过程中，镁铁-超镁铁岩侵入体的岩浆来源、成因、演化和岩浆铜镍（铂族元素）成矿作用的关系。

新疆北部是中国岩浆铜镍硫化物矿床的重要产出地区之一，矿床主要形成于5个镁铁-超镁质侵入岩带中。分布于库鲁克塔格构造带的兴地岩带，形成于元古宙；西天山箐布拉克岩带，成矿岩体形成于早古生代，目前尚未查明其形成背景；目前研究较为详尽的是阿尔泰造山带喀拉通克岩带和天山造山带觉罗塔格构造带的黄山岩带，近年又发现了北山岩带，这三个岩带已知矿床均形成于早二叠世。黄山岩带呈东西向展布，位于觉罗塔格构造带中，长约270km，呈分段成群集中出现的特点，大小近20个岩体，近年图拉尔根矿床是最主要的发现。岩体侵位于中石炭统。岩体类型以中基性-超基性杂岩为主，属闪长岩-辉长苏长岩-辉石橄榄岩组合。黄山岩带的岩体与喀拉通克相比，贫碱，但镁质含量高于喀拉通克。黄山东岩体呈带状，角闪二辉橄榄岩为主要含矿岩相；角闪岩分布于岩体南北边缘。喀拉通克岩带，位于额尔齐斯断裂南侧，长约200km，宽10～20km，有8个镁铁-超镁铁侵入岩集中分布，仅位于中东部的喀拉通克区发现了工业矿体。喀拉通克共有9个岩体，仅Ⅰ、Ⅱ、Ⅲ号岩体中发现铜镍矿体。岩石类型为辉长岩类和闪长岩类，侵位于下石炭统南明水组。岩石基性程度低是显著特点，以钙碱性系列与其他铜镍岩体相区别。喀拉通克Ⅰ号岩体呈环带状，中心为黑云角闪橄榄苏长岩基性核，是主要的赋矿岩相；向内为黑云角闪苏长岩，岩体底部产有铜镍硫化物矿体；岩体顶部和周边为闪长岩和石英闪长岩；边缘为辉长辉绿岩，局部见铜镍硫化物矿体。喀拉通克Ⅰ号岩体基本为全岩矿化，主要为稀疏浸染状矿石，局部见稠密浸染状，深部有块状矿石，不同矿石类型中Cu、Ni含量变化较大。北山岩带坡十岩体锆石SHRIMP U-Pb年龄为278±2Ma。自南西而北东已发现坡十、坡一、罗中、红石山和笔架山矿化岩体。其中，坡十岩体进行深部钻探发现数条铜镍硫化物矿化体，镍品位为0.2%～0.9%，并发现铂族元素（PGE）富集体。

3. *构建火山岩成生演化与岩浆喷溢型磁铁矿矿床形成机理*

以新疆北部晚古生代岩浆作用时空格架为基础，将火山岩及矿浆喷溢型磁铁矿矿床置于岩浆作用时空格架中剖析研究，研究Fe金属富集机理和物质来源，探讨深部过程。以西天山阿吾拉勒一带查岗诺尔、智博，东天山雅满苏等磁铁矿矿床为重点，研究火山喷出作用的岩石组合、时空分布及其形成环境，探讨岩浆来源、成因及其演化过程与岩浆喷溢型磁铁矿矿床、VHMS矿床的关系。西天山既有与海相火山-次火山岩浆喷溢有关的磁铁矿，也有VHMS铜矿的形成，多形成于早石炭世（354Ma）（朱永峰等，2005）。西天山阿吾拉勒铁矿带有松湖、雾岭、查岗诺尔、智博、敦德、备战6个主要铁矿，已初步控制铁矿石资源储量约6.6亿t，预测资源量20亿t。区内出露地层主要为中石炭统则克台组，自下而上：①石英角斑岩和凝灰熔岩；②凝灰质千枚岩和角斑质凝灰岩，是铁铜矿主要赋矿层位；③细碧岩、角斑岩、凝灰岩、火山角斑岩、火山集块岩等，赋存矿浆喷溢型铁矿石。通过对备战、智博矿床进行详细的野外考察，认为其属于矿浆喷溢型铁矿，后期热液蚀变对矿化起到富集作用。它的形成类似于与科马提岩流有关的岩浆镍钴硫化物矿床。东天山雅满苏铁矿床位于觉罗塔格晚古生代裂陷槽内，赋矿地层为下石炭统雅满苏组，磁铁矿体产于火山喷发不整合面之上的石榴子石夕卡岩带中，属火山-次火山喷溢-热液叠加矿床。辉石安山玢岩Rb-Sr等时线年龄为374±44Ma，石榴子石夕卡岩Sm-Nd等时线年龄为352±47Ma，表明其成岩成矿作用发生于晚泥盆世—早石炭世（李华芹等，2004）。

4. *构建中酸性侵入岩类的成生演化与斑岩型铜钼矿床形成机理*

以新疆北部晚古生代大规模岩浆作用时空格架为根本，将中酸性侵入岩及斑岩型铜钼矿床置于岩浆作用时空格架中剖析研究，得出形成机制和地球动力学背景。以土屋—延东一带、包古图、哈腊苏等为重点，分析新疆北部晚古生代中酸性岩浆侵入作用的岩石组合、岩石系列、时空分布和构造属性，以探讨其与斑岩型（夕卡岩型）铜钼成矿作用的关系。斑岩型铜（钼）矿最为复杂，从泥盆纪末到早三叠世都有，东天山土屋、延东主要形成于早石炭世，西准噶尔包古图为晚石炭世，东准噶尔哈腊苏时间跨度较大，为泥盆纪末—早三叠世。这些斑岩型铜矿的赋矿岩石 $\varepsilon_{Nd}(t)$ 值大多是正值，反映了幔源物质来源的特点。西准噶尔包古图铜矿，区域出露一系列中酸性小岩体，编号为Ⅰ～Ⅹ号。Ⅴ号岩体探明为中型铜矿。以花岗闪长岩、石英闪长岩为主，围岩为下石炭统包古图组。东准噶尔玉勒肯哈腊苏铜矿床，铜矿化体产于斑状花岗岩、石英二长斑岩中，铜矿石主要为浸染状和细脉浸染状矿石，伴有绢云母化、硅化、绿泥石化、绿帘石化等中低温热液蚀变。哈腊苏地区的含矿中酸性岩体，测年数据显示为晚泥盆世到早三叠世，反映了该区复杂的成矿物质建造。

5. 地幔柱活动的识别与特征研究

综合以上研究成果，加强梳理分析地幔柱活动的相关证据和深部地球化学信息，以东天山及邻区的典型岩浆铜镍矿床为基础，借助岩浆熔融包裹体和稀有气体同位素组成与示踪研究，获取深部的下地幔端元信息和源区性质。配合区域地质学（地壳抬升和放射状基性岩墙群）、岩石学与地球物理（异常热地幔物质）、年代学与火山学（喷发速率）及地球化学（下地幔来源）等的综合研究，进一步证实地幔柱活动的证据。

地幔柱假设的提出、丰富、发展和不断完善，确实合理解释了一些用板块构造理论不能成功解释的地质问题和现象，但地幔柱深层次的活动证据还相对缺乏。说到地幔柱，首先想到大火成岩省，大火成岩省是在极短的时间（1～2Ma）内巨量岩浆活动的结果，其地球动力学机制可能与地幔柱活动有关。而地幔柱不同，持续时间可达上亿年（120Ma），其间有孕育期、潜伏期、喷发期及间歇期等，可导致若干个大火成岩省的形成。就新疆北部而言，大火成岩省和地幔柱也并不矛盾，假如地幔柱存在，可在新疆北部形成多个大火成岩省和大火成岩省的叠加。而我们研究的重点是从成矿的角度，探讨晚古生代大规模岩浆活动的地球动力学机制和成矿过程，伴随巨量的岩浆活动和成矿作用，构建构造-岩浆活动-成矿的地球动力学模型和形成机制，预测成矿有利部位，支撑区域找矿实践。

6. 构造-岩浆作用-成矿地球动力学模型研究

在已有研究及取得成果的基础上，进一步厘定、分析、研究、综合各类数据和信息，初步建立新疆北部晚古生代构造-岩浆作用-成矿的地球动力学模型。探讨大规模岩浆作用与成矿的关系，为国家找矿突破战略行动和新疆“358”项目部署提供基础依据和参考。

三、取得的主要研究进展与成果

（一）主要研究认识

新疆“三山夹两盆”的地貌特征，大体上反映了该区地壳的古构造及其演化，山脉主要由古陆缘及其碰撞带组成，盆地则为沉陷的古老陆块。新疆北部岩浆岩具有低 Sr 初始比值，且相对均一，正 $\varepsilon_{Nd}(t)$ 值，模式年龄小，类似 MORB 的 Pb 同位素组成的特点（韩宝福等，2006）。强烈壳幔相互作用标志广泛存在，如埃达克岩、富 Nb 玄武岩、高 Mg 安山岩、苦橄岩（陈毓川等，2004）、基性-超基性杂岩（王京彬等，2006）、大火山岩省（Xia et al.，2004a）及洋中脊俯冲现象（赵振华等，2006）。这些都为新疆北部内生金属矿床的集中产出奠定了物质基础与条件。

为什么奥陶纪—泥盆纪俯冲消减作用成矿作用不显著，到了石炭纪—二叠纪反而成了成矿的高峰期，特别是晚石炭世—早二叠世？对新疆北部，已有研究认为板块碰撞俯冲产生沟-弧-盆体系，发生大规模岩浆作用，形成斑岩型铜矿等矿床；同时还存在裂谷岩浆作用，形成岩浆铜镍硫化物矿床和氧化物钒钛磁铁矿矿床，可能是地幔柱作用的结果。不仅如此，研究者对新疆北部古亚洲洋闭合的时限也存在分歧，主要有三种认识：二叠纪/三叠纪闭合（肖文交等，2006b）；晚石炭世—早二叠世闭合（李锦轶等，2006a），更倾向于晚石炭世；泥盆纪末闭合（夏林圻等，2004），上泥盆统顶不整合是主要证据。依据石炭纪火山的分布、性质和火山岩 $\varepsilon_{\mathrm{Nd}}(t)$ 正值的特点，提出天山及邻区石炭纪—早二叠世大火成岩省的认识（Xia et al.，2004b）。Pirajno 等（2008）支持这一认识，但倾向于二叠纪大火成岩省的发育，并提出了超地幔柱作用形成岩石圈底垫又发育地幔柱群的观点。

对新疆北部晚古生代岩浆活动与成矿作用而言，成群、集中、巨量及带状产出的特点是明显的。地幔柱活动是否为板块运动的驱动力尚无定论，但地幔柱作为全球构造的一级引擎是肯定的。尽管地幔柱还存在很大的争议，但深部的地幔物质或者熔融异常确实存在。地幔柱活动更多要表现为主动上涌，无论表壳的板块处于何等运动状态，只不过表壳的物质构成及运动方式的不同，会导致物质及能量交换的不同，重熔或部分熔融生成的物质也就不同。如果将深部地幔柱和浅部板块构造置于同一系统中研究，来自核幔边界的地幔物质视为相对静止，但地幔时刻活动，而表壳的板块始终处于相对运动状态，也就类似于太平洋地区的夏威夷火山岛链。

对新疆北部岩浆作用的成因为什么存在诸多分歧？板块俯冲碰撞产生斑岩型铜矿，地幔柱大火成岩省伴随岩浆铜镍矿和钒钛磁铁矿的巨量发育，又可进一步分为喷出系统和侵入系统。无论是以水平运动为主的板块俯冲碰撞，还是以垂直运动为主的地幔柱活动，都不能很好解释新疆北部晚古生代尤其是晚石炭世—早二叠世广泛的岩浆活动，在此之前和之后也均没有形成如此大规模的成矿作用。

综合研究分析提出了一种全新的叠加模式。板块俯冲的末期，核幔边界处的地幔热柱主动上升，于新疆北部形成两种体制的并存叠加，产生大规模的岩浆作用，形成众多内生金属矿床。由于表壳物质的不同，与深部上来的地幔物质反应，产生不同类型的岩石和矿床。

（二）取得的主要进展与成果

本项目紧密围绕新疆北部晚古生代（特别是石炭纪—二叠纪）内生金属矿床集中巨量爆发的实际，通过 3 年的野外调研和分析研究工作，对所提出的叠加成矿模式开展系统研究，取得的进展和认识主要表现在以下几个方面。

1. 梳理了古亚洲洋的构造演化历史，特别是西北部的构造演化史，其实就是古特提斯洋和古亚洲洋的关系史

从板块构造研究中国古生代洋陆关系和构造-岩浆-成矿作用，离不开对古亚洲洋和古特提斯洋的关系判断，特别是对于中国西北部的研究，两个古生代大洋形成演化和关系是理清重要地质构造和成矿事件的关键。本书认为早古生代的原特提斯洋与古亚洲洋应连为一体，合称古亚洲-原特提斯洋，简称古亚洲洋。古亚洲洋是发育于早古生代劳亚大陆与

冈瓦纳大陆之间的大洋，塔里木陆块作为古亚洲洋南岸的一个陆块，早古生代的昆仑洋、祁连洋和秦岭洋只是古亚洲洋的分支或次生洋盆，这些次生洋盆于志留纪末闭合，古亚洲洋主洋则直到晚古生代泥盆纪末才闭合。石炭纪天山及邻区是古亚洲洋闭合后板块构造后碰撞机制与地幔柱作用提供热动力的两种地球动力学机制并存的构造背景，为大规模壳幔混合（染）岩浆作用和成矿爆发提供了可能。

2. *初步厘定新疆北部晚古生代构造–岩浆作用与成矿认识*

哈萨克斯坦板块与西伯利亚地台之间的古洋盆于奥陶纪开始由北向南不断俯冲增生，分别形成额尔齐斯增生杂岩带、泥盆纪增生楔及卡拉麦里构造带，最终于泥盆纪完成哈萨克斯坦与西伯利亚增生拼合，成为西伯利亚板块。南天山洋盆从奥陶纪开始向北俯冲，于早石炭世末闭合，塔里木板块和西伯利亚板块增生拼贴成一体。进入晚石炭世后，新疆北部就进入后碰撞伸展裂谷阶段，到了早二叠世，经历了一次较大规模的大陆裂谷作用，极有可能是受到了地幔柱活动的影响。

古生代晚期的岩浆活动，揭示出新疆北部在统一大陆地壳形成以后，经历了大规模的地壳伸展作用，比较强烈的壳幔相互作用（如喀拉通克和黄山等地幔源岩浆侵入到地壳之中或喷出到地表），明显的地幔物质注入和地壳的垂向增生作用，以及地壳物质的重新组合作用（重熔形成的中酸性岩浆侵入冷却或喷出）。通过坡北地区的基性岩墙群，获得了252±9Ma（SHRIMP）的形成年龄，切穿坡一、坡十等镁铁质岩体。认为北山裂谷的基性岩墙群与峨眉山事件有联系，270～290Ma 期间的板内岩浆活动可能是地幔柱活动早期阶段的反映（Mao K et al.，2012）。

由此可见，新疆北部晚古生代（特别是石炭纪—二叠纪）的岩浆活动，无论是地壳抬升、基性岩墙群，还是成矿系统等方面都有地幔柱活动的征兆和印迹，也许是后期的造山作用将大量的溢流玄武岩剥蚀殆尽，而表现出了不同于以往的大火成岩省与地幔柱活动的特征。

3. *识别出新疆北部晚古生代成矿类型与主要特征*

新疆北部晚古生代内生金属矿床的成矿类型也表现出了典型的特点，从海相和陆相矿床对比图中可以看出，在 300Ma 出现转换，海陆转换也是洋盆闭合与增生造山结束的时间。而从成矿类型上，与俯冲密切相关的斑岩型铜矿及板内环境的岩浆硫化物矿床在 300Ma 左右也出现转换。可能表明这两类矿床的产出有其特定的地球动力学模式，成矿时代的明显区分揭示了动力学机制的某些联系和典型不同。东天山、北山岩浆铜镍矿是地幔柱作用的结果，本书并进一步指出，与俯冲作用有关的岩浆作用主要发生于 300Ma 左右，与地幔柱有关的岩浆作用主要发生于 280Ma 左右。

4. *厘清了天山–北山及邻区石炭纪的两种构造动力学机制与成矿*

石炭纪在新疆北部的成矿占有重要的地位，除铜镍矿外，斑岩型铜钼矿床、岩浆型铁矿床等大部分金属矿床主要形成于这一时代，也即石炭纪是新疆北部的成矿爆发期。为什么会形成成矿的爆发？必然与其特殊的构造环境和地球动力学背景有关。单纯的板块构造俯冲消减不足以提供成矿爆发的物质基础和动力学能量，板块构造机制与地幔柱作用机制双重叠加，才可能提供独特而强有力的物源和能量。

5. 建立了与俯冲作用有关的斑岩型铜（钼）矿成矿模式

从新疆北部晚古生代主要斑岩型铜矿地质分布略图可以看出，斑岩型铜矿的产出位置主要位于准噶尔盆地和吐哈盆地的周缘。如土屋-延东，矿集区处于觉罗塔格构造带内，主要分布有北带的泥盆系中基性火山碎屑岩-火山岩建造和南带石炭系一套中基性火山岩-火山碎屑岩-碎屑岩建造，石炭纪—二叠纪侵入的中酸性花岗质岩体发育。

处于晚古生代的新疆北部，大洋尚未最终闭合前，伴随板块的水平运动，板块之间产生俯冲和碰撞，并形成了板缘的岩浆活动和成矿作用，以斑岩型铜矿为代表。此时代的成矿作用主要与俯冲相关，但也有软流圈物质的贡献，即地幔柱活动的初级阶段，上覆板块水的加入或深部的热源导致了软流圈的部分熔融，产生以表壳物质为主的岩浆活动和成矿作用。

6. 获得岩浆铜镍硫化物矿床形成过程新认识

新疆北部铜镍硫化物矿床主要集中在北山岩带、黄山岩带、喀拉通克岩带、菁布拉克岩带及兴地塔格岩带，后两个岩带因其形成年龄较早而不在晚古生代之列。从新疆北部晚古生代镁铁-超镁铁质岩体形成年龄及铜镍矿形成时代来看，年龄主要集中在280Ma，具有很强的时间集中性和空间一致性，初步判断为同一地球动力学机制作用的结果。

新疆北部晚古生代镁铁质含矿岩体的Nd、Sr同位素组成研究表明，岩体岩浆均来自亏损地幔，并且多数样品落入洋岛玄武岩（OIB）区域，表现出深部地幔来源特征。这些“应该形成在稳定板内环境”的铜镍矿为什么出现在造山带？仅仅是因为在造山带被剥蚀裸露出来吗？盆地下面可否产有类似隐伏的铜镍矿床（准噶尔盆地、吐哈盆地）？由此认为，板块俯冲的末期，以垂直运动为主的地幔热柱持续上涌，伴随壳-幔物质交换的加剧和不断进行，被交换的表壳物质逐渐减少，深部地幔物质可直接到达浅部地壳，并形成与镁铁-超镁铁质岩有关的岩浆铜镍硫化物矿床或氧化物钒钛磁铁矿矿床。

7. 刻画了与岩浆喷溢有关的磁铁矿矿床地质特征

新疆西天山发育若干个大型磁铁矿矿床，其形成机制和成矿背景研究一直是矿床学家关注的焦点。区内出露地层主要为中石炭统则克台组，自下而上分为石英角斑岩和凝灰熔岩。凝灰质千枚岩和角斑质凝灰岩是铁铜矿的主要赋矿层位，赋存矿浆喷溢型铁矿石。地球化学研究表明其赋矿围岩（主要是安山岩）源自幔源基性/超基性岩浆混染地壳物质形成的中性岩浆。

随着深部地幔物质的不断上涌，壳-幔相互作用的规模在逐渐加大，形成大量的火山岩浆于构造薄弱地带喷出地表，并与表壳的物质发生交换，产生岩浆喷溢型铁矿床。如果与玄武质岩浆有关，要产生如此大量的Fe，岩浆作用的规模也是空前的。假设地幔柱活动是第一驱动力，它的形成类似于科马提岩流有关的科马提岩型岩浆镍钴硫化物矿床。地幔柱作用的表征或地球化学表现，还有待于深入研究。

8. 梳理了构造活动对成岩成矿的控制作用

新疆北部晚古生代的构造演化主要是继承了震旦纪开启的古亚洲洋的持续扩张，并于晚古生代末期洋盆开始收缩，各陆块间逐渐碰撞闭合的板块运动过程。这一时期的洋陆演化奠定了该区现今的基本构造格架。

本书建立了新疆北部晚古生代构造演化时空模型。泥盆纪—中石炭世古亚洲洋中支再次扩张与俯冲。晚石炭世—早二叠世陆间残余海盆封闭与巨型后碰撞花岗岩活动、陆陆最终碰合形成亚洲北大陆。晚二叠世至早三叠世，该区已是后碰撞向板内阶段过渡的演化阶段。

9. 初步搭建大规模岩浆作用与成矿耦合关系概念模型

板块构造、地幔柱，两种岩浆构造体系在时间上的叠加和空间上的并存造就了新疆北部成矿作用的集中爆发以及成矿类型上的时空变化。两种地球动力学机制和成矿背景为该时期的内生金属矿床集中爆发提供了动力和物源基础，不同部位、不同时段的壳-幔相互作用，与新疆北部晚古生代的主要成矿类型相对应。在石炭纪—二叠纪，两种体制并存，产生大规模的岩浆作用，产生以喷出岩为主体的岩浆活动，并与表壳物质发生交流，形成西天山等的磁铁矿矿床，随后伴随岩浆侵入系统的发育，产生与镁铁-超镁铁质岩体有关的岩浆铜镍硫化物矿床，以新疆东天山和喀拉通克为代表。在此时期之前，主要发生以水平运动为主的板块作用，并形成与俯冲相关的斑岩型铜（钼）矿床。在该时段之后，岩浆热液等作用形成了众多的金矿床。地幔柱岩浆活动不受上覆板块的影响，因此有关的成矿作用不一定保存在造山带。新疆北部钒钛磁铁矿和铜镍硫化物矿床是与地幔柱有关的典型矿床（板块边界构造活动频繁，不利于矿化）。它们与南疆塔里木已知“隐伏大火成岩省”的同时性（280±5Ma）意味着二者可能有成因上的关联。

新疆北部在晚古生代大洋还没有最终闭合，伴随板块的水平运动，板块之间产生碰撞和俯冲，并形成了板缘的岩浆活动和成矿作用，以东天山的土屋、延东等地的斑岩型铜矿为代表。此时代的成矿作用主要是与俯冲相关，但也有软流圈物质的贡献，即地幔柱活动的初级阶段，上覆板块水的加入或深部的热源导致了软流圈的部分熔融，产生以表壳物质为主的岩浆活动和成矿作用。随着深部地幔物质的不断上涌，壳-幔相互作用的规模在逐渐加大，形成大量的火山岩浆于构造薄弱地带喷出地表，并与表壳的物质发生交换，产生岩浆喷溢型铁矿床。伴随壳-幔物质交换的加剧和不断进行，被交换的表壳物质逐渐减少，深部地幔物质可直接到达浅部地壳，并形成与镁铁-超镁铁质岩有关的岩浆铜镍硫化物矿床和氧化物钒钛磁铁矿矿床。可见，新疆北部不同的成矿时代有其独特的构造背景和成矿作用，板块构造、地幔柱两种构造体制空间上的并存和时间上的叠加，造就了新疆北部晚古生代大量内生金属矿床的集中爆发和成矿类型上的时空变化。

第二章　新疆北部晚古生代岩浆作用

第一节　新疆北部古生代构造-岩浆岩分布基本格架

一、构造单元划分及岩浆作用

中亚造山带位于西伯利亚克拉通的南部、塔里木-华北克拉通的西部。它是全球最大的古生代增生造山带，与古亚洲洋的消减，西伯利亚克拉通南部增生北缘和塔里木板块之间的拼合作用有关（Badarch et al., 2002；Xiao et al., 2004a, 2008, 2009a；Yakubchuk and Nikishin, 2004；Windley et al., 2007）。

新疆北部地区指西伯利亚克拉通以南、塔里木克拉通以北的中国新疆地区，结合前人划分的基本理念和新疆现有研究程度和认识水平，本书将新疆北部地区划分为阿尔泰造山带、东准噶尔、西准噶尔、准噶尔盆地、天山造山带和北山六个一级构造单元。阿尔泰造山带走向呈北西向，与东准噶尔、西准噶尔、准噶尔盆地呈断层接触关系（额尔齐斯断裂）。天山造山带走向呈东西向，以北天山蛇绿混杂岩与东准噶尔、西准噶尔、准噶尔盆地分界。新疆北部地区的断裂主要和山脉走向平行，除了西准噶尔和北山呈北东向外，大多走向呈北西向和东西向。

（一）阿尔泰-准噶尔盆山体系

1. 阿尔泰造山带

中国境内的阿尔泰造山带与准噶尔以额尔齐斯断裂为界，主要由火山岩、侵入岩、蛇绿岩和片麻岩、片岩组成（Xiao et al., 2004a）。阿尔泰造山带内的花岗质侵入岩多形成于同造山环境，少数属于后造山的 A 型花岗岩。阿尔泰造山带内的奥陶纪—志留纪的陆源碎屑岩、火山碎屑沉积岩形成于被动大陆边缘环境（Chang et al., 1995），但是也有报道指出阿尔泰造山带发育 505Ma 的具有岛弧地球化学特征的英安岩（Windley et al., 2002）。泥盆纪地层与早古生代地层为不整合关系，以发育海相复理石、陆源沉积物、火山-沉积岩和双峰式火山岩为特征。石炭纪地层以海相碎屑岩为主要特征。现有的地球化学研究显示石炭纪时期阿尔泰地区是俯冲环境（Xiao et al., 2004a；Yuan et al., 2007）。二叠纪发育正 $\varepsilon_{Nd}(t)$ 的碱性花岗岩，并伴随了大量的基性岩脉，暗示有地幔物质的加入（王涛等，2010）。

2. 东准噶尔

东准噶尔出露的地层有泥盆纪—早石炭世的海相火山-沉积岩地层、晚石炭世—二叠纪陆源火山-沉积岩地层和中生代含煤沉积岩地层（Zhang Z C et al., 2009b）。东准噶尔还发育与古生代俯冲增生过程有关的玻安岩、富 Nb 玄武岩（Zhang et al., 2005; Yuan et al., 2007）、埃达克岩（Xu et al., 2001）、安山质玄武岩、辉长岩以及阿尔曼太蛇绿岩和卡拉麦里蛇绿岩带。阿尔曼太蛇绿岩套呈北西-南东向延伸至中国和蒙古国的边界处，形成于晚寒武世—早奥陶世（489±4 Ma，简平等，2003；503±7Ma，肖文交等，2006a；495.9±5.5Ma，张元元和郭召杰，2010）。阿尔曼太蛇绿岩东南部的晚石炭世—二叠纪火山岩的地球化学特征表现为富集大离子亲石元素，强烈亏损 Nb、Ta，重稀土元素分馏具有弱分馏特征（林克湘等，1997；Zhao et al., 2006）。卡拉麦里蛇绿岩主要由蛇纹石化橄榄岩、蛇纹岩、异剥钙榴岩、玄武岩和燧石岩组成。地球化学特征表明该蛇绿岩形成于弧前构造环境（Wang et al., 2003）。东准噶尔岩体主要形成于晚石炭世—早二叠世（320～268Ma）。东准噶尔地区还发育与铜镍矿有关的二叠纪镁铁质岩体（如 287Ma 的喀拉通克）（Han et al., 2004）。

3. 西准噶尔

西准噶尔由若干岛弧岩石和蛇绿岩带拼接组成（Windley et al., 1990；肖序常等，1991；Xiao et al., 1994；Buckman and Aitchison, 2001），Buckman 和 Aitchison（2004）曾将西准噶尔分为 9 个不同的地质单元。531Ma 的唐巴勒蛇绿岩残片是西准噶尔最老的岩石（Jian et al., 2005），已发现的最年轻的蛇绿岩是克让曼蛇绿岩（332±14Ma）（徐新等，2006）。西准噶尔以和什托洛盖河谷为界分为南北两部分，北部主要发育中晚奥陶世砾岩、早志留世页岩、中志留世火山岩和石炭纪火山岩（Feng et al., 1989；Shen et al., 2008）。南部的唐巴勒地区发育寒武纪—奥陶纪辉长岩（Kwon et al., 1989；张弛和黄萱，1992；Jian et al., 2005）、中奥陶世含放射虫燧石（Buckman and Aitchison, 2001）、奥陶纪蓝片岩（张立飞，1997）和早志留世浊积岩；玛依拉地区发育早中志留世沉积层和玛依拉蛇绿岩及辉石岩（Jian et al., 2005）；托里地区发育中泥盆世—石炭纪岛弧火山岩和花岗闪长岩（Buckman and Aitchison, 2004）。西准噶尔地区的花岗质侵入岩活动时间为 275～340Ma（韩宝福等，2006；Zhou et al., 2008；Chen J F et al., 2010），但是北部的谢米斯台地区发育 420～400Ma 的 A 型花岗岩（Chen J F et al., 2010）。已有地球化学研究表明花岗质岩体来自新生物质的部分熔融，没有前寒武纪物质的贡献（Kwon et al., 1989；Carroll et al., 1990；Chen and Jahn, 2002, 2004；Chen and Arakawa, 2005）。西准噶尔地区还发育晚石炭世高镁闪长质岩脉（Yin et al., 2010）和俯冲板块熔融形成的埃达克岩（Geng et al., 2009），这些岩体与斑岩型铜金矿有关（Shen et al., 2012）。二叠纪时期西准噶尔发育磨拉石、后碰撞环境的 I 型、A 型花岗质侵入岩（Chen and Jahn, 2004；Chen and Arakawa, 2005；韩宝福等，2006）。西准噶尔的克拉玛依地区还发育基性岩墙（李辛子等，2004）。

4. 准噶尔盆地

准噶尔盆地位于新疆北部地区的中心，地表主要是大陆沉积物（>11km）（Carroll et al., 1990），最老沉积物的时代为早二叠世（Coleman, 1989；Xiao et al., 2008）。准噶尔盆地的基底性质存在较大的争议，有人认为准噶尔盆地是前寒武纪大陆微陆块（Li, 2006；Charvet et al., 2007）；也有人通过地球化学数据，提出准噶尔盆地基底主要由岛弧、增生楔，或者残余大洋地壳组成（Carroll et al., 1990；Xiao and Tang, 1991；Hu et al., 2000；

Filippova et al., 2001; Chen and Jahn, 2002, 2004; Xiao et al., 2004a; Zhang et al., 2005; Zheng et al., 2007; Xiao et al., 2008)。

（二）天山造山带

天山造山带位于中亚造山带的南部，呈东西走向，长约2500km，包含若干蛇绿岩、火山岩、高压变质岩和沉积物，是一个重要的古生代碰撞造山带（Gao et al., 1995, 2009; Hu et al., 2000; Jahn et al., 2000, 2004b; Zhang et al., 2002a; Xiao et al., 2003）。中国境内天山以88°E为界，分为东天山和西天山（Xiao et al., 2004b, 2008；李锦轶等，2006b; Wang B et al., 2009; Han et al., 2011）。西天山在巴伦台地区以伊犁地块为界可分为北天山和南天山（Gao et al., 1998, 2009; Chen et al., 1999; Xiao et al., 2004b, 2009b; Lin et al., 2009）。

1. 西天山造山带

本书将西天山及其邻近区域划分为四个构造单元：北天山、哈萨克斯坦-伊犁地块、中天山岛弧区、南天山。它们彼此之间以北天山蛇绿岩、尼古拉耶夫-那拉提断裂、南天山蛇绿岩和北塔里木断裂为界（Gao et al., 2009）。

北天山：目前，北天山没有发现泥盆纪以前的地层，其主要由中石炭世复理石、早石炭世火山岩夹碳酸盐岩地层组成。石炭纪地层中发育残块状晚泥盆世—早石炭世蛇绿岩。北天山还发育278±2Ma的基性岩墙。

哈萨克斯坦-伊犁地块（以下简称伊犁地块）：位于中天山山脉西部中间地区。伊犁地块的晚古生代地层之下发育新元古代地层、798Ma和882Ma（Chen et al., 1999）、969Ma，以及926Ma和948Ma的花岗质片麻岩，所以人们认为伊犁地块是一个微陆块（肖序常等，1991; Chen et al., 1999; Xiao et al., 2004b; Han et al., 2011）。寒武纪—奥陶纪地层缺失。志留纪的浅海碎屑岩、碳酸盐岩、夹层的中酸性火山岩和泥盆纪—石炭纪的中基性火山岩在伊犁地块的南北边缘分布，这些火山岩的形成与南北天山洋的俯冲有关（Coleman, 1989; Windley et al., 1990; Gao et al., 1998; Zhu Y F et al., 2006）。伊犁地块南缘发育的与南天山洋向北俯冲有关的花岗质侵入岩锆石U-Pb年龄为485～352Ma（Wang Q et al., 2007; Qian et al., 2008; Gao et al., 2009; Yang and Zhou, 2009）。而北缘发育的与北天山洋向南俯冲有关的花岗质岩石年龄从440Ma变化到325Ma（Charvet et al., 2007, 2011; Han B F et al., 2010; Dong et al., 2011）。伊犁地块的北缘还发育294～280Ma的高K钙碱性侵入岩，它们形成于非造山环境（Wang T et al., 2009）。伊犁地块的二叠纪地层主要由大陆碎屑岩和后碰撞裂谷型火山岩组成（赵振华等，2003）。

中天山岛弧区：北界是那拉提-尼古拉耶夫断裂，南界是南天山断裂。中天山发育中元古代基底，主要由片麻岩、片岩、混合岩和大理岩组成。中国境内的中天山岛弧区缺失寒武纪—奥陶纪地层，但是广泛发育志留纪—早石炭世与俯冲有关的侵入岩和火山岩。上志留统巴音布鲁克组为火山弧型钙碱性火山岩和洋岛型火山岩组合，此外该区还发育志留纪的偏碱性花岗质侵入岩。泥盆纪侵入岩属于I型花岗岩。石炭纪侵入岩主要发育在该造山带的北带，为过铝和偏铝的钙碱性花岗岩以及少量的碱性花岗岩（朱志新等，2013）。中天山岛弧地区还发育一个早石炭世（331～346Ma）（Gao and Klemd, 2003）高压低温变质带，由变火山岩、变火山碎屑岩、变硬砂岩、大理岩和蛇纹岩组成。变火山岩包括榴辉岩、绿辉岩、绿帘石岩和蓝片岩，岩石地球化学特征表明它们形成于洋岛环境，来自长期亏损地幔的部分熔融（Gao and Klemd，2003）。

南天山：主要由古生代的岛弧杂岩和增生碰撞杂岩组成（Windley et al.，2007；朱志新等，2013）。早古生代增生杂岩以含蓝闪石片岩岩块、榴辉岩岩块和蛇绿岩残片为主要特征，主要分布在哈尔克山—厄尔宾山一带。蓝闪石片岩中发育晚志留世珊瑚化石（Xiao et al.，1994），变质温压条件可能是450℃，9～10kbar①（Gao et al.，1995）。晚古生代杂岩体包括库勒湖蛇绿混杂岩、古生代碳酸盐台地、泥盆纪—早石炭世复理石和放射虫硅质岩、泥盆纪塔什库尔干洋岛型火山岩和满大勒蛇绿混杂岩（朱志新等，2013）。Gao 和 Klemd（2003）指出沿着南天山缝合带发育的高温低压变质岩表明晚泥盆世—早石炭世期间塔里木克拉通与伊犁地块发生碰撞。

2. 东天山造山带

东天山构造比西天山复杂，在长期的演化过程中经历了极其复杂的裂解和拼合作用（秦克章等，2002），主要分为博格达-哈尔里克山带、觉罗塔格带和中天山地块。东天山的断裂多呈东西或北东东走向，包括康古尔塔格断裂带、苦水断裂带、沙泉子断裂带、阿奇克库都克断裂、雅满苏断裂等。

博格达-哈尔里克山带：该带主要由奥陶纪—石炭纪的火山岩、花岗岩和镁铁质-超镁铁质杂岩体组成（顾连兴等，2001）。此外，还发育 287±13Ma 的基性岩墙（姜常义等，2005）。

觉罗塔格带：觉罗塔格带夹于北面的吐哈盆地和南面的中天山地块之间，从北到南又可以进一步分为梧桐窝子-小热泉子弧间盆地、大南湖-头苏泉岛弧带、康古尔-黄山韧性剪切带和雅满苏弧后盆地。

梧桐窝子-小热泉子弧间盆地发育下石炭统小热泉子组及梧桐窝子组的火山岩。梧桐窝子一带主要发育基性火山岩，西部的小热泉子一带以酸性火山岩为主。

大南湖-头苏泉岛弧带由奥陶纪、泥盆纪—石炭纪火山岩和火山碎屑岩组成，主要沿着吐哈盆地南缘出露。泥盆纪地层主要由基性熔岩、碎屑岩、碎屑沉积物和钙碱性的酸性火山岩组成。石炭纪地层主要由熔岩、火山碎屑岩、硬砂岩和碳酸盐岩组成。地球化学研究表明，泥盆纪—石炭纪的拉斑玄武岩、钙碱性安山岩形成于岛弧环境（杨兴科等，1996；Xiao et al.，2004b；王平等，2011）。大南湖地区还发育晚志留世—石炭纪的放射虫（Li et al.，2003）。大南湖岛弧区南部的镁铁质-超镁铁质岩体代表了东天山最后一次岛弧岩浆活动（Xiao et al.，2008）。

康古尔-黄山韧性剪切带主要由石炭纪火山岩和沉积物组成（Xu et al.，2003；Xiao et al.，2004b）。康古尔-黄山韧性剪切带空间上中部由糜棱岩、千糜岩等组成强应变带，两侧为弱变形的初糜棱岩及片理化带。岩石普遍经历了绿片岩相变质，变质温度为400～600℃，压力为300～400MPa（Xu et al.，2003）。康古尔-黄山韧性剪切带内发育众多东西

① $1bar=10^5Pa$。

向展布的金矿床，如康古尔金矿、马头滩金矿、西凤山金矿等，这些金矿赋存在下石炭统钙碱性火山岩中（Xu et al., 2003），形成于岛弧环境（Pirajno et al., 1997）。此外该带还发育众多晚二叠世（269～284Ma）与铜镍矿有关的镁铁-超镁铁岩（如图拉尔根、黄山、葫芦等），它们呈东西向展布，主要由橄榄岩、辉石橄榄岩、橄榄石辉石岩、辉长苏长岩、橄长岩、辉长岩和闪长岩组成。这些镁铁质岩体相对富铁，多数经过了一定程度的蚀变，常含有含水矿物角闪石、黑云母（Zhou et al., 2004；孙赫等，2007；Chai et al., 2008；唐冬梅等，2009b）。

雅满苏弧后盆地位于雅满苏断裂和阿其克库都克断裂之间，主要由熔岩、火山碎屑岩和陆源碎屑沉积岩夹碳酸盐岩组成（Xiao et al., 2004b）。该区发育泥盆纪的细粒碎屑岩、碳酸盐岩、玄武岩和安山岩。石炭纪地层有下石炭统雅满苏组火山岩、中石炭统沙泉子组复理石、上石炭统土古土布拉克组火山岩，下石炭统中可见流纹岩和安山岩中局部夹碎屑沉积物和碳酸盐岩的现象（Mao et al., 2005）。这些岛弧岩中发育金、VHMS型铜铁矿和含自然铜的玄武岩，如雅满苏组中的铁铜矿。该带的西南部发育晚石炭世的含自然铜的玄武岩，如十里坡、黑龙峰、长城山等（309～317Ma）（Zhang et al., 2013）。Zhang等（2013）认为雅满苏弧后盆地的含铜玄武岩来自大陆岩石圈橄榄岩的部分熔融，经历了橄榄石和斜方辉石的结晶分离，没有地壳物质的混染。二叠纪发育海陆交互碎屑岩（Mao et al., 2005）。

中天山地体：中天山地体位于阿其克库都克-沙泉子断裂和红柳河断裂之间，其北面是觉罗塔格带，南面是北山裂谷带。中天山地体主要由前寒武纪基底和古生代的钙碱性-碱性玄武质安山岩、火山碎屑岩以及少量的I型花岗岩和花岗闪长岩组成。前寒武纪基底主要由片麻岩、石英片岩、混合岩和大理岩组成，U-Pb和Sm-Nd定年表明该区发育1400～1800Ma的前寒武纪地层（Chen et al., 1999；Hu et al., 2000）。前寒武纪片岩中发育BIF型铁矿（天湖、玉山），铅锌矿等矿床（彩霞山）。泥盆纪地层主要由玄武岩、安山岩、英安岩、流纹岩和硬砂岩组成，志留纪主要发育浊流岩（Shu et al., 2002）。早志留世和早石炭世普遍发育活动陆源沉积物（Zhou D et al., 2001）。志留纪主要发育陆源碎屑物和碳酸盐岩，其上覆盖泥盆纪灰岩和陆源沉积物。这些陆源地层之上是早石炭世火山岩。中天山岛弧区北缘发育二叠纪镁铁质-超镁铁质岩体，包括天宇（280Ma）、白石泉（284Ma）（Su et al., 2010）、峡东等，这些镁铁质-超镁铁质岩体多与铜镍硫化物矿有关（Chai et al., 2008；Mao et al., 2008）。Su等（2012a）认为峡东镁铁质杂岩体是Alaskan型镁铁质杂岩体，代表了俯冲环境。

（三）北山裂谷带

北山裂谷位于东天山造山带和塔里木克拉通之间。它主要由前寒武纪结晶基底和一些沉积物组成。该区晚古生代时期的构造演化与南天山洋的俯冲和闭合有关（Yue et al., 2001；Zhang et al., 2002a，2002b；Gao et al., 2009；Xiao et al., 2009a）。石炭纪和二叠纪时期该裂谷伴随中基性火山岩的喷发（校培喜，2004）。二叠纪发育众多的镁铁质-超镁铁质杂岩体（如坡一、坡十、罗东等），它们主要由纯橄榄岩、辉石橄榄岩、橄长岩、橄榄辉长岩和辉长岩组成（Liu et al., 2015，2017a，2017b）。这些岩体主要在裂谷的西部呈东西向展布，相对于东天山镁铁质岩体，这些岩体出露面积大，具有富镁的特征（姜常义等，2006；Su et al.，2010；Qin et al.，2011）。

二、主要争论的焦点

新疆北部自古生代以来经历了复杂的演化，有众多模型解释新疆北部古生代构造演化过程（Coleman，1989；Sengör et al.，1993；Mossakovsky et al.，1994；Sengör and Natal'in，1996；Buslov et al.，2001；Badarch et al.，2002；Windley et al.，2002；Xiao et al.，2004a），主要的争论集中在古大洋的板块构造演化和大火成岩省地幔柱作用两个方面。

新疆北部古生代古大洋的闭合、开启时间和俯冲方向存在较大的争议，如南天山洋的闭合时间，有人认为闭合于晚古生代，如晚石炭世—早二叠世（Allen et al.，1992；Carroll et al.，1995；Chen et al.，1999；Bakirov and Kakitaev，2000；Charvet et al.，2007，2011；Wang B et al.，2007；Burtman，2008；Gao et al.，2009；Hegner et al.，2010），或早－中石炭世（Coleman，1989；Windley et al.，1990；Gao et al.，1998；Zhou J Y et al.，2001），或中石炭世—早二叠世（Biske and Seltmann，2010）。也有人认为晚古生代末期或其之后，如晚二叠世—早三叠世（Li et al.，2005），或三叠纪（Zhang M J et al.，2007），或晚二叠世—中三叠世（Xiao et al.，2008，2009a）。除了南天山洋的开启闭合时间有争论，研究者对其俯冲方向也有两种不同的认识：①南天山洋向北俯冲至伊犁地块之下，随后发生了塔里木克拉通和伊犁地块的碰撞（Windley et al.，1990；Carroll et al.，1995；Gao et al.，1998；Chen et al.，1999；Zhou D et al.，2001；Xiao et al.，2004a；Zhang C L et al.，2007a，2007b；Burtman，2008；Gao et al.，2009；Biske and Seltman，2010；Hegner et al.，2010；Dong et al.，2011）；②根据变形结构分析，有人也提出了向南俯冲的模型（Charvet et al.，2007，2011；Wang B et al.，2007，2010）。

大火成岩省是大规模岩浆活动在时间和空间上的集中表现，被认为与地幔柱活动有关（Richards et al.，1989；Campbell and Griffiths，1990；Ewart et al.，1998；Macdonald et al.，2001）。东天山发育众多的二叠纪镁铁质-超镁铁质岩体，这些镁铁质岩体的母岩浆是来自富集软流圈地幔的高镁拉斑玄武质岩浆（Qin et al.，2003；Zhou et al.，2004；Chai et al.，2008；Mao et al.，2008；Pirajno et al.，2008；Ao et al.，2010；Su et al.，2010）。有人认为高镁拉斑玄武质岩浆是地幔柱活动的结果（Zhou et al.，2004；Mao et al.，2008；Qin et al.，2011），从而提出二叠纪时期新疆北部存在地幔柱。夏林圻等（2002a，2002b，2004，2006，2007）认为天山石炭纪—二叠纪裂谷火山岩系是一个重要的大火成岩省。

三、岩浆起源演化的基本概念、俯冲带成因、地幔柱理论

（一）岩浆起源的基本概念

1. 部分熔融的发生——岩浆的形成

岩石发生熔融可形成岩浆。地幔目前的热状态不允许全部熔融的发生，由于岩浆物理分离和热量平衡，全部熔融在地幔和地壳都不可能发生。因此不论原岩的性质和岩浆种类

怎样，岩浆的形成都是部分熔融的结果。部分熔融有两种产物：熔体和残余。熔体代表原岩中易熔的组分，残余代表原岩中相对难熔的组分。熔体组分比原岩更富硅，更贫镁铁（更低 FeO 和 MgO，MgO/FeO 值），也就是说地幔橄榄岩发生部分熔融形成玄武质岩浆，但是玄武质岩石（玄武岩、辉长岩、辉绿岩等）发生部分熔融不能产生玄武质岩浆，只能产生更富硅的岩浆（如奥长花岗质、英云闪长质、安山质和花岗质的熔体）。与原岩相比，残余表现得更贫硅、富镁铁（MgO/FeO 值高），且更加难熔。

理论上讲，固体岩石发生部分熔融形成岩浆的机制可能有四种：①加热；②减压；③挥发分的加入；④加压。加热是导致岩石部分熔融最常见的机制，然而它对玄武质岩浆的形成并不重要，但当热的幔源玄武质岩浆上升侵入陆壳时，它对花岗质岩浆的形成至关重要。加压从热力学的角度来讲是可能的，但是它在岩浆形成中的真正作用尚未完全证实。就地幔橄榄岩发生部分熔融形成玄武质岩浆的过程来说，减压和挥发分的加入是最重要的两个机制。

在图 2-1a 的温压图中，我们不难理解前三种机制，如果岩石位于固相线之下的任意点 *A*，岩石保持固态。如果移到固相线之上的点 *C*，它就会全部熔融。如果岩石处于固相线和液相线之间的点 *B*，只有部分岩石发生熔融，称为“部分熔融”。理论上讲，随着点 *B* 位置的变化，熔融程度在 0 到 100% 之间变化（图 2-1a）。因为全部熔融是不可能实现的，实际讨论岩浆形成时并不用液相线。因此，我们重点关注固相线。固相线是物质的属性，所以其位置和斜率在温压图中会因组成的变化而变化，但用直线足以正确理解这个概念（图 2-1）。

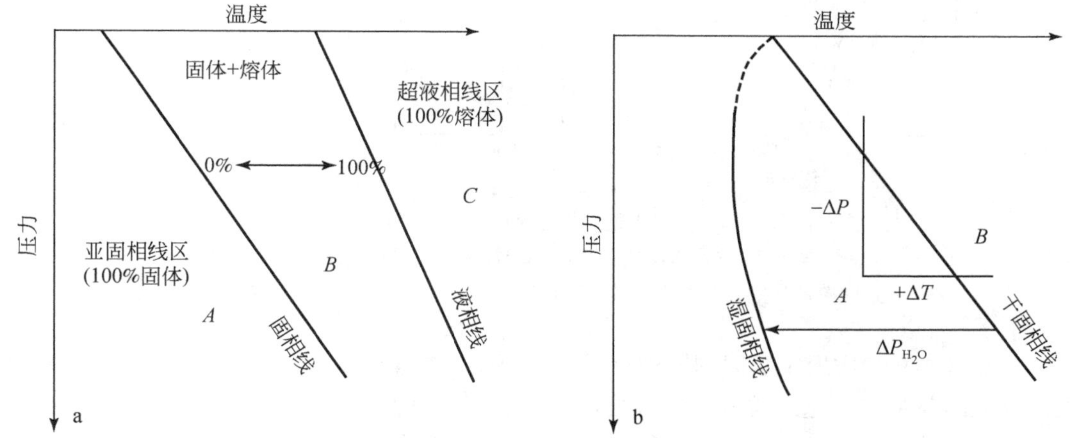

图 2-1　温压图示意玄武质岩浆起源的三个端元机制

软流圈地幔是玄武质岩浆的源区，位于温压图中 *A* 区域（图 2-1），即保持固态。若要固体岩石发生熔融，我们需要把岩石从 *A* 点移到固相线之上，有三种方法可以实现（图 2-1b）：①给源岩加热（$+\Delta T$），使其从 *A* 点水平向右移动到固相线之上；②降低岩石的压力（$-\Delta P$），从 *A* 点垂直上升到固相线之上；③因为固相线是物质的属性，它在温压图中的位置取决于全岩组成。对于位置 *A* 有相同成分的源区岩石，增加水分（$+\Delta H_2O$ 或碱金属和挥发分）就会改变岩石的物理性质，使固相线形态和位置相应改变（图 2-1b 中的曲线），即位于 *A* 点的干的岩石加水后位于新/湿固相线之上，发生部分熔融（图 2-1b）。

第四种机制——增加压力，也可以导致源岩熔融，图 2-2a 比较了地幔橄榄岩干的固相线和 CO_2+H_2O 饱和的固相线。显然，位于固相线之下的岩石随着压力的增加（图 2-2a 中五角星）可以越过湿固相线发生熔融。这在理论上可行，但尚未见到这种岩浆。冷的大洋岩石圈通过俯冲带进入热的软流圈可以满足增压的物理要求，但尚难满足高温的要求（如<1000℃）。俯冲岩石圈底部在下沉的过程中就会发生熔融，因为底部在下沉的过程中温度会逐渐增高，而且极有可能富含挥发分（Niu and O'Hara, 2003），因此在大洋岩石圈俯冲的过程中可能达到 CO_2+H_2O 饱和的湿固相线。这种难以发生也难以观察到的熔融作用具有深远的地球动力学意义。此方式产生的熔体有润滑剂的作用，易于板块俯冲作用，甚至可以通过减弱板块的厚度和浮力来弱化板块，但这些过程尚待研究。

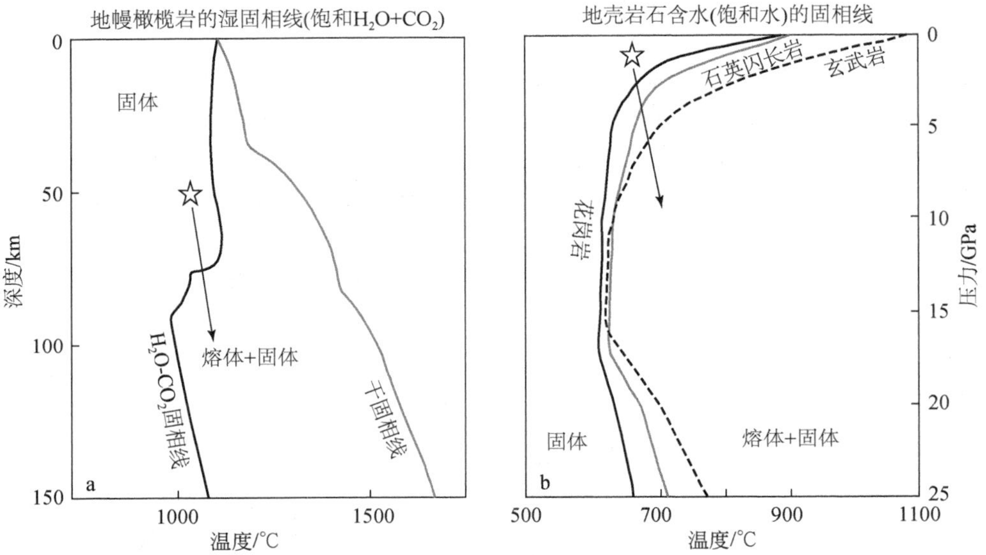

图 2-2　典型岩石的固相线

a. 地幔二辉橄榄岩在无水及 H_2O-CO_2 饱和时固相线在温压条件下的形态和位置；

b. 陆壳岩（玄武岩–花岗质岩包括陆源碎屑岩）水饱和条件下的形态和位置

在重点讲玄武质岩浆成因的同时，图 2-2b 阐释加压导致花岗质岩浆（或类花岗质岩浆）形成的新观点。花岗质岩浆一直被视为过剩热量加热地壳源岩导致部分熔融的结果。引起部分熔融的热可能来源于玄武质岩浆，也可能来源于源岩中放射性元素的衰变产生的热积累。尽管实验所得的 *P-T* 相图（图 2-2b）已经应用了约 30 年，但是人们从未考虑增压导致花岗质岩浆形成的可能性。图 2-2b 表明：大陆地壳的岩石，如玄武岩、花岗岩、中性岩如英云闪长岩以及来源于这些岩石的沉积物，在比较低的压力下（10kbar），如果有水分的加入，固相线为负的 *P-T* 斜率。这很重要，因为位于开放体系中五角星位置的地壳岩石增加压力就有可能越过固相线，发生熔融。问题是在什么情况下这个熔融过程会发生。有一种可能是快速埋藏过程中埋藏较深的岩石在压力升高时会发生熔融。这的确可以解释一些花岗质岩浆的起源，但是除了在角闪岩相区域变质作用、混合岩化作用或者花岗岩化作用中考虑深熔作用之外，人们很少考虑加压导致熔融的机制。值得注意的是，图 2-2b 可以很好地解释某些地区与大陆碰撞造山有关的年轻的花岗质岩浆。例如，印度板块的地壳物质（如陆源沉积物）俯冲到西藏板块之下必然经历增压的过程。这可能会使沉积物从固相线之下移动到固相线之上，发生部分熔融，导致花岗质岩浆的形成。喜马拉雅山脉高处和西藏南部中新世淡色花岗岩很有可能是这样形成的。如果这个观点正确，对地球动力学会有十分深远的地质意义，当然这有待我们去检验。

2. 减压熔融和绝热梯度

除了与大洋岩石圈俯冲有关的玄武岩（岛弧玄武岩 IAB），地球上大多数玄武岩，如洋中脊玄武岩（MORB）、洋岛玄武岩（OIB）和大洋溢流玄武岩（CFB）都起源于软流圈地幔减压熔融。我们必须意识到，软流圈地幔对流，特别是上升流（减压），引发部分熔融，产生岩浆。软流圈对流需要驱动力，压力梯度就是这种驱动力——物质从高压区向低压区侧向或垂向流动。浮力差促使密度大的物质下沉，密度小的物质上升。稍后我们将详细讨论这些。这里我们将重点介绍软流圈地幔上涌、减压熔融和两个基本概念：①绝热梯度；②地幔潜在温度。

绝热梯度是软流圈地幔物质上升过程中没有热丢失时的热梯度。温度的降低（约 1.8℃/kbar）是减压体积膨胀所致。上升软流圈地幔越过固相线发生熔融。固相线之上，因为熔体的热容比固体大，因此熔融地幔的绝热梯度很陡（约 6℃/kbar）。显然，如果上升地幔温度越高（如地幔柱物质），与固相线相交的深度越大，开始熔融深度就越大。如果上升地幔较冷（如洋中脊之下的地幔），与固相线相交的深度较浅，开始熔融深度也就较浅。因为地幔的温度随深度逐渐增加，所以我们很难说地幔是冷的还是热的。因此需要有个参考标准，这就引出了地幔潜在温度（T_P）的概念。地幔潜在温度指绝热梯度在地表的投影（McKenzie and Bickle，1988）。例如，如果我们把“地幔柱/热点”固相线之下的绝热梯度延伸到地表，得到 T_P= 1500℃。同样方法应用于洋中脊，得到 T_P= 1350℃。虽然这些概念简单明了并被广泛接受，但绝热梯度和地幔潜在温度的数值尚有争议。如 McKenzie 和 Bickle（1988）提出洋中脊地幔的 T_P= 1280℃，而 Fang 和 Niu 于 2003 年认为洋中脊地幔的 T_P= 1350℃，Green 和 Falloon（2005）却认为洋中脊之下和地幔柱中的 T_P 大致相同，T_P约为 1400℃。

如果是地幔对流，该深部热边界层为核幔边界（CMB 或 D″），但如果是分层地幔对流的话，该热边界层为 660km 地震不连续面。水平轴表示的温度代表地表（s）、地幔顶部（tm）、地幔底部（bm）、地核顶部（tc）、地心（c）、上地幔顶部（tup）、上地幔底部（bum）和下地幔顶部（tlm）。$T_{P[Plume]}$代表地幔柱的地幔潜在温度，$T_{P[MORB]}$代表正常地幔潜在温度，如洋中脊物质源区。

3. 等压和变压熔融反应

玄武质岩浆形成深度范围有关的地幔橄榄岩以二辉橄榄岩为主。玄武质岩浆形成的深度范围大概在尖晶石和石榴子石橄榄岩相稳定域。自然条件下多相体系的部分熔融是不一致熔融。也就是说，岩浆形成时，一些矿物熔融，另一种（或一些）矿物伴随岩浆形成。比如，等压熔融实验表明石榴子石二辉橄榄岩相的部分熔融反应为：aCpx（单斜辉石）+

bOl(橄榄石)+cGrt(石榴子石)═══1.0Melt(熔体)+dOpx(斜方辉石)，其中 a、b、c、d 是各矿物相的质量分数，均<1.0。这个反应说明要产生一个质量单位的熔体，必须有 a 个质量单位的单斜辉石、b 个质量单位的橄榄石和 c 个质量单位的石榴子石发生熔融，与此同时，有 d 个质量单位的斜方辉石产生。尖晶石二辉橄榄岩的等压部分熔融反应为：aCpx(单斜辉石)+bOpx（斜方辉石)+cSp(尖晶石)═══1.0Melt(熔体)+dOl(概榄石)，此处 a、b、c、d 的意义同上，且 $a>b$。在自然体系中，反应是相同的，只是 $b>a$。也就是说，减压熔融时，斜方辉石熔融的速率大于单斜辉石。目前对尖晶石橄榄岩熔融实验的研究程度较高，原因之一是尖晶石橄榄岩相的实验条件容易控制，另外，MORB 主要形成于尖晶石二辉橄榄岩稳定域（McKenzie and Bickle，1988）。

（二）岩浆演化的基本概念

岩浆演化指的是岩浆从源区抽取后侵位上升到岩浆房或者浅部成分发生变化的过程。这些改变大多是岩浆冷却的结果。冷却导致岩浆结晶，在黏度允许的条件下，形成的晶体和冷的岩浆之间的密度差导致两者分离，形成堆晶。简单说，就是“结晶分异作用”或者“岩浆分异作用”。岩浆演化同义于岩浆分异过程。例如由于晶体分离，演化程度越高（或分异程度高）的岩浆相对于初始岩浆差异越大。实际上，岩浆演化/分异的过程是十分复杂的。岩浆与围岩之间存在着热和物质交换，即岩浆同化作用。该过程可能会导致残余岩浆和结晶矿物组合发生改变。此外，大多数岩浆房是一个开放的体系，在很多矿物发生结晶、分离、堆积的同时，也会有新的初始岩浆补充。“地球化学逐渐演化，周期补充，周期分离，持续分异岩浆房”等概念很好地概括了自然界岩浆房的复杂性。新岩浆的注入或者地震等外力的作用都可能引起岩浆喷发。很多文献从岩石学、地球化学及流体动力学方面对岩浆房过程定量分析，许多教科书也总结了微量元素的模型。

（三）俯冲带的成因

因为俯冲板块运动的主要向量是垂直向下的，所以其最终驱动力是地心引力。这要求俯冲板块的密度大于地幔软流圈。困难在于如何首先使完整的岩石圈破裂并使其中的一侧沿破裂带下沉至地幔软流圈。如果岩石圈某一部分的密度大于其邻区，那么这一密度反差则有利于岩石圈破裂。假如岩石圈的热状态是均一的（如老于 80Ma 的岩石圈），那么密度反差由岩石圈内物质成分差异所致。因物质成分差异而引起的地壳/岩石圈密度反差作为构造推动力早已得到地质学界的公认。如魏格纳的大陆漂移（Wegener，1912）、霍尔姆斯的地幔对流（Holmes，1945）、赫斯的大陆自由漂块以及其他学者的岩相分层的概念（O'Hara，1973；Oxburgh and Parmentier，1977；Jordan，1988）和岩石圈“冰山”的说法（Abbott et al.，1997）等。然而，物质成分差异引起的密度/浮力反差在俯冲带形成上的物理意义则被忽视了。过分强调“浮力差异由温度差所致”（McKenzie，1977）实际上已经排除了物质成分引起的密度/浮力反差在俯冲带形成上的可能性。转换断层、断裂带及洋中脊作为俯冲带起始点的模式（Casey and Dewey，1984）难以实现，除非在这些软弱带的两侧有明显的密度/浮力反差。虽然洋脊两侧因不对称扩张而有可能引起热浮力的差异（Stein et al.，1977；Forsyth and Scheirer，1998），但当岩石圈板块足够老并有俯冲带形成的理想条件时，这种热浮力的差异甚微。年轻岩石圈在转换断层两侧会有温度差，但因热膨胀系数极小（约 $3\times10^{-5}K^{-1}$），该温度差难以导致足够的密度/浮力反差。大西洋赤道附近的 Romanche 转换断层是地球上唯一的转换断层，其两侧年龄差约 75Ma。这里热浮力差应该存在，但因缺乏垂向挤压而无法形成逆断层——俯冲带形成的先驱，所以俯冲在这里难以实现。因此，洋脊、转换断层、断裂带等并不是俯冲带形成的理想场所。当然，这些软弱带会发生后期“重新活化”（Casey and Dewey，1984；Clift and Dixon，1998；Toth and Gurnis，1998）。虽然这种“重新活化”的设想有吸引力，但因洋脊或转换断层/断裂带两侧的岩石圈物质具有类似的成因与相同的物理性质，密度/浮力反差难以在这里造就。因此，在任何构造作用下都难以理解为什么这些软弱带的一侧下沉而另一侧上升。Niu 和 O’Hara(2003）通过定性描述和定量计算，指出岩石圈内物质成分差异引起的密度/浮力反差为俯冲带的开始创造了有利和必要的条件。

（四）地幔柱大辩论

40 年前，板块构造理论的诞生对地球科学的思维方式产生了革命性的影响，它为理解地球如何运作奠定了基本框架。按照定义，板块是一些刚性强、内部不变形但彼此相互运动的岩石圈块体。所以，板块构造理论简单明了地解释了沿板块边界分布的地震和火山活动，但难以解释板块内部出现的地震和火山活动。广阔的太平洋板块上的 Hawaii 洋岛以及向西北方向年龄逐渐变老的 Hawaii-Emperor 岛链是地球上最著名的板块构造理论解释不了的板内岩浆活动带。在板块构造理论问世的同时（Morgan，1968；Wilson，1973），Wilson（1973）将这些类似 Hawaii 的板内火山产物解释为“热点”，起源于相对固定的深部地幔源区，从而不受太平洋板块漂移的影响。Morgan（1971，1972）进一步倡导这一观点，认为热点是下地幔圆柱状地幔柱在地表的表现，并在地球上鉴别出大约 20 个这种热点或地幔柱（Morgan，1981）。因地球内部冷却所需要，热地幔柱也许确实存在。但正如 Davies（2005）强调的那样，地幔柱的数量应该是有限的。这与根据热流数据分析和模拟暗示的约 5200 个地幔柱的观点明显不同（Malamud and Turcotte，1999）。另外，地幔柱的数量被许多地幔柱爱好者夸大了，他们有意无意地认为板块构造解释不了的火山活动就必定是由地幔柱引起的，只要这些火山岩浆富集所谓的不相容元素（如轻稀土元素、挥发分和大离子亲石元素），也不管是否存在足够的地球物理证据支持地幔柱来源。Sager 和 Foulger（2005）认为地幔柱存在的实质性证据难以找到，许多板内火山活动与地幔柱的概念不符，也不能被地幔柱假说所预测（Morgan，1971，1972；Campbell and Griffiths，1990；Farnetani and Samuel，2005）。从这个意义上讲，现已取得一些共识，至少很多所谓的地幔柱不是真正的地幔柱。故还需要其他可能的模型来解释这些非地幔柱的板内现象。

1. 全地幔对流模型

严格来说，没有直接证据支持或者反对全地幔对流或分层地幔对流。如果 660km 地震不连续面（660-D，起因于压力引起的相转变）不是阻止物质流通障碍的话，那么地幔对流一定是全地幔规模，因为上地幔物质能够进入下地幔，而为了保持物质平衡下地幔物质则必须进入上地幔。在许多俯冲带，地震层析观测到（Van der Hilst et al.，1997；Kárason and Van der Hilst，2000）大洋岩石圈穿过 660-D 不连续面进入下地幔的现象支持全地幔对流。660-D 界面上下大规模物质交换意味着有效的热交换，其结果是下地幔就会有效地冷却降温，而不会聚集过多热量。这说明 660-D 不连续面不是一个传导热边界层。地幔只有两个热边界层，以陡的地温梯度为特征。顶部冷的热边界层是地幔热传导/损失到地表所致，而底部热的热边界层则是由于地核热传导/加热地幔而成的。两个热边界层之间地幔绝大部分的温度剖面一般认为可以用地幔绝热地温梯度来代表。也就是说温度沿绝热线变化不是由于热的损失或获得，而是来源于压力（深度）的变化：在恒定熵的情况下压缩（向下）或膨胀（向上）。在实际情况下，地幔主要部分的温度剖面放射性生热的缘故可能不是严格的绝热，但将其示为绝热梯度在这里尚合理。如果地幔上涌是按绝热地温梯度进行的，而且如果地幔柱源区物质（地幔柱的潜在温度 $T_{P[Plume]}$）比周围“正常”地幔如洋中脊下地幔（即 $T_{P[MOR]}$）热的话，那么，热地幔柱必须从底部热边界层即 D″区或核幔边界（CMB）上升。这是因为起源于热边界层以外地幔任何部分的物质都将会沿着绝热梯度上升，从而不会比周围正常地幔（即 $T_{P[MOR]}$）热。所以，我们可以说如果地球中的确存在热地幔柱，它们必然起源于热边界层。如果是这样，热点火山活动得到的 $T_{P[Plume]}$ 一定比 $T_{P[MOR]}$ 高。

另外，如果来源于远离热边界层的地幔主要部分的物质具有较轻的化学组成并含有大量水（因此具有较高的不相容元素丰度），而且体积足够大（Stokes 法则），这些物质将会沿绝热梯度限定的路径上升，并在较浅的部位发生部分熔融，从而产生地表火山活动。如果这些火山活动出现在板块内部，人们就可能用地幔柱来解释其成因。然而，这和热地幔柱的概念截然不同。如果要评判能否用地幔柱一词时，那么这种板内熔融异常应该是化学组成地幔柱（而非热地幔柱）的产物。因为它不是起源于热边界层的，其潜在温度就会类似于正常地幔潜在温度（如洋中脊物质源区），但比地幔柱的地幔潜在温度要低。这一概念可能有助于解决有关从火山产物推测（Herzberg and O'Hara，2002；Green and Falloon，2005；Putirka，2005）正常地幔潜在温度和地幔柱的地幔潜在温度的矛盾。值得注意的是，化学组成异常的地幔温度可能稍高于正常地幔潜在温度，因为会有较高丰度的生热元素所产生的过热，但仍然不会高于地幔柱的地幔潜在温度。

2. *分层地幔对流*

正如上面讨论的，如果 660-D 不是上下地幔物质交换的物理屏障，那么分层地幔对流就不会发生。然而，除了层析成像暗示大洋岩石圈可能进入下地幔以外，没有直接证据表明上下地幔物质的“自由”交换。地震层析成像暗示太平洋俯冲岩石圈呈水平方向滞留在东亚大陆下的过渡带内西延大于 2000km（Kárason and Van der Hilst，2000）。俯冲板片在许多其他地区也有滞留在过渡带的迹象。这意味着 660-D 可能是阻止上下地幔物质交换的局部或暂时的屏障，从而也有可能是一个热传导边界层。这就意味着分层对流在地球历史中可能也很重要（Machetel and Weber，1991；Davies，1995）。从这个意义上说，起源于不同热边界层（例如，660-D 或 CMB-核幔边界）的地幔柱也许能够很好地解释不同特征的热点火山活动（Courtillot et al.，2003）。660-D 可能是热传导边界层，形成这种热边界层是因为板块构造诱发的冷却仅限于上地幔，而热以传导方式从下地幔进入上地幔既不有效也很有限。因此，在 660-D 界面上会形成巨大的温度差而产生热边界层。热地幔柱因此只能从 660km 热边界层形成。来源于 660km 热边界层的地幔柱可能不如来源于核幔边界的地幔柱热。化学组成地幔柱有可能也能在上地幔内形成，但不会比正常地幔潜在温度高。尽管如此，上地幔起源的热地幔柱（或地幔底辟上升）是否能够引起短时限内岩石圈大规模的熔融，尚需检验和定量研究。

第二节　新疆北部古生代岩浆活动定年

一、阿尔泰-准噶尔盆山体系

（一）阿尔泰造山带

阿尔泰地区主要由奥陶纪—泥盆纪地层和花岗岩组成（Windley et al., 2002；Xiao et al., 2004a）（图 2-3）。

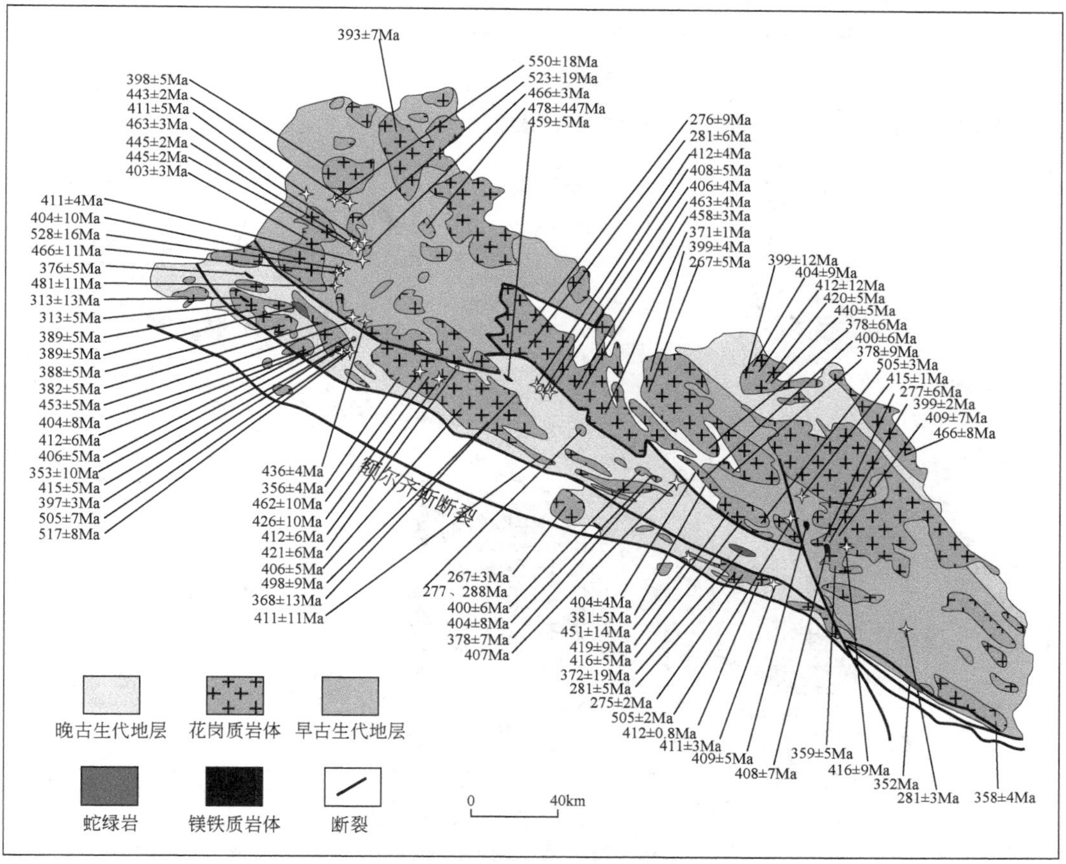

图 2-3　阿尔泰造山带区域地质构造示意图

修编自 Windley et al., 2002。晚古生代火山岩定年数据来自 Windley et al., 2002；胡霭琴等，2006；Wang et al., 2006；Yuan et al., 2007；于淑艳等，2011；刘源等，2013。侵入岩定年数据来自童英等，2006；Yuan et al., 2007；杨富全等，2008；高福平等，2010；柴凤梅等，2010；于淑艳等，2011；李月臣等，2012；刘源等，2013。蛇绿岩和镁铁质岩体定年来自 Wang et al.，2006

根据地球化学组成，前人将阿尔泰地区岩体分成造山型（408～377Ma）和非造山型（344～290Ma），而已有研究认为造山期花岗岩活动时间是460～360Ma，后造山时期花岗质岩浆活动时间是320～260Ma。但是现有的地球化学研究显示石炭纪时期阿尔泰地区是俯冲环境（Xiao et al., 2004a；Yuan et al., 2007）。酸性火山岩主要发育在泥盆纪，花岗质岩脉活动时间主要在220～198Ma（Wang Q et al., 2007）。阿尔泰地区蛇绿岩活动时间从439Ma变化到352Ma。阿尔泰地区还发育早石炭世的镁铁质岩体和408Ma的辉长岩（Wang et al., 2006）。中国-哈萨克斯坦联合地质科研项目组在1990～1994年认为阿尔泰造山带内的变质岩是古生代变质地层，但是最近锆石U-Pb定年结果显示青河县西南片麻岩形成于281Ma（胡霭琴等，2006）。

（二）西准噶尔

西准噶尔地区发育531～332Ma的蛇绿混杂岩（Xiao et al., 2008），包括巴尔莱克、麦拉、唐巴勒、达拉布特、白碱滩和玛利勒（图2-4）。

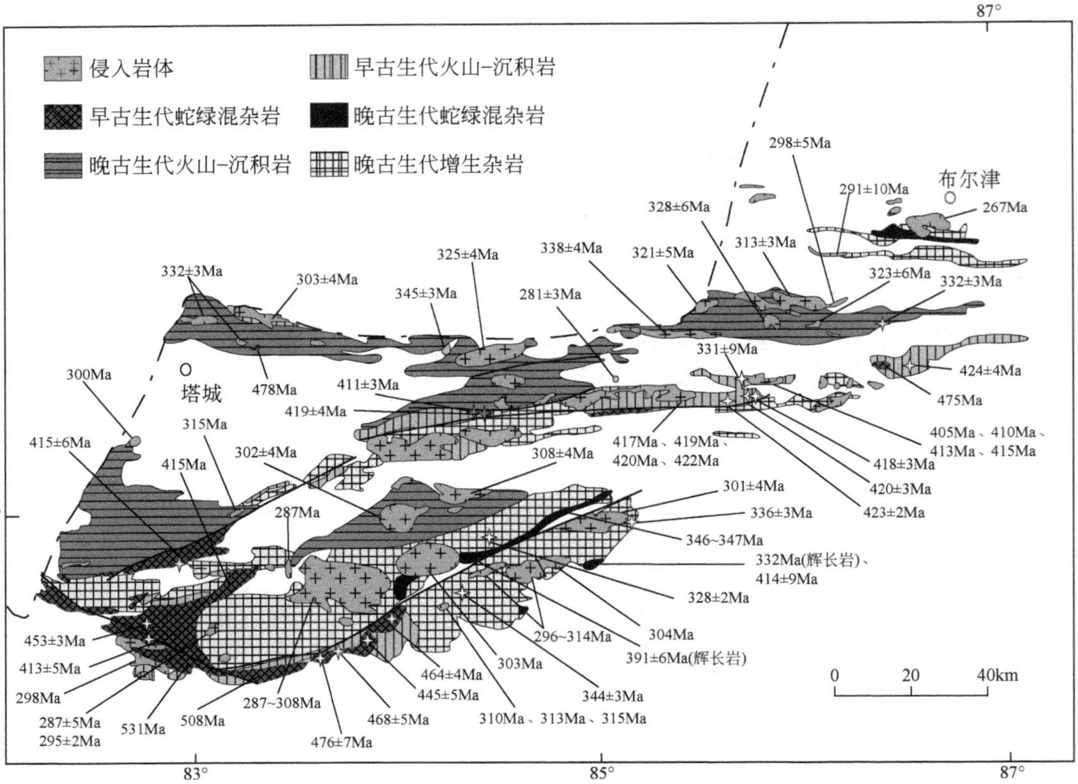

图2-4　西准噶尔古生代地质构造图

修编自Feng et al., 1989；Buckman and Aitchison, 2004。晚古生代地层碎屑锆石和火山岩（灰色十字标）年龄来自Chen J F et al., 2010；Shen et al., 2012。镁铁质-超镁铁质岩体年龄来自Kwon et al., 1989；Jian et al., 2005；徐新等，2006；Zhu Z X et al., 2006；Xiao et al., 2008；Yang X F et al., 2012。花岗质岩体年龄数据来自Chen et al., 2006；Han et al., 2006；Wang B et al., 2007；Zhou et al., 2008；Geng et al., 2009；魏荣珠，2010；Chen et al., 2011；Shen et al., 2012；Tang G J et al., 2012。火山岩（黑色十字标）的定年数据来自王瑞和朱永峰，2007；Shen et al., 2012

寒武纪洋岛蛇绿岩在唐巴勒地区出露（531～508Ma，Jian et al.，2005）。3 个锆石 U-Pb 定年显示晚古生代杂岩体形成于 328Ma、336Ma 和 344Ma。玄武岩、玄武质安山岩、安山岩和长英质凝灰岩喷发时期集中在 344～330Ma，此外西准噶尔地区发育 413～468Ma 的早古生代地层。西准噶尔地区石炭纪—二叠纪花岗质岩体相对较大，数量也比较多，形成时代可以分为两期（图 2-4）：奥陶纪—志留纪（488～416Ma）、晚泥盆世—石炭纪（299～385Ma），其中 321～291Ma 是 A 型花岗岩的主要发育时期（Kwon et al.，1989；Zhou et al.，2008）。石炭纪花岗质岩石类型包括石英闪长岩、二长闪长岩、花岗闪长岩、二长花岗岩和 A 型花岗岩，此外石炭纪还发育埃达克岩和高镁闪长岩（Yin et al.，2010）。目前，本地区晚二叠世花岗岩数据很少，仅和布克赛尔凹陷中一个花岗岩的时代为 267Ma（Chen J F et al .，2010）。

（三）东准噶尔

阿尔曼太蛇绿岩在东准噶尔的北部，形成于晚寒武世—早奥陶世（489±4Ma，简平等，2003；503±7Ma，肖文交等，2006a；495. 9±5. 5Ma，张元元和郭召杰，2010）。卡拉麦里蛇绿岩套在东准噶尔的南部，其中的斜长花岗岩锆石 SHRIMP U-Pb 年龄是 373±10Ma（唐红峰等，2007），辉绿岩锆石 U-Pb 年龄是 417±3Ma，该蛇绿岩上不整合的凝灰岩形成于 343±5Ma。

东准噶尔地区石炭纪—二叠纪的花岗岩主要沿阿尔曼太断裂和卡拉麦里断裂带分布（图 2-5），其中 A 型花岗岩的活动时间集中在 300Ma 左右（Han et al.，1997）。东准噶尔西部的白家沟和帐篷沟地区的基性岩脉活动时间从 435Ma 一直延续到 300Ma，而且还发育早石炭世与俯冲作用有关的流纹岩（332Ma）和角斑岩（336Ma）（Xiao Y et al.，2011）。托让格库杜克组中发育早泥盆世的埃达克岩（Xu et al.，2001），富 Nb 玄武岩（张海祥等，2004）和钾质玄武岩（袁超等，2006）。

二、天山造山带

（一）西天山

西天山地区古生代侵入岩较发育，每个地质时期都有侵入岩浆活动，根据现有的锆石 U-Pb 年代学数据，有 3 个峰期（图 2-6）：志留纪—早泥盆世（488～416Ma）、早泥盆世（385～359Ma）和晚石炭世（318～299Ma）。

二叠纪花岗质岩浆活动主要在南天山地区和伊犁地块北缘发育，岩石类型包括黑云母角闪花岗岩、花岗闪长岩、二长花岗岩、钾长花岗岩、黑云母花岗岩等。早古生代花岗质侵入岩主要发育在伊犁地块的南缘。石炭纪花岗质侵入岩在西天山地区广泛发育，早石炭世早期花岗岩主要分布在中天山伊犁地块北侧，包括昭苏花岗闪长岩、果子沟角闪花岗岩，莱历斯高尔钼矿二长闪长斑岩、3517 铜矿二长闪长斑岩等；早石炭世晚期—晚石炭世（335～305Ma）花岗岩主要沿北天山缝合带展布，岩石类型包括石英闪长岩、花岗斑岩、斜长花岗岩、花岗闪长岩和正长岩等。西天山闪长岩主要在伊犁地块南缘发育。西天山不仅发育与俯冲洋壳熔融有关的晚古生代埃达克岩，而且也发育与加厚地壳熔融有关的埃达克岩。而

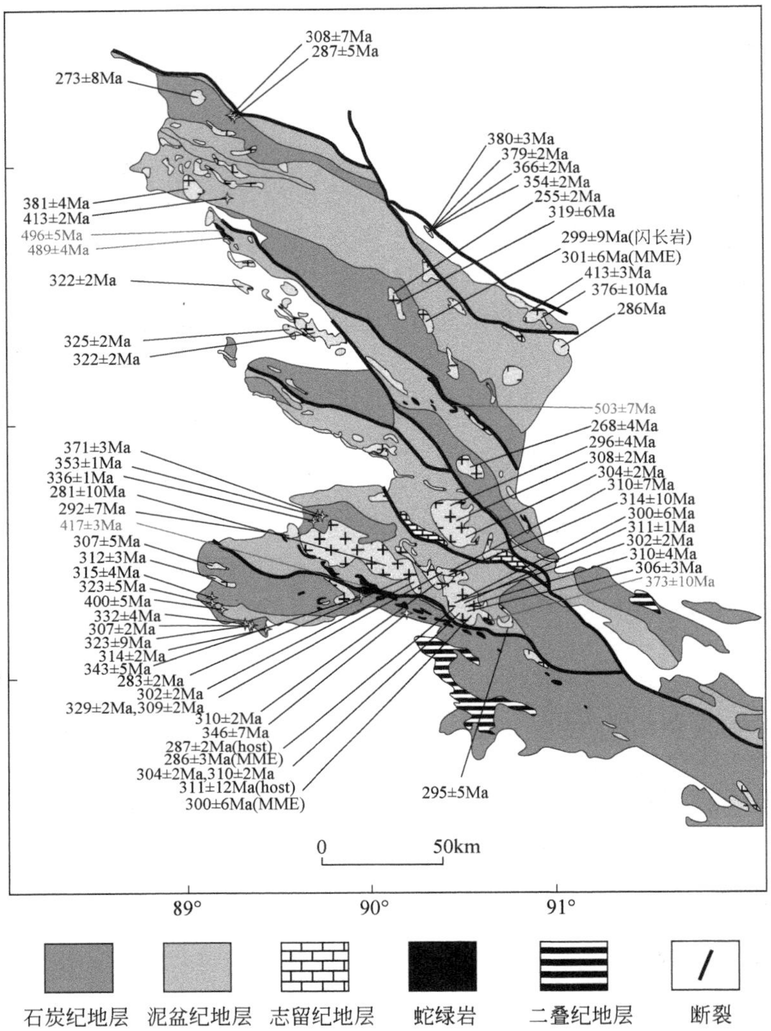

图 2-5　东准噶尔区域地质构造图

修编自前人研究成果。岩体定年数据来自李宗怀等，2004；韩宝福等，2006；苏玉平等，2006；童英等，2006；张招崇等，2006；周刚等，2006；李月臣等，2007；林锦富等，2007，2008；杨高学等，2008，2009，2010a，2010b，2010c；Xiao Y et al.，2011；吕书君等，2012。简平等，2003；肖文交等，2006a；蛇绿岩套定年数据来自唐红峰等，2007；张元元和郭召杰，2010。火山岩定年数据来自谭佳奕等，2010；王一剑等，2011；Xiao Y et al.，2011；Su Y P et al.，2012。喀拉通克岩体定年数据来自 Han et al.，2004

且西天山晚古生代埃达克岩在时间和空间上都与钾质火山岩有关。西天山发育志留纪（344Ma）、石炭纪（308Ma）的蛇绿岩和泥盆纪（434Ma）的超基性岩体。

（二）东天山

觉罗塔格地区花岗质岩浆活动集中在 386～230Ma（李华芹和陈富文，2002；陈富文

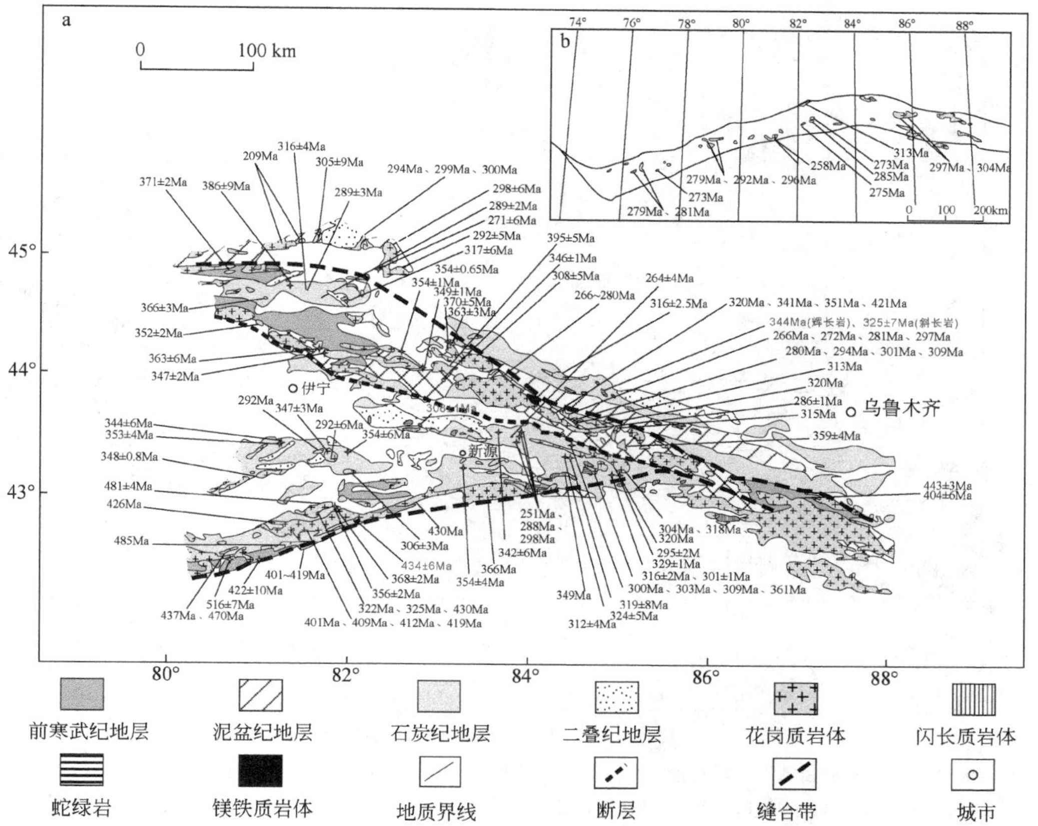

图 2-6 西天山地质构造图

修编自前人研究成果。晚古生代火山岩定年数据来自朱永峰等，2005；安芳和朱永峰，2008；Zhang Z H et al.，2008；朱永峰等，2010；白建科，2011；蒋宗胜等，2012；李永军等，2012；茹艳娇等，2012；孙吉明等，2012；李大鹏等，2013。花岗质岩体定年数据来自刘志强等，2005；Chen et al.，2006；徐学义等，2006a，2006b，2010）；陈必河等，2007；李永军等，2007a；龙灵利等，2007；王博和舒良，2007；唐功建等，2008；Zhang Z H et al.，2012；王居里等，2009；张东阳等，2009；蒋宗胜等，2012；王行军等，2012；解洪晶等，2012；Yang W B et al.，2012；Zhang Z H et al.，2012；朱永峰，2012。蛇绿岩和镁铁质岩体定年数据来自徐学义等，2005；杨海波等，2005；Wang et al.，2006；Zhang C L et al.，2010；朱志敏等，2010。古生代地层和岩体定年数据来自 Li and Ripley，2011；Yang W B et al.，2012

等，2005；陈文等，2006；李文铅等，2006；孙桂华等，2006；吴昌志等，2006；汪传胜等，2009；周涛发等，2010；孙敬博等，2012）（图 2-7），周涛发等（2010）认为可分为晚泥盆世（386 ~ 369Ma）、早石炭世（349 ~ 330Ma）、晚石炭世—晚二叠世（320 ~ 252Ma）、早-中三叠世（246 ~ 230Ma）4 个阶段。该区火山岩多形成于晚石炭世（张连昌等，1999；李向民等，2004；陈富文等，2005；侯广顺等，2006；李源等，2011），其中发育 309 ~ 317Ma 的含铜玄武岩（Zhang et al.，2013）。

觉罗塔格地区的康古尔韧性剪切带内发育众多晚二叠世（269 ~ 284Ma）与硫化物铜镍矿有关的镁铁-超镁铁岩体（如图拉尔根、黄山、葫芦等）（Zhou et al.，2004；孙赫等，2007；Chai et al.，2008；唐冬梅等，2009b）。

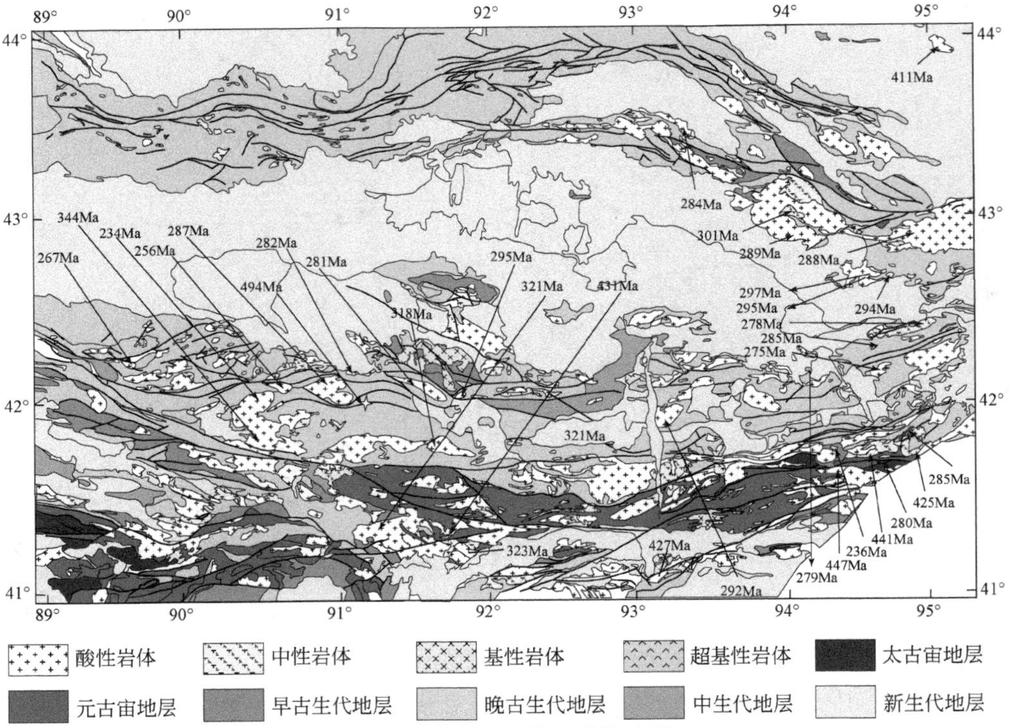

图 2-7　东天山区域地质构造图

修编自 1∶1500000 新疆维吾尔自治区地形地质矿产图。花岗岩定年数据来自张连昌等，1999；薛春纪等，2000；顾连兴等，2001；李伍平等，2001；李华芹和陈富文，2002；李华芹等，2004；李向民等，2004；陈富文等，2005；陈文等，2006；侯广顺等，2006；王银喜等，2006；胡霭琴等，2007；李文铅等，2008；唐俊华等，2007，2008；王玉往等，2008；汪传胜等，2009，2010；王登红等，2009；陈希节和舒良树，2010；杜世俊等，2010；周涛发等，2010；孙敬博等，2012。闪长岩以及中性火山岩定年数据来自孙桂华等，2009。基性岩-超基性岩定年数据来自李源等，2011

博格达造山带侵入岩以辉绿岩岩床、岩株和岩墙为主，仅有少数中-酸性岩体（顾连兴等，2001）。这些中-酸性岩体主要在晚石炭世—早二叠世发育，如 299Ma 的上大河沿中-酸性岩体（顾连兴等，2001）、297Ma 的小堡花岗质岩体（陈希节和舒良树，2010）、288Ma 的奥姆尔塔格碱性花岗岩（汪传胜等，2009）。

中天山岛弧区北缘发育二叠纪镁铁质-超镁铁质岩体，包括天宇（280Ma）、白石泉（284Ma）（Su et al., 2010）、峡东等，这些镁铁质-超镁铁质岩体多与铜镍矿有关（Chai et al., 2008；Mao et al., 2008）。

第三节　新疆北部晚古生代岩浆作用特点

一、岩浆岩类型划分

该研究区岩浆岩岩性复杂，从熔岩到火山碎屑岩、超基性岩到酸性岩，从深成侵入型、浅成侵入型到喷出型都有分布。本书中侵入岩采用国际地质科学联合会的《深成岩矿物定量分类命名方案》进行化学分类命名；喷出岩根据TAS图版，利用岩石中SiO_2、K_2O和Na_2O的含量及其关系进行分类和命名；火山碎屑岩采用《孙善平等（2001）的分类表》进行分类和命名。脉岩类根据岩石成分和结构进行分类命名。具体分类和命名时综合考虑产出岩相、结构、构造及矿物特征。

该区喷出岩中的玄武岩，具有斑状结构及基质玻晶交织结构，呈块状构造、杏仁状构造、枕状构造等。安山岩具斑状结构，基质具间粒间隐结构，呈杏仁构造和块状构造；流纹岩具玻璃质结构，呈流纹构造。浅成侵入岩中的花岗岩具斑状或似斑状结构，多呈块状构造。火山碎屑岩中常发育凝灰岩及火山角砾岩，凝灰岩具岩屑、晶屑、角砾和火山灰凝灰结构。

依据矿物成分，结合火成岩岩相，将研究区岩浆岩划分为如下几种主要类型：

（1）超基性岩类侵入岩主要发育纯橄岩、含辉纯橄岩、橄榄岩、二辉橄榄岩、含单辉橄榄岩、方辉橄榄岩、斜辉辉橄岩等。喷出岩主要发育苦橄岩。

（2）基性岩类侵入岩主要发育辉长岩、苏长岩、橄长岩、角闪辉长岩、辉长苏长岩、辉绿岩、橄榄辉长岩等。喷出岩主要发育玄武岩，从化学成分上分为橄榄拉斑玄武岩、辉斑玄武岩、石英拉斑玄武岩、碱性玄武岩等。

（3）中性岩类侵入岩主要发育闪长岩、石英闪长岩、花岗闪长岩、辉长闪长岩、黑云母花岗闪长岩。喷出岩主要发育安山岩、玄武安山岩、粗面岩、玄武粗面岩、辉石安山岩、粗面安山岩、安山玢岩等。中性向酸性过渡的岩类，如英安岩、英安斑岩等。

（4）酸性岩类侵入岩主要发育花岗岩，根据次要矿物种类包括黑云母花岗岩、斜长花岗岩、二长花岗岩、石英二长岩、石英正长岩、石英正长斑岩、辉绿花岗岩、片麻状花岗岩、英云闪长岩、花岗闪长岩、碱长花岗岩等。喷出岩主要发育流纹岩，根据矿物成分、结构及流纹构造进一步划分为英安流纹岩、碎斑流纹岩、球粒流纹岩、霏细岩、霏细斑岩等。

（5）脉岩类主要为辉绿岩墙。

（6）火山碎屑岩包括火山碎屑熔岩类、正常火山碎屑岩和向沉积岩过渡的火山碎屑岩类。火山碎屑岩向酸性熔岩过渡岩类，如破碎角砾珍珠岩；火山碎屑岩向中/基性岩过渡岩类，如安山质晶屑玄武岩、安山角砾玄武岩、晶屑安山玄武岩、碎裂状晶屑安山玄武岩；火山碎屑岩向基性岩过渡岩类，包括晶屑玄武岩、安山质角砾玄武岩、安山晶屑玄武岩。正常火山碎屑岩包括集块岩类、火山角砾岩类、凝灰岩类。向沉积岩过渡的火山碎屑岩类包括沉凝灰岩类及沉火山角砾岩类。

二、泥盆纪岩浆岩岩石类型及分布

（一）阿尔泰–准噶尔盆山体系

1. 阿尔泰造山带

阿尔泰造山带南麓早–中泥盆世火山岩以红山嘴断裂和苏布达衣–阿巴宫断裂为界限划

分为红山嘴岩带和富蕴岩带（Zhu Y F et al., 2006；Wang B et al., 2007）。红山嘴岩带发育中泥盆世中-酸性火山岩，为安山岩-英安岩组合；富蕴岩带发育早-中泥盆世安山岩-英安岩-流纹岩及玄武岩组合，主要岩性为凝灰角砾岩、火山角砾岩、英安岩、流纹岩、安山岩、辉斑玄武岩、无斑玄武岩、钠长斑岩和苦橄岩等（张招崇等，2005）。

该区侵入岩主要为花岗岩及少量超基性杂岩（图 2-3）。早泥盆世花岗岩分布广泛，主要有北阿尔泰诺尔特岩体、中阿尔泰库琼尔岩体和可可托海等岩体；南阿尔泰有冲乎尔和塔尔浪岩体，主要岩性为片麻状斜长花岗岩、片麻状花岗岩、片麻状花岗闪长岩、片麻状英云闪长岩等（Han et al., 1997；Chen and Jahn, 2004；Mao et al., 2008；杨富全等，2008）。超基性岩带受卡拉麦里大断裂控制，岩带东部南明水—六棵树—苦水泉一带岩石类型为斜辉辉橄岩、斜辉橄榄岩和含辉纯橄岩，全部蛇纹石化；岩带西部平顶山-清水泉地区岩相较繁杂，纯橄岩或含辉纯橄岩增多（董虎臣和康春华，1986；杨高学等，2010a）。

2. 准噶尔

该区泥盆纪火山岩从基性到酸性岩类均有发育（Chen M M et al., 2010）。西准噶尔地区包括萨吾尔、塞米斯台和加依尔三个火山岩带，萨吾尔岩带为早-中泥盆世的玄武岩-安山岩-英安岩和流纹岩组合；塞米斯台岩带发育玄武岩-安山岩-英安岩-流纹岩组合；加依尔岩带发育玄武岩-流纹岩组合。准噶尔地区包括二台和北塔山火山岩带，均发育玄武岩-安山岩-英安岩-流纹岩组合（Xu et al., 2001；Zhang et al., 2004；牛贺才，2006；Su Y P et al., 2012）。

（二）天山-吐哈-三塘湖盆山体系

该区火山岩在西、东天山都有发育（图 2-6，图 2-7）。西天山可划分为婆罗科努、额尔宾山、阔库拉等火山岩带，婆罗科努岩带发育中-晚泥盆世玄武岩-流纹岩组合；额尔宾山岩带发育玄武岩-安山岩-流纹岩组合；阔库拉岩带发育早-中泥盆世玄武岩-安山岩-流纹岩组合。东天山主要分布在哈尔里克山和觉罗塔格地区，以中基性为主，酸性火山岩较少，岩区南部下泥盆统大南湖组的火山岩，下部为霏细岩、霏细斑岩夹辉绿玢岩及火山角砾岩，上部为杏仁状玄武岩、玄武岩、安山岩、霏细岩及凝灰岩、火山角烁岩、集块岩（陈希节，2013）。

该区侵入岩主要为中酸性岩，分布于婆罗科努岩带和那拉提岩带。婆罗科努岩带主要为花岗岩-花岗闪长岩；那拉提岩带在东部主要发育于确鹿特达坂南部高山区，西部主要发育在山系北部的泊仑干布拉克、结特木萨依等一带，岩性主要为闪长岩、二长花岗岩等（朱志新等，2011）。吐哈盆地南缘克孜尔卡拉萨依一带、大南湖乡以南和土屋北也出露中酸性侵入岩，克孜尔卡拉萨依岩体主要为闪长岩、石英闪长岩、石英二长闪长岩、花岗闪长岩、二长花岗岩和钾长花岗岩等；大南湖岩体以黑云母花岗岩和花岗闪长岩为主，土屋北岩体岩石类型包括石英闪长岩、花岗闪长岩和二长花岗岩（宋彪等，2002）。吐哈盆地东缘四顶黑山超单元中出露黑云母花岗岩（李亚萍等，2006）。

三、石炭纪岩浆岩岩石类型及分布

（一）阿尔泰-准噶尔盆山体系

1. 阿尔泰造山带

该区早石炭世火山岩主要分布于红山嘴岩带和富蕴岩带，均为安山岩-英安岩-流纹岩组合。红山嘴岩带岩性为杏仁状安山岩、辉石安山岩及晶屑火山凝灰岩。富蕴岩带哈巴河县西北岩性为安山岩、凝灰熔岩、凝灰岩、集块岩等。晚石炭世火山岩仅分布于富蕴岩带的锡泊渡一带，下部为杏仁状玄武岩、安山岩及火山凝灰岩，上部为霏细岩、霏细质凝灰熔岩及蚀变辉绿岩，为玄武岩-安山岩-流纹岩组合。

阿尔泰造山带东南部发育早石炭世典型的碱性花岗岩，以布尔根岩体为代表，岩性为中粒钠铁闪石碱性花岗岩，岩体东侧发育石英碱性正长岩、中细粒似斑状碱性花岗岩和黑云母花岗岩。在阿尔泰南缘地段发育少量显示埃达克质特点的花岗岩。

2. 准噶尔

早石炭世是准噶尔岩区火山活动鼎盛时期，各类火山岩广泛分布于西、东准噶尔（Han et al., 1997; Buckman and Aitchison, 2004; Chen and Jahn, 2004; Geng et al., 2009）。西准噶尔地区主要有萨吾尔、赛米斯台和加依尔三个岩带，岩石类型下部为杏仁状玄武岩及火山凝灰岩夹硅质岩，中部为英安质晶屑岩屑凝灰岩、火山角砾岩夹杏仁状玄武岩、安山岩，上部为安山质-英安质凝灰岩夹火山角砾岩、集块岩及安山岩、石英斑岩等。东准噶尔地区的早石炭世可划分为：①二台岩带和北塔山岩带，为玄武岩-安山岩-英安岩-流纹岩组合；②卡拉麦里岩带，为细碧岩-石英角斑岩组合和玄武岩-安山岩组合，该岩带的卡拉麦里山南坡至三塘湖东南部，岩性为玄武岩、流纹岩和少量的安山岩、英安岩，为玄武岩-流纹岩组合。中石炭世火山岩可分为萨吾尔和加依尔岩带，萨吾尔为玄武岩-安山岩组合；加依尔岩带为玄武岩-安山岩-英安岩组合。晚石炭世的火山岩分布甚少，仅见于东准噶尔老君庙地区，为玄武岩-安山岩-流纹岩组合。

西准噶尔北部扎尔玛-萨吾尔岩浆弧内发育早石炭世侵入岩，由西向东依次为朱青青花岗闪长岩、布尔干花岗闪长岩、阿布都拉二长花岗岩、达因苏辉石闪长岩、活吉尔二长闪长岩、萨吾尔二长花岗岩和钾拉斯特钾长花岗岩。晚石炭世侵入岩包括托洛盖花岗岩和库鲁木苏及赛力克钾长花岗岩。东准噶尔地区可分为萨尔布拉克带辉长岩-钠质花岗岩序列、卡拉麦里-伊吾带钾长花岗岩序列、三塘湖辉绿岩-花岗岩序列、双井子带辉绿岩-石英斑岩序列。西准噶尔包古图地区广泛发育晚石炭世富镁闪长质岩墙。

（二）天山-吐哈-三塘湖盆山体系

石炭纪火山岩系主要由基性玄武质熔岩组成，其次还包含中性和酸性熔岩及同质火山碎屑岩（夏林圻等，2004）。早石炭世火山岩主要分布于伊犁盆地岩带，阔库拉岩带和乌孙山地区有零星分布。伊犁盆地和阔库拉岩带主要为辉石安山岩、安山岩、英安岩、流纹岩及火山碎屑岩，偶夹玄武岩；乌孙山地区为玄武岩、安山质凝灰岩、集块岩、英安岩、霏细岩、流纹岩夹霏细斑岩及火山角砾岩。此外，博格达岩带有玄武岩-安山岩-英安岩组合，觉罗塔格岩带有安山岩-英安岩-流纹岩组合。

中石炭世火山岩的分布较早石炭世明显缩小，主要分布于伊犁盆地岩带中部，主要岩石类型为安山岩、英安岩、杏仁状橄榄玄武岩及其火山角砾岩、凝灰岩等。依连哈比尔尕、博格达和觉罗塔格岩带等北天山造山带中为玄武岩-安山岩-英安岩-流纹岩组合。晚石炭世火山岩主要分布于北天山造山带的博格达和依连哈比尔尕岩带、东天山的觉罗塔格地区。以博格达岩带为主且发育较好，岩性为灰绿色杏仁状安山岩、辉石安山岩及凝灰岩。觉罗塔格地区出露晚石炭世岛弧拉斑玄武岩、钙碱性（高铝）玄武岩、高铝玄武安山岩、英安岩和流纹岩（吴春伟等，2008）。三塘湖盆地石炭纪火山岩出露于考克赛尔盖山、三塘湖乡、大黑山及淖毛湖一带，主要岩石组合为玄武岩、玄武质安山岩、安山岩和火山碎屑岩。

石炭纪侵入岩在东、西天山都有发育。西天山石炭纪侵入岩从北向南主要分布在以下几个岩带中：①北天山北缘巴音沟侵入岩带的独山子南，发育晚石炭世偏碱性的钾长花岗岩；②北天山婆罗科努-依连哈比尔尕侵入岩带中沿依连哈比尔尕山呈岩基带状分布，主要岩性为闪长岩，其次为石英闪长岩、花岗闪长岩、二长花岗岩和花岗岩等；③那拉提-中天山侵入岩带，主要为花岗岩和花岗闪长岩；④南天山侵入岩带中分布在盲起苏和虎拉山等地，岩性为中、细粒花岗闪长岩，中、粗粒花岗闪长岩，中、粗粒似斑状花岗闪长岩，片麻状黑云花岗岩，片麻状似斑状黑云母斜长花岗岩，片麻状二云母花岗岩和片麻状二长花岗岩等（朱志新等，2011）。东天山石炭纪侵入岩主要分布于阿其克库都克断裂带及其以南的中天山地块内，主要岩石类型为细-中粒闪长岩、石英二长岩、石英正长岩、石英正长斑岩、黑云母钾长花岗岩、钾长花岗岩、黑云母二长花岗岩等。土屋延东矿区一带分布大量中酸性侵入岩体，岩性有早石炭世角闪辉长岩、石英辉长岩、辉长闪长岩、石英闪长岩、花岗闪长岩、二长花岗岩和晚石炭世钾长花岗岩、斜长花岗岩等（陈富文等，2005），彩霞山岩体东侧彩中岩体为黑云母二长花岗岩（李文铅等，2006）。

（三）北山-塔里木盆山体系

北山地区石炭纪火山岩分布于依格孜塔格至因尼卡拉塔格之间的广大地区，空间上呈线性分布，以玄武岩-安山岩-英安岩-流纹岩岩性组合为主。早石炭世火山岩在空间上可分为北带和南带，北带受塞里克沙依深断裂的西段和依格孜塔格深断裂控制，中石炭世火山岩主要出露于白山以北及矛头山到因尼卡拉塔格一带，晚石炭世火山岩出露于矛头山南盐滩及其以东一带（陈升平和朱云海，1992）。

四、二叠纪岩浆岩类型及分布

（一）阿尔泰-准噶尔盆山体系

1. 阿尔泰造山带

二叠纪火山岩主要分布在富蕴岩带的库尔提南、哈拉乔拉以及扎河坝附近，为一套玄武岩-安山岩-英安岩-流纹岩组合。库尔提南为火山角砾岩、杏仁状斜长玢岩、玄武岩；哈拉乔拉带为橄榄玄武岩；扎河坝附近为玄武岩、安山岩、英安岩夹凝灰岩组合（张招崇等，2006）。

阿尔泰造山带二叠纪侵入岩主要为花岗岩和少量基性岩。花岗岩分布广泛，造山带南缘由西向东沿哈巴河、阿勒泰、富蕴到热坝河一带分布，包括布尔津岩体、锡泊渡岩体、艾登布拉克岩体、富蕴南岩体、塔克什肯口岸等岩体；布尔津岩体主要为斑状黑云母花岗岩；锡泊渡主要为肉红色二长花岗岩；艾登布拉克岩体为石英碱长正长岩；富蕴南为花岗闪长岩；塔克什肯口岸主要为正长岩和石英正长岩；玛因鄂博主要为黑云母花岗岩（李宗怀等，2004；童英等，2010）。在造山带内部有大桥南二长花岗质岩体和可可托海伟晶岩（Wang et al.，2006）。阿尔泰中部有喇嘛昭、大哈拉苏岩体，主要为二长花岗岩；小店岩体为花岗闪长岩（周刚等，2006；童英等，2010）。

基性-超基性侵入岩分布较少，造山带的西南缘塔尔浪地区出露一些斜长角闪岩和辉长岩（蔡克大等，2007）；东段的乌恰沟地区发育大量晚二叠世镁铁质侵入岩，包括闪长玢岩和具堆积结构的角闪辉长岩和橄榄辉长岩（陈立辉和韩宝福，2006）。

2. 准噶尔

准噶尔地区二叠纪火山岩较阿尔泰造山带发育程度高，东、西准噶尔都有分布。东准噶尔的火山岩分布于北塔山岩带和二台岩带南部，主要岩石类型有玄武岩、安山岩、英安岩、流纹岩、霏细岩及安山质-流纹质熔结角砾岩、凝灰岩等。西准噶尔火山岩主要分布在萨吾尔地区、吉木乃、塔城、托里、沙尔布尔提山南北侧及乌尔禾等地。萨吾尔地区由安山岩及其相应的火山碎屑岩组成，并有少量的玄武岩（肖文交等，2006a）；吉木乃、塔城、托里、沙尔布尔提山南北侧及乌尔禾等地主要岩石类型为橄榄玄武岩、玄武岩、辉石安山岩及安山岩、英安岩、流纹岩、霏细斑岩及其火山角砾岩、凝灰岩等，岩石组合为玄武岩-安山岩-流纹岩系列。

侵入岩以钾长花岗岩序列（包括闪长岩、花岗闪长岩、二长花岗岩、碱长花岗岩、花岗斑岩）为主。西准噶尔侵入岩主要分布于布尔津带、塔尔巴哈台带及博尔塔拉带，加依尔带也有岩体零星分布，包括石英闪长岩、钾长花岗岩、紫苏花岗岩、碱长花岗岩等，以钾长花岗岩为主（谭绿贵，2007），晚二叠世花岗岩分布很少，仅知布克塞尔凹陷中存在花岗质岩体（Chen J F et al.，2010）。东准噶尔花岗岩基本上沿扎河坝-阿尔曼太、卡拉麦里两条断裂带展布；东准噶尔北缘喀拉通克镁铁质超镁铁质岩带从西向东断续分布有锡伯渡、乌尔腾萨依、盆特克、依铁克、喀拉通克等10个岩体集中区，主要有闪长岩、辉长岩、橄榄苏长岩等（Han et al.，2004）。

（二）天山-吐哈-三塘湖盆山体系

1. 天山造山带

天山造山带晚二叠世火山岩主要分布于伊犁盆地、阔库拉、额尔宾山等岩带以及天山北缘，婆罗科努岩带也有少许分布。伊犁盆地岩带、阔库拉岩带南部和婆罗科努岩带西北缘主要为早二叠世火山岩，包括酸性熔岩、英安岩夹安山岩及熔结凝灰岩、杏仁状玄武岩、橄榄玄武岩、杏仁状安山岩、安山岩夹英安岩、石英斑岩及其火山角砾岩、熔结凝灰岩、凝灰岩等。晚二叠世火山岩仅出露于伊犁盆地岩带阿吾拉勒山地区，中部为杏仁状拉斑玄武岩，上部为安山质沉凝灰岩、安山质集块岩等，为玄武岩-安山岩-流纹岩组合。天山北缘发育了一套火山-沉积组合（大哈拉军山组火山岩），以流纹岩、粗面岩、粗面安山岩、中酸性凝灰岩和少量玄武岩为主。

天山造山带侵入岩主要在南天山地区和伊犁地块北缘发育花岗岩，类型包括黑云母角闪花岗岩、花岗闪长岩、二长花岗岩、钾长花岗岩、黑云母花岗岩等（Han et al., 2011）。伊宁-巴伦台带为一套辉长辉绿岩-花岗闪长岩-正长花岗岩序列小侵入体，岩石组成为辉绿岩、辉长岩、闪长岩、花岗闪长岩、斜长花岗岩、二长花岗岩、正长花岗岩等。天山南脉带从黑英山到阿合奇一带，分布了一些碱性系列的非造山花岗岩类侵入体，岩石组成为碱性辉长岩、正长花岗岩、正长岩、碱性正长岩、花岗斑岩（张招崇等，2007）。东天山侵入岩在哈尔里克山比较发育，主要有黑云母花岗岩、二长花岗岩，局部地区有小面积出露的碱性花岗岩及遍布全区的辉绿岩墙（李希，2012；易鹏飞等，2012）。觉罗塔格带发育与铜镍矿有关的镁铁-超镁铁杂岩（如图拉尔根、黄山、葫芦等岩体），主要由橄榄岩、辉石橄榄岩、橄榄辉石岩、辉长苏长岩、橄长岩、辉长岩和闪长岩组成（Zhou et al., 2004；孙赫等，2007；Chai et al., 2008；唐冬梅等，2009a）。北天山分为二长花岗岩和花岗闪长岩两大岩基链（张志德，1990），同时发育大量同时代基性岩（脉），具有“双峰式”岩浆组合。西天山侵入岩为钾长花岗岩序列，主要分布于南部觉罗塔格带，包括正长花岗岩、碱性花岗岩、石英二长岩，以正长花岗岩为主导岩性。

2. 吐哈盆地

吐哈盆地火山岩可划分为两大火山岩带：博格达火山岩带和觉罗塔格火山岩带。盆地北侧博格达火山岩带主要是安山质凝灰岩和安山岩，其次是杏仁状玄武岩和流纹质凝灰岩，属玄武岩-安山岩-流纹岩组合。盆地南侧觉罗塔格火山岩带主要是英安质凝灰岩和安山质凝灰岩，其次是英安岩，属安山岩-英安岩-流纹岩组合（肖国平和何维国，1997）。两带均以安山岩、流纹岩和玄武岩为主，其次为玄武安山岩、玄武粗面岩、粗面岩及次火山岩、火山角砾岩和火山凝灰岩（周鼎武等，2006）。吐哈盆地北缘存在二叠纪早期喷出岩，下部为酸性火山角砾岩、石英斑岩夹安山岩、凝灰岩；上部为杏仁状橄榄玄武岩夹石英斑岩，为玄武岩-安山岩-流纹岩组合。盆地南缘分布海豹滩和恰特卡尔塔格两个杂岩体，以及部分侵入古生代花岗岩的基性岩墙。海豹滩杂岩体主体由含长纯橄榄岩、橄长岩、橄榄辉长岩和斜长岩组成，岩体北侧边部发育少量细粒闪长岩。恰特卡尔塔格杂岩包括含橄榄斜长岩、辉长岩和闪长岩等（李锦轶等，2006a）。

3. 三塘湖盆地

三塘湖盆地二叠纪火山岩广泛发育于条湖凹陷和马朗凹陷。条湖凹陷区以安山岩和玄武岩为主，局部发育火山角砾岩、辉绿岩和凝灰岩；马朗凹陷区以玄武岩和安山岩为主，夹少量英安岩和流纹岩（郝建荣等，2006；汪双双，2013）。盆地四周发育后碰撞幔源侵入岩，包括碱性花岗岩、碱长花岗岩、花岗岩、花岗闪长岩等。盆地东部发育凝灰岩、火山角砾岩、火山集块岩、玄武岩和玄武安山岩（聂保锋等，2009）。

（三）北山-塔里木盆山体系

1. 北山地区

北山地区火山岩主要分布于北山南部，空间上呈线性分布，岩性组合为玄武岩-安山岩-流纹岩。酸性岩零星分布于后红泉南和哈珠东一带，以正常钾钠类型、钙碱性系列的流纹岩为主，并有少量钾质类型的流纹岩，属钾质流纹岩、钙碱性系列。基性、中基性岩组合，即玄武岩、玄武安山岩（安山岩）大片发育于红柳园一带、后红泉一带及红石山北等（王玉往和姜福芝，1997）。方山口南、红柳河北、马鬃山东火山岩也有零散分布，方山口南局部有安山玄武岩组合，红柳河北有少量粗面玄武岩、玄武岩分布，马鬃山东有少量双峰式火山岩和安山玄武岩组合的火山岩。北山地区广泛发育一系列相互平行的基性岩（墙）脉群，岩石类型主要为辉绿岩和辉绿玢岩（陈升平和朱云海，1992；校培喜等，2006）。

该区二叠纪镁铁-超镁铁质杂岩体分布于罗布泊东侧的罗东、坡北岩体，经过蚕头山、红石山、旋窝岭、笔架山东等岩体，主要由纯橄榄岩、辉石橄榄岩、橄长岩、橄榄辉长岩和辉长岩组成（姜常义等，2006；Su et al，2010；Qin et al.，2011；Liu et al.，2017b；刘月高等，2019）。

2. 塔里木盆地

塔里木盆地二叠纪火山岩类型复杂，岩性涵盖了超基性岩、基性岩、中性岩、酸性岩和碱性岩等大类，塔里木盆地的阿瓦提拗陷、满加尔拗陷西部、塔北隆起西部、巴楚隆起、塔中隆起和塔西南拗陷等地都发育大量的早-中二叠世岩浆岩，岩石类型主要有基性的玄武岩、辉绿岩、辉长岩和碱性正长岩类。盆地北部的满加尔拗陷北部斜坡、塔北隆起的东河塘构造带、哈拉哈塘构造带、玉尔滚背斜带、孔雀河斜坡等发育中-酸性火山岩，岩性主要为晶屑凝灰岩、英安岩、安山岩、花岗闪长岩、花岗斑岩、花岗岩等。盆地北缘主要分布在哈尔克山南坡，西起小铁列克河，东经木扎尔特河、卡普沙良河、切勒克河、哈克苏河、库东河至沙瓦布其一带，为流纹岩夹集块流纹岩（陈汉林等，1998）。

第四节　新疆北部早二叠世镁铁-超镁铁质侵入岩浆作用

一、早二叠世镁铁-超镁铁质侵入岩特点

新疆北部的阿尔泰、天山和北山造山带隶属显生宙最大的增生型造山带——中亚造山带（图2-8），是我国最重要的铜镍矿产资源生产基地之一。新疆北部早二叠世镁铁-超镁铁质侵入岩的时间一致，是认识地幔柱作用和板片窗理论的重要场所。因此地幔柱作用与新疆北部早二叠世的镁铁-超镁铁质侵入岩与成矿之间的影响和联系也是众多研究关注的热点之一。

阿尔泰造山带喀拉通克镁铁-超镁铁质侵入岩赋存的铜镍矿床是中亚造山带中规模最大的铜镍矿床。东天山造山带赋存有黄山东、黄山、香山、二红洼、土墩、图拉尔根等镁

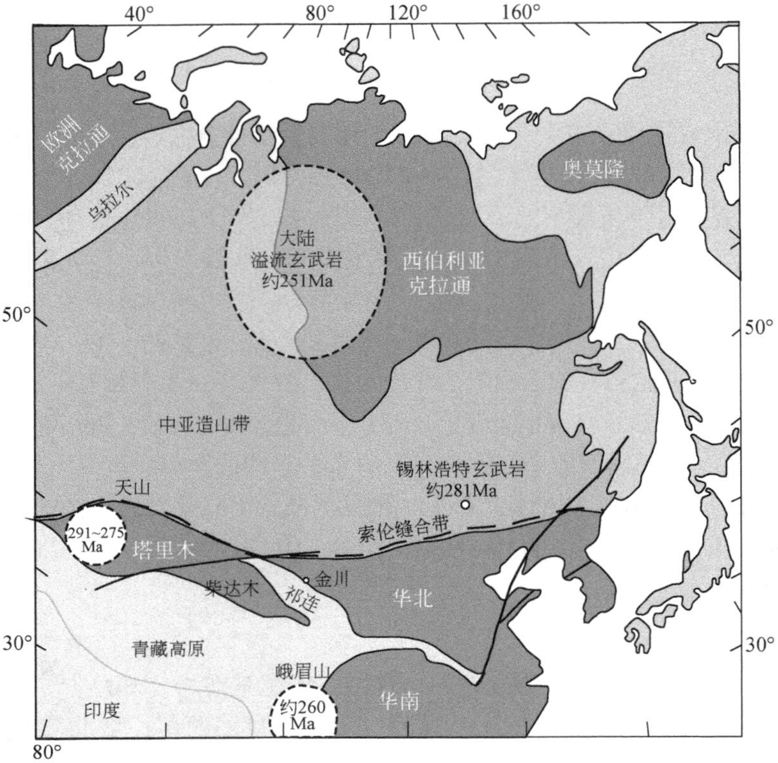

图 2-8　亚洲二叠纪玄武岩分布图（据 Zhang Y Y et al.，2011 修改）

铁-超镁铁质侵入岩，以及众多铜镍矿床和钒钛磁铁矿矿床。黄山镁铁-超镁铁质岩体具有完整的岩相特征，发育超镁铁质的橄榄岩相。北山造山带镁铁-超镁铁质侵入岩为大型层状岩体，铜镍矿床成矿潜力巨大。

（一）早二叠世镁铁-超镁铁质侵入岩

1. 阿尔泰镁铁-超镁铁质杂岩带

阿尔泰镁铁-超镁铁质杂岩带位于阿尔泰造山带内，与岩浆型铜镍硫化物矿床密切相关。喀拉通克镁铁-超镁铁质杂岩体主要有 11 个杂岩体，是规模最大和最有代表性的铜镍硫化物矿床的含矿岩体，位于新疆富蕴县东南 28km 处，位于额尔齐斯断层南边，已发现 9 个镁铁质-超镁铁质岩体，均侵位于下石炭统那林卡拉组上段。围岩以含碳细-粗屑沉凝灰岩为主，间夹碳质板岩和含砾沉凝灰岩。

喀拉通克镁铁-超镁铁质杂岩体根据岩体与构造的关系分为南、北两个岩带。南岩带位于矿区南部背斜中，由 1 号、2 号和 3 号岩体组成，为半隐伏产状，基性程度高，含矿性好；在 1 号岩体中已探明了大型铜镍矿床，2 号和 3 号岩体中已探明了中型铜镍矿床。北岩带位于矿区北部背斜内，由 4 ~ 9 号岩体组成，岩体较小，形态复杂，分异作用不明显，含矿性较差（王润民和赵昌龙，1991；陈毓川等，2004）。

喀拉通克镁铁-超镁铁质杂岩体为基性程度低的钙碱系列岩石，主要岩石类型为辉长岩类和闪长岩类，具较好的岩相分带。成矿镁铁质岩体主要由橄榄苏长岩、苏长岩和闪长岩组成。喀拉通克1号岩体可分为四个岩相，自上而下为黑云闪长岩相、黑云角闪苏长岩相、黑云角闪橄榄苏长岩相、黑云角闪辉绿辉长岩相，各岩相之间呈渐变过渡关系。黑云角闪橄榄苏长岩相是主要的含矿岩相。2号岩体自上而下划分为三个岩相：闪长岩相、辉长苏长岩相、橄榄苏长岩相。辉长苏长岩相为主要的含矿岩相，三相之间呈渐变过渡。3号岩体分带比较明显，自上而下分为闪长岩相、辉长苏长岩相和苏长岩相。在岩体下部辉长苏长岩与苏长岩的底部有似层状矿体，为浸染状贫矿石组成的底部矿体。各相之间呈渐变过渡关系。苏长岩中的锆石测得的SHRIMP U-Pb年龄为287±5Ma（韩宝福等，2004b；Han et al.，2004），硫化物矿石Re-Os等时线年龄为282～290Ma（Han et al.，2004；张作衡等，2005；Zhang T W et al.，2008）。

主要赋矿岩体为1号、2号和3号岩体，这些岩体岩相分异良好、相带清晰、矿化强烈，且硫化物矿石主要赋存于岩体下部。1号、2号和3号岩体赋存有铜镍硫化物矿体，主要为稀疏浸染状矿石，局部稠密浸染状，深部有块状矿石。橄榄苏长岩为主要的含矿岩相。

2. 天山镁铁-超镁铁质杂岩带

天山镁铁-超镁铁质杂岩带位于塔里木板块与哈萨克斯坦-准噶尔板块之间。分布有众多镁铁-超镁铁质杂岩体，如东天山就分布有20个杂岩体（图2-9）。东天山占据中亚造山带中间的一部分，具有很大的多金属成矿经济潜力的黄山-镜儿泉矿带为目前已知的在东天山地区最大的Cu-Ni硫化矿带（Tang D M et al.，2012）。二红洼、黄山、黄山东、香山、黄山南、土墩、镜儿泉、葫芦和图拉尔根等近20个杂岩体赋存有铜镍硫化物矿床和钒钛磁铁矿矿床。岩体类型以中基性-超基性杂岩为主，属橄榄岩-辉石岩、辉长苏长岩与闪长岩组合。

天山镁铁-超镁铁质岩带存在岩浆矿床成矿类型不同的三种类型杂岩体，黄山东、黄山、二红洼、图拉尔根与葫芦镁铁-超镁铁质侵入体赋存有铜镍硫化物矿床，香山镁铁-超镁铁质杂岩体同时赋存镍硫化物矿床和钛铁氧化物矿床，而尾亚杂岩体赋存有大型钒钛磁铁矿矿床。在岩相学、岩石化学、微量元素地球化学方面有所不同。

1）黄山东镁铁-超镁铁质侵入体

黄山东铜镍硫化物矿床大地构造位置处于中亚造山带东天山的东段（王润民和李楚思，1987；Zhou et al.，2004）。含矿镁铁-超镁铁质岩体侵位于下石炭统干墩群变余含铁粉砂岩、板岩及生物碎屑灰岩中，呈透镜状，近东西向分布，长3.5km，中间宽1.2km，面积约2.8km^2，岩体剖面呈漏斗形，是东天山最大的含矿镁铁-超镁铁质岩体。

黄山东含矿镁铁-超镁铁质岩体为橄榄岩、二辉橄榄岩、辉石岩、橄长岩、苏长岩、辉长岩和闪长岩组成的一复式岩体，岩相分异好。从顶部向下分别为闪长岩、角闪辉长岩、橄榄辉长岩、辉长苏长岩、二辉橄榄岩，含硫化物的二辉橄榄岩和含钛铁矿的角闪辉长岩（Deng et al.，2014）。地表由岩体中心向北依次出露角闪辉长岩、橄榄辉长岩、橄榄岩、角闪辉长岩和闪长岩。根据野外产状结合钻井资料可区分出4套岩石组合：①岩体核部含矿橄榄岩-辉长岩组合，从下向上主要为橄榄岩、橄榄辉长岩和角闪辉长岩，各岩相

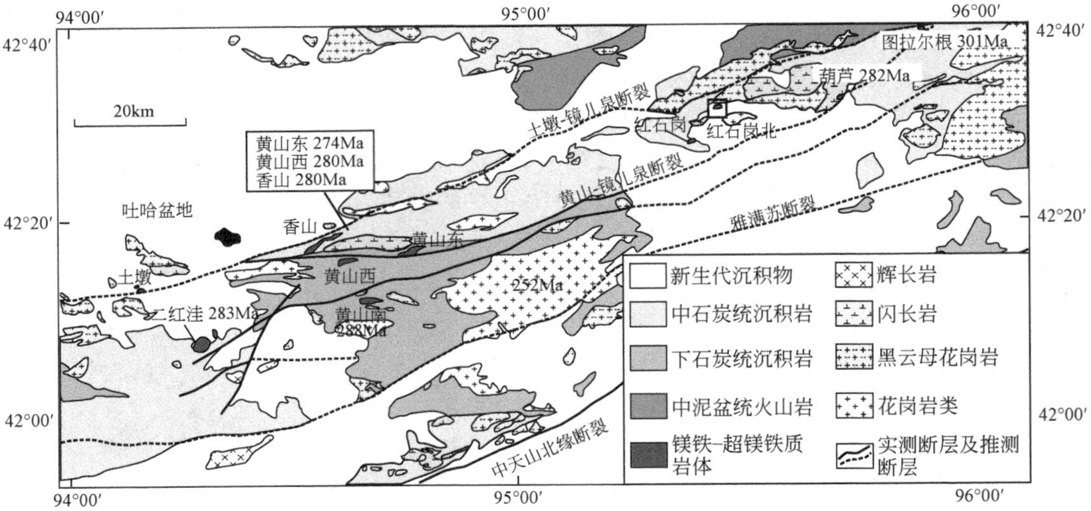

图 2-9　东天山地区早二叠世镁铁-超镁铁岩分布图

之间渐变接触，是岩体的主要组成部分，橄榄岩局部含有硫化物珠滴；②中部含矿橄榄岩-辉长岩组合，辉长岩与上覆核部橄榄岩呈明显的侵入接触，与下部橄榄岩呈渐变接触，橄榄岩下部均赋存有大量的硫化物矿体；③底部赋矿苏长岩，与上覆角闪辉长岩呈明显的侵入接触关系；④边部闪长岩。

黄山东铜镍硫化物矿床矿体主要赋存于两套橄榄岩-辉长岩组合的底部，以及岩体底部的苏长岩中，赋矿岩石以角闪二辉橄榄岩和辉石岩为主。矿石以浸染状为主，含少量的块状矿石（Zhou et al.，2004）。含矿岩体中橄榄苏长岩锆石 SHRIMP U-Pb 年龄为 274±3Ma（韩宝福等，2004b），硫化物 Re-Os 等时线年龄为 282±20Ma（毛景文等，2002）。

2）黄山镁铁-超镁铁质侵入体

黄山镁铁-超镁铁质岩体沿康古尔塔格深大断裂分布，呈近东西向展布，长 3.8km，西部最宽处约 0.8km，东部较窄（0.07km）直至尖灭，平均约宽 0.45km，出露面积 1.71km^2。西部延伸较大（最深处>1.5km），向东逐渐变浅，纵剖面上呈似火炬形。岩体西部向南倾，倾角 80°~85°，岩体东部和中部的北界向南倾斜，南界向北倾，倾角 50°~70°。

黄山镁铁-超镁铁质岩体侵位于下石炭统干洞群，接触带发育 10~20m 宽的角岩，具明显的热侵位特征。下石炭统干洞群主要为细碧玢岩、砂砾岩、砂岩、变余粉砂岩、砂质灰岩和生物碎屑灰岩。由于受到区域构造运动的影响，地层倒转，向南倾斜，倾角较陡。黄山铜镍区由两个主要侵入体组成，黄山西入侵到西部，形成时代为 269Ma（锆石 SHRIMP U-Pb 年龄；Zhou et al.，2004），黄山东岩体位于东部。一个小的复合侵入体（即花岗岩和闪长岩）出露在两个主要的侵入体之间。黄山镁铁-超镁铁岩体由橄榄岩、辉石岩、辉长岩和闪长岩组成，分异充分，由下往上依次为辉长岩、橄榄岩、辉石岩、辉长岩、闪长岩、橄榄岩。在平面和剖面上均有明显的岩相变化。黄山岩体可分为三段岩石组合，分别是：顶部的橄榄岩，主要分布于岩体东段，在与下伏辉长岩的接触带上具有热液蚀变特征，无矿体赋存；中部的基性-超基性岩浆结晶序列，由下至上依次为二辉橄榄岩、橄榄辉石岩、辉长岩和闪长岩，辉长岩与顶部橄榄岩呈突变接触，局部包含少量顶部橄榄岩碎块；底部的辉长苏长岩，主要位于岩体西段底部，厚约300m，与上覆的中部二辉橄榄岩呈突变接触，局部穿插在二辉橄榄岩中。岩体中岩石矿化厚度较大，具有上贫下富的特征，硫化物矿石主要赋矿于岩体西部二辉橄榄岩内。岩体中辉长岩锆石 SIMS U-Pb 年龄为283.8±3.4Ma（Qin et al., 2011），与黄山-镜儿泉镁铁-超镁铁岩带中同类矿床的年龄接近。

3）二红洼镁铁-超镁铁质侵入体

二红洼镁铁-超镁铁杂岩体分南北两个岩体。北岩体出露面积1.42km^2，呈向东凸出的月牙形，被古近系—新近系及第四系覆盖，南侧附近出露下石炭统干洞组。南岩体椭圆形，出露面积6.25km^2，侵位于下石炭统干洞组，北侧大部分为古近系—新近系覆盖（张瑞等，2012）。橄榄辉长岩的锆石 U-Pb 年龄为283.1Ma，与东天山其他典型镁铁质-超镁铁质岩体形成时代一致（Sun et al., 2013）。

二红洼岩体包括辉橄岩、橄榄辉长苏长岩、橄榄辉长岩、辉长苏长岩、辉长岩。除辉橄岩外，其余岩相均比较新鲜。岩体分为两个侵入期次：第一侵入期次构成了北岩体到南岩体的主体部分，为辉橄岩、橄榄辉长苏长岩、橄榄辉长岩、辉长苏长岩。第二侵入期次岩性以辉长苏长岩为主，分布于北、南岩体边缘，与第一侵入期次的橄榄岩和橄榄辉长岩接触界线明显。各个岩相中普遍含有一定数量的原生岩浆角闪石，岩体边缘的部分岩相中可看到斜长石因受到局部应力作用而呈定向排列，岩石普遍具嵌晶包含结构也反映出堆积成因的特征。地表可见有辉长岩脉穿插于第一侵入期次的岩相中。

4）土墩镁铁-超镁铁质侵入体

土墩镁铁-超镁铁质岩体位于东天山造山带的西端，觉罗塔格東山口—双岔沟背斜的北翼，干洞大断裂带附近。侵位于中石炭统梧桐窝子组，出露面积0.98km^2，地表为不规则的椭圆形。

土墩镁铁-超镁铁质杂岩体是一个分次侵入形成的复式岩体。分为南岩体和北岩体，具有侧向分异特征，从中心向边缘依次为单辉橄榄岩相、含长单辉橄榄岩相-辉长岩相；岩体从边缘向中心基性程度增高，边部被辉长岩环绕；北岩体还显示出韵律分异特征，从顶板到底板依次为含长单辉角闪橄榄岩相、含长方辉（二辉）角闪橄榄岩相、含长橄榄角闪辉石岩相、辉长岩相（王敏芳等，2012）。

5）图拉尔根镁铁-超镁铁质侵入体

图拉尔根镁铁-超镁铁质杂岩体由1号岩体（南部）和2号岩体（北部）组成。1号岩体地表长约740m，宽20～60m，岩体地表出露面积不足0.005km^2，岩体向下延伸较深且变宽变大，呈巨大透镜体状，属于半隐伏岩体。整个杂岩体东缓西陡，产状变化复杂。2号岩体位于1号岩体西北约1km处。1号岩体为矿床的主体，含矿性较好。图拉尔根矿床1号岩体辉长岩的锆石 SHRIMP 年龄为300.5Ma，2号岩体辉长岩的锆石 SHRIMP 年龄为357.5Ma，为含矿主体（三金柱等，2010）。

图拉尔根杂岩体属铁质超基性岩类，具贫碱和钛、低铝和钙等特征。1号岩体主要由角闪橄榄岩、角闪辉石岩和橄榄辉石岩组成，局部有辉长岩出露，所有含矿岩相都有棕色角闪石，反映洋壳俯冲带入大量含水物源。岩性中心向外依次为角闪橄榄岩相、橄辉岩相、角闪辉石相和辉长岩相。岩相呈渐变过渡，但基性-中性岩相局部出露。2 号岩体主要出露角闪辉长岩相，大地电磁测深图像揭示深部与 1 号岩体具有同源性和同一构造通道。

1 号岩体基本全岩矿化，富含钴，富矿位于岩体上部，2 号岩体主要为角闪辉长岩；两者具有同源互补性。岩浆源区为含有早期俯冲地壳物质的软流圈地幔，源区地壳混染低，约为 5%（Tang D M et al., 2012），有偏向钙碱性岩浆演化的趋势（孙赫等，2006）。

6）白石泉和天宇镁铁-超镁铁质侵入岩

白石泉和天宇镁铁-超镁铁质侵入岩分布于中天山北缘，赋存有铜镍矿，具有相似的地质构造背景、控矿容矿构造、成岩成矿时代。白石泉杂岩体由辉橄岩、橄榄辉石岩、橄长岩、辉长岩和闪长岩组成，具高镁拉斑系列演化趋势，TiO_2 含量（0.32% ~0.96%）低（柴凤梅等，2006；毛启贵等，2006；李金祥等，2007；Chai et al., 2008）。天宇杂岩体主要岩相有橄榄岩、橄榄辉石岩、辉石岩、辉长岩、闪长岩。其中超基性岩相呈渐变过渡关系，辉石闪长岩与超基性岩呈侵入接触关系，为后期侵位的产物。橄辉岩、辉橄岩和橄榄岩是主要的 Cu、Ni 矿赋矿岩相。为板片拆离诱发软流圈地幔上涌部分熔融的产物，10% ~15% 地壳混染导致母岩浆中亏损 PGE 和硫化物熔离（Tang D M et al., 2011, 2012）。白石泉杂岩体由极低的铂族元素组成，母岩浆为高镁玄武质岩浆。

7）香山镁铁-超镁铁质侵入体

香山、牛毛泉、土墩南和哈拉达拉 4 个镁铁-超镁铁杂岩体属于铜镍-钒钛铁复合型矿化岩体，成岩时代多集中在早二叠世，介于通道型铜镍矿化小岩体和大型层状岩体之间（王玉往等，2010a）。香山镁铁-超镁铁杂岩体中产出铜镍硫化物矿床和香山西铜镍-钛铁矿床，与钒钛磁铁矿矿化有关的为细晶辉长岩-钛铁辉长岩（钛铁矿石）-含钛（角闪）辉长岩-淡色辉长岩早期岩石组合，从钛铁矿石—含钛辉长岩—淡色辉长岩连续演化。与铜镍硫化物矿化有关的为超镁铁岩-韵律状橄榄辉长岩-蚀变角闪辉长岩晚期岩石组合，与钒钛磁铁矿系列呈侵入关系（王玉往等，2009；肖庆华等，2010）。

香山镁铁-超镁铁质杂岩体呈北东 58°，出露面积约 6km^2。侵位于中-下石炭统的梧桐窝子组和干墩组，岩体与地层走向一致，产状为 NEE-SWW，为顺层整合的侵入接触。岩体南部围岩为安山岩、碳质千枚岩、绿泥石英片岩、石英角斑岩和薄层状灰岩；岩体北部围岩为基性火山岩、基性熔结火山凝灰岩和黝帘石化辉长岩。香山含 Ni-Cu-Co 硫化物矿床杂岩体具有相同的年龄，辉长岩锆石 SIMS U-Pb 年龄为 279.6±1.1Ma（Han C M et al., 2010）。

香山镁铁-超镁铁质杂岩体分为东段、中段和西段岩体，即香山东岩体、中岩体和西岩体，沿走向延长达 10km，平均宽度为 300 ~500m。主体是辉长苏长岩，它占整个杂岩体出露地表面积的绝大部分，其他岩石类型有斜长方辉橄榄岩、（斜长角闪）二辉橄榄岩、（斜长角闪）单辉橄榄岩、（角闪）橄榄辉长（苏长）岩、辉长岩等。该岩体早期为角闪辉长岩和细粒辉长岩；其次是辉橄岩、单辉橄榄岩和二辉橄榄岩等为主的超镁铁岩，普遍具有铜镍硫化物矿化；晚期为含钛铁矿辉长岩脉。

中段岩体产有铜镍矿床，主要硫化铜镍矿体十余个，赋存于辉长苏长岩与角闪单辉橄榄岩接触带（主要为辉长岩，其次为辉石岩和单辉橄榄岩中）（孙燕等，1996）。西岩体产有铜镍-钒钛铁复合型矿床，目前已圈定4条铜镍矿体和9条钛铁矿体：铜镍矿多呈脉状、透镜状产于灰绿色角闪辉长岩、灰绿色蚀变辉长岩，以及二者的接触带中；钒钛磁铁矿矿体则呈脉状、透镜状、似层状产于灰绿色和灰白色角闪辉长岩中的含浸染状钛铁矿辉长岩中，矿体与围岩界线不清。

8）尾亚杂岩体

尾亚杂岩体赋存大型钒钛磁铁矿矿床，主要为橄榄辉石岩、角闪辉长岩和黑云母辉长斜长岩等岩相。矿体产于碱性辉长岩类岩体中，分浸染状和贯入式脉状矿体，致密块状、浸染状和似层状矿石。矿石矿物为含钒钛的磁铁矿和富钛的钛铁矿。矿床形成以岩浆分凝和贯入式为主，晚期出现少量岩浆热液作用（王玉往等，2005）。

3. 北山镁铁-超镁铁质岩带

北山裂谷带发育大量镁铁-超镁铁质侵入岩，有罗东岩体、坡北岩体、旋窝岭岩体和红石山等岩体呈北东-南西向展布，在坡北和红石山岩体中发现大型铜镍矿床（图2-10）。锆石U-Pb定年表明这些岩体形成时代大多为260～288Ma（李华芹等，2006，2009；姜常义等，2006；苏本勋等，2010；Qin et al.，2011；Liu et al.，2017a），为早二叠世岩浆作用的产物。

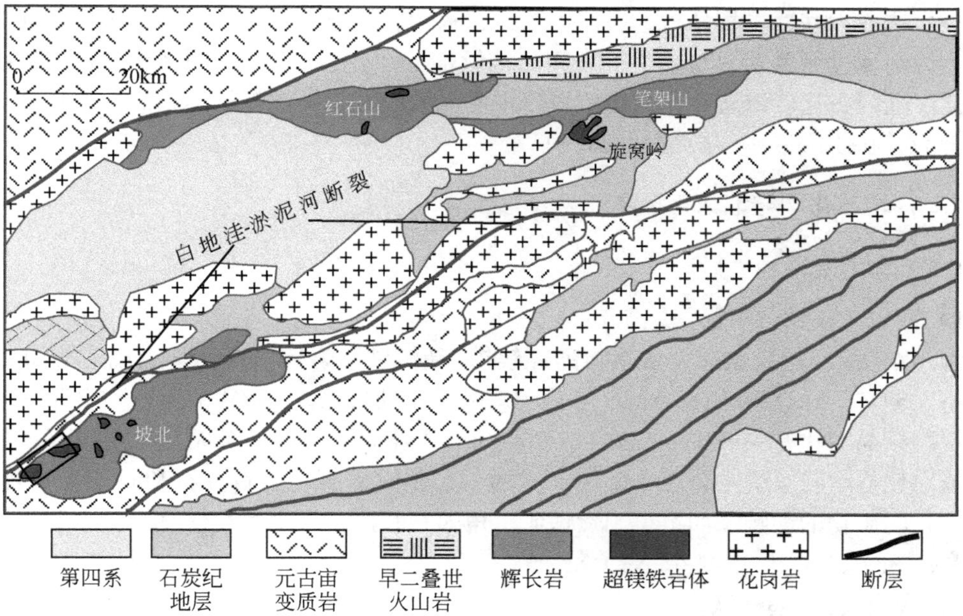

图2-10　北山裂谷带镁铁-超镁铁质岩体分布图（王亚磊等，2017）

坡北岩体位于北山地区，呈岩盆状，出露面积约为200km^2，主要由坡一、坡三、坡七、坡十等多个岩体组成，其中坡一和坡十岩体发现有铜镍硫化物矿体（刘月高等，2019）。

1）坡一镁铁–超镁铁质侵入体

坡一岩体位于岩带中段，侵位于早石炭世变质岩及早期细粒辉长苏长岩中。岩体平面形态大致呈不规则梯形管状侵入体，东西长达3.2km，南北宽达1.08km，出露面积3.6km²，向下延伸1600m。岩体呈盆状，四周流面产状均向内倾斜，南部较缓，倾角约40°，西北部倾角一般45°~62°，东北部较陡，倾角可达70°。

岩体主要为多次侵位形成的橄榄岩、橄榄辉石岩、橄榄辉长岩、辉长苏长岩、辉长岩等不同岩相构成镁铁质、超镁铁质复式岩体。各岩相特征如下：岩体内部及南部边缘为橄榄岩、橄榄辉石岩和辉石岩及少量橄榄辉长岩相，具中粒结构。岩体四周分布浅色橄榄辉长岩相，具中粒辉长结构。橄榄辉长岩相主要分布于东部及南侧，与浅色橄榄辉长岩及其他超基性岩相呈渐变关系，是过渡相。辉长苏长岩相主要出露在东部和西部，呈长条状沿白地洼断裂南侧分布，岩石具细粒结构。上述各相岩体中赋存有辉长岩脉。坡一侵入体辉长岩锆石U-Pb谐和年龄为278±2Ma（李华芹等，2006）和274±4Ma（姜常义等，2006）。

2）坡十镁铁–超镁铁质侵入体

坡十岩体为直径约1.8km的不规则近圆状岩体，出露面积约2.5km²，岩体向北倾（倾角60°~80°），与坡北辉长岩侵入接触，部分岩相可能因辉长岩岩浆的侵入而缺失。

坡十岩体主要由纯橄榄岩、单辉橄榄岩、斜长单辉橄榄岩、单辉辉石岩、橄榄辉长岩和辉长岩构成，基性岩相分布于岩体边部，超基性岩相分布于岩体中部，不同岩相在矿物含量上为渐变过渡关系。与超镁铁岩相的接触部分蚀变强烈。主要蚀变类型有蛇纹石化、滑石化、透闪石化、绿泥石化。含矿岩石主要为橄榄岩和橄榄辉长苏长岩。岩体中锆石主体年龄为289±13Ma（李华芹等，2009）。

（二）岩石化学与地球化学特征

1. *岩石化学特征*

1）阿尔泰镁铁–超镁铁质岩带

阿尔泰镁铁–超镁铁质岩带喀拉通克镁铁–超镁铁质岩体岩石化学组成随着MgO含量的减小，SiO_2、Al_2O_3和K_2O+Na_2O等含量呈系统增加趋势，FeO^T（全铁）含量减少，表明与矿物结晶演化有关（Song and Li，2009）。全岩主要氧化物组成与主要堆晶矿物的化学组成对比显示除了受主要堆晶矿物（橄榄石、斜方辉石、单斜辉石和斜长石）控制外，还受到粒间矿物的影响。如石英、钛铁矿、角闪石和黑云母的存在使全岩化学组成依次具有较高的SiO_2、FeO^T、TiO_2和Na_2O+K_2O。

2）天山镁铁–超镁铁质岩带

天山镁铁–超镁铁质岩带赋存铜镍硫化物矿床的有黄山东、黄山、二红洼、图拉尔根与葫芦镁铁–超镁铁质杂岩体，主要元素氧化物SiO_2、MgO、Al_2O_3、FeO和CaO含量变化较大。SiO_2、CaO、Al_2O_3、K_2O+Na_2O和TiO_2等主要元素氧化物含量随MgO的降低呈系统增加，FeO^T逐渐减少。显示出玄武质岩浆分异结晶系统的变化特征。在MgO含量为8%~15%范围内的样品，各主要元素氧化物出现大幅度的波动。辉长岩和苏长岩类MgO/FeO^T值分别介于0.40~2.67和1.14~2.92，平均值分别为1.32和2.19。镁铁–超镁铁质侵入体为铁质超基性岩，具有拉斑玄武岩系列演化趋势（Miyashiro，1974）。图拉尔根与葫芦岩体表现出相似的岩石化学特征，SiO_2含量总体较低，具有低碱、Ti、Al_2O_3、K_2O和CaO特征。

黄山东镁铁-超镁铁质侵入体亏损Cr等相容元素。橄榄岩的$Mg^{\#}$为0.82～0.85，平均为0.84，辉长岩的$Mg^{\#}$为0.71～0.80，平均为0.75。土墩镁铁-超镁铁质侵入体橄榄岩和辉长岩样品均显示出相容元素（如Ni、Cr、Co、V）含量高。土墩镁铁-超镁铁质侵入体MgO与SiO_2、Al_2O_3、TiO_2、CaO、（Na_2O+K_2O）的负相关，MgO与Cr、CO、Ni、FeO^T的正相关说明存在橄榄石、单斜辉石、斜方辉石、斜长石、铬铁矿（尖晶石）等的分离结晶作用。

全岩主量元素与矿物组成对比表明，二辉橄榄岩和橄榄辉石岩的MgO、SiO_2、CaO、Al_2O_3和FeO^T主要受橄榄石和辉石控制，部分样品的TiO_2和Na_2O+K_2O含量较辉石和橄榄石高，分别与钛铁矿和金云母有关。辉长苏长岩和辉长岩中MgO、SiO_2、CaO、Al_2O_3和FeO^T主要受辉石和斜长石控制。较高含量的TiO_2和Na_2O+K_2O分别与钛铁矿和金云母有关，闪长岩位于斜长石和辉石的混合线外，主要是由于角闪石、黑云母、石英和磁铁矿也是闪长岩中的主要造岩矿物。

香山镁铁-超镁铁质杂岩体的岩石组合总体属于超基性-基性-中性岩类，各氧化物含量变化范围较大，其SiO_2在36.34%～52.74%范围内，拉斑玄武岩系列、钙碱性系列和碱性系列的岩石均有发育。存在铜镍和钛铁两个系列，两个系列岩石化学特征截然有别，MgO、FeO^T、CaO、Na_2O+K_2O、TiO_2、SiO_2成分及相关岩石化学参数二者表现出各呈一系，互不重叠。铜镍系列岩石为超基性的低碱低硅特征，SiO_2值在36.20%～47.62%，Na_2O+K_2O含量多小于2%，属于以拉斑玄武岩系列为主，少量钙碱性系列的岩石组合；钛铁系列岩石相对富碱（Na_2O+K_2O含量均大于2%）、偏基性岩（基性-中基性），SiO_2值为43%～53%，属碱性系列为主，少量钙碱性系列的岩石组合。

3）北山镁铁-超镁铁质岩带

坡北镁铁-超镁铁质岩体中SiO_2、MgO及Al_2O_3氧化物含量变化范围较大，Na_2O、K_2O、TiO_2、FeO^T含量较低。FeO^T与MgO之间呈明显正相关，SiO_2、Al_2O_3、CaO、Na_2O+K_2O与MgO呈明显负相关，表明分离结晶受橄榄石和辉石的控制。总体上显示出相容元素（Ni、Co、Cr等）含量高。坡十镁铁-超镁铁岩体具有明显的岩相分带现象，各岩相之间的矿物含量呈现渐变过渡关系，尤其反映在辉长岩-纯橄岩-二辉橄榄岩的钻孔剖面上。全岩的主量元素具连续变化的特征（姜常义等，2006；Ao et al.，2010），因此在岩石学和地球化学上坡十岩体具有结晶分异的特征（苏本勋等，2010）。

2. *岩石地球化学特征*

1）阿尔泰镁铁-超镁铁质岩带

喀拉通克镁铁-超镁铁质岩体橄榄岩微量元素配分模式和含量接近原始地幔，不相容元素Rb、Ba和U等含量略高于原始地幔，而Th和Y含量低于原始地幔，成矿元素Cu、Co和Ni富集。微量元素特征总体富集Rb、Ba、U和K等大离子亲石元素（LILE），相对亏损Nb和Ta等高场强元素（HFSE），Sr正异常，Ti负异常（Zhang Z C et al.，2009a，2009b；Li Y Q et al.，2012），δEu弱的正异常或异常不明显，为0.91～1.26，平均为1.05。轻重稀土分馏较明显，富集轻稀土元素。喀拉通克含矿镁铁质岩体与东天山地区黄山含矿镁铁质-超镁铁质岩体具有相似原始地幔标准化配分模式，均明显亏损 Nb 和 Ta，Sr 异常不明显，Ti 轻微富集；Zn 和 V 等含量接近原始地幔，和塔里木盆地二叠纪玄武岩（杨树锋等，2005）相似。

橄长岩、苏长岩的微量元素配分模式与橄榄岩相似，但微量元素含量高于橄榄岩，不同类型岩石稀土元素总量（ΣREE）为 $3.8\times10^{-6}\sim146.4\times10^{-6}$，从闪长岩（$65.31\times10^{-6}\sim46.4\times10^{-6}$）、苏长岩（$33.8\times10^{-6}\sim81.6\times10^{-6}$）、橄长岩（$34.26\times10^{-6}$）到橄榄岩（$3.83\times10^{-6}$）逐步降低，即稀土元素丰度随岩石基性程度增高而降低。随岩石基性程度降低，微量元素和稀土元素富集程度增大。3 号岩体闪长岩较 1 号和 2 号岩体更加富集 LILE，但是亏损成矿元素 Ni 和 Co，Cu 轻微富集。苏长岩 $(La/Yb)_N$ 为 4.23～9.20，与金川含矿镁铁超镁铁岩体（2.58～8.84）相近。

2）天山镁铁-超镁铁质岩带

天山镁铁-超镁铁质岩带赋存铜镍硫化物矿床的黄山东、黄山、二红洼、图拉尔根与葫芦镁铁-超镁铁质杂岩体不同类型岩石原始地幔标准化的微量元素配分模式相似，曲线形态表现出较好的一致性（图 2-11）。普遍富集 Cs、Rb、Ba、Sr 和 K 等大离子亲石元素及 Sr，亏损 Th、Nb、Ta、Zr 和 Hf 等高场强元素，轻重稀土分馏较弱，U 和 Th 显示从不同程度亏损到弱富集。Nb/Ta 值 11.50～15.80，平均 13.6；Zr/Hf 值 28.65～42.24，平均 35.45，介于原始地幔（Nb/Ta=17.39，Zr/Hf=36.25）（Sun and McDonnugh，1989）和地壳值（11 和 33）（Taylor and McLennan，1995）之间。Nb 的亏损暗示着有大陆地壳物质的混染或源区存在俯冲的洋壳物质。

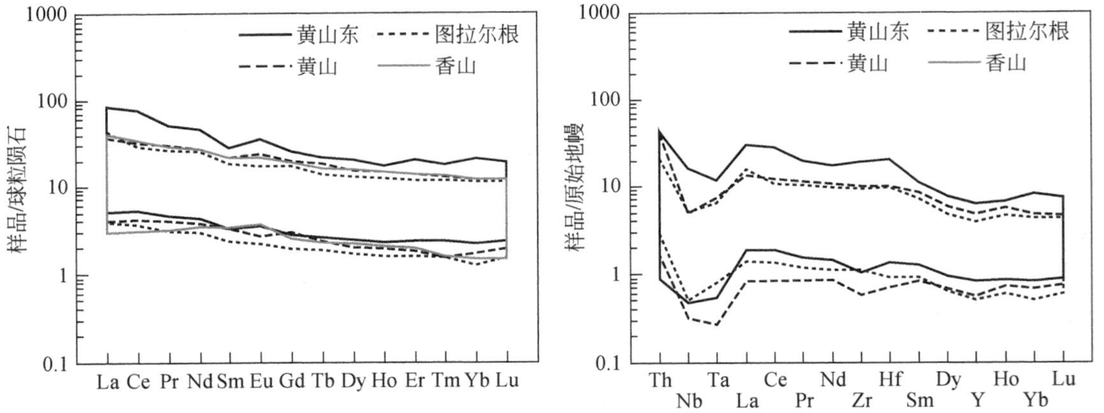

图 2-11　东天山镁铁-超镁铁质岩体

稀土元素球粒陨石标准化配分曲线和微量元素原始地幔标准化蛛网图（原始地幔数据来自 Sun and McDonough，1989；球粒陨石数据来自 McDonough and Sun，1995）

图拉尔根微量元素具有 Nb、Ta 亏损，Th、LILE 富集的特点。Th/Ta 平均值为 4.6，高于原始地幔的 Th/Ta 值（2.2），绝大部分样品的 La/Sm 小于 2，说明很少受到地壳物质的混染，通常认为高 La/Sm（>4.5）值指示了地壳物质的混染。

不同类型岩石稀土总量（ΣREE）为 $10\times10^{-6}\sim156\times10^{-6}$，从辉长岩（$12.79\times10^{-6}\sim155.94\times10^{-6}$）、苏长岩（$13.68\times10^{-6}\sim24.70\times10^{-6}$）到橄榄岩（$10.01\times10^{-6}\sim18.73\times10^{-6}$）

逐步降低。不同类型岩石稀土元素球粒陨石标准化配分曲线基本平行，配分模式相似；轻稀土元素（LREE）富集，轻重稀土分馏较弱，$(La/Yb)_N$值（黄山东：1.18～3.59；黄山：1.14～3.65；二红洼：1.83～5.69；土墩：1.34～2.52）（傅飘儿等，2009）小于金川矿床（2.58～8.84，平均5.30）（焦建刚等，2006）和喀拉通克铜镍硫化物矿床（4.5～12.7）（冉红彦和肖森宏，1994）及力马河（平均11.0）。图拉尔根的$(La/Yb)_N$值较高（2.9～27.5，平均6.5）。δEu变化较大，黄山东δEu=0.50～2.57，黄山岩体δEu为弱的负异常或异常不明显，其中二辉橄榄岩、橄榄辉石岩和辉长苏长岩δEu依次为0.75～0.98、0.87～0.94和0.71～1.12，平均值分别为0.89、0.90和0.97。

香山铜镍-钒钛铁复合成矿镁铁-超镁铁杂岩体微量元素含量高于原始地幔值（Thompson，1982），微量元素配分曲线总体相似，Sr、Ba强不相容元素富集，Th、Nb、Ta、Ti、Zr、Hf等亏损（Han C M et al.，2010；Tang et al.，2013）。镍硫化物矿床和钛铁氧化物矿床成矿岩体系列之间的差别明显。硫化物具有低的普通Os含量和高的Re/Os值，类似于Duluth、Sally Malay和Voisey Bay杂岩体硫化物（Han C M et al.，2010），Sr-Nd同位素和微量元素地球化学特征与吐哈盆地玄武岩相似（Tang et al.，2013）。

铜镍系列岩石多为超镁铁质岩，微量元素含量较低，配分曲线最平缓，不同程度的Nb亏损，具有较高的Ta/Nb值。$(Rb/Yb)_N$值多小于2，且大多数样品小于1，可能表明属亏损型地幔源（或分离结晶程度较弱的残余熔体）。部分基性斜长石的辉长岩样品明显的正Sr异常，应与斜长石堆积作用有关。钛铁系列的岩石配分曲线总体平缓，Nb亏损，Sr明显富集，Ta/Nb值较高，$(Rb/Yb)_N$值略高，表明发生过较强的分离结晶作用、分异作用、基性斜长石堆积作用。明显的Th负异常说明岩石形成于强氧化环境，与岩浆的高氧逸度有关。由于样品富含钛铁矿，部分样品的正Ti异常明显。另外辉绿岩类岩石微量元素特征介于上述两个系列岩石之间，印证了可能属于两个系列岩浆混合的推测。微量元素含量较高，配分曲线较陡，$(Rb/Yb)_N$值较大，应为分离结晶程度较高的残余熔体。

铜镍系列、钛铁系列和辉绿岩的稀土元素特征表现出明显的差异：铜镍系列的岩石稀土总量最低，ΣREE在9.10×10^{-6}～33.88×10^{-6}，多小于20×10^{-6}；稀土元素配分曲线较平滑，近于平行，轻重稀土分馏不强，ΣLREE/ΣHREE=2.22～3.36，$(La/Yb)_N$=1.44～2.45，多小于2.0；δEu=0.91～1.54，多小于1.2，超镁铁岩类（辉石岩、辉橄岩、橄榄岩）为弱的Eu负异常或无Eu异常，而镁铁质岩类（辉长岩类）为正异常，显然与岩石中含富钙的基性长石有关。

钛铁系列的岩石稀土总量略高，ΣREE在4.69×10^{-6}～62.78×10^{-6}，多大于13×10^{-6}。稀土元素配分曲线表现为重稀土平缓，轻稀土分馏不一，含钛辉长岩和淡色辉长岩较缓，细粒辉长岩和钛铁矿石最陡；轻重稀土分馏较强，LREE/HREE=1.73～4.79，$(La/Yb)_N$=1.12～5.11，多大于2.0；具有显著的Eu正异常，δEu=1.21～3.56，多大于1.2。该系列岩石的稀土元素配分模式与层状辉长岩相似，揭示岩浆房就地堆积作用和分离结晶作用。表现出与铜镍系列和钛铁系列混合的特征，并更接近钛铁系列的岩石，只是由于岩石中缺少富钙斜长石，而无明显Eu异常（王玉往等，2009）。

3）北山镁铁-超镁铁质岩带

坡北岩体不同类型岩石大离子亲石元素（Cs、Rb、Sr、Ba、U和Th）丰度有较大变化范围（图2-12）。不相容元素（Rb、U、Zr和Y等）含量低，明显富集大离子亲石元素（Rb、Sr、Th和U），Pb正异常，亏损高场强元素（HREE、Zr、Hf、Ti、Nb和Ta），与典型的OIB明显不同，而与平均地壳（CC）、标准全球俯冲物质（GLOSS）特征相似（王亚磊等，2013。）

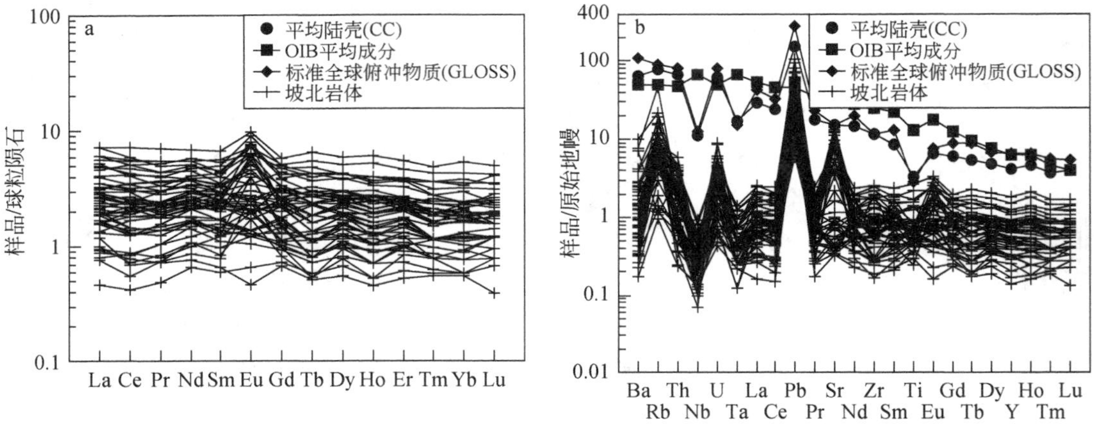

图2-12　坡北岩体稀土元素球粒陨石标准化配分曲线和微量元素原始地幔标准化蛛网图

原始地幔、球粒陨石标准值和OIB平均成分采用Sun and McDonough，1989；平均地壳数据引自Kelemen and Hanghøj，2004；标准全球俯冲物质数据引自Plank and Langmuir，1998

坡北岩体各岩石类型样品的∑REE变化范围为$2.20\times10^{-6}\sim52.67\times10^{-6}$，橄榄岩相岩石稀土元素总量很低，石英闪长岩的稀土元素总量较大。斜长岩与石英闪长岩的稀土元素配分曲线属轻稀土元素富集型，其余岩石属近平坦型、轻稀土元素弱富集或弱亏损型（图2-12）。$(La/Yb)_N$值为0.54～5.02，$(La/Sm)_N$值为0.52～3.55，$(Gd/Yb)_N$值为0.59～2.51，表明岩浆演化过程中轻重稀土元素之间、轻稀土元素、重稀土元素内部分馏程度较弱。岩体Eu异常较明显，δEu为0.57～3.13，辉长岩相具有明显的Eu正异常，含斜长石的橄榄岩相也具有弱的Eu正异常。

二、岩浆作用及其形成演化讨论

（一）岩浆的起源与演化

1. 阿尔泰镁铁-超镁铁质岩带

阿尔泰镁铁-超镁铁质岩带中喀拉通克铜镍硫化物矿床1号、2号和3号成矿岩体具有连续的矿物结晶顺序，且不同岩相具有相似的矿物化学组成、全岩地球化学特征和流体地球化学组成。不同成矿岩体中橄榄石的Fo值与SiO_2和MnO_2具有较好的相关性，全岩不相容元素原始地幔标准化配分模式和稀土元素球粒陨石标准化配分模式相似，具同源岩浆结晶分异特征（王润民和赵昌龙，1991；钱壮志等，2009）。

微量元素分配系数接近的两个强不相容元素的比值受分离结晶和部分熔融作用的影响

很小，在强不相容元素对比值图解中同一岩浆源区样品分布在同一相关直线上（Saunders et al., 1988）。喀拉通克镁铁-超镁铁质杂岩体不同岩体微量元素在 Ta/Yb-Nb/Y 和 Hf/Nb-Zr/Nb 图解中均落在相关系数很高的同一直线上，且 Nb/Ta 和 Sm/Nd 等微量元素对的比值变化较小（贾志永等，2009），其较强的相关性揭示喀拉通克 1 号、2 号和 3 号成矿镁铁质岩体的岩浆具有同源性，为同源岩浆分异形成。岩石矿物连续结晶的顺序：橄榄石（斜长石）→斜方辉石→单斜辉石→角闪石（斜长石）→黑云母，也反映了同源岩浆结晶分异演化的特点。

不同性质的岩浆具有不同的铂族元素特征，Cu/(Ni+Cu)、Pt/(Pt+Pd) 和 (Pt+Pd)/(Ru+Ir+Os) 值可指示岩浆铜镍硫化物矿床的成矿岩浆的性质。喀拉通克镁铁-超镁铁质岩体母岩浆为富镁拉斑质岩浆，矿石中 Cu/(Ni+Cu)、Pt/(Pt+Pd) 和 (Pt+Pd)/(Ru+Ir+Os) 值分别为 0.68 ~ 0.91、0.44 ~ 0.91 和 3.12 ~ 303.27，与拉斑玄武岩成因的铜镍硫化物矿床的变化范围（分别是 0.25 ~ 0.59、0.28 ~ 0.72 和 5.7 ~ 55.60）一致，高于科马提质岩浆铜镍硫化物矿床（分别为 0.04 ~ 0.06、0.36 ~ 0.38 和 0.44 ~ 3.50）。Ni/Cu 和 Pd/Ir 值可以指示岩浆型铜镍硫化物矿床成矿母岩浆的性质，喀拉通克铜镍硫化物矿床的矿石样品 Ni/Cu-Pd/Ir 图中（图 2-13）主要落在高镁玄武岩区、层状侵入体和溢流玄武岩区域，与 Cu/(Ni+Cu)、Pt/(Pt+Pd) 和 (Pt+Pd)/(Os+Ir+Ru) 值反映的结果一致，上述证据表明喀拉通克杂岩体成矿母岩浆为玄武质岩浆。结合母岩浆组成，可知喀拉通克铜镍硫化物矿床成矿母岩浆为高镁玄武质岩浆。

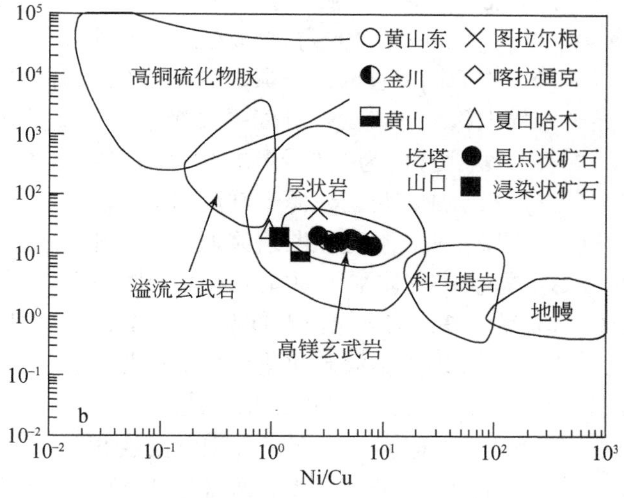

图 2-13　铜镍硫化物矿床矿石 Ni/Cu-Pd/Ir 关系图

据 Barnes et al., 1985 修改，空心数据来自张照伟、钱壮志、王亚磊等

喀拉通克成矿岩体相对较平坦的不相容元素和稀土元素配分模式，以及一般小于 1.8 的 $(Tb/Yb)_{PM}$，暗示岩浆可能主要起源于尖晶石二辉橄榄岩。MELTS 软件模拟显示尖晶石二辉橄榄岩 7% ~ 8% 和 15% ~ 17% 的部分熔融可以分别形成含 MgO 约 13% 和 15% 的玄武质岩浆。大离子亲石元素和轻稀土元素富集，Nb-Ta 亏损，且 $\varepsilon_{Nd}(t)$ 及单矿物流体挥发分

中 $\delta^{13}C_{CO_2}$ 和 $\delta^{13}C_{CH_4}$ 具有相近的同位素组成（Fu et al., 2012）。硫化物矿石的硫同位素组成显示其源区具有地幔物质特征，同时岩浆中没有地壳硫的加入，硫化物的熔离主要与硅酸盐矿物结晶分异或地壳混染有关。全岩 $\delta^{18}O$ = 5.4‰ ~ 10.6‰，$(^{87}Sr/^{86}Sr)_i$（t = 280Ma）= 0.70375 ~ 0.70504，$\varepsilon_{Nd}(t)$ = 6.3 ~ 8.2（Zhang Z C et al., 2009a, 2009b），推断喀拉通克镁铁-超镁铁质岩体原始岩浆可能为源于亏损的软流圈地幔的含水高镁拉斑玄武质岩浆，来源于交代石榴子石二辉橄榄岩地幔源区，并经历了分离结晶作用，岩浆上升过程中遭受了地壳物质的混染（李华芹等，1998；张招崇等，2003；韩宝福等，2004b；钱壮志等，2009；Song and Li, 2009；Zhang Z C et al., 2009a, 2009b；Tian et al., 2010）。

喀拉通克岩浆作用可能与“板片窗”有关。在早二叠世，古亚洲洋由于俯冲而完全闭合，新疆北部地区经历弧-弧碰撞或弧-陆碰撞。在这个时期，洋脊俯冲或洋壳俯冲向大陆碰撞的转换过程中发生大洋板片断离，形成“板片窗”，导致大量软流圈物质上涌，并发生减压熔融，形成了喀拉通克具有正的 $\varepsilon_{Nd}(t)$ 的原始玄武质岩浆（Li C et al., 2012）。

2. 天山镁铁-超镁铁质岩带

1）黄山东镁铁-超镁铁质侵入体

黄山东含矿镁铁-超镁铁质岩体分配系数相近的 Ta/Yb-Nb/Y 和 Zr/Nb-Hf/Nb 强不相容元素对比值图解显示黄山东样品均落在相关系数很高的同一直线上。上述特征表明黄山东铜镍硫化物矿床含矿镁铁-超镁铁质岩体不同类型岩石为同源岩浆的产物。Cu/(Ni+Cu) 值（0.19 ~ 0.48）和 Pt/(Pt+Pd) 值（0.31 ~ 0.68）位于拉斑玄武质岩浆成因矿床的范围（分别为 0.25 ~ 0.59 和 0.28 ~ 0.72）内，高于科马提岩浆矿床的分布范围（分别为 0.04 ~ 0.06 和 0.36 ~ 0.38）（Naldrett, 1999）。Ni/Cu-Pd/Ir 主要落在高镁玄武岩区、层状侵入体区域，表明成矿母岩浆为拉斑玄武质岩浆。含矿镁铁-超镁铁岩体中橄榄岩微量元素具有近平坦的原始地幔标准化配分模式：分配系数接近 1 的微量元素（如 Zn 等）含量略高于原始地幔（1.7 倍），$\varepsilon_{Nd}(t)$ 值为 7.8 ~ 9.0（韩宝福等，1998；Zhou et al., 2004），Zr/Y 值较低（1.7 ~ 5.27）指示成矿母岩浆源于软流圈地幔。

黄山东铜镍硫化物矿床未发现冷凝边及与岩浆通道密切相关的镁铁质岩墙，故不能直接确定母岩浆成分。根据橄榄石-熔体平衡原理，采用岩体中橄榄石最高的 Fo 值（84.7）计算母岩浆的 MgO/FeO 值为 1.3，结合橄榄石堆晶岩中 MgO 和 FeO 含量，推算出该岩体母岩浆的 MgO 约为 12%，即黄山东铜镍硫化物矿床成矿母岩浆为高镁玄武质岩浆，这与 Pd/Ir 与 Ni/Cu 值图解投点于高镁玄武岩区的结果一致。

黄山东含矿镁铁-超镁铁质岩体同一岩石组合中不同岩相间渐变接触，矿物组成和岩石结构呈渐变过渡关系，化学组成 SiO_2、K_2O、Na_2O、Al_2O_3 和 CaO 等随 MgO 呈系统连续变化，揭示成矿岩浆就地结晶分异特征。橄榄岩、辉长岩和苏长岩式均表现 Cr 负异常，部分辉长岩和苏长岩具有 Eu 负异常，表明成矿岩浆可能经历了铬铁矿及斜长石的分离结晶作用。

不同类型岩石亏损 Nb 和 Ta，富集 Sr，表明存在地壳物质的混染。上、下地壳与原始地幔等不同端元的 Sm/Nd 和 Nb/Ta 等分配系数接近的强不相容元素比值具有明显的差异，黄山东铜镍硫化物矿床 Sm/Nd 和 Nb/Ta 值分别为 0.26 ~ 0.32 和 11.5 ~ 15.8，介于原始地幔（0.33、17.83）（Sun and McDonough, 1989）和地壳（0.17、0.83）（Taylor and

McLennan, 1995; Gao et al., 1998）之间，且 Th/Nb、Th/Ta 和 La/Nb 平均值（分别为 0.55、7.24 和 3.55）具有大陆地壳特征，结合 Sr-Nd 同位素组成揭示成矿玄武质岩浆受到了地壳物质的混染。

2）黄山镁铁-超镁铁质侵入体

黄山铜镍硫化物矿床镁铁-超镁铁质岩体具有连续的矿物结晶顺序，且不同期次或不同岩性岩石的矿物化学组成、全岩主量元素、微量元素和同位素指示岩石具有同源性。二辉橄榄岩、橄榄辉石岩和辉长苏长岩中橄榄石的 Fo 值与 SiO_2 和 MnO_2 具有较好的相关性，全岩主量元素随 MgO 含量整体呈连续变化趋势；不同类型岩石的不相容元素和稀土元素配分模式相似，富集大离子亲石元素和轻稀土元素，亏损高场强元素、Nb-Ta-Ti，具有高的 LREE/HREE 值，$\varepsilon_{Nd}(t)$ 相近，且微量元素比值 Ta/Yb-Nb/Y、Zr/Nb-Hf/Nb 均具有很强的相关性。上述主量元素、微量元素和同位素证据表明黄山成矿岩体不同类型岩石分别为同源岩浆演化的产物，因此成矿玄武质母岩浆上升演化过程中岩浆结晶分异和同化混染对母岩浆成分具有较大的制约。

黄山铜镍硫化物矿床成矿岩体中 Cr 和 Co 的含量与 MgO 具有良好的相关性，随 MgO 含量降低而降低，表明岩浆演化过程中存在橄榄石和辉石的分离结晶。δEu 为 0.91 ~ 1.26，具有弱的正异常或异常不明显，表明岩浆演化过程中可能存在斜长石的分离结晶。

黄山成矿镁铁-超镁铁质岩体 $\varepsilon_{Nd}(t)$ 大于 0，表明岩浆起源于亏损地幔，与（$^{208}Pb/^{204}Pb)_i$和（$^{206}Pb/^{204}Pb)_i$特征一致。成矿岩体微量元素 Sm/Nd 和 Nb/Ta 值均介于原始地幔（0.33、17.83）与上地壳（0.17、14.71）之间，$\delta^{18}O$（5.4‰ ~ 10.6‰）、Sr-Nd-C 同位素也介于地幔和地壳之间，指示岩浆具有地壳物质混染的特征。$(^{87}Sr/^{86}Sr)_i$和 $\varepsilon_{Nd}(t)$ 端元混合模拟表明黄山成矿岩浆中有上地壳物质的加入，混染程度为 5% ~ 10%。

3）香山镁铁-超镁铁质侵入体

香山超基性岩体两个岩石系列共存，岩石类型、岩石地球化学表现出相似性，所有岩石均含有一定数量的含钛普通角闪石，微量元素配分曲线基本相似，富集大离子亲石元素（LILE），相对亏损高场强元素（HFSE），尤其明显亏损 Nb、Ta 和 Zr，TiO_2 含量较低，TiO_2 含量小于 1%，可能是同一拉斑玄武质母岩浆深部分异演化的产物（王玉往等，2009），存在地壳物质的混染。但香山与牛毛泉、土墩南和哈拉达拉 4 个镁铁-超镁铁杂岩体源区地壳混染程度较低（5%）（Tang D M et al., 2012），拉斑玄武质成矿岩浆上升侵位过程中与地壳物质混染促使硫化物饱和，提高了岩浆体系的氧逸度，促使钛铁氧化物结晶沉淀，与攀西地区高钛的玄武质岩浆不同（Zhou et al., 2005；王玉往等，2009，2010b；肖庆华等，2010）。

母岩浆在深部岩浆房内 1400℃以上条件下发生分异作用，橄榄石（和斜方辉石）开始析晶并沉降，岩浆房下部呈“晶粥”状，岩浆房上部残余熔浆成分富钙、铝、钠、钾。铜镍系列的岩浆熔体处于岩浆房下部，具类似拉斑玄武质岩浆特征，低碱、低钛和富镁；钛铁系列岩浆位于上部，具偏碱性岩浆特点。上部钛铁系列岩浆先行分期次上侵，形成规模较大的基性杂岩；岩浆房下部富含橄榄石的“晶粥”因压力骤减而重新熔化，形成富镁的铜镍系列熔浆，并侵入上部地壳以后在岩浆房里又发生就地分异。上、下两部分岩浆熔体之间未必是截然分界的，特别是处在下部的铜镍系列岩浆沿袭钛铁系列岩浆的一部分通道而连带上来一小部分钛铁系列岩浆（如小岩株状的细晶辉长岩）（王玉往等，2009）。

4）二红洼镁铁-超镁铁质侵入体

二红洼镁铁-超镁铁质侵入体不同类型岩石矿物组合、主量元素具有拉斑玄武岩系列演化趋势（Miyashiro，1974）。MgO、FeO^T与SiO_2含量负相关，CaO、Al_2O_3与SiO_2含量正相关等表明二红洼岩体在岩浆演化过程中主要发生了橄榄石、斜方辉石、单斜辉石和斜长石的分离结晶作用。Zr/Nb-La/Yb、Nb/Ta-Th/Yb、Ta/Yb-K_2O/P_2O_5和Zr/Th-TiO_2/Yb均未表现出较好的相关性，Nb/U值为1.6～13.56，平均为7.1；Ce/Pb值为2.2～8.7，平均为3.08，而地壳的Ce/Pb值小于15（Furman et al.，2004），表明岩浆演化过程中有一定程度的同化混染作用（Campbell and Griffiths，1993；Barker et al.，1997）。

5）土墩镁铁-超镁铁质侵入体

土墩镁铁质-超镁铁质岩体Yb、La、Zr和Y含量随MgO含量的增高而降低，微量元素Ta/Yb-Nb/Y和Zr/Nb-Hf/Nb具有很强的相关性，揭示不同类型岩石来自同一地幔岩浆源区。土墩岩体的Cu/(Ni+Cu)（0.15～0.61，平均0.29）、Pt/(Pt+Pd)（0.43～0.49，平均0.47）和（Pt+Pd）/(Ru+Ir+OS)（6.14～13，平均9.8）与拉斑玄武质成因岩浆矿床的变化范围相一致，高于科马提岩成因岩浆矿床的变化范围，表明土墩成矿母岩浆为玄武质岩浆。Ni/Cu值（0.62～6.13）低于原始地幔值（65.3），Pd/Ir值（18.17～38.5）高于原始地幔值（1.21），表明土墩岩体的成因以地幔部分熔融为主。

土墩岩体PGE明显亏损，PGE配分曲线富集Pt和Pd，PGE和Ni与Cr具有较好的正相关关系，Ir、Pt、Pd与MgO含量也具有正相关关系，推断土墩岩体的母岩浆为低程度部分熔融的富镁的玄武质岩浆，可能经历了铬铁矿的分离结晶作用，并发生了深部硫化物熔离作用。土墩岩体矿石的Cu/Pd值为6.67×10^3～971.79×10^3，平均为499.22×10^3，岩石的Cu/Pd值为82.99×10^3～245.56×10^3，平均为148.71×10^3，两者都高于原始地幔的Cu/Pd值（7.69×10^3，McDonough and Sun，1995），说明土墩成矿母岩浆演化过程中经历了硫饱和、深部硫化物部分熔离的过程，这可能是导致该矿床PGE明显亏损的原因之一。土墩岩体富集大离子亲石元素（LILE）和LREE，亏损Nb、Ta，说明岩浆演化过程中存在着地壳物质的混染。这也许是导致土墩矿床硫化物发生熔离作用的重要因素。

6）图拉尔根镁铁-超镁铁质侵入体

图拉尔根镁铁-超镁铁质侵入体1号、2号岩体具有相同的岩浆起源，具贫碱、贫钛、低铝和低钙特征。橄榄石以贵橄榄石为主，Fo值为82.0～84.9。Ni含量（0.11%～0.18%）随着橄榄石的Fo值增加而增加，岩石中存在含水矿物——角闪石，图拉尔根杂岩体的母岩浆是含水的钙碱性玄武质岩浆，岩浆上侵时分期涌入就位。

过渡族元素在岩浆中的亲和性质不同，在岩浆结晶分异早期过渡族元素的Cr、Ni、Co更趋于富集在早期结晶相，如橄榄石相，不相容元素V相对富集于熔体相，造成配分曲线的互补，辉长岩为主的2号岩体相容元素明显亏损，不相容元素相对富集，超镁铁质岩为主的1号岩体相容元素富集，不相容元素亏损。说明1号和2号岩体的同源特征。

微量元素富集LILE和LREE，岩石Th/Ta值与原始地幔Th/Ta值比较接近，La/Sm值（0.61～1.86）低，表明图拉尔根含矿岩体岩浆来源于经过早期俯冲洋壳交代的亏损地幔，亏损的软流圈地幔和交代岩石圈地幔（被早期的俯冲所交代）相互作用。在侵位过程中受到地壳物质混染（La/Sm 值>4.5）的程度低。产出环境与喀拉通克、岛弧钙碱玄武岩相似，具有类似岛弧钙碱玄武岩属性。

3. 北山镁铁-超镁铁质岩带

北山镁铁-超镁铁质岩带的罗东岩体、红石山岩体和旋窝岭岩体的原生岩浆的 MgO 含量约为 15% 的苦橄质岩浆（凌锦兰，2011），坡北岩体的原生岩浆的 MgO 含量高于 12.4%（Liu et al.，2017b），存在苦橄质和玄武质两种原生岩浆，分别生成于洋岛型地幔源区和亏损型大陆岩石圈地幔。

1）坡一镁铁-超镁铁质侵入体

坡一侵入体由超镁铁岩为主的层状岩系组成，堆晶结构与韵律性堆晶层理非常发育，岩浆经历了充分的分异演化过程。岩相学与主量元素表明分离结晶/堆晶作用的普遍性。橄榄岩具有洋岛型玄武岩的 Nd、Sr、Os 同位素组成特征，基本未受同化混染的影响，可以代表源区的同位素组成。第一侵入阶段镁铁质层状岩系受到强烈同化混染，源区$\varepsilon_{Nd}(t)=+6.8$，TiO_2、Na_2O、K_2O 及不相容微量元素均强烈亏损，证明其岩浆源区为亏损型大陆岩石圈地幔（姜常义等，2006）。

坡一侵入体及其所在的坡北岩体南西段随处可见古硐井岩群及下石炭统大理岩、黑云母片岩、石英岩和片麻状细粒花岗岩残留顶盖和顶垂体，坡北岩体中发现了太古宙和古元古代锆石捕虏晶。Th/Yb-Ta/Yb、TiO_2/Yb-Nb/Ta 元素比值对间的相关性，Nb、Ta 普遍亏损，以及 Nd、Sr、Os 同位素组成的变化表明存在同化混染作用。Nd、Sr 同位素组成显示的 EMⅡ趋势，$(La/Nb)_{PM}$和$(Th/Ta)_{PM}$值证明混染物主要是来自上地壳的古硐井岩群和下石炭统，以及少量的下地壳混染物。

原生岩浆为苦橄质岩浆，岩浆源区属洋岛型，源岩物质应该是石榴子石辉石岩。超镁铁岩属于拉斑玄武岩系列并显示了铁富集趋势；镁铁质岩石属于钙碱性系列，并向富硅碱方向演化；岩石化学系列和岩浆演化方向的转化是同化混染所致，混染物主要是古硐井岩群和下石炭统，还有少量下地壳物质。岩浆未经历过早期硫化物熔离作用，硫化物熔离起始于橄榄岩相结晶的晚期阶段，并伴随着此后的岩浆演化过程而继续熔离。硫化物过饱和及分凝是岩浆自身演化和同化混染共同作用的结果。坡一侵入体与塔里木板块东北部二叠纪幔源岩浆岩的生成和地幔柱活动有关，应该是塔里木大火成岩省的组成部分。

2）坡十镁铁-超镁铁质侵入体

坡北辉长岩及坡十单辉橄榄岩与亏损岛弧相似，具有较高的 U/Th 值、Ba/Th 值和 Th/Zr 值、Th/Yb 值，与 Marianas、Philippines 典型的岛弧火山岩以及阿拉斯加型岩体 Kondyor 岩体显示出很强的相似性，坡北及坡十岩体岩浆的地幔源区是受俯冲事件改造过的交代地幔，不同于有沉积物加入的富集岛弧，表明其地幔源区主要遭受了流体的交代作用，可能形成于活动大陆边缘。在岩浆演化的早期阶段确实发生了硫化物熔离的现象。坡北岩体的围岩主要是中元古代白湖群变质岩，坡北及坡十岩体二元混合模型计算元古宙变质岩混染的比例为 3% ~10%（Liu et al.，2017a）。

北山地区在石炭纪就已经进入造山期后伸展构造背景中，形成裂谷或断陷带，地壳呈拉张过渡壳特征。由于受俯冲事件改造过的交代地幔源区在之后很长的地质历史演化时期都可以保持其源区性质，故也不排除坡北岩体形成于碰撞造山后伸展阶段的可能性，其形成过程与喀拉通克和黄山西含矿岩体的成因类似。

哈拉达拉铜镍-钒钛矿床$^{87}Sr/^{86}Sr$初始值（0.703913 ~ 0.705259）、$\varepsilon_{Nd}(t)$（4.00 ~ 8.42）表明原始岩浆来自于亏损地幔源区，形成于后碰撞造山早期伸展环境、叠加近同期地幔柱活动的特殊地质背景（龙灵利等，2012）。

（二）盆山体系岩石系统和造山带侵入岩以及相邻盆地玄武岩对比

新疆北部中亚造山带地处西伯利亚、哈萨克斯坦和塔里木板块交会部位，中、新元古代经历了全球罗迪尼亚超大陆汇聚和裂解事件，早古生代以来不断裂解、洋盆形成-关闭几次拉张，中亚造山带与塔里木地块等构造体系在早古生代焊接在一起（许志琴等，2011），晚古生代区域残留海盆和裂陷槽发育、俯冲消减，海西晚期西伯利亚、哈萨克斯坦和塔里木三大板块拼接及陆内裂谷，经历了强烈的大规模岩浆活动和成矿作用，形成构造演化、岩浆活动与成矿作用相互耦合的盆山体系（Jahn et al.，2004a；Han C M et al.，2010；Han et al.，2011；Xiao W F et al.，2011；Xiao et al.，2004a，2004b，2008，2009a，2009b，2010，2013；Pirajno et al.，2009；Kröner et al.，2014）。

1. 阿尔泰-准噶尔盆山体系

阿尔泰南缘和准噶尔北缘晚古生代大地构造演化及成矿作用受古亚洲洋形成与演化的控制。该地区晚古生代存在不同性质的构造演化，发育多金属成矿作用。晚石炭世末—早二叠世初，阿尔泰-准噶尔体系处于后碰撞伸展构造阶段，伴随地幔上隆沿额尔齐斯、乌伦古-阿尔曼泰、达尔布特、卡拉麦里-莫钦乌拉等断裂构造带岩浆活动强烈，在早二叠世，由于哈萨克斯坦-准噶尔板块的离散，额尔齐斯缝合带附近发生了拉张作用，诱发了一系列与地幔作用有关的岩浆活动，形成了以喀拉通克为代表的铜-镍矿化，其形成、定位与侵入岩有关，是板块聚合后重新离散过程的产物（张海祥等，2008）。海西中晚期后碰撞构造-岩浆活动有关的成矿作用形成铜镍-金-锡-石墨-膨润土等矿床，包括如下成矿作用类型：①与镁铁-超镁铁质岩有关的喀拉通克式铜-镍-铂族硫化物矿床成矿作用，相关成矿岩浆作用见前述。②与壳-幔混源碱性-偏碱性花岗岩或陆壳重熔型花岗岩有关的锡-石墨、金、铜矿床成矿作用，如萨惹什克锡矿、塔斯特金矿、齐依求1号金矿、包古图金矿、多拉纳萨依金矿、索尔库都克铜钼矿等。③构造破碎带蚀变岩型金矿成矿亚系列，包括萨尔布拉克金矿、赛都金矿、萨尔托海1号金矿、清水48号金矿。④与陆相火山作用有关的金、膨润土矿床成矿作用。

2. 天山-吐哈-三塘湖盆山体系

天山造山带在长期的演化过程中经历了极其复杂的裂解和拼合（秦克章等，2002），主要可以分为博格达-哈尔里克山带、觉罗塔格带和中天山地块。东天山的断裂多呈东西或北东东走向，包括康古尔塔格断裂带、苦水断裂带、沙泉子断裂带、阿奇克库都克断裂、雅满苏断裂等。

黄山铜镍硫化物矿床成矿岩体均缺乏冷凝边和与其相关的镁铁质岩墙，无法直接推算母岩浆成分。空间上邻近的同时代的三塘湖二叠纪玄武岩与二者具有相似的地球化学特征，负的Nb-Ta异常、正$\varepsilon_{Nd}(t)$和微量元素配分模式，表明三塘湖玄武岩和黄山成矿岩体可能具有亲缘性。三塘湖拉斑玄武岩的平均成分为6.26% MgO、50.15% SiO_2、1.96% TiO_2、17.30% Al_2O_3、2.23% Fe_2O_3、7.57% FeO、0.18% MnO、8.35% CaO、3.59% Na_2O、0.54% K_2O、0.65% P_2O_5。

由于黄山铜镍硫化物矿床成矿岩体中橄榄石的Fo值可达85，较三塘湖玄武质岩浆与之平衡的橄榄石的Fo值（83）高，暗示黄山铜镍硫化物矿床的母岩浆成分可能相当于拉斑玄武质岩浆与橄榄石的混合物。MELTS模拟显示，三塘湖拉斑玄武质岩浆与7%橄榄石的混合成分在$P=0.5$kbar，FMQ=0，$H_2O=0.2\%$的条件下，矿物结晶顺序为橄榄石→橄榄石+斜长石→斜长石+斜方辉石→斜长石+单斜辉石+磁铁矿，与黄山铜镍硫化物矿床成矿岩体镜下矿物结晶顺序相似。由于黄山成矿岩体中橄榄石的Fo值最高为85，明显低于地幔橄榄石（Fo值>90），揭示该成矿岩体的母岩浆不是原始岩浆而是演化岩浆，是原始岩浆经过约10%的橄榄石分离结晶的演化岩浆，同时原始岩浆约含有15% MgO。

喀拉通克和黄山成矿岩体与空间上相邻的同时代的三塘湖盆地二叠纪玄武岩具有相似的不相容元素原始地幔和稀土元素球粒陨石标准化配分模式，明显富集大离子亲石元素和轻稀土元素，亏损Nb-Ta-Ti，且具有相似的$(^{87}Sr/^{86}Sr)_i$和$\varepsilon_{Nd}(t)$组成，指示喀拉通克和黄山成矿岩体与三塘湖盆地二叠纪玄武岩成分上的亲缘性。

3. 北山–塔里木盆山体系

我们在塔里木盆地西缘已经发现了源自于地幔不同圈层的三种类型岩浆岩。其中，柯坪玄武岩属低镁富碱的玄武岩，源自于富集型大陆岩石圈地幔（姜常义等，2004a）；麻扎尔塔格脉岩群原生岩浆的MgO含量约为18.0%，源自于原始地幔（姜常义等，2004b）；瓦吉里塔格爆破角砾岩筒超镁铁岩的原生岩浆的MgO含量为18.8%，源自于适度亏损的地幔源区（姜常义等，2004c）。中坡山北岩体的原生岩浆应该是相对富镁的拉斑玄武质岩浆，与前述三种类型的幔源岩浆均不相同。前述三处幔源岩浆岩的$\varepsilon_{Nd}(t)$最高值为+5.35，而中坡山北岩体在有明显同化混染作用的情况下，仍有样品的$\varepsilon_{Nd}(t)=+6.80$。此外，后者的不相容微量元素和主量元素、轻稀土元素丰度均低于前三者。这些特征说明，中坡山北岩体岩浆源区的亏损程度明显高于前三者。所以，中坡山北岩体应该源自于塔里木板块第四种类型地幔源区（姜常义等，2006）。

坡一侵入体位于塔里木板块腹地，其苦橄质原生岩浆具有洋岛型Nd同位素组成，可以排除其岩浆起源与消减带有关，而应当与地幔柱有关。依据我们对坡一及相邻侵入体的最新研究成果，可以证明塔里木板块东北部的二叠纪幔源岩浆岩是塔里木大火成岩省的组成部分，并由此排除了非大火成岩省背景的陆内裂谷和后碰撞伸展机制。因为后两种机制都只涉及岩石圈地幔和软流圈地幔，而与地幔柱活动无关。大量研究证明，只有地幔柱轴部才能生成高镁火山岩（苦橄岩、科马提岩和麦美奇岩），其源岩物质来自于柱源区（Campbell and Griffiths，1993）。大火成岩省的研究证明，地幔柱源区主要由两类物质组成：一类是地幔橄榄岩，部分熔融后生成MgO含量为18%～20%的科马提质或麦美奇质岩浆（Campbell and Griffiths，1992，1993）；另一类是再循环的镁铁质物质与地幔橄榄岩反应形成的石榴子石辉石岩。石榴子石辉石岩是在上地幔温压条件下以辉石为主的一类岩石的统称，包括二辉岩、橄榄二辉岩、榴辉岩等。其总体化学组成有较宽的变化范围，相当于苦橄岩、玄武质科马提岩和玄武岩等。正是这类岩石构成了一些大火成岩省和洋岛苦橄岩的源岩物质，或者是其中的重要组分（Campbell and Griffiths，1992；姜常义等，2007）。由此推测，塔里木地幔柱源区也存在石榴子石辉石岩。此前笔者曾论述过塔里木大火成岩省存在MgO含量为18.8%的原生麦美奇岩浆，是柱源区橄榄岩部分熔融的产物（姜常义等，2004c），塔里木地幔柱源区既存在地幔橄榄岩，也存在石榴子石辉石岩。坡一侵入体与塔里木板块东北部二叠纪幔源岩浆岩的生成和地幔柱活动有关，应该是塔里木大火成岩省的组成部分（Liu et al.，2016）。

新疆北部晚古生代镁铁-超镁铁质侵入岩形成于早二叠世，岩浆铜镍硫化物矿床成矿高镁原始岩浆可能来源于俯冲交代的软流圈地幔的熔融，源区为受到地壳物质混染的软流圈地幔，不同地区成矿岩体的母岩浆起源有所不同。天宇岩体岩浆来源于亏损地幔源区，母岩浆中PGE亏损，岩体形成及就位受俯冲板片作用引起的减压熔融、软流圈上涌控制（Tang et al.，2011）。北山地区熔融程度高，坡北超镁铁质层状岩体被认为是塔里木大火成岩省的组成部分，原生岩浆是苦橄质岩浆，生成于地幔柱轴部，为地幔柱的头部（Zhang C L et al.，2010；Zhang Y Y et al.，2011；姜常义等，2012）。

古亚洲洋最后闭合时限的不同导致这些幔源岩浆活动的构造环境有所差异：①古亚洲洋在早石炭世末或晚石炭世末就已经闭合，石炭纪—二叠纪幔源岩浆活动期间为碰撞造山后伸展演化阶段，新疆北部在二叠纪处于后碰撞环境；②古亚洲洋可能闭合于晚二叠世或更晚，石炭纪—二叠纪幔源岩浆可能活动于俯冲环境；③石炭纪—二叠纪镁铁-超镁铁质侵入岩可能与地幔柱活动有关，并且与塔里木地幔柱有关。

二叠纪的地幔柱活动在塔里木形成溢流玄武岩、镁铁-超镁铁质岩体（脉）和苦橄岩等，以及含有V-Ti磁铁矿的大型层状岩体（厉子龙等，2008；Zhang C L et al.，2008；Li Y Q et al.，2012），构成塔里木大火成岩省。玄武岩为拉斑系列，富集强不相容元素和高场强元素，TiO_2含量大于2.8%，Ti/Y值大于500，属于高Ti系列，负的ε_{Nd}值和高的Sr初始值（Zhang Y T et al.，2010；Yu et al.，2011），高度亏损Ni、Cu和PGE（Yuan et al.，2012）。$\varepsilon_{Hf}(t)$和$\varepsilon_{Nd}(t)$等地球化学资料表明玄武岩来源于地幔柱或软流圈地幔，并与岩石圈地幔低程度部分熔融相互作用，地壳混染程度低；镁铁-超镁铁岩体来源于OIB似地幔源区，并经历分离结晶作用（Li et al.，2011；Li Y Q et al.，2012）。玄武岩（285～290Ma）和镁铁-超镁铁岩体（284～274Ma）为早二叠世两个不同期的岩浆事件（李勇等，2007；Li et al.，2011；Yu et al.，2011；姜常义等，2012）。

第五节　新疆北部石炭纪中-酸性侵入岩浆作用

一、石炭纪中-酸性侵入岩特点

（一）花岗岩特征

新疆北部大量发育岩浆岩，尤其是石炭纪—二叠纪岩浆岩极为发育（陈汉林等，2006b；李锦轶等，2006a；郭芳放等，2008）。根据岩浆活动期次，新疆北部石炭纪—二叠纪花岗岩主要分为3期：早石炭世（359～320Ma）、晚石炭世—早二叠世（320～270Ma）和晚二叠世（270～252Ma），不同构造单元石炭纪—二叠纪花岗质岩浆活动时期、性质不尽相同（童英等，2010）。

东、西准噶尔花岗岩形成时期主要为330～290Ma，阿尔泰大量发育290～270Ma的花岗岩，天山地区岩浆活动在整个二叠纪都较发育，延续时间较长。新疆北部整个区域在二叠纪展现出岩浆活动的同步性，西天山岩浆活动时期显示出由北向南变新的趋势。

新疆北部碱性（A型）花岗质岩浆活动也在这个时期集中发育，在时间上不具有分带性，表现出区域一致性。不同单元的岩浆性质也有所区别。东、西准噶尔发育大量晚石炭世—早二叠世的A型花岗岩，但西准噶尔以铝质A型花岗岩为主，东准噶尔却主要是碱性花岗岩。

1. 阿尔泰造山带-准噶尔地区

1）阿尔泰造山带

新疆北部阿尔泰造山带内发育较少的花岗岩，石炭纪花岗岩最少。早石炭世（359～343Ma）岩体发育于造山带南部，具典型碱性花岗岩特征，分布于布尔根和塔尔浪地区，平面上岩体表现为不变形的圆形或不规则状，为晚（后）造山产物（童英等，2010）。早二叠世（289～266Ma）花岗质岩体主要分布于阿尔泰造山带南部的额尔齐斯构造带内，如布尔津、锡泊渡、塔克什肯口岸等地，少量集中在造山带内部，如喇嘛昭岩体。这一时期的岩体平面上多呈圆形，不变形到少量变形。产于后造山底侵伸展环境，以I型、A型花岗岩为主，伴生大量基性岩脉、岩体（王涛等，2010）。

2）准噶尔地区

准噶尔盆地出露岩体较少，但是在盆地东、西都有不少花岗质岩体出露。东准噶尔除个别岩体外，大多数岩体形成于晚石炭世—早二叠世（320～268Ma）。位于东准噶尔北缘地区的花岗岩主要分布于玛因鄂博深断裂以南，沿缝合带内的次级断裂以及构造单元分区界线分布。产状上多呈岩株、岩脉等小岩体及少量岩基产出，以碱性花岗岩为主，如苏吉泉、乌伦古、黄羊山等。在时间上没有分带性，整个区域显示出一致性。

东准噶尔花岗岩主体为钙碱性花岗质岩石单元并包括分异演化晚期的富碱花岗质岩石单元组成的杂岩体。多相的幼年期基底在东准噶尔岩层之下广泛分布，东准噶尔岩层主要由中石炭世到二叠纪俯冲生长形成的岩层组成（Xiao Y et al., 2011）。集中发育于哈腊苏-卡拉先格尔、老山口-加马特、哈旦逊、乌图布拉克等地区。该类岩体常多期脉动侵入，相伴有浅成或次火山岩侵入体，构成复杂的潜火山杂岩（刘家远，2001），且在老山口一带最为典型。另外为单一的碱性或富碱花岗质岩石单元组成的碱性花岗质岩体，构成东准噶尔三条典型的富碱花岗岩带之一的布尔根碱性花岗岩带，包括布尔根及口岸富碱花岗质岩体。位于东准噶尔的斑岩型铜矿，分为4个矿床带：晚志留世—早泥盆世琼河坝斑岩型铜钼矿床带，晚泥盆世卡拉仙阁斑岩型铜矿带，早石炭世希勒库都克-索尔库都克斑岩夕卡岩型铜钼矿床带，晚石炭世包古图斑岩型铜矿带（Yang F Q et al., 2012）。

西准噶尔地区晚古生代岩浆岩非常发育，其形成时代分为早石炭世（340～320Ma）和晚石炭世—早二叠世（310～290Ma）两个阶段，岩石类型从超基性岩到酸性岩均有出露，是海西晚期岩浆活动的产物（尹继元等，2011），其中的中-酸性侵入岩既有超浅成相的岩枝、岩脉，也有深成相的岩基和岩株。这些侵入岩由多种岩性组成，包括碱性花岗岩以及紫苏花岗岩、二长花岗岩、石英闪长岩、花岗闪长岩、闪长岩等。

侵入下石炭统的花岗岩有丰富的锆石 U-Pb 年龄（韩宝福等，2006；唐红峰等，2008；Geng et al.，2009），这些资料显示，晚石炭世后期（约 305Ma）为准噶尔地区深成岩浆的主要活动期，而且与一些铜、金等矿床关系密切（肖文交等，2006a；张连昌等，2006；安芳和朱永峰，2007；郭芳放等，2010）。代表性岩体有达拉布特断裂以北的阿克巴斯套、庙尔沟、铁厂沟以及哈图等花岗岩（王瑞和朱永峰，2007；杨高学等，2010a），断裂以南则主要是大型岩基状产出的岩体，如克拉玛依、包古图、红山花岗岩等（赵振华等，2006；孙桂华等，2007；张栋等，2010）。

2. 东天山造山带

东天山地区是新疆北部石炭纪—二叠纪花岗岩分布最多的地区，岩体数量多，分布范围广。天山造山带花岗质岩浆活动主要分为 4 个阶段（周涛发等，2010）：

晚泥盆世（386.5～369.5Ma），代表性岩体有镜儿泉、四顶黑山和咸水泉岩体，主要岩性为黑云母花岗岩和花岗闪长岩。

早石炭世（349～330Ma），代表性岩体有西凤山、石英滩、长条山、红云滩、土屋和延东等岩体，主要岩性组合为钾长花岗岩、花岗闪长岩和花岗斑岩。

晚石炭世至晚二叠世（320～252Ma），本阶段是四个阶段中岩浆活动最活跃、持续时间最长的，可分为晚石炭世、晚石炭世末—晚二叠世两个峰期。晚石炭世（320～315Ma）为花岗质岩浆活动的一个峰期，代表性岩体有分布于阿奇山-雅满苏岛弧带内的百灵山、赤湖和天目岩体，主要岩性组合为钾长花岗岩、花岗闪长岩和斜长花岗斑岩。晚石炭世末—晚二叠世（303～252Ma）为花岗质岩浆活动的第二峰期（周涛发等，2010），代表性岩体有分布于哈尔里克-大南湖岛弧带内、阿奇山-雅满苏岛弧带内、康古尔-黄山韧性剪切带内部及其边缘的康古尔、红石、彩霞山东、多头山、陇东、迪坎、白石泉、双岔沟、白山东、维权、克孜尔塔格、管道、三岔口和黄山岩体，岩性组合主要为钾长花岗岩、二长花岗岩、花岗闪长岩和花岗斑岩。

早中三叠世（246～230Ma），代表性岩体有分布于研究区南部的雅满苏岛弧带及康古尔-黄山韧性剪切带中的土墩、白山、鄯善采石场和尾亚等岩体，主要岩性为钾长花岗岩和黑云母斜长花岗岩。

3. 西天山造山带

西天山是哈萨克斯坦板块与塔里木克拉通的汇聚带，位于中亚造山带的西南缘，经历了复杂的增生造山过程。古生代期间几个主要的岩浆侵入活动时期分别是奥陶纪、志留纪、泥盆纪、石炭纪和二叠纪。古生代侵入岩的时空分带性明显，早古生代侵入岩主要分布于那拉提山及虎拉山南缘一带和塔里木北缘一带，那拉提山一带早古生代侵入岩存在两种，一种是与板块俯冲有关的钙碱性花岗岩（杨天南等，2006；龙灵利等，2007），另一种是与同碰撞有关的偏铝和过铝的花岗岩（朱志新等，2006），还有后造山的富钾花岗岩（韩宝福等，2004a），而塔里木北缘的早古生代花岗岩则主要为富铝和富钾的花岗岩（韩宝福等，2004a），与同碰撞和后造山有关。西天山晚古生代侵入岩在各个山系中均有分布，泥盆纪花岗岩具有带状分布的特征。

西天山地区也与阿尔泰一样发育大量的早古生代花岗岩，以二叠纪花岗岩较为发育，石炭纪相对较少（张招崇等，2010），分布比较广泛。在中天山两侧相对较为发育（高俊等，2006；龙灵利等，2007）。西天山被北天山晚古生代蛇绿岩带、南天山晚古生代蛇绿岩带、中天山北缘早古生代蛇绿混杂岩带和中天山南缘早古生代晚期—晚古生代早期蛇绿混杂岩带4条蛇绿岩带分为北天山、中天山和南天山3个块体（童英等，2010）。

西天山划分为3个期次（童英等，2010）：355～345Ma的早石炭世早期花岗岩主要分布在中天山伊犁地块北侧，包括昭苏花岗闪长岩、果子沟角闪花岗岩（徐学义等，2006b），主要是I型花岗岩；335～345Ma的早石炭世晚期—晚石炭世花岗岩主要集中在北天山缝合带，在南天山也分布少量花岗岩，发育阿吾拉勒阔尔库石英闪长岩（李永军等，2007b）以及巴音沟蛇绿岩侵位于辉长岩中的斜长花岗岩、形成于北天山蛇绿混杂岩之后的“钉合岩体”四棵树花岗闪长岩、南天山巴什索贡霓辉角闪正长岩和西天山阿吾拉勒正长岩（童英等，2010）；西天山花岗岩侵入时间为319～304Ma，而同生火山铁矿床中花岗岩脉形成于320～295Ma，与该岩脉相关的岛弧环境铁矿床形成于320Ma（Zhang Z H et al.，2012）。300～255Ma的二叠纪是西天山岩浆活动最强烈的时期，南天山地区分布着呈带状的花岗岩，岩石类型有黑云母角闪花岗岩、花岗闪长岩、二长花岗岩、钾长花岗岩、黑云母花岗岩等，主要为碱性（A型）花岗岩。

（二）花岗岩岩石地球化学特征

1. 阿尔泰造山带–准噶尔盆地

阿尔泰地区的花岗岩具有高硅、富铝、全碱含量中等，低镁、钙和磷，相对富钾显示钾质花岗岩和钾玄岩系列的特点。喇嘛昭岩体花岗岩的铝饱和指数较高，为准铝质到过铝质过渡特点的花岗岩，而铁木尔特花岗质岩体的铝饱和指数则较高，在强过铝质花岗岩的区域内。稀土元素具有明显的Eu异常，两地花岗岩稀土元素总量较高，变化不大，轻重稀土元素分馏不明显。微量元素Ti、Sr、Ba呈现明显的负异常，Th、U、K、Pb、Nd、Hf有正异常，Zr、Ce、Y含量较低（王涛等，2005；柴凤梅等，2010）。

中亚造山带西准噶尔的埃达克岩、I型和A型花岗岩类岩石，它们都有较亏损的同位素组成（Tang D M et al.，2012），并且这种特征与新疆北部早二叠世蛇绿岩相近，而与西准噶尔地区石炭纪玄武岩非常不同。研究显示埃达克花岗岩的母源岩浆可能来自俯冲大洋地壳熔融岩浆，I型和A型花岗岩则主要是由洋内弧的中–下地壳组成的大洋地壳俯冲形成。西准噶尔斑岩型铜矿床中石英的H-O同位素组成和硫化物中的S-Pb同位素数据表明该矿床的矿物成分主要来自地幔（Shen et al.，2012）。由于围岩的混染作用矿床岩体较宽，母源岩浆是来自地幔楔部分熔融氧化的I型岩浆（Shen and Pan，2013）。

阿尔泰花岗岩稀土元素Eu有强烈的负异常，显示了岩浆结晶过程中斜长石的分离结晶作用。除Eu外，轻稀土和重稀土整体趋于平缓，呈现大雁形特征。该地区的花岗岩具有高硅，相对富铝，绝大多数Al_2O_3含量在11%以上，属准铝质或弱过铝质A型花岗岩，岩石的Na_2O和K_2O含量高，而CaO、MgO、TiO_2和P_2O_5含量较低；F/M值高。在（FeO^T/MgO）-SiO_2图解中，该地区的岩石化学特征总体上属于A型花岗岩（杨高学等，

2010a)。阿尔泰花岗岩微量元素 Rb、Th、La、Ce、Nd、Hf、Zr 和 Sm 富集，而 Ba、Nb、Sr 强烈亏损，表明它是一种高演化成分的 A 型花岗岩（王涛等，2005；杨高学等，2010a)。

2. 东天山造山带

对东天山黄山南、镜儿泉及图拉尔根沟三个岩体花岗岩所做研究结果显示，镜儿泉岩体有较高的 SiO_2 含量并且变化幅度较大。而黄山南岩体则具有较高的 Al_2O_3、Na_2O 含量和 Al_2O_3/TiO_2 值，而 CaO 和 TiO_2+FeO^T+MgO 含量却相对较低，在 AFC 图解中处于斜长石–堇青石–红柱石范围内，在 A/NK-A/CNK 图解中处于强过铝质花岗岩范围内。图拉尔根沟岩体 Al_2O_3、Na_2O 含量及 Al_2O_3/TiO_2 值却比黄山南岩体相对较低，而 TiO_2+FeO^T+MgO 和 CaO 含量升高，在 AFC 图解中处于斜长石–堇青石–紫苏辉石范围，表现为弱过铝质。镜儿泉岩体化学成分变化较大，其主要氧化物含量覆盖了黄山南岩体及图拉尔根沟岩体的范围，Na_2O/K_2O 值既有小于 1 的也有大于 1 的，表现出既有过铝质岩性又有弱过铝质岩性（唐俊华等，2008)。

东天山的花岗岩稀土元素除了图拉尔根沟花岗岩外大都具有很强的 Eu 负异常，表明在岩浆结晶过程中有斜长石的分异。就稀土元素来看，东天山花岗岩整体呈现海鸥型稀土元素模式图和 Eu 负异常，而微量元素则是强烈的 Ba、Sr、Ti 等亏损，富集大离子亲石元素的这种特征与 A 型花岗岩在稀土和微量元素图解中的特征极其相似。黄山南岩体具有较高的 Rb、Y 含量及 Rb/Sr 值，低的 Sr、Ba 含量和 Nb/Ta 值。图拉尔根沟岩体则具有较低的 Rb、Y 含量及 Rb/Sr 值，以及高的 Ba 含量、较高的 Sr 含量和 Nb/Ta 值。

3. 西天山造山带

西天山造山带的花岗岩相较东天山要少，从收集到的资料来看，西天山和东天山的稀土元素有着相似的特征，整体呈大雁型分布和 Eu 负异常。但是需要指出的是，西天山的轻重稀土元素分馏较东天山稍高，Eu 负异常说明在成岩过程中有着斜长石的分离结晶作用，微量元素 Ba、K、Sr、P、Ti 元素同样也是负异常，富集大离子亲石元素，整个微量元素曲线与东天山几乎一致，这种特征说明东天山和西天山在花岗岩的形成上具有一定的相关性。研究西天山造山带的花岗质侵入岩显示，其具有高 SiO_2、K_2O 含量和总碱。微量元素 Rb、Nb、Ta、Zr 和 Hf 富集，而 Ba、Sr、P、Eu 和 Ti 负异常。这种特征是典型的 A 型花岗岩（Huang et al., 2012）。

（三）A 型和 S 型花岗岩成因类型区分

目前，对于花岗质岩体的形成主要有幔源岩浆的结晶分异作用、混合岩化作用和地壳岩石的深熔作用等观点（路凤香和桑隆康，2002）。前人对于 A 型花岗岩的成因提出了许多模式：最早提出的为地幔玄武质岩浆高度结晶分异形成 A 型花岗岩；随后又陆续提出了各种源岩的部分熔融模式，如麻粒岩相岩石、英云闪长岩–花岗闪长岩和紫苏花岗岩、新生玄武质地壳；还有幔源物质和壳源物质混合形成的 A 型花岗岩；目前大部分学者支持上地壳钙碱性岩石低压熔融模式（唐功建等，2008）。

在非造山环境相对不含水的碱性花岗岩即 A 型花岗岩。Collins 等（1982）认为，A 型花岗岩是由基本上无水的源岩在温度升高（>830℃）时通过部分熔融而形成的，由于受低程度部分熔融的I型岩浆萃取其源岩的水减少甚至消失。Andersen（1985）指出，A型花岗岩也可以由已脱水的变沉积岩源岩的熔融而派生（杨高学，2008）。S型花岗岩（含火山岩）的源岩应以沉积岩或变质沉积岩等壳层沉积物为主，因而继承了沉积岩和变质沉积岩的某些重要地球化学特征。S型代表了成熟度较高地区上地壳硅铝层（沉积岩）物质的重熔和简单成岩过程中形成的花岗岩类。

1. 阿尔泰造山带–准噶尔盆地

阿尔泰地区的花岗岩类型，布尔根花岗岩完全是A_2型花岗岩，花岗斑岩落在了OIB的区域内，这说明该地区花岗斑岩的形成或多或少地与OIB岛弧环境有联系，为探讨该地区的构造演化提供了线索。而碱性花岗岩更是全部落在A_1区域内，并且也包括在OIB的范围内，这足以证明该地区的花岗岩形成与OIB有相近的特征。喇嘛昭花岗岩有着较为复杂的特征，其中既有A_2型特征，又有A_1型特征，甚至表现出与OIB接近的特征。这说明该地区形成的花岗岩有着复杂的岩浆演化。斑状碱性花岗岩也表现出与碱性花岗岩相近的特征。

阿尔泰山铁木尔特花岗质岩体研究显示，铁木尔特花岗质岩体由黑云母和白云母组合，富SiO_2、富碱高钾（$K_2O>Na_2O$），贫FeO、MgO和TiO_2，CaO含量低，并具强过铝质花岗岩特征，因此，铁木尔特花岗岩属于高钾钙碱性强过铝质花岗岩。铁木尔特花岗岩可能为富含白云母和黑云母的变泥质岩在较低压力和较高温度条件下经部分熔融形成，源区残留有富钙的斜长石、钛铁矿和磷灰石等，同时熔体中混有部分幔源物质（柴凤梅等，2010）。

2. 东天山造山带

黄山—镜儿泉一带过铝花岗质岩体均呈走向近东西的长条状，中、小型岩株分布范围与镁铁–超镁铁岩带基本一致，二红洼岩体和镜儿泉岩体分别侵入和切割镁铁–超镁铁岩体。岩体与围岩的接触界线清晰，二红洼和黄山南岩体围岩为干墩组，镜儿泉岩和图拉尔根沟岩体围岩为梧桐窝子组。

东天山的花岗质岩石大多位于A_1型和A_2型之间，说明东天山的花岗岩是A_1型到A_2型的过渡型。其中，二长花岗岩、糜棱岩化花岗岩、斜长花岗岩和钾长花岗岩落在A_2型花岗岩的区域，而碱长花岗岩大多落在A_1型和A_2型之间。图拉尔根沟过铝质花岗岩则有少量的样品落在A_1型和A_2型之间，其他的均落在A_1型花岗岩所在的范围内，总体来说属于A_2型向A_1型过渡的花岗岩。正长花岗岩则在A_1型花岗岩和A_2型花岗岩内都有出现，所以，其成因类型也是较为复杂的。片麻状花岗岩则是位于A_1型花岗岩的范围内，镜儿泉过铝质花岗岩则落在OIB的区域内，这说明镜儿泉过铝质花岗岩的岩浆类型与OIB具有相同或者相似的性质，其形成可能与岛弧环境有一定的联系。

3. 西天山造山带

西天山达巴特花岗岩具有A型花岗岩的特点：①富硅、富碱，贫镁，具有高的Fe/(Fe+Mg)；②富集Rb、Th、U等大离子亲石元素和Nb、Ta、Zr、Hf等高场强元素，亏损Sr、Ba，富Ga。唐功建等（2008）研究认为该地区的花岗岩为A_2型。Lei等（2013）研究西天山A型花岗岩显示其形成于裂谷环境，可能是由地幔岩浆形成的下地壳基性岩部分熔融产生的。

二、形成环境及时空演化讨论

（一）板块俯冲–碰撞

主大洋闭合的时候，发生在两个或多个“大陆”板块的碰撞称为主碰撞（初始主碰撞），典型标志为高压变质作用和主逆冲带发育；在主碰撞之后发生的后碰撞，通常认为是陆内环境，但地体位移较大；当汇聚的大陆板块完全缝合在一起，开始形成统一的运动时，就进入板内构造机制，标志后碰撞阶段的结束。新疆北部整个准噶尔地区在晚石炭世到早二叠世都是从挤压到扩张的构造环境。

在早石炭世，塔里木板块由被动大陆边缘向活动大陆边缘转化，洋壳开始向塔里木陆壳之下俯冲消减，生成具有钙碱性系列火山岩系和深水浊积岩沉积的阿齐山–雅满苏岛弧带；与此同时，洋壳继续向北消减，准噶尔板块继续向南增生，表现出双向俯冲的特点。中石炭世，大洋开始封闭，在阿齐山–雅满苏岛弧带上形成了 CM 型花岗岩类。中晚石炭世，塔里木板块向准噶尔板块俯冲，在康古尔塔格–哈尔里克岛弧形成了同碰撞期的 CM 型花岗岩类。在阿齐山–雅满苏岛弧带上形成了红云滩等 CM 型花岗岩类（李文明等，2002）。

在石炭纪末—二叠纪初，亚勒帕克、沟权山、康古尔塔格–哈尔里克岛弧克孜勒塔什塔格、恰西等地仍处于碰撞环境，形成有同碰撞期的 CM 型花岗岩类和三岔口 M 型花岗岩，同时，南、北岩带大部分区段则进入板内叠覆造山阶段，形成了滩南、恰特卡尔塔格东、镜儿泉、舌状岩体（钾长花岗岩）、双岔沟等 C 型花岗岩类和康古尔塔格西北（1 号岩体）舌状岩体（二长花岗岩）等 CM 型花岗岩类（李文明等，2002）。石炭纪末北岩带的奥莫尔塔格一带进入非造山期，侵入有少量 A 型碱性花岗岩。

过铝质花岗岩不仅可以形成于碰撞造山过程中的挤压型构造环境，与加厚地壳的熔融有关；也可以形成于碰撞后与岩石圈伸展作用相关的张性构造环境，与岩石圈的拆沉或幔源岩浆的底侵作用有关（钟长汀等，2006）。

1. 阿尔泰造山带–准噶尔盆地

阿尔泰地区晚古生代晚石炭世、二叠纪为后造山 I、I-A、A 型花岗岩和基性岩（双峰式）组合，形成于后造山幔源岩浆底侵的热构造伸展环境（王涛等，2010）。早石炭世末，西伯利亚壳体及其南缘阿尔泰褶皱山系再度发生往南的挤压推挤作用，形成了阿尔泰山前海西褶皱带。相应地，有大规模似层状片麻状黑云母花岗岩的产生，在成因类型上属于 I-S 过渡型和 S 型。晚石炭世，与阿尔泰山前的隆起上升相对应，乌仑古—斋桑泊一带则为松弛或者拉张性阶段，东部沿乌仑古河北岸堆积了一套陆相中酸性火山熔岩、火山碎屑岩；西部布尔津—吉木乃一带沉积了一套碎屑岩夹火山碎屑岩。相伴随地有碱性花岗岩–碱长花岗岩的侵位。成因类型上属于 A 型或者壳体内花岗岩，与基性岩类相伴出现，属于地幔基性岩浆双峰分馏的酸性端元岩浆。

阿尔泰造山带中的花岗岩，除了碱性花岗岩有部分落在后造山花岗岩类的范围内，而碱性花岗岩与天山地区类似，有一部分落在了与裂谷有关的花岗岩和与大陆的造陆抬升有关的花岗岩类区内，根据该地区的构造演化，总体来看应该属于与裂谷有关的花岗岩类，前人也对此类花岗岩做了详细的研究。

东准噶尔地区分布两类A型花岗岩，岩石类型分别为钾长花岗岩和正长花岗斑岩。年代学和岩石地球化学研究表明，钾长花岗岩产于岛弧环境，属B型俯冲阶段产物；正长花岗斑岩产于后碰撞伸展环境（郭芳放等，2008）。准噶尔地区的斑岩型铜矿床形成于3个构造背景：大陆弧、洋岛弧和后碰撞作用（Yang F Q et al.，2012）。

西准噶尔从早石炭世后碰撞阶段起（340Ma），在早石炭世到中石炭世期间天山造山带是处于后碰撞期的状态（Han et al.，1999；Wang and Xu，2006；Zhou et al.，2006，2008），萨乌尔和西准噶尔处于压缩到扩张的过渡状态，其间I型花岗岩形成，可能是上升地幔熔融的结果。在晚石炭世到早二叠世（298～280Ma），扩张区开始活动，岩石圈减薄并且破裂，随着软流圈地幔上升和地壳熔融形成A_2型花岗岩和双峰式火山岩的喷发（Zhou et al.，2008）。后碰撞岩浆作用在CAOB（中亚造山带）古生代大陆生长中有很重要的作用，包括板底作用和后来的幔源岩浆分离及年轻地壳的循环（大洋和弧系统）（Chen and Arakawa，2005）。

2. 东天山造山带

在东天山造山带的觉罗塔格地区，区域构造演化与花岗质岩浆活动具有很强的耦合关系，在区域构造演化的前碰撞阶段、主碰撞阶段、后碰撞阶段、板内阶段4个构造演化阶段，花岗岩均有发育，尤其是后碰撞构造阶段花岗岩类的分布最广泛、岩浆活动最强烈（周涛发等，2010）。

东天山造山带花岗岩有着极为复杂的构造环境，不同类型的花岗岩其形成环境差异较大。图拉尔根沟过铝质花岗岩、钾长花岗岩和二长花岗岩几乎全部落在后造山花岗岩类区内，说明其形成与东天山后造山作用有着密切的关系，而镜儿泉过铝质花岗岩、黄山南过铝质花岗岩、碱长花岗岩和斜长花岗岩有部分落在了后造山区内，还有部分落在了岛弧花岗岩-大陆弧花岗岩类-大陆碰撞花岗岩类的区域内，这些花岗岩的成因较为复杂，结合其构造背景来看，该地区位于觉罗塔格地区内，在造山带和吐哈盆地接触的地方，这些地区有可能在古大洋闭合时形成成因复杂的花岗质岩石。较为特殊的是钾长花岗岩，几乎全部落在了与裂谷有关的花岗岩类和与大陆的造陆抬升有关的花岗岩类区内，这说明钾长花岗岩的形成与大陆抬升密切相关，是在造山作用过程中大陆抬升造成的岩浆上升形成的。

3. 西天山造山带

西天山北部的岩浆岩主要形成于古生代，在370～260Ma，其中分别主要集中在370～350Ma和320～280Ma两个时间段，其中后者又分为320～300Ma和300～280Ma两个阶段，所以西天山北部泥盆纪—二叠纪岩浆岩可以分为三期，即晚泥盆世—早石炭世、晚石炭世和早二叠世。前两期花岗岩类都具有岛弧或活动大陆边缘型花岗岩类的特点，可能与准噶尔洋的俯冲消减有关，形成于大陆弧或岛弧环境。晚石炭世的岩浆岩可能是由石炭纪北天山洋（准噶尔洋）向南俯冲到伊犁中天山板块作用形成的。早二叠世岩浆岩可能是在石炭纪北天山洋（准噶尔洋）闭合碰撞后的伸展背景下形成的（唐功建等，2008）。

西天山花岗岩研究较为薄弱，不管是花岗斑岩、钾长花岗岩还是花岗岩，其构造投图都位于后造山花岗岩类区，说明该地区花岗岩类形成于后造山作用。

（二）花岗岩成因

新疆北部的花岗岩类大多是 A 型花岗岩，那么它是否与峨眉山大火成岩省形成的 A 型花岗岩有相同的特征呢？对于峨眉山与地幔柱有关的 A 型花岗岩有大量的研究，这类岩石主要特点包括：①在时间和空间上与基性–超基性岩体紧密伴生，并且其 Fe、Ti 氧化物的平均含量大大高于其他类型的 A 型花岗岩；②具有较高的锆石饱和温度（860 ~ 960℃）；③与非地幔柱条件下形成的岩体相比，地幔柱条件下形成的 A 型花岗岩 Nb/Th 和 Ga/Al 值要高，反映了源区或母岩浆的特征；④通常具有正的 $\varepsilon_{Nd}(t)$ 值（但不超过 5），反映地幔组分的贡献，其模式年龄和岩体形成年龄相差不大，说明其岩浆源区为底侵的新生下地壳（钟玉婷和徐义刚，2009）。

阿尔泰造山带由北向南分为 6 个块体。晚古生代花岗岩主要发育于造山带南缘，特别是额尔齐斯构造带中，在造山带中部也有所分布，岩体多不变形，往往切割区域构造线，显示出后构造特点。由以上分布特征来看，新疆北部花岗岩与造山带、裂谷带有密切的联系，而与基性–超基性岩关系不是很密切。

在东准噶尔地区广泛发育晚古生代（中–晚海西期）的花岗岩和少量的中基性侵入岩，它们普遍以具有正 $\varepsilon_{Nd}(t)$ 和低（$^{87}Sr/^{86}Sr$）$_i$ 值为特征，它们的形成与陆壳生长过程密切相关（Han et al.，1997；Chen and Jahn，2004），是后碰撞地壳垂向生长的物质表现（韩宝福等，1998，2006）。

东天山及北山地区具有新元古代汇聚与裂解的明确反映，但全区以石炭纪火山沉积岩为主，泥盆系分布于研究区中东部和西南部，大部分出露于阿齐克库都克沙泉子断裂以北，总体为一套滨、浅海相火山沉积岩系，分属不同的构造沉积相区（童英等，2010）。花岗岩都有出露，但是其在时间和空间上与基性–超基性岩没有密切的关系。

西天山地区也与阿尔泰一样发育大量的早古生代花岗岩，分布比较广泛，在中天山两侧相对较为发育（高俊等，2006；龙灵利等，2007），与造山带有密切的联系，因此与基性岩和超基性岩关系也不是很密切。准噶尔盆地以东区域范围内存在三条碱性花岗岩带，它们的展布方向与区域大断裂的延伸方向基本一致，呈北西向展布。这三条大断裂从北向南依次为额尔齐斯–玛因鄂博断裂、乌伦古大断裂和卡拉麦里大断裂。

新疆北部 A 型花岗岩可能是造山带–裂谷带在造山活动以及大陆抬升过程中形成的。

第六节　新疆北部石炭纪—二叠纪火山岩浆作用

一、准噶尔盆地火山岩浆作用

（一）玄武岩

准噶尔玄武岩主要分布于西准噶尔的克拉玛依、达尔布特、巴尔雷克、东准噶尔扎河坝、卡拉麦里以及准噶尔盆地的东北缘。克拉玛依二叠纪玄武岩样品中含有由方解石组成的杏仁集合体，枕状玄武岩中含有少量斜长石斑晶（Zhu Y F et al., 2006；Zheng et al., 2007），微晶-斜长石构成格架，其中充填玻璃等。基质由具毛毡状结构的斜长石、辉石和玻璃组成（Zhao et al., 2006；Zhang Z C et al., 2009a，2009b）。基质发育间隐-间粒结构，基质斜长石呈板条状，大约占总体积的40%，玄武质玻璃大约占总体积的60%，呈浅黄褐色（Zhao et al., 2006；Zhang D Y et al., 2012）。

岩石样品中 SiO_2为48.24%～49.86%，Al_2O_3为11.32%～16.46%，MgO 为2.45%～6.85%，$Mg^{\#}$为0.33～0.56，反映岩浆经历了一定程度的结晶分异作用（Yu et al., 2011；Zhang D Y et al., 2012）。样品含有较高的 TiO_2和 P_2O_5，中等的 Al_2O_3以及相对低的 CaO，MgO 为3.60%～5.36%（Zhang D Y et al., 2012）。样品的全碱（K_2O+ Na_2O）较高，在 SiO_2-（K_2O+Na_2O）图上，样品点主要落在碱性玄武岩的范围内。样品富集 Rb、Ba 等大离子亲石元素，而亏损 Sr。样品有较高的稀土元素含量并相对富集轻稀土，有轻微的重稀土分馏，轻微的 Eu 异常（罗照华等，2003；Long et al., 2006；Yu et al., 2011；Zhang D Y et al., 2012）。

（二）安山岩

准噶尔盆地安山岩位于东准噶尔盆地东部巴里坤县塔克札勒山南麓，为杏仁珍珠状玄武安山岩和杏仁珍珠状安山岩，有的枕状体中含杏仁构造（Wang et al., 2003；吴国干等，2005；Shen et al., 2012）。枕状岩体表面具深灰色、灰褐色玻璃质氧化壳；内部为灰绿色、暗灰绿色细晶质、显晶质枕状体（吴国干等，2005；Xiao W F et al., 2011）。

样品 Na_2O 平均为3.25%，而 K_2O 平均为4.18%，随着 K_2O 的增高 Na_2O 降低（Wang et al., 2003；吴国干等，2005）。样品的稀土元素含量总量高，基本上具有完全一致右倾斜的稀土元素配分模式，LREE 富集，且具轻微 Eu 负异常。

（三）流纹岩

准噶尔盆地流纹岩主要分布在扎河坝地区。样品呈肉红色，块状构造，表面风化较严重，发育气孔和杏仁构造，中间可见深灰色基性块状捕虏体，具有典型的流纹构造（Zhou et al., 2008；Chen M M et al., 2010）。样品 Al_2O_3含量为10.26%～15.32%，K_2O +Na_2O 含量为7.05%～9.28%，K_2O/Na_2O 值为0.51～4.39（Geng et al., 2009；Shen et al., 2012）。样品在硅碱图上主要落入流纹岩范围之内。Ba、Nb、Ti 等在蛛网图中呈现负异常。稀土元素总量中等，轻重稀土元素分馏不明显，LREE 适度富集，中等 Eu 负异常（Wang et al., 2010）。

二、吐哈盆地火山岩浆作用

（一）玄武岩

吐哈盆地的玄武岩主要分布于吐哈盆地南缘。石炭纪基性火山岩呈深灰绿色，部分玄武岩肉眼下呈斑状结构，镜下具斑状结构、粗粒玄武结构、间粒结构和间隐结构，大黄水地区玄武岩样品可见杏仁构造、多呈块状构造（Zhou et al., 2004; Zhu Y F et al., 2006; Zheng et al., 2007; Chai et al., 2008）。矿物组成为斜长石和单斜辉石，少量辉石和斜长石发生绿泥石化，次要矿物为橄榄石、磁铁矿等，斑晶以自形板状斜长石为主（Zhu Y F et al., 2006; Zheng et al., 2007; Guo et al., 2010）。

在地球化学特征上，SiO_2含量为44.69%～52.29%；Al_2O_3含量为13.8%～20.03%；TiO_2含量为0.54%～1.87%；K_2O+Na_2O含量为2.1%～7.12%，K_2O含量为0.09%～2.1%，Na_2O含量为2.01%～4.8%，$Na_2O>K_2O$。$Mg^{\#}$为0.41～0.65，表明这些玄武质岩石是原始岩浆经历了一定程度分异的产物（Zhao et al., 2006; Zhang D Y et al., 2012）。样品点在硅碱图上主要落在碱性玄武岩的范围内。球粒陨石标准化的稀土元素配分图解显示LREE富集的稀土元素配分模式，具有弱的Eu负异常或无异常（Mao Q et al., 2012）。在微量元素原始地幔标准化图解上表现出大离子亲石元素K、Cs和Ba明显富集，Sr的轻微亏损；高场强元素Nb、Ta、Zr、P和Th相对亏损（Zhu Y F et al., 2006; Zheng et al., 2007; Chai et al., 2008）。

（二）流纹岩

流纹岩主要分布于博格达南坡。博格达南坡伊尔稀土组下段为厚层双峰式火山岩建造，照壁山、七角井、车鼓泉、哈密天山乡地区出露橄榄玄武岩、玄武安山岩和流纹岩、流纹质凝灰岩相间互层，自西向东火山碎屑岩有增多的趋势（Charvet et al., 2007, 2011; Dong et al., 2011; Mao Q et al., 2012）。

样品SiO_2含量平均为75.93%，Na_2O含量变化在1.51%～6.20%，K_2O含量分布在0.11%～4.47%范围内，在硅碱图上主要落入英安岩和粗面英安岩范围内（Chen et al., 2011; Yang et al., 2013）。稀土元素总量低，配分模式总体一致，为向右缓倾的曲线，轻重稀土元素分馏不明显，LREE轻度富集，曲线具有平缓的特征，整体Eu强烈负异常。在原始地幔标准化蛛网图中，大离子亲石元素Rb、K富集，Sr、Ba亏损；高场强元素P亏损，Zr、Hf富集。

三、三塘湖盆地火山岩浆作用

（一）玄武岩

石炭纪—二叠纪玄武岩在三塘湖盆地呈现零星状分布。三塘湖地区二叠纪玄武岩主要呈灰绿色-暗绿色及灰褐色-褐色，部分岩石宏观呈斑状结构，发育杏仁构造（Xia et al., 2004b; Zhang Z C et al., 2009a, 2009b; Zhou et al., 2009; Song et al., 2011; Zhang M J et al., 2011）。岩石主要为中粗粒、中粒和细粒，具等粒、不等粒结构和斑状结构。在地球化学特征上，三塘湖盆地玄武岩SiO_2含量为48.87%～52.64%，TiO_2含量为1.54%～2.68%，$Mg^{\#}$为0.42～0.59，Na_2O含量分布在3.03%～7.59%，K_2O含量为0.55%～2.25%，样品点在硅碱图上主要落入碱性玄武岩的范围内（Zhang Z C et al., 2009a,

2009b；Zhou et al.，2009；Zhang M J et al.，2011）。稀土元素配分曲线表明，三塘湖盆地玄武岩稀土总量变化不大，轻重稀土元素分馏明显，LREE 富集，Eu 异常不明显（Zhang M J et al.，2011）。三塘湖盆地 Th/Ta 值较低，平均为 1.685，Ta/Hf 值亦较低，与大陆板内拉斑玄武岩（Th/Ta>1.6，Ta/Hf =0.1 ~0.3）较相似，其低的 Th/Ta 和 Ta/Hf 值也与岛弧玄武岩的特征接近（Xia et al.，2004b；Zhang M J et al.，2011）。样品微量元素比值 Nb/La（0.27 ~0.41）、Hf/Ta（6.27 ~ 14.5）、La/Ta（40.5 ~66）、Th/Nb（0.06 ~ 0.15）、Th/Yb（0.12 ~ 0.63）和 Hf/Th（2.26 ~ 9.34）等均显示其类似于火山弧区玄武岩特征（McCulloch and Gamble，1989）。

（二）安山岩

三塘湖盆地石炭纪—二叠纪安山岩主要分布于卡拉及其邻近地区。SiO_2 含量为 47.91% ~63.63%，Al_2O_3 含量为 14.40% ~ 19.19%，K_2O 含量为 0.61% ~ 3.08%，Na_2O 含量为 2.28% ~ 7.40%。MgO 含量为 1.70% ~7.17%，属于“低镁”火山岩（Mao Q et al.，2012；Yang et al.，2013）。卡拉岗组以钙碱性火山岩为主，里特曼指数（σ）在 0.06 ~5.84，反映该区火山岩为火山岛弧-陆缘的环境建造（Zhang Z C et al.，2009a，2009b；Chen et al.，2011；Xiao Y et al.，2011）。样品稀土元素表现出一致的 LREE 右倾的富集型配分模式，具弱 Eu 负异常。样品富集大离子亲石元素，高场强元素亏损，Ba、Nb、Ta 和 Ti 显示明显的负异常，但 Sr 负异常不明显的配分模式与岛弧火山岩相似（Mao Q et al.，2012；Yang et al.，2013）。

第七节　新疆北部二叠纪基性岩墙（脉）岩浆作用

一、二叠纪基性岩墙（脉）特征

（一）基性岩墙（脉）的空间分布特征

新疆北部广泛发育二叠纪基性岩墙，准噶尔地区的克拉玛依、白杨河、北山和天山造山带以及塔里木东北缘库鲁克塔格等地区均有基性岩墙群的出露，其形成年龄分别表现为 241.3 ~271.5Ma（李辛子等，2004）、270 ~250Ma（欧阳征健等，2006）、252±9Ma（Mao Q et al，2012；Zhang D Y et al.，2012）、278±2Ma（Zhang D Y et al.，2012；Zhang and Zou，2013）、260 ~290Ma（Zhang D Y et al.，2012；Zhang and Zou，2013）、287±13Ma（姜常义等，2005）；受区域构造裂隙的控制各地基性岩墙的走向与区域内的主要断层走向一致，总体走向北西-南东（280° ~350°）、北东-南西（30° ~60°），单个岩墙的出露宽度从几厘米至七八米，长度由几米至几十千米不等。

在野外地质特征上表现为与围岩间有浅黄褐色的烘烤冷凝边，表明了基性岩墙群形成过程中的上涌挤压模式，在主量元素与 MgO 的关系图解中也表现出较好的相关性，表明其经历了较完善的分离结晶演化过程，在稀土元素的图解中大多表现出富集型的变化特征，无明显的 Eu 异常（李辛子等，2004；姜常义等，2005；欧阳征健等，2006；校培喜等，2006；Zhang and Zou，2013），微量元素蛛网图中显示出较明显的 Nb、Ta 负异常现象，为了便于对比，将新疆北部出露的基性岩墙划分为西准噶尔、西天山、吐哈盆地、东天山以及塔里木东北缘 5 个区进行系统的对比讨论。

（二）基性岩墙（脉）的岩石学和岩石地球化学特征

1. 岩石学特征

新疆北部西准噶尔、西天山、吐哈盆地、东天山以及塔里木东北缘广泛分布的基性岩墙群岩性以辉绿岩为主（李辛子等，2004；姜常义等，2005；欧阳征健等，2006；校培喜等，2006；Zhang and Zou，2013），岩石呈灰绿色、黑绿色，具辉绿结构，块状构造，矿物成分主要为斜长石（约 50%）和辉石（约 25%），其余为少量的角闪石、磷灰石、磁铁矿等矿物。其中斜长石自形程度较高，呈柱状，镜下可看到其组成的三角形空隙被他形结构的单斜辉石充填，构成典型的辉绿结构，部分岩墙存在微弱的蚀变现象，如单斜辉石发生绿泥石化。

2. 岩石地球化学特征

选取新鲜的新疆北部岩墙样品，扣除烧失量并进行全铁换算后，将 MgO 含量与各主量元素进行相关投图，可以看出不同研究区的基性岩墙的 MgO 与 K_2O+Na_2O、Al_2O_3之间具有负相关性，与 $Fe_2O_3^T$、CaO 之间存在正相关关系，主量元素变化主要受斜长石和辉石的控制，暗示了各区的基性岩墙均经历了结晶分离作用。

西准噶尔、吐哈盆地、东天山以及塔里木东北缘的基性岩墙的稀土元素标准化配分曲线都表现为右倾的轻稀土富集型，∑REE 为 $37.65\times10^{-6}\sim338.59\times10^{-6}$；代表轻重稀土分馏程度的 $(La/Yb)_N$值为 2.58～10.25；LREE/HREE 值为 2.87～8.59；除塔里木东北缘的几个基性岩墙样品表现出微弱的 Eu 负异常，其余样品 δEu 值均在 1 左右，表明区内基性岩墙早期的岩浆过程中不存在明显的斜长石结晶分离或堆晶现象；各区的基性岩墙样品在稀土元素标准化曲线上均表现出相似的特征，与 OIB 标准化曲线相似，表明各区基性岩墙具有相同的源区（校培喜等，2006；Zhang and Zou，2013）。

西天山的基性岩墙的稀土元素配分曲线与 OIB 相比呈现较平坦的配分特征，其中部分样品还表现出了轻稀土的亏损现象，其稀土元素配分特征与 MORB 相似，∑REE 为 $57.35\times10^{-6}\sim99.15\times10^{-6}$，轻重稀土分馏不明显，$(La/Yb)_N$值为 0.23～2.65，LREE/HREE 值为 0.72～3.40；具有较为明显的 Eu 负异常，δEu 为 0.79～1.03，暗示岩浆的演化过程中存在着斜长石的分离结晶作用。

新疆北部基性岩墙的微量元素原始地幔标准化图解配分曲线总体呈现右倾型，与 OIB 具有相似的趋势特征，其总量与 OIB 相比明显偏低，各区的基性岩墙样品均表现出明显的 Nb、Ta、Ti 等高场强元素的亏损；西准噶尔、西天山以及吐哈盆地的基性岩墙样品具有 Rb、Th 等大离子亲石元素的亏损；除塔里木东北缘的基性岩墙具有显著的 Sr 负异常外，其余研究区均具有明显的 Sr 正异常，通常认为 Sr 赋存于斜长石之中，而稀土元素配分曲线中未表现出明显的 Eu 负异常，表明不存在斜长石的分离结晶作用，加上 Sr 的活动性较强，所以推测塔里木东北缘的基性岩墙可能后期遭受了一定的蚀变作用。

二、地质意义讨论

岩墙群的地球化学特征对源区特征有更好的反映，岩墙群微量元素的研究可提供构造演化史和岩浆作用性质方面的重要信息，对岩墙群的地球化学研究可揭示岩浆事件的构造环境、岩浆演化过程以及源区特征（LeCheminant and Heaman，1989；Ernst and Baragar，1992；李宏博等，2012）。

新疆北部的基性岩墙具有富集 LREE 和 LILE，Th、Sr 等适度富集，HFSE（Ta、Nb、Ti）负异常，Zr、Hf 无亏损，Nb/La（<0.5）、Nb/U 和 Nb/Th 值较低，具有与俯冲带作用有关的弧火山岩相似的微量元素特征（McCulloch and Gamble，1989）。而这些二叠纪时期新疆北部已经进入了古洋壳闭合后的板内活动阶段（李永军等，2009，2010），各区基性岩墙的形成和俯冲带作用已经没有直接关系，所以只能是在基性岩墙形成之前发生部分熔融的岩石圈地幔已经被俯冲的大洋板片交代过，这种被交代的亏损岩石圈地幔由于富含 LILE 流体或者俯冲大洋板片脱水后的碱质部分发生部分熔融交代了上覆地幔（Sun and McDonough，1989）造成了基性岩墙的富集机制。

研究资料显示，在新疆地区存在两种不同性质的岩石圈地幔（Zhang Y T et al.，2010；Zhang and Zou，2013），即塔里木地区位于软流圈地幔之上的长期富集的岩石圈地幔和新疆北部由于大洋板片俯冲交代作用所造成的长期亏损的岩石圈地幔。此次的对比研究结果与这一结论相符，新疆北部基性岩墙显示其源区是一个相对亏损的经历了俯冲板片交代的岩石圈地幔源，其与新疆北部古生代以来长期存在的残余洋盆及其相关岩石圈地幔有关（Xu et al.，2008），新疆北部基性岩墙群的原始形成环境据资料统计，除了库鲁克塔格地区为地幔柱环境之外，其余为后碰撞的拉伸环境（李辛子等，2004；姜常义等，2005；欧阳征健等，2006；校培喜等，2006；Zhang YT et al.，2010；Zhang and Zou，2013）。此外，新疆北部后碰撞阶段除发育了与幔源岩浆有关的成矿谱系外还发育了与造山带有关的构造-岩浆-成矿体系，这种既有地幔柱成矿又有造山带成矿的双重特性同样也说明了新疆北部的大规模岩浆作用可能是二叠纪地幔柱活动与造山后碰撞作用叠加的结果（李文渊等，2011）。在 Ta/Hf-Th/Hf 图解中可以看出基性岩墙样品全部落入了大陆板内环境和地幔柱环境之中，反映了后碰撞造山作用后的拉伸环境，造成的强烈的板内岩浆作用，同时也形成了大量的玄武岩和基性岩墙群。综上所述，认为新疆北部大面积基性岩墙群出现的最原始动力为地幔柱作用，不同性质的岩石圈地幔的参与使广泛分布的基性岩墙群产生了地球化学特征上的差异。

第八节　新疆北部晚古生代岩浆作用演化及其构造背景

一、已有研究主要认识和分歧

新疆北部晚古生代岩浆作用复杂多样，认识不一，归根结底是对古亚洲洋闭合的时限存在较大争议，到底是泥盆纪早期、泥盆纪晚期还是二叠纪是争论的焦点。当然，是单纯的沟-弧-盆体系，还是地幔柱活动的表现，或者是板块构造与地幔柱活动共同作用的结果呢？这些主要认识与分歧对于有效指导服务野外具体找矿具有重要影响。

二、本章主要结论

新疆北部晚古生代的岩浆活动表现出了多种样式，可能是不同的动力学机制作用的结果。在晚古生代早中期，主要表现了板块构造运动的活动方式，而到了晚古生代晚期，又叠加了地幔柱活动，表现了两种岩浆活动的地质特征与成矿作用。

第三章　新疆北部晚古生代与岩浆作用有关的矿床类型及成矿作用

第一节　新疆北部晚古生代矿床成矿时代确定及成矿类型

一、与岩浆作用有关的矿床类型划分

（一）矿床类型划分依据

新疆北部构造运动复杂，火山作用发育，尤其在晚古生代大规模岩浆活动和大量内生金属矿床集中爆发。本章研究对象在时间上和矿床类型上主要集中在以下几个方面：

（1）成矿时代主要集中在晚古生代晚期；

（2）成矿主要与岩浆活动相关，是岩浆作用直接或间接的产物；

（3）成矿与相关岩体的就位空间仅限于新疆北部，即天山以北的新疆区域内（含北山裂谷带的疆内区域）；

（4）矿床主要为中-大型及以上规模；

（5）矿床以金属矿床为主。

（二）矿床类型划分

依据以上划分依据，将新疆北部晚古生代的内生金属矿床主要划分为三个类型，分别是岩浆铜镍硫化物矿床和氧化物钒钛磁铁矿矿床、火山-次火山岩浆磁铁矿矿床、斑岩型铜（钼）矿床。

岩浆矿床是岩浆演化的特殊产物，不同类型的矿床与特定的岩浆活动有成因联系。不同的岩浆活动又与地质构造环境有成因联系。新疆北部晚古生代大规模岩浆成矿作用的多样性反映了岩浆作用的多样性及构造演化的特殊性。新疆北部分布着众多的晚古生代岩浆及与岩浆作用密切相关的矿床，如与镁铁-超镁铁岩有关的铜镍矿床（喀拉通克、黄山、图拉尔根等）和钒钛磁铁矿矿床（香山西、瓦吉里塔格等）、与中酸性侵入岩有关的斑岩型（夕卡岩型）铜（钼）矿床（土屋-延东、哈腊苏、包古图等），以及赋存于海相火山-次火山岩中的磁铁矿床（查岗诺尔、备战、雅满苏等）和与块状硫化物有关的铜多金属矿床（卡拉塔格）等。这些已知矿床主要分布在天山造山带和阿尔泰造山带，对新疆北部已发现大中型矿床进行成矿时代统计，表明形成时代主要集中在石炭—二叠纪，矿床类型多样、时间集中、分布广泛。成矿作用的这种“集中爆发”在全球范围内具有独特性，对其深入研究有多重意义，有助于认识全球晚古生代地质构造格局和亚洲大陆的形成和演

化，同时也有助于建立成矿理论，指导区域找矿。

二、泥盆纪与岩浆作用有关的矿床类型及其分布

（一）泥盆纪与岩浆作用有关矿床的主要特征

新疆北部泥盆纪与岩浆作用密切相关的矿床主要为磁铁矿矿床，还有一些斑岩型及海相火山岩型铜矿床（表3-1）。这些磁铁矿矿床具有成群成带分布的特点，可能是大规模岩浆作用的结果。少量的斑岩型铜矿床分布规律不明显，但与磁铁矿矿床同期同背景出现，可能暗示有岛弧岩浆活动的存在，并与形成磁铁矿大规模岩浆活动交织在一起，是不同构造体制在同一时空域的具体表现。

表3-1　新疆北部泥盆纪与岩浆作用有关的主要矿床一览表

序号	主矿种	矿床名称	成因类型	规模	成矿时代	大地构造位置
1	磁铁矿	塔木得	海相沉积型	小型	晚泥盆世	塔尔巴哈台-三塘湖复合岛弧带
2	磁铁矿	珠草山	海相火山岩型	小型	晚泥盆世	塔尔巴哈台-三塘湖复合岛弧带
3	磁铁矿	托斯台	海相沉积型	小型	晚泥盆世	塔尔巴哈台-三塘湖复合岛弧带
4	铁矿	阿克塔什	海相火山岩型	小型	中泥盆世	塔尔巴哈台-三塘湖复合岛弧带
5	磁铁矿	白布谢	海相火山岩型	小型	晚泥盆世	塔尔巴哈台-三塘湖复合岛弧带
6	铁矿	六六一沟	海相沉积型	小型	早泥盆世	额尔宾山-库米什残余盆地
7	磁铁矿	阿勒泰	海相火山岩型	小型	中泥盆世	阿尔泰南缘增生弧
8	磁铁矿	喇嘛昭西托	海相火山岩型	小型	早泥盆世	阿尔泰陆缘弧
9	磁铁矿	阿巴宫	海相火山岩型	小型	早泥盆世	阿尔泰陆缘弧
10	铁矿	乌勇布拉克	海相沉积型	小型	早泥盆世	额尔宾山-库米什残余盆地
11	磁铁矿	蒙库	海相火山岩型	大型	早泥盆世	阿尔泰陆缘弧
12	磁铁矿	2	海相火山岩型	小型	早泥盆世	阿尔泰陆缘弧
13	磁铁矿	4	海相火山岩型	小型	早泥盆世	阿尔泰陆缘弧
14	磁铁矿	3	海相火山岩型	小型	早泥盆世	阿尔泰陆缘弧
15	磁铁矿	5	海相火山岩型	小型	早泥盆世	阿尔泰陆缘弧
16	磁铁矿	6	海相火山岩型	小型	早泥盆世	阿尔泰陆缘弧
17	磁铁矿	7	海相火山岩型	小型	早泥盆世	阿尔泰陆缘弧
18	磁铁矿	8	海相火山岩型	小型	早泥盆世	阿尔泰陆缘弧
19	磁铁矿	科克塔勒	海相火山岩型	小型	早泥盆世	阿尔泰陆缘弧
20	磁铁矿	乔夏哈拉	海相火山岩型	小型	中泥盆世	北准噶尔洋内弧
21	磁铁矿	梧桐沟	海相沉积型	中型	早泥盆世	额尔宾山-库米什残余盆地
22	磁铁矿	老山口	海相火山岩型	小型	中泥盆世	北准噶尔洋内弧

续表

序号	主矿种	矿床名称	成因类型	规模	成矿时代	大地构造位置
23	磁铁矿	宝山	海相火山岩型	小型	早泥盆世	塔尔巴哈台-三塘湖复合岛弧带
24	磁铁矿	琼河坝	海相火山岩型	小型	早泥盆世	塔尔巴哈台-三塘湖复合岛弧带
25	磁铁矿	621 高点南	海相火山岩型	小型	早泥盆世	塔尔巴哈台-三塘湖复合岛弧带
26	铜矿	哈腊苏	斑岩型	中型	中泥盆世	斋桑-扎河坝-阿尔曼泰结合带
27	铜矿	和尔赛	斑岩型	小型	早泥盆世	白塔山洋内弧
28	铜矿	阿舍勒	海相火山岩型	大型	中泥盆世	额尔齐斯弧前增生楔
29	铜矿	柳树沟	海相火山岩型	小型	中泥盆世	南天山残留洋盆
30	铜矿	铜花山	海相火山岩型	小型	早泥盆世	南天山残留洋盆
31	铜矿	老山口	海相火山岩型	小型	中泥盆世	白塔山洋内弧
32	铜矿	1723 高地西	海相火山岩型	小型	中泥盆世	白塔山洋内弧
33	铜矿	1732 东南	海相火山岩型	小型	中泥盆世	白塔山洋内弧
34	铜矿	彩虹	海相火山岩型	小型	早泥盆世	南天山残留洋盆
35	铜矿	旺云山	海相火山岩型	小型	早泥盆世	南天山残留洋盆
36	铜矿	开因布拉克	海相火山岩型	中型	早泥盆世	额尔齐斯弧前增生楔
37	铜矿	黄土坡	海相火山岩型	中型	早泥盆世	哈尔里克岛弧
38	铜	彩华沟	海相火山岩型	中型	早泥盆世	南天山残留洋盆

（二）泥盆纪主要矿床及地质分布

新疆北部泥盆纪与岩浆作用密切相关的小型及以上规模的内生金属矿床有 40 余处，以磁铁矿矿床为主，其次为少量斑岩型铜矿床。尽管矿床成因还存在较大争议，但玄武岩大量参与成矿是毋庸置疑的，只是后期的区域构造热事件强烈发育，使其成因研究进一步复杂，但深部地幔物质的参与还是非常明显的。另外，火山-次火山岩型磁铁矿矿床发育的区域均有斑岩型铜矿的产出，以板块俯冲为背景的斑岩型铜矿形成的区域亦有岩浆型磁铁矿的活动，初步表明深部岩浆活动与俯冲成矿作用可能是同时存在的。

三、石炭纪与岩浆作用有关的主要矿床类型及其分布

（一）石炭纪与岩浆作用有关矿床的主要特征

新疆北部石炭纪与岩浆作用密切相关的矿床主要表现为磁铁矿矿床，以西天山阿吾拉勒铁矿带为代表，另外还有一些斑岩型及海相火山岩型铜矿床（表 3-2）。这些磁铁矿矿床具有成群成带发育的特点，可能是大规模岩浆作用的产物。少量的斑岩型铜矿床与磁铁矿矿床同期产出，暗示可能有岛弧岩浆活动的存在。

表 3-2　新疆北部石炭纪与岩浆作用有关的主要矿床一览表

序号	主矿种	矿床名称	成因类型	规模	成矿时代	大地构造位置
1	磁铁矿	阔拉萨依	海相火山岩型	中型	早石炭世	伊犁裂谷
2	磁铁矿	铁木里克	海相火山岩型	小型	晚石炭世	伊犁裂谷
3	磁铁矿	驹尔都拜	海相火山岩型	小型	晚石炭世	伊犁裂谷
4	铁矿	和统哈拉盖	海相火山岩型	小型	晚石炭世	伊犁裂谷
5	磁铁矿	潘它尔根	海相火山岩型	小型	晚石炭世	伊犁裂谷
6	磁铁矿	吐尔拱Ⅰ号	海相火山岩型	小型	晚石炭世	伊犁裂谷
7	铁矿	式可布台	海相火山岩型	中型	晚石炭世	伊犁裂谷
8	磁铁矿	萨海	海相火山岩型	中型	早石炭世	伊犁裂谷
9	磁铁矿	松湖	海相火山岩型	中型	早石炭世	伊犁裂谷
10	磁铁矿	尼新塔格	海相火山岩型	中型	早石炭世	伊犁裂谷
11	磁铁矿	艾尔宾山南	海相火山岩型	小型	早石炭世	额尔宾山–库米什残余盆地
12	磁铁矿	查岗诺尔	海相火山岩型	大型	早石炭世	伊犁裂谷
13	磁铁矿	智博	海相火山岩型	大型	早石炭世	伊犁裂谷
14	磁铁矿	备战	海相火山岩型	中型	早石炭世	伊犁裂谷
15	铁矿	莫托萨拉	海相火山岩型	中型	早石炭世	乌瓦门–拱拜子蛇绿混杂岩带
16	磁铁矿	黑包山（M88-4）	海相火山岩型	小型	晚石炭世	觉罗塔格裂谷带
17	铁矿	铁岭Ⅱ号西段	海相沉积型	小型	晚石炭世	觉罗塔格裂谷带
18	磁铁矿	阿齐山二矿段	海相火山岩型	小型	晚石炭世	觉罗塔格裂谷带
19	铁矿	鄯善县北 40 号	海相火山岩型	小型	早石炭世	觉罗塔格裂谷带
20	磁铁矿	彩虹山	海相火山岩型	中型	晚石炭世	觉罗塔格裂谷带
21	磁铁矿	百灵山	海相火山岩型	中型	晚石炭世	觉罗塔格裂谷带
22	磁铁矿	阿齐山三矿段	海相火山岩型	小型	晚石炭世	觉罗塔格裂谷带
23	磁铁矿	多头山	海相火山岩型	小型	晚石炭世	觉罗塔格裂谷带
24	磁铁矿	阿齐山四矿段	海相火山岩型	中型	晚石炭世	觉罗塔格裂谷带
25	磁铁矿	黑尖山	海相火山岩型	中型	早石炭世	觉罗塔格裂谷带
26	磁铁矿	区调编号 12 号	海相火山岩型	中型	晚石炭世	觉罗塔格裂谷带
27	磁铁矿	东北岭南	海相火山岩型	中型	晚石炭世	觉罗塔格裂谷带
28	磁铁矿	黑尖山外围	海相火山岩型	小型	晚石炭世	觉罗塔格裂谷带
29	磁铁矿	1273 高点南西	海相火山岩型	小型	晚石炭世	觉罗塔格裂谷带
30	铁矿	赤龙峰	海相火山岩型	中型	晚石炭世	乌瓦门–拱拜子蛇绿混杂岩带
31	铁矿	菱铁滩	海相火山岩型	小型	晚石炭世	觉罗塔格裂谷带
32	磁铁矿	骆驼峰	海相火山岩型	小型	早石炭世	觉罗塔格裂谷带
33	磁铁矿	拉配泉	海相沉积型	小型	晚石炭世	红柳沟—拉配泉蛇绿混杂岩带
34	磁铁矿	黑山铁矿	海相火山岩型	小型	早石炭世	觉罗塔格裂谷带
35	铁矿	库姆塔格	海相火山岩型	中型	晚石炭世	觉罗塔格裂谷带

续表

序号	主矿种	矿床名称	成因类型	规模	成矿时代	大地构造位置
36	铁矿	老爷庙	海相火山岩型	小型	早石炭世	塔尔巴哈台-三塘湖复合岛弧带
37	磁铁矿	雅满苏	海相火山岩型	中型	早石炭世	觉罗塔格裂谷带
38	铁矿	黑园山	海相火山岩型	小型	早石炭世	塔尔巴哈台-三塘湖复合岛弧带
39	磁铁矿	翠岭西	海相沉积型	小型	早石炭世	觉罗塔格裂谷带
40	铁矿	翠岭 999 高点	海相沉积型	小型	早石炭世	觉罗塔格裂谷带
41	磁铁矿	黑峰山	海相火山岩型	小型	晚石炭世	觉罗塔格裂谷带
42	钛磁铁矿	香山西	岩浆型	小型	晚石炭世	觉罗塔格裂谷带
43	钛磁铁矿	鱼峰	海相沉积型	小型	早石炭世	觉罗塔格裂谷带
44	磁铁矿	双峰山	海相火山岩型	小型	晚石炭世	觉罗塔格裂谷带
45	磁铁矿	沙泉子	海相火山岩型	小型	晚石炭世	觉罗塔格裂谷带
46	磁铁矿	白水井	海相火山岩型	小型	早石炭世	乌瓦门-拱拜子蛇绿混杂岩带
47	磁铁矿	芨岌台子	海相火山岩型	小型	晚石炭世	乌瓦门-拱拜子蛇绿混杂岩带
48	磁铁矿	坡子泉	海相火山岩型	小型	早石炭世	乌瓦门-拱拜子蛇绿混杂岩带
49	磁铁矿	红云滩	海相火山岩型	小型	早石炭世	觉罗塔格裂谷带
50	磁铁矿	白山泉	海相火山岩型	中型	早石炭世	觉罗塔格裂谷带
51	铬铁矿	萨尔托海	岩浆型	中型	石炭纪	唐巴勒复合俯冲增生杂岩带
52	铬铁矿	鲸鱼	岩浆型	小型	石炭纪	唐巴勒复合俯冲增生杂岩带
53	铜矿	土屋	斑岩型	大型	晚石炭世	雅满苏裂谷
54	铜矿	延东	斑岩型	大型	晚石炭世	雅满苏裂谷
55	铜矿	土屋东	斑岩型	中型	晚石炭世	哈尔力克岛弧
56	铜矿	肯登高尔	斑岩型	小型	早石炭世	博洛科努陆缘弧
57	铜矿	包古图	斑岩型	大型	晚石炭世	达拉布特蛇绿混杂岩带
58	铜矿	琼河坝	斑岩型	小型	早石炭世	白塔山洋内弧
59	铜矿	3571	斑岩型	中型	早石炭世	博洛科努陆缘弧
60	铜矿	吐克吐克	斑岩型	小型	晚石炭世	达拉布特蛇绿混杂岩带
61	铜矿	喀依孜	斑岩型	小型	早石炭世	塔西南前陆逆推带
62	铜矿	东戈壁	斑岩型	小型	早石炭世	雅满苏裂谷
63	铜矿	黑尖山	海相火山岩型	小型	晚石炭世	雅满苏裂谷
64	铜矿	小热泉子	海相火山岩型	中型	早石炭世	雅满苏裂谷
65	铜矿	胜利Ⅰ号	海相火山岩型	小型	早石炭世	伊犁裂谷
66	铜矿	卡特里西	海相火山岩型	小型	早石炭世	康西瓦-苏巴什蛇绿混杂带
67	铜矿	元宝山	海相火山岩型	小型	晚石炭世	雅满苏裂谷
68	铜矿	水磨沟	海相火山岩型	小型	晚石炭世	伊犁地块（前南华纪）
69	铜矿	查岗诺尔	海相火山岩型	大型	早石炭世	婆罗科努陆缘弧
70	铜矿	望云山	海相火山岩型	小型	早石炭世	南天山残留洋盆

续表

序号	主矿种	矿床名称	成因类型	规模	成矿时代	大地构造位置
71	铜矿	长城山	海相火山岩型	小型	晚石炭世	雅满苏裂谷
72	铜矿	红山梁	海相火山岩型	小型	早石炭世	雅满苏裂谷
73	铜矿	双龙	海相火山岩型	小型	早石炭世	雅满苏裂谷
74	钼矿	苏运河	斑岩型	中型	早石炭世	唐巴勒-卡拉麦里古生代复合沟弧带
75	钼矿	莱历斯高尔	斑岩型	小型	早石炭世	婆罗科努早古生代陆缘弧
76	钼矿	库姆塔格	斑岩型	小型	晚石炭世	中天山多期复合陆缘岩浆弧
77	钼矿	卡桑布拉克	斑岩型	小型	晚石炭世	艾尔宾山-库米什残余盆地
78	镍矿	菁布拉克	岩浆型	小型	早石炭世	红柳河-洗肠井结合带

（二）石炭纪主要矿床及地质分布

新疆北部石炭纪与岩浆作用密切相关的小型及以上规模的内生金属矿床有 78 处，且以磁铁矿矿床为主，其次为少量斑岩型铜矿床，规模相对较大的内生金属矿床表现出成群成带分布的特点。以西天山的阿吾拉勒铁矿带为例，尽管矿床成因还存在较大争议，但玄武岩大量参与成矿是必然的，只是后期的区域构造热事件将其复杂化和模糊化。另外，火山-次火山岩型磁铁矿矿床与斑岩型铜矿伴随产出，初步表明深部岩浆活动与俯冲成矿作用在同一区域都是存在的。

四、二叠纪与岩浆作用有关的矿床类型及其分布

（一）二叠纪与岩浆作用有关矿床的主要特征

二叠纪，新疆北部的构造演化完全进入板内演化阶段，其岩浆作用主要表现为基性-超基性岩和中酸性岩成群成带集中分布的特点，包括阿尔泰造山带南缘的喀拉通克基性-超基性岩带、东天山的黄山基性-超基性岩带、北山裂谷带的坡北-旋窝岭基性-超基性岩带，以及觉罗塔格构造带内出露的若干中酸性岩体。新疆北部与二叠纪岩浆作用密切相关的矿床主要是岩浆铜镍硫化物矿床，其次是中小型与岩浆热液有关的斑岩型铜钼矿床。

新疆北部的镁铁-超镁铁岩体及其岩浆铜镍硫化物矿床，成岩成矿时代均集中在 280Ma，均为早二叠世岩浆作用的产物，应为同一期较大规模岩浆作用的产物。从岩石系列角度，阿尔泰造山带南缘的喀拉通克岩带内的岩体是钙碱性系列，与东天山觉罗塔格岩浆带中的土墩-黄山东-图拉尔根岩体为拉斑系列截然不同。地球化学特征表明喀拉通克岩带伴有较高程度的地壳同化混染作用，而东天山的土墩-黄山东-图拉尔根岩带则变化较大。喀拉通克岩带中橄榄石的 Fo 值为 60 ~ 70，土墩-黄山东-图拉尔根岩带岩体中橄榄石的 Fo 值基本都在 80 以上，到北山裂谷带的坡北-旋窝岭-红石山镁铁-超镁铁岩带，橄榄石的 Fo 值高达 90。从这些镁铁-超镁铁岩体及岩浆铜镍硫化物矿床的特征与变化来看，新

疆北部二叠纪岩浆成矿作用具有复杂的成岩成矿地球动力学背景，可能涉及板块俯冲、地幔柱或者两者的叠加岩浆成矿作用。

（二）二叠纪主要矿床及地质分布

新疆北部二叠纪与岩浆作用密切相关的矿床主要表现为岩浆铜镍硫化物矿床，成矿时代基本集中在早二叠世（表3-3），其次为中小型斑岩型铜钼矿床，成矿时代也集中在早二叠世，但规模相对较小，显然不是主要成矿期的产物。镁铁–超镁铁岩体具有岩浆铜镍硫化物矿床的成矿专属性，且铜镍硫化物矿体主要分布在镁铁–超镁铁岩体的中下部位。所以，岩浆铜镍硫化物矿床的地质分布与其成矿的镁铁–超镁铁岩体具有相同的地质分布特征。尽管并非所有的镁铁–超镁铁岩体都能成为铜镍矿，但这样的分布规律和产出特征是毋庸置疑的。

表3-3　新疆北部二叠纪与岩浆作用有关的主要矿床一览表

序号	主矿种	矿床名称	矿床类型	规模	成矿时代	大地构造位置
1	铜矿	喇嘛苏	斑岩型	小型	早二叠世	博洛科努陆缘弧
2	铜矿	群吉	斑岩型	小型	中二叠世	伊犁地块（前南华纪）
3	铜矿	索尔库都克	斑岩型	中型	早二叠世	白塔山洋内弧
4	铜矿	三岔口	斑岩型	小型	早二叠世	雅满苏裂谷
5	铜矿	玉勒肯哈腊苏	斑岩型	中型	晚二叠世	斋桑–扎河坝–阿尔曼泰结合带
6	铜矿	蒙西	斑岩型	中型	早二叠世	白塔山洋内弧
7	铜矿	望云山	海相火山岩型	小型	早石炭世	南天山残留洋盆
8	钼矿	东戈壁	斑岩型	大型	晚二叠世	觉罗塔格裂谷带
9	钼矿	库勒萨依	斑岩型	大型	早二叠世	伊什基里克晚古生代裂谷
10	镍矿	咸水泉	岩浆型	小型	早二叠世	雅满苏裂谷
11	镍矿	喀拉通克	岩浆型	大型	早二叠世	额尔齐斯弧前增生楔
12	镍矿	黄山南	岩浆型	中型	早二叠世	雅满苏裂谷
13	镍矿	天宇	岩浆型	中型	早二叠世	红柳河–洗肠井结合带
14	镍矿	白石泉	岩浆型	小型	早二叠世	红柳河–洗肠井结合带
15	镍矿	红石山	岩浆型	矿点	早二叠世	北山裂谷带
16	镍矿	旋窝岭	岩浆型	矿点	早二叠世	北山裂谷带
17	镍矿	罗东	岩浆型	矿点	早二叠世	北山裂谷带
18	镍矿	坡十	岩浆型	中型	早二叠世	北山裂谷带
19	镍矿	坡一	岩浆型	大型	早二叠世	北山裂谷带
20	镍矿	黄山	岩浆型	大型	早二叠世	觉罗塔格构造带
21	镍矿	黄山东	岩浆型	大型	早二叠世	觉罗塔格构造带
22	镍矿	香山	岩浆型	小型	早二叠世	觉罗塔格构造带
23	镍矿	葫芦	岩浆型	中型	早二叠世	觉罗塔格构造带
24	镍矿	图拉尔根	岩浆型	中型	早二叠世	觉罗塔格构造带
25	镍矿	土墩	岩浆型	中型	早二叠世	觉罗塔格构造带

第二节　与镁铁–超镁铁岩有关的铜镍矿床成矿作用

一、岩浆铜镍矿床特征

（一）新疆北部晚古生代岩浆铜镍矿床分布特征

新疆北部主要发育6条铜镍矿带，分别为喀拉通克铜镍矿带、西南天山菁布拉克铜镍矿带、东天山图拉尔根–黄山–土墩铜镍矿带、中天山天宇–白石泉铜镍矿带、新疆坡北–红石山铜镍矿带和库鲁克塔格兴地铜镍矿带，其中喀拉通克铜镍矿带、东天山图拉尔根–黄山–土墩铜镍矿带、中天山天宇–白石泉铜镍矿带和新疆坡北–红石山铜镍矿带中的含铜镍矿镁铁–超镁铁岩体均为晚古生代早二叠世的产物（韩宝福等，2004b；姜常义等，2006；三金柱等，2010；孙涛等，2010；夏明哲等，2010；肖庆华等，2010；Qin et al，2011；Sun et al，2013；Liu et al.，2017a）。这些矿带中矿床规模达大型的有坡一、图拉尔根、黄山、黄山东和喀拉通克五个矿床，其余矿床都为中–小型矿床（表3-4）。其中东天山图拉尔根–黄山–土墩铜镍矿带已探明镍金属量目前仅次于金川和夏日哈木，为中国第三大镍资源储备基地，目前该区仍不断有新矿床被发现，如圪塔山口、白鑫滩和路北矿床，且在岩体的深边部也不断取得新的找矿突破，这都暗示该区仍具有较大的铜镍矿成矿和找矿潜力。

（二）晚古生代铜镍矿床地质特征及成矿地质背景

1. 各铜镍矿带含矿岩体地质特征

喀拉通克矿区岩体群受区域断裂构造和褶皱构造控制，岩体均侵位于下石炭统南明水组中，矿区内共发现和圈定13个中–基性杂岩体。与国内其他典型铜镍矿床相比，喀拉通克矿床赋矿岩性基性程度最低，发育橄榄岩相的仅有Y1岩体，且橄榄岩相占Y1岩体的比例很小，Y2、Y3、Y9岩体发育苏长岩相。钱壮志等（2009）通过对1号、2号矿体中致密块状矿石的Pd/Ir值及(Pt+Pd)/(Os+Ir+Ru+Rh)值自南东向北西方向上的变化规律推测深部岩浆通道在1号、2号矿床致密块状矿体之间；秦克章等（2014）主要依据新发现的超基性含矿岩体推测南岩带主岩浆通道位于Y2、Y3岩体之间。

东天山地区发育大量早二叠世镁铁–超镁铁岩体，据不完全统计有30余个，其中含矿岩体有十余个，其中图拉尔根、黄山和黄山东矿床为大型，香山、黄山南、土墩等为中型。东天山典型铜镍矿床及镁铁–超镁铁岩体主要沿区内主干断裂两侧分布。区内由北向南，依次有康古儿–黄山深断裂（其东延称为大草滩断裂）、苦水断裂、阿其克库都克–沙泉子断裂和星星峡断裂。物探资料表明康古尔塔格–黄山断裂带的重力、航磁异常最显著，是该区最重要的导岩导矿构造，且活动时限与镁铁–超镁铁岩形成时代基本一致，其南侧的阿其克库都克断裂虽然也具有较明显的重力、航磁异常，但其活动时代可能较晚。东天山典型镁铁–超镁铁岩体规模都较小，一般岩体面积为0.0n～$n$km^2，是典型的小岩体

表 3-4　新疆北部晚古生代铜镍矿床（点）一览表

矿带	岩体	出露面积/km^2	矿床规模	岩石类型	矿石类型	成矿年龄/Ma	资料来源
东天山图拉尔根-黄山-土墩铜镍矿带	黄山东	2.8	大型	二辉橄榄岩、橄榄辉长岩、辉长苏长岩和辉长闪长岩	稀疏浸染状、稠密浸染状和少量块状矿石	274	韩宝福等，2004b
	黄山	1.71	大型	闪长岩、辉石闪长岩、云母角闪辉长苏长岩、斜长角闪橄榄辉长岩、角闪辉石岩和斜长云母橄榄岩及少量二辉橄榄岩和橄榄岩	主要为浸染状矿石，含有少量的海绵陨铁状、细脉浸染状、角砾状和块状矿石	284	Qin et al.，2011
	香山	2.5	中型	角闪辉橄岩（主要）、角闪橄榄岩、角闪辉石岩、橄榄辉长岩、蚀变角闪辉长岩	稀疏浸染状，深部有稠密浸染状矿石	285	秦克章等，2002
	葫芦	0.62	中型	辉长闪长岩、辉长岩、辉石岩、辉橄岩、橄榄岩	稀疏浸染状	274	孙涛等，2010
	二红洼	6.3	矿点	橄榄岩、橄榄辉长岩、辉长苏长岩和含石英辉长苏长岩	稀疏浸染状	283	Sun et al.，2013
	圪塔山口	0.016	小型	辉长岩、橄榄辉石岩和辉石橄榄岩	稀疏浸染状	275	王亚磊等，2016
	白鑫滩	2.1	中型	辉长岩、橄榄辉石岩和辉石橄榄岩	以稠密浸染状和稀疏浸染状为主，局部有块状	277.9	王亚磊等，2015
	图拉尔根	0.003	大型	角闪辉长岩相-角闪橄榄岩相-角闪辉橄岩相	浸染状构造、珠滴状构造、稠密浸染状，含少量的块状矿石	300.5	三金柱等，2010

续表

矿带	岩体	出露面积/km^2	矿床规模	岩石类型	矿石类型	成矿年龄/Ma	资料来源
中天山	天宇	0.056	中型	橄榄岩、辉橄岩、橄辉岩、辉石岩和辉长岩	以稀疏浸染状为主，团块状，不规则块状或角砾状、脉状及网脉状矿石次之	290.2	唐冬梅等，2009b
	白石泉	0.8	中型	辉石橄榄岩、橄榄辉石岩、橄长岩、辉长岩、角闪辉长岩	稀疏浸染状	281	毛启贵等，2006
北山地区	漩涡岭	5	矿点	橄榄岩、橄长岩、橄榄辉长岩和辉长岩	仅局部见星点状矿化	261	苏本勋等，2010
	红石山	4.7	中型	纯橄岩、辉橄岩、橄长岩和辉长岩	星点状、稀疏浸染状	286	苏本勋等，2009
	笔架山	13	矿点	含长单辉橄榄岩、橄榄辉长岩、含橄辉长岩、辉长岩以及辉绿岩	星点状矿化	279	Qin et al.，2011
	坡一	2.2	大型	含长纯橄岩、二辉橄榄岩、方辉橄榄岩、单辉橄榄岩、橄榄二辉岩、二辉岩	星点状、稀疏浸染状，局部见贯入式块状	278	姜常义等，2012
菁布拉克岩带	菁布拉克	2.7	中型	辉石橄榄岩、橄榄辉长岩、辉石岩、橄榄辉石岩、闪长岩	稀疏浸染状、星点状，局部见稠密浸染状	414.1	张江伟等，2012
喀拉通克岩带	喀拉通克	0.022（Y1）	大型	方辉橄榄岩、橄榄苏长岩、辉长苏长岩、辉长岩、淡色辉长岩和辉长闪长岩	块状矿石、稠密浸染状、稀疏浸染状	287	韩宝福等，2004b

矿床。2012 年，秦克章等依据这些岩体的侵入特征，将这些岩体划分为多期次侵入的复式杂岩体和单期次侵入的单式岩体，如黄山、黄山东、香山岩体为多期复式岩体，图拉尔根、马蹄则为典型的单式岩体，不论单式岩体还是复式岩体均具有较好的岩相分带，表明深源岩浆发生了充分的岩浆分异作用。复式含矿岩体岩浆侵入往往具有明显的脉动性，矿体与其中一期岩浆侵入密切相关，有时矿体往往赋存于两次不同成分岩相的接触部位。单式岩体矿化特征则主要受控于岩浆的深部分异程度和硫化物熔离程度，并通常与超镁铁岩相关系密切。中天山地块上发育天宇和白石泉两个中型铜镍矿床，位于沙泉子–阿其克库都克断裂以南，其岩体走向受该断裂控制。

北山地区位于东天山觉罗塔格构造岩浆带南侧，该区具有古老的前寒武纪结晶基底，出露地层包括古元古界北山岩群，中元古界长城系古硐井岩群和红柳泉岩组，下古生界下寒武统双鹰山组，上古生界下石炭统红柳园组，下二叠统因尼卡拉塔格组、红柳河组，中二叠统骆驼沟组，古近系桃园组和新近系苦泉组及第四系松散堆积物（校培喜，2004）。北山地区出露的早二叠世镁铁–超镁铁岩体主要由橄榄岩、辉橄岩、橄长岩、橄榄辉长岩和辉长岩组成，各岩相之间呈渐变过渡关系，其中包橄结构和辉长结构发育。各岩性中均可见斜长石，而斜方辉石和含水矿物（角闪石和金云母）含量较少。矿石类型主要为星点状和稀疏浸染状，可见少量海绵陨铁状和极少量块状矿石。北山岩体出露面积一般都大于 $3km^2$，已发现的矿体主要为贫矿体，深部或外围是否存在富矿体仍需开展进一步的勘探研究工作。

2. 矿床成矿构造背景

世界范围内典型铜镍硫化物矿床基本都产于大陆边缘或造山带中，关于铜镍矿床的形成构造背景前人进行了系统的总结。汤中立等（2006）将国内主要铜镍硫化物矿床构造背景划分为中–新元古代大陆边缘裂解背景、造山后碰撞伸展背景和与大火成岩省相关的三类。其中产于中–新元古代大陆边缘裂解背景下的矿床以金川矿床为代表；产于造山后碰撞伸展背景下的矿床以喀拉通克、黄山、黄山东、图拉尔根、葫芦、香山矿床为代表，这些矿床分别分布于准噶尔造山带、北天山造山带。在新疆北部地区，含铜镍矿镁铁质–超镁铁质杂岩与邻近的后碰撞 A 型花岗岩的形成时代相近，与后碰撞伸展背景下岩石圈地幔拆沉和软流圈地幔上涌、熔融作用密切相关。与大火成岩省密切相关的代表矿床有金宝山、力马河、白马寨、杨柳坪等。

新疆北部的构造演化经历了复杂而漫长的过程，主要包括古陆核的形成、增生、裂解到最终形成统一的稳定大陆（姬金生等，1994；李锦轶等，2006a），在晚寒武世—晚石炭世为大陆裂解、大洋扩张与板块俯冲阶段，在晚石炭世—早二叠世为碰撞造山阶段，在晚二叠世—早三叠世为造山后拉张阶段。目前关于早二叠世镁铁–超镁铁岩体形成构造背景的研究存在造山后伸展、地幔柱两种观点。

前人总结东天山地区镁铁–超镁铁质岩带和典型矿区的地球化学特征和年代学成果，存在以下特征：①含铜镍镁铁–超镁铁岩体的成岩时代总体一致；②斑岩型铜矿–岩浆铜镍硫化物矿床–造山带型热液金矿床的形成时代一定具有继承性；③镁铁质–超镁铁质杂岩体具有相同的岩浆源区；④普遍发育造山期后 A 型花岗岩；⑤岩浆岩区域构造线呈线性展布（康古儿–黄山韧性剪切带）；⑥石炭纪存在拉张背景下发育海相双峰式火山岩建造、弧后盆地与弧内盆地（Qin et al.，2003，2011）。这些证据表明这套镁铁-超镁铁岩体是一期完整造山时间演化的产物，在碰撞造山带后期的拉张伸展阶段沿活化的早期缝合带或深大断裂上侵，形成带状的镁铁-超镁铁质岩体。由于上升过程中加入了壳源 S，岩浆中硫化物大量熔离形成了多个铜镍硫化物矿床，多数学者倾向于东天山镁铁质-超镁铁质为碰撞后伸展阶段幔源岩浆上侵的产物（顾连兴等，2007；王京彬等，2008；夏明哲等，2008，2010）。但从成矿的角度看，整个中亚造山带长达 7000km，境外只有哈萨克斯坦萨乌尔-斋桑带产有马克苏特等两处中-大型铜镍矿床，为什么铜镍矿主要局限于中国的新疆北部，而东天山又是铜镍矿尤其集中的区域？

另外一些学者则认为新疆北部早二叠世含铜镍矿镁铁-超镁铁岩体主要是地幔柱活动的产物。这种观点认为东天山-北山含铜镍镁铁-超镁铁岩体可与塔里木早二叠世玄武岩、钒钛磁铁矿联系起来（Zhou et al.，2004；Mao et al.，2008；苏本勋等，2010；Qin et al.，2011；Liu et al.，2016）。塔里木地幔柱的提出主要是基于塔里木盆地大面积出露的二叠纪溢流玄武岩（Zhang C L et al.，2008）。塔里木板块内部发育大量由二叠纪板内岩浆作用所形成的以玄武岩类为主的岩浆岩，残余分布面积约 20 万 km^2，厚度达几十米至几百米，不仅在周缘的露头普遍出露，而且在覆盖区的石油钻井和地球物理探测中都有大量揭示。东天山-北山镁铁-超镁铁岩被认为是地幔柱的产物，主要是因为地幔柱可以提供高镁玄武质岩浆形成时需要的较高温度，但目前尚没有找到表明地幔柱存在的直接证据（Qin et al.，2011；Su et al.，2011）。下面对几个典型岩浆铜镍硫化物矿床做介绍。

（三）黄山东铜镍矿床

1. *矿床及矿体地质特征*

黄山东铜镍硫化物矿床是东天山觉罗塔格构造岩浆带最典型的矿床之一，其矿床规模最大，已探明镍资源量超过 30 万 t，其赋矿镁铁-超镁铁岩体为多期侵入复式岩体，按侵位序列可划分为三个阶段：第一阶段由橄榄辉长岩、角闪辉长岩、辉长闪长岩、闪长岩组成，构成复式岩体的主体，约占岩体总面积的 75%；第二阶段由橄榄辉长苏长岩组成；第三阶段由二辉橄榄岩和辉石角闪橄榄岩组成，为黄山东矿床主要含矿岩性。整个复式岩体出露面积 2. 8km^2，空间上为一漏斗状，地表呈菱形透镜体。岩体边部辉长岩见有围岩的捕虏体以及剪切变形。

前人通过不同手段对其成岩成矿时代进行了详细的研究工作。李华芹等（1998）测得岩体全岩 Sm-Nd 年龄为 320±28Ma、矿石 Sm-Nd 年龄为 314±14Ma，认为这些岩体为早石炭世蛇绿岩；毛景文等（2002）测定黄山东矿石 Re-Os 等时线年龄为 282±20Ma，韩宝福等（2004b）测得岩体中橄榄苏长岩相锆石 SHRIMP 年龄为 274±3Ma，这些测年结果表明黄山东岩体形成时代为早二叠世，与东天山地区其他典型铜镍矿床形成时代一致（孙涛等，2010；肖庆华等，2010；Qin et al，2011；肖凡，2013）。

黄山东镁铁-超镁铁质岩体主要造岩矿物为橄榄石、辉石、斜长石及角闪石、黑云母，各种矿物含量随岩石类型的不同而有较大的变化；蚀变类型主要有透闪石化、绿泥石化、蛇纹石化、钠黝帘石化、高岭土化及绢云母化等；常见结构有自形-半自形中-细粒结构、包橄结构、反应边结构、辉长结构等一些典型的镁铁-超镁铁质深成岩结构特征。

依据矿体赋存部位、矿石类型、形态和产状，可以将矿体划分为4类：一是分布于二辉橄榄岩等超镁铁岩底部；二是在超镁铁岩体底部或边部与辉长岩的接触带上；三是在辉长苏长岩体中呈陡倾斜的侧幕状排列；四是在辉长岩体中呈富铜的小矿脉。矿石类型主要有块状、稠密浸染状、稀疏浸染状和星点状。块状矿石与围岩界线清楚，并有围岩蚀变现象，在第二种和第四种矿体中都有分布；稠密浸染状、稀疏浸染状和星散状矿石分布范围较广，在各种矿体中均可见到，它们之间的接触界线不明显（王润民和李楚思，1987）。

矿石中矿物成分比较复杂，发现有40余种，主要金属矿物组合为磁黄铁矿、镍黄铁矿、黄铜矿。磁黄铁矿是矿石中含量最多、分布最广的矿物，一般占金属矿物的40%～60%，个别达到70%左右。主要呈半自形晶和他形晶，自形晶极少。粒度不等，多在0.1～1.5mm，最大可达10mm，以细粒和微粒为主，中粒少。常与镍黄铁矿形成固溶体分离的结状结构、羽状结构、叶片状结构等。常交代溶蚀黄铁矿、磁铁矿，自己本身也常被黄铜矿交代溶蚀，接触边缘不规则。黄铜矿在矿石中的含量仅次于磁黄铁矿，分布普遍，是最主要的工业铜矿物。呈他形晶，半自形晶较少，粒度不等，一般在0.1～1mm，大者可达5mm，以微粒、中粒为主。常交代磁黄铁矿、镍黄铁矿、黄铁矿形成交代溶蚀结构、交代残余结构，接触边缘不规则；部分晶粒中有古巴矿的固溶体分解连晶。黄铜矿主要有四种产状：与磁黄铁矿、镍黄铁矿共生形成珠滴状构造；与方黄铜矿生成固溶体分离结构；有斑铜矿、辉铜矿与之呈反应边结构；单独的黄铜矿细脉分布于蚀变辉长岩中。镍黄铁矿是镍的主要工业矿物，分布比较普遍。以半自形晶为主，他形晶次之，粒度不等，一般在0.05～0.3mm，个别可达0.5mm或1mm，以细粒、微粒为主。常与磁黄铁矿共生，交代溶蚀黄铁矿、磁铁矿，也常被黄铜矿交代，形成交代溶蚀结构、交代残余结构，接触边缘不规则。

2. *矿物学特征*

黄山东矿床中主要造岩矿物有橄榄石和辉石，同时有少量的斜长石和角闪石。本书在系统收集前人研究成果的基础上，将黄山东矿床的矿物晶体化学特征与东天山地区其他典型铜镍矿床进行了系统的对比研究。

橄榄石是含矿镁铁-超镁铁岩中最主要的造岩矿物之一，由于成矿元素Ni在橄榄石和硫化物熔离中都是相容元素，橄榄石Fo-Ni之间的相关性研究可以一定程度上反演岩浆的成矿作用过程。黄山东铜镍矿床中橄榄石的Fo值为67.3～83.7，其橄榄石的Fo最大值较带内其他典型矿床小，其中黄山为85.1（孙涛，2011）、图拉尔根为85.4（刘艳荣等，2012）、葫芦为85.9（孙赫，2009）、马蹄为84、香山为85.7（姜超等，2014）、土墩为84.7，但其变化范围最大（67.3～83.7），表明其母岩浆上升过程中经历了更充分的岩浆分异作用。橄榄石中Ni含量变化范围为16×10^{-6}～2671×10^{-6}，变化范围较大，与其他典型矿床橄榄石中Ni含量变化范围相似。利用橄榄石Fo-Ni之间的关系，邓宇峰等（2012）通过模拟计算认为黄山东矿床中不含矿岩石中橄榄石是硫饱和的岩浆经过约2%的橄榄石结晶分异后，在硫化物熔离的同时岩浆发生橄榄石结晶而形成，橄榄石成分可能受到晶间硅酸盐熔体的影响，含矿岩石中橄榄石和硫化物熔体之间发生了一定程度的Fe-Ni物质交换，这一特征与黄山矿床相似（毛亚晶等，2014）。橄榄石中Mn含量均大于1000×10^{-6}，与Fo值之间呈明显负相关，这一特征与区内其他典型矿床一致，也表明橄榄石成分明显受隙间残余熔体影响。

各矿床中辉石普遍发育，其中单斜辉石较斜方辉石含量高，前人通过对该区典型矿床中辉石种属的研究认为岩体中发育斜方辉石有利于铜镍矿床的形成（秦克章等，2007；姜常义等，2012；Liu et al.，2019）。黄山东铜镍矿床中斜方辉石主要属于古铜辉石，En 变化范围为 66 ~ 81，Fs 变化范围为 16 ~ 30，其 En 值略小于黄山铜镍矿床，而略大于图拉尔根铜镍矿床。单斜辉石主要属于透辉石、顽透辉石和普通辉石，其 Wo 变化范围为 32.18 ~ 46.35，En 变化范围为 34.91 ~ 49.36，Fs 变化范围为 8.08 ~ 23.21，其 En 值较葫芦和黄山矿床小，较图拉尔根矿床偏大，导致这种现象的原因可能和各矿床含矿岩体母岩浆的成分有一定关系，也可能是岩浆演化过程的不同。

通过对比黄山东与区内其他典型铜镍矿床橄榄石、辉石的成分，我们认为尽管这些典型矿床形成时所处的大地构造背景一致，但其母岩浆组成及岩浆演化过程方面仍存在一定的差异。

3. 成矿元素地球化学特征

铜镍硫化物矿床除了是镍金属的主要来源，也是金属铜的重要来源之一，因此除了关注矿床中镍金属以外，金属 Cu 含量的高低对评价矿床的价值也具有重要的参考意义；已有的研究表明利用典型矿床成矿元素（Ni、Cu）的空间变化规律对于矿床深部找矿工作具有重要的指导意义（钱壮志等，2009）。

通过对黄山东铜镍矿床 1577 个矿石样品的分析数据进行统计，该矿床 Ni 品位变化范围为 0.3% ~ 5.92%，平均为 0.65%，Cu 品位变化范围为 0.2% ~ 0.2.29%，平均为 0.39%，Ni/Cu 值变化范围为 0.25 ~ 32.58，主要集中在 0.25 ~ 10，平均为 2.20，与东天山其他典型铜镍矿床的 Ni/Cu 值变化范围相似，如图拉尔根铜镍矿床 Ni/Cu 值变化范围为 0.1 ~ 13.52，主要集中在 0.37 ~ 4，平均为 1.86；香山铜镍矿床 Ni/Cu 值变化范围为 0.23 ~ 17.16，主要集中在 0.23 ~ 6.60，平均为 1.71；黄山矿床 Ni/Cu 值平均为 1.90。喀拉通克矿床的 Ni/Cu 值变化范围为 0.07 ~ 2.33，数值分布均匀，平均为 0.56，明显小于黄山东及东天山其他典型矿床；与夏日哈木铜镍矿床（Ni/Cu 值平均为 5.8）相比则明显偏小。通常影响矿床成矿元素分布特征的原因主要是岩浆源区的物质组成和岩浆分异演化过程，如单个矿床中不同期次矿石中 Ni、Cu 成矿元素的差异主要是由岩浆演化过程中 Ni、Cu 成矿元素的分异造成的，但是就整个矿床而言，黄山东及东天山其他典型铜镍矿床与喀拉通克、夏日哈木典型矿床之间 Ni、Cu 成矿元素含量及 Ni/Cu 值的差异主要是岩浆源区物质组成差异造成的，这也反映出东天山地区典型铜镍矿床岩浆源区的 Ni、Cu 成矿元素组成上具有相似性（图 3-1）。

4. 岩石地球化学特征

黄山东矿床赋矿岩石主量元素成分变化范围较大，MgO 与 SiO_2、CaO、Al_2O_3 和 TiO_2 之间都呈明显的负相关，与 FeO 之间呈明显的正相关。与东天山地区其他铜镍矿床相比，其主量元素具有相似的变化趋势，成分上有一定的差异，如与黄山矿床相比在 MgO 含量相同的情况下，其 SiO_2、CaO 含量相对较低，FeO 和 Al_2O_3 含量相对较高，TiO_2 含量则较为一致，与图拉尔根、香山、白石泉和天宇矿床相比，各氧化物含量相对一致，这表明该

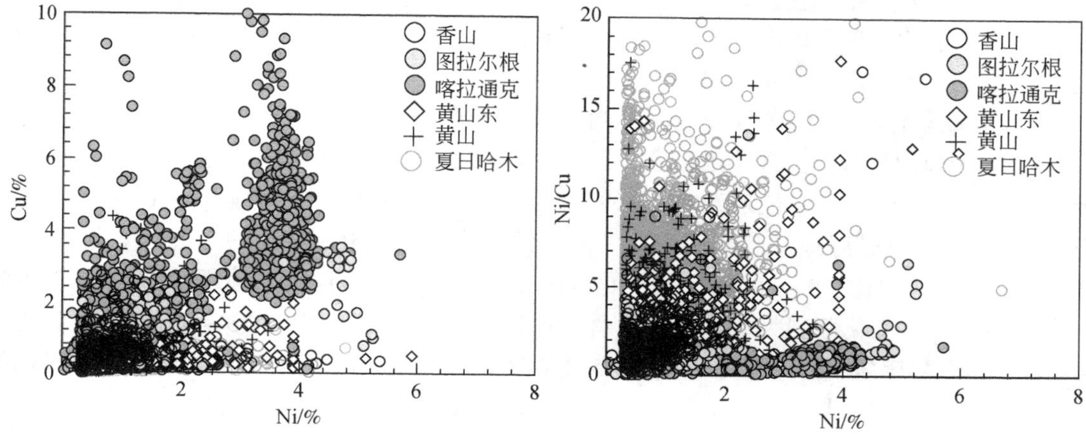

图 3-1　东天山黄山东及其他典型矿床成矿元素 Ni、Cu 及 Ni/Cu 值变化图解

区各典型矿床的母岩浆成分基本一致，但也存在一定的差异。岩浆演化过程中 Cu 为亲硫元素，Zr 为亲石元素，在岩浆体系中 S 不饱和的情况下，二者都表现为高度的不相容，通常情况下，在不亏损亲铜元素的典型玄武岩中其 Cu/Zr 值接近 1，由于硫化物熔离而亏损亲铜元素的玄武岩其 Cu/Zr 值往往小于 1。在 MgO-Cu/Zr 图解上，黄山东及该区其他铜镍矿床大多数样品的 Cu/Zr 值都大于 1，表明存在硫化物的堆积，同时与夏日哈木铜镍矿床相比，黄山东及东天山其他铜镍矿床样品中 Cu/Zr 值大于 1 的样品其 MgO 含量相对较小，这与其赋矿岩石基性程度较低相一致。

黄山东矿床赋矿岩石稀土元素配分曲线呈轻稀土略富集的右倾型，轻、重稀土元素内部分馏程度弱，相对富集大离子亲石元素，亏损高场强元素，具有明显的 Nb、Ta 负异常。相对于中天山地块上的白石泉和天宇铜镍矿，黄山东矿床各岩石类型的稀土元素和微量元素含量偏低，且其轻、重稀土元素之间的分馏程度也相对较弱，这与岩浆源区性质和母岩浆分异演化程度密切相关。除此之外，与图拉尔根、黄山、香山矿床相比其稀土元素总和与配分模式基本一致，但就稀土和微量元素总量而言，较夏日哈木矿床含量高，这与夏日哈木矿床基性程度较高，其隙间岩浆熔体含量相对较低有密切关系。

5. 同位素地球化学特征

黄山东铜镍矿床赋矿岩石 $\varepsilon_{Nd}(t)=6.6\sim10.5$，$(^{87}Sr/^{86}Sr)_i=0.7022\sim0.7041$（Zhou et al., 2004；Sun et al., 2013），表明其地幔源区为典型的亏损地幔，同时其较大的变化范围表明其在母岩浆上升过程中可能遭受一定程度的同化混染作用。在 Sr-Nd 同位素图解上，黄山东矿床和黄山、图拉尔根、喀拉通克等典型铜镍矿床的 Sr-Nd 同位素变化范围及特征相似，这表明它们具有相似的地幔源区，同时也表明其母岩浆在上升过程中混染的地壳物质也具有一定的相似性。与金川铜镍矿床相比，黄山东等矿床的岩浆源区与金川矿床明显不同，其变化范围较金川矿床也明显偏小，这可能暗示金川矿床母岩浆演化过程中的同化混染程度较高，也可能是其地幔源区具有较大的 Sr-Nd 同位素变化范围。在 Nd-Hf 图解上，黄山东和黄山矿床的 Nd 同位素变化范围相似，但黄山东 $\varepsilon_{Hf}(t)$ 值明显较黄山矿床大，黄山东矿床落入典型洋中脊玄武岩区域，而黄山矿床落入洋中脊玄武岩和岛弧玄武岩的重叠区域，这暗示黄山东和黄山矿床尽管 Sr-Nd 同位素特征相似，但其岩浆源区和岩浆演化过程与黄山矿床有一定的差异。

Re 为中等不相容元素，Os 则为强相容元素，地幔部分熔融时，Re 趋向于进入岩浆，而 Os 则趋向于保留地幔中，这导致壳源岩石往往具有较高的 Re/Os 值，地质时间的积累，会产生大量的放射成因 Os，使地壳的$^{187}Os/^{188}Os$（0.2～10）明显大于地幔（0.11～0.15），利用 Os 同位素可以较好地示踪幔源岩浆的同化混染作用。黄山东矿床的$\gamma_{Os}(t)$变化范围为 25.6～235.9（毛景文等，2002），其变化范围明显小于东天山地区其他铜镍矿床，如图拉尔根矿床$\gamma_{Os}(t)$变化范围为 313～999，香山矿床$\gamma_{Os}(t)$变化范围为 413～482（李月臣等，2006），白石泉矿床$\gamma_{Os}(t)$变化范围为 95.4～845.2（陈斌等，2013）。在$\gamma_{Os}(t)$-Nd 同位素图解上黄山东矿床与喀拉通克和红旗岭矿床相比$\gamma_{Os}(t)$值变化范围较小，其$\gamma_{Os}(t)$值明显小于力马河矿床而大于金川矿床。

黄山东铜镍矿床$\delta^{34}S$变化范围为-2‰～+3‰（表 3-5），除两个数据外，大多数样品主要集中在-1‰～2‰，与香山和黄山铜镍矿床 S 同位素值相似，与图拉尔根和葫芦铜镍矿床相比其 S 同位素比值偏小（图 3-2），这些铜镍矿床的 S 同位素值均具有明显的幔源 S 的同位素特征，仅从 S 同位素特征看，较难判断其是否存在外来 S 的加入。

表 3-5　黄山东矿石矿物硫同位素数据表

样品编号	赋矿岩性	矿物种属	$\delta^{34}S$/‰
HSD2-1	辉长苏长岩	黄铜矿	0.1
HSD2-2	辉长苏长岩	磁黄铁矿	-0.9
HSD3-1	辉石岩	磁黄铁矿	-0.5
HSD3-2	辉石岩	镍黄铁矿	-1.8
HSD-4	二辉橄榄岩	镍黄铁矿	-1.8
HSD-5-1	二辉橄榄岩	磁黄铁矿	-0.4
HSD-5-2	二辉橄榄岩	镍黄铁矿	-0.5
HSD-9	橄榄辉石岩	磁黄铁矿	0
HSD-17-1	二辉橄榄岩	磁黄铁矿	0.1
HSD-17-2	二辉橄榄岩	镍黄铁矿	0.1

6. 铂族元素地球化学特征

黄山东铜镍矿床中矿石铂族元素含量较低，在不同矿石类型中，矿石中的 S 与 Os、Ir、Ru、Rh、Pd、Pt 之间均具有明显的正相关性，这表明铂族元素在矿石中主要赋存在硫化物中。为了更准确地评价含矿母岩浆中铂族元素的特征，对矿石中的铂族元素进行 100% 硫化物计算。100% 硫化物计算后，黄山东矿石中 PGE 含量为 89.62×10^{-9}～365.27×10^{-9}，平均为 186×10^{-9}（钱壮志等，2009），明显低于喀拉通克矿床矿石中的 PGE 含量（平均为 573×10^{-9}），比金川矿床矿石中的 PGE 含量平均值（3248×10^{-9}）低一个数量级。在铂族

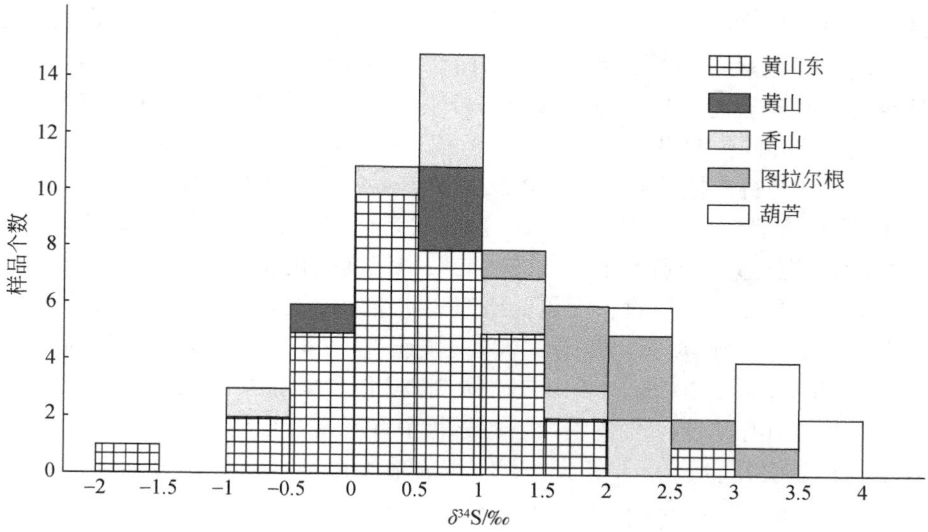

图 3-2　黄山东及东天山其他典型铜镍矿床 S 同位素直方图

元素相关性图解上，Ir 与 Os、Ru、Rh 之间呈明显的正相关性，这与它们之间具有相似的地球化学性质一致，Ir 与 Pd 之间也具有一定的正相关性，但随着 Ir 含量的增高，与 Pd 之间的相关性变弱，这可能与矿石中硫化物熔离的分离结晶作用有关。在铂族元素原始地幔标准化图解上，黄山东和黄山铜镍矿床具有相同的铂族元素配分曲线，总体呈轻微的 Pd、Pt 富集的左倾型，且对于黄山东矿床一些矿石样品的 Pt、Pd 含量较低，具有明显的 Pt 负异常，这可能与岩浆演化过程中发生了明显的硫化物分离结晶作用有关。与金川和喀拉通克矿床相比，其铂族元素含量明显偏低，且其铂族元素之间的分馏也较弱，但是较夏日哈木矿床而言其铂族元素含量则较高，且其铂族元素配分曲线也较为相似。

7. *岩浆演化过程及岩浆源区性质*

铜镍硫化物矿床是典型的与幔源岩浆作用有关的岩浆矿床，其作用过程与岩浆演化过程密切相关，幔源岩浆由于具有较高的温度在岩浆上升过程中会发生明显的分离结晶作用和同化地壳物质，这也是导致岩浆中发生硫化物熔离的两个主要因素。

在主量元素相关性图解上，MgO 与 SiO_2 呈明显的负相关，与 FeO^T 之间呈明显的正相关，这表明存在橄榄石的分离结晶/堆晶作用；MgO 与 CaO 和 Al_2O_3 之间存在明显的负相关性，表明存在辉石和少量斜长石的分离结晶/堆晶作用。夏明哲等（2010）利用 Si/Ti-(Mg+Fe)/Ti 图解确定岩浆演化过程中单斜辉石是主要的分离结晶相，并伴有一定数量的橄榄石和斜方辉石分离结晶。邓宇峰等（2012）则利用 MELTS 软件进一步对黄山东母岩浆演化过程进行模拟计算，结果表明黄山东岩体中斜长二辉橄榄岩和橄榄辉长岩中橄榄石以及含硫化物斜长二辉橄榄岩中的部分橄榄石是从硫化物饱和的 Ni 亏损的岩浆中结晶出来的，而部分橄榄石是母岩浆在经历了约 2% 的橄榄石结晶分异后，在硫化物熔离的同时，岩浆发生橄榄石结晶而形成的，并且橄榄石：硫化物质量为 50：1。

幔源岩浆具有较高的温度，使其在岩浆上升过程中往往能同化地壳物质，这也是导致硫化物熔离的主要因素之一。夏明哲等（2010）利用分配系数相近且对同化混染作用敏感的元素比值之间具有较弱的相关性，认为其岩浆演化过程中遭受了较弱的同化混染作用。黄山东矿床的 Sr-Nd 同位素具有较大的变化范围，也暗示了存在明显的地壳物质混染，通过对 Sr-Nd 同位素进行模拟计算表明岩浆发生了 2% ~5% 的同化混染，混染物主要为下地壳；锆石 Hf 同位素研究也表明其同化混染程度约为 5%；对同化混染作用最敏感的 Os 同位素也表明岩浆演化过程中遭受了明显同化混染，但其同化混染程度明显较低。

黄山东矿床形成于早二叠世，大量的研究表明东天山地区与 B 型俯冲相关的岩浆活动时限均大于 320Ma（朱永峰等，2005，2006；顾连兴，2006），在此之后区域上进入碰撞后伸展阶段（韩宝福等，2006）。黄山东岩体 Sr-Nd 同位素特征表明其地幔源区为典型的亏损地幔，落入大洋中脊玄武岩范围内。各岩相中普遍发育褐色普通角闪石，且局部发育伟晶闪长岩，这表明其岩浆源区富水。黄山东岩体大多数样品都明显富集大离子亲石元素，具有明显的 Nb、Ta 负异常，这都与岛弧玄武岩的特征十分相似。前人研究认为黄山东岩体形成于碰撞后伸展环境，在主碰撞期俯冲板片发生脱水并对其上的地幔楔进行了改造，并由于后期岩石圈拆沉或板片断裂，软流圈物质上涌并发生部分熔融，形成岩体的原始岩浆是软流圈减压熔融和地幔楔加水熔融后混合的产物，这导致岩浆的微量元素地球化学特征具有明显的岛弧玄武岩的特征而 Sr-Nd 同位素具有明显的软流圈亏损地幔的特征。

8. *成矿作用过程*

铜镍硫化物矿床的成矿作用过程即探讨硫化物的熔离及聚集过程。前已述及，元素地球化学研究表明黄山东含矿岩体母岩浆在上升过程中经历大量镁铁质矿物（橄榄石、辉石等）的分离结晶作用，并遭受了较弱的同化混染作用。基于对 S 同位素的研究，一些学者认为导致黄山东矿床中硫化物熔离的主要因素是岩浆演化过程中镁铁质矿物的分离结晶作用（夏明哲等，2010），而不存在外来 S 的加入。而本书研究则认为，依据实验岩石学研究成果及产于俯冲带其他典型矿床中 S 同位素特征（如斑岩型铜矿），结合黄山东矿床中硫化物熔离发生熔离的相对时限，我们认为导致岩浆中硫化物熔离的关键因素仍是外来 S 的加入，只是加入的外来 S，其同位素特征与所说的幔源 S 同位素特征一致而不能进行区分。

黄山东矿床母岩浆中铂族元素含量明显低于黄山、图拉尔根、金川、喀拉通克等矿床，导致其含量较低的原因主要有两个：①岩浆源区发生了较低程度的部分熔融，岩浆源区残留有部分硫化物，导致铂族元素也残留在岩浆源区；②岩浆演化过程中在深部岩浆房内发生了早期的硫化物熔离作用，导致部分铂族元素进入硫化物中，随后熔离出的硫化物表现为铂族元素亏损。前人对黄山东含矿岩体母岩浆成分进行了模拟计算，认为其母岩浆中 MgO 含量为 7.4%，我们通过系统收集东天山典型矿床中橄榄石的 Fo 值（黄山东矿床的 Fo 值明显偏低），认为该矿床母岩浆中铂族元素较该区其他矿床低的主要原因是深部岩浆源区部分熔融程度较低，深部硫化物熔离作用进一步加剧了铂族元素的亏损。

通过对岩体岩相学、成矿元素（Ni、Cu）的垂向变化特征研究，认为黄山东含矿岩体深部岩浆房内存在多期岩浆的贯入，为形成大型铜镍矿提供了物质基础。关于其成矿模型一些研究者认为该矿床的形成符合汤中立提出的“深部熔离-多期贯入模式”（钱壮志等，2009；邓宇峰等，2012），深部岩浆房内熔离出的硫化物和早期结晶的橄榄石等矿物由于重力分异作用，形成深部为基性程度较低的贫矿岩浆，下部为富含硫化物和橄榄石的呈“晶粥状”的混合物，在构造应力作用下分多期侵入现存空间成岩成矿。本书在对黄山东矿床进行野外调研期间，发现该矿床地表球状风化形成的“球体”沿岩体走向具有一定的分布规律，且岩石基性程度较高的部位其密度越大，且这些“球体”具有由中心向外基性程度逐渐降低的趋势，我们认为这可能是流动分异过程中密度较大的辉石矿物向流速较快的中间部位聚集造成的，表明矿床形成过程中流动分异作用对成矿物质的运移及聚集也具有明显的作用。

（四）坡北铜镍矿床

1. 矿床地质特征

坡北岩体位于塔里木板块东北缘北山裂谷带内，区域上广泛出露前寒武纪结晶基底，主要由北山群、长城系古硐井岩群、杨吉布拉克群和蓟县系爱尔兰基干群组成（校培喜，2004；徐学义等，2009）。坡北岩体直接围岩为长城系古硐井岩群和少量下石炭统。古硐井岩群主要岩石类型为黑云母片岩、二云母片岩、石英岩、黑云母二长变粒岩等。下石炭统为富含海百合茎化石的碳酸盐岩，经接触变质变为粗粒大理岩。区内发育多条北东向断裂带，由南向北依次有蚕头山-小青山、白低洼-淤泥河和骆驼山-矛头山断裂带，其中二叠纪镁铁-超镁铁岩体主要沿白地洼断裂带分布，坡北岩体位于该断裂带南侧。

坡北岩体呈岩盆状，出露面积约为200km^2，主要由坡一、坡三、坡七、坡十等多个相连岩体组成，姜常义等（2012）依据不同岩相之间的相互接触关系将其划分为五个不同侵入阶段：第一阶段以镁铁质岩石为主，主要岩石类型为橄榄辉长苏长岩、辉长岩、淡色辉长岩和斜长岩；第二阶段为橄榄辉长苏长岩；第三阶段主要由超镁铁质岩石组成，主要岩石类型为纯橄岩、含长纯橄岩、二辉橄榄岩和橄榄辉长岩等，坡一和坡十岩体即形成于该阶段；第四阶段主要为斜长岩、淡色辉长岩和少量的细粒辉长岩；第五阶段为幔源岩浆分异形成的石英闪长玢岩和壳源正长花岗岩岩枝和岩脉。

坡北岩体中坡一和坡十含矿性最好，其中坡一岩体中已探明 Ni 工业资源量为 54.81 万 t，铜 21.25 万 t，钴 5.75 万 t；坡十已探明 Ni 工业资源量为 2.3 万 t，铜 1.3 万 t，钴 0.6 万 t。矿体多呈似层状和透镜状赋存于岩体中下部，主要含矿岩相为辉橄岩和纯橄岩，主要矿石类型为稀疏浸染状，局部见有贯入式富矿体。

2. 矿物学特征

橄榄石：研究表明坡一各岩石类型中橄榄石变化范围较大（表 3-6），其中 Fo 值变化范围为 81.98～90.20，Ni 含量变化范围为 243×10^{-6}～3473×10^{-6}，Mn 含量变化范围为 712×10^{-6}～2246×10^{-6}；坡十岩体中橄榄石的 Fo 值变化范围为 83.17～89.91，Ni 含量变化范围为 526×10^{-6}～3795×10^{-6}，Mn 含量变化范围为 108×10^{-6}～2626×10^{-6}（苏本勋等，2011）；坡北岩体中橄榄石除少数为镁橄榄石外，其余均为贵橄榄石。与新疆北山地区其他镁铁-超镁铁岩体（红石山、笔架山、旋窝岭）相比，坡北含矿岩体中橄榄石的 Fo 值相似，但其 Ni 含量明显偏高；与东天山含矿岩体相比其橄榄石的 Fo 值及 Ni 含量明显偏高（孙赫，2009；夏明哲等，2010；邓宇峰等，2012；王亚磊等，2015；Liu et al.,

2017b），暗示新疆北山地区镁铁-超镁铁岩体的母岩浆中 MgO 和 Ni 含量较高。橄榄石结晶过程中，Mn 为弱不相容元素，橄榄石的 Fo 值与 Mn 含量呈明显负相关，这与东天山地区含矿岩体及世界上其他岩体相似（Li and Ripley，2011；邓宇峰等，2012），表明坡北岩体中橄榄石成分明显受隙间残余熔体含量变化的影响。

辉石：坡北岩体中斜方辉石主要为古铜辉石，还有少量的紫苏辉石，En 变化范围为 67 ~ 85.01，Fs 变化范围为 11.68 ~ 30，Wo 变化范围为 0.5 ~ 3.3。单斜辉石主要为透辉石和普通辉石，En 变化范围为 44.13 ~ 54.44，Fs 变化范围为 3.89 ~ 10.28，Wo 变化范围为 37.17 ~ 49.31。与新疆北山地区其他岩体中辉石相比，坡北岩体斜方辉石 En 值明显大于罗东及红石山岩体，单斜辉石的成分变化范围较旋窝岭及笔架山岩体明显偏小；与东天山地区含矿岩体相比，其斜方辉石 En 值明显偏高，且单斜辉石中 Wo 端元组分较低，表明东天山和新疆北山地区镁铁-超镁铁岩体的岩浆与源区物质成分上存在明显的差异。

表 3-6　坡一岩体橄榄石电子探针数据

样品编号	岩性	FeO/%	SiO_2/%	MgO/%	MnO/%	Total/%	Fo	Ni/10^{-6}	Mn/10^{-6}
23-b1	橄榄辉石岩	10.08	40.76	47.54	0.14	98.92	89.37	2805	1061
		9.78	40.70	47.65	0.16	98.81	89.68	2915	1247
23-b4	纯橄岩	10.37	40.95	47.61	0.14	99.42	89.11	2223	1084
		9.92	40.96	47.50	0.13	99.12	89.51	2475	991
23-b7		9.83	40.90	47.54	0.16	98.75	89.61	2451	1223
23-b8		10.22	40.56	47.14	0.17	98.58	89.16	3095	1340
		9.35	41.13	48.30	0.13	99.29	90.20	1728	1007
23-b9		10.45	40.58	46.97	0.15	98.55	88.90	2993	1185
		9.58	40.73	47.90	0.17	98.76	89.91	2388	1340
23-b16		12.23	41.07	46.27	0.17	100.19	87.09	3182	1285
23-b21		9.17	40.57	46.88	0.20	97.34	90.11	2530	1572
		10.47	41.03	47.34	0.15	99.40	88.96	2538	1146
23-b10	二辉橄榄岩	10.40	40.65	47.24	0.18	98.95	89.01	2813	1371
		10.14	40.79	47.66	0.21	99.20	89.34	2514	1595
23-b11		10.84	40.52	46.97	0.15	98.98	88.54	2632	1154
		10.49	40.99	47.28	0.18	99.37	88.93	3135	1409
23-b12		11.38	40.66	46.71	0.17	99.26	87.98	2467	1293
		10.88	40.82	47.11	0.18	99.39	88.53	3009	1355
23-b13		11.51	40.82	46.50	0.21	99.41	87.81	2616	1595
		11.87	40.64	46.34	0.18	99.36	87.43	2341	1355
23-b14		10.77	40.66	46.86	0.18	98.82	88.58	2569	1417
		10.24	40.68	47.50	0.22	99.09	89.21	3371	1665
23-b15		12.15	40.19	45.97	0.20	99.69	87.09	2325	1549
		11.62	40.31	46.07	0.22	98.58	87.61	2341	1711

续表

样品编号	岩性	FeO/%	SiO_2/%	MgO/%	MnO/%	Total/%	Fo	$Ni/10^{-6}$	$Mn/10^{-6}$
23-b17	单辉橄榄岩	11.11	40.11	45.77	0.09	97.80	88.01	3135	712
		10.81	41.06	47.54	0.17	99.99	88.69	3001	1285
23-b18		10.64	40.88	47.08	0.16	99.03	88.75	1508	1216
		11.07	40.30	46.28	0.20	98.14	88.17	1618	1510
23-b19		11.61	41.01	46.40	0.23	99.51	87.69	1288	1789
		10.64	41.21	45.70	0.16	99.25	88.45	1728	1208
23-b20		12.19	39.97	45.65	0.17	98.12	86.98	1045	1285
		11.49	40.53	46.15	0.18	98.68	87.74	2003	1378

铬尖晶石：坡北岩体中铬尖晶石成分变化范围较大（表3-7），Cr_2O_3含量为29.6%～45.06%，Al_2O_3含量为10.1%～29.5%，FeO含量为24.35%～45.3%，$Cr^{\#}$和$Mg^{\#}$变化范围分别为0.45～0.69和0.11～0.42。$Cr^{\#}$与$Mg^{\#}$之间呈明显负相关性，坡一和坡十侵入体中铬尖晶石具有连续的成分变化特征，随着岩浆演化铬尖晶石由富Mg、富Al向富Fe、富Cr演化。与北山地区其他岩体相比，坡北岩体铬尖晶石$Mg^{\#}$明显低于罗东岩体，而相对高于红石山、旋窝岭及笔架山岩体；$Cr^{\#}$则相对高于罗东岩体而低于红石山、旋窝岭及笔架山岩体。

表3-7 坡一岩体铬尖晶石电子探针数据

样品编号	岩性	FeO/%	Cr_2O_3/%	MgO/%	MnO/%	Al_2O_3/%	TiO_2/%	Total/%	$Cr^{\#}$	$Mg^{\#}$
23-b1	橄榄辉石岩	27.71	44.47	8.00	0.25	19.36	0.93	100.91	0.61	0.34
		27.26	43.09	8.81	0.21	20.44	1.37	101.34	0.59	0.37
23-b4	辉石橄榄岩	27.19	37.75	8.59	0.24	24.51	0.12	98.6	0.51	0.36
		30.51	38.38	8.28	0.31	20.39	0.33	98.44	0.56	0.33
		29.88	38.7	8.33	0.28	21.38	0.39	99.11	0.55	0.33
		28.88	41.99	7.38	0.21	20.09	0.26	99.06	0.58	0.31
23-b7	纯橄岩	27.96	41.62	9.12	0.18	20.08	0.46	99.62	0.58	0.37
		29.73	41.8	8.28	0.23	19.12	0.51	99.91	0.59	0.33
23-b8		24.45	39.21	9.72	0.21	26.81	0.27	100.78	0.5	0.41
		29.68	39.03	8.32	0.26	19.53	3.65	100.66	0.57	0.33
		29.81	41.03	8.08	0.27	20.28	1.28	100.95	0.58	0.33
23-b16		31.65	40.67	5.35	0.37	20.11	0.39	98.69	0.58	0.23
		31.88	41.01	6.16	0.26	18.13	0.4	98.06	0.6	0.26

续表

样品编号	岩性	FeO/%	Cr_2O_3/%	MgO/%	MnO/%	Al_2O_3/%	TiO_2/%	Total/%	$Cr^{\#}$	$Mg^{\#}$
23-b10	二辉橄榄岩	30.81	39.77	8.44	0.24	19.79	1.43	100.72	0.57	0.33
		28.19	39.21	9.8	0.18	21.96	1.32	100.91	0.55	0.38
23-b11		25.95	37.82	9.02	0.21	27.5	0.73	101.38	0.48	0.38
23-b12		29	38.69	8.27	0.29	21.97	0.34	98.76	0.54	0.34
		29.12	38.07	8.23	0.25	22.59	0.34	98.83	0.53	0.34
23-b13		26.75	41.14	7.71	0.23	23.43	0.16	99.56	0.54	0.34
		27.91	40.44	7.93	0.21	21.77	0.57	98.99	0.55	0.34
		25.18	41.05	8.26	0.22	26.39	0.02	101.27	0.51	0.37
23-b14		26.93	41.87	8.36	0.22	21.08	0.39	99.03	0.57	0.36
		26.03	41.53	7.38	0.27	22.23	2.95	100.5	0.56	0.34
		27.53	42.13	8.02	0.24	20.7	1.3	100.16	0.58	0.34
		26.79	40.34	8.64	0.27	19.77	4.27	100.26	0.58	0.37
23-b15		31.88	39.09	6.62	0.29	19.59	1.11	98.91	0.57	0.27
		27.25	43.37	7.36	0.21	21.56	0.65	100.53	0.57	0.33
23-b17	单辉橄榄岩	24.35	45.06	8.95	0.24	21.4	0.22	100.36	0.59	0.4
		31.29	42.81	6.75	0.31	18.25	0.41	99.98	0.61	0.28
23-b18		29.6	39.21	7.79	0.23	20.35	0.48	97.77	0.56	0.32
		29	41.11	7.96	0.23	21.17	0.35	99.94	0.57	0.33
		27.4	40.37	8.41	0.26	21.2	0.64	98.45	0.56	0.35
		29.14	39.78	7.6	0.34	23.08	0.29	100.3	0.54	0.32
23-b19		30.33	39.03	7.86	0.28	20.96	1.35	100	0.56	0.32
		29.24	38.35	8.19	0.24	23.29	1.03	100.47	0.52	0.33
23-b20		29.81	37.94	7.68	0.15	22.21	0.31	98.24	0.53	0.31
		36.11	36.22	6.41	0.35	18.58	0.22	98.13	0.57	0.24
23-b21		29.92	43.42	7.25	0.28	17.85	1.4	100.3	0.62	0.3

3. 岩石地球化学特征

坡北岩体中各类氧化物含量变化范围较大（表 3-8），MgO 与 SiO_2、CaO、Al_2O_3、TiO_2之间呈明显的负相关，与 FeO 之间呈明显的正相关。与新疆北山地区镁铁-超镁铁岩相比，坡北岩体分异演化程度更加充分，发育大量橄榄岩相等超镁铁质岩石，在部分样品中，在 MgO 含量相同的情况下，坡北岩体中 CaO 含量相对较高，但总体上除了超镁铁质岩体所占的比例不一致外，其主量元素组成较为一致。与东天山地区含矿岩体相比，两者在主量元素上存在一定的差异，如在相同 MgO 含量的情况下，新疆北山地区岩体中 SiO_2 和 TiO_2含量相对较低，而 FeO、CaO、Al_2O_3含量相对较高，这也暗示东天山和北山地区岩浆源区物质在组成上存在明显的差异。在 MgO-Cu/Zr 图解上，北山地区多数 Cu/Zr 值大于

1 的样品其 MgO 含量都明显偏大，而东天山地区 Cu/Zr 值大于 1 的样品其 MgO 含量相对较低，这与北山地区含矿岩石类型主要为橄榄岩相，而东天山地区主要为辉长苏长岩相有关。

坡北岩体中各岩石类型稀土元素总量较低（表 3-8），样品的 $\sum$REE 变化范围为 $2.20\times10^{-6}\sim52.67\times10^{-6}$，$(La/Sm)_N$值为 0.52 ~ 3.55，$(La/Yb)_N$值为 0.54 ~ 5.02，$(Gd/Yb)_N$值为 0.59 ~ 2.51，表明岩浆演化过程中轻重稀土元素之间、轻稀土元素、重稀土元素之间分馏程度较弱，岩体稀土元素配分曲线为近平坦型，与北山地区其他镁铁-超镁铁岩体稀土元素配分曲线形态一致，表明它们岩浆源区的微量元素特征相似。在微量元素原始地幔标准化图解上，坡北岩体相对富集大离子亲石元素而亏损高场强元素，具有明显的 Nb、Ta 负异常。与东天山地区含矿镁铁-超镁铁岩体相比，其稀土元素和微量元素总量较低，且明显地亏损轻稀土元素，这也暗示两地区岩体的岩浆源区性质存在明显的差异。

坡北岩体的 Sr-Nd 同位素变化范围较大，其中 $(^{87}Sr/^{86}Sr)_i=0.7009\sim0.7077$，$\varepsilon_{Nd}(t)=-0.39\sim8.56$，其变化范围较红石山、罗东、笔架山等岩体都较大，但是其变化趋势较为相似；比东天山典型铜镍矿床变化范围大，且同位素变化的趋势也不一致，这可能与混染源的同位素组成有一定关系。坡北矿床 γ_{Os}为 9.6 ~ 153.9，表明母岩浆遭受一定的同化混染（姜常义等，2012）。

表 3-8　坡一侵入岩体主量与微量元素数据表

编号	Pb-2	Pb-3	Pb-4	Pb-5	Pb-9	Pb-10	Pb-12	Pb-13	Pb-17	Pb-19	Pb-22	Pb-23	Pb-24	Pb-28
岩性	纯橄岩			单辉橄榄岩			方辉橄榄岩		二辉橄榄岩		含斜长石二辉橄榄岩			
SiO_2	34.32	34.57	35.75	36.98	37.66	36.4	35.53	36.41	37.48	37.8	38.61	38.25	41.74	39.44
Al_2O_3	2.13	2.18	1.09	2.27	0.74	2.13	1.00	0.92	0.80	0.85	0.91	1.04	1.71	1.01
Fe_2O_3	5.87	5.57	2.98	3.32	2.31	5.24	6.26	3.70	1.90	2.74	2.10	1.37	1.30	2.06
FeO	2.88	3.46	5.67	6.89	10.15	6.87	4.79	7.50	9.88	9.58	9.11	9.58	8.42	9.37
CaO	0.71	1.74	0.76	1.43	0.42	0.92	0.38	0.57	0.40	0.40	0.64	0.59	8.51	1.27
MgO	38.29	38.57	41.66	41.62	43.79	38.97	40.69	43.45	45.76	45.85	46.34	46.35	35.28	44.96
K_2O	0.04	0.01	0.06	0.03	0.07	0.34	0.02	0.02	0.01	0.07	0.01	0.01	0.01	0.01
Na_2O	0.16	0.08	0.10	0.17	0.05	0.21	0.06	0.03	0.01	0.04	0.08	0.06	0.19	0.12
TiO_2	0.09	0.09	0.09	0.06	0.05	0.13	0.06	0.06	0.07	0.06	0.08	0.07	0.19	0.09
P_2O_5	0.01	0.01	0.01	0.01	0.01	0.02	0.01	0.01	0.02	0.02	0.01	0.01	0.01	0.01
MnO	0.12	0.14	0.13	0.17	0.18	0.16	0.11	0.17	0.15	0.17	0.17	0.17	0.17	0.17
LOI	14.79	13.41	10.84	6.89	4.04	7.71	10.32	6.26	3.06	1.92	1.58	1.67	1.61	1.46
Total	99.41	99.83	99.14	99.84	99.47	99.10	99.23	99.10	99.54	99.50	99.64	99.17	99.14	99.97
Cu	58.50	74.60	44.10	50.8	1630	2220	641	856.00	2760	2150	1330	860	603	1850
Pb	0.72	0.79	0.88	0.56	2.66	4.95	1.52	2.52	2.72	2.48	2.24	2.12	4.60	2.19
Cr	3460	3800	3680	3760	3620	8330	4100	3700	3700	5010	3230	4890	3000	3270
Co	119	120	123	127	191	188	154	157	232	215	178	158	131	192
Cs	0.54	0.04	0.25	0.06	0.37	1.48	0.42	0.21	0.07	0.30	0.04	0.01	0.13	0.03

续表

编号	Pb-2	Pb-3	Pb-4	Pb-5	Pb-9	Pb-10	Pb-12	Pb-13	Pb-17	Pb-19	Pb-22	Pb-23	Pb-24	Pb-28
岩性	纯橄岩			单辉橄榄岩			方辉橄榄岩		二辉橄榄岩		含斜长石二辉橄榄岩			
Sr	14.20	11.60	9.88	156	11.50	20	14.10	7.38	9.02	6.56	7.32	9.66	15.80	10.80
Ba	4.87	0.90	3.32	13.90	3.74	17.40	3.81	1.01	0.08	3.36	0.24	0.32	1.70	0.62
V	28.50	34.30	43.90	28.10	25.00	51.70	30.90	25.60	25.00	34.50	26.20	31.70	66.30	29.80
Nb	0.24	0.20	0.26	0.31	0.31	0.45	0.22	0.21	0.26	0.25	0.17	0.07	0.19	0.16
Ta	0.01	0.01	0.01	0.02	0.01	0.02	0.39	0.01	0.01	0.01	0.01	0.01	0.01	0.00
Zr	4.33	3.30	5.09	3.72	6.63	6.23	4.19	2.55	5.48	3.30	2.42	1.04	7.18	4.00
Hf	0.13	0.12	0.16	0.11	0.20	0.21	0.16	0.08	0.19	0.11	0.09	0.05	0.36	0.15
U	0.02	0.02	0.04	0.01	0.11	0.11	0.06	0.04	0.07	0.06	0.01	0.00	0.03	0.01
Th	0.09	0.08	0.10	0.21	0.34	0.28	0.18	0.10	0.22	0.17	0.05	0.01	0.14	0.04
Y	1.23	1.49	1.42	0.94	1.04	1.69	0.92	0.89	1.17	0.79	1.05	0.73	3.69	1.57
La	0.36	0.35	0.49	0.91	0.70	0.89	0.44	0.28	0.40	0.43	0.15	0.12	0.48	0.21
Ce	0.91	0.91	1.18	1.71	1.52	1.94	1.01	0.67	0.92	0.89	0.42	0.32	1.36	0.58
Pr	0.13	0.14	0.16	0.19	0.18	0.25	0.13	0.09	0.12	0.12	0.07	0.05	0.23	0.10
Nd	0.60	0.69	0.74	0.75	0.74	1.03	0.57	0.43	0.52	0.47	0.35	0.25	1.27	0.56
Sm	0.16	0.20	0.19	0.16	0.17	0.20	0.13	0.13	0.14	0.10	0.12	0.09	0.50	0.19
Eu	0.09	0.10	0.07	0.06	0.05	0.11	0.04	0.04	0.04	0.04	0.05	0.04	0.16	0.07
Gd	0.21	0.25	0.24	0.18	0.18	0.27	0.15	0.16	0.20	0.12	0.16	0.11	0.71	0.27
Tb	0.04	0.05	0.04	0.03	0.03	0.05	0.03	0.03	0.03	0.02	0.03	0.02	0.11	0.05
Dy	0.23	0.29	0.28	0.19	0.20	0.32	0.18	0.18	0.20	0.14	0.18	0.14	0.75	0.31
Ho	0.05	0.07	0.06	0.04	0.04	0.07	0.04	0.04	0.05	0.03	0.04	0.04	0.16	0.07
Er	0.15	0.19	0.18	0.12	0.12	0.21	0.11	0.11	0.14	0.10	0.13	0.12	0.45	0.20
Tm	0.02	0.03	0.03	0.02	0.02	0.03	0.02	0.02	0.03	0.02	0.02	0.02	0.07	0.03
Yb	0.17	0.19	0.18	0.14	0.14	0.25	0.12	0.12	0.17	0.13	0.17	0.15	0.44	0.19
Lu	0.03	0.03	0.03	0.02	0.02	0.04	0.02	0.02	0.03	0.02	0.03	0.03	0.07	0.03
ΣREE	3.15	3.47	3.87	4.53	4.11	5.66	2.99	2.32	2.98	2.63	1.92	1.49	6.76	2.85
$(La/Yb)_N$	1.52	1.32	1.95	4.66	3.59	2.55	2.63	1.67	1.69	2.37	0.63	0.57	0.78	0.79
$(La/Sm)_N$	1.45	1.13	1.66	3.67	2.66	2.87	2.19	1.39	1.84	2.78	0.81	0.86	0.62	0.71
$(Gd/Yb)_N$	1.02	1.09	1.10	1.06	1.06	0.89	1.03	1.10	0.97	0.76	0.78	0.61	1.33	1.18

注：主量元素单位为%，微量元素单位为 10^{-6}

坡北矿床不同岩石类型和矿石类型中铂族元素含量具有明显差异（表 3-9）。不含矿样品中，辉长岩ΣPGE 含量最低，为 $0.2\times10^{-9}\sim0.63\times10^{-9}$，平均为 0.34×10^{-9}；橄榄辉长岩ΣPGE 含量为 $0.24\times10^{-9}\sim2.41\times10^{-9}$，平均为 1.42×10^{-9}；1 件橄长岩样品的ΣPGE 含量为 1.06×10^{-9}；辉石岩ΣPGE 含量为 $0.9\times10^{-9}\sim0.96\times10^{-9}$，平均为 0.93×10^{-9}。总体上不含矿岩石的ΣPGE 含量随岩石基性程度降低而降低。坡北铜镍矿床矿石样品ΣPGE 含量

明显高于不含矿岩石，为 $2.47\times10^{-9}\sim404.17\times10^{-9}$，平均为 52.62×10^{-9}。

表 3-9 坡北矿床 Cu、Ni、S 及铂族元素分析数据

样品编号	采样深度/m	岩性	Ir $/10^{-9}$	Ru $/10^{-9}$	Rh $/10^{-9}$	Pt $/10^{-9}$	Pd $/10^{-9}$	Cu $/10^{-6}$	Ni $/10^{-6}$	S $/10^{-2}$	ΣPGE $/10^{-9}$	Cu/Pd $/10^{3}$
Pb-2	105	纯橄岩	0.21	0.51	0.19	3.71	1.95	58.5	1960	0.36	6.57	30.00
Pb-3	183	纯橄岩	0.31	0.62	0.18	2.31	1.53	74.6	2030	0.26	4.95	48.76
Pb-4	245	纯橄岩	0.20	0.37	0.08	0.76	1.07	44.1	1960	0.46	2.47	41.21
Pb-5	333	单辉橄榄岩	0.27	0.52	0.16	1.81	1.41	50.8	2110	0.14	4.16	36.03
Pb-9	657	单辉橄榄岩	2.54	5.96	1.87	26.52	22.00	1630	4810	0.82	58.90	74.09
Pb-10	687	单辉橄榄岩	2.59	8.70	2.54	21.09	25.25	2220	5470	1.00	60.17	87.92
Pb-12	754	方辉橄榄岩	3.33	22.88	8.91	61.95	104.89	641	4430	0.45	201.96	6.11
Pb-13	785	方辉橄榄岩	1.80	6.09	1.79	22.08	23.73	856	4430	0.56	55.49	36.07
Pb-17	844	二辉橄榄岩	2.78	24.45	26.84	61.43	132.03	2760	9260	1.22	247.53	20.90
Pb-19	871	二辉橄榄岩	4.37	29.19	33.68	108.25	228.68	2150	9620	1.11	404.17	9.40
Pb-22	932	含长二辉橄榄岩	1.61	3.83	1.15	11.77	9.26	1330	8520	0.80	27.62	143.63
Pb-23	1008	含长二辉橄榄岩	1.39	4.22	1.28	18.27	7.20	860	6440	0.51	32.36	119.44
Pb-24	1073	含长二辉橄榄岩	0.69	1.68	0.49	6.83	6.54	603	2170	0.42	16.24	92.20
Pb-28	1208	含长二辉橄榄岩	1.34	3.53	0.81	12.09	13.88	1850	4960	0.77	31.64	133.29

坡北矿床矿石中 S 与 Ir、Rh 和 Ru 之间呈较弱的正相关性，与 Pt 和 Pd 之间的相关性更明显，表明 Pd 和 Pt 的含量受硫化物含量控制更明显。S 与 Cu 呈明显的正相关性，与金属 Ni 之间的相关性不明显，这可能是所分析矿石样品中含有较多 Ni 含量较高的橄榄石所致。坡北矿床岩石的 Pd/Ir 值变化范围为 6.83 ~ 85，矿石的 Pd/Ir 值变化范围为 4.71 ~ 52.33，平均为 17.19；随着 S 含量的增高，Pd/Ir 值没有明显的变大趋势。为了更好地反映铂族元素之间的相关关系，将矿石中 Ni、Cu 和 PGE 进行 100% 硫化物计算。100% 硫化物计算后，坡北矿床矿石的 ΣPGE 含量为 $252.03\times10^{-9}\sim12130.69\times10^{-9}$，平均为 2103.1×10^{-9}，明显高于黄山东和喀拉通克矿床矿石 ΣPGE 含量的平均值（分别为 186×10^{-9}、573×10^{-9}）（钱壮志等，2009；孙涛，2011），也高于新发现的夏日哈木铜镍矿床矿石 ΣPGE 含量平均值（103.98×10^{-9}）（Zhang et al., 2017）；明显低于金川矿床矿石的 PGE 含量平均值（2938×10^{-9}）（汤中立和李文渊，1995；Song et al., 2006, 2009）。Ir 与 Ru、Rh、Pt、Pd 之间呈明显的正相关性，表明坡北矿床中硫化物之间不存在明显的硫化物分离结晶作用。

在铂族元素原始地幔标准化图解上，岩石和矿石样品之间具有相似的铂族元素配分模式，呈向左中等倾斜，Pt、Pd 含量较高，除两个矿石样品 Ru 正异常较明显外，其余样品 Ru 正异常较弱。岩石 PGE 相对于原始地幔亏损，岩石和矿石相似的铂族元素配分模式表明它们是同源岩浆演化的产物。

4. 母岩浆成分及岩浆结晶温度估算

通过大量橄榄石电子探针分析，获得橄榄石的 Fo 最大值为 90.2，Roeder 和 Emslie（1970）研究表明在岩浆演化过程中橄榄石和与之平衡的熔体之间的 Mg-Fe 分配系数为固定值：K_D=（FeO/MgO）^{Ol}/（FeO/MgO）^{Melt}=0.3±0.03，取 K_D=0.3，计算得到与 Fo=90.2 的橄榄石平衡的母岩浆（FeO/MgO）^{Melt}=0.6453，母岩浆 Mg$^{\#}$值为 0.734，表明该橄榄石结晶时岩浆仅发生了较低程度的分离结晶。在利用橄榄石-液相平衡原理进行母岩浆成分估算时，需要满足的基本条件是所选择样品应是橄榄石-熔体的混合物（Chai and Naldrett，1992）。我们首先剔除 LOI>13% 及 S>0.5% 的样品，对样品扣除 LOI 后重新进行 100% 计算，为了尽量避免所选择样品中有堆晶相的辉石和斜长石的存在，剔除 MgO 含量低于 30% 的样品。将 Al_2O_3 含量异常的样品剔除，然后取这些样品组分的平均值和 Fo=90.2 的橄榄石的组分采用 Li 等（2011）的方法进行模拟计算，假设母岩浆组成中 FeO/FeO^T=0.9，求得母岩浆各组分的含量为 MgO=16.09%，FeO=10.38%，Fe_2O_3=1.31%，与峨眉山玄武质母岩浆 MgO 含量相近（表 3-10）（徐义刚和钟孙霖，2001）。在压力为 3kbar，氧逸度 ΔQFM=0 的条件下，利用 MELTS 热力学软件（Ghiorso and Sack，1995）对获得的母岩浆成分进行模拟计算，最先结晶的橄榄石的 Fo 值为 90.2，主要矿物的结晶顺序为橄榄石-斜方辉石-单斜辉石，与橄榄石的电子探针数据及实际观察到的矿物结晶顺序一致，表明坡北岩体母岩浆为苦橄质岩浆，和世界范围内与地幔柱有关的典型苦橄岩的母岩浆成分较为一致，表明坡北岩体可能与地幔柱活动密切相关，岩浆源区发生了较高程度的部分熔融作用。

表 3-10　坡北岩体及典型矿床和苦橄岩母岩浆成分　（单位：%）

样品	SiO_2	TiO_2	Al_2O_3	FeO	Fe_2O_3	MgO	CaO	Na_2O	K_2O	P_2O_5
坡北（本书研究）	48.37	1	11.62	10.38	1.31	16.09	8.97	1.59	0.52	0.12
金川（Li and Ripley，2011）	48.4	1.2	12.67	12.42	1.38	12.33	8.89	1.35	0.84	0.19
金川（Chai and Naldrett，1992）	50.8	1	12.5	11.2		11.50	10.3	1.3	0.8	0.1
Pechenga 矿床（Hanski and Smokin，1995）	48.8	2.34	8.08	15.55		16.48	7.65	0.23	0.25	0.22

岩体中橄榄石通常是最早结晶的造岩矿物，其结晶温度可近似看成岩浆温度的下限。研究表明依据橄榄石-熔体平衡原理，橄榄石结晶温度 T=1066+12.067Mg$^{\#}$+312.3（Mg$^{\#}$）^{2}（Weaver and Langmuir，1990）。坡北岩体中橄榄石的 Fo 最大值为 90.2，据此计算出橄榄石初始结晶温度为 1331℃；依据上述母岩浆成分，利用 MELTS 热力学软件模拟该组分岩浆的初始液相线温度为 1411℃。模拟结果表明岩浆源区发生部分熔融的实际温度明显高于正常玄武岩温度，与区内罗东和旋窝岭岩体的岩浆结晶温度相似（凌锦兰等，2011；夏昭德等，2013），表明区内该期幔源岩浆活动可能与地幔柱活动相关。

5. 岩浆演化过程

坡北岩体广泛发育堆晶结构，橄榄石主要呈堆晶相，辉石呈堆晶相和填隙相的分布，斜长石主要呈填隙相，岩体岩相学特征表明坡北岩体岩浆结晶过程中存在橄榄石、铬尖晶石、辉石及斜长石的分离结晶作用。MgO 与 SiO_2呈负相关性，FeO 和微量元素 Ni 呈正相关性表明发生了橄榄石的分离结晶作用；MgO 与 Co 呈明显的正相关性，表明存在斜方辉石的分离结晶；MgO 与 Cr 之间呈明显的正相关性表明存在铬尖晶石的分离结晶作用；MgO 与 CaO 和 Al_2O_3之间呈明显的负相关性表明存在斜长石分离结晶。Si/Ti-（Mg+Fe）/Ti 图解也表明岩浆演化过程中主要发生了橄榄石、辉石和斜长石的分离结晶作用。岩相学及岩石地球化学特征表明岩体在演化过程中主要发生了橄榄石、铬尖晶石、辉石和斜长石的分离结晶作用。

在坡北岩体的西南端，随处可见古硐井岩群及下石炭统大理岩、黑云母片岩、石英岩和片麻状细粒花岗岩残留顶盖和顶垂体，这是岩体存在同化混染的宏观地质证据。姜常义等（2012）通过利用总分配系数相近的元素对之间比值的相关性研究也认为坡北岩体在岩浆上升过程中存在地壳物质的混染，且利用（La/Nb）$_{PM}$和（Th/Ta）$_{PM}$区分出其混染物主要来源于上地壳，但部分混染物来源于下地壳，李华芹等在坡北岩体中发现了太古宙和古元古代的锆石捕虏晶，进一步证实了其混染物为古老地壳物质。前人进一步利用 Sr-Nd 同位素模拟计算认为岩体遭受了古元古代变质岩 3% ~10% 的混染（Liu et al.，2017b）。S 同位素研究表明坡北矿床 δ^{34}S 的变化范围为−0.3‰ ~ −2‰，与幔源 S 同位素特征相似（姜常义等，2012）。

6. *成矿作用过程及大地构造背景*

坡北所有样品的 Cu/Pd 值为 9.4×10^3 ~ 656.92×10^3，明显大于原始地幔 Cu/Pd 值（7×10^3），表明坡北矿床形成于 PGE 亏损的母岩浆，导致这一现象的原因有：①岩浆源区有硫化物的残留；②岩浆在就位之前曾发生了硫化物熔离作用。一些研究者认为坡北矿床由于岩浆源区部分熔融程度较低，部分熔融过程中岩浆源区残留了约 0.033% 的硫化物，原生岩浆 PGE 亏损。我们通过模拟计算表明坡北矿床母岩浆为高温苦橄质岩浆（王亚磊等，2013；Liu et al.，2017b），其地幔源区发生了较高程度的部分熔融，岩浆源区没有残留硫化物，现在观察到的岩浆亏损 PGE 可能是深部岩浆房内早期少量硫化物熔离造成的。

在 100% 硫化物计算的基础上，坡北矿床矿石中 Ni 含量为 2.77% ~39.71%，平均为 16.74%，略高于金川矿床（平均为 15.84%），明显高于喀拉通克和黄山东矿床（平均值分别为 3.79% 和 6.29%）(钱壮志等，2009)。这除了与坡北岩体岩浆源区较高的部分熔融程度有关外，也暗示坡北矿床可能仅发生了较少量的硫化物熔离。坡北矿床中 S 同位素（δ^{34}S = −0.3‰ ~ −2.00‰）表明硫具有明显的幔源特征，且围岩均为贫硫地层，据此认为硫化物的熔离是岩浆自身演化和同化混染围岩共同作用的产物（姜常义等，2012），但也有研究者认为具有幔源特征的 S 的加入是导致硫化物熔离的主要因素（Xia et al.，2003；Xue et al.，2016；Liu et al.，2017b）。本书则认为由于混染物中地壳 S 含量较低，同化混染过程中加入岩浆中的 S 较为有限，因此镁铁质矿物（主要为橄榄石）的分离结晶和地壳 S 的加入在促进硫化物熔离时可能起到了同等程度的作用，少量 S 的加入是岩浆中硫化物熔离强度较低的主要原因。

坡北矿床中 Ir 和 Rh、Ru、Pt、Pd 之间具有良好的正相关性，PPGE/IPGE 值变化范围较小（3.07 ~10.93），表明熔离出的硫化物没有发生分异演化，这可能与硫化物之间被硅酸盐矿物阻隔有关。研究表明一些大型–超大型的铜镍硫化物矿床（如金川、Noril'sk、

Voisey'Bay 和 Kabanga）深部岩浆房内都存在多期次岩浆的贯入或多期次硫化物熔离事件（Maier and Barnes，2010），而国内一些铜镍硫化物矿床则形成于单一硫化物事件（如喀拉通克）（钱壮志等，2009）。坡北矿床的 Pt/Pd 值变化范围为 0.31～2.54，平均为 0.93，多数样品的比值都接近 1，且变化范围较小；模拟计算也表明坡北矿床的“*R*”因子变化范围为 100～1200，多集中在 500～1200（Yang et al.，2014），这些特征综合表明坡北矿床也可能是单次硫化物熔离事件的产物。

坡北岩体母岩浆成分及岩浆结晶温度表明形成该岩体的母岩浆是地幔源区在较高温度下部分熔融形成的苦橄质岩浆。研究表明在显生宙期间，虽然在一些超级俯冲带上，消减板片的脱水作用也可导致地幔楔部分过度水化，从而形成苦橄质岩浆，但板内苦橄质岩浆的形成主要与地幔柱活动密切相关（Rogers et al.，2010；姜常义等，2012）。坡北地区虽然岩石圈地幔遭受了早期俯冲流体的交代作用，但在岩浆结晶过程主体阶段，岩浆房没有独立的流体相（姜常义等，2006），且岩相学特征也表明与东天山觉罗塔格构造带和中天山含矿镁铁-超镁铁岩体相比含水矿物较少，表明岩浆源区富水流体组分的加入较为有限，也进一步表明苦橄质岩浆形成的主因应是地幔柱活动。

目前尽管对北山地区构造演化过程研究程度较低，且洋盆闭合时限仍存在较大争议，但越来越多的证据表明该区南天山洋在早泥盆世已闭合进入碰撞造山阶段，随后与中天山地块形成统一的地体（赵泽辉等，2007；张元元和郭召杰，2008；毛启贵等，2010；苏本勋等，2010；李舢等，2011；Xie et al.，2011）。蔡志慧等（2012）研究认为中天山-北山北缘近东西向的韧性右行剪切带在 392～367.6Ma、290Ma 和 241.8Ma 曾发生韧性变形，表明该区自泥盆纪洋盆闭合后进入陆内演化阶段。坡北岩体形成于早二叠世，其形成时代与俯冲作用发生时间及后碰撞伸展阶段的时间都相差较大，故不是与俯冲带相关的 Alaskan（阿拉斯加）型岩体或形成于后碰撞伸展阶段。Pirajno 等（2008）对新疆岩浆型和热液型矿床的统计表明 280～300Ma 是天山及其邻区大规模成矿的峰期；Qin 等（2011）通过对东天山-坡北镁铁-超镁铁质岩体及塔里木溢流玄武岩进行系统的年代学、地球化学等方面的研究后认为塔里木板块及其东北缘的东天山-北山地区存在峰期为 280Ma 的地幔柱活动，且地幔柱的轴部在北山地区。目前虽缺少有关证明地幔柱存在的直接证据，但已有的北山地区镁铁-超镁铁质岩体的一些岩浆温度及母岩浆成分估算（卢荣辉，2010；苏本勋等，2010；凌锦兰等，2011；夏昭德等，2013）都表明形成这些岩体的地幔源区存在明显的热异常。综合以上分析认为坡北岩体是典型的地幔柱活动的产物，其岩浆源区由深部地幔柱物质和受俯冲流体交代的岩石圈地幔物质组成。

二、新疆北部铜镍矿床成矿作用过程讨论

（一）岩浆铜镍矿床国内外研究认识

1. 硫化物熔离机制

岩浆型 Ni-Cu-（PGE）硫化物矿床形成的关键在于岩浆中的 S 达到饱和，进而硫化物熔体从硅酸盐岩浆中熔离出来，在一定的空间内与足够的硅酸盐岩浆混合使亲铜元素品位

提高，并保存于合适的空间。通过对世界上主要岩浆硫化物矿床的深入研究，许多学者分析和总结了镁铁质岩浆中硫化物达到饱和的关键控制因素，即地壳富硅物质的混染、岩浆的结晶分异、地壳S的加入、不同成分岩浆的混合等。

（1）地壳富硅物质的混染。Irvine（1975）实验研究证明，富含SiO_2物质的加入可以降低岩浆中硫的溶解度。Naldrett（1989）研究表明，岩浆中SiO_2、Al_2O_3、MgO、CaO及氧逸度等的变化对硫的溶解度有明显的影响。前人研究表明，Noril'sk矿床的Nadezhdinsky矿化层的形成主要是由富含SiO_2的地壳物质的加入引起的。

（2）岩浆的结晶分异。岩浆S和Fe^{2+}是密切相关的。富Fe矿物的结晶（橄榄石、辉石、磁铁矿、铬铁矿）导致S溶解度降低，发生硫化物的熔离。在层状侵入体中，堆晶磁铁矿的出现与达到S饱和度的S含量的急剧降低是一致的。但对铜镍硫化物矿床而言，前人研究表明如果没有其他因素的影响，需要40%～50%的镁铁质矿物分离结晶才能使岩浆中的S达到过饱和，此时由于橄榄石的分离结晶，岩浆中Ni含量已不足以形成具有重要价值的铜镍矿床（图3-3）。勘查实践也表明多数矿床的主要赋矿岩相为橄榄岩，其硫化物发生熔离时岩浆中仅发生了2%～10%的橄榄石的分离结晶作用（邓宇峰等，2012），因此镁铁质矿物的分离结晶作用对硫化物的熔离所起的作用可能较为有限。

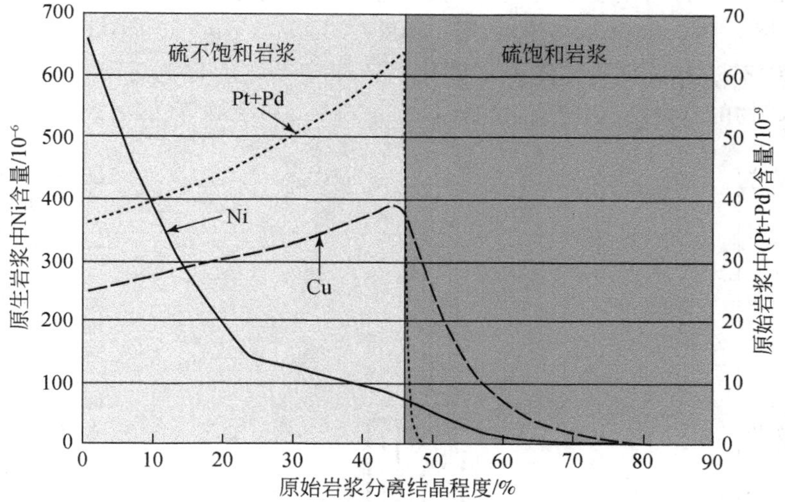

图3-3　镁铁质矿物分离结晶对岩浆S饱和度的影响

（3）地壳S的加入。围岩中硫的混入对硫化物从镁铁质岩浆中熔离并沉降到岩体底部成矿有重要贡献，大量岩浆不断地通过岩浆房并经历相似的过程是形成巨大矿床的根本所在。前人的研究证明，富含硫的围岩进入岩浆可以使其中的硫化物达到饱和，如Duluth矿床与Voisey's Bay矿床都是由于含硫围岩的加入形成的（Ripley and Li，2003；Ripley et al.，2007；Lightfoot et al.，2012）；Noril'sk矿床S同位素数据表明，沉积围岩中的膏盐层与硫化物层对其形成也具有一定的贡献（Li and Ripley，2011）；夏日哈木矿床尽管围岩为贫硫地层，但S同位素指示也存在明显的地壳S的加入（Li et al.，2015；Zhang et al.，2017；Liu et al.，2018）。然而，目前对于围岩中的硫如何进入岩浆这一问题，仍然有多种见解。

部分人认为，围岩中的硫可以通过气运作用进入岩浆而使其达到饱和；已有研究表明围岩中的硫可以通过液化作用和部分熔融作用进入岩浆中，尽管如此，越来越多的证据表明地壳 S 的加入可能是导致铜镍矿床中硫化物熔离的最主要因素（Li et al.，2011）。

（4）不同成分岩浆的混合：不同成分、S 不饱和的岩浆的混合会导致混合后的岩浆达到 S 饱和。不同成分岩浆的动力学特征，由岩浆房中新岩浆和已分离的岩浆的相对密度决定。多期的岩浆，如果密度大于早期的岩浆，直接位于岩浆房的底部；如果密度小于早期的岩浆，以喷流、热泡或底辟的形式穿过分离的岩浆而上升，直接导致不同成分岩浆的混合。前人研究证明 S 不饱和的富镁玄武质岩浆注入 Bushveld 岩体的临界带中，并与先前已存在的演化的岩浆混合，混合后的岩浆达到了 S 饱和。李文渊（1996）研究认为金川矿床中硫化物熔离的主要原因是不同组分岩浆的混合。

目前国外学者主要通过实验岩石学研究及矿石中 S 同位素研究工作认为导致铜镍硫化物矿床中发生硫化物熔离的主要原因是外来 S 的加入，而一些国内学者则对其提出了质疑。我们通过系统搜集国内典型铜镍矿床的 S 同位素资料（图 3-4），发现除了夏日哈木矿床外，其余典型铜镍矿床的 $\delta^{34}S$ 变化范围均在 $-3‰ \sim +3‰$，具有明显的幔源 S 的同位素特征，这也是国内学者提出不存在地壳 S 加入的最重要的证据。同时利用 Sr-Nd-Hf-Os 同位素对不同矿床的同化混染程度进行了模拟计算，普遍认为国内典型矿床的混染程度都较弱（张招崇等，2006；姜常义等，2009；Li and Ripley，2011；夏明哲等，2010；Sun et al.，2013），据此认为国内铜镍硫化物矿床中导致硫化物熔离的主要因素是岩浆本身的镁铁质矿物的分离结晶作用（姜常义等，2009；邓宇峰等，2012）。

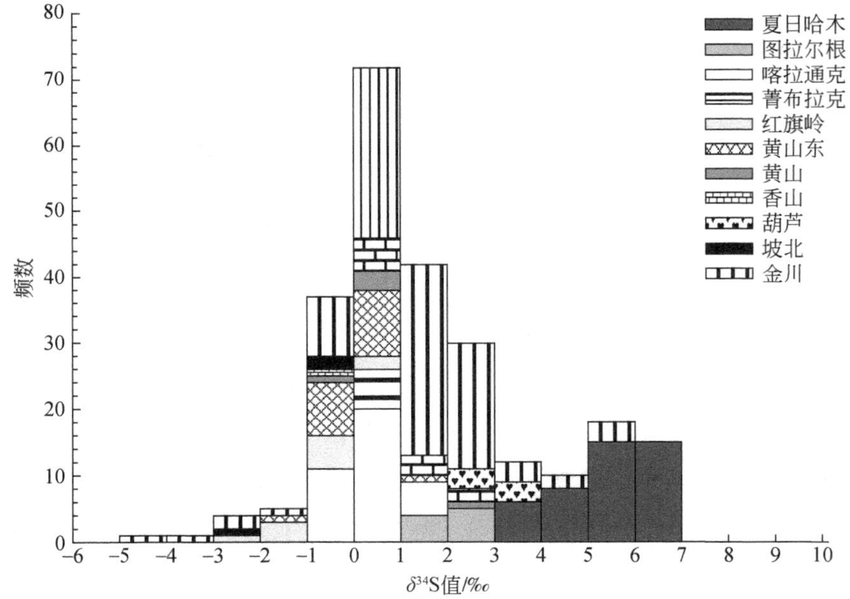

图 3-4　中国典型铜镍矿床硫同位素组成分布图

2. *矿床成矿模型*

建立合理的矿床成矿模型对于指导找矿具有重要的意义，关于铜镍硫化物矿床的成矿模型国内外学者一直有不同的观点，最重要的两种模型是“深部熔离–多期贯入–终端岩浆房聚集成矿”模型（汤中立等，2006）和“岩浆通道成矿”模型。“深部熔离–多期贯入–终端岩浆房聚集成矿”模型主要强调硫化物的熔离发生在深部岩浆房内，熔离出的硫化物和橄榄石等矿物在深部岩浆房内由于重力分异作用形成由上到下含硫化物和橄榄石等镁铁质矿物的不同分层，不同层位在后期构造应力作用下分期上侵，贯入深部岩浆房内成岩成矿，这一成矿模型很好地解释了铜镍硫化物矿床往往赋存在小岩体中这一特征，但是铜镍硫化物矿床的密度往往较大（高达3.6g/cm^3），理论计算表明密度大的矿浆不能侵入到密度小的围岩中。“岩浆通道成矿”模型则强调矿床形成过程中处于开放的环境，岩浆从围岩中萃取S等其他组分，导致发生硫化物熔离，熔离出的硫化物由于与后续岩浆的不断接触，进一步提高硫化物中的成矿元素含量，进而形成具有重要价值的矿床，同时在岩浆通道内，在膨大部位，岩浆流速的突然降低导致硫化物和橄榄石等的卸载，发生硫化物的聚集。“岩浆通道成矿”模型也很好地解释了一些矿床的成因，目前一些学者对该模型也在进行不断的修改，前人通过对Noril'sk矿床进行系统研究，认为该矿床深部也存在硫化物的熔离作用，后续的新鲜岩浆通过溶解先前熔离的硫化物进一步提高了其中的金属元素含量（Cu、Ni、PGE），目前对通道成矿的研究也逐渐认识到硫化物的熔离发生在深部岩浆房内。

3. *成矿地质背景*

前人对世界范围的典型铜镍矿床进行的系统总结，认为与铂族元素矿床不同，大型–超大型铜镍矿床几乎都分布在克拉通或古陆块的边缘部位，从矿床产出时间上看，多数矿床的形成与超大陆的裂解和汇聚时间相吻合，表明其形成是超大陆裂解或汇聚大背景下的产物。中国铜镍矿床虽然矿床规模都相对较小，但分布广泛，产出构造背景复杂多样，汤中立（2004）将我国岩浆铜镍硫化物矿床划分为四类：①产于古大陆边缘的小岩体矿床，其形成与大陆裂解作用密切相关，如金川矿床；②与大陆溢流玄武岩有关的小岩体矿床，如峨眉山大火成岩省中伴生的白马寨、金宝山、杨柳坪；③造山带内的小岩体侵入矿床，主要发育在造山带内，如喀拉通克、黄山、黄山东等；④与蛇绿岩有关的矿床，如煎茶岭。

（二）硫化物熔离机制及深部预富集过程探讨

前已述及，导致岩浆中硫化物饱和的机制主要有地壳富硅物质的加入、岩浆结晶分异、不同成分岩浆的混合及地壳S的加入。对于岩浆型Ni-Cu-（PGE）硫化物矿床来说，其岩浆中的硫达到饱和的主要机制主要为岩浆结晶分异和外来硫的加入。

东天山各含矿岩体演化程度都较高，经历了较高程度的分异演化作用，结合岩相学及岩石地球化学研究，认为在岩浆演化过程中主要发生了橄榄石、单斜辉石和少量斜方辉石的分离结晶作用。这些早期镁铁质矿物的分离结晶使岩浆体系中Fe^{2+}含量降低，进一步使岩浆中S的溶解度降低，从而可以促进岩浆体系中硫化物的熔离。与东天山铜镍矿床相比较，新疆北山地区镁铁–超镁铁岩的岩石类型也较丰富，也经历了充分的分异演化，在岩浆演化过程中主要发生了橄榄石、单斜辉石和少量斜方辉石的分离结晶作用，这方面的作用与东天山地区含矿岩体相似，尽管二者岩浆源区的物质组成存在明显的差异。

除此之外，我们对这两个地区含矿岩体演化过程中岩浆的同化混染过程进行了模拟计算，研究表明两地区岩体的同化混染程度都较低（3% ~10%），东天山地区岩体混染物主要为与产出时间相近的中性火山岩，混染过程中有富硅组分的加入，而北山地区混染物主要为古老的地层，其混染过程中也有一些富硅组分的加入。系统的S同位素研究表明东天山和新疆北山地区镁铁-超镁铁含矿岩体中除葫芦矿床个别样品 $\delta^{34}S$ 值较大外，其他矿床的 $\delta^{34}S$ 均在-1‰ ~ +3‰（图3-4），均落在幔源硫的范围内，一些学者据此认为导致硫化物熔离的关键因素是镁铁质矿物（橄榄石、辉石）的分离结晶作用。通过对东天山地区黄山东和黄山典型矿床的模拟计算，发现在岩浆演化过程中橄榄石发生2% ~3%的分离结晶时即开始出现硫化物的熔离作用，此时岩浆中镁铁质矿物分离结晶的程度较低，据此推测导致硫化物熔离的主要机制可能不是镁铁质矿物的分离结晶作用。我们系统地收集了产于俯冲带环境中斑岩型铜矿的S同位素资料，表明斑岩型铜矿的 $\delta^{34}S$ 主要集中在0‰附近，结合东天山地区铜镍矿床的形成时代，我们认为在俯冲环境中地壳深部发生了硫化物的聚集，且其硫同位素具有明显的幔源S的特征，后期地幔部分熔融形成的岩浆在上升过程中同化了部分的S，使其岩浆中的S达到过饱和而发生了硫化物的熔离，目前这仅限于推测，但我们更倾向于认为导致硫化物熔离的主要机制是外来S的加入。

野外宏观地质观察表明矿床各岩相之间呈截然接触的关系，在水平和垂直剖面上，橄榄石成分、斜方辉石粒径及成分的变化都暗示它们是多期岩浆脉动的产物。岩浆铜镍硫化物矿床各典型矿床虽然主要赋矿岩性有所差异，但均严格受岩相控制。结合宏观地质及岩石地球化学方面的研究，总结认为东天山地区铜镍矿床硫化物的熔离发生在深部岩浆房内，且熔离出的硫化物与先期结晶的橄榄石和辉石在重力作用下发生重力分异作用，形成上部不含硫化物的贫矿岩浆及下部富含硫化物和橄榄石、辉石的“晶粥”状岩浆。矿床的赋矿岩相可以很好地指示矿床中硫化物熔离的相对时限，与国内典型超大型矿床相比，东天山地区铜镍矿床和新疆北山地区铜镍矿床硫化物的大量熔离时限都相对较晚，这一方面制约了矿床的规模，另一方面对矿床的赋矿岩相也有较大的影响。

（三）新疆北部晚古生代铜镍矿床成矿过程及地球动力学机制探讨

铜镍矿床的成矿作用过程包括硫化物的熔离聚集、分离结晶及含硫化物岩浆的迁移聚集过程。全岩的Cu/Zr值可以很好地判断硫化物的熔离作用。Cu与Zr一样，在岩浆早期的橄榄石、长石等结晶相中表现为不相容元素的特征，所以，在岩浆的结晶作用过程中，Cu和Zr将呈比例地增加，其Cu/Zr值保持不变。但是，Cu是亲硫元素，Zr却不具亲硫性，一旦岩浆中硫达到饱和，有硫化物熔离时，Cu/Zr值将会迅速降低。前人研究认为Cu/Zr值可以很好地指示岩浆中亲铜元素是否亏损，当Cu/Zr值小于1时就表明岩浆中的硫达到了饱和并发生了硫化物熔离作用导致亲铜元素亏损（Lightfoot et al.，1994）。在东天山-北山主要镁铁质-超镁铁质岩体的MgO-Cu/Zr关系图中，东天山地区黄山东、黄山、葫芦、香山岩体和新疆北山地区的坡北、红石山、笔架山等岩体的Cu/Zr值都普遍大于1，暗示有硫化物的堆积；而不含矿的岩体中，除了马蹄Cu/Zr值略有降低的趋势外，二红洼和串珠岩体的Cu/Zr值几乎没有变化，说明硫化物的熔离作用可能未曾发生或者不明显。

岩浆的分离结晶和同化混染过程可以利用微量元素和放射性同位素进行判断，甚至定量探讨，但对硫化物熔离过程却无能为力。PGE 具有非常强的亲硫性，其在硫化物中的分配系数远大于在硅酸盐中的分配系数，所以，可以利用 PGE 的特征来辨别岩浆过程中硫化物熔离。没有硫化物熔离的条件下发生分离结晶和有硫化物熔离的条件下发生分离结晶后的残余岩浆中 Ni、Cu 和 PGE 组成将有显著的区别。Cu/Pd 值是判断岩浆中硫化物熔离非常灵敏的指示剂，并被广泛地应用于 Cu-Ni-（PGE）硫化物矿床的研究。黄山东矿石 Cu/Pd 值为 $35.86\times10^3\sim1186.68\times10^3$（平均为 474.41×10^3）；黄山矿床 Cu/Pd 值为 $141\times10^3\sim2583\times10^3$；葫芦矿床 Cu/Pd 值为 $11.07\times10^3\sim294.35\times10^3$（平均为 136.05×10^3）；坡北样品 Cu/Pd 值为 $9.4\times10^3\sim656.92\times10^3$。由此可知，东天山和北山地区镁铁质-超镁铁质岩体的 Cu/Pd 值都远远高于原始地幔的 Cu/Pd 值（7.69×10^3），暗示该地区镁铁质-超镁铁质岩体的原始岩浆在早期演化过程中曾发生过深部硫化物熔离作用。在铂族元素之间相关性图解上，各铂族元素之间具有明显的正相关性，表明熔离出的硫化物没有发生明显的分离结晶作用。

目前对东天山和北山地区早二叠世产出的镁铁-超镁铁岩体形成的地幔动力学机制仍存在较大的分歧：①形成于活动大陆边缘或后碰撞伸展环境，与地幔柱活动无关（李华芹等，2006，2009；Ao et al.，2010），如岩体具有与岛弧玄武岩相似的微量元素组成，而与板内洋岛玄武岩微量元素特征明显不同；②是地幔柱活动的产物，为塔里木大火成岩省的重要组成部分（姜常义等，2006，2012；Pirajno et al.，2008；凌锦兰等，2011；Qin et al.，2011），如岩体形成时代与塔里木大火成岩省时代相近，岩体母岩浆成分为高温苦橄质岩浆，Sr-Nd-Os 同位素属洋岛玄武岩范围；近年来越来越多的学者更倾向于认为这些岩体与地幔柱活动密切相关。本书通过系统的年代学、岩石地球化学等方面的研究认为东天山-北山地区这些镁铁-超镁铁岩体形成的大地构造背景应该是板块俯冲与地幔柱两种构造体制相互叠加的产物。

（四）矿床成矿模型及下一步研究方向

通过对东天山-北山地区典型矿床的研究，认为这些含矿岩体中硫化物熔离都发生在深部岩浆房内，且熔离后由于重力分异作用发生矿物和成矿物质的分层，在后期岩浆或构造应力作用下上侵至深部岩浆房成岩成矿。这也符合汤中立院士提出的“深部熔离-多期贯入”的成矿模型。但是除此之外，多数矿床在野外普遍发育球状分化，且这些“球体”具有一定的分布规律，岩石基性程度最高的部位其密度也最大，这暗示含矿岩浆在上升过程中具有较大的流速，存在明显的流动分异作用，因此在成矿作用过程中除了重力分异作用外，流动分异作用对成矿元素的聚集也具有重要的作用。

尽管关于该区的铜镍矿床的研究程度已经很高，但有很多问题有待进一步深入研究，如：①成矿地质背景的准确厘定，已有的证据虽然支持其可能与塔里木地幔柱有一定关系，但仍缺少更有利的证据，因此为准确厘定其大地构造背景仍需开展大量的研究工作，另外大地构造背景的研究对于指导区域铜镍矿找矿部署具有重要的意义，因此也显得尤其重要；②典型矿床成矿过程的研究，关于典型矿床的研究虽然就其岩石成因、岩浆演化过程、成矿作用过程等开展了大量的工作，但是这些工作仍缺乏一定的系统性，不能全面地解剖这些矿床的形成过程，对指导深部找矿的意义也受到限制。

第三节　与中-酸性岩有关的金属矿床成矿作用

一、斑岩型铜（钼）矿床特点

斑岩型矿床是指产在斑岩类岩体及附近大范围分布的浸染状和细脉网状矿床，是20世纪初期由于采用了露天开采和浮选技术而开发利用的一类规模大、品位低的矿床。20世纪50年代以来，在世界各地相继发现了大量的大型-超大型斑岩型铜矿床。目前这类矿床产量已占到世界铜矿资源总量的50%以上。同样，斑岩型钼矿床也超过其他类型钼矿床成为钼的重要来源。此外，还发现斑岩型锡矿、斑岩型钨矿以及斑岩型金矿等。

（一）斑岩型铜（钼）矿床地质特征

斑岩型铜（钼）矿床的典型特点如下：①矿床规模大，如斑岩型铜矿是当前世界铜矿床的主要类型；②埋藏浅，易于开采；③矿床常呈带分布，这和斑岩体受一定的构造带控制有关；④矿石品位较低，但矿化分布均匀；⑤矿石成分简单，易选；⑥可供综合利用的矿产多，除Cu、Mo、W、Sn、Pb、Zn外，尚可综合利用Au、Ag、Se、Te、Re等元素。

前人对比研究国内外多个斑岩型铜（钼）矿床，认为具有如下特征：①矿床在时间上、空间上、成因上主要与钙碱性中酸性火成岩有关，特别是浅成-超浅成斑岩；②赋矿岩石主要为中酸性斑岩、铝硅酸盐岩、有关侵入岩和火山岩以及碳酸盐岩等，在成矿前和成矿期，发生过强烈的破碎，这对于成矿流体活动有十分重要的意义；③赋矿岩石遭受不同程度的热液蚀变，并呈现一定的同心式或对称式蚀变分带，蚀变带以接触带为中心，由岩体内部向围岩方向，水解作用逐渐减弱；④原生金属硫化物通常为2%～4%，主要是黄铁矿、黄铜矿和辉钼矿，矿石呈典型的细网脉浸染状；⑤钾化蚀变带矿化体的铜品位仅为0.1%～0.2%，而绢英岩化蚀变的铜品位可达0.45%，并且，原生矿化带上部的1%以上的富矿通常为表生富集作用形成。

世界上斑岩型铜矿床主要分布在三个区域，分别是环太平洋斑岩铜矿带、特提斯-喜马拉雅斑岩铜矿带和古亚洲洋斑岩铜矿带，其中，新疆北部的斑岩型铜矿属于古亚洲洋成矿带，矿床成因和区域大地构造有着直接的联系。

（二）新疆北部晚古生代斑岩型铜（钼）矿床类型与分布

新疆北部斑岩型铜矿主要形成于天山、阿尔泰等中亚造山带中，这些造山带具有多块体镶嵌、多缝合带连接的大地构造格局，由多条弧-陆、弧-弧俯冲、碰撞带拼贴形成（何国琦等，1994；庄育勋，1994）。

新疆北部斑岩型铜矿的产出位置主要位于准噶尔盆地和吐哈盆地的周缘，大致上可分为三个成矿带（表3-11）：

表 3-11 新疆北部晚古生代主要斑岩铜（钼）矿床基本特征一览表

成矿带	名称	矿体形态	矿石类型	斑岩类型	成矿年代	围岩
西天山	喇嘛苏-达巴特	透镜状、板状、脉状	稀疏浸染状、团块状、脉状	花岗闪长斑岩、流纹斑岩	394.8±4.9Ma（锆石 SHRIMP U-Pb 年龄，解洪晶等，2013）	上泥盆统托斯库尔塔乌组
	莱利斯高尔	脉状、透镜状	浸染状、细脉浸染状、细脉网脉状	二长闪长斑岩、花岗闪长斑岩	379.9±8.3Ma（辉钼矿 Re-Os 等时线，朱明田等，2010）	上志留统博罗霍洛山组海相细碎屑岩
	群吉萨依	脉状	浸染状、细脉浸染状	花岗斑岩、闪长玢岩、辉绿玢岩	302±4Ma（SHRIMP U-Pb 年龄，闫永红等，2013）	下二叠统乌郎组、塔尔得套组，上二叠统晓山萨依组
准噶尔北缘	包古图	脉状、透镜状、不规则状	稀疏浸染状、稠密浸染状、星点状	花岗闪长斑岩	Ⅲ号岩体 313±3Ma（SHRIMP U-Pb 年龄，魏少妮等，2011），Ⅰ-Ⅴ号岩体年龄集中在 310～325Ma（代华五等，2010）	上志留统-下泥盆统第一亚组
	卡拉先格尔	脉状、透镜状	浸染状、细脉浸染状	花岗闪长斑岩、石英闪长玢岩	Ⅱ号铜矿区 390.2±4.9Ma，Ⅲ号铜矿区 393.3±9.8Ma（锆石 LA-ICP-MS U-Pb 年龄，相鹏等，2009）	中泥盆统北塔山组
	索尔库都克	脉状、透镜状	浸染状、细脉浸染状	辉石闪长玢岩	含矿粗面英安斑岩和粗面斑岩的锆石 SHRIMP U-Pb 年龄分别为 387.6±1.8Ma 和 383.8±1.7Ma（赵路通等，2015）	中泥盆统北塔山组第二亚组
	玉勒肯哈腊苏	脉状、透镜状、不规则状	细脉状、细脉浸染状和浸染状	闪长玢岩、斑状花岗岩、石英二长斑岩	373.9±2.2Ma（辉钼矿 Re-Os 同位素等时线年龄，杨富全等，2012）	中泥盆统北塔山组
	哈腊苏	脉状、透镜状	细脉状、细脉浸染状	花岗闪长斑岩	375.2±8.7Ma（锆石 U-Pb 年龄）	中泥盆统北塔山组
觉罗塔格	延东	厚板状、透镜状、脉状	浸染状、细脉浸染状、块状	斜长花岗斑岩	338.3±1.4Ma（锆石 SIMS U-Pb 年龄，郭谦谦等，2010）	下石炭统企鹅山群火山岩
	土屋	纺锤状、板状、透镜状	细脉浸染状、细脉状、斑点状	斜长花岗斑岩、英云闪长岩	333±2Ma（锆石 SHRIMP U-Pb 年龄，刘德权等，2003）	下石炭统企鹅山群火山岩
	三岔口	透镜状、板状、脉状	浸染状、细脉状	花岗闪长斑岩、石英闪长玢岩	287±4Ma（锆石 SHRIMP U-Pb 年龄，李华芹等，2004）	上石炭统梧桐窝子组火山岩

（1）西天山伊犁地块斑岩型铜矿带，位于哈萨克斯坦-准噶尔板块的南部边界，与塔里木板块北部边界相接，属于伊犁微板块中阿吾拉勒晚古生代裂谷系。区内形成于晚古生代的斑岩型铜（钼）矿主要有喇嘛苏铜矿、群吉铜矿、莱利斯高尔钼铜矿和肯登高尔铜钼矿等。

区内地层出露较齐全，建造类型多样，其中，矿带及周缘出露的地层有下石炭统大哈拉军山组、艾肯达坂组、阿克沙克组，上石炭统伊什基里克组，上二叠统铁木里克组和下侏罗统水西沟群。矿带内断裂和褶皱极为发育，褶皱为两组方向，即轴向 NE 和轴向 NWW，断裂以 NWW 向为主，NE 向次之。区内海西期花岗岩类侵入体较发育，该类岩体与斑岩型铜（钼）矿的形成有着紧密的成因联系。岩浆带的形成，还可以促使地层中金属元素活化，并伴随热液活动转移至有利部位，富集成矿。

大哈拉军山组火山岩为主要赋矿围岩，其形成环境为挤压环境的大陆弧（朱永峰等，2006），而其上部出现的双峰式火山岩系列说明出现了拉张环境，推测在主岩形成时期出现了挤压环境向拉张环境的转换。同时，区内与成矿相关的斑岩也呈现出区别于单一挤压环境或是拉张环境的地质特征，很可能是形成于这个转换过程之中。

（2）准噶尔盆地北缘斑岩型铜矿带，位于西伯利亚板块和哈萨克-准噶尔板块接触带部位，构造活动强烈，断层比较发育，矿带西部多呈 NE 向，东部多呈 NW 向。褶皱构造多被后期断裂破坏。代表矿床包括准噶尔盆地西北缘的包古图铜钼矿，准噶尔盆地东北缘的索尔库都克铜钼矿、玉勒肯哈腊苏铜矿、哈腊苏铜矿和卡拉先格尔铜矿。

成矿区出露地层为中泥盆统北塔山组、下石炭统姜巴斯套组及新生代盖层，其中，中泥盆统北塔山组为主要赋矿地层。侵入岩主要有石英闪长斑岩、二长花岗岩、花岗闪长斑岩、钾长花岗岩、正长斑岩、辉长岩、角闪岩等。岩体的规模都比较小，多以岩株和岩脉出露，且受区内构造控制，大多呈 NW 走向。

锆石 U-Pb 测年结果显示，区内斑岩体和围岩北塔山组火山岩属于同一时代，即两者形成于同一源区，喷发和侵位同时形成，且两者的地球化学特征都显示出岛弧环境的典型特征，说明该矿带属于典型的弧环境斑岩型铜矿。

（3）东天山觉罗塔格斑岩型铜矿带，位于东天山地区，吐哈盆地南缘。以土屋-延东大型矿床为代表，另有赤湖、三岔口等中小型矿床及矿化点。区内岩浆活动频繁，表现为强烈的侵入和喷发，具有多旋回、多期次特点。

侵入岩包括吕梁期、加里东期和海西期，并以海西期为主。每一旋回多以基性-超基性岩浆作用开始，到中酸性或碱性结束，其中以中酸性岩类分布最为广泛，岩浆喷发活动在晚古生代最为强烈，并与之伴生大量斑岩型铜（钼）矿出现。

区内地层发育齐全，沉积建造多样，变质作用明显。自元古宇至新生界皆有出露。中、上元古界主要分布于区南部的中天山和北山一带，为一套浅-深变质的海相碎屑岩及碳酸盐岩建造。古生界以海相沉积岩类夹火山岩为主。下古生界主要出露于北山地区，以碎屑岩、碳酸盐岩建造为主，上部夹火山岩建造；上古生界全区分布广泛，主要为海相，局部为海陆交互相火山岩、碎屑岩夹碳酸盐岩建造，岩性、岩相复杂，厚度巨大。中生界多分布于各盆地中及洼地内，为陆相碎屑岩及含煤建造。新生界则广泛分布于低洼地区，古近系和新近系为红色建造，第四系则为松散沉积物。

觉罗塔格一带的构造较为发育，尤其是断裂构造，这与区内构造运动多期性复杂性有关，深断裂、大断裂和一般断裂构成错综复杂的断裂系统，并分割具有不同地质建造特征的大地构造单元。主干断裂从北到南依次为大草滩断裂、康古尔塔格断裂、雅满苏断裂和阿齐克库都克断裂，以 EW 向为主，其次为 NEE 向，其中康古尔塔格断裂主要控制着本区的构造-岩浆-成矿作用。

（三）土屋-延东斑岩型铜矿床

1. *矿床地质特征*

土屋-延东铜矿处于觉罗塔格构造带北缘，由土屋和延东两个矿区构成，矿区内出露下泥盆统、石炭系、中侏罗统及第四系。其中与铜矿体相关的地层主要为下石炭统企鹅山组，岩性为玄武岩、安山岩、安山质角砾熔岩、火山角砾岩、岩屑砂岩、含砾岩屑砂岩、复成分砾岩、沉凝灰岩等。地层总体向南倾，倾角 25°～65°，片理化及青磐岩化发育，矿体及近矿围岩普遍孔雀石化。土屋-延东铜矿即分布在火山熔岩与碎屑岩、火山碎屑岩的接触带上。土屋地区发育东西向断裂，还有部分南北向、北西向断裂。含矿岩石和伴随的铜矿体主要出现在东西向断裂的局部膨大地段。

土屋-延东斑岩型铜矿矿化蚀变带南北宽 250～530m，长 15km 以上。土屋矿床地表矿化蚀变带长 3050m，已圈定 2 个矿体，Ⅰ号矿体位于矿田最东部，主要赋存于斜长花岗斑岩和英云闪长岩中，少量在围岩中，以 Cu 0.2% 为边界品位圈定矿体长 1300m，宽 8～87m。Ⅱ号矿体紧靠Ⅰ号矿体西段南侧分布，向西延伸，主要产于企鹅山群玄武岩及凝灰岩中，地表以 Cu 0.2% 为边界品位圈定铜矿体长 1400m，宽 7.6～125m。延东矿区位于土屋矿体西南延长线上 8km 处，矿体主要赋存于斜长花岗斑岩中，少部分在玄武质熔岩及凝灰岩围岩中。

矿床矿石结构以细脉浸染状为主，浸染状和团块状次之。在斜长花岗斑岩型铜矿石中以浸染状为主，表现为中粗粒黄铜矿（或集合体）较均匀分布于呈大脉状侵位的斜长花岗斑岩中，主矿体是碎裂状闪长玢岩中大量发育于石英脉共存的浸染状、细脉状甚至团块状黄铜矿，局部发育浸染状斑铜矿。矿石结构为中-细粒半自形-他形粒状结构。金属矿物以黄铜矿为主，次为黄铁矿和斑铜矿，另有少量辉铜矿、铜蓝、磁铁矿、赤铁矿及辉钼矿。黄铁矿主要发育在矿体顶、底板，与铜矿物呈负相关，主矿体中少。脉石矿物主要为石英、绢云母和绿泥石，其次为黑云母、绿帘石、阳起石、石膏、长石和方解石等。表生矿物有孔雀石、氯铜矿和褐铁矿等。矿体蚀变分带发育，自中心向两侧依次分为强硅化带、黑云母带、石英-绢云母带、绢云母-（泥化、石膏化）青磐岩化带和青磐岩化带，矿体与石英-绢云母化带和黑云母化带一致。

在土屋-延东矿区，中酸性浅成-超浅成岩体是重要的控矿地质体，主要有闪长玢岩、花岗斑岩、斜长花岗斑岩、安山玢岩、石英闪长玢岩等，通常呈岩枝、岩脉状产出，走向多为 NEE 向，与区域构造线方向基本一致。岩体的时代为早石炭世晚期或晚石炭世早期。

2. *地球化学特点*

火山岩样品都落入玄武岩及安山岩区域，属于亚碱性系列，从安山岩到玄武岩，全碱

含量随 SiO_2 含量的降低而降低。不含矿的火山岩趋向于落入玄武岩的区域内，而含矿火山岩则更趋向于落入安山岩的范围内。斑岩体为富钠质的钙性-钙碱性系列岩石，里特曼指数为 1.42 ~ 2.0，属 I 型花岗质岩石系列，Na_2O/K_2O 值大于 1。据前人的研究，与土屋斑岩型铜矿有关的斜长花岗斑岩的 $\varepsilon_{Nd}(t)$ 值变化于 -1.4 ~ +9.4，$\varepsilon_{Sr}(t)$ 值变化于 -11.2 ~ -17.5，认为土屋-延东斜长花岗斑岩主要来自于古亚洲洋在俯冲过程中上地幔部分熔融的产物。土屋-延东矿床硫化物 $\delta^{34}S$ 值变化于 -0.9‰ ~ +1.3‰，平均为 0.336‰，与地幔硫接近，反映了硫的深部来源特征。

企鹅山群玄武岩的稀土总量在 43.64×10^{-6} ~ 112.58×10^{-6}，为球粒陨石稀土含量的 20 ~ 60 倍（侯广顺等，2005）。玄武岩样品的 δEu 都在 1.0 左右，说明玄武岩没有发生明显的斜长石结晶分异作用，但安山岩显示出较为明显的 Eu 负异常，可能暗示了斜长石的结晶分异，稀土元素配分模式为轻稀土相对富集、重稀土相对平坦的右倾型，$(La/Y)_N$ 为 8.24 ~ 10.05，δEu 为弱正异常，Eu/Sm 值为 0.30 ~ 0.33。斑岩体亏损高场强元素 Ta、Nb、Zr、Hf、Ti，富集大离子亲石元素，尤其是 Ba 富集。上述特征都与岛弧岩浆活动中的花岗质岩石相似。整体上显示岛弧火山岩的特征，表明企鹅山群可能形成于俯冲环境。王银宏等（2014）对土屋英云闪长岩锆石进行了 Hf 同位素测试，$^{176}Hf/^{177}Hf$ 变化范围为 0.282757 ~ 0.283035，$\varepsilon_{Hf}(t)$ 值为 +6.3 ~ +16.1，位于亏损地幔演化线附近，表明英云闪长岩的岩浆源区可能为俯冲洋壳板片部分熔融的产物。

3. 成矿机制探讨

综合对土屋-延东矿床的地质地球化学特征分析认为，成矿物质的富集在岩浆期已经开始，火山喷发作用造成斑岩型铜矿带初始矿源层的形成。在侵入岩时期，矿化和矿体存在于斜长花岗岩脉和闪长玢岩中，且后者被前者切割，说明该区曾发生多次岩浆侵位作用，并伴随多次热液及成矿物质叠加，促进了铜的富集与成矿作用的发生。后期改造时期：土屋-延东矿床受到了后期多种构造运动作用，对大南湖岩浆热液成矿系统的形成造成了很大影响，矿区位置处于康古尔韧性剪切变形带中，从而造成了矿区岩石片理化的强烈变化。

通过对东天山大南湖岩浆热液成矿系统的地质背景、成矿系统的控制要素及对前人研究成果的分析，土屋-延东成矿系统是在晚泥盆世—石炭纪由准噶尔洋盆向中天山陆块俯冲的板块构造体制下，大南湖-土屋岛弧带内深部来源的富铜质岩浆，由喷发到侵位，多次活动，岩浆热液多次叠加成矿的一个成矿系统。

二、夕卡岩型钨（锡）矿床特点

夕卡岩型矿床也称接触交代矿床，主要是指在中酸性-中基性侵入岩类与碳酸盐岩类岩石的接触带上或其附近，由含矿汽水热液进行交代作用而形成的矿床。

（一）夕卡岩型钨（锡）矿床地质特征

夕卡岩型钨矿床以产在大陆边缘造山带为特征。主要产在石灰岩和花岗岩以及石英二长岩、花岗闪长岩岩基和岩株的接触带中。侵入岩岩石颗粒较粗，且伴有伟晶岩、细晶岩等，是在较高的温度和较深的环境中形成的。当不纯灰岩与页岩等呈互层时，对成矿最为有利。矿体常呈层状、扁豆状，规模以大型居多。组成夕卡岩的矿物以含铁少为特点，主要为钙铝榴石、透辉石、角闪石、金云母，其次有符山石、萤石、正长石、绿帘石、方解石、石英等。主要金属矿物为白钨矿，其次为黄铁矿、闪锌矿、方铅矿、辉钼矿、辉铋矿、毒砂、锡石等。白钨矿颗粒细，多在 0.5cm 以下。矿石中 WO_3 含量一般为 0.4% ~ 0.7%，有些矿床可综合利用铋、钼。在退化蚀变过程中，辉石、石榴子石等经分解释放出大量钙，促使钨从溶液中沉淀出来。白钨矿均匀分布于部分夕卡岩岩体中，此外也有白钨矿石英细脉产于围岩裂隙之中。矿石中萤石多则矿富，符山石多则矿贫。该类矿床在我国南岭地区分布较多，它们往往和黑钨矿矿床共生，两种类型的钨矿在同一矿区出现，经研究认为成矿作用是统一的，只是由于围岩性质不同而引起的差异。在石灰岩中形成白钨矿矿床，在硅铝质岩石中则形成黑钨矿矿床。该类矿床规模一般为中型到大型。

夕卡岩型锡矿床主要产于大陆边缘造山旋回的晚期或相对稳定区的构造拗陷带中的花岗质岩体与石灰岩的接触带及其附近围岩中。矿石中一般含硫化物较多，根据矿物共生组合不同，又可分为锡石-黄铜矿、锡石-铅锌矿等。也有些矿床含硫化物较少，而氧化物（如磁铁矿）较多，有时还含有较多的香花石、金绿宝石等。矿石中微量元素的特征组合是 F、Rb、Li、Sn、Be、W、Mo。夕卡岩成分复杂，主要矿物是透辉石、石榴子石、符山石、阳起石、萤石等，并有相当数量的绿泥石和石英，金属矿物除锡石外还有白钨矿及大量的硫化物，如磁黄铁矿、黄铁矿、辉铋矿、毒砂、方铅矿、闪锌矿等。伴生有用元素有铟、银、镓、砷、锗等。锡石颗粒很细，呈浸染状或与硫化物组成细网脉状分布于夕卡岩中，有时在附近围岩中，甚至远离接触带而深入围岩中组成致密块状矿石，矿石中含锡量为 2.3% ~2.8%，可综合利用稀有分散元素。

（二）新疆北部晚古生代夕卡岩型钨（锡）矿床特征

新疆北部晚古生代与中酸性岩浆活动密切相关的另一种矿床为夕卡岩型钨（锡）矿，与斑岩型铜（钼）矿床分布特征相似，也是主要集中在准噶尔盆地和吐哈盆地周缘，主要可划分为 3 个矿带：

（1）西天山伊犁地块夕卡岩钨锡矿带，所处大地构造环境属准噶尔阿拉套晚古生代前陆盆地，主要矿床为祖鲁洪钨矿、喀孜别克锡矿等。

温泉县祖鲁洪钨矿，位于温泉县城东约 50km。矿床所处大地构造环境，属准噶尔阿拉套晚古生代前陆盆地。含黑钨矿石英脉沿近东西向羽毛状裂隙密集分布，平行排列组成脉带，共有 4 个含矿石英脉带组成。一般脉长 20 ~ 50m，脉宽 2 ~ 50cm。组成矿物有板状黑钨矿、黄铜矿、黄铁矿、斑铜矿、辉铋矿；脉石矿物有石英、白云母等。WO_3平均含量为 2.34%，Cu 含量为 0.71%。矿床规模为小型。

温泉县喀孜别克锡矿床位于准噶尔阿拉套晚古生代前陆盆地，临近博乐中间地块。出露地层为中-上泥盆统砾岩、砂岩、泥岩、灰岩，多呈残留顶盖分布在花岗质岩体上。侵入岩主要为喀孜别克岩体，在接触带附近发育云英岩化及绿泥石化。常形成锡矿化，岩体相带不发育。锡矿化主要产出在喀孜别克岩体内，呈含矿云英岩-石英脉，沿岩体的内接触带分布，多成群分布。矿体规模较大，含锡平均品位为 0.2%。矿床规模为中型。

（2）准噶尔盆地北缘夕卡岩钨锡矿带，主要集中在准噶尔盆地东北缘阿尔泰造山带，主要矿床有喀姆斯特锡矿、贝勒库都克锡矿和萨惹什克锡矿等。

喀姆斯特锡矿产于海西中期斑状、似斑状黑云母花岗质岩体边缘内接触带中，矿脉的形成与云英岩化关系较密切。矿区内共发现云英岩脉184条，其中达到工业品位要求的矿脉有21条。脉长一般为20～60m，最长约110m，矿体呈脉状、透镜状，产状较陡立，一般延深20～30m。矿石矿物主要为锡石，锡品位为0.2%～0.5%，平均为0.43%，矿床规模属小型。

贝勒库都克锡矿床所处大地构造环境为托里－三塘湖晚古生代沟弧带东段。矿脉产于海西中期黑云母花岗岩与中泥盆统的内接触带中，已知矿脉50余条，一般脉体长几十米到数百米，宽约1m至数米，最宽20m。围岩蚀变主要有云英岩化、钠长岩化、硅化等。锡品位为0.1%～0.8%，最高为1.43%，全区平均锡品位为0.35%。矿床成因类型属中－高温热液型，工业类型属云英岩脉型。

萨惹什克锡矿床属托里－三塘湖晚古生代沟弧带东段，矿床规模为小型，卡拉麦里深断裂北侧的花岗质岩浆弧内。出露地层以中泥盆统、下石炭统为主。锡矿化均产于中泥盆统蕴都克拉组浅海相火山碎屑岩建造中。并集中分布在海西中期花岗岩的接触带附近。矿体主要沿碱性花岗岩边部分布，呈脉状或不规则状产出。围岩蚀变以硅化和黄铁矿化为主，其次有少量的绿帘石化、钠长石化、褐铁矿化等。矿石呈半自形晶浸染状、团块状赋存于石英脉或花岗斑岩中。矿石类型以含锡石英脉型和混合型为主，锡品位为0.2%～2.5%，全区锡平均品位为0.87%。

（3）东天山觉罗塔格夕卡岩钨锡矿带，主要分布在吐哈盆地西南缘，代表矿床为忠宝钨矿、库米什钨矿和新发现的沙东钨矿等。

忠宝钨矿产于南天山造山带的乌瓦门断裂的南侧库米什－彩华沟背斜东段倾伏端的侵入体与围岩接触带附近。该侵入体主要受背斜构造及其轴向断裂构造的联合控制。矿区内主要出露下泥盆统阿尔皮什麦布拉克组（D_1a）变质碎屑岩、钙质片岩夹大理岩。区内断裂构造以北东向走滑断层为主，具多期活动和继承性的特点，控制了岩浆岩的侵入和热液活动。矿区内的忠宝岩体是海西期酸性侵入体，主要为二云母二长花岗岩、正长花岗岩等，岩浆岩的侵入造成围岩发生强烈的接触热变质作用和接触交代变质作用，致使灰岩大理岩化、碎屑岩角岩化。同时，接触交代作用在岩体与大理岩接触带形成夕卡岩，钨矿体主要赋存于接触带的夕卡岩中。

库米什钨矿与忠宝钨矿位于同一成矿带，其矿化也与忠宝钨矿十分相似，该矿带横跨北天山、中天山及南天山3个性质不同的构造单元，被库米什深大断裂和中天山北缘断裂两条北西西向断裂分开。中天山地块北缘出露干沟蛇绿岩，代表北天山洋早古生代板块缝合带。南面出露榆树沟－铜花山－硫磺山蛇绿混杂岩，为南天山北缘古生代板块缝合带东段的重要组成部分。除库米什钨矿之外，另有西包尔图、曲惠沟等几处矿化点，尚不构成工业矿体规模，但是该区域上有着很好的钨矿找矿前景。

沙东钨矿位于中天山地块，阿拉塔格－尖山子大断裂北侧，产于蓟县系卡瓦布拉克群的一套碳酸盐建造中。区内地质构造复杂，岩浆岩发育，非常有利于钨矿富集。根据区内地质特征研究、矿体特征和控矿因素及矿物共生组合特征综合分析，该矿床成因类型具多期、多成因的特点，属构造、地层控矿与岩浆热液复合成因白钨矿床。该钨矿床的发现与勘查打破了中天山一直未能找到大型钨矿床的局面，为在该区寻找该类型矿床提供了依据与找矿标志（姜晓等，2012）。

（三）忠宝钨矿

1. *矿床地质特征*

忠宝钨矿位于塔里木板块与中天山板块缝合带北侧，处于中天山南缘晚古生代活动大陆边缘，属南天山造山带东部地区。矿体多产于海西期酸性侵入岩（忠宝岩体）与以钙质碳酸盐岩为主的下泥盆统阿尔皮什麦布拉克组下亚组地层的接触带上，内外接触带均含矿，外接触带以夕卡岩含矿为特征，是主要的赋矿层位；内接触带以云英岩化花岗岩为特征，常形成富矿。资料表明忠宝钨矿的形成与忠宝岩体关系密切。岩体平面呈马蹄形，产状为一岩株，岩性包括灰白色二云母二长花岗岩、浅肉红色二云母二长花岗岩、肉红色正长花岗岩等。

下泥盆统阿尔皮什麦布拉克组下亚组为一套碎屑岩-碳酸盐岩建造。矿床产于库米什-彩华沟背斜东段的倾伏端，背斜轴向北西西-南东东向，两翼岩层倾角30°~60°。矿区内断裂构造以北东向为主，近南北向和北西向次之，断裂具有多期活动和继承性的特点。断裂构造对矿区岩体和夕卡岩分布的控制作用尤为明显，夕卡岩多沿北东向断裂成群分布。多数断裂被后期岩脉充填，且岩脉由于后期的继承活动多产生强烈的片理化、碎裂岩、构造透镜体，局部具明显的错断。

忠宝钨矿床 WO_3 平均含量为3.1%，单个矿体 WO_3 平均含量最高为0.74%，最低为0.12%。依据该矿床的成矿地质特征和矿石的矿物组合不同，划分以下几个主要矿石类型：①含白钨矿石榴透辉绿帘石夕卡岩型钨矿石，为灰绿色、半自形粒状变晶结构、块状或条带状构造，产于夕卡岩接触带。主要矿物为绿帘石、透辉石、石英，白钨矿呈中-细粒稀疏浸染状赋存于矿石中。②阳起透辉绿帘石夕卡岩型钨矿石，为浅绿色、半自形粒状变晶结构，块状或条带状构造。主要矿物为符山石、透辉石、阳起石、石英、绿帘石、方解石，白钨矿呈中细粒稀疏浸染状赋存于矿石中。③云英岩、云英岩化花岗岩型钨矿石为灰白色，风化后常呈褐黄色，半自形粒状结构或鳞片粒状变晶结构，片状或块状构造。主要矿物为粒状石英、白云母、斜长石、黑云母，白钨矿呈稀疏或稠密浸染状赋存于矿石中。另可见少量夕卡岩化大理岩钨矿石和石英脉型钨矿石。

2. *地球化学特点*

忠宝岩体 MgO、TiO_2、Fe_2O_3、MnO_2、FeO 等氧化物含量变化稳定，岩体成分具有较好的相关性，表明各岩体样品具有相同来源。SiO_2 含量为72.51%~74.84%，K_2O+Na_2O 总量为6%~8.5%，K_2O/Na_2O 值大于1，里特曼指数为1.13~1.44，小于3.3，属钙碱性系列；铝含量较高，铝指数A/CNK为1.18~1.48，均大于1.1，显示岩体属过铝质系列。表明忠宝花岗质岩体为高钾钙碱性过铝质花岗岩，具典型的S型花岗岩特征。

在微量元素原始地幔标准化蛛网图上，元素随着不相容性降低，其含量呈降低趋势，显示出俯冲-碰撞环境花岗岩特征。Rb、Ba正异常，Sr负异常明显，暗示熔体分离结晶过程中残余熔体含 Ca 矿物浓度呈下降趋势，碱性长石含量逐渐增高，演化程度较高（李昌年，1992）。Ti 的负异常为岩体演化到一定程度含 Ti 矿物析出所致。上述特征表明岩体总体上具有中等到高的结晶分异程度，但并未演化至最晚期阶段。

稀土元素总量偏低，表明岩体中富稀土矿物含量较低（如暗色矿物）或源岩中稀土元素较低。LREE/HREE 值在 11.77～14.44，稀土元素球粒陨石标准化配分曲线呈 LREE 相对富集，HREE 相对亏损的右倾型，$(La/Yb)_N$值较高（20.55～27.73），轻、重稀土元素分馏明显。Eu 具有中等的负异常，表明发生了一定程度的斜长石分离结晶，故而岩体中斜长石与碱性长石含量相当。

岩体钨含量明显高于区域钨背景值（1.2×10^{-6}），显示忠宝岩体为富钨岩体，为钨的主要成矿物质来源，Sn、Mo 作为高温伴生元素亦具有较高含量。Li、F 等矿化剂元素有利于钨的搬运沉淀，该类元素的相对富集显示其参与了成矿，有利于钨矿的形成。

稀土元素总量偏低，表明岩体中富稀土矿物含量较低（如暗色矿物）或源岩中稀土元素含量较低。LREE/HREE 值在 11.77～14.44，配分曲线呈现明显的 LREE 相对富集，HREE 相对亏损的右倾趋势，La/Yb 值较高（20.55～27.73），为富 HREE 矿物在晚期熔体中富集的结果。Eu 具有中等的负异常，表明斜长石具有中等的分异结晶程度，故而岩体中斜长石与碱性长石含量相当。

地球化学特征表明忠宝二云母二长花岗岩为具有中等的分异演化程度的高钾钙碱性过铝质花岗岩，为形成于俯冲-碰撞环境的壳源重熔 S 型花岗岩。岩体钨含量高，为忠宝钨矿的主要金属成矿物质来源。

3. *成矿机制及构造环境探讨*

忠宝钨矿产于中天山地块南缘活动陆缘花岗岩带，为一夕卡岩型钨矿床，其区域构造演化大致经历了三个演化阶段：

$O\text{-}S_{1\text{-}2}$阶段，由于北天山洋向南俯冲于塔里木板块之下，塔里木板块至奥陶纪开始由于弧后扩张形成南天山洋盆，并于志留纪中期达到鼎盛，中天山地块由塔里木地块分离。

$S_3\text{-}D_{1\text{-}2}$阶段，南天洋在晚志留世开始向北俯冲于中天山地块之下，形成晚志留世—早泥盆世火山弧及岩浆弧。区域内未发现发生弧后裂开的证据，根据榆树沟-铜花山蛇绿混杂岩带逆冲推覆构造发育的特点，本区更有可能形成弧前或弧间盆地，并在期间堆积由于火山喷发形成的安山质-流纹英安质凝灰岩及火山碎屑岩，在后期发生区域变质作用形成中-低程度变质岩。

$C_3\text{-}P_1$阶段，南天山洋闭合导致塔里木板块北缘与中天山微板块最终碰撞对接，该过程形成了一系列同碰撞型花岗岩，沿有利的构造部位上侵并与钙质围岩发生夕卡岩矿化作用。

忠宝钨矿属典型的接触交代夕卡岩型白钨矿矿床。由于板块碰撞作用，富钨的深部地壳部分熔融产生的花岗质岩浆沿着构造裂隙上侵，岩浆从深部携带大量挥发分及钨锡等成矿元素上升，并从围岩地层中萃取一定量钨锡等成矿组分。矿区相对封闭的背斜构造提供了有利的构造条件，伴随着岩浆期后热液的上升，深源流体活动造成了 W、Sn 等成矿物质的活化、运移和富集，由于物理化学条件的改变，在内外接触带发生接触交代矿化，局部岩体发生云英岩化，形成了接触交代夕卡岩型忠宝钨矿。在此基础上，进一步的断裂活动使前期矿体叠加了后期脉状矿化，从而使矿体进一步变富。

三、中-酸性侵入岩岩浆热液成矿作用讨论

（一）岩浆热液成矿特点与主要认识

岩浆热液矿床是指由岩浆结晶分异过程中分出的气水溶液，在侵入体内部及附近围岩的有利构造中，通过充填和交代的方式形成的矿床。这类矿床多产于造山运动的中、晚期的酸性、中酸性和偏碱性的岩浆活动地区。它们与这些岩浆岩在时间上、空间上、成因上有着密切的联系。矿床的物质成分复杂多样，矿床分布广泛。

1. *岩浆热液矿床的特点*

在时间上，矿床形成于某一构造-岩浆期；在空间上，它们有规律地分布在同一构造单元中。此外，一定矿床类型与一定岩浆岩在空间分布上有一定的规律性，它们主要分布在岩体内部或其附近的围岩中，不同类型矿床可以围绕着侵入体呈带状分布，表现出物质成分由高温到低温的变化。

矿床与侵入体之间存在地球化学亲缘性，如某些元素的同位素比值相似，岩浆岩及矿石的主要矿物和副矿物中具有相应的金属组分、特殊的光性特征和相同的气液包裹体成分以及其他的岩石化学特点等。

矿床受构造控制十分明显，主要受侵入体的原生构造、接触带构造和断裂、褶皱等构造的控制。在侵入体原生构造中，各种节理有利于矿液的流动和矿脉的充填。岩体与围岩接触带如无断裂构造叠加，一般不易形成重要矿体。与母岩侵入体连通的断裂系统是含矿热液在岩体附近流动的重要通道，也是主要的含矿构造。距侵入体较远的矿体则受沉积岩和变质岩中各种构造，如断裂、裂隙、褶皱、挠曲、层间滑动带以及构造角砾岩带等控制。

高温岩浆热液矿床大都产于岩浆岩体内及其附近的硅铝质沉积岩或变质岩系中，而中低温岩浆气液矿床则多产于钙镁质岩或火山岩中。围岩的物理、化学性质对矿质的沉淀有显著影响。

2. *岩浆热液成矿作用*

岩浆热液的产生与运移：在深部高温高压条件下，岩浆的演化导致超临界流体的分离，冷却至临界点之下就变成热液。当内压大于外压时，它们就从岩浆房分出。大量挥发分的存在，提高了金属在溶液中的溶解度。金属离子在溶液中主要呈硫化物、氧化物、氟化物、氯化物等形式被搬运。

岩浆热液的早期成矿作用：在岩浆气液作用早期，由于F^-、Cl^-阴离子大量存在，溶液pH低，多呈酸性、弱酸性。在围岩是非钙质岩石酸性岩浆岩或硅铝质岩石的情况下，当溶液分出后，未经长距离的搬运，即在酸性岩体的顶部或其上覆围岩中沉淀成矿。由于处在较深的环境下，降温缓慢，其他物理化学条件的变化也不显著，酸性溶液不易被中和，因而有利于高温矿物的沉淀；蚀变使长石水解为粗-中粒的石英和白云母-典型的云英岩化，伴随大量的Cu、Mo、W、Sn等矿物结晶、富集形成高温热液脉状矿床，即云英岩

型钨、锡石英脉矿床和斑岩型铜钼矿床。

岩浆热液的中期成矿作用：在中温（200～300℃）、中深（1～3km）条件下，由于热液的温度降低，金属硫化物开始相对聚集，在向构造裂隙或减压部位运移过程中，特别是流经灰岩、泥灰岩和其他碳酸盐岩时，溶液很快被中和，使原来酸性-弱酸性含矿溶液变为中性溶液，甚至呈弱碱性的，不能在酸性溶液中沉淀的硫化物开始沉淀；如矿液具有足够高的温度和相当的活泼性，溶液和围岩则可发生交代作用，形成交代矿床。

晚期岩浆热液作用：热液温度在200～500℃，成矿压力小于1×10^7Pa（0～0.5km），含矿溶液变成弱酸性为主，某些金属则以碳酸盐形式从热液中沉淀出来，形成菱铁矿、菱锰矿、菱镁矿等矿床。此外，还可形成滑石、纤维蛇纹石石棉等非金属矿床。

（二）新疆北部晚古生代中-酸性侵入岩岩浆热液成矿过程讨论

1. *新疆北部晚古生代岩浆活动*

新疆北部晚古生代大规模的岩浆活动，大体可以划分为两个阶段，早期阶段为石炭纪晚期至早二叠世，包括上述石炭纪末至二叠纪初期的富钾花岗岩和早二叠世晚期的幔源岩浆岩，岩浆活动具有一定的分带性。晚期阶段为二叠纪，主要为晚二叠世，岩浆活动的强度减弱，分带性不明显。在空间分布上，该期岩浆岩与古板块碰撞带没有必然联系，如博格达和巴楚等地岩浆岩，显然位于古地块内部。这些时代不同、成分多样的岩浆岩，应该具有不同的成因机制（李文渊等，2012）。

古生代晚期的岩浆活动揭示新疆北部在石炭纪中期统一大陆地壳形成以后，经历了大规模的地壳伸展作用，比较强烈的壳幔相互作用（如喀拉通克和黄山等地幔源岩浆侵入到地壳之中或喷出到地表），明显的地幔物质注入和地壳的垂向增生作用，以及地壳物质的重新组合作用（重熔形成的中酸性岩浆侵入冷却或喷出）。壳幔相互作用主要表现为喀拉通克和黄山等地幔源岩浆侵入地壳之中或喷出地表，以及幔源岩浆底侵，以热源的形式引起地壳物质重新组合产生大规模岩浆活动。

早-中泥盆世的火山岩表现为下泥盆统大南湖组（D_1d）下部为中酸性-中基性火山碎屑岩和酸性熔岩，局部地区岩性变化强烈，见大量的霏细岩、细碧岩、安山玢岩夹火山碎屑岩；中上部以火山碎屑岩为主，局部夹硅质岩、霏细岩、杏仁状玄武岩；上部为凝灰质碎屑岩夹安山玢岩、流纹状细碧玢岩和流纹质英安玢岩。头苏泉组（D_2t）下部由安山玢岩、流纹岩、凝灰岩等组成，上部沉积碎屑岩夹火山碎屑岩。该组在哈尔里克主峰以及塔水河一带分布广泛，与大南湖组为整合接触。其下部为杏仁状安山玢岩、英安玢岩、流纹岩、凝灰质砂砾岩，局部夹正常沉积碎屑岩和灰岩；上部主要为一套黑色砂岩、粉砂岩及绿泥石化凝灰质粉砂岩。

石炭系主要表现为复理石建造，早石炭世为中酸性火山岩，分布在阿尔格兰提山及其以东一带；二叠系为一套大陆裂谷火山岩（北山）。中酸性侵入岩以海西中期为主，沿博格达山、哈尔里克山及巴里坤山近东西向分布，形成于早石炭世末。小铺岩体的石英闪长岩及角闪花岗岩的年龄为330.6Ma及326.7Ma（角闪石K-Ar年龄），全岩Rb-Sr等时线年龄为312.1Ma，小铺黑云母花岗岩锆石U-Pb年龄为312.5Ma。海西中期的花岗岩类侵入体多为多期次、多阶段的岩基，侵位的最新地层为石炭纪，被二叠纪地层覆盖。据前人研究，可分为三个侵入期次，第一期主要为闪长岩、花岗闪长岩，以岩株产出，规模小；第二期形成的花岗岩、黑云母二长花岗岩沿深大断裂带分布（冯益民，1991），规模巨大；第三期主要侵位于区域性裂隙中，以偏碱性花岗岩、钾质花岗岩为主，成岩规模小于第二期次。

2. 斑岩型铜钼矿床的形成

晚古生代洋壳俯冲产生的岩浆活动上侵，诱发陆壳发生部分熔融，此时深源岩浆受到混染，上升至地表或浅地表，岩浆热液与地表水混合，岩浆冷凝形成岩体，混合热液开始交代地壳中的铜等金属元素，并富集成矿（图3-5）。伴随着热液活动的脉动性，出现很多不同的阶段蚀变分带，导致其矿化特征出现不同；通常来说，斑岩型矿床中的热液蚀变主要有钠长石化、硅化、黑云母化、绿泥石化、钾长石化、碳酸盐化、绢云母化、绿帘石化、黏土化及硫化物化等，较高温的蚀变作用多在热液活动的中心位置，两侧依次为较低温的蚀变，且蚀变程度与矿化效果成正比。

图3-5　新疆北部晚古生代板块俯冲产生岩浆活动示意图

金属矿床的形成与岩浆活动联系密切，产生矿质沉淀和含矿热液运移的空间，即构造裂隙的特点直接影响矿床的发育。几乎全部与斑岩型铜矿相关的岩体都产出于大断裂或者由其衍生的次级断裂上，这些断裂的存在对深部岩浆向地壳较浅部位的升移更为有利，同时，大断裂的活动诱发岩浆及热液迅速向地表运动，改变区域地球物理以及地球化学场。

3. 夕卡岩型钨锡矿床的形成

岩浆上侵使上地壳部分熔融，并进一步产生花岗质岩浆，新产生的花岗质岩浆沿构造裂隙再次上侵，一方面岩浆从深部携带了大量的钨锡等成矿元素，另一方面从上覆地层中萃取一定量钨锡等成矿组分。

到岩浆结晶分异后期，富集的大量成矿物质从岩浆中分离出来，进入富含F、Cl、CO_2等挥发分的高温气热流体中。在夕卡岩阶段，研究表明，在较高的温度（400℃以上）、压力（500MPa以上）和一定的pH条件下，钨能够以F、Cl的络合物形式存在并运移，如WO_2Cl_2、WO_4Cl_4、WOF_5^-、$WO_2F_4^{2-}$等溶液中较高的CO_2亦能抑制钨元素的沉淀，因此在早期夕卡岩阶段钨的矿化较弱。在含矿热液上升过程中，随着温度、压力的下降，伴随早期夕卡岩被晚期夕卡岩交代，成矿环境发生变化，破坏了原有的体系平衡，钨的络合物由于不稳定开始沉淀，岩体及围岩中镁铁含量较低，不利于黑钨矿的形成，钨的络合物

多与 Ca^{2+}结合形成白钨矿。当温度进一步下降，并遇到有利的构造环境时，压力迅速下降，挥发分大量溢出，白钨矿进一步沉淀富集。结晶分异出的挥发分及流体中富集 K^+、Na^+、F^-、Rb^+等，使隐伏岩体发生轻微的钾、钠长石化。当挥发分含量大时，由于沸点的降低，流体进入裂隙时就会沸腾，到达岩体顶部或内接触带边缘，形成含矿脉云英岩（邹欣，2006）。

第四节　与海相火山岩-次火山岩有关的岩浆型磁铁矿矿床成矿作用

一、岩浆型磁铁矿矿床特点

（一）岩浆型磁铁矿矿床地质特征

我国岩浆型钒钛磁铁矿矿床主要为两类，一类是以攀枝花式为代表的岩浆-分异型；另一类是以大庙式（产于我国的唯一元古宙岩体型斜长岩）为代表的分凝-贯入型；也有学者认为（杨福新等，2010）还有一种介于攀枝花式和大庙式之间的新类型，即以内蒙古小红山钒钛磁铁矿床为代表的分异和分凝-贯入叠加复合型钒钛磁铁矿类型（表3-12）。

岩浆型磁铁矿床主要为岩浆晚期形成的磁铁矿床，它是在含矿岩浆结晶分异过程中造岩矿物先结晶，使得成矿物质向残余岩浆中聚集，在岩浆即将固结时矿石矿物集中结晶而成。它包括岩浆晚期分异型铁矿床和岩浆晚期贯入式矿床。

其中岩浆晚期分异型铁矿床主要产于辉长岩-橄辉岩等基性-超基性岩浆岩体中，单个含矿岩体断续延长数千米至数十千米，宽至几千米，矿体规模较大，多呈较规则的层状和似层状，矿体（层）累积厚度数十米至二三百米，延深数百米至千米以上。其矿石矿物以钛磁铁矿为主，钛铁矿次之，并含少量磁黄铁矿、黄铁矿及其他钴镍硫化物。脉石矿物有辉石、基性斜长石、橄榄石、磷灰石等，并伴生有Cu、Co、Ni、Ca、Mn、P、Se、Te、Sc及铂族元素等。其常具浸染状、条带状、块状构造，陨铁嵌晶结构，固溶体分离结构。

该类型矿床以四川攀枝花钒钛磁铁矿最为典型，该矿床位于康滇地轴中段西缘的安宁河深大断裂带中，受安宁河深大断裂次一级北东向断裂控制。岩体呈NE30°方向延展，长35km，宽2km，与震旦纪地层整合接触。向北西倾斜，呈单斜状（实为务本-攀枝花岩盆状岩体的东南部分）。呈层状，岩体分异好，具明显韵律结构。上部金属矿物较少，呈稀疏浸染状、条带状构造，钒钛氧化物位于辉石和斜长石晶间，构成填隙结构，向下变为海绵陨铁状-块状矿石，从上至下岩石基性程度和含矿性逐渐增高。不同类型的层状岩体中钒钛磁铁矿的产出部位有所不同，在镁铁质基性含矿岩体中，层状磁铁矿矿体，与暗色辉长岩互层产出。攀枝花岩体底部钒钛磁铁矿层之下仅有厚度小于20m的无矿暗色辉长岩，白马和太和岩体底部钒钛磁铁矿层位于数米至数十米厚的伟晶辉长岩之上。镁铁-超镁铁含矿岩体的层状钒钛磁铁矿则主要产于橄榄岩、橄辉岩和暗色辉长岩中。矿体呈层状、似层状产出，矿石结构构造随岩体的韵律旋回变化而递变。自形粒状镶嵌结构和致密的稠密

表 3-12 国内典型钒钛磁铁矿矿床类型对比表

类型		攀枝花式	大庙式	小红山式
大地构造位置		古陆隆起带边缘，受深大断裂带控制	华北地台东段北缘，受东西向岩石圈断裂带控制	华北地台西段北缘，受东西向岩石圈断裂带控制
围岩地层与岩石		下震旦统大理岩中	前震旦系大理岩、片麻岩中	长城系大理岩、变砂岩中
侵入岩体特征	时代	海西期辉长岩岩体	斜长岩、辉长岩岩体	海西早期辉长岩岩体
	规模	长 19km、宽 5km	>1km	长>2km、宽 1km（未能控制）
	构造发育情况	呈岩体产出，岩体受断裂切割分为 6 个块段	岩体呈东西向带状分布，侵入体岩沿裂隙贯入	岩体呈东西向带状分布，后期沿岩体中裂隙贯入
	岩石岩性	浅色细粒、层状中粒、暗色流状中粗粒辉长岩	斜长岩、苏长辉长岩	浅绿色、深绿色、黑绿色的细粒、中粒、中粗粒辉长岩
	结晶分异及构造	下粗上细、韵律发育层状构造及堆积构造	韵律不发育；具岩脉、岩墙状构造	韵律发育、粗细有序，以似层状为主；发育岩脉及岩墙状构造
	分凝-贯入	分凝-贯入不明显	岩脉、岩墙沿断裂或接触带贯入，呈带状分布	沿大理岩或辉长岩中裂隙或张性断裂中有分凝-贯入叠加
矿体特征	矿体规模	长 1000～2000m，规模大而较稳定	长<1000m，单矿体长数米至数百米	长 100～450m（矿体规模未能控制）
	矿体形态	似层状，数层至数十层	扁豆状、脉状、透镜状，或呈分支复合状及成群出现	似层状为主，也见有扁豆状、脉状、透镜状叠加等
	矿体厚度	15～164m，延深已达千米以上	数米至数十米，延深数百米。向下几个矿体连为 1 个	数米至 32. 5m，延深>450m。见 3 个矿体连为 1 个
	矿体与围岩界线及产状变化情况	矿体与层状辉长岩一致。走向 20°～40°，倾向北西，倾角 30°～60°	矿体与围岩界线清楚。产状直立，倾角 60°～80°	矿体与层状辉长岩一致。走向近东西向，倾向南西、倾角 40°～80°

续表

类型		攀枝花式	大庙式	小红山式
矿石矿物特征	矿石结构	以嵌晶海绵陨铁、粒状镶嵌结构为主，交代结构次之	海绵陨铁结构，矿石结构均匀	海绵陨铁、粒状镶嵌结构为主，次为多期交代结构
	矿石构造	以稠密浸染状、致密块状为主，条带状、浸染状次之	浸染状及致密块状	稠密浸染状、稀疏浸染状、致密块状为主，部分细脉状、网脉状
	主要金属矿物	钒钛磁铁矿（钛铁矿、磁铁矿）、钛铁矿物	钛磁铁矿、钛铁矿、金红石等	含钒钛磁铁矿（钛磁铁矿、钛铁矿、磁铁矿）、片晶状钛铁矿物
	少量金属矿物	磁黄铁矿、黄铜矿、黄铁矿、镍黄铁矿等	磁黄铁矿、黄铜矿、镍黄铁矿、方硫镍钴矿、辉砷钴矿	黄铁矿、磁黄铁矿、黄铜矿、针铁矿等硫化物
	脉石矿物	普通辉石、拉长石，少量透闪石、蛇纹石、绿泥石、绢云母	斜长石、辉石、绿泥石、阳起石、纤闪石、磷灰石	辉石、斜长石、普通角闪石、磷灰石、蛇纹石、绿泥石等
品位/%	Fe^T	20～45	0～50	20.00～51.84
	TiO_2	3～16	5～12	5.00～14.56
	V_2O_5	0.15～0.50	0.10～0.39	0.15～0.54
伴生及综合利用元素		Co、Cu、Ni、Cr、Ga、Se、Pt 等	Co、Ni、Pt 等硫化物元素	Co、Cu、Ni、Cr、Ga、Se、Te、Sc、Ce 等
围岩蚀变		纤闪石化	纤闪石化、绿泥石化、黝帘石化等	次（纤）闪石化、蛇纹石化，赤铁、褐铁矿化等
铁矿石资源量		10.8×10^8t	4657×10^4t	中型
成因类型		晚期岩浆-分异型	岩浆分凝-贯入型	岩浆-分异与分凝-贯入叠加复合型

浸染状–块状矿石，通常出现在每个堆积旋回底部的超镁铁质岩相中，构成主矿层。上部辉长岩相发育条带状矿石。在岩体边部的矿层常较薄，品位变贫，矿石构造以条带状、浸染状和块状为主，斑杂状和云雾状次之。

岩浆分异晚期贯入式铁矿床主要产于辉长岩和斜长岩岩体或它们的接触带中。矿体规模较小，形状不规则，一般呈扁豆状、似脉状，分支复合、成群出现。单个矿体长数米，厚度数米至数十米，延深数十米至数百米。矿石矿物成分和化学成分均大体与岩浆晚期分异型类似，且常见金红石，岩体中局部可形成单独铁磷矿体，矿石呈致密块状、浸染状构造。

该类型矿床以大庙钒钛磁铁矿床为例，该矿体是在含矿母岩形成之后，富含挥发分的铁矿浆沿北北东向（为主）的断裂、裂隙贯入而成。主要矿体赋存在斜长岩断裂裂隙中，或在斜长岩与苏长–辉长岩的接触带及其附近，呈形态不规则和大小不等的扁豆状、透镜状、脉状、团块状等。近矿围岩的钠黝帘石化、绿泥石化、纤闪石化、黑云母化等相当明显，一般有数米宽的蚀变带。矿床规模一般为中型或小型。矿体内部结构均匀，主要由致密状钒钛磁铁矿石组成。矿石为海绵陨铁结构，浸染状、致密块状构造；金属矿物主要有钛磁铁矿、钛铁矿，其次有赤铁矿、黄铁矿、金红石，微量的磁黄铁矿、黄铜矿、镍黄铁矿、方硫镍钴矿、辉砷钴矿等硫化矿物；非金属矿物有斜长石、纤闪石、绿泥石、紫苏辉石、钠黝帘石、阳起石、磷灰石、镁铁尖晶石等。

新疆岩浆型铁矿分布范围相对比较局限，主要分布在西南天山和东天山地区。成型矿床主要有尾亚钒钛磁铁矿床（中型）、瓦吉里塔格钒钛磁铁矿（大型）及香山西钛铁矿（小型）。

（二）新疆北部晚古生代磁铁矿矿床类型与分布

东天山已经发现的铁矿床类型包括 BIF 型–火山–沉积–变质、岩浆型（钒钛磁铁矿型）和夕卡岩型（表 3-13）等，铁矿主要分布在东天山的阿齐山–雅满苏弧后盆地区和中天山卡瓦布拉克隆起区，其成矿时代有元古宙、晚志留世—早泥盆世、石炭纪、二叠纪四大成矿期。铁矿规模达到大型（1 亿 t 矿石）的只有 2 处（磁海 1 亿 t、天湖 1.04 亿 t），中型 17 处，小型 48 处，其余均为矿点和矿化点。

表 3-13　新疆北部铁矿床类型地质特征简表

矿床类型	成矿主要特征	典型矿床
岩浆型	基性–超基性岩浆侵入岩中的钒钛磁铁矿矿床。赋矿岩性主要有辉长岩、苏长岩、辉石岩、辉长斜长岩等。含矿岩体主要分布于深大断裂旁侧，并受此断裂或次断裂的控制。矿体形态简单，一般呈透镜状、脉状。矿体主要由浸染状矿石组成，与围岩呈渐变过渡关系。矿石矿物以钛磁铁矿、钛铁矿、磁铁矿为主。矿石以贫矿为主，含 Fe^T 一般为 20% ~30%，为铁、钒、钛综合矿床	尾亚、瓦吉里塔格、普昌等钒钛磁铁矿矿床

续表

矿床类型	成矿主要特征	典型矿床
热液型	与中酸性侵入岩有关，由岩浆热液形成。铁矿体主要产于中酸性侵入岩体内外接触带内，有的与夕卡岩型铁矿相伴产出。矿体主要受断裂、裂隙或中酸性岩体的接触带控制。矿体形态以透镜状、脉状为主，亦有不规则状。矿石矿物以磁铁矿为主，次为赤铁矿、镜铁矿。矿石构造以块状、浸染状为主，次有条带状、脉状等，有较多富铁矿石。围岩蚀变较强烈，主要为绿泥石化、绿帘石化，硅化等	分布较广，主要在天山地区。铁岭 I 号铁矿床
夕卡岩型	侵入岩（以中酸性岩为主）与碳酸盐岩或富钙的沉积碎屑岩进行双交代作用而形成的铁矿床。铁矿主要产于中酸性岩体与碳酸盐岩接触的外接触带，常与岩浆热液型铁矿相伴产出。矿体主要受夕卡岩体内的次级断裂、裂隙或围岩的岩性及接触带构造控制。矿体形态以似层状、透镜状及脉状为主。矿石矿物主要为磁铁矿，伴生黄铜矿等多金属硫化物。矿石构造以块状、浸染状为主，次有条带状、脉状等，常常为富铁矿石。围岩蚀变很强烈，主要为夕卡岩化、绿泥石化、绿帘石化、硅化等	分布较广泛，主要有哈勒尕提铁铜矿、磁海南铁矿、阿拉塔格铁矿等
海相火山岩型	海相火山作用形成的矿床，根据火山活动的不同阶段其喷发方式和火山岩相组合不同，可以形成火山喷溢-沉积型、火山热液交代型、次火山热液充填交代型、次火山矿浆贯入型及火山-沉积型等多种矿化类型，不少矿区内往往是多种矿化类型叠加或并存。这类矿床主要特点是：铁矿围岩一般为中基性-中酸性火山岩、次火山岩或火山碎屑岩；矿体与火山岩层间整合或不整合，具有一定层位，受古火山活动控制；矿体形态比较复杂，可以有不同形状；围岩蚀变强烈，主要有透辉石化、阳起石化、绿帘石化、绿泥石化、石榴子石化、钠长石化、硅化等；矿石矿物以磁铁矿为主，次有穆磁铁矿、赤铁矿、磁赤铁矿等；矿石构造一般为块状、浸染状，品位较富	分布广泛，主要有蒙库、查岗诺尔、雅满苏、红云滩、百灵山、赤龙峰、铁木里克等铁矿
陆相火山岩	陆相火山作用形成的矿床，与陆相火山岩、次火山岩有关。如磁海铁矿床产于辉绿岩中。矿石矿物主要为磁铁矿	矿床不多，典型矿床为哈密市磁海铁矿
海相沉积型	浅海或滨海环境中由沉积作用形成的铁矿，主要产于古生代所形成的拗陷带和沉陷盆地内。铁矿产出受一定的地层层位控制，主要时代为泥盆纪、石炭纪。矿体形态一般有层状、似层状、透镜状，也可呈扁豆状、脉状、不规则状。围岩蚀变有阳起石化、绿帘石化、绢云母化、绿泥石化、硅化、夕卡岩化等。矿石矿物主要为磁铁矿和可熔性菱铁矿。矿石以块状、浸染状、条带状构造为主；常伴生有 Cu、Co、Pb、Zn、Ag、Au 等元素。经复合成矿作用，有后期热液叠加或改造	分布较为广泛，有鄯善县梧桐沟、阿克陶县契列克其等矿床
陆相沉积型	大陆湖泊-沼泽中沉积形成的菱铁矿及赤铁矿，产于沉积盆地特别是聚煤盆地中。含矿地层主要为下-中侏罗统的含煤地层，少数产于三叠系含煤地层。矿体的围岩为砂岩、粉砂岩、砂质黏土、黏土岩、碳质页岩和煤层。矿层层数较多，通常有数十层，分布不稳定，一般规模不大；矿体形态多样，以透镜状、鸡窝状、串珠状为主，少数矿体为层状、似层状、结核状、致密块状及不规则状。矿石组分简单，以菱铁矿及赤铁矿为主。铁矿品位较低，Fe^T 一般为 25% ~35%	哈密市小红山、吉木萨尔县铁厂沟-碱泉子、阜康市小龙口及大黄山等铁矿床

续表

矿床类型	成矿主要特征	典型矿床
残积型	又称风化淋滤型，或现代风化沉积型，或砂铁矿。一般产在原生铁矿及其附近的山坡上或低洼处。矿体规模不大，主要为磁铁矿，磁铁矿含量一般为2%～5%，最高达20%～30%	主要分布在青河县一带，有萨尔托海铁矿床
区域变质型	主要分布在古老陆壳地区，在变质岩系中，主要有元古宇中深变质的硅铁-碳酸岩建造、角斑岩建造及铁硅质建造等。围岩蚀变有绢云母化、硅化、绿帘石化、绿泥石化、夕卡岩化等。矿体呈层状、似层状或透镜状产出，形态简单，分布较稳定。矿石类型以磁铁矿为主，矿石品位 Fe^T 含量以20%～55%居多，经后期热液改造，矿石变富。伴生元素主要有Cu、Mn、Ti等	天湖、老并、迪木那里克等铁矿床

西天山铁矿床分布比较集中（图3-6），主要呈线状排列产出在伊犁-中天山板块的阿吾拉勒山一带，自西向东依次分布有铁木里克、式可布台、松湖、尼新塔格-阿克萨依、查岗诺尔、智博、敦德、备战、莫托萨拉等数个大-中型的铁（锰）矿床，称为阿吾拉勒铁矿带。其他的铁矿床（点）呈孤点状分布在博罗科洛山（如阿灭里根萨依、哈勒尕提等）、伊什基里克山（如阔拉萨依、卡生布拉克等）、那拉提山（如加曼台、阿克苏铁锰矿）以及伊犁板块南缘（如巴音布鲁克）等地区。西天山的铁矿床划分为海相火山岩型和夕卡岩型两个大类，根据矿化类型将海相火山岩型细分为火山沉积型、火山岩浆-热液型、类夕卡岩型3个亚类，矿化期主要是晚石炭世。

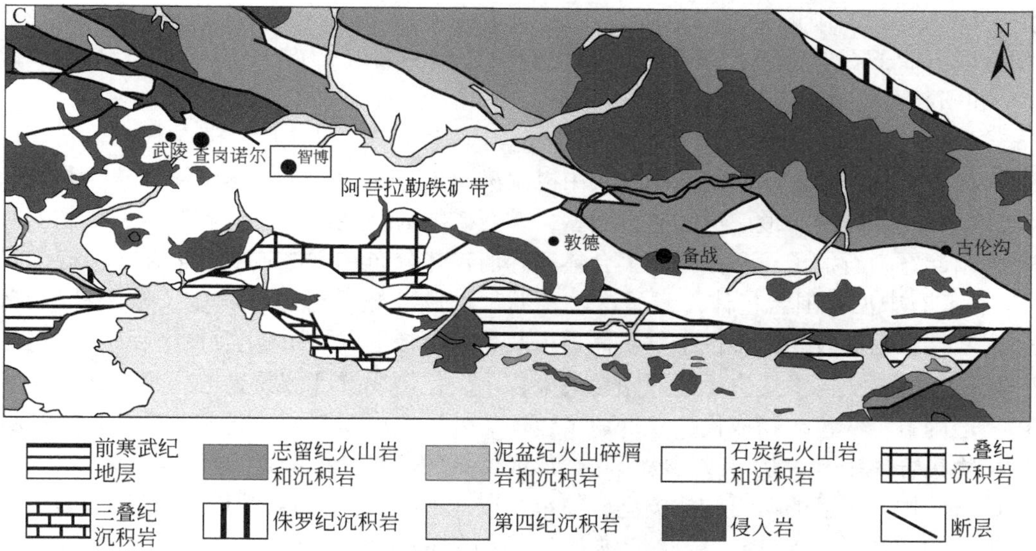

图3-6 新疆西天山磁铁矿矿床地质分布简图

阿勒泰地区的铁矿按照成因类型可划分为火山岩型、夕卡岩型、伟晶岩型、与花岗岩有关的热液型、与基性岩体有关的钒钛磁铁矿型和砂矿型6种，其中火山岩型和夕卡岩型为主要类型。规模较大的铁矿床有蒙库大型铁矿、托莫尔特中型铁矿、乌吐布拉克中型铁矿、巴拉巴克布拉克中型铁矿、乔夏哈拉小型铁铜金矿、阿巴宫小型铁-磷灰石-稀土元素矿、恰夏小型铁铜矿、萨尔布拉克小型铁矿等。铁矿成矿时代分为 6 期：早泥盆世（410 ~ 389Ma）、中泥盆世（387 ~ 377Ma）、早二叠世（287 ~ 274Ma）和早三叠世（244Ma）。

（三）典型矿床

西天山成矿带是我国重要的铁-铜-金多金属成矿带。自 2004 年以来，西天山阿吾拉勒成矿带的矿产勘查取得突破性进展，相继勘查发现了查岗诺尔（大型）、备战（大型）、智博（大型）、敦德（中型）、松湖（中型）及尼新塔格-阿克萨依（中型）等数个铁矿床，新增资源量 6.7 亿 t，累计 7.4 亿 t，形成新疆一处重要的大型铁矿开发基地，是国家十大重要金属矿产资源接替基地之一。以查岗诺尔、智博、备战三个矿床为例，分别从矿床地质特征、地球化学特征及其成矿过程加以讨论。

1. *矿床地质特征*

1）查岗诺尔矿床

查岗诺尔铁矿赋存于下石炭统大哈拉军山组灰绿色安山质火山碎屑岩碳酸盐岩部位，以擦汗乌苏河为界分为东西两个矿区，隔河遥相对应，两者相距约 1.5km，其中东矿区中 Fe Ⅰ 矿体规模最大，也是最主要的工业矿体。Fe Ⅰ 矿体长约 3000m，在南端直接出露于地表，而向北大部被第四系坡积冰碛物覆盖，出露厚度最小为 2.1m，最大为 181.58m，平均为 62.94m，矿体 Fe^T 品位最高为 64.2%，最低为 20.18%，平均为 36.87%。矿体的倾向为南东向，矿体底板为磁铁矿化阳起石岩（倾向 105° ~ 173°，倾角 15° ~ 36°）、大理岩（倾向 95° ~ 101°，倾角 15° ~ 23°）、石榴子石岩（倾向 160° ~ 171°，倾角 21° ~ 35°）；矿体顶板以石榴子石岩为主，以石榴子石化安山质凝灰岩（倾向 105° ~ 173°，倾角 25° ~ 55°）和阳起石化凝灰岩为辅。

矿石构造：矿区中矿石构造种类较丰富，有浮渣状、豹纹状、斑点状、块状、角砾状、对称条带状、阴影状及网脉状，其中以浸染状构造最为普遍。其中浮渣状、豹纹状和斑点状矿石是矿区分布最广泛的矿石类型，矿石矿物为磁铁矿、黄铁矿等金属矿物，脉石矿物为阳起石、石榴子石和绿帘石集合体呈碎屑包体分布在磁铁矿中。角砾状构造（贯入脉状）：矿石中见有围岩包体，常呈次棱角状、次圆状角砾悬浮于其中，被磁铁矿胶结，包体之间接触程度较高，多位于主矿体顶板及贯入顶板上方的角砾岩脉中。块状构造主要见于矿体下部富矿体中。由于强烈同化混染作用，包体成分已被新生的微细粒磁铁矿和黄铁矿、透闪石等浅色矿物取代，仅保留了包体的外形。由于强烈同化和流动作用，矿石中新生矿物集合体呈云朵状、纹层状分布，形成特征的阴影状构造。

矿石结构：矿区的矿石结构类型较简单，以他形-半自形微粒结构和自形-半自形粒状结构为主，交代假象结构、粒状纤维状变晶结构碎裂结构次之，他形-半自形微粒状（0.02 ~ 0.1mm）均匀嵌布于石榴子石、阳起石等脉状矿物间，磁铁矿晶出显然晚于上述矿物，具有这种结构的矿石，形成时间较早，而且常是其他结构类型的基础。半自形-自形粒状结构矿石，主要发育在各矿体中部。磁铁矿晶形较完整，颗粒较粗大（一般 0.1 ~ 0.2mm）为此类矿石特征，磁铁矿为八面体，在矿石中不均匀浸染在不少矿石中，石英作用突出，在不规则脉状石英两侧磁铁矿自形程度增高，晶粒加大，显示叠加了蚀变改造。

矿石矿物共14种，铁矿物以磁铁矿为主，次为假象赤铁矿，镜铁矿少见，与之伴生的金属硫化物以黄铁矿最为常见，黄铜矿次之，铜蓝、闪锌矿、硫盐类较罕见。氧化矿物为褐铁矿、孔雀石、蓝铜矿。自然铜仅见于个别地段，铁矾、铜矾数量不多，脉石矿物种类较多，计有18种。脉石矿物主要为石榴子石，常见的有阳起石、绿帘石、透闪石，其次为透辉石、绿泥石、钠长石、斜长石、石英、碳酸盐等，当蚀变原岩为大理岩时，出现方柱石；当蚀变原岩为细凝灰岩或火山凝灰岩时，出现大量绢云母。此外，还有少量的白钛石、榍石、锆石、磷灰石，偶见电气石。

成矿期次：洪为等（2012a）划分为2期6个矿化阶段。岩浆成矿期和热液成矿期，而后者可以分出夕卡岩亚期和石英-硫化物亚期。

岩浆成矿期可以细分为2个矿化阶段：①磁铁矿-透辉石阶段，以出现磁铁矿+透辉石（透闪石）为特征，磁铁矿多呈块状角砾状浸染状，粒径较细，其中的块状磁铁矿矿石与安山岩凝灰岩之间的接触界线比较清楚，呈截然关系，可能是铁矿浆直接贯入安山岩中形成的角砾状矿石中，黑色的磁铁矿胶结呈角砾状的安山质岩屑，角砾总体上比较凌乱，可能是在黏稠而密度大的岩浆中悬浮流动形成的。在反射光下，块状矿石中发育呈角砾状的细小的（50m左右）透辉石，两者可能同时形成块状矿石亦发育自形较好的磁铁矿，其间隙充填后期的黄铜矿或黄铁矿。②绿泥石（阳起石）-黄铁矿（黄铜矿）阶段，随着温度的降低，磁铁矿的沉淀，安山质围岩发生蚀变，逐渐生成绿泥石-阳起石等中温矿物，并析出少量的粒状长条状的黄铁矿或黄铜矿。

热液成矿期可以进一步划分为2个亚成矿期4个矿化阶段：①夕卡岩亚期，磁铁矿-石榴子石-阳起石阶段；②青磐岩化阶段，出现绿帘石+绿泥石的矿物组合；③硫化物阶段，以黄铁矿+黄铜矿的共生矿物组合为特征；④石英-碳酸盐阶段，以大量出现方解石脉、碳酸盐脉和石英脉为特征，穿插并叠加在早期的矿物和岩石之上，通常脉宽1mm～2cm，是晚期低温热液蚀变的产物。

2）智博磁铁矿矿床

该矿床赋矿地层为下石炭统大哈拉军山组（C_1d），其下部岩性以火山碎屑岩为主，主要为火山角砾岩、安山质凝灰岩、流纹质凝灰岩；上部以火山熔岩为主，出露的火山熔岩主要为中性的安山岩、辉石安山岩、角闪安山岩，中酸性的英安岩，中基性的玄武质安山岩，基性的玄武岩及少量生物碎屑灰岩，并有次火山岩相霏细岩等。矿体产于该组上部灰褐色、浅灰绿色的玄武质安山岩内。矿区内侵入岩主要为浅肉红色的花岗闪长岩及灰白色、灰褐色的石英闪长岩。矿区位于北西向的查岗诺尔-敦德开勒迪达坂区域性大断裂南侧，岩层的劈理、节理较发育。矿区地层构造总体为一南倾的单斜构造，走向NW300°～330°，倾角中等50°～75°。受火山机构的制约，因而各种构造形迹较为复杂。多期的火山活动及岩浆侵位对矿化具一定的作用。矿床成岩成矿时代属早石炭世。

矿体组合分布及产状：含矿带呈北西-南东向展布，长约4000m，分东、中、西三个矿段。矿区内地表已发现大小矿体22个，矿体长50～150m，厚10～36m，倾向200°～228°，倾角50°～70°。Fe^T平均品位为27.78%～50.5%。矿体均赋存于灰绿色玄武质安山岩中，矿体形态呈似层状、透镜状，平面呈侧列式，剖面呈斜列式。

矿石类型及矿物组合：矿石自然类型为磁铁矿石；矿石中金属氧化物主要为磁铁矿

(35% ~95%),次为磁赤铁矿、穆磁铁矿、赤铁矿、假象赤铁矿,镜铁矿少见;金属硫化物主要为黄铁矿、磁黄铁矿,偶见黄铜矿;脉石矿物主要为绿泥石、绿帘石、阳起石、长石、方解石、石英等。

矿石结构构造:矿石结构主要为半自形-他形粒状结构,次为交代假象结构;矿石构造主要为块状构造、角砾状构造、浸染状构造。

3) 备战磁铁矿矿床

矿区地层为下石炭统大哈拉军山组,岩性以一套滨海相中基性火山熔岩为主,次为酸性火山熔岩夹少量火山碎屑岩、正常沉积岩的岩石组合,岩石化学类型属陆内拉斑玄武岩系列及钙碱性系列。其中第二岩性段为赋矿地层,组成岩石主要为灰色条带状灰岩,薄层灰岩、白云质大理岩、白云岩,局部夹大理岩化灰岩。

矿区构造简单,总体表现为向北倾斜的单斜构造。在矿区东部存在带状喷发的火山机构。矿区出露岩浆岩主要有石英二长斑岩、闪长岩脉、辉绿岩脉等。与成矿直接相关的是石英二长斑岩。局部地段石英二长斑岩出现细粒边缘相。石英二长斑岩的形成时代为早石炭世,闪长岩脉和辉绿岩脉均为晚二叠世的侵入岩脉。

矿体组合分布及产状:矿区共有6个矿体,其中FeⅢ矿体为主矿体。FeⅢ矿体总体呈脉状,有分支复合现象。矿体总长度630m,控制深度380m,矿体厚5.12~139.72m,平均厚度为61.85m。矿体总体走向近东西,倾角47°~74°,上陡下缓。根据钻孔施工情况及磁异常判断,矿体向东有侧伏趋势。

矿石类型及矿物组合:矿石类型根据矿石构造划分为致密块状磁铁矿石、角砾状磁铁矿石、浸染状磁铁矿石。矿石矿物组成,金属矿物以磁铁矿为主,占85%~87%。其次有黄铁矿、磁黄铁矿、闪锌矿、黄铜矿;脉石矿物主要是绿帘石、绿泥石、透辉石,其次是电气石、蛇纹石、钙铁榴石、透闪石、白云母、方解石等。矿石自然类型为单一的磁铁矿石。

矿石结构构造:磁铁矿石呈细粒自形、半自形粒状变晶结构;矿石主要为致密块状、浸染状及角砾状构造。致密块状磁铁矿石占主导地位,其中磁铁矿含量占50%~70%。浸染状磁铁矿石和角砾状构造的矿石为次。角砾状矿石中角砾成分多为绿帘石或透辉石夕卡岩,小角砾碎块可镶嵌拼接为一个大角砾,胶结物为磁铁矿。

2. 围岩蚀变

查岗诺尔、智博和备战铁矿体周围都发育广泛的围岩蚀变,除查岗诺尔FeⅠ矿体发育石榴子石、阳起石、绿帘石化等外,查岗诺尔的FeⅡ矿体、智博的东、中、西矿体和备战的FeⅠ、FeⅡ、FeⅢ矿体周围的主要蚀变为绿帘石化/绿帘石化-阳起石化。

3. 地球化学特征

查岗诺尔、智博和备战铁矿的矿体全部赋存在大哈拉军山组中,其成矿动力学背景的研究更多地从火山岩形成背景入手,而对火山岩形成时代和构造背景的研究是重建成矿过程的关键。大哈拉军山组是西天山广泛出露的一套以流纹岩、粗面岩、粗面安山岩、中酸性凝灰岩和少量玄武岩为主体的石炭纪火山岩和火山-沉积岩,其中中性岩占了绝大部分,且大多数火山岩落在了钙碱性、高钾钙碱性系列。三个矿区的大哈军山组火山岩均富集大离子亲石元素（如 Rb、Th、K），亏损高场强元素（如 Nb、Ta、Ti），类似于岛弧火山岩的地球化学特征。其中大哈拉军山组的玄武质火山岩的 Zr/Nb-Nb/Th 图解也表明其形成构造背景为活动大陆边缘。

玄武质火山岩和安山质火山岩均富集 LREE，重稀土元素（HREE）配分曲线平坦，但安山质火山岩具有明显的 Eu 负异常。玄武质火山岩的 Zr/Nb 值大于 15，远远高于 OIB（5.38），说明它们的母岩浆不是来自软流圈地幔，很可能是富集岩石圈地幔部分熔融的产物。利用岩石 La/Yb-Dy/Yb 模拟计算，表明原始岩浆是富集岩石圈在变压条件下的部分熔融产物，变压范围涉及了尖晶石-石榴子石相，是低部分熔融的产物。安山质火山岩具有相同的主量元素和微量元素特征，这些岩石可能具有相同的源区，经历了相似的演化过程。

二、火山岩岩浆分凝与岩浆期后热液叠加成矿作用讨论

（一）火山岩型磁铁矿矿床形成过程与主要认识

火山岩型铁矿按照火山岩的喷发环境可以划分为陆相火山岩型和海相火山岩型两个亚类，前者在国内通常称为玢岩型铁矿。此类铁矿床的形成通常与中基性火山岩有关，形成时间多在火山活动末期。铁矿体产在不同岩性、岩相的火山接触带部位，或火山岩与沉积岩的接触部位。陆相火山岩型铁矿通常发育在大陆边缘弧或陆相火山沉积盆地，而海相火山岩型铁矿则与含矿岩系在岛弧、大陆边缘弧等环境的喷发、沉积活动紧密相关。

国内典型的火山岩型铁矿主要为长江中下游宁芜盆地、庐枞盆地常见的火山岩型（玢岩型）铁矿，国外典型的火山岩型铁矿（智利拉科铁矿和瑞典基鲁纳铁矿），该类型的铁矿在国外一般称作基鲁纳型（Kiruna）或磁铁矿-磷灰石型矿床，矿床产出的大地构造背景为大陆边缘环境，围岩主要由碱性流纹岩、粗面岩、粗安岩火山灰和熔岩流组成，根据共生脉石矿物获得的成矿时代稍晚于安山质火山岩的成岩年代。矿体呈层状、似层状、透镜状、板状、岩颈状、不规则状等，拉科铁矿的矿体形态严格受火山通道相和断裂的控制。矿石矿物以磁铁矿为主，脉石矿物为磷灰石、透闪石、透辉石、阳起石、方柱石、绿泥石、绿帘石等。围岩蚀变表现出由深部钠质（富钠长石）的蚀变向中部钾质蚀变（钾长石+绢云母）再向浅部绢云母和硅质蚀变（绢云母+石英）的分布规律。绳状、气孔-杏仁状、磁铁矿火山弹、磁铁矿流、“铁矿球泡”等特殊的矿石结构构造与火山熔岩的构造具有相似的特征，说明是在地表浅部环境喷发形成的，故而被认为具有岩浆分异结晶喷流的矿浆或铁熔流体成因。磁铁矿具有细粒结构、骨架状结构、树枝状结构、柱状结构、板状结构、角砾矿等特征亦是岩浆成因的佐证。但是，矿床内部也发育磷灰石-透闪石-透辉石-阳起石的中高温热液蚀变，以及钠质-钾质-硅质蚀变的变化，为热液交代成矿提供了地质证据。磁铁矿和磷灰石稀土元素配分模式与围岩玄武粗面玢岩稀土配分模式相似，呈 LREE 富集、HREE 亏损（略平直）的右倾型，为铁矿的岩浆成因提供了微量元素地球化学方面的证据。具有岩浆结构的磁铁矿与受到氧化作用、交代作用和变质作用影响的磁铁矿的氧同位素组成存在一定的差别，不仅区分了不同成因的磁铁矿和矿石，也为岩浆分异

喷流成矿提供了新的信息。因此，矿床内部呈现的钠质-钾质-硅质蚀变分带，可能是高温条件下铁质从高浓度的富铁流体中分离出来之后，其他组分的流体在经历高温向低温物理化学（包括 pH、氧逸度、压力等）条件的转变过程之中，逐渐沉淀、析出的产物。

国内的陆相火山岩型铁矿以宁芜盆地和庐枞盆地的矿床最为著名，前者发育梅山、凹山、姑山、陶村、凤凰山、钟山等铁矿，后者产出龙桥、罗河、泥河等铁矿。20 世纪 70 年代，根据宁芜矿集区铁矿床地质、地球化学特征的研究和总结，宁芜铁矿研究项目组建立了著名的宁芜玢岩铁矿模式，对我国铁矿床的研究和勘探具有极其重要的科研和生产指导意义。宁芜盆地和庐枞盆地的典型铁矿围岩主要为大王山组、龙王山组、娘娘山组的辉石安山岩等火山岩以及辉长闪长玢岩等侵入岩，部分矿区发育泥灰质白云岩、灰质白云岩、灰岩、钙铁泥质粉砂岩。火山岩的年龄集中在 124 ~ 135Ma，根据钠长石、金云母、磷灰石获得的成矿年龄为 134 ~ 122Ma，即成矿年龄与成岩年代基本同期。矿体的形态常见层状、似层状、透镜状、团块状、囊状等，矿物组合则以磁铁矿、磷灰石、阳起石（透辉石+透闪石）、钠长石、绿泥石、绿帘石、绢云母、石英等较为普遍，围岩蚀变以下部浅色蚀变带（钠长石+绿泥石）、中部深色蚀变带（钠长石+阳起石+磁铁矿+磷灰石+绿泥石+绿帘石）、上部浅色带（高岭石+绢云母+石英）的分布为特征，局部地区发育沉积地层和碳酸盐，以夕卡岩化和角岩化蚀变较为突出。常见块状、脉状、浸染状、角砾状、条带状的矿石构造，而有些矿床则以竹叶状、角砾状、网脉状、气孔状、流纹状为特征（如梅山、姑山）；矿石结构常见半自形-他形粒状结构、充填贯入结构、交代残余结构、叶片状结构等。稳定同位素特征表明成矿流体具有多来源性，早期以岩浆水为主、后期有大气降水的加入。安山岩和安山玢岩呈 LREE 富集的右倾型，磁铁矿富 LREE 和 HREE、贫 MREE 不对称的“V”形或“U”形的配分模式。虽然对玢岩铁矿床的物质来源和成因机制的研究较多，但是对矿床形成机制一直争论不休，主要集中于岩浆论（或矿浆论）和热液交代论两种观点。最近一些学者研究认为具有气孔状、流动状、块状等铁矿体是高浓度的富铁流体参与成矿的产物（段超等，2012；毛景文等，2012），但后期流体的淋滤交代作用对成矿或有贡献、改造了矿床。庐枞盆地的矿床可能受到后期岩体侵位引起的夕卡岩化作用的改造富集。从矿床地质特征、矿物组合、矿石组构、稳定同位素和微量元素等特征来对比，宁芜玢岩铁矿与基鲁纳型、拉科型铁矿具有很多相似之处。虽然基鲁纳型铁矿的成因仍存在较大争议，但是越来越多的学者肯定该类矿床的岩浆成因。近 20 年来，国际矿床研究的一个重大趋势是将火山岩型矿床中的铁、铜、金结合起来研究，建立了氧化铁-铜-金矿床新模型（IOCG 型），并且有学者将长江中下游宁芜玢岩铁矿和瑞典基鲁纳铁矿、智利拉科铁矿归为 IOCG 型矿床的一类（毛景文等，2008）。但对成矿物质来源和成因机制的研究，尤其是铁质是来自富铁流体（矿浆）还是热液淋滤交代火山岩，仍存在一定争议。

（二）新疆北部晚古生代磁铁矿矿床岩浆分凝机制与成矿作用

关于火山岩型铁矿的成因一般有三种观点，即岩浆（或矿浆）成因、热液成因和多期叠加改造成因。这些认识在 20 世纪 70 年代长江中下游的玢岩铁矿的研究中屡见不鲜，尤其是梅山铁矿的岩浆成因和热液成因的观点争论不休，两种认识均提出了可靠的证据来支撑自己的观点。

西天山查岗诺尔矿床的成因认识仍存在较大分歧，有火山岩型、火山沉积改造型、夕卡岩型、岩浆矿床（主要）和热液矿床（次要）的复合型等多种观点（徐祖芳，1984；王庆明等，2001；田敬全等，2009）。地球化学研究表明其赋矿围岩（主要是安山岩）源自幔源基性岩浆混染地壳物质形成的中性岩浆。随着深部地幔物质的不断上涌，壳-幔相互作用的规模逐渐加大，形成大量的火山岩浆于构造薄弱部位喷出地表，并与表壳的物质发生交换，产生岩浆喷溢型铁矿床。如果与玄武质岩浆有关，要产生如此大量的Fe，岩浆作用的规模也是空前的，据此有人提出了该区可能存在地幔柱的假设，但是还有待于深入研究。

第五节　与岩浆岩有关的其他类型金属矿床成矿作用

一、火山成因块状硫化物矿床

（一）块状硫化物矿床成因认识

火山成因块状硫化物矿床，也称火山岩为主岩的块状硫化物矿床（Volcanic-Hosted Massivesulfide Deposit，VHMS 矿床）。这类矿床产于海相火山岩系中，主要由铁、铜、铅、锌等硫化物组成，并常伴有金、银、钴等多种有益元素，多表现为块状矿体和网脉状矿体（李文渊，2007）。

一般将块状硫化物矿床按构造环境划分为四种类型：塞浦路斯（Cyprus）型、黑矿（Kuroko）型、别子（Besshi）型和诺兰达（Noranada）型矿床类型。塞浦路斯型产于洋中脊拉张环境，含矿岩系为一套大洋拉斑玄武岩，经后期俯冲碰撞出现在造山带蛇绿岩套中，主要为铜矿石组分。诺兰达型和黑矿型块状硫化物矿床均产于火山岛弧环境，但二者产出时代和赋矿岩系及矿石成分方面存在差异：诺兰达型成矿时代一般出现在太古宙和古元古代，赋矿围岩中镁铁质火山岩含量大于长英质火山岩，矿石成分以Cu-Zn组合为主，Pb含量低，相反，黑矿型矿床矿石成分中Pb含量显著增加，成为矿石的主要成分之一。别子型矿床目前大多认为产出在弧前盆地（或海槽）环境，围岩为沉积岩，矿石组分主要为Cu-Zn。大洋俯冲过程中强烈的消减作用，导致塞浦路斯型和别子型矿床很难被保存，因此，产于岛弧和弧后盆地环境中的黑矿型矿床是最常见的一种古海底块状硫化物矿床。

VHMS 矿床因其与大洋中脊发现的现代热水沉积硫化物极为相似，是唯一能观察其形成过程的矿床，普遍认为是洋底热水对流沉积形成的。近几十年来，随着新技术的应用以及对现代海底热水喷口和硫化物堆积体的直接观察，海底块状硫化物矿床特别是火山成因的块状硫化物矿床的研究方面取得了一些重要的进展。DSDP（深海钻探计划）与 ODP（大洋钻探计划）钻探资料揭示：VHMS 矿床虽然可产生于不同环境，但均与张裂断陷有关。成矿物质可能的来源有两种：一种是含矿火山岩系及下伏基底物质的淋滤；另一种是深部岩浆房挥发分的直接释放。洋中脊海底热液循环呈双扩散对流模式。在有沉积物覆盖的洋中脊，热液循环更多地考虑流体与沉积物相互作用产生的效果。从矿物组合的空间分布来看，热液硫化物堆积体上部以烟囱体为主，下部以块状硫化物为主，深部以网脉状硫化物为主。

前人根据 VHMS 矿床的全球对比，将该类矿床的形成构造环境、赋矿围岩及火山活动特征总结如下：①所有主要的 VHMS 矿床主要与地堑下降导致的地壳伸展拉张作用有关，在这些拉张下陷区形成局部或广泛发育的海相深水条件，有幔源镁铁质岩浆注入地壳，矿床形成的大地构造背景一般位于俯冲带部位的弧后盆地。②大多数世界级 VHMS 矿床产出区都有大量的长英质火山岩发育，这些火山岩的形成与演化加厚的大洋岛弧、陆缘岛弧、大陆边缘或加厚的洋壳拉张有关。③VHMS 矿床通常形成于拉张背景，但是，这些部位的峰期拉张持续时间不长，但很剧烈，通常是不彻底的裂谷。VHMS 矿床形成的时间跨度一般不超过几百万年，而与火山活动持续的时间无关。④主要的 VHMS 矿床均在赋矿地层内部发育数层长英质或镁铁质火山岩，主矿体赋存在这些火山岩中。⑤主要 VHMS 矿床一般出现在同生裂谷长英质火山岩地层单元的顶部层位，并伴随有火山作用方式、成分、强度和沉积作用的明显改变。⑥VHMS 矿床一般与靠近喷口的流纹岩有关，尤其是流纹岩演化的晚期阶段。⑦矿石矿物组合主要受矿体下部的岩石化学控制，尽管有部分来源于岩浆流体。⑧矿层中通常伴随喷流岩，但如何区分喷流岩、其他成因的喷流岩和已蚀变的层状、细粒的凝灰质岩石尚不清楚。⑨VHMS 矿床普遍遭受褶皱–冲断作用及变形改造。原因在于它们形成于板块边缘短期伸展的盆地内，随着盆地闭合不可避免地被反转和变形。⑩矿床形成是海底热液喷流作用的结果。成矿流体的来源可能有两种，一种是长英质岩浆–热液循环作用形成富含矿质的成矿热液，沿同生断裂系统上升至海底或近海底，通过与海水混合、还原或热液沸腾而迅速堆积沉淀；另一种可能是特殊的岩浆作用控制了一种富含金属的地下水热液在喷流管道附近汇聚，热液上升及成矿方式与以上相似；或者二者兼而有之。

（二）新疆北部 VHMS 矿床分布规律

1. 时空分布

VHMS 矿床是新疆北部的重要矿床类型，主要分布在南阿勒泰、天山等地区，代表性矿床有阿舍勒（大型）、黄土坡（中型）、小热泉子（中型）、卡拉塔格（中型）、开因布拉克（小型）、彩华沟（小型）、可可乃克（小型）、柳树沟（小型）、穷布拉克（矿点）等。

新疆北部 VHMS 矿床主要形成于三个时期：前寒武纪、早古生代与晚古生代。其中长城纪—蓟县纪和奥陶纪产出有上其汗、可可乃克铜矿床，早古生代产出有卡拉塔格铜矿，泥盆纪产出有阿舍勒铜锌矿床，石炭纪产出有乌依塔石、小热泉子铜矿床。晚古生代是最重要的成矿时代，产出的阿舍勒铜锌矿床是新疆唯一的大型块状硫化物矿床。

2. 大地构造环境

VHMS 矿床主要形成于构造活动强烈，火山岩浆作用强烈发育区，以岛弧和裂谷环境为主。其中阿舍勒铜矿处于阿舍勒裂陷盆地，开因布拉克铜矿处于冲乎尔–麦兹晚古生代裂陷盆地，乔夏哈拉、老山口产于萨吾尔–二台晚古生代岛弧带，黄土坡铜矿处于大南湖复合岛弧带，柳树沟铜矿和彩华沟铜矿处于塔里木北缘复合沟弧带中的艾尔宾残余海盆，可可乃克铜矿处于博罗克努早古生代复合岛弧带，小热泉子铜矿和黑尖山铜矿处于觉罗塔格裂谷带，乌依塔什和上其汗铜矿处于柳什塔拉岛弧带。

3. 矿床构造

火山构造控矿作用明显，阿舍勒、可可乃克、小热泉子等矿床分布于火山口附近；阿舍勒、开因布拉克、可可乃克、小热泉子等矿床不同程度上受沉积构造控制，往往形成于火山口附近的沉积洼地中；再次为侵入岩构造，如乔夏哈拉、老山口、黑尖山等矿床，后期受岩浆侵入作用发生叠加改造，使矿石变富或形成新的矿体。

4. 围岩蚀变

受火山热液和岩浆热液作用，围岩蚀变强烈，分带清晰。主要蚀变类型有绢云母化、硅化、钠长石化等，次有绿泥石化、碳酸盐化等，部分矿床具有夕卡岩化，如乔夏哈拉等。

（三）典型矿床研究

阿舍勒矿区位于阿尔泰地槽褶皱系琼库尔–阿巴宫褶皱带西段阔勒德能复向斜南西翼。北东隔别斯萨大断裂与加曼哈巴复背斜毗邻；南西以玛尔卡库里深大断裂为界，与额尔齐斯褶皱带相邻，北西与哈萨克斯坦共和国矿区阿尔泰相接（蔡志超，2006）。

赋矿地层为中泥盆统阿舍勒组，为一套酸性–中酸性火山碎屑岩为主的双峰式海相火山岩，形成于拉张环境，第二岩性段为流纹质凝灰岩、角砾凝灰岩、火山角砾岩、流纹岩、千枚岩、夹结晶灰岩、含铁硅质岩、放射虫硅质岩透镜体等，为含矿层，块状硫化物矿层产于该段顶部，位于第三段玄武岩之下。

矿区有 13 条矿化蚀变带，长 200～1300m，宽上百米，呈近南北向展布，倾向东。其中一号矿床共有四个矿体，Ⅰ号矿体为主矿体，呈似层状或大的透镜状，产于玄武岩与流纹质火山碎屑岩的接触界面上，与地层整合接触，同步褶皱。矿体在水平断面上形似“月牙状”，在横断面上呈“鱼钩状”，埋深于 888～110m 水平标高间。矿体走向长 843m，枢纽倾伏长 1250m，厚 5～120m。向斜倒转翼和回转端矿体厚度最大，正常翼矿体厚度最小。矿体向 NNE 侧伏，侧伏角 45°～65°。矿体与地层产状一致，倾向东，倾角 40°～60°。金属矿物主要为黄铁矿、黄铜矿、闪锌矿、方铅矿、磁黄铁矿等，其次为斑铜矿、辉铜矿、黝铜矿、方铜矿、孔雀石以及辉银矿等；矿石具有块状、条带状、条带–浸染状构造、细脉–浸染状构造、角砾状构造等。围岩蚀变强烈，主要有硅化、绢云母化、黄铁矿化、绿泥石化、碳酸盐化等，呈带状分布。

依据已有研究成果，认为该矿床位于阿舍勒泥盆纪火山盆地内的火山洼地，拉张环境，发育双峰式反演序列火山岩建造，矿床产于裂谷盆地中双峰式火山喷发的间歇期，南北向、北西向断裂交会部位控制古火山机构及次火山岩体展布，硅化–绢云母化–黄铁矿化带状分布明显，成矿作用与火山活动间歇期喷流作用有关，中酸性和基性火山活动相交替的间歇期最有利于成矿（图 3-7）。

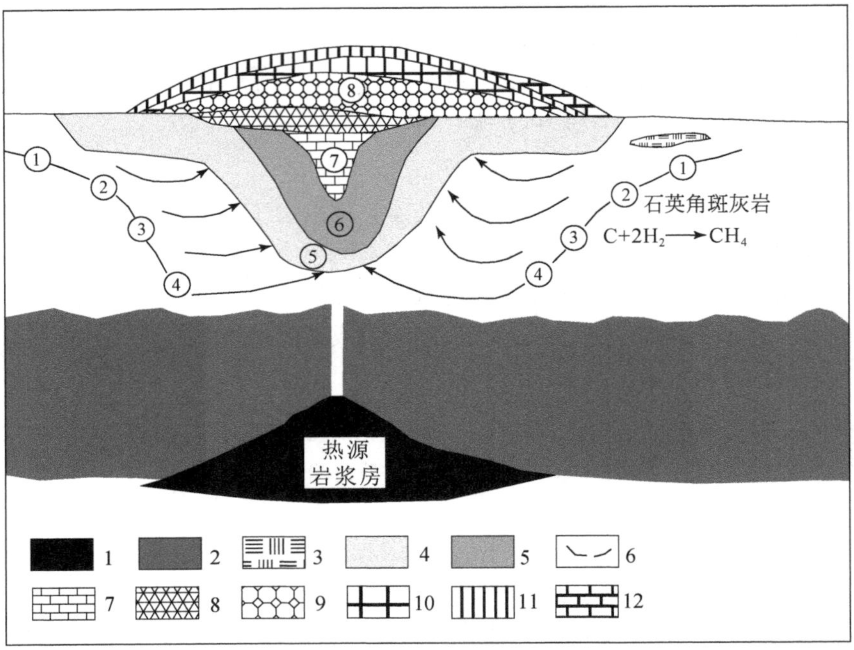

图 3-7　新疆哈巴河县阿舍勒铜矿成矿模式图

1-岩浆房；2-前泥盆纪褶皱基底；3-细碧岩；4-绢云母化硅化酸性凝灰岩；5-绿泥石化绢云母化酸性火山岩；6-对流循环系统；7-网脉状硫化物；8-黄铁矿矿石；9-黄铜矿黄铁矿矿石；10-铜锌黄铁矿矿石；11-多金属矿矿石；12-重晶石多金属矿石。①SO_4^{2-}被还原；②开始淋滤金属形成配合物；③H_2O被热解；④CO_2被还原，形成CH_4；⑤循环热卤水与岩浆热液混合；⑥形成还原热卤水；⑦网脉状矿形成，受裂隙控制；⑧还原的卤水喷到海底，海水混合，在不同的 pH、Eh 条件下形成块状硫化物矿石

二、伟晶岩型稀有金属矿床

（一）伟晶岩型稀有金属矿床研究认识

伟晶岩型矿床指由伟晶岩形成过程中有用组分富集达到工业要求而形成的矿床。伟晶岩型矿床不仅是 Li、Be、Ta、Nb、Rb、Cs、W、Mo 等稀有金属及稀土元素的重要矿床类型，而且常出现其他矿床中少见的特殊矿物，如锂辉石、透锂长石、锂霞石、铯榴石等，更产出宝石级绿柱石、电气石、黄玉、萤石、石英等矿物，具有巨大的经济价值。

伟晶岩的成因和成矿专属性一直是国内外学者研究的重点。有关资料表明，对伟晶岩成因研究最早开始于 20 世纪 20 年代，研究者普遍认为伟晶岩是在熔体结晶后，由来自深部岩浆源的溶液不断叠加和交代，而形成稀有金属矿化。关于伟晶岩成因，主要有以下三种说法（戎嘉树，1997）：①岩浆成因说，由苏联学者 фeрсман 于 1940 年最早提出。认为是花岗质岩浆演化到后期的、近共结的、富挥发分的残余熔体沿裂隙贯入到相对封闭的围岩之后结晶而成。没有明显的外来物质的带入，但与围岩多少存在热交换和物质交换，并在最后阶段发育自交代作用。②交代成因说，认为伟晶岩的原岩为细晶岩或普通花岗岩脉，后来在深部来源的上升热液的影响下发生重结晶和交代作用，才形成伟晶岩的。上升热液可带有成矿物质。伟晶岩中的矿化便是热液作用的产物。③变质分异说，认为伟晶岩是在超变质作用和变质分异作用下形成的。岩浆成因说是迄今为止被广泛接受的伟晶岩成因观点。

根据伟晶岩的主要矿物成分与各类侵入岩的相似性，可进一步划分伟晶岩的种属，如辉长伟晶岩、闪长伟晶岩、花岗伟晶岩、正长伟晶岩等，最为重要的为花岗伟晶岩。完整的花岗伟晶岩脉从外向内，可划分出边缘带、外侧带、中间带和内核。边缘带主要由细粒长石和石英组成，成分相当于细晶岩，可称细晶岩带。外侧带位于边缘带内侧，矿物粒粗，主要由文象花岗岩和由斜长石、钾微斜长石、石英、白云母等粗颗粒组成。中间带矿物粒度更粗，主要由块状微斜长石构成。内核位于脉体中央，主要组成矿物是石英，又称石英核，所伴随的矿物相当复杂。核心还往往有空洞。

对伟晶岩和花岗岩的成因关系及成矿专属性，王中刚等（1998）根据物质来源和矿化的关系将阿尔泰造山带分为三种矿化类型：①壳幔同熔型（青格里型），具 Au、Cu、Pb、Zn 矿化；②地壳交代型（额尔齐斯型），具 REE、Be、云母矿化，③地壳重熔型（尚克兰型），具 Li、Be、Ta、Nb、Rb、Cs、W、Mo 矿化。而何国琦等（1995）根据花岗岩和稀有金属矿化关系将阿尔泰花岗岩划分为：①志留纪汇聚期斜长花岗岩类，具白云母、铍矿化；②石炭纪活化钾长花岗岩类，具 Li、Be、Ta、Nb 等矿化；③活化期碱长花岗岩，具铍等矿化。

（二）伟晶岩形成背景与成矿作用

与伟晶岩型矿床有成因联系的花岗岩多呈岩基状产出，出露面积可达数百平方千米。通常情况下，花岗质岩体越大，伟晶岩脉数量越多，构成的伟晶岩区规模越大。一般孤立的“小侵入体”基本上不形成伟晶岩，因为这种“小侵入体”不可能产生形成伟晶岩的大量挥发性物质，而且它们产出的地质环境也不利于伟晶岩的形成。绝大部分伟晶岩形成深度均较大，特别是花岗伟晶岩，一般产于 3～9km 深度，有的可能更深。只有在相当大的压力下，挥发性组分才能保留在岩浆中，同时较大的深度可使热量散失缓慢，从而有利于体系长时间结晶作用的进行。因此，伟晶岩均出露于那些在地质历史上经受过长期强烈上升或剥蚀的地区，与伟晶岩有关的花岗岩均属深成岩相，伴生的岩石一般具有中-高级变质程度，往往是角闪岩相，甚至是麻粒岩相变质岩。

伟晶岩主要形成于褶皱造山期。有利于伟晶岩成岩和成矿的大地构造单元有两种：①古生代以来古大陆边缘弧及岛弧；②大陆板块内的地轴、地盾等古老变质结晶基底的出露区，主要为古老造山作用的产物。在上述有利大地构造单元内，伟晶岩脉具有带状分布的特征，常构成宽 10～20km，长数十千米至数百千米的伟晶岩带。控制伟晶岩带状分布的有利区域构造部位是大型复式背斜的轴部和深大断裂伟晶岩的上盘。这些构造部位都是区域中的相对减压带，水及深部岩浆等流体都趋向于在此地带运移。高水分压可降低矿物的熔融温度，因此也有利于发生混合岩化，产生高挥发分岩浆。伟晶岩矿体也常相对集中成群分布。控制伟晶岩体（脉）群分布的构造部位常是次级构造或大型区域构造与不同方向构造的交汇部位。

（三）可可托海稀有金属矿床

阿尔泰造山带是我国乃至世界上最重要的伟晶岩分布区。伟晶岩脉达 10 万余条，伟晶岩型矿床多、成矿具有多期性，主要形成于古生代，尤其是晚古生代的石炭纪和二叠纪，花岗伟晶岩脉的形成年龄集中在 370 ~ 199Ma。

可可托海 3 号脉伟晶岩型稀有金属矿床（Li-Be-Nb-Ta-Cs）位于新疆富蕴县可可托海镇，大地构造位置为阿尔泰古生代陆缘弧哈龙–青河古生代岩浆弧中部。成矿区带属阿尔泰成矿省北阿尔泰成矿带的哈龙–青河 RM-Au-Cu-Ni-Sn-云母–宝石矿带。

矿床位于哈龙–青河复背斜中部，出露地层为下–中奥陶统青河岩群上亚群，区内侵入岩十分发育，以变质基性岩为主，次为花岗岩。可可托海稀有金属矿床由包括 3 号脉的 16 条花岗伟晶岩型稀有金属矿脉组成。

可可托海 3 号脉形似实心礼帽，由岩钟体和底部缓倾斜体两部分组成（图 3-8）。岩钟体走向 335°，倾向北东，倾角 40° ~ 80°，沿走向长 250m，宽 150m，斜深 250m。岩钟体发育完美的内部分带结构，呈同心环状，由外向内可划分为 9 个结构带。

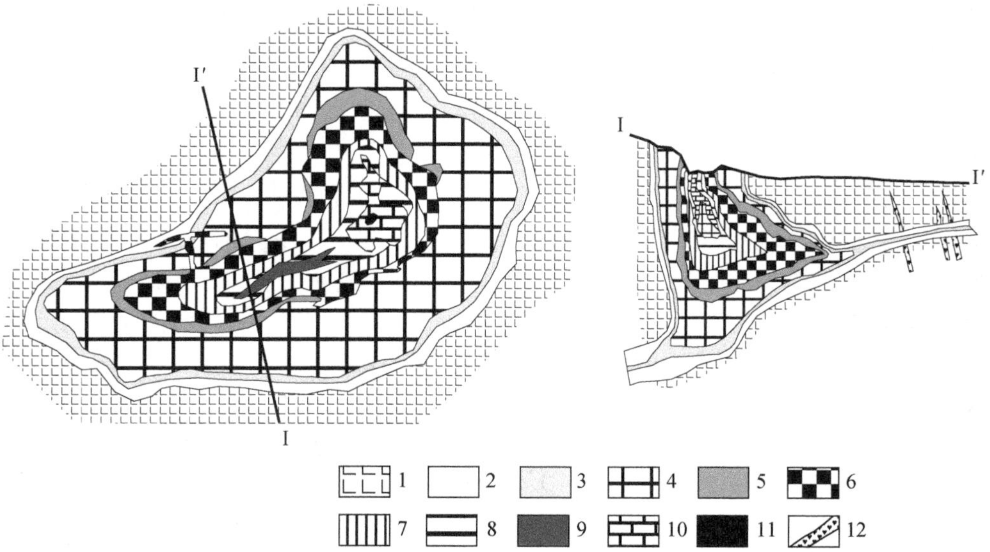

图 3-8　可可托海 3 号花岗伟晶岩脉剖面图

1-辉长岩；2-文象、变文象带；3-细粒钠长石带；4-块体微斜长石带；5-石英–白云母带；6-叶钠长石–锂辉石带；7-石英–锂辉石带；8-白云母–薄片钠长石带；9-锂云母–薄片钠长石带；10-块体石英带；11-石英内核；12-花岗岩脉

Ⅰ带：文象、变文象结构中粗粒伟晶岩带，直接与围岩接触，界线清楚，次要含铍带。环形长 665m，厚 3 ~ 7m，个别 10m，垂深 220m。以文象、变文象结构伟晶岩为主，与围岩接触处往往有 10cm 厚的石英–白云母边缘体，与Ⅱ带接触处常含有细粒钠长石巢状体。矿物组成为斜长石 50%、石英 30%、钠长石 17%、白云母 6%，还有石榴子石、电气

石、磷灰石、绿柱石等。

Ⅱ带：细粒钠长石带，长620m，厚3～6m，膨大处8～10m，垂深220m，呈不规则的巢状体分布，大小由几厘米到几米长，个别长达30m，宽17m，在巢体边缘常伴有石英-白云母集合体。矿物组成为微斜长石50%、钠长石33%、石英10%、白云母4%、绿柱石1%。还有磷灰石、锂辉石、金红石、黄铁矿等。

Ⅲ带：块体微斜长石带，由块体微斜长石及巨文象结构块体微斜长石为主体构成的结构带，结构带长580m，厚0～35m，平均18m，垂深185m。与Ⅱ带接触处常含少量细粒钠长石巢体，与Ⅳ带接触处常含少量石英-白云母巢体。矿物组成为微斜长石85%～90%、石英10%～12%、白云母2%。

Ⅳ带：石英-白云母带，以石英-白云母集合体为主，微斜长石为次组成的结构带。矿带长520m，厚4～13m，平均5m，垂深185m。矿物组成为石英54%、微斜长石20%、白云母15%、钠长石8%，此外还含绿柱石和钽铌铁矿。

Ⅴ带：叶钠长石-锂辉石带，以叶钠长石为主，石英、锂辉石为次组成的矿带，矿带长400m，厚3～30m，平均11m，垂深132m。该带与Ⅳ带接触界线清楚，与Ⅵ带呈渐变过渡关系。矿物组成为叶钠长石50%～60%、石英20%～30%、锂辉石12%～15%、白云母4%～5%，锂辉石多为玫瑰色和白色、浅绿色，半透明，板状晶体，晶体长10～30cm，个别达0.5～1.0m。还含有石榴子石、电气石、锆石、磷灰石等。

Ⅵ带：石英-锂辉石带，以石英-锂辉石集合体为主，叶钠长石为次。矿带长400m；厚3～15m，平均7m；垂深100m，与Ⅴ带之间界线不明显。矿物组成为石英55%、叶钠长石22%、锂辉石17%、白云母3%，还有绿柱石、石榴子石、磷灰石、锆石、铌钽锰矿等。

Ⅶ带：白云母-薄片钠长石带，由白云母-薄片钠长石或钠长石集合体组成。矿带长280m，厚5～7m，局部尖灭，最厚30～50m，垂深70m，与Ⅵ带、Ⅷ带界线明显。矿物组成为薄片状钠长石63%、石英15%、白云母12%、锂辉石6%、钾微斜长石2%，此外，还含有绿柱石、铌钽锰矿、细晶石、铯榴石和锆石等。

Ⅷ带：锂云母-薄片钠长石带（透镜体），以锂云母-薄片钠长石集合体为主，含少量的白云母-薄片钠长石集合体。呈透镜体状分布在岩钟状体顶部Ⅸ带之上。并切穿Ⅶ、Ⅵ带，该带长30m，厚3～7m，垂深15m。倾向东及北东，倾角75°。矿物组成为锂云母64%、钠长石31%、绢云母3%、石英2%。此外，尚有铯榴石、钽铌锰矿、铀细晶石及铪锆石等。

Ⅸ带：块体石英带（核），以块体石英为主，块体微斜长石为次，位于岩钟状体中心。长35～107m，厚5～40m，垂深80m。在石英核的中心发育微斜长石块体。石英无色，淡黄或淡红色，质地纯净。

锂的单独矿物主要是锂辉石，其次有锂云母、磷锰锂矿及锂磷铝石。铍的单独矿物主要是绿柱石，其次是金绿宝石（微量）。铌、钽的主要矿物为铌、钽铁矿族矿物，其次是铀细晶石、铋细晶石等。铷、铯大部分呈分散状态，其中铷全部分散无独立矿物，铯只有少部分呈独立矿物——铯榴石存在，铷、铯绝大部分分散于云母及微斜长石之中，其含量由外向内递增。锂辉石 Li_2O 7.06%～7.46%；绿柱石 BeO 11.37%～12.57%；铌铁矿-钽

铁矿族 Nb_2O_5 15.16% ~60.31%；Ta_2O_5 18.12% ~68.12%；铯榴石 Cs_2O 31.86% ~32.14%；铪锆石 ZrO_2 48.18% ~52.16%；HfO_2 14.17% ~16.73%。

Ⅸ带位于哈龙-青河复背斜中部，岩浆穹窿中，阿拉尔花岗质岩体南侧外接触带。花岗伟晶岩是海西中期造山带地壳重熔型花岗质岩浆分异演化的产物，大面积分布的早石炭世黑云母花岗岩为花岗伟晶岩演化提供了动力和成矿物质基础，稀有金属赋存于花岗质岩体内外接触带上的分异程度较高的花岗伟晶岩中。

矿床成因：矿床的成矿物质来自褶皱造山期重熔花岗质岩浆分异出来的富稀有金属元素的高挥发分熔浆在适宜的地质环境中缓慢结晶和交代的产物。在板块俯冲、碰撞作用下，增生大陆边缘及碰撞带的岩石发生强烈的褶皱变质。在地壳更深的部位可发生重熔，产生大量的花岗质岩浆并向上侵位于不同深度冷凝结晶。在此过程中，岩浆中的挥发组分携带着稀有金属向岩体的顶部及边部集中，形成富含稀有金属的高挥发分熔浆，即成矿岩浆。由于此种岩浆具有较高的热容量和较低的黏度，易于向低压区迁移。当熔浆侵入到角闪岩相的变质环境时，较高的温压条件有利于稀有金属的高挥发分熔浆缓慢结晶、分异和交代而成矿。

三、岩浆热液金矿床

（一）新疆北部晚古生代金矿主要类型与地质分布

1. 新疆北部金矿床地质分布

新疆北部已发现金矿床、矿点众多，金矿数量占全新疆金矿总数的90%以上。新疆北部岩金矿主要集中分布在5个成矿带中：第一为唐巴勒-卡拉麦里成矿省金矿，主要分布在西准噶尔哈图-包古图一带和东准噶尔野马泉-双泉一带；第二为塔里木板块北缘成矿带，主要分布在西南天山的萨瓦亚尔顿一带、大山口-萨恨托亥一带，东天山的喜迎-眼形山一带和马庄山一带四个地区；第三为觉罗塔格成矿省，集中分布在西部的石英滩-康古尔一带；第四为伊犁微板块北东缘成矿省，集中分布在西部的阿希一带和东部的萨日达拉-望峰一带；第五为北准噶尔成矿省，集中分布在西北部的多拉纳沙依-托库孜巴依一带、东部的沙尔布拉克一带和西南部的阔尔真阔腊一带三个地区。

2. 新疆北部晚古生代金矿床时空分布与矿床类型

除新近纪形成的砂岩型金矿外，内生金矿主要成矿时代为志留纪—三叠纪，其次分布在滹沱纪—青白口纪。已有资料表明，新疆已知成型的内生金矿床储量绝大部分在石炭纪和二叠纪（占90%以上），金矿成矿时代最主要为石炭纪，其次为二叠纪，其后依次为泥盆纪、三叠纪、前寒武纪。晚古生代的泥盆纪、石炭纪、二叠纪是新疆北部金矿最重要的成矿期。

晚古生代早期，主要有分布于麦兹-冲乎尔矿带、下泥盆统康布铁堡组海相酸性火山岩中的萨热阔布金矿，有分布于萨吾尔-二台矿带、中泥盆统北塔山组中基性火山熔岩中的乔夏哈拉、老山口铁铜金矿床，多为海相火山岩型，属于晚泥盆世汇聚阶段初期构造-岩浆活动和泥盆纪—石炭纪汇聚阶段后期构造-岩浆活动成矿亚系列。晚古生代中晚期，主要有石炭纪—二叠纪的破碎蚀变岩型和陆相火山岩型金矿，多分布在准噶尔、天山地区，且主要产出于萨吾尔-二台、唐巴勒-哈图、卡拉麦里、婆罗科努、康古尔-土屋-黄山、阔克沙勒岭、中坡山-红十井等矿带中，代表性的矿床有产出于下石炭统大哈军山组的阿希陆相火山岩型金矿、下石炭统太勒古拉组海相玄武岩中的海相火山岩型（破碎蚀变岩型）齐Ⅰ金矿、下石炭统雅满苏组火山岩中的康古尔塔格破碎蚀变岩型金矿、下石炭统白玉山组火山岩中的马庄山陆相火山岩型金矿、下二叠统阿其克布拉克组火山岩中的石英滩陆相火山岩型金矿、上石炭统胜利泉组一套海相基性火山熔岩中的红十井破碎蚀变岩型金矿。属于石炭纪汇聚阶段海相中酸性火山活动、石炭纪—二叠纪汇聚阶段构造-岩浆作用、晚石炭世-二叠纪活化花岗岩作用、晚石炭世-早二叠世陆内堆叠构造-岩浆作用等的成矿亚系列。

（二）岩浆热液金矿成矿特点及形成机制

岩浆热液金矿床是与岩浆活动有成因联系的岩浆期后热液金矿床。岩浆热液系统的金矿床类型包括直接与侵入体密切相关的斑岩型网脉状矿床、接触交代型的夕卡岩矿床以及产于陆相火山岩系中的浅成低温热液矿床。这些矿床属于同一成矿体系，深部为斑岩体（或其他侵入体）及有关矿化，斑岩型矿床为浅成低温热液矿床的形成提供热能及部分成矿流体，浅成低温热液矿床向深部可以转变或过渡为斑岩型矿床（鄢云飞等，2007）。75%与侵入体有关的金矿和浅成低温热液矿床归属于斑岩型铜矿系统。斑岩型矿床和高硫型热液矿床产于矿化岩株的上部和顶部，而高硫型热液矿床则产于火山岩中心，低硫型热液矿床趋于远离岩株而围绕岩株分布（张元厚和张世红，2005）。新疆北部产于陆相火山岩中的浅成低温热液矿床占有重要地位。

浅成低温热液型金矿床主要形成于板块俯冲带上盘的大陆弧或岛弧及弧后的拉张动力学环境下。浅成低温型金矿床主要是具有浅部特征的矿石结构和矿物组合（通常形成深度小于1.5km），同时也具有特定的温度范围（50～350℃）。根据蚀变矿物组合以及岩浆组分的参与程度，浅成低温型金矿床划分了高硫型和低硫型。高硫型矿床以明矾石，或叶蜡石，或迪开石为特征。相反，低硫型矿床则以绢云母-冰长石，或冰长石-方解石组合为特征。在形成机制上，成矿与火山喷发活动晚期潜火山岩体或超浅成侵入体有关，潜火山岩体或超浅成侵入体作为热源促进热液流体通过破火山口等产生的大型断裂系统形成的通道上升循环成矿，成矿流体主要为大气水+岩浆水。

新疆北部浅成低温热液矿床金矿受火山构造活动控制明显，火山活动及其成矿作用主要与陆缘弧或岛弧环境密切相关。东准噶尔滓毛湖金矿床处于唐巴拉泥盆纪—石炭纪复合沟弧带，阿希、恰布坎卓它、京希布拉克、山区林场金矿床4个矿床产于婆罗科努古生代沟弧带的吐拉苏上叠陆相火山盆地，马庄山金矿床产于卡瓦布拉克-星星峡地块，石英滩、哈尔拉2个金矿床产于康古尔-土屋-黄山石炭纪—二叠纪裂陷槽和小热泉子石炭纪岛弧带。这些构造带在晚古生代时期活动非常强烈，主要处于汇聚、碰撞、造山期，岩浆演化属正岩浆演化系列，岩石以钙碱性系列为主，中偏酸性岩为主。

（三）典型金矿床剖析

阿希金矿位于伊犁-中天山板块北缘博罗霍洛岛弧带的吐拉苏盆地中，盆地呈 NWW

向展布，南北分别以 NWW 走向的伊犁盆地北缘断裂和科古琴山南坡断裂为界。矿床产出于晚古生代裂谷，吐拉苏火山岩带中近南北向火山构造拗陷内的破火山口环状断裂内，受火山机构控制，矿体产于破火山口环状断裂中，赋矿地层为下石炭统大哈拉军山组，主要岩性为石英角闪安山玢岩、英安质角砾熔岩、安山质火山角砾岩、集块角砾岩、安山岩、晶屑岩屑凝灰岩、安山质凝灰岩、长石斑岩。

阿希金矿矿体呈脉状，沿走向延伸上千米，厚度数米到数十米不等，沿倾向延伸至地下 300 ~ 400m，向深部逐渐变薄并出现分叉尖灭。矿体以石英脉型为主，少量蚀变岩型。

矿石中的脉石矿物有玉髓状石英、石英、钠长石、绢云母、方解石、铁白云石和菱铁矿等。主要矿石矿物包括黄铁矿、含砷黄铁矿毒砂、白铁矿、磁铁矿、闪锌矿、方铅矿、银金矿和黄铜矿，其中半自形-自形黄铁矿和含砷黄铁矿含量最高。常发育微晶结构、包含结构、交代结构，角砾状构造、细脉浸染状构造和梳状构造等。近矿围岩蚀变包括硅化、绢云母化、绿泥石化、黄铁矿化和碳酸盐化，其中硅化和黄铁矿化与金矿化关系密切。阿希金矿流体包裹体 Rb-Sr 等时线年龄为 340 ~ 300Ma（李华芹等 1998），稍晚于赋矿火山岩系时代。

矿床成因为浅成低温热液型金矿。含矿火山气液沿火山管道及裂隙上升，在低温、低压、弱酸性条件下形成硅质岩金矿和蚀变岩型金矿石（图 3-9）。

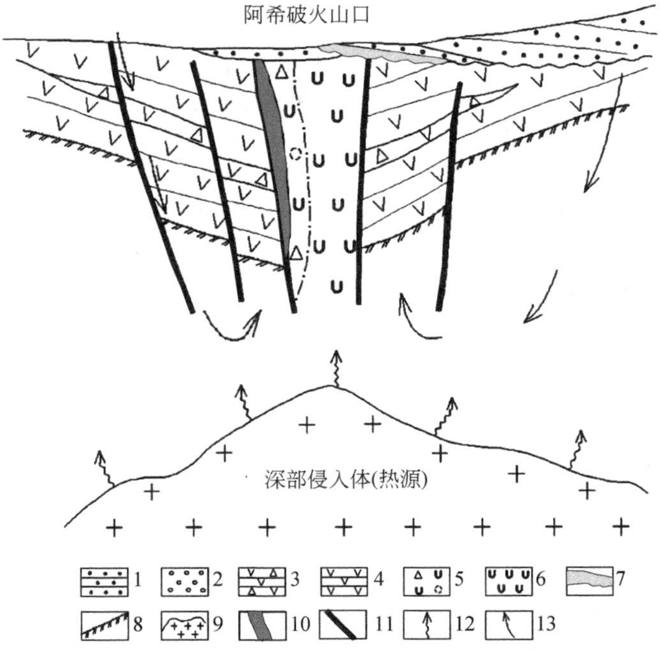

图 3-9　新疆阿希金矿床成矿模式图

1-陆源碎屑岩；2-底砾岩；3-安山质角砾岩；4-中基性火山熔岩；5-构造蚀变带；6-火山管道熔岩；7-沉积砾岩型金矿体；8-基底岩系；9-钙碱性岩浆房；10-矿体；11-断裂；12-成矿热液运移方向；13-天水

第六节　新疆北部晚古生代岩浆活动及成矿响应讨论

一、已有研究主要认识和分歧

（一）新疆北部晚古生代岩浆成矿作用认识

新疆北部晚古生代岩浆成矿作用具有集中爆发的特点，尤其是晚石炭世—早二叠世，存在大量内生金属矿床的巨量集中爆发，这是何种地球动力学机制的产物？对于这方面的认识一直存在较大争议。有板块构造俯冲、地幔柱、造山后伸展等多种认识。这些争论的焦点之一就是新疆北部古亚洲洋的开启及闭合的时限问题。前人通常用以下两种途径来综合判定古洋盆开启的时间：一是根据古洋壳残片（即蛇绿岩）的年龄加以推断；二是将代表大陆裂解的裂谷火山岩系的时代作为古洋盆开启时间的下限。目前，新疆北部天山及其邻区已知最古老的蛇绿岩是西准噶尔洪古勒楞蛇绿岩和唐巴勒蛇绿岩及位于东准噶尔的阿尔曼太蛇绿岩。对于洪古勒楞蛇绿岩组合中的镁铁质-超镁铁质岩，黄建华等（1995）利用Sm-Nd同位素等时线定年，获得年龄值为626±25Ma（相当于新元古代晚期）。对于唐巴勒蛇绿岩组合，前人曾报道过在其上部层位的硅质岩中发现有早-中奥陶世的放射虫，该蛇绿岩组合下部斜长花岗岩、浅色辉长岩的斜长石和榍石Pb-Pb年龄为508～523Ma（相当于早-中寒武世）(Kwon et al.，1989；肖序常，1990)；阿尔曼太蛇绿岩组合中侵入于辉长-辉绿岩的斜长花岗岩的锆石SHRIMP U-Pb年龄值为503±7Ma（相当于中寒武世）(肖文交等，2006a)。相对而言，唐巴勒蛇绿岩和阿尔曼太蛇绿岩的年龄数据可信度较高。

此外，区域火山岩研究结果表明，新疆北部天山及其邻区微地块上分布着南华纪—早寒武世大陆裂谷火山岩系，它们可能是大陆裂解形成古生代洋盆的前兆性标志（夏林圻等，2002a，2002b）。因为大陆裂谷化只是大陆裂解，并最终形成新生洋盆的前期过程，所以天山古生代洋盆的开启时间不应早于早寒武世。综合考虑目前已知最老蛇绿岩的可靠定年数据和裂谷火山岩系的最晚时代等两方面因素，将早寒武世作为天山古生代洋盆开启时限的下限比较合理。

从洲际尺度看，新疆北部天山古生代洋盆实际上应当是乌拉尔-蒙古国-兴安古生代巨型复杂洋盆的组成部分。研究证明：这个古生代巨型复杂洋盆（又可称为古亚洲洋构造域）可能并不是像现今太平洋那样浩瀚广阔的大洋，而是一个包含众多陆块的复杂洋陆的体系。就全球构造动力学体系而言，古亚洲洋构造域乃是北面的西伯利亚、俄罗斯、波罗的海、西冈瓦纳等全球巨型古陆之间的复杂洋陆间杂群落的分裂与汇聚的场所，是一个洋陆混生的复杂地壳构造区。古亚洲洋构造域的北部是萨彦岭-蒙古湖区洋盆（李锦轶和肖序常，1999），它相当于萨彦-额尔古纳洋，分布于阿尔泰地区以北，在中奥陶世早期即已消亡；天山古生代洋盆分布于古亚洲洋构造域体系的中部；昆仑-祁连-秦岭洋盆则是古亚洲洋构造域体系的南部组成。根据目前的资料，作为古亚洲洋构造域体系组成的天山古生代洋盆也不应当被当作一个单一的大洋，它又被哈萨克斯坦-伊犁-中天山古陆块（或称为古陆块群）分成为北部斋桑–准噶尔–北天山和南部乌拉尔–南天山两个分支洋盆（这两个分支洋盆实际上还包含一些微小的陆块，如准噶尔、吐鲁番–哈密、南天山等微陆块）。天山古生代洋盆的北侧为西伯利亚古陆块，南侧为塔里木–卡拉库姆–东欧古陆块（或称为古陆块群）。

（二）弧岩浆成矿作用研究

自板块构造学说问世以来，大量研究已经揭示古洋盆的闭合消失是通过洋壳的俯冲–消减作用完成的。通常总是将在造山带中发现的伴生有高压变质岩石（蓝闪片岩+榴辉岩）的蛇绿混杂岩带（或称作“古海沟俯冲杂岩带”）当作古洋盆俯冲–消减的证据，其在地表出露的位置则相应被当作古洋盆消减的位置。而真正代表古洋盆建造的大洋板块的绝大部分甚至是全部都在古老洋底扩张–洋壳俯冲过程中，被消减再循环到地幔中去了（夏林圻，2001）。大洋板块只有极少部分在消减带可以逃脱被毁灭的命运，它们呈碎片（或仰冲岩片），在洋盆闭合的最后阶段，可以仰冲到一个被碰撞大陆的前陆之上，以蛇绿岩的形式被保存于造山带中。

迄今为止，在新疆北部天山造山带及其邻区内已发现伴有高压变质岩的古生代蛇绿混杂岩发育地点共有 4 处，它们分别是中天山南缘西段的长阿吾子–科克苏河（汤耀庆，1995）、中天山南缘东段的库米什（高俊，1993）、中天山北缘的干沟–乌斯特沟（高长林等，1995）和西准噶尔南缘的唐巴勒（冯益民，1991）等。以伊犁–中天山微陆块为界，上述四处含有高压变质岩石的蛇绿混杂岩可以被分为南北两组。中天山北缘的干沟–乌斯特沟蛇绿混杂岩被含笔石化石的下志留统不整合覆盖，表明其形成时代应早于志留纪。西准噶尔南缘唐巴勒蛇绿混杂岩中蓝闪石的^{40}Ar-^{39}Ar坪年龄为 458 ~470Ma（相当于早–中奥陶世）(张立飞，1997)。可以看出中天山以北这两处伴有高压变质岩的蛇绿混杂岩所指示的斋桑–准噶尔–北天山洋盆消减的年龄基本相当，为奥陶纪。此外，在东准噶尔卡拉麦里蛇绿岩带南侧的志留纪地层中发现有局限于西伯利亚地块南缘的图瓦贝腕足类化石（肖序常等，2010），也暗示卡拉麦里蛇绿岩的形成时代可能应早于志留纪。目前尚不清楚的是，上述两处蛇绿混杂岩是否原来就是一条古海沟俯冲杂岩带，尔后被晚期的构造变动分割为两段；还是它们本来就是中天山以北互不相干的两条古海沟俯冲杂岩带的组成部分，暗示着斋桑–准噶尔–北天山洋盆是从奥陶纪始通过古海沟自北而南的退缩渐次消减掉的？再者，新近的1∶5 万巴斯克阔彦德幅区域地质调查已发现东准噶尔卡拉麦里蛇绿岩为上泥盆统克拉安库都组不整合覆盖；西准噶尔中部达拉布特蛇绿岩的辉长辉绿岩中锆石的 LA-ICP-MS U-Pb 年龄为 398±10Ma（相当于早泥盆世）。上述资料表明，斋桑–准噶尔–北天山洋盆可能在中泥盆世已经消亡。

中天山以南位于伊犁–中天山微陆块南缘的蛇绿混杂岩，目前除了西段的长阿吾子–科克苏河和东段的库米什（铜花山、榆树沟）发现有高压变质岩石相伴产出外，在长阿吾子和库米什之间自西向东，已相继在古洛沟（高长林等，1995）和乌瓦门（李向民等，2002）等处发现蛇绿混杂岩，它们共同构成了伊犁–中天山微陆块南缘古海沟俯冲杂岩带，这应当是天山地区的一条重要的构造边界带，与西段境外中亚地区的尼古拉耶夫线可能相当，代表了乌拉尔–南天山古生代洋盆的俯冲消减位置。长阿吾子–科克苏河蛇绿混杂岩所含蓝闪片岩中榴辉岩矿物 Sm-Nd 等时线年龄为 343±43Ma，蓝闪片岩中多硅白云母和钠质角闪石的^{40}Ar-^{39}Ar 坪年龄为 364～401Ma；该低温高压变质带西延境外吉尔吉斯斯坦国南天山蓝片岩的同位素年龄值也主要集中于 350～410Ma；铜花山蛇绿混杂岩基质中蓝闪石的^{40}Ar-^{39}Ar 坪年龄为 360.7±1.6Ma（刘斌和钱一雄，2003）。这些年龄值指示乌拉尔-南天山洋盆的消减时代可能为晚志留世—泥盆纪。

至于南天山内部分布的库勒湖-铁力买提达坂-科克铁克达坂和米斯布拉克-满大勒克-色日克牙依拉克两条蛇绿岩带，它们的地质意义争议颇大。高俊等（1995）曾认为南天山北支蛇绿岩带是南支蛇绿岩带的飞来峰，呈外来推覆岩片产出，并且还认为前述中天山南缘古海沟俯冲杂岩带是南天山早古生代洋盆向北俯冲消减于伊犁-中天山微陆块之下的产物，而上述南天山内部的两条蛇绿岩则应当是南天山早古生代洋盆消亡之后，因塔里木被动大陆边缘拉张而产生的晚古生代南天山洋盆的残片。2000 年，刘宝珺等则认为南天山地区出露的多个蛇绿岩带都是同一个大洋岩石圈俯冲的产物，即南天山在古生代期间只发育一个统一的南天山洋，它分隔了南部塔里木和北部伊犁-中天山两个古陆块。从库勒湖沿独库公路向南，自库尔干始，可以见到十分发育的自北向南的低角度逆冲推覆构造，南天山南蛇绿岩带极有可能是北蛇绿岩带的向南推覆岩片。前人测得南天山库勒湖蛇绿岩玄武岩中锆石 SHRIMP U-Pb 年龄为 425±8Ma；夏林圻等测得库勒湖蛇绿岩的辉长岩中锆石 LA-ICP-MS U-Pb 年龄为 417.7±8.7Ma。这些数据表明，这两个地区的蛇绿岩所记录的洋盆形成的时限应为中-晚志留世。另外，夏林圻等根据岩石地球化学研究数据判断，前述南天山内分布的蛇绿岩应当是乌拉尔-南天山洋盆沿中天山南缘古海沟俯冲消减带向南俯冲消减引起弧后拉伸所形成的弧后次生洋盆的地质记录；而在北部古海沟俯冲杂岩带和南部南天山内部蛇绿岩之间分布的志留系巴音布鲁克组岛弧火山岩系，则是与该消减作用相伴的岛弧火山作用的产物。

（三）地幔柱活动岩浆成矿作用

欧亚大陆存在二叠纪—三叠纪的几个大火成岩省，如塔里木、峨眉山和西伯利亚，可能都是地幔柱或超级地幔柱岩浆活动的产物。夹持于塔里木大火成岩省与西伯利亚大火成岩省之间的新疆北部地区，岩浆活动与成矿作用是否与大火成岩省有关或者直接是大火成岩省的产物？西伯利亚大火成岩省的岩浆活动，孕育了世界上最大的岩浆铜镍硫化物矿床；而峨眉山大火成岩省发育有世界上最大的钒钛磁铁矿矿床。

自早石炭世早期，由于天山造山带的广泛造山后伸展，基底开始塌陷-裂谷化，巨量的石炭纪—早二叠世裂谷火山-沉积岩系不整合覆盖于各种类型和时代的基底之上。无论是准噶尔地区，还是天山地区，直至塔里木地块北缘，都可以见到下石炭统与下伏地层之间普遍呈角度不整合接触。这一规模巨大的区域性角度不整合面上、下的地层，在岩相古地理、变质程度和变质样式上迥异。其上，石炭纪火山岩系地层变质轻微或未变质，变形不强呈舒缓褶皱；其下地层变质深，具强烈褶皱变形。这些暗示着下石炭统之下的不整合界面应当代表着一个重大的地质事件，即在古生代洋盆（古亚洲洋）闭合后又发生了广泛的裂谷伸展。

前人在下石炭统火山岩系地层和下伏石炭系之前地层之间发现了两个不整合界面，在这两个不整合界面之间产出有一套厚度数十米至数百米的粗碎屑磨拉石砾岩层，在这套粗碎屑砾岩层中，可以见到十分醒目的韵律构造，每一个韵律层内，粒度下细上粗，具有磨拉石建造所特有的退积序列特征，它们很显然是碰撞造山作用的产物，是随着古生代洋盆闭合而接踵发生的板块间碰撞挤压造山作用的地质记录。这套磨拉石砾岩与下伏地层间的不整合界面可以称作造山不整合面。而自磨拉石砾岩层顶部的不整合面向上，下石炭统裂谷火山-沉积岩系则是以由陆相转化为海相的进积序列为特征，反映的是一种递进的裂谷拉伸作用。因此下石炭统与下伏磨拉石砾岩层之间的不整合界面则应当称作伸展不整合面。这些地质纪录表明自早石炭世开始，整个天山造山带及其邻区开始进入了一个新的历史演化阶段——“碰撞后裂谷拉伸阶段”。

从石炭纪开始，古亚洲洋闭合后的广泛裂谷伸展活动，使得包括天山在内的中亚地区成为裂谷火山活动和相关深成岩浆活动（包括花岗质岩浆活动和少量基性-超基性岩浆活动）极为活跃的地区。石炭纪是这一裂谷岩浆活动的峰期，一直延续到早二叠世才结束。将中亚地区这一独特的石炭纪—早二叠世大规模裂谷岩浆活动称作为“天山石炭纪—早二叠世大火成岩省”（简称天山大火成岩省）(夏林圻等，2002a，2002b；Xia et al.，2003，2004a，2004b)。它应当被看作以天山造山带为代表的中亚巨型复合造山系区别于其他造山系（如秦-祁-昆造山系、特提斯巨型复合造山系）的典型标志性特征，极可能是该地区从大洋向陆地转换进程中，深部地幔动力学体系调整过程的浅部表现，这一深部调整过程的地表效应同样也影响了该区当时古生物群落的分布，如晚石炭世，安加拉植物群化石可见于天山东段南部觉罗塔格地区的上石炭统底坎儿组和天山西段婆罗科努山的上石炭统东图津河组地层之中；而在准噶尔地区的下二叠统地层中则发现混生有华夏植物群的化石(肖序常等，2010)。

应当特别强调的是，天山及其邻区正好位于古亚洲构造动力学体系和构造体系域与东古特提斯构造动力学体系和构造体系域之间的交接转换地带，可能正是这样一种十分独特的全球构造背景，才使得该地区在经历了先期古亚洲域体系制约早古生代初期洋盆的打开和古生代中期洋盆的关闭与陆-陆拼合之后，于古生代晚期，又在古特提斯域体系的叠加复合下，经历了洋盆闭合后的再一次大规模拉伸和裂谷化，直至二叠纪晚期全面转为陆内体制的特殊过程；而与这一洋陆转化过程相伴的则是中亚地区十分醒目的高峰期岩浆活动和大规模成矿事件，中亚地区一些大型矿床的形成似乎应当与这一洋陆转化过程有关。新疆北部天山及其邻区如此大规模的石炭纪—早二叠世裂谷拉伸活动会不会在一些地段拉裂出一些次生的洋盆，就像现今东非裂谷系的北端，拉裂出红海洋壳那样？当前最为令人注目的是北天山中西段北部沿依连哈比尔尕山分布的巴音沟蛇绿岩带的性质、形成时代和产出环境。夏林圻等通过对新疆北部的研究认为该蛇绿岩组合形成于早石炭世中-晚期（344～324.8Ma），且具有板内裂谷和洋壳的双重属性，它应当是天山地区曾存在早石炭世“红海型”洋壳的地质记录。

二、本章主要结论

（一）板块构造与地幔柱并存的地质特点与成矿表现

中亚造山带地壳增生包括侧向增生和垂向增生两种方式，经历了三大造山-成矿演化阶段，形成了著名的中亚成矿域，包括古洋陆格局演变阶段，表现为侧向增生并成矿；后碰撞阶段（325～250Ma），以垂向增生为主，是重要成矿期；中新生代陆内造山阶段是叠加改造的成矿时期。

整个晚古生代是在有限洋盆的发生、发展、消亡过程中发展的，经过了有限洋盆的发生、发展、俯冲消减及西伯利亚、哈萨克斯坦-准噶尔、塔里木三大板块的最后焊接，石炭纪裂谷的发育及石炭纪—二叠纪（有的到早三叠世）陆内裂谷的形成等各个阶段。这个阶段由于强烈的岩浆活动及构造运动，为矿产的形成提供了有利条件。因此，晚古生代是新疆北部成矿作用最强烈的阶段，不少重要的有色金属、贵重金属矿产均形成于此时。

（1）从泥盆纪开始的地壳拉张作用，虽然仅限于早-中泥盆世，但却是新疆北部铬、铁、铜及多金属的重要成矿期，并为后来的金矿化提供了物质基础。所形成的重要矿床主要赋存在东、西准噶尔及额尔齐斯裂陷槽北缘、阿尔泰山南部和南天山霍拉山一带。

（2）早石炭世晚期相继开始的碰撞造山作用，对相关的金属矿化具有重要影响。石炭纪进入残留海盆或裂陷槽发展时期，石炭纪末为碰撞造山及大型推覆构造发展阶段。早二叠世地壳再次拉张形成陆内裂谷，但各地发生时间的早、晚有所不同，标志着晚古生代有限洋盆的最后关闭至新生陆壳形成的全过程。这一时期的主要成矿作用是：①发育在石炭纪裂陷槽中的火山岩型金矿及发育在石炭纪上叠盆地中的层控铅锌矿和与陆相火山岩有关的铜-金金属矿、铜矿、银矿。②造山期或造山期后与黑云母二长花岗岩类和碱性钠铁闪石-钠闪石花岗岩类有关的锡（钨）矿，热液型铜（金）矿、汞锑矿等。③石炭纪—二叠纪形成了陆内裂谷中的斑岩型铜钼矿，产于巴尔喀什-伊犁火山-侵入岩带的边缘，与花岗闪长岩-斜长花岗岩建造、花岗闪长岩-花岗岩建造、淡色花岗岩建造有关。④产于早二叠世拉张环境中与底辟侵位的镁铁-超镁铁杂岩有关的岩浆型硫化铜镍矿床也是该时期形成的大型矿床之一。铜镍硫化物矿床产于地幔柱与板块俯冲叠加环境，是多期次侵入-分异成矿的产物，且具有成群成带产出的特征。⑤晚二叠世主要为磨拉石陆内山间盆地的发展阶段，其中含砂岩型铜矿，标志着晚古生代发展阶段的结束，构成了晚古生代完整的成矿旋回。

晚古生代末普遍挤压造山作用，基本奠定了新疆北部现今的构造格局，同时沿一些挤压带还有重要的金矿形成。阿尔泰及类似构造区，有稀有金属矿床产出，如可可托海、柯鲁木特、阿斯喀尔特矿床等稀有金属矿产也是重要矿床。

总之，新疆北部经历了三次大的大陆演化旋回，在最年轻的旋回中，300Ma 前后的构造热事件是古洋盆结束碰撞造山的主要标志，具有重要的地质构造意义，280Ma 前后的幔源岩浆活动和变质变形，可能是地幔柱活动的产物。

区域构造背景，表明新疆北部并不是位于陆内或板内，而是靠近活动大陆边缘。从动力学角度看，该区地壳的形成与演化，分别受控于水平方向上板块之间的相互作用和垂直方向上软流圈地幔与上覆岩石圈或地壳的相互作用。该区大陆地壳的增生有水平的（板块运动）和垂直的（地幔柱活动）两种方式，而且该区地壳演化表现为挤压和伸展两种方式并存。

（二）地幔柱形成的深部过程与成矿作用

通过野外地质调查、钻井资料和地震资料分析确定了塔里木大火成岩省的残余分布面积超过 25 万 km^2，玄武岩的残留面积达 20 万 km^2，最大残余厚度超过 700m（杨树锋等，2005）。提出了柯坪地区玄武岩具有与 OIB 型类似的微量元素分布特征，富集 LILE 和 HFSE，具有高的（$^{87}Sr/^{86}Sr$）$_i$ 和负的 $\varepsilon_{Nd}(t)$ 值，来自于富集的岩石圈地幔（Zhou et al., 2009；Zhang Y T et al., 2010）；是地幔柱与岩石圈相互作用的结果（余星，2009；Zhang Y T et al., 2010；Yu et al., 2011）。塔里木大火成岩省与盆地内大型钒钛磁铁矿和二叠纪的沉积环境变迁密切相关（杨树锋等，2005；朱毅秀等，2005；陈汉林等，2006b）。整个岩浆序列的发育时间为 290 ~ 277Ma，其中大规模玄武岩喷发发生在 290 ~ 288Ma，属于快速喷发的大火成岩省岩浆事件。大火成岩省中依据不同岩石类型的形成时代，其形成次序为早二叠世早期的普库兹满组玄武岩（290Ma）→开派兹雷克组玄武岩（288Ma）→塔北玄武岩→超基性岩体、云母橄辉质角砾岩、超基性岩脉→早二叠世晚期的辉绿岩脉→石英正长斑岩岩墙→正长岩（277Ma）（陈汉林等，2009；Li et al., 2011；Yu et al., 2011）。塔里木大火成岩省中最发育的玄武岩和辉绿岩的微量元素特征与 OIB 的特征相似，且以高钛型为主体（余星，2009；Zhou et al., 2009，Zhang Y T et al., 2010；Yu et al., 2011）。杨树锋等（2009）依据柯坪玄武岩具有高（$^{87}Sr/^{86}Sr$）$_i$ 值和低（$^{143}Nd/^{144}Nd$）$_i$，富集大离子亲石元素和高场强元素的特征，认为属于巴哈纳型特征，为富集大陆岩石圈地幔部分熔融的产物。后期基性-超基性侵入岩均属德干型，为软流圈地幔与来自核幔边界的地幔柱共同作用的产物。

Tian 等（2010）在塔北西部的英买力和牙哈地区报道了与二叠纪玄武岩同时代的苦橄岩（YT1，YH5），这进一步为塔里木地幔柱的存在提供了证据。在塔里木发现了与大火成岩省有关的瓦吉里塔格大型钒钛磁铁矿矿床，铁矿石资源量为 1 亿 t，二氧化钛资源量为 600 万 t，五氧化二钒资源量为 13 万 t，属于我国第三大钒钛磁铁矿矿床。富铁、钛的岩浆源区（海绵陨铁结构，单斜辉石中大量的钛铁矿出溶体，FeO/MgO 值为 1.09 ~ 1.64）可能来源于与地幔柱上涌有关的软流圈地幔（橄榄石液相线温度约在 1253℃）。瓦吉里塔格含钒钛磁铁矿基性-超基性杂岩体在一个缓慢冷却的体系中发生了连续的分异结晶（与攀西和峨眉山地幔柱有关的钒钛磁铁矿成因相近）（杨树锋等，2009；余星，2009）。Qin 等（2011）通过对比塔里木盆地内部与东天山、北山地区的二叠纪玄武岩的地球化学特征后提出两者是同一个地幔柱的产物。塔里木盆地内部的玄武岩具有高钛低镁、低 $\varepsilon_{Nd}(t)$ 值等特点，可能是地幔柱外围区域低程度部分熔融的产物。而东天山、北山地区的玄武岩具有低钛高镁、高 $\varepsilon_{Nd}(t)$ 值等特点，暗示它们可能来自于高程度部分熔融的岩石圈地幔，与具有更高温度的地幔柱头部有更为密切的关系。徐义刚等（2013）研究认为，塔里木克拉通岩石圈没有发生减薄和破坏，其喷发时限主要表现为喷出岩 290Ma 的峰值和侵入岩 280Ma 的峰值，相应的岩浆作用也主要发生在塔里木克拉通边缘，尤其是与造山带交会部位。可见，塔里木地幔柱作为深部源区，会为克拉通周缘的岩浆活动与成矿作用提供物质和能量，相邻区域大量内生金属矿床的巨量爆发与塔里木地幔柱活动存在密切关系。

天山及其邻区，有其复杂的地质构造演化历史，岩浆活动与成矿作用多样。为什么奥陶纪—泥盆纪俯冲消减作用，成矿作用不显著，到了石炭纪—二叠纪反而成了成矿的高峰期，尤其是晚石炭世—早二叠世？板块俯冲碰撞产生沟-弧-盆体系，形成大规模岩浆作用和斑岩型铜矿床等；同时还存在裂谷岩浆作用，发育岩浆铜镍硫化物矿床和氧化物钒钛磁铁矿矿床，可能是地幔柱作用的结果。经对新疆天山及邻区晚古生代的成矿特征和地质表现研究，发现并提出了板块构造与地幔柱两种构造体制叠加并存的地球动力学机制，板块俯冲的末期，核幔边界处的地幔热柱主动上升，于新疆北部形成两种体制的并存叠加，产生大规模的岩浆作用，形成众多内生金属矿床。由于浅部物质的不同，与深部上来的地幔物质反应，产生不同类型的岩石和矿床。实际上并非单纯意义上的并存，也不是完全割裂的两种体制，而是板块构造与地幔柱是存在密切联系的，只是在新疆天山的石炭纪—二叠纪时期都有典型的地质表现和成矿特征。

从区域成矿学的角度，新疆天山及邻区石炭纪—二叠纪岩浆矿床成矿时代如此集中，可称为“成矿爆发”，成矿岩浆岩在该地域的广泛分布也可称为“大火成岩省”（Xia et al.，2004b）。这种概念的提出和强调有助于从区域地质时空演化上探讨矿床成因和成矿规律。板块构造和地幔柱构造是不同的概念，在成因上相互独立但二者在时空上可以共存。事实上，新疆天山造山带泥盆纪—石炭纪记录的是板块构造岩浆活动的产物，如蛇绿岩（与洋脊，弧后盆地，岛弧系统?），岛弧火山岩以及与活动大陆边缘有关的花岗岩类等。这不能说石炭纪时该区没有地幔柱的活动，但缺乏证据。洋岛玄武岩（如夏威夷，冰岛火山岩组合）沿这些造山带的存在与否、分布规模/规律等有助于客观评价该区石炭纪是否有地幔柱影响。相反，新疆天山造山带内二叠纪含矿超镁铁堆晶岩和南疆塔里木已知大火成岩省的形成时代上的一致性（280 ±5Ma），表明二者可能有成因上的关联（Qin et al.，2011；李彤泰，2011；王亚磊等，2017）。

从新疆天山已知矿床成矿时空关系看，首先是泥盆纪—石炭纪火山岩-次火山岩型磁铁矿，主要分布在西天山；其次是斑岩型铜矿，主要分布在东天山及环准噶尔盆地；而岩浆型铜镍矿则主要分布在东天山及北山等地，形成时间最晚，集中在 280Ma 左右。这些矿床及其母岩体的赋存位置及形成时代反映该区地球动力学的时空演化，从大洋岩浆作用到俯冲带岩浆作用，到古亚洲洋的闭合以及闭合后的地幔柱作用（胡沛青等，2010；Qin et al.，2011；李文渊等，2012；王亚磊等，2017）。

（三）新疆北部晚古生代两种体制叠加并存的岩浆作用与形成机制

随着地幔柱假说的兴起和发展，丰富完善了板块构造理论，并成功解释了一些板块构造不能解释的地质问题。地幔柱已不仅仅是假说，而是实在的构造理论，连同板块构造一起，极大地推动了地学的快速发展。热点、地幔柱、大火成岩省是三个不同的概念，并具有其独自的解释和意义。地幔柱活动可间歇性地形成多个大火成岩省，每个大火成岩省都有其完整的岩浆活动，但并不是每个大火成岩省都成矿，成矿的大火成岩省有其典型的成矿系统。相对而言，地球深部的运动是缓慢的或者说是静止的，但以板块为主要单元的地球表面运动却是持续的。换言之，地幔柱可以不动，而地幔柱上方的板块却是在不停运动的，来自深部的地幔物质与地球表面不同的物质组分发生交换，形成了不同类型的岩石和矿床。将地幔柱与板块构造联系起来，在同一时空域内，岩浆活动与成矿作用、地球深部与表壳物质相联系，地幔柱深部过程与成矿作用研究则成为当前地学研究的最前沿和主要内容。

（四）新疆北部晚古生代岩浆作用与成矿响应

新疆天山石炭纪—二叠纪以与岩浆作用密切相关的内生矿床为显著成矿特色。主要成矿类型有：①岩浆铜镍硫化物矿床、钒钛磁铁矿矿床，以东准噶尔北缘喀拉通克和东天山黄山、黄山东、图拉尔根、香山西等矿床为代表；②斑岩型铜（钼）矿床以东天山土屋、延东、东戈壁和西准噶尔包古图、东准噶尔哈腊苏矿床为代表；③赋存于海相火山-次火山岩中的磁铁矿矿床，以西天山查岗诺尔、智博、备战和东天山雅满苏为代表（注意：后两类矿床不是传统意义上的岩浆矿床，但我们强调的是与岩浆活动有关的矿床）。此外，与岩浆作用有关的 VHMS 型多金属矿床（如东天山卡拉塔格、小热泉子等）以及热液矿床（如阿希金矿等）暂不讨论。

1. 铜镍硫化物矿床

新疆天山及邻区是中国岩浆铜镍硫化物矿床重要产出地区之一，主要形成于东天山黄山及北山镁铁-超镁铁质侵入岩带中。黄山岩带沿东西向展布，位于觉罗塔格构造带中，长约 270km，具分段成群集中出现的特点，发育近 20 个岩体。黄山岩带的岩体与喀拉通克相比贫碱，但镁质含量高于喀拉通克，角闪二辉橄榄岩为主要含矿岩相。香山镁铁质-超镁铁质岩体单颗粒锆石年龄为 286±1.2Ma（秦克章，2000），黄山东铜镍硫化物矿石的 Re-Os 等时线年龄为 282±20Ma（毛景文等，2002），均具类似于 OIB 或“地幔柱”同位素特征。北山岩带坡十岩体 SHRIMP 锆石年龄为 289±13Ma（陈富文等，2005），自南西而北东已发现坡十、罗中、坡一、红石山、笔架山等矿化岩体。坡十岩体进行深部钻探发现数条铜镍硫化物矿化体，镍含量多在 0.5% 以上，但局部有铂族元素（PGE）富集。

Nb、Ta、Ti 负异常是受俯冲事件交代地幔部分熔融岩浆的典型特征之一，在岛弧系统中，地幔楔受俯冲流体交代，如果在交代过程中角闪石发生分异或者在地幔楔发生部分熔融时金红石及榍石作为残留相，都会使得产生的岩浆中亏损 Nb、Ta、Ti。由此可见，黄山岩体 Nb、Ta、Ti 负异常指示岩体的地幔源区可能经历了俯冲事件的交代作用。黄山、黄山东及图拉尔根岩体的 Nd、Sr、Pb 同位素研究表明，岩体岩浆均来自亏损地幔，并且多数样品落入 OIB 区域，表现出深部地幔来源特征。全岩 REE 低且平坦，具有 δEu 正异常，东天山-北山的晚古生代地幔 Sr-Nd-Pb 同位素略显富集，亏损高场强元素 Zr、Hf、Nb、Ta，富集 LILE，具有典型的俯冲流体交代的特征，表明该区的地幔受到了俯冲板片的改造。

通过对新疆东天山黄山岩带及北山裂谷的坡北-红石山-笔架山岩带中镁铁-超镁铁质侵入岩及岩浆铜镍硫化物矿床的深入剖析，认识到板块俯冲的末期，以垂直运动为主的地幔热柱持续上涌，伴随壳-幔物质交换的加剧和不断进行，表壳物质被交换的逐渐减少，深部地幔物质可直接到达浅部地壳，形成与镁铁-超镁铁质岩有关的岩浆铜镍硫化物矿床或氧化物钒钛磁铁矿矿床（图 3-10）。

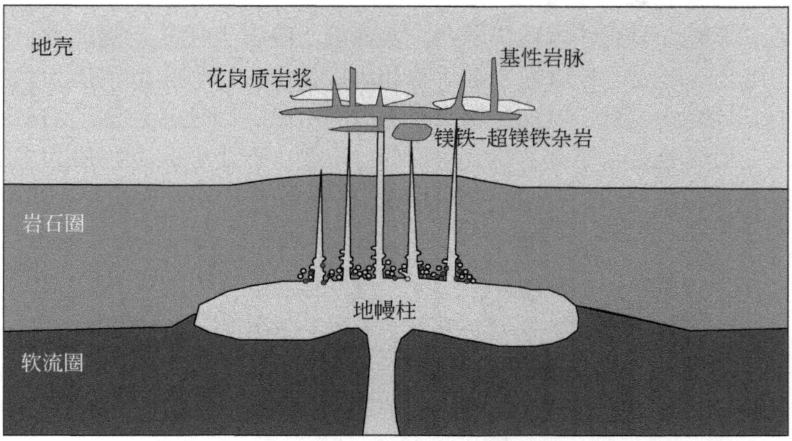

图 3-10 新疆北部晚古生代镁铁-超镁铁质岩体就位与岩浆铜镍硫化物矿床形成

2. 斑岩型（夕卡岩型）铜（钼）矿床

天山斑岩型（夕卡岩型）铜（钼）矿床较发育，主要分布在东天山及环准噶尔等地。东天山土屋、延东成矿斜长花岗斑岩锆石 U-Pb 年龄为 334 ~ 356Ma（秦克章，2000；芮宗瑶等，2002），辉钼矿 Re-Os 等时线年龄为 322. 7±2. 3Ma（宋会侠，2007）。西准噶尔包古图铜矿区域出露一系列中酸性小岩体，岩性以花岗闪长岩、石英闪长岩为主，围岩为下石炭统包古图组。V号岩体探明为中型铜矿。含矿岩体锆石 SHRIMP U-Pb 年龄为 311. 4±3. 3Ma，成矿期黑云母的 Ar-Ar 年龄为 297. 3±3. 8Ma，辉钼矿 Re-Os 等时线年龄为 310Ma，成矿时代为 310 ~ 296Ma（晚石炭世）。黄铜矿 δ^{34}S 变化范围为 -2. 4‰ ~ -0. 8‰（魏少妮等，2011）。东准噶尔玉勒肯哈腊苏铜矿床铜矿化体产于斑状花岗岩、石英二长斑岩中，主要为浸染状和细脉浸染状矿石，伴有绢云母化、硅化、绿泥石化、绿帘石化等中低温热液蚀变。哈腊苏地区的含矿中酸性岩体，从晚泥盆世到早三叠世均有，反映了该区复杂的成矿物质建造。哈腊苏斑岩的 $\varepsilon_{Nd}(t)$ 值为+7. 3 ~ +8. 5，卡拉先格尔斑岩 $\varepsilon_{Nd}(t)$ 值为+6. 7 ~ +8. 4，具地幔特征。哈腊苏斑岩的 δ^{18}O 为 7. 9 ~ 8. 6‰，高于地幔岩浆的 δ^{18}O（<6‰）。这些数据表明岩浆起源于新生地壳，即洋壳或岛弧壳部分熔融的产物，并在上升过程中有一定程度的地壳混染（杨文平等，2005）。

稀土元素呈现出右倾的 LREE 富集型，具有弱的 Eu 正异常。在微量元素洋中脊花岗岩标准化蛛网图中，高场强元素 Ta、Nb、Zr、Hf 亏损，大离子亲石元素富集，尤其是 Ba 富集。在微量元素原始地幔标准化图中，同样显示出大离子亲石元素的富集和高场强元素 Nb、Ta、Ti 的低谷，Ba 在配分模式中呈高峰，Th 呈一低谷。上述特征都与岛弧岩浆活动中的花岗质岩石相似。东准噶尔玉勒肯哈腊苏铜矿床，铜矿化体产于斑状花岗岩、石英二长斑岩中，铜矿石主要为浸染状和细脉浸染状矿石，伴有绢云母化、硅化、绿泥石化、绿帘石化等中低温热液蚀变。另外，哈腊苏斑岩的 $\delta^{18}O$ 为 7.9‰ ~ 8.6‰，明显比地幔岩浆的 $\delta^{18}O$（<6‰）高，暗示岩浆起源于地幔并在上升过程中混染了地壳物质，而非起源于上地壳的沉积岩。而在西准噶尔包古图铜矿中，黄铜矿 $\delta^{34}S$ 变化范围为 -2.4‰ ~ -0.8‰，表明成矿物质可能源于地幔。

土屋、延东等斑岩型铜矿的系统研究，发现处于晚古生代的新疆北部，伴随板块的运动产生俯冲作用，并形成了板缘的岩浆活动和成矿作用，以斑岩型铜矿为代表。此时代的成矿作用虽主要与俯冲相关，但也有软流圈物质的贡献，即地幔柱活动的初级阶段，上覆板块水的加入或深部的热源导致了软流圈的部分熔融，产生以表壳物质为主的岩浆活动和成矿作用（图 3-11）。

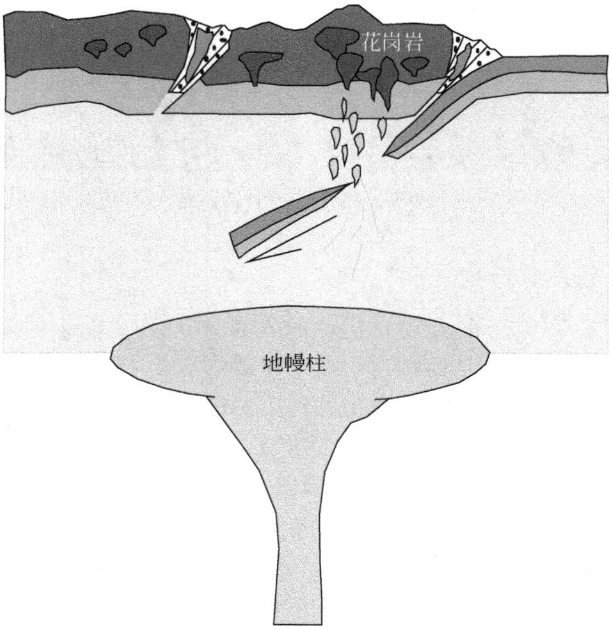

图 3-11　新疆北部晚古生代斑岩型铜矿形成模式示意图

3. 赋存于海相火山-次火山岩中的磁铁矿矿床

赋存于火山-次火山岩中的磁铁矿、VMS 型矿床，主要分布于天山西段和东段（雅满苏）。在西天山阿吾拉勒铁矿带，目前已发现松湖、雾岭、查岗诺尔、智博、敦德、备战 6 个主要铁矿床（图 3-12），初步控制铁矿石资源储量约 10 亿 t，预测资源量可超过 20 亿 t。其中，查岗诺尔磁铁矿，共圈出 11 个矿体。主矿体长 2835m，厚 41 ~ 120m，Fe^T 品位为 30% ~ 35%，控制资源量为 1.93 亿 t。区内出露地层主要为中石炭统则克台组，自下而上为：①石英角斑岩和凝灰熔岩；②凝灰质千枚岩和角斑质凝灰岩，是铁矿主要赋矿层位；③细碧岩、角斑岩、凝灰岩、火山角斑岩、火山集块岩。这些岩相/层位是磁铁矿矿床的直接含矿围岩。在智博附近，古火山口的发现以及磁铁矿与海相火山岩的“层控关系”意味着这些磁铁矿床有可能属于矿浆喷溢型铁矿，尤其是备战、智博两个大矿（汪帮耀，

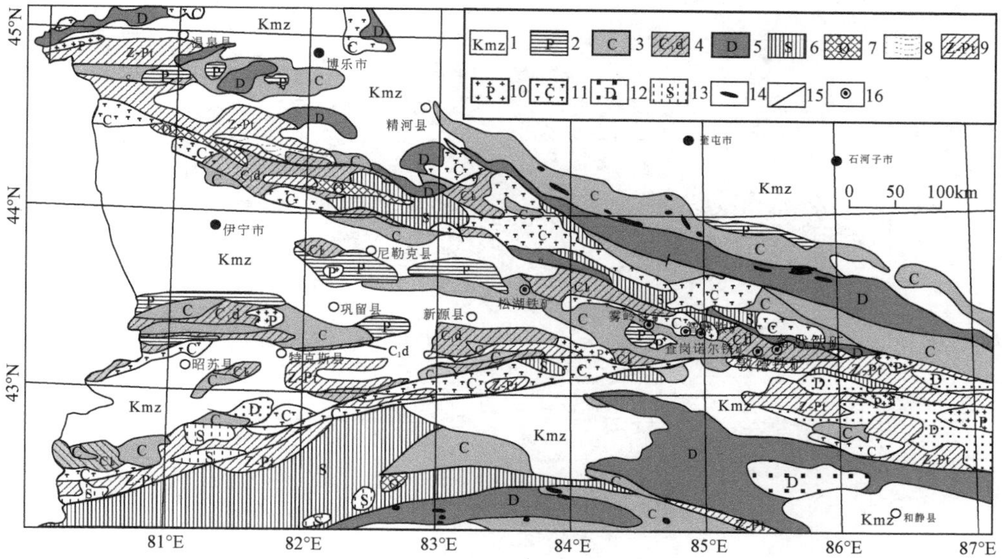

图 3-12　西天山阿吾拉勒铁矿带查岗诺尔铁矿地质图

1-中、新生界；2-二叠系；3-石炭系；4-下石炭统大哈拉军山组；5-泥盆系；6-志留系；7-奥陶系；8-寒武系；9-震旦系—元古宇；10-二叠纪花岗岩类；11-石炭纪花岗岩类；12-泥盆纪花岗岩类；13-志留纪花岗岩类；14-超镁铁岩；15-断裂带；16-铁矿床

2011；宋谢炎等，2010），这一成矿模型有待进一步完善。首先，海底矿浆喷溢遇到海水会急剧冷凝（如洋中脊枕状熔岩），不会引起大规模热液蚀变。其次，喷溢在海底，尚无上覆地层，故火山岩地层中矿体上覆岩石不会有与矿化有关的热液蚀变。再次，铁矿浆应该是玄武质岩浆演化晚期的产物，铁矿石应该是 Fe-Ti-V 的成矿元素组合，然而，这些铁矿石含 Ti 太低，且矿层上下盘普遍具有类似夕卡岩的蚀变岩组合（石榴子石、阳起石和绿帘石等），而其局部夕卡岩十分发育，甚至出现石榴子石，在查岗诺尔矿床该特征非常明显。因此，玄武质岩浆（包括安山岩岩浆）与碳酸盐发生接触变质作用，富集铁成矿或富矿流体交代贯入含矿层位的可能性很大。另外，成矿作用显然要晚于赋矿火山岩地层的时代，但究竟相差多少需要准确的定年结果。

查岗诺尔、智博铁矿区的所有赋矿中性岩（主要是安山岩）具有相似的主量元素组成和微量元素配分模式，显示其可能源自同一源区且演化过程相似。其赋矿围岩（主要是安山岩）源自幔源基性/超基性岩浆混染地壳物质形成的中性岩浆。通过查岗诺尔、智博和备战铁矿的研究发现：①块状矿石（$FeO^T>85\%$）中的 TiO_2 含量非常低（<1%），且 P_2O_5 和 TiO_2 含量不随着矿石中全铁含量的增高而增高；②矿石包裹体都是低温包裹体（洪为等，2012b）；③在 TiO_2-V_2O_5 图解中，查岗诺尔、备战和智博铁矿矿石均落在 Kiruna 和夕卡岩型铁矿区域之间，与孤山铁矿具有相似性，表明成矿与岩浆活动密切相关。

新疆西天山阿吾拉勒铁矿带的突破，启示我们对成因认识的深入思考，岩石学及地球化学研究发现，随着深部地幔物质的不断上涌，壳-幔相互作用的规模在逐渐加大，形成大量的火山岩浆于构造薄弱地带喷出地表，并与表壳的物质发生交换，产生岩浆喷溢型铁矿床（图 3-13）。

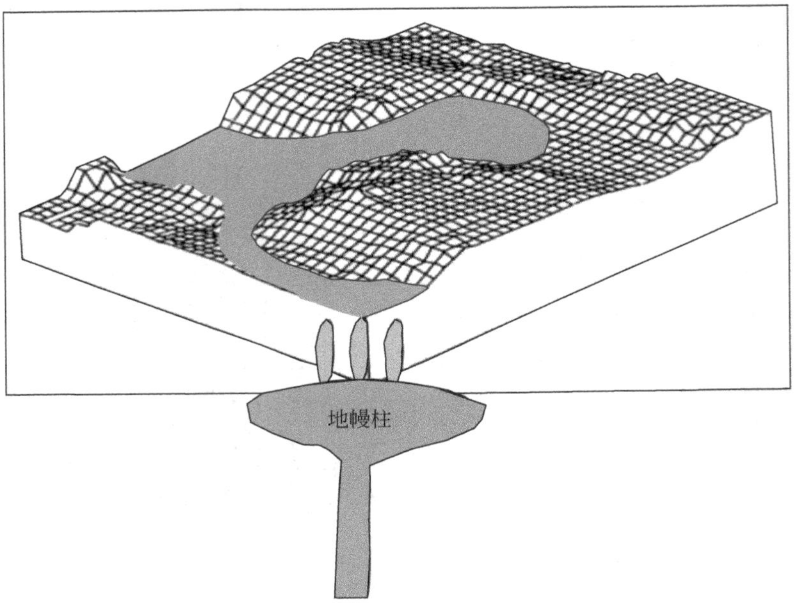

图 3-13　新疆北部晚古生代磁铁矿矿床形成机制探讨模式

西天山等磁铁矿的形成如果与玄武质岩浆有关，要产生如此大量的 Fe，岩浆作用的规模也是空前的。假设地幔柱活动是第一驱动力，它的形成类似于科马提岩流有关的科马提岩型岩浆镍钴硫化物矿床。但地幔柱作用的表征或地球化学表现，还有待于深入研究。

综合以上三种成矿类型和形成特征，无论新疆天山晚古生代的岩浆活动，还是成矿作用都有地幔柱活动的征兆或印迹，也许是后期的造山作用将大量的溢流玄武岩剥蚀殆尽，而表现出了不同于以往的大火成岩省与地幔柱活动的特点。

塔里木大火成岩省存在两期比较明显的岩浆作用，一期是 290Ma 峰值的喷出岩，另一期是 280Ma 峰值的侵入岩，是塔里木地幔柱活动的产物。徐义刚等（2013）研究认为，塔里木克拉通岩石圈未能减薄，深部的幔源岩浆只能通过边缘上涌。所以其成矿作用主要集中在克拉通边缘，特别是与造山带交会部位，从而得到了天山及邻区石炭纪—二叠纪大量内生金属矿床集中爆发的地球动力学模型，是塔里木地幔柱多期次岩浆活动的结果（图 3-14）。

新疆天山大地构造演化伴随板块俯冲、陆-陆碰撞而形成今天的构造格局。板块构造运动贯穿于整个演化过程，发育在板块边界的岩浆作用为成矿提供了热源和物源，形成相应的内生金属矿床。在 320～340Ma，西天山以板块俯冲为主，作为南邻的塔里木地幔柱，恰处于喷发前的能量聚集期，深部地幔物质开始活动，尽管部分熔融的地幔物质还达不到上涌的程度，但至少能提供一些热量和气体，为上部的部分熔融提供条件（图 3-14）。随着气体和热量的汇聚，软流圈顶部与岩石圈底部发生大量部分熔融，形成的岩浆与表壳的物质发生交换，进而形成了西天山阿吾拉勒铁矿带。320～300Ma，随着塔里木地幔柱活动程度的加剧，部分熔融产生的岩浆大量形成，深部的地幔物质可沿岩石圈底部有少量上

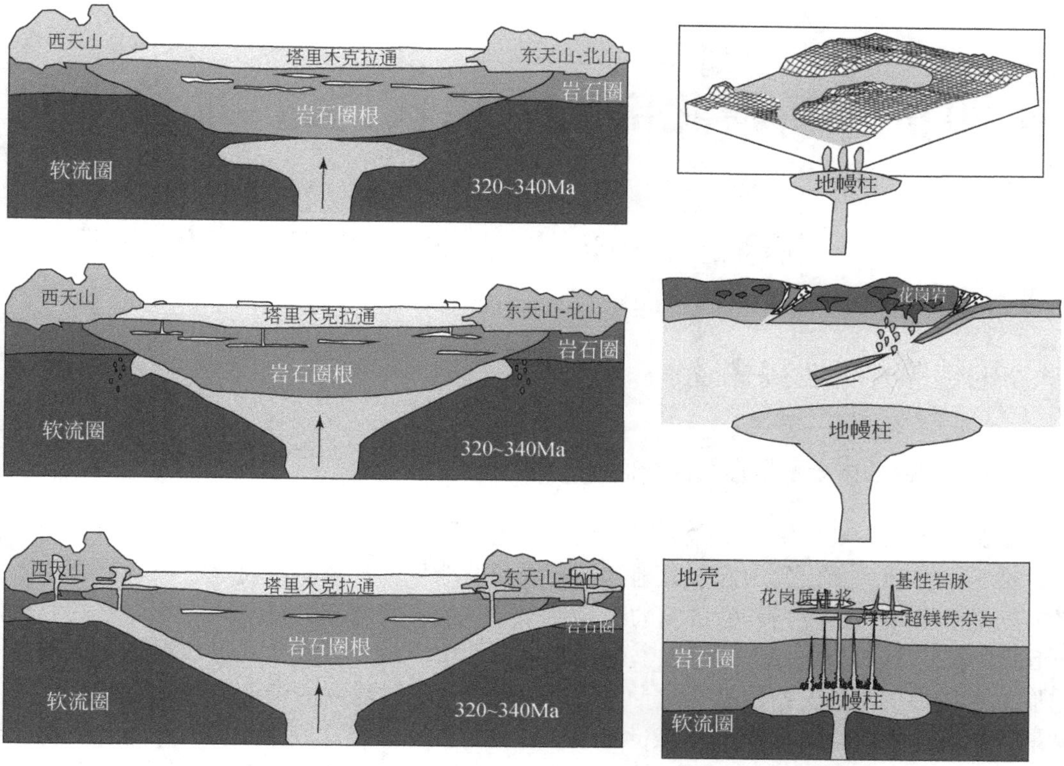

图 3-14　新疆天山及邻区大规模岩浆活动与成矿作用爆发模式图

涌，但多数还是热量和气体，也为表壳俯冲物质的熔融和交换提供条件，在以俯冲为主，伴随地幔柱活动的共同作用下，形成了斑岩型铜（钼）矿床（图 3-14）。随着时间的推移，塔里木地幔柱活动加剧，大量的深部地幔岩浆围绕刚性的塔里木克拉通边缘上涌，于造山带的薄弱区域结合，到达表壳部分与之发生物质交换，形成大量的镁铁–超镁铁质侵入岩及岩浆铜镍硫化物矿床，东天山的黄山岩带、北山裂谷带的坡北地区，是板块构造与地幔柱共同作用的结果（图 3-14）。上述三个阶段，板块构造和地幔柱活动在空间上的共存和在时间上的延续/叠加，导致了新疆北部晚古生代的成矿大爆发。

第四章　新疆北部晚古生代构造-地貌恢复

第一节　新疆北部构造格架-地貌特征及演化分析

一、构造格架-地貌概述

（一）区域地质构造格局和演化简史分析

新疆北部指新疆内塔里木盆地以北地区，包括阿尔泰山、东准噶尔和西准噶尔低山丘陵、准噶尔盆地、天山等山脉和盆地，与其毗邻的地区包括塔里木盆地、中亚诸国的天山及其毗邻的盆地、俄罗斯和蒙古国的阿尔泰山脉、蒙古国西部以及河西走廊以北的北山低山丘陵等，它们属于中亚地区巨型盆岭地貌格局的重要组成部分，其形成演化与亚洲大陆的形成演化密切相关，西伯利亚地台与塔里木地台之间古洋盆的消失，标志着该区地壳主体最终拼合过程的结束（李锦轶等，2006a）。该区位于青藏高原以北的亚洲大陆中部，近东西走向的天山山脉和北西-南东走向的阿尔泰山脉，与位于它们之间的塔里木盆地、准噶尔盆地、伊犁盆地、吐哈盆地等构成了陆内大型盆山地貌格局。该构造格局与古洋陆格局的差别主要表现在：①塔里木地台在古洋陆格局中是隆起在海平面之上的古陆剥蚀区或为陆表海覆盖，现今为盆地；其北缘的被动陆缘岩系，在其西北边缘柯坪一带保存相对完好，而在北部库车一带被掩盖，在库鲁克塔格地区被强烈剥蚀。②天山山脉现今总体为近东西走向，向西散开分成多支山系，向东收敛，分别在蒙古国南部和中亚渐变为低地或高原，而根据构造研究推测，其前身的洋盆及洋盆关闭以后形成的山脉，向西可以连接到乌拉尔，向东一直延伸到中国东北；天山中现今高耸的博格达山，在古生代晚期是沉积盆地；吐哈盆地与塔里木盆地之间的觉罗塔格一带，古生代晚期为高山，现今为低山丘陵或戈壁，接近准平原状态。③东准噶尔与西准噶尔地区，在古生代晚期至侏罗纪期间，都是高耸的山系，现今则为低山丘陵区；准噶尔盆地在古生代期间可能为古陆隆起区，现今为盆地。④阿尔泰山脉现今呈北西-南东走向，从哈萨克斯坦北部一直绵延到蒙古国西南部，叠加在不同的古构造单元之上。这些差别表明该区古生代构造格局或地壳侧向分区与现今是不同的。在天山中，侏罗纪盆地沉积物被褶皱并出露在山顶，这表明在古生代晚期、侏罗纪和现今，盆地与山脉格局也是不同的。

从构造演化的角度看，新疆北部大地构造位置恰处于哈萨克斯坦、西伯利亚和塔里木3个古陆板块交会复合部位，其大地构造演化比较复杂，元古宙大陆裂解、早古生代洋盆扩张、晚古生代板块增生边缘的地壳伸展及中生代板内构造演化基本奠定了目前新疆北部地质构造格架的基本轮廓，新生代以来的构造活动主要表现在对印度-欧亚板块碰撞的响应（差异性隆升与剥蚀）。该区地壳主体是在古生代期间拼贴和碰撞形成的，前震旦纪地质体只是古生代造山带中巨型构造包体，其上叠加了二叠纪以来的内陆盆地。新生代地质作用，在新疆北部及邻区主要表现为天山和阿尔泰山的强烈隆升剥蚀及毗邻盆地（包括准噶尔盆地、吐鲁番-哈密盆地、焉耆盆地、塔里木盆地等）的快速沉降堆积、北北西走向的右行走滑断裂（如卡拉先格尔断裂）和北东走向的左行走滑断裂（阿尔金断裂系和达拉布特断裂系等）构成宏观的共轭走滑断裂系统，以及在天山与两侧盆地结合部位的逆冲断裂活动等。构造变形的结果是使新疆北部及邻区地壳整体由南向北运移、地壳一定规模的缩短和水平错移导致新疆北部地壳现今盆山格局和垂向双层结构的形成。该区新生代的地壳变动，目前被普遍认为是印度板块与欧亚板块碰撞的远程效应。从这个意义上说，天山地区的新生代陆内造山作用，实际上也是板块相互作用的产物。新疆北部中生代的地质作用，其主要特征可能是白垩纪期间的准平原化，表现为天山山脉剥蚀夷平和周邻盆地的充填。从目前的研究资料看，这一时期的断裂活动不明显，只是在中亚地区大型断裂的右行走滑可能持续到白垩纪末期（Yakubchuk and Nikishin，2004），岩浆活动仅见于天山南部托云盆地（新疆维吾尔自治区地质矿产局，1993；王彦斌等，2000）。

根据前人已有研究结果，新疆北部大陆地壳的增生可以初步确定为主要集中在太古宙至古元古代（库鲁克塔格地区）、中元古代至新元古代早期、震旦纪至寒武纪（500Ma 前后）和二叠纪早期（280Ma 前后）4 个地质时期。我们认为，后 3 期分别对应为中元古代大陆裂解-新元古代早期新的大陆聚合、震旦纪至寒武纪大陆裂解大洋形成和二叠纪地幔柱的活动。就数量而言，500Ma 以前的中-新元古代期间增生形成的地壳是其主体部分。最后一期即二叠纪地幔柱活动造成的地壳增生是一种叠加在不同构造部位的壳幔岩浆作用增生方式。

新疆北部地区现今地壳构造格架，可以简单地概括为垂向上具有双层结构、侧向上不同时期具有不同的构造分区。这一构造格架的形成过程，主要经历了前震旦纪古陆形成-裂解与聚合、震旦纪—古生代洋盆的打开与关闭及相关的大陆裂解与聚合、中生代亚洲大陆边缘演化、新生代与印度-亚洲大陆碰撞有关的陆内造山等构造阶段（张良臣等，1991；张良臣，1995），在一些地质时期还与幔源岩浆的底垫对地壳或岩石圈的改造有关。从动力学方面看，该区地壳形成与演化，分别受控于水平方向上板块之间的相互作用和垂直方向上软流圈地幔与上覆岩石圈或地壳的相互作用。其结果不仅使该区大陆地壳的增生有水平的和垂直的两种方式，而且使该区地壳演化表现为挤压和伸展两种运动学方式并存。

（二）构造单元分区及其构造-地貌特征

1. 阿尔泰构造带

阿尔泰位于新疆北部边境地区，现代地形上为高山峻岭，呈北西-南东走向，山体长 500km 左右，地势北西高南东低，最高海拔 4374m。山麓四周为沙漠荒原，而山地本身林木茂密，现代山地因受纵向断裂控制，从北东向南西显示出递降阶梯，层状地貌非常清晰，反映了断块山地的形态特征。在大地构造位置上处于中亚造山带西南部，哈萨克斯坦板块和西伯利亚板块的缝合线附近。北邻西萨彦岭古岛弧带，南侧以额尔齐斯断裂与斋桑造山带、准噶尔地块和东准噶尔南蒙古造山带相邻。

在大地构造区划上，阿尔泰构造带隶属于阿尔泰-萨彦岭构造褶皱带，具有向南突出的弧形构造系统，西与哈萨克斯坦板块区为邻，南与准噶尔地块相毗连，东部为贝加尔-大兴安岭构造区。巨大的山体是在北西向的海西造山系的基础上，经后期中新生代构造运动发育起来的。其中主要经历了两个大型隆升造山阶段：①上新世末—早更新世末，古生代基底的断块活动居主要地位，在阿尔泰山区许多老断层复活，出现了明显的差异性升降运动，山区与平原的地形差异增大，山体雏形基本形成；②中更新世—全新世，以间歇性隆升运动为主，特别是中更新世整个山体大幅度抬升，形成阿尔泰山的现代地貌轮廓。阿尔泰山体的发育主要受北西向断裂控制。山体南西麓为阿尔泰山前大断裂，向西变为额尔齐斯挤压带，其走向为300°～330°，倾向北东，总长度约870km，控制山体南西边界。北东麓发育东、西两条近平行的大型右旋走滑断裂，分别为哈尔乌苏湖断裂和科布多断裂。其中科布多断裂为山体北东边界的控制断裂，走向NNW，总长度约480km。山体北麓发育别洛库里汉斯基断裂，总长度约170km。

该区构造演化方面，根据前人研究结果（李志纯，1996；陈毓川，2000），主要经历了震旦纪—泥盆纪古亚洲洋的形成与演化，并以被动大陆边缘接受了火山-沉积作用的改造；泥盆纪—二叠纪，哈萨克斯坦-准噶尔板块与西伯利亚板块的碰撞闭合，造山作用以及后造山伸展环境引发该区大量海西期岩浆岩的发育；印支期—燕山期，该区基本以稳定大陆发展为主。

区内发育的额尔齐斯断裂是整个中亚造山带中的一条重要深大断裂，额尔齐斯断裂及其次级断裂组成额尔齐斯断裂带，是海西中晚期（早石炭世—早二叠世，350～280Ma）哈萨克斯坦-准噶尔板块与西伯利亚板块的碰撞带。该带在中国境内是一条宽20～40km，长约400km，经受不同程度构造作用的强应变带，剪切作用影响范围遍布整个中国阿尔泰造山带南缘。较新的研究认为，额尔齐斯断裂带经历了早二叠世的左行走滑和早二叠世以后的右行走滑两个阶段，佐证了早二叠世中亚造山带总体处于造山后大规模伸展及走滑构造调整阶段的结论（Charvet et al.，2007；Lin et al.，2009）。

截至目前的研究对于准噶尔盆地有着多种不同类型的构造分区，韩宝福等（2006）以东、西准噶尔作为分区对该盆地进行了研究；马宗晋等（2008）将盆地内部以局部隆起和拗陷划分为4个三级构造单元，盆地边缘为由横向断裂所分割的6个小分段；李锦轶等（2006a）认为东准噶尔、准噶尔盆地是西伯利亚古板块的一部分，而西准噶尔是哈萨克斯坦古板块的组成部分。

本书根据构造地貌、地层分布以及岩浆岩特征的差异，将准噶尔地块及其周缘构造单元划分为准噶尔地块、西准噶尔构造带和东准噶尔构造带。

2. *准噶尔地块*

准噶尔盆地以天山山地为其南部边界，其北为阿尔泰山，东部毗邻卡拉麦里断块低山与丘陵、西以准噶尔西部山地为界，盆地中部为古尔班通古特沙漠。盆地四周山脉的构造线与盆地边缘的方向一致，皆为深大断裂所控制。盆地周围有三个谷地与邻区相连，西北角为额尔齐斯河谷地，西南为艾比湖盆地，东端的奇台以东有一宽阔的洼地，其中发育了霍景涅里辛沙漠。盆地的地势由东北向西南倾斜。北部在额尔齐斯河与乌伦古河中游地区海拔为700～1000m，东部一般为600m左右，而西南部则在300m以下。

通过收集现有106个岩心（以玄武岩、玄武安山岩、流纹岩为主）的微量元素数据，发现准噶尔、三塘湖、吐哈三个盆地的火山岩样品大多落在板内和岛弧两个区域，反映陆缘岛弧和碰撞期后陆内裂谷两种构造环境。从各分区样品数据看，仅陆梁区属于板内拉张裂陷环境。结合前人对该盆地沉积环境研究结论，泥盆纪—早石炭世为海相火山喷发环境，晚石炭世—二叠纪以海陆交互相-陆相喷发火山岩为主。根据该区火山-岩浆作用方式、喷发类型、搬运方式、堆积定位环境及在火山机构中的相对位置，可划分为四种相，即溢流相、爆发相、火山通道相和火山沉积相。通过野外观察，还发现有3种火山机构-岩相模式：中酸性火山机构-凝灰岩、英安岩、火山角砾岩、流纹岩组合；中性火山机构自上而下为安山质火山角砾岩、火山集块岩，平面上由外到内为安山岩-火山角砾岩、辉绿岩、火山集块岩；中基性裂隙式火山机构-无明显火山地形，发育中酸性脉体、角砾岩，长英质花岗斑岩及玄武岩。谭佳奕等（2010）在准噶尔盆地南缘吉木萨尔县火烧山油田白碱沟下石炭统巴塔玛依内山陆相火山地层中发现湖相喷发证据：①火山岩与黑色页岩直接接触，自下而上为黑色页岩、玄武安山岩、火山角砾岩；②流纹岩、珍珠岩（湖相喷发）直接覆盖在安山质角砾岩之上。

在构造演化上，准噶尔地块具有前寒武纪结晶基底，它与其周缘地区经历了新元古代—早古生代的洋盆开裂与闭合阶段和晚古生代的有限洋盆扩张与关闭阶段，这一阶段相当于全球的罗迪尼亚古陆自新元古代裂解、洋盆发育、闭合直至形成新的泛古陆（潘吉亚）时期，表明准噶尔地块在震旦纪—古生代经历了完整的开合旋回。这一旋回形成的构造层构成了二叠纪—新近纪盆地的基底（况军，1993；张功成等，1999；王元龙和成守德，2001；陈新等，2002；何登发等，2002）。二叠纪以来，准噶尔地块处于板内盆地发展与改造时期，经历了早期隆拗分异、统一盆地形成与晚期前陆盆地叠加的复杂演化历史。

3. 西准噶尔构造带

西准噶尔构造带现今的区域构造线总体呈北东-南西方向延伸，但是，北部的塔尔巴哈台山和萨吾尔山是呈近东西走向的山脉，构造线也呈近东西走向。北东-南西方向延伸的达拉布特蛇绿岩带被阿克巴斯套花岗质岩体侵入，南西部有唐巴勒蛇绿岩，北东部有洪古勒楞蛇绿岩。达拉布特蛇绿岩的Sm-Nd等时线年龄为395±12Ma，与蛇绿岩有关岩石中含有中泥盆世和石炭纪放射虫化石，因此达拉布特蛇绿岩的时代为泥盆纪至早石炭世（张弛和黄萱，1992）。而洪古勒楞蛇绿岩则有两个Sm-Nd等时线年龄，分别为444±25Ma（张弛和黄萱，1992）和626±25Ma（黄建华等，1999），而且在附近的中志留统沙尔布尔组底砾岩中，发现了蛇绿岩砾石和含晚奥陶世化石的灰岩角砾和岩块（黄建华等，1999）。唐巴勒蛇绿岩中斜长花岗岩的Pb-Pb等时线年龄为508±20Ma，$^{206}Pb/^{238}U$表观年龄在480±520Ma（肖序常等，1992）。所有这些表明，西准噶尔最早可能在震旦纪就已经存在洋盆，洪古勒楞蛇绿岩所代表的洋盆在中志留世已经闭合，而达拉布特蛇绿岩代表的洋盆存在于泥盆纪至早石炭世。西准噶尔出露的古生代地层主体是泥盆系和下石炭统火山-沉积地层，二叠系主要出现在萨吾尔山北坡，而下古生界主要出露在南部和沙尔布尔山。此外，在东侧靠近准噶尔盆地处，中生代地层不整合覆盖在晚古生代地层之上。晚古生代后碰撞深成岩体主要侵位在泥盆纪和早石炭世地层之中，在萨吾尔山北坡，个别花岗质岩体侵位在早二叠世火山岩之中。

4. 东准噶尔构造带

东准噶尔构造带北以额尔齐斯构造带与阿尔泰造山带相接，现今的区域构造线为北西-南东走向，阿尔曼太-扎河坝和卡拉麦里两条蛇绿岩带也呈北西-南东向延伸。蛇绿岩的同位素年代学研究表明，阿尔曼太-扎河坝蛇绿岩所代表的洋壳在500Ma左右就已经存在（黄萱等，1997；简平等，2003；肖文交等，2006a），在阿尔曼太，上泥盆统陆相或海陆交互相火山-沉积岩系不整合覆盖在蛇绿岩之上（李锦轶，1995），蛇绿岩遭受后期变质作用的时间为392±17Ma（黄萱等，1997），推测阿尔曼太-扎河坝蛇绿岩主体形成的年龄为晚寒武世—早奥陶世，代表了早古生代古亚洲洋发生洋内俯冲（李锦轶，2004；肖文交等，2006a）。而卡拉麦里蛇绿岩带不但被石炭系南明水组不整合覆盖，并且被晚石炭世（约300Ma）的花岗质岩基切穿（李锦轶，1995），在蛇绿岩带硅质岩中发现了泥盆纪和早石炭世的放射虫化石（李锦轶等，1990；舒良树和王玉净，2003），因此，限定该蛇绿岩带可能代表泥盆纪初形成，并在早石炭世晚期关闭的洋盆（李锦轶，2004）。东准噶尔主要发育晚古生代泥盆纪和早石炭世火山-沉积地层，还有少量志留纪地层和二叠纪火山岩，在东准噶尔南部有中生界出露，不整合于古生界之上。晚古生代后碰撞深成岩体就侵位在泥盆纪和早石炭世火山-沉积地层之中。

区域地质资料显示，无论在东准噶尔还是在西准噶尔，由蛇绿岩所代表的古洋盆可能不止一个，它们闭合的时限也可能存在差异。但到晚石炭世之前，可能由于西伯利亚板块南缘持续向南增生，洋盆最终闭合。从晚石炭世到二叠纪，准噶尔地区进入后碰撞构造演化阶段，以广泛发育后碰撞深成岩浆活动为特征（韩宝福等，1998，1999）。

韩宝福等（2006）根据锆石U-Pb年代学资料，东准噶尔后碰撞深成岩浆活动发生在330～265Ma，而西准噶尔后碰撞深成岩浆活动的时限在340～275Ma，分别持续约65Ma，因此，东、西准噶尔晚古生代碰撞深成岩浆活动的时限基本相当，按照最新的国际地质年表关于石炭纪和二叠纪划分方案（Gradstein et al.，2004），准噶尔后碰撞深成岩浆活动从早石炭世中-晚期维宪期开始，于早二叠世末期结束。但是，东、西准噶尔后碰撞深成岩浆活动也显示出一定的差别，东准噶尔后碰撞深成岩浆活动的高峰期是在325～310Ma和305～280Ma两个时段，而西准噶尔后碰撞深成岩浆活动主要集中在310～295Ma。早二叠世深成岩浆活动，在东准噶尔仍然较强，但在西准噶尔则相对较弱，说明东准噶尔构造带是相对受到二叠纪地幔柱岩浆活动较强烈影响的地段。

5. 天山构造带

天山是中亚巨大山系，地处古塔里木地块与准噶尔地块的交接位置。天山山脉及其邻区是由NW向和近EW向挤压性盆-岭构造地貌分成的相互迁就、相互叠加而形成的复杂的复式盆-岭构造地貌构成的。中国境内的天山夹持于塔里木与准噶尔盆地之间，其总体山势是西段高峻，汗腾格里山海拔一般在5000m以上，最高峰托木尔峰海拔7435.3m，向东山势逐渐降低，库鲁克塔格以东海拔1000～2000m，呈岗丘地带，相对高差较小。

印度板块与欧亚大陆碰撞后继续向北推挤，造成了印度板块与西伯利亚板块间地壳缩短，而在天山地区吸收了地壳缩短量的44%，到目前这一过程仍在继续。天山地区的地壳由于不断地受到挤压而缩短，不但使平行于天山山脉的逆冲断裂重新复活，NW 和 NWW 向右旋走滑逆断裂的调节作用把地块分割成菱形、三角形的断陷盆地，其边界往往为逆断层。外伊犁卡拉套、阿吾尔山、依连哈比尔尕、博格达和哈尔克山等组成天山山脉最北一排正向地貌单元，其总体走向为 NWW；再向南为伊犁、吐哈盆地组成的第二排负向地貌单元；吉尔吉斯、特克斯、那拉提、喀尔宾和觉罗塔格等山为第三排正向单元；伊赛克湖、昭苏、尤陆都斯等盆地为第四排负向构造；尼古拉耶夫山、哈力克山、霍拉山、库都克塔格等山构成了第五排正向单元。

天山山脉与两侧的盆地多以逆冲断层为界，盆地的基底下插于天山山脉之下。天山山脉及毗邻地区的地壳主要由前震旦纪古陆碎块、古生代陆缘岩系和大洋岩石圈残片等组成（李锦铁等，2006b）。在天山的地形横剖面上可以看出，天山构造地貌单元组合的一个显著特点是山地与山间盆地、纵向谷地相间分布，且以山地中部山间盆地或纵向谷地为轴，南北大致对称发育（图 4-1）。所有山地及山间盆地的边界均受到形成于古生代的纵向断裂带的控制，纵向谷地则沿着纵向断裂发育。从图 4-1 还可以看出，天山山系有着十分明显而高耸的外缘山地，而山系内部山岭相对低矮，最中部则下陷为山间盆地。天山山地之所以具有很大的宽度，与上述特殊的山体结构有关（陈志明，1993）。

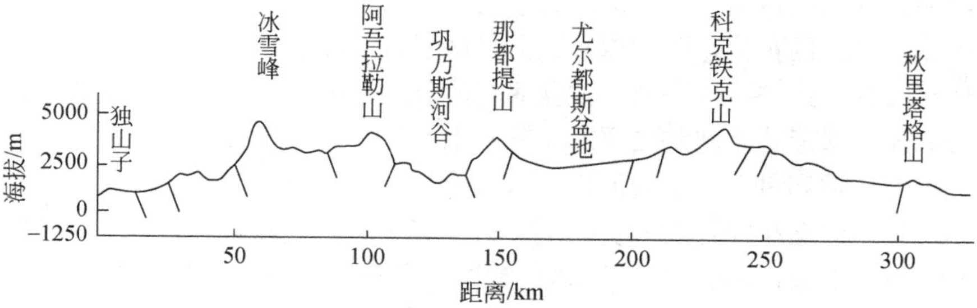

图 4-1　天山西段构造地貌剖面（据陈志明，1993）

在中国地质界，天山山脉以 88°E 线为界，可分为东天山和西天山，东、西天山在地质特征以及构造演化方面都有所差异。

东天山以阿其克库都克-沙泉子断裂和卡瓦布拉克断裂（向西以干沟断裂和乌瓦门-拱拜子断裂）为界，分为北天山、中天山和南天山。北天山区域在空间上可分为北、中、南 3 条地层-构造带，其中北带和南带为两套有序的地层系统，而中带是一套强变形的无序地层系统：北带位于康古尔塔格-黄山断裂带以北的吐哈盆地南缘，地层发育较全，显示由海相到陆相的发展演变；中带为康古尔塔格-黄山断裂构造带，夹于康古尔断裂与雅满苏断裂之间，长约 600km，宽 5～20km，为一套韧性剪切变形强烈且变质也较强烈的无序地层-构造岩片，该带作为东天山地区最大的断裂构造带，是在不同时期直接受南、北两个板块相互作用，经历多期次的构造-岩浆活动，其位置代表了古天山洋盆的最后闭合、相邻地块（北侧为吐哈地块、准噶尔地块，南侧为中天山微地块、塔里木地块）的拼接缝合，之后又进一步挤压碰撞、韧性剪切变形、冲断推覆，特别是在后期走滑平移运动过程中，已使其相对空间位置大为改观，结构、构造更为复杂。现今的康古尔塔格-黄山断裂带不能简单地表示为塔里木板块和哈萨克斯坦–准噶尔板块的缝合线，而是这两大板块碰撞后期在二叠纪叠加的地幔柱活动改造影响下出现的复杂构造样式，也包括碰撞后（二叠纪—三叠纪）的韧性剪切变形和平移走滑及深部岩浆–热力构造作用下的降温塌陷与（三叠纪—侏罗纪）浅部断–拗陷盆地沉积和准平原化地貌景观，也应该包含后期青藏高原构造演化中所发生的羌塘地块、拉萨地块、印度板块的多期次向北挤压推覆过程中的盆山耦合转换和阿尔金构造带走滑剪切改造破坏等构造形迹的综合反映；南带位于雅满苏大断裂与阿齐克库都克大断裂之间，又称为阿齐山–雅满苏岛弧带，该带石炭纪火山岩发育；阿齐克库都克断裂以南为中天山微地块，主要由中新元古代的中深变质岩系和早古生代沉积–火山岩系组成，该区在震旦系、寒武系具有岛弧活动性质，早古生代为活动陆缘，封闭于志留纪末（杨兴科等，1996）。南天山是中天山早古生代岛弧的弧后盆地，其基底与塔里木地块北缘和中天山微地块相似，其东段与中天山微地块更为一致，西段则是塔里木板块与中天山间的洋盆在塔里木运动中闭合。星星峡断裂以南为北山裂谷系，其中间隆起带与其北缘早古生代合称为北山加里东岛弧带，南部为弧后盆地。

构造演化上东天山地区主要经历了前震旦纪基底的形成与演化、震旦纪—石炭纪古陆裂解形成古亚洲洋以及该洋盆的扩张到闭合、石炭纪—二叠纪碰撞造山以及造山后陆内伸展、二叠纪—现代陆内造山几大阶段。其中前震旦纪基底的形成和古亚洲洋的形成阶段基本上与整个新疆地区的古构造演化相同，但是由于古亚洲洋是个多陆块洋，众多陆块之间展布着一些小洋盆，这一特点决定了洋盆演化的复杂性和碰撞造山的多期性。从早寒武世到泥盆纪都有弧陆碰撞或小陆块之间的碰撞发生，这些碰撞事件造成了小洋盆的闭合，并最终导致了全面碰撞和古亚洲洋的消亡。东天山地区作为当时古亚洲洋的一部分，其演化过程也包括了不同时期小洋盆的消亡和小陆块的碰撞闭合，直到晚石炭世，塔里木和准噶尔–哈萨克斯坦板块碰撞闭合，形成东天山地区一系列东西向展布的构造带。

海西期是区内最重要、最活跃的岩浆岩成岩成矿期。在泥盆纪–早石炭世，塔里木和准噶尔两个板块之间存在一个北天山次大洋，虽然该洋盆规模存在争议，但该洋盆向南北两侧扩张，以双向式俯冲模式在其北南两个板块边缘分别形成康古尔塔格–哈尔里克岛弧和阿奇山–雅满苏岛弧（杨兴科等，1996），也有研究认为阿齐山–雅满苏一带为弧后盆地（秦克章等，2002）。晚石炭世，北天山次大洋收缩闭合，使南北两板块沿康古尔塔格–黄山断裂带对接碰撞，形成康古尔塔格–黄山俯冲–碰撞带，同时在碰撞带内或其附近形成巨型韧性剪切带。康古尔塔格–黄山韧性剪切带，主变形时代为海西中晚期（310～250Ma），已有研究认为该带可能一直近东西向延伸到西天山一带，也有研究认为该带在89°30′E的位置向南西方向偏转并继续延伸。

新疆西天山地区包括：北天山构造带的阿拉套山、别珍套山、科古琴山、依连哈比尔尕山、博罗科洛山，中天山构造带的伊犁盆地、阿吾拉勒山、乌孙山、那拉提山及南天山构造带的哈尔克山、额尔宾山、霍拉山、黑英山。全区被北侧的依连哈比尔尕山北坡构造推覆断裂带和南侧霍拉山–黑英山推覆断裂带所围限，总体为三角形并呈向北和向南逆掩推覆的扇状展布的复合造山带。西天山造山带位于中亚造山区的南部，经历了复杂的增生造山过程，它也是标志塔里木地块北部被动陆缘与西伯利亚地块南侧宽阔活动陆缘最后拼合的构造带，北邻哈萨克斯坦–准噶尔古板块，南邻塔里木古板块，由古生代陆缘岩系、洋壳残片和微陆块结晶基底等拼贴增生而成，其构造演化与天山洋盆演化密切相关。西天山传统上被划分为北天山、中天山和南天山（王作勋等，1990；Allen et al.，1992），后来也被划分为北天山、中天山、南天山和西南天山（朱志新等，2013）。

总体来说，西天山造山带是由古生代陆缘增生-碰撞造山作用和新生代晚期陆内造山作用形成的，其增生造山作用与早古生代帕尔斯克依古洋、早古生代晚期-晚古生代南天山洋和晚古生代北天山洋 3 个代表洋盆的演化相关（高俊等，2009；朱志新等，2013）。西天山造山带演化过程可分为太古宙—古元古代陆核形成阶段、中元古代—新元古代中期古天山洋盆演化阶段、新元古代晚期至石炭纪古生代天山洋盆演化阶段、二叠纪后陆内演化阶段。其中新元古代晚期至石炭纪古生代天山洋盆演化阶段为西天山造山带的主要形成阶段，与各类成矿作用密切，早期新元古代—寒武纪阶段为天山洋盆扩张时期，表现为被动陆缘沉积。奥陶纪天山洋盆开始俯冲收缩，至晚石炭世天山洋盆关闭，西天山地区进入陆内演化阶段。二叠纪时期，西天山至整个中亚地区进入后碰撞演化阶段（朱志新等，2013）。

6. 塔里木地块北缘

塔里木地块及其上发育的塔里木盆地处于北侧天山向南推挤、南侧西昆仑向北推挤、东侧阿尔金断裂左行走滑和西侧喀喇昆仑右行走滑 4 类不同性质的构造应力场中，以塔里木盆地中部近东西向展布的中央隆起带为主断裂带，南、北两侧拗陷和隆起依次相间近平行对称展布。而塔里木地块北缘主要形成于塔里木板块北向运动，向天山造山带“层间插入与俯冲消减”，代表塔里木地块（或塔里木盆地）与天山复合造山带的边界，崔军文等（2006）通过对该区磁异常的研究，发现塔里木地块北缘（40°N 以北）区域主要为一大型块状负磁异常区，对应塔北拗陷区，该负异常由巨厚的沉积建造引起，也可能与深部热作用导致结晶岩的退磁作用或缺失太古宇磁性结晶基底有关。86°E 以西（即西天山对应的塔里木盆地北缘段）磁异常特征不清晰，表明该部分的塔北缘断裂带主要穿越沉积盖层区；而 86°E 以东（即东天山对应的塔里木盆地北缘段）磁异常连续性好，显示正磁异常特征，总体和东南天山构造岩浆岩带相对应，但和库鲁克塔格地块相对应的为强负异常，显示库鲁克塔格地块为无根的变质地体。异常的总体特征显示塔里木盆地和天山复合地体的结合部位，仅存在中、浅层次的自北而南的基底卷入型逆冲、推覆构造。

塔里木地块北缘紧邻南天山构造带，其形成过程与南天山洋的演化息息相关。郭瑞清等（2013）通过对塔里木地块北缘志留纪花岗岩类的研究，认为在早古生代南天山洋存在双向俯冲，并从志留纪已经开始向南俯冲-消减，一直延续到早石炭世，到晚石炭世闭合。此外，有学者对塔里木北缘的西北部进行了详细的研究，认为塔里木西北部是新生代的“盆”（塔里木盆地）与“山”（南天山陆内造山带）叉指状发育的地区，表现为塔里木地块向天山复合造山体的强烈北向俯冲导致的南天山的南向逆冲推覆和塔北（前陆盆地后的）隆起，其古生代的沉积-古地理演化主要与两个造山作用耦合，一是南天山洋消减闭合的俯冲造山，二是早二叠世强烈的火成岩浆活动引起的热隆升造山。

二、构造阶段划分及主要构造形迹特点

（一）区域构造演化阶段划分

新疆复杂的大地构造格局，是地壳长期发展演化的结果。对该区地壳形成与演化历史的研究，经历了早期地槽论和近期（30 多年来）板块构造论两个阶段。在板块构造理论的基础上，李春昱等（1982）提出了西伯利亚、中朝-塔里木和哈萨克斯坦 3 个古板块增生碰撞的演化模式，它与新疆古大陆的形成、裂解及古亚洲洋的产生、发展、消亡有着密切的关系。李锦轶等（2006a）将新疆北部地壳划分为震旦纪至石炭纪、二叠纪至侏罗纪和白垩纪以来的陆内演化 3 个构造层，其演化过程包括中元古代至古生代晚期古洋盆的演化与关闭、二叠纪至侏罗纪受古太平洋和古特提斯洋演化影响以及新生代期间受印度板块与欧亚板块碰撞影响 3 个构造阶段。

新太古代—新元古代主要是围绕古陆核、陆壳迅速增生、成熟、发展为原始古陆的重要阶段，古陆核附近或其边缘多为稳定型沉积，远离陆核或裂陷槽、海槽内为活动型沉积。

显生宙以来大陆边缘开始裂离，阿尔泰、准噶尔、伊犁、中天山等地块，先后从古大陆分离，并向北漂移，形成了西伯利亚古陆与塔里木古陆间广阔的古亚洲洋及大洋中的大小不一的古陆块体。经历了大陆离散阶段、板块活动鼎盛期和大洋衰没阶段，最终西伯利亚和塔里木-华北两大古陆对接碰撞，形成了统一的亚洲北大陆。

晚古生代末期开始，大陆进入稳定发展阶段，仅局部地区出现继承的或新生的裂谷作用，形成了以偏碱-富碱的酸性火山岩为主和双峰式陆相火山岩为代表的陆内裂谷，它们都是在晚古生代大陆形成后，因后期拉张或断裂活动而产生，时间自早石炭世中晚期到二叠纪。进入中生代以来，主要是二叠纪地幔柱活动之后，造成陆内深部岩浆-热力构造的后续演化及其多层次的热力衰减与近地表拗陷、准平原化等活动，到新生代后，又由于印度板块向欧亚大陆俯冲和碰撞，新疆北部的主要断裂带的新构造活动一直延续至今。

整体上分析，我们认为，新疆北部大地构造发展演化主要经历了五个大地构造发展演化阶段：

（1）太古宙—元古宙末期古陆形成阶段：主要是古陆核及原始古陆的形成；

（2）早古生代洋陆形成与扩张阶段：主要有联合古陆裂解、古亚洲洋的形成以及扩张；

（3）晚古生代板块聚合-碰撞-地幔柱叠加活动阶段：西伯利亚、哈萨克斯坦-准噶尔、塔里木板块聚合，亚洲北大陆形成，陆内裂陷或有限小洋盆发生，二叠纪地幔柱强烈叠加活动；

（4）中生代板内构造-深部岩浆-热力衰减与隆拗持续阶段：二叠纪地幔柱活动后的陆内深部岩浆-热力构造的后续演化及其多层次的热力衰减与中生代整体隆升、侏罗纪拗陷、准平原化、白垩纪差异隆升等构造活动；

（5）新生代板块碰撞远程效应和新构造活动阶段：新生代受印度板块持续向欧亚大陆

俯冲和碰撞，新疆北部的主要断裂带的新构造活动持续进行，造成新疆北部现今复杂的构造地貌格局。

（二）构造阶段划分及主要阶段的基本特点

根据前人研究成果，结合本书相关研究资料，综合前人对区域不整合以及岩浆活动研究成果资料等综合分析，将该区的构造演化大体分为太古宙-元古宙（基底形成与解体，古亚洲洋形成和古板块相互作用）、早古生代（古亚洲洋的扩张与收缩）、晚古生代（古亚洲洋的关闭，二叠纪地幔柱叠加活动、统一大陆形成）、中生代（板内构造-岩浆-热力衰减、隆拗造山）、新生代（板内新构造活动）五个构造阶段，分别对应着全球大陆演化的哥伦比亚超大陆、罗迪尼亚超大陆、潘吉亚超大陆和现今大陆的形成演化及新构造改造等阶段。各个阶段的划分以主要构造演化事件为主，相互之间为连续过渡的演化过程，具有紧密相关性。

1. 太古宙—元古宙阶段

在库鲁克塔格、阿拉塔格、吐鲁番-哈密南部及准噶尔等不同地块均获得了古老的岩石年龄数据（3000～2400Ma），证实新疆北部太古宙古老陆核的存在。该阶段的构造演化主要是原始陆核的形成和发育在原始古陆核周围的地壳增生，离陆核渐远，活动性增强。古元古代晚期陆壳的增生与岩石圈的破坏是交替或同时进行的。一方面固结为刚性块体的原始大陆发生裂解，造成地幔物质的涌入，引起地幔亏损，下地壳的重熔形成花岗质岩浆的上侵和广泛的花岗岩化；另一方面又使地壳进一步固结加厚。

位于北亚造山区北侧的西伯利亚地台，其基底形成于2000Ma以前，在中元古代早期演化成独立的大陆；敦煌地块与中朝地台的基底，都是在古元古代固结形成的，它们很可能是在中元古代裂解以后成为独立大陆块体的；阿克苏蓝片岩（肖序常，1990）和塔里木盆地内部钻孔中发现的新元古代岩浆活动及变质作用（李曰俊等，1999，2003），表明塔里木地块的基底是在新元古代早期固结的。

继各大块体的古老基底形成以后，伴随着全球罗迪尼亚超大陆的解体，古陆块裂解，自新元古代中期（震旦纪），中亚地区古生代洋盆形成（即古亚洲洋形成），塔里木和新疆北部镶嵌在线状造山系中的古陆块成为古洋盆中的独立大陆块体（毛景文等，2006）。

2. 早古生代阶段

新疆北部地区早古生代的构造格局，大体上是两陆夹一洋（西伯利亚大陆与塔里木大陆之间夹一个古亚洲洋）、洋中多地体的构造图案（舒良树等，2001）。该大洋在早寒武世扩张的同时，朝南沿中天山北缘俯冲于塔里木大陆之下，在元古宙结晶基底区形成了奥陶纪—志留纪中天山钙碱性火山弧和志留纪—中泥盆世南天山弧后盆地。此时，达尔布特洋壳地体、冈瓦纳亲缘性的伊犁陆块以及准噶尔地块、吐哈微陆块均以地体的形式散布在大洋之中。

该阶段新疆北部地区各大板块之间为广阔的海洋，红柳河、卡瓦布拉克和唐巴勒一带的蛇绿岩代表了该区古亚洲洋一次重要的大洋扩张期产物，同时，板块周边向活动性强的陆缘方向发展。震旦纪—寒武纪，阿尔泰地块面对萨彦洋盆的边缘具有被动陆缘的特征，相关的活动陆缘位于东萨彦岭和蒙古湖区以东地区。奥陶纪期间，随着萨彦洋的关闭，阿尔泰地块与西伯利亚古板块的活动陆缘碰撞。同时，活动陆缘相继发育在准噶尔地块北缘、吐哈地块上、库鲁克塔格地块北缘和阿尔泰地块南缘，分别以东准噶尔南部的荒草坡群和早古生代侵入岩、吐哈盆地南缘康古尔塔格一带可能的奥陶纪和志留纪火山岩、南天山硫磺山一带的奥陶系，以及阿尔泰山的奥陶系和早古生代侵入岩为代表。志留纪中期，阿尔曼太洋盆关闭，准噶尔地块与西伯利亚古陆碰撞，但是其他地区的洋盆和活动陆缘仍在持续发展。

此外，在新疆北部地区震旦系—下寒武统为典型的稳定型复理石沉积，其下部韵律式互层特征明显，岩石一般不变质，部分为轻微变质的砂板岩相变质岩，其上被上奥陶统陆相酸性火山岩呈角度不整合覆盖。由此说明，早寒武世末新疆北部地区有一次较大的构造运动，即兴凯运动。经此运动，新元古代地槽封闭，喀纳斯隆起初步形成，同时也形成了准噶尔中央地块。此后在周边地槽接受巨厚沉积时，地块则相对隆起，长期以刚体性质存在于阿尔泰和准噶尔-北天山造山系之间。喀纳斯隆起在加里东、海西旋回长期相对上升，具有地背斜性质。准噶尔中央地块在海西末期地槽褶皱隆起遭受剥蚀时，它却大幅度沉降，以致形成大型拗陷，在构造上具有中间地块性质，在以后的印支、燕山运动时期，周边推覆构造活动强烈，将其掩盖于古生界和中新生界之下，使其基底的老地层未露出地表。

3. 晚古生代阶段

新疆北部晚古生代的构造演化主要是继续早古生代的洋陆扩张俯冲，至少从中泥盆世开始，古亚洲洋开始双向俯冲，北、南分别俯冲于西伯利亚和塔里木大陆之下，并带动吐哈、伊犁、准噶尔等地体朝大陆边缘运移。同时，在泥盆纪初期就开始的伸展作用广泛发育在西伯利亚古陆及其边缘地区，分别形成了区内的诺尔特-红山嘴断陷盆地、额尔齐斯边缘盆地和卡拉麦里洋盆，哈尔里克山前身的海盆也可能是在这一时期形成的，而活动陆缘继续发育在濒临斋桑洋盆的阿尔泰地块南缘、北天山洋盆北缘和南天山洋盆南缘。卡拉麦里洋盆的北缘从中泥盆世开始也转化为活动陆缘。由于强烈俯冲，晚古生代火山熔岩、火山碎屑岩和浊积岩广泛堆积在博格达、哈尔力克、北塔山等岛弧及弧间盆地，喷发在吐哈与伊犁基底之上。

石炭纪期间，大洋消减殆尽，弧间盆地、弧后盆地相继关闭，导致岛弧和小洋盆强烈挤压碰撞，如额尔齐斯一带在晚石炭世发展为深海沟，发育一套浊流沉积和蛇绿岩，此海沟为阿尔泰古陆板块与准噶尔古洋板块的消减带，也是晚石炭世末两大板块的碰撞带；卡拉麦里洋盆、北天山洋盆和南天山洋盆相继闭合，塔里木地块与西伯利亚增生边缘碰撞，结束了区内洋陆格局的演化，但是残余的海盆继续发育在准噶尔地块与小热泉子-大南湖岛弧之间的地区，并持续到二叠纪。石炭纪末至二叠纪，这些地体已经增生到了西伯利亚和塔里木陆缘之上，并伴随有蛇绿岩的构造混杂，岩层的褶皱推覆和韧性剪切变形，导致前陆与前陆盆地的形成，是新疆北部地区地壳演化的后碰撞阶段。其拼贴或碰撞分两种形式：①正面拼贴，形成叠瓦推覆构造；②斜向拼贴，引起韧性走滑作用。碰撞时，蛇绿岩块构造定位在缝合带中。同时，在新疆北部的广大地区，发育了大规模的以中酸性为主的岩浆活动。石炭纪晚期，古亚洲洋的关闭产生了一条一级缝合带和大型蛇绿岩带，沿卡拉麦里—阿尔曼太—斋桑一线分布（李锦轶，1995，2004；舒良树和王玉净，2003），而地体间小洋盆的关闭则导致了其他几条蛇绿岩带的形成。二叠纪磨拉石不整合覆盖在这些地体之上，标志着区域碰撞隆升过程的结束，北天山造山带从二叠纪就已屹立在中亚地区。造山后期，一些地段发生了双峰式火山活动形成裂谷盆地。

天山地区在古生代期间经历了从洋陆体制转化为具有统一大陆格局的陆内体制的特殊过程。而晚古生代则是其形成演化历史中一个非常重要的关键时期。因为，在这一时期，天山地区完成了从大洋向大陆的转化，经历了晚古生代初期古生代洋盆的消减、闭合以及古生代洋盆关闭之后的大规模石炭纪—二叠纪裂谷拉伸事件，并在二叠纪晚期真正进入陆内演化阶段。天山中部活动陆缘的地质记录揭示出，在早古生代晚期至晚古生代早期，洋中的一些岛屿可能逐渐汇聚在一起形成了哈萨克斯坦古板块。那拉提山、巴伦台地区和库鲁克塔格地区志留纪富钾花岗岩（朱志新等，2006；校培喜等，2006；韩宝福等，2006）的形成可能对应着这一事件。但是南天山库勒湖以北地区、巴伦台至库米什以北地区、东天山吐哈盆地南缘等地，志留纪—泥盆纪钙碱系列岩浆活动的存在，都揭示出志留纪至泥盆纪期间古洋盆没有关闭。东天山土屋及其以北地区、卡拉塔格地区、西天山大哈拉军山地区、依连哈比尔尕山等地及中亚地区都有石炭纪钙碱系列岩浆活动的发育（李向民等，2004；陈富文等，2005；侯广顺等，2005；李文铅等，2006；李锦轶等，2006b），以及与蛇绿岩伴生的硅质岩中含有泥盆纪和石炭纪的牙形石和放射虫等化石，揭示出古洋盆的演化和古洋岩石圈板块的俯冲都持续到了石炭纪晚期。

石炭纪晚期，天山古洋盆关闭，整体上结束了天山及其以北地区古生代以来的海相沉积，全区进入挤压为主的构造环境，发育大量具有明显活动陆缘性质的火山-沉积岩系以及花岗岩类（李华芹等，2004；侯广顺等，2005；朱永峰等，2005；李锦轶等，2006b；李文铅等，2006；朱志新等，2006）。二叠纪期间，天山地区以伸展走滑体制下的幔源岩浆活动为主，发育双峰式火山岩以及钙碱性、碱性花岗岩（新疆维吾尔自治区地质矿产局，1993；李华芹等，1998，1999，2004；姜常义等，1999；李锦轶等，2002；刘志强等，2005；王龙生等，2005；李少贞等，2006；任燕等，2006）。同时，新疆北部地区广泛分布形成时代相近（280Ma）的铜镍硫化物矿床和钒钛铁矿床，李文渊等（2012）认为其成因很可能与二叠纪地幔柱作用有关。关于近几年兴起的地幔柱学说，徐义刚等（2007）总结了古地幔柱的5个鉴别特征：①大规模火山作用前的地壳抬升；②放射状岩墙群；③火山作用的物理特征-陆内环境；④火山链的年代学变化；⑤地幔柱产出岩浆的化学组成。在此基础上，前人根据石炭纪火山岩系之下区域性不整合面上的剥蚀记录推断，天山（中亚）大火成岩省活动的区域性隆升是先于该大火成岩省的岩浆作用，说明该大火成岩省活动是与古地幔柱上涌有关。截至目前的研究发现，新疆北部地区发育大量二叠纪的基性岩墙群，但是由于研究程度的不足，对于岩墙群的几何特征还没有区域上的全面统计，笔者仅对北山、东天山以及准噶尔周边区域的基性岩墙产状作统计，发现基性岩墙的分布和形态各异，大部分在地表的展布显示受区域断裂走向的控制，推测新疆北部地区的基性岩墙群可能来自岩浆侵位形成的多个岩浆房，岩浆从各岩浆房沿着受控于区域断裂的裂隙系统侧向侵位。对于区域上基性岩墙群的几何特征、空间展布对二叠纪地幔柱的指示还需要从更广的空间来做更全面和细致的研究。除了受各区断裂走向控制以外，可能在宏观上形成放射状的展布效果，但这一观点尚待统计研究。新疆北部地区已有的地层学、沉积学和地球化学记录表明，大规模展布的石炭纪火山岩系（双峰式）的确是形成于大陆板内裂谷环境，而不是岛弧或活动大陆边缘（Li et al., 2003；李锦轶，2004；高俊等，2006；李锦轶等，2006a）。在地球化学特征上，区内石炭纪—早二叠世岩浆岩普遍相对 MORB 具有高 Sr、Pb，低 Nd 的同位素组成，这一点符合古地幔柱岩浆特征。通过以上证据，说明新疆北部二叠纪有地幔柱作用的存在。该时期，板块构造和地幔柱活动在空间上的共存和在时间上的延续、叠加，导致了新疆北部晚古生代的岩浆、成矿大爆发。此外，阿尔泰造山带在短时期内（290 ~ 270Ma）发生种类多样的侵入岩和火山岩，且以碱性为特点，并共生（碱性）基性岩，有些可能为双峰式岩浆组合，显示了伸展环境。这均与塔里木巨量的玄武岩大火成岩省（杨树锋等，2005）和天山等地含铜镍的基性超基性杂岩的发育（李锦轶等，2006b）以及地幔柱活动的时间（300 ~ 270Ma）一致，显示了早二叠世整个中亚造山带及邻区总体处于伸展状态，阿尔泰造山带岩浆作用是其中的一个表现。前人提出阿尔泰造山带是在塔里木、西伯利亚地幔柱作用下的热剪切构造域，岩浆作用不能仅仅以板片断离和岩石圈拆沉解释，而应该有地幔柱的作用。

4. 中生代阶段

海西旋回之后，继三叠纪天山之南昆仑古洋关闭，天山及其邻区成为潘吉亚超大陆的组成部分。整个新疆北部地区进入板内构造发展阶段或新地台发展阶段。进入内陆演化阶段后，古陆块持续沉降发育大型内陆盆地沉积，而原来南北的板块界线及博格达构造带转化为天山、博格达山和阿尔泰山等高耸的板内造山带，而东准噶尔、西准噶尔等古陆周围的古活动陆缘带则呈现独特的山链与山间盆地相间的盆岭地貌格局。

阿尔泰、准噶尔–北天山在三叠纪处于相对稳定状态，仅于山间拗陷和山前拗陷见范围不广、厚度不大的陆相碎屑沉积，其岩相为磨拉石建造、类磨拉石建造。侏罗纪在以上沉积区继续接受沉积，但湖盆范围比以前宽得多。早侏罗世沉积广泛覆于老地层之上，为一套湖相含煤建造。侏罗纪末本区又发生广泛褶皱隆起，使前侏罗纪地层再次产生褶皱、断裂，这次运动致使下白垩统呈角度不整合广泛覆盖于侏罗系之上。早白垩世地壳再度发生不均匀沉降，继续在山间和山前拗陷沉积碎屑岩层。晚白垩世末发生的挤压和隆起，造成准噶尔白垩纪以前的地层再度褶皱、断裂，并继承古生代以来的构造特征。前人关于“天山北缘中生代古地貌的地质证据”的研究表明：在山间盆地中，侏罗系底部沉积角砾岩包含石炭系基岩的碎屑，这说明了侏罗系沉积来源是其邻近古天山的基底。一些剖面显示了侏罗系“超覆”在古生界基底之上，这说明了天山在侏罗纪早期沉积时已经有了古坡度，当时天山地貌比准噶尔盆地要稍高。呼图壁剖面和艾维尔沟一带剖面调研（杨兴科等，2008）发现，三叠系和下侏罗统均超覆在古生界基底上，下侏罗统南北的厚度差达1200m 以上或更大，这说明了天山当时确实已经高出侏罗纪湖平面有一定的高度，至少能提供厚达 1200m 以上的物源剥蚀区。如此分析说明，天山在经过新生代隆升之前已经存在一定高度的古地貌，且古地貌仍然保留在现代天山内部。

二叠纪地幔柱活动后的陆内深部岩浆–热力构造的后续演化及其多层次的热力衰减与中生代整体隆升、侏罗纪拗陷、准平原化、白垩纪差异隆升等构造活动。

5. 新生代阶段

白垩纪末期，西准噶尔的稳定性越来越差，基底自北向南的掀斜运动渐趋明显，新近纪以后盆地基底向南掀斜更甚，使新近系自北向南逐渐增厚（北部厚仅百余米，南部安集海一带厚达5000m以上），渐新世—中新世陆相地层在山前拗陷广泛覆盖于老地层之上。经过上新世—早更新世晚喜马拉雅旋回，天山、阿尔泰山剧烈抬升，在山麓地带形成巨厚的磨拉石建造。

喜马拉雅亚旋回在山区以强烈的挤压、褶皱隆起和断块性升降运动为主要特征。该亚旋回早期由于欧亚大陆与印度次大陆的碰撞，准噶尔中新生代地层强烈褶皱；晚期是天山主要隆起时期，在天山南北形成规模巨大的山前拗陷，伴随山体的强烈隆起，在天山南北和阿尔泰山前均有十分强烈的褶皱和逆掩。

新生代受印度板块持续向欧亚大陆俯冲和碰撞，产生的碰撞远程效应和新构造活动，造成新疆北部的主要断裂带的新构造活动持续进行，形成新疆北部现今复杂的构造地貌格局。

（三）主要构造形迹及其特点

沙雅-布尔津剖面南起塔里木盆地北缘的沙雅（82°52′28″E，41°02′34″N），经巴音布鲁克、那拉提、独山子、奎屯、克拉玛依，北至阿尔泰山南麓的布尔津（86°46′19.2″E，48°56′00″N），全长995km，以近于南北走向先后穿过了塔里木盆地北缘、天山造山带和准噶尔盆地南缘。库尔勒-吉木萨尔剖面南起塔里木盆地北缘的尉犁县喀尔曲格（85°22′13.7″E，40°57′46″N），经和硕、库米什、托克逊，北至准噶尔盆地南缘的吉木萨尔（88°57′47″E，44°50′58.6″N），全长近600km，先后跨过了塔里木盆地北缘、天山造山带和准噶尔盆地南缘，以及和硕盆地、焉耆盆地、吐鲁番盆地和博格达山等次一级构造单元（图4-2）。

1. 主断裂

新疆北部断裂较多，它们具有不同的规模与特点。总体走向均为北东东、近东西以及北西西，与造山带的走向一致。具有北北东走向的沙雅-布尔津地学断面（图4-2）大体垂直穿过这些断裂。

额尔齐斯断裂带：位于新疆北部，是北天山-东准噶尔构造带与阿尔泰构造带的分界线。总体走向300°，其东段走向为290°，西段走向310°，呈微向南突出的弧形。该断裂在苏联和蒙古境内出露较大规模的蛇绿岩套；在中国境内，从出露的岩性上看，沿断裂的不同地段具有非典型的蛇绿岩组合，显示出双变质带的某些特征。该断裂带又是一条现代构造活动性很强的地震活动带，1961年5月21日发生的5.5级地震就位于该带之上。此外，额尔齐斯断裂带位于重力梯级带陡变位置上，它是一个形成于古生代或更早时期而又长期活动的超岩石圈断裂。

准噶尔南缘断裂：该断裂为一岩石圈断裂，为石油物探资料所证实。

婆罗科努-阿其克库都克断裂带（简称博-阿断裂带）：是划分北天山构造带与中天山构造带的边界断裂，亦被称为天山主干大断裂。该断裂总体走向为NW-EW-NE，略呈向

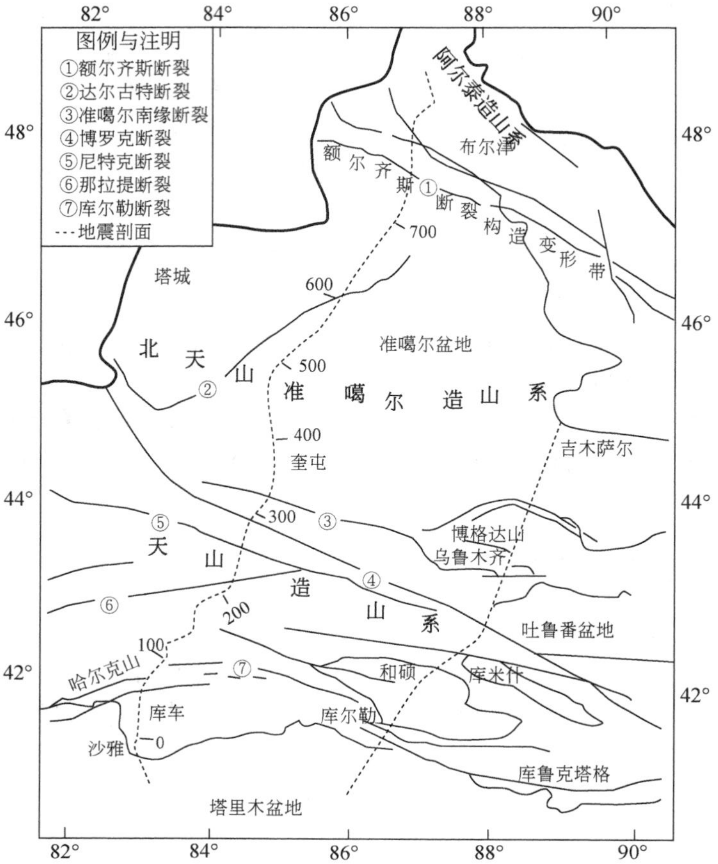

图 4-2　新疆西北部主要断裂分布与剖面位置

南凸起的弧形。该断裂带的东西两端均位于重力异常梯级带上。沿断裂带中段北侧的巴音沟一带出露完整的中石炭世蛇绿岩套；西段及其以北分布多处现代热泉，水温高达 40℃；东段阿拉塔格一带有混杂堆积，沿断裂带可见挤压破碎带；在地表见到大量的糜棱岩、碎裂岩、擦痕以及退变质现象。根据上述地球物理与地质学特点，推断博–阿断裂为一超岩石圈断裂。

尼勒克断裂：位于北天山内部，为岩石圈断裂。总体走向 NWW，西端延于哈萨克斯坦境内；东段分别与那拉提断裂与包尔图断裂相交。具有压扭性质，强烈活动时期为晚古生代。

冰达坂–夏热嘎断裂：位于西天山东段，东、西天山交会部位。该断裂为北天山与中天山构造单元的分界断裂，呈北西西–南东东向延伸，以南为中南天山加里东陆缘增生活动带，以北为准噶尔海西陆缘增生活动带。断裂从西经乌苏图、阿尔先萨拉、莫德图、铁克达坂、夏格泽、喀拉盖萨拉，向东南延伸，长约 40km。产状总体向北倾，倾角为 75°～80°，ETM 图像线性影像清晰，地貌上局部地段表现为宽 500 余米的深切沟谷。断裂带内岩石具强糜棱岩化及压扁和流变作用。且地震资料显示，断裂向下延伸一定深度倾向依然为北倾，倾角在75°以上，断裂切割深度已达中下地壳，断距达3～4km。根据区域地质资料分析，断裂于加里东早期孕育，海西期获得加强，印支期—燕山期断裂由长期的俯冲碰撞机制转为伸展断陷-走滑机制，沿断裂带形成中生界上叠断陷盆地，晚期由南向北的推覆和东西向右行走滑使断裂性质多样化，近代活化在东部表现明显，是一较长期活动的韧-脆性复合深大断裂。现今在乌鲁木齐南部冰达坂—夏热嘎一带表现为正断层，是继承早期中天山北缘断裂带并沿其北部边缘发育而成。该断裂是由南侧的大型韧性剪切及多条断裂平行排列组合而成的大型复合型断裂带。该区内韧性剪切带是婆罗科努北坡-阿其克库都克复合型断裂带的主体构造带，在冰达坂一带见有辉石岩等超铁镁质岩产出，反映区内断裂切割的深度。

那拉提断裂：由一条主干断裂和与之平行的数条次级断裂组成，以北东方向延伸数百千米。该断裂具左行压扭性质，断裂面南倾，倾角大于50°。它切割了上志留统、下石炭统，局部可见老地层被推覆到新近系之上。在断裂的南侧发育晚志留世蛇绿岩，伴随有蓝闪石片岩；断裂北侧，有大量的花岗岩和动力热流变质带，显示出双变质带的特征。该断裂带又是一个地震活动带，历史上发生过4.7～4.9级地震多次。上述的构造现象表明，该断裂形成于晚加里东—早海西期，为俯冲带的产物，是一条古缝合线。

库尔勒断裂：是划分塔里木地台与天山造山系的边界断裂，是古板块缝合线。位于天山南麓，整体走向NEE，向北倾斜，北盘（上盘）向南逆冲，倾角50°～80°。该断裂可能形成在晚古生代，主要活动时间可能为加里东期、海西期，燕山期与喜马拉雅期仍在活动。自古生代以来，西段接乌恰断裂成为天山造山系与塔里木地台之间的分界线；东段分为两支，一支与库鲁克塔格北侧的辛格尔断裂相接，另一支则延于库鲁克塔格的南缘。

2. 三大构造带或造山系

新疆北部大地构造主要由天山构造带（造山系）、东、西准噶尔构造带（造山系）和阿尔泰构造带（造山系）构成（图4-2），其中发育两条具缝合带性质的大型动力构造变形变质带，即额尔齐斯断裂变形带、博罗努-阿其克库都克断裂变形带，以及南、北天山地震活动带。

天山造山系位于中国天山山系西段。它以婆罗科努-阿其克库都克深断裂为界，西起温泉以西到国境线，向东经精河止于卡瓦布拉克一带；其南以乌恰深断裂和库尔勒深断裂为界，即西起乌恰，向东经库尔勒，最终交于卡瓦布拉克一带，形成向西张开的喇叭口与苏联天山造山系相接。

北天山-准噶尔造山系位于新疆北部的阿尔泰造山系的南部，天山造山系的北部，东西两端均延于国外。自古生代以来围绕着准噶尔中央拗陷发育有近东西向和北西西向的准噶尔优地槽造山系及北天山优地槽造山系。该造山系经历了多旋回的地槽演化阶段。早古生代期间接受优地槽性沉积，经加里东运动褶皱回返；海西早期再次分化，产生晚古生代玄武岩、安山岩型的优地槽带和陆源碎屑岩、碳酸盐岩型的冒地槽带。

阿尔泰造山系位于新疆最北部，它是天山-兴安造山系的一部分，呈北西向展布，与阿尔泰山脉走向一致。它的南界是额尔齐斯断裂带，两端均延伸于国外。阿尔泰造山系是西伯利亚板块西南边缘活动带，中部是在前震旦纪褶皱基底上发育而成的加里东冒地槽造山系。它可以分为四个二级构造单元，其中额尔齐斯挤压带、克兰地梢造山系以及喀纳斯-可可托海地槽造山系中的喀纳斯隆起是考察的内容之一。

沙雅-布尔津剖面和库尔勒-吉木萨尔剖面位于天山造山带的不同构造位置，各自的地震宽角反射/折射法所揭示的岩石圈二维速度具有不同的特点：沙雅-布尔津剖面地震波速图像反映天山内部由浅至深、由南到北的叠瓦状界面分布，说明塔里木盆地向天山造山带“层间插入与俯冲消减”、准噶尔盆地与天山造山带走滑接触的构造事实。该剖面的地壳二维速度结构特征表明：塔里木地块在库尔勒断裂附近自上地壳底层到莫霍面均以与地表呈36°角向北倾斜，探测到的最大深度在60km左右，并显示天山下面具有双重莫霍面，说明塔里木板块向天山造山带的上地幔俯冲；而库尔勒-吉木萨尔剖面地震波速图像反映天山内部由浅至深、由南到北及由北到南的叠瓦状界面分布，推测为塔里木地块与准噶尔地块向天山造山带层间插入所致。该剖面的地壳二维速度结构特征表明：塔里木地块在库尔勒断裂附近自上地壳底层到莫霍面均以与地表呈36°角向北倾斜，探测到的最大深度为60km左右；准噶尔地块自上地壳底层到莫霍面均以与地表呈45°角向南倾斜，探测到的最大深度为60km左右，并显示在天山与两侧盆地的结合部位下面分别发现了双重莫霍面，表明塔里木地块与准噶尔地块向天山造山带的上地幔俯冲。此外，两条剖面地壳二维速度结构特征同时显示：天山地区地壳平均厚度约为55km，地壳平均速度为6. 20km/s；准噶尔盆地地壳平均厚度约为50km，地壳平均速度为6. 50km/s；塔里木盆地北缘地壳平均厚度约为50km，地壳平均速度为6. 30km/s，说明天山造山带介质较软，且有山根存在（地壳厚度较大）。天山造山带地壳平均速度相对较低，主要是中、下地壳的低速体引起的。

通过沙雅-布尔津剖面与库尔勒-吉木萨尔剖面岩石圈二维密度结构与二维磁性结构的研究认为：①库尔勒-吉木萨尔剖面的岩石圈密度与磁性结构具有明显的垂向分层、横向分区的特点。垂向上可将地壳划分为上地壳、中地壳、下地壳以及上地幔顶部几个主要的层位；横向上可将整个剖面划分为塔里木盆地北缘、天山造山带和准噶尔盆地南缘三个部分。②塔里木盆地北缘与准噶尔盆地南缘地壳的平均密度较大，天山造山带的地壳平均密度较小。但天山造山带具有较强的磁化强度，尤其在准噶尔盆地南缘至天山造山带中部的整个地壳范围表现出较强的磁化强度，预示着天山南北可能具有不同的构造演化历史、构造运动方式以及构造运动强度。③在塔里木盆地与天山造山带，以及准噶尔盆地与天山造山带的接触部位的上地幔顶部分别发现了低密度体，推测在塔里木地块由南而北向天山造山带“层间插入与俯冲消减”，以及准噶尔地块由北而南向天山造山带俯冲过程中，塔里木盆地北缘和准噶尔盆地南缘下地壳物质被带进天山造山带上地幔顶部的结果。④以库米什为界天山造山带南北两侧的磁性结构存在较大的差异：北部磁化强度较大，可能与准噶尔盆地与天山（博格达山）的碰撞所引起的博格达山的快速隆升与吐鲁番盆地的快速沉降以及在地质历史中由于伸展拉张作用而形成的裂陷槽的活动有关。库米什以南，磁化强度明显变小，说明塔里木盆地与天山造山带在天山东段的碰撞相对较弱。而南天山的下地壳和上地幔顶部的相对低密度又预示着塔里木盆地向天山造山带的层间插入与俯冲消减，可能反映更为年轻的动力学过程。⑤沙雅-布尔津剖面揭示了塔里木地块向天山造山带单向俯冲，准噶尔地块与天山造山带以走滑接触为主；而库尔勒-吉木萨尔剖面显示塔里木地块与准噶尔地块向天山造山带对冲。这两条近于平行、相间数百千米的综合地球物理剖面给出了天山造山带构造分段的深部依据，揭示了不同的构造段内盆山耦合类型的差异特征。

天山与准噶尔盆地的电性结构总的特征是：垂向分层，横向分区。垂向上可分为基底界面及软流圈顶面；横向上从南而北可依次划分为天山造山系、准噶尔北天山造山系、额尔齐斯挤压带以及阿尔泰造山系三个大的构造单元。在准噶尔-北天山造山系的地壳内部现有三个高导体，纵向上处在结晶基底和莫霍面之间，横向上分别被准噶尔南缘断裂（F4）、克-乌断裂（南支 F5）、克-乌断裂（北支 F5）以及达尔布特断裂间隔。在天山造山系的下地壳和上地幔显示塔里木盆地北缘向天山造山系下面俯冲消减，这一下降板片已经达到 160km 左右的深度。此外，电磁测深显示天山区的岩石圈厚 160 ~ 180km，准噶尔盆地的岩石圈厚度约 120km，额尔齐斯挤压带和阿尔泰褶皱带的岩石圈的最大厚度在 180km 左右。

3. *新疆北部蛇绿岩带*

蛇绿岩的研究对于确定板块边界及其当时的构造环境非常重要，因为基性、超基性岩的出现反映了上地幔物质分异与演化；而蛇绿岩内基性、超基性岩具有特定规律性的组合、序列和共生关系，说明其发生必先具有一个提供分异作用的引张环境（肖序常等，1992）。蛇绿岩的类型与岩石圈减薄作用和扩张速率有关，因此可能根据蛇绿岩的产出类型来恢复当时的构造环境。蛇绿岩因为后期的构造破坏，通常是团块状、带状地分布在混杂构造带里面。新疆北部的各个造山带中广泛分布有蛇绿岩，由北向南可分出 7 条蛇绿混杂岩带，这里面比较集中出露的约 30 处，分布在东准噶尔造山带、西准噶尔造山带以及天山的造山带内（表 4-1）。

1）东准噶尔造山带蛇绿岩带

东准噶尔造山带蛇绿岩带在阿尔泰陆块及准噶尔盆地的东北区间。其组成主要是洋壳残片以及古生代的陆源岩系。其中，洋壳残片呈断块出露于古生代地质体中，现今表现为蛇绿混杂岩，以北向南集中分布在额尔齐斯、札河坝、阿尔曼泰、卡拉麦里等区域。

斋桑-额尔齐斯蛇绿岩带，在中国境内的大体分布在科克森套、沙尔布拉克、玛因鄂博、金矿东部等区域。沙尔布拉克南侧的泥盆系北塔山组有玻安岩系出露，东侧一带主要是上洋壳的辉长岩、放射虫硅质岩、玄武岩。科克森套地区有二辉橄榄岩，基性火山岩具 MORB 特征。目前大多数观点认为该带西与哈萨克斯坦境内的查尔斯克蛇绿岩带相连，向东延至蒙古国南部的大博格多一带，长达 1000km 以上，与其伴生的最新沉积岩系为石炭系，是西伯利亚板块与哈萨克斯坦-准噶尔板块在早石炭世时期的俯冲碰撞型边界。

塔尔巴哈台-扎河坝-阿尔曼泰蛇绿岩带出露于额尔齐斯构造带南部，和布克-三塘湖晚古生代岛弧以北，走向北西，全长约 200km，向东进入蒙古国境内。该蛇绿岩的层序为变质橄榄岩、超镁铁质-镁铁质堆晶岩以及中基性火山岩。由西向东依次包括塔城北蛇绿岩、洪古勒楞蛇绿岩、扎河坝-阿尔曼泰蛇绿岩，该带所代表的洋盆有可能是在震旦纪晚期或寒武纪初打开，于晚泥盆世—早石炭世闭合。

卡拉麦里蛇绿岩带位于东准噶尔卡拉麦里断裂北侧，走向北西西，长约 120km，宽 10 ~ 20km，向西与西准噶尔的达尔布特蛇绿岩相连。其间被准噶尔盆地所隔，向东可能沿莫钦乌拉北坡进入蒙古国境内。何国琦等（2001）认为该蛇绿岩形成时代与北部阿尔曼泰蛇绿岩形成时代相近，从新元古代晚期开始发育，扩张时期为寒武纪，奥陶纪—早志留世为俯冲闭合时期。其中蛇绿岩上部的石英闪长岩锆石 U-Pb 年龄值分别为 357Ma、375Ma、

表 4-1　新疆北部蛇绿岩带划分及其特征

区带	名称（蛇绿岩）	位置	岩性	时代	代表洋盆	延伸
东准噶尔造山带	斋桑-额尔齐斯	科克森套、玛因鄂博、沙尔布拉克金矿东部	二辉橄榄岩、辉长岩、玄武岩、放射虫硅质岩、玻安山岩	斜长花岗岩 370Ma（许继峰等，2001）；沙尔布拉克东放射虫时代为晚泥盆世（李锦轶，2004）；伴生的最新沉积岩系为石炭系	大多数观点认为：该蛇绿岩带是西伯利亚板块与哈萨克斯坦-准噶尔板块在早石炭世时期的俯冲-碰撞型边界	可能向东延伸
	塔尔巴哈台-扎河坝-阿尔曼泰	塔城北	蚀变辉长岩、蛇纹岩、硅质岩	辉长岩 478. 3±3. 3Ma（朱永峰和徐新，2006）	该带代表的洋盆可能是在震旦纪晚期或寒武纪打开，于晚泥盆世—早石炭世闭合	向西与哈萨克斯坦西塔尔巴哈台蛇绿岩带相连；向东可能延至蒙古国
		洪古勒楞	堆晶岩为主，枕状玄武岩和放射虫硅质岩不发育	蛇绿岩 625±25Ma（黄建华等，1995）；辉长岩 472±8. 4Ma（张元元和郭召杰，2010）		
		扎河坝、阿尔曼泰	单元齐全，向东玄武岩、放射虫硅质岩增多	扎河坝-辉长岩 489±4Ma（简平等，2003）；阿尔曼泰-蛇绿岩 525±267Ma（刘伟和张湘炳，1993）；阿尔曼泰-玄武岩 503±7Ma（肖文交等，2006a）；辉长岩 495. 9±5. 5Ma（张元元和郭召杰，2010）		
	卡拉麦里	卡拉麦里山	堆积橄榄岩、辉石岩、堆积辉长岩、石英闪长岩、斜长花岗岩	辉长岩 388～392Ma（李锦轶等，1990）；斜长花岗岩 373Ma（唐红峰等，2007）；硅质岩中含有泥盆纪和早石炭世的放射虫化石（李锦轶，1991；舒良树和王玉净，2003）	代表洋盆形成于泥盆纪初，并于早石炭世闭合。且闭合时间由西向东逐渐变新	呈 NWW 向延伸，向东延入蒙古国南部
西准噶尔	玛依勒山、达拉布特断裂两侧及唐巴勒、白碱滩一带	唐巴勒	超镁铁岩、辉长岩、斜长花岗岩、枕状玄武岩、细碧岩、角斑岩、凝灰岩、放射虫硅质岩，少量生物灰岩透镜体	蛇绿岩 421±65Ma（冯益民，1986）；斜长花岗岩 508±20Ma（肖序常等，1992）	西准噶尔蛇绿岩大多是肢解的蛇绿岩，西准噶尔地区最早在震旦纪可能已经存在洋盆，洪古勒楞蛇绿岩代表的洋盆可能在中志留世已经闭合；达拉布特蛇绿岩代表的洋盆存在于泥盆纪至早石炭世。 但同时它们均属古亚洲洋的一部分，可能当时在西准噶尔存在多个小洋盆	与东噶尔的对比有待研究
		玛依勒	变质橄榄岩、辉长岩、基性岩墙、枕状玄武岩、放射虫硅质岩	基性熔岩 435. 3±6. 5Ma 和 432. 5±7. 4Ma		

续表

区带	名称（蛇绿岩）	位置	岩性	时代	代表洋盆	延伸
西准噶尔	玛依勒山、达拉布特断裂两侧及唐巴勒、白碱滩一带	达拉布特	超镁铁岩、玄武岩、硅质岩、凝灰岩，少量辉长岩、辉绿岩	堆晶岩395Ma（张弛和黄萱，1992）；辉长岩391.1Ma（辜平阳等，2009）；硅质岩中有奥陶纪放射虫（舒良树等，2001）	西准噶尔蛇绿岩大多是肢解的蛇绿岩，西准噶尔地区最早在震旦纪可能已经存在洋盆，洪古勒楞蛇绿岩代表的洋盆可能在中志留世已经闭合；达拉布特蛇绿岩代表的洋盆存在于泥盆纪至早石炭世。 但同时它们均属古亚洲洋的一部分，可能当时在西准噶尔存在多个小洋盆	与东噶尔的对比有待研究
		白碱滩	单元齐全：蛇纹石岩、橄榄岩、辉长岩、角闪辉石岩、玄武岩、硅质岩	辉长岩414Ma和323Ma；蛇绿岩产于含奥陶纪牙形石的地层中（徐新等，2006）		
天山造山带	北天山：位于准噶尔-吐哈盆地与伊犁-中天山地块间	巴音沟	组分齐全：斜辉橄岩为主，斜辉橄榄岩、二辉橄榄岩、玄武岩、细碧岩、硅质岩、凝灰岩	硅质岩中放射虫时代为石炭纪（肖序常等，1992）、奥陶纪-泥盆纪（舒良树等，2001）、晚泥盆世-早石炭世（秦克章，2000）；斜长花岗岩324.7Ma（徐学义等，2005）	侵入于北天山蛇绿岩中的四棵树花岗岩年龄为316±3Ma（Han B F et al.，2010），很好地限定了北天山洋的闭合时间	综合研究认为，北天山造山带蛇绿岩带可能为北天山洋盆的洋壳残片。康古尔塔格蛇绿岩带向西和干沟蛇绿岩带相连，和巴音沟蛇绿岩带关系有待研究，向东可延伸至甘肃境内，具有一定的区域构造分区意义。带内存在早古生代和晚古生代的洋壳残片，洋盆于晚石炭世闭合
		干沟	下洋壳蛇纹岩、堆晶辉长岩、席状岩墙、斜长花岗岩、闪长岩及上洋壳玄武岩、硅质岩	干沟-辉长岩353.7±1.1Ma；却勒塔格-辉长岩728±110Ma（朱志新等，2004）	侵入该前陆盆地碎屑岩的花岗闪长岩中火成锆石的同位素测年数据为386.1±4.1Ma（朱宝清等，2002）。从而限定了前陆盆地的上限。前陆盆地的终结标着碰撞造山作用的结束	
		康古尔	上洋壳枕状玄武岩和放射虫硅质岩以及下洋壳超基性岩	放射虫时代具泥盆纪分子（李锦轶等，2002）；辉长岩494±10Ma（李文铅等，2008）	普遍认为是哈萨克斯坦-准噶尔板块与塔里木板块的缝合线	

续表

区带	名称（蛇绿岩）		位置	岩性	时代	代表洋盆	延伸
天山造山带	南天山	位于伊犁地块-中天山地块与塔里木盆地间	那拉提-中天山南缘	变质橄榄岩、变质玄武岩、堆晶辉长岩、含长辉长岩及硅质岩	长阿吾子-蛇绿岩 439Ma（郝杰和刘小汉，1993）；榆树沟-蛇绿岩 440Ma（王润三等，1998）；达鲁巴依-辉长岩、玄武岩 590±1Ma、600±15Ma；那拉提山北坡-玄武岩 516.3±7.4Ma	该蛇绿岩带是新疆最长的一条蛇绿岩带，其所代表的南天山洋盆在震旦纪已有一定规模，在晚石炭世闭合。现普遍认为是哈萨克斯坦-准噶尔板块与塔里木板块的缝合带	该带向东延伸不明显，仅在卡瓦布拉克附近的碱泉有蛇绿岩出露，研究程度较低，向东怎么延伸，有待研究。为南天山古生代洋盆的洋壳残片
			南天山南缘	—	放射虫-中泥盆世-晚志留世（王作勋等，1990）、中泥盆世-早石炭世（汤耀庆，1995）、晚泥盆世-早石炭世（刘羽等，1994）；库勒湖-玄武岩 425±8Ma（龙灵利等，2006）	洋盆在早古生代已经存在，闭合时间可能为石炭纪，因此，该带可能是塔里木板块与哈萨克斯坦-准噶尔板块的最后缝合带	向东延伸可能进入焉耆盆地，也可能从库鲁克塔格南向东延伸。为南天山古生代洋盆的洋壳残片

492Ma，认为该洋盆闭合时间由西向东从中泥盆世至晚石炭世逐渐变新。该带与西准噶尔达尔布特蛇绿岩带大体同期，形成于统一的准噶尔洋。

塔尔巴哈台-扎河坝-阿尔曼泰蛇绿岩带与卡拉麦里-达尔布特蛇绿岩带将东、西准噶尔连接起来，但是也有学者认为东、西准噶尔的蛇绿岩连接还有待进一步研究（李锦轶等，2006a），

2）西准噶尔造山带蛇绿岩带

西准噶尔蛇绿岩分布于石炭纪、奥陶纪、泥盆纪、志留纪地层中，主要出露于白碱滩、玛依勒山、唐巴勒及达拉布特断裂的两侧。

唐巴勒蛇绿岩位于准噶尔南端，集中分布于恰当苏、唐巴勒、科克沙依、苏乌禾及其以东的包古图，长约130km，宽8～10km，走向北西西，与区域构造线方向一致。该蛇绿岩呈混杂体出现，或以肢解的蛇绿岩岩片以叠瓦构造侵位。其混杂程度由西向东、由南至北逐渐降低，南部又有高压变质的含蓝闪石片岩出现。由于在唐巴勒蛇绿岩带中采到放射虫化石，在蛇绿岩顶部碎屑复理石沉积中的生物灰岩透镜体中又采到腹足类化石，因此，其时代为早中奥陶世。

玛依勒山蛇绿岩带自北东的尚德布拉克，经那仑索，向西至沙雷诺海以西。全长约60km，宽4～6km，大致呈北东东、近东西向分布，与区域构造线方向一致。经放射虫化石鉴定，该蛇绿岩时限为志留纪。玛依勒山蛇绿岩与唐巴勒蛇绿岩有着相同的产出特征，即以蛇绿混杂体产出，个别亦可见不完整的蛇绿岩冲断片岩，说明受断裂控制。

达尔布特蛇绿岩带西起巴尔雷克、经坎土拜克、达尔布特、萨尔托海，东至木哈塔依，全长约70km，宽5～8km，整体走向为北东-北西西。其蛇绿岩的层序为变质橄榄岩、基性及超镁铁杂岩和浅色岩以及辉绿岩及中基性熔岩。在达尔布特地区的变辉长岩块中发现了蓝片岩相矿物组合，可能是洋盆俯冲、聚合的产物。

白碱滩蛇绿岩是近年来区调和科研新发现的一个蛇绿岩带，各单元比较齐全，发育蛇纹石岩、含石榴子石橄榄岩、辉长岩、角闪辉石岩、纤闪石岩、杏仁状玄武岩、硅质岩等。目前的研究认为该蛇绿岩带为早古生代洋中脊型蛇绿岩。

综合分析，西准噶尔蛇绿岩大多是肢解的蛇绿岩，基性熔岩以钙碱性为主。不同时代的蛇绿岩代表不同洋盆的洋壳残片，但均属于古亚洲洋的一部分，可能当时在西准噶尔存在多个小洋盆。

3）天山造山带蛇绿岩带

天山造山带的蛇绿岩带从伊犁-中天山地块为界可划分为南天山造山带与北天山造山带。该带处于塔里木盆地与准噶尔-吐哈盆地之间。

（1）北天山造山带蛇绿岩带

北天山造山带蛇绿岩带蛇绿岩集中出露于康古尔、巴音沟、干沟等地。该带位于伊犁-中天山地块、准噶尔-吐哈盆地之间。

巴音沟蛇绿岩带是天山蛇绿岩中岩石组合较全的蛇绿岩带。它出露于乌苏市以南、奎屯河河谷以及巴音沟，向东可能与玛纳斯河上游蛇绿岩带相连。在其南部与其伴生的为一条依连哈比尔尕奥陶—石炭纪的岩浆弧，北邻准噶尔盆地，该带沿婆罗科努断裂北侧分布。带内和它伴生的为硅质岩、凝灰岩、石炭系玄武岩、细碧岩等。根据出现的放射虫化

石以及牙形刺化石，该蛇绿岩的形成时限为晚古生代中期。

干沟蛇绿岩带主要分布于干沟至却勒塔格一带，呈北西西向沿阿奇克库都克断裂和康古尔断裂交汇西延端分布，出露宽度在0.5～4km。蛇绿岩由下洋壳蛇纹岩、堆晶辉长岩、席状岩墙、斜长花岗岩、闪长岩及上洋壳玄武岩、红色-灰色硅质岩组成。蛇绿岩形成于洋中脊环境，围岩为奥陶系和石炭系。

康古尔蛇绿岩带分布于吐哈盆地南缘，呈东西向带状展布，长度大于500km。其组成主要为上洋壳枕状玄武岩和放射虫硅质岩，近年来陆续发现了下洋壳部分的超基性岩。现有研究认为康古尔塔格蛇绿岩带与干沟蛇绿岩带相连，是哈萨克斯坦-准噶尔板块与塔里木板块的缝合线，该带所代表的洋盆于晚石炭世闭合。

（2）南天山造山带蛇绿岩带

南天山造山带蛇绿岩带处在塔里木盆地和伊犁地块的中天山地块中间。分布有南北两条蛇绿混杂岩带：那拉提-中天山南缘蛇绿混杂带和南天山南缘蛇绿混杂带，均为南天山古生代洋盆的洋壳残片。

那拉提-中天山南缘蛇绿岩带，自西起于吉尔吉斯斯坦，沿那拉提南缘的深大断裂，通过夏特南地达鲁巴依、长阿吾子，努尔散拉等地区，到由盆地覆盖的巴音布鲁克，以东可能跟乌瓦门、古洛沟、库米什、偷树沟与东天山面卡瓦布拉克连接。该带蛇绿岩组分呈断块产于变质沉积岩、变质火山岩中，蛇绿岩组分主要有含长辉石岩、硅质岩、变质玄武岩、变质橄榄岩、堆晶辉长岩等。该蛇绿岩带是新疆最长的一条蛇绿岩带，综合研究表明其所代表的南天山洋盆在震旦纪已有一定规模，在晚石炭世闭合。现在普遍认为是哈萨克斯坦-准噶尔板块与塔里木板块的缝合带。

南天山南缘蛇绿岩带主要分布在南天山-西南天山的南缘，从境外吉尔吉斯斯坦经境内东阿赖吉根、阿合奇、米斯布拉克、色日克牙依拉克附近至虎拉山南缘乌陆沟一带出露，向东延伸可能进入焉耆盆地，也可能从库鲁克塔格南向东延伸。综合研究认为，该带所代表的洋盆在早古生代已经存在，洋盆闭合时间可能为石炭纪，因此，该带可能是塔里木板块与哈萨克斯坦-准噶尔板块的最后缝合带。

西、东准噶尔及天山造山带是古亚洲造山区中亚巨型复合造山带的重要组成部分，它是古亚洲洋在古生代期间形成、演化和消亡过程中伴随着诸多陆块增生、拼合、俯冲、碰撞的产物。蛇绿混杂岩作为大洋岩石圈的残留，对洋-陆格局恢复中的作用是不言而喻的。通过对新疆北部地区整个蛇绿混杂岩带的时代进行系统的总结和分析（表4-1），发现西准噶尔地区的蛇绿混杂岩地质时代与东准噶尔、天山造山带相似，总体均为古生代，多集中于早古生代。另外，新疆北部地区的各个蛇绿混杂岩带与区域性大断层有明显的伴生关系。

第二节　新疆北部晚古生代构造-地貌特征分析

新疆北部晚古生代的构造演化主要是继承了震旦纪开启的古亚洲洋的持续扩张，并于晚古生代末期洋盆开始收缩，各陆块间逐渐碰撞闭合的板块运动过程。这一时期的洋陆演化奠定了该区现今的基本构造格架。

一、泥盆纪—早、中石炭世构造-地貌特点

（一）构造演化信息（以洋-洋汇聚为主）

根据古地磁资料，泥盆纪时期除印度地块处于南半球10°～40°外，新疆内其他块体均处于北半球0°～35°，位置变化不大。西伯利亚、准噶尔和塔里木三大地块向北漂移，华北地块基本未动，华南地块、印度地块和柴达木断块向南漂移。

新疆北部蛇绿岩的年龄最早为600±15Ma、728±110Ma，最新为353.7±1.1Ma、323Ma（朱志新等，2004；徐新等，2006），活动陆缘杂岩始自奥陶纪持续到石炭纪（Avdeyev，1984；Li et al.，2003；李锦轶，2004），揭示出新疆北部地区的古洋盆开启和闭合的时限应该为震旦纪至早-中石炭世。泥盆纪以来的构造演化，主要是古洋盆中心的持续扩张，伴随洋壳向陆块的俯冲，引起活动陆缘的横向增生。

泥盆纪末的构造运动使前期的各板块构造单元间的洋盆显著萎缩，甚至有些发生了软碰撞（蔡忠贤等，2000）；但其主要构造带表现为弱变形-弱固结，一些残留洋、海盆尚未完全消亡。因此，早石炭世时期的板块构造格局基本上继承了泥盆纪末期的特征。该阶段又可大致划分为两个次级阶段：①早石炭世早期为碰撞间歇期伸展阶段，可能是泥盆纪末期的快速聚敛-软碰撞后，构造应力场发生间歇性松弛，并导致深部热调整与岩浆活动所致；②早石炭世晚期为残留洋闭合、陆-陆碰撞阶段，此时期聚敛-俯冲作用逐渐强化，并最终导致板块间发生强烈的陆-陆碰撞，产生强烈的岩石变形，形成显著的早海西期造山系。这一期的构造作用普遍形成褶皱-冲断带，在一些地区形成造山带（王广瑞，1996）。在板块缝合带地区，该期陆-陆碰撞形成的造山系具有明显的造山带变形特征。其中以动力热变质-强烈变形带或韧性剪切带为典型特征。这些特征明显不同于晚石炭世以来的地层变形特点。如在东准噶尔及北准噶尔地区，沿一系列古俯冲带和缝合带形成了多条动力热变质-强烈变形带，构造带地层挤压强烈，片理产状陡立，形成以强烈密集的糜棱面理和其他构造面理发育为特点，其围岩一般已发生了低绿片岩-绿片岩相的动力热变质，岩性多为板岩、千枚岩和绿片岩。这些变形卷入的最新地层为下石炭统，其上有时可见被上石炭统巴塔玛依内山组及新的地层不整合覆盖。在康古尔塔格碰撞带，在俯冲-碰撞造山过程中形成了规模较大的一系列韧性-脆韧性剪切带，变形岩石主要是阿奇山-雅满苏岛弧系及残留洋的下石炭统火山岩-火山碎屑岩-生物灰岩。出现变形、变质程度较高的绿片岩相-角闪岩相的动力变质岩类和绿片岩相-低绿片岩相的动力变质岩。在博格达山，早期的韧性剪切变形带主要位于博格达山中-北部，向东继续延伸至巴里坤山。该变形带以广泛发育的安山质糜棱岩和糜棱岩化岩石为其显著特点。带内流劈理非常密集，并完全置换了地层层理，沿流劈理面多有因剪切热产生的长英质脉体贯入，而且脉体中的长英质矿物均平行于劈理面定向排列。王宗秀等（2003a）采用锆石SHRIMP U-Pb法，对变形带中石英脉样品的24颗锆石进行了测年，获得一组311～316Ma年龄，相当于早石炭世末—晚石炭世早期。

阿尔泰造山带早古生代至泥盆纪期间以俯冲造山为主（Wang et al.，2006），自早石炭

世，俯冲渐近尾声，阿尔泰南缘的泥盆纪—早石炭世地层发生褶皱变形，主造山期已近结束。中石炭世（350Ma）布尔根碱性花岗岩侵入到已褶皱的泥盆纪—早石炭世地层，标志着该造山运动的结束。

东准噶尔地区的花岗岩类可划分为早古生代和晚古生代两个旋回。晚古生代花岗岩类的时代为晚泥盆世至二叠纪，侵入岩体数量多，其形成与东准噶尔晚古生代俯冲碰撞造山作用密切相关。东、西准噶尔出露地层主要为泥盆纪和早石炭世火山-沉积地层，早石炭世开始的后碰撞深成岩体侵位在泥盆纪和早石炭世火山-沉积地层之中。准噶尔的蛇绿岩时代差异较大，其所代表的洋盆可能不止一个，闭合时限也存在差异。但晚石炭世之前，由于西伯利亚板块南缘持续向南增生，洋盆最终闭合（韩宝福等，2006）。

据毛翔等（2012）、何登发等（2010）、吴晓智等（2008）对准噶尔盆地及周缘火山机构统计研究，准噶尔盆地和三塘湖盆内共发现、识别出晚古生代火山机构 113 处。准噶尔盆地内识别出火山机构 85 处，主要分布在西北缘克-百断裂带、盆地三南凹陷、滴水泉凹陷和五彩湾凹陷及六处凸起（夏盐凸起、三个泉凸起、滴北凸起、滴南凸起、滴水泉凸起和北三台凸起）。以现有文献资料为基础，对盆内火山岩年龄进行了调研汇总，发现盆内火山岩以石炭纪为主，其中以早石炭世为主，同时发育一些泥盆纪及二叠纪火山岩。从测年数据看，准噶尔盆地及周边地区的古生代—早中生代火山岩年龄分布比较广泛，但大致集中于三个阶段，分别是 275 ~ 300Ma、320 ~ 360Ma 和 390 ~ 405Ma，其中 320 ~ 360Ma 火山活动最为频繁。

李涤（2011）在《吐哈盆地晚石炭世的俯冲事件：来自盆内火山岩岩石地球化学和 LA-ICP-MS U-Pb 年代学的约束》中，对吐哈盆地腹部塔克泉凸起塔 6 井处玄武岩进行了岩石地球化学分析，用 LA-ICP-MS U-Pb 定年法获得了玄武岩下部 3549m 处凝灰岩和鲁西凸起艾 1 井原二叠系 993m 处凝灰岩 $^{206}Pb/^{238}U$ 加权平均年龄为 301. 4 ± 6. 4Ma 和 309 ± 2. 7Ma。玄武岩具有低钾、低碱，高钛、铁、镁，属低钾拉斑系列，兼具 MORB、IAT 和 WPB 的特征，可能形成于俯冲作用有关的拉张环境，属安山质钙碱性岩。构造判别图解样品落入大陆边缘的岛弧火山岩区。说明吐哈盆地晚泥盆世—早石炭世火山岩多形成于大陆边缘俯冲作用下的拉张环境。

天山造山带在泥盆纪—石炭纪末期以前，为准噶尔板块和塔里木板块之间的“多岛洋”区域。在构造演化上，处于洋盆的发展和演化时期，形成了连续的浅海相和深海相沉积岩系、钙碱系列和拉斑玄武系列的岩浆活动。

塔里木板块北缘为南天山洋盆演化过程中的被动陆缘，南天山洋的闭合时限在晚泥盆世—早石炭世（许志琴等，2011），其东段闭合于泥盆纪末，早于西段的闭合时限（石炭纪）（高俊等，2009）。许志琴等（2011）根据北天山和中天山石炭纪增生弧的存在，推测洋盆同时向北和向南俯冲，并认为中天山是两期俯冲的“复合增生弧”。

（二）地层信息（以海相沉积为主）

新疆北部早泥盆世剥蚀区范围较大，西伯利亚区为阿尔泰陆；准噶尔区、伊连哈比尔尕、婆罗科努、中天山均隆起为陆，与准噶尔古陆、伊犁古陆相连，形成统一的准噶尔泛大陆；塔里木区塔里木地块北缘、西南缘、南缘、阿尔金、北山一带均隆起为陆。海域沉积环境差别不大，以深浅海相过渡型沉积为主，次为潮坪相稳定型沉积和次深海相过渡型沉积，但岩相差别较大。中泥盆世海域范围有所扩大，以浅海相过渡型沉积类型为主，次为潮坪相稳定型沉积类型和次深海相活动型沉积类型，但次深海相活动型沉积类型面积有所增加。由于海水加深，准噶尔区以次深海相活动型沉积类型和浅海相过渡型沉积类型并存，海域范围变化不大，基本继承了中泥盆世格局。只是坷坪、库鲁克塔格和塔西南一带隆起成陆。

夏林圻等（2002a，2002b）根据对天山及邻区早石炭世火山岩系与下伏地层（包括前寒武纪结晶基底和前石炭纪褶皱基底）之间广泛的区域性不整合界面的研究，认为天山古洋盆是在泥盆纪晚期或石炭纪初期关闭的。无论是准噶尔地区，或是天山地区，直至塔里木盆地北缘，下石炭统与下伏地层之间普遍呈角度不整合接触。仅在准噶尔的西北端白杨河一处，下石炭统和布克河组与下伏上泥盆统塔尔巴哈台组间呈整合过渡。这一规模巨大的区域性角度不整合面上、下的地层，在岩相古地理、变质程度和变质样式上均迥然有别。其上，石炭纪火山岩系地层变质轻微或未变质，变形不强呈舒缓褶皱；其下地层变质深，具强烈褶皱变形。这些暗示着下石炭统之下的不整合界面应当是代表着一个重大的地质事件，即在古生代洋盆（古亚洲洋）闭合后又发生了广泛的裂谷伸展。

上述下石炭统底部不整合面之下磨拉石建造的发现表明，在早石炭世时天山古生代洋盆已经闭合，前述磨拉石建造就是随着洋盆闭合而接踵发生的板块间碰撞挤压造山作用的地质记录。所以，早石炭世应当是天山古生代洋盆闭合时限的上限（夏林圻等，2002a，2002b）。至于下石炭统底部自下向上所观察到的由粗变细的递进裂谷拉伸序列也并不只是局限于前述几个地段，它们与下石炭统底部的角度不整合界面一样，普遍发育于南自塔里木北缘，向北经天山直至准噶尔北部的广大地域内。它标志着自早石炭世开始，整个天山造山带及其相邻地区这一广袤的地域内，又进入到了一个新的地质历史演化阶段，即“造山后陆内裂谷拉伸阶段”。

但这种对大区域简单性的标定，还有许多值得仔细研究之处。况且随着近十多年来，新疆北部地区大区域所进行的 1∶5 万区域地质调查图幅工作，许多地层研究进展和大量火山岩同位素测年数据的积累，揭开了许多晚古生代地层的新面貌特征。对其构造演化会有许多新认识和新进展。

李锦轶等（2006b）认为被置于马鞍桥组底部的一套砾岩，仅在局部地区如巴伦台镇以北地区发育，未见其与被置于其上紧闭褶皱的沉积岩系之间的连续沉积关系；马鞍桥组下伏的地质体，基本都是被置于元古宙的变质岩系，未见其与古生代洋壳残片的直接接触关系。因此，把该不整合界面作为天山山脉前身古洋盆关闭的时限，至少证据是不充分的。关于地层中的不整合界面，认为其地质意义应该结合其他方面的资料才能确定。因为在活动陆缘的岩浆弧和弧前乃至弧后地区，不整合界面是很常见的地质现象。例如，美国西海岸科迪勒拉地区和日本的弧前地区，中生代和新生代地层中都发育比较明显的不整合界面，如果据此就得出太平洋关闭的结论，显然不符合实际情形。关于天山山脉及邻区的泥盆纪晚期和石炭纪地层中的不整合界面，认为有两种情形，一是局部洋盆关闭的地质记录，如东准噶尔南部卡拉麦里地区和蒙古国南部地区早石炭世晚期的不整合界面；二是限于活动陆缘区的局部性不整合界面。天山山脉中的石炭纪地层与下伏地质体之间的不整合界面可能都属于后一类。

从沉积环境看，天山及其以北地区的海相沉积环境都持续到了石炭纪末，在此之前，从泥盆纪到石炭纪都以海相沉积环境为主，没有任何迹象显示在此期间全区经历了由海相到陆相再转化为海相，即发生了洋盆关闭再打开的演变过程。特别是在塔里术盆地北缘，震旦纪至石炭纪地层为基本连续的海相沉积岩系，指示它们所面对的海洋盆地在古生代期间是持续发展的。

通过对东、西天山交界部位萨日达拉—艾维尔沟一带的 1∶5 万区域地质调查实际调研，泥盆纪—二叠纪的晚古生代，相当于海西期。以泥盆纪及其以前地层变形变质、上泥盆统天格尔岩组发生浅变质弱韧性变形-脆韧性变形、海西期侵入岩体发生糜棱岩化或热动力接触变质出现夕卡岩化等为标志。在南北向持续挤压力的作用下，以弯曲变形、脆韧性剪切变形和动力变质为主，属于中部构造变形层次。到石炭纪、二叠纪地层基本无变质作用出现。早-中二叠世该区一度出现较强烈的拉张断陷作用，发生过较显著的碱性岩浆侵入和火山岩浆喷发。因此，也伴随有一定程度的热接触变质作用。因此，上泥盆统与下石炭统之间的不整合界面以及早-中二叠世地层与下伏地层之间的不整合接触，在区域上的大范围分布，可能代表了天山造山带前身洋盆晚古生代时期演化过程中的闭合与后碰撞伸展的构造演化事件。

（三）典型区域构造演化

1. 萨日达拉-艾维尔沟一带晚古生代早期构造演化

该区位于西天山东段，东、西天山边界位置，构造上处于哈萨克斯坦-准噶尔板块与塔里木板块的结合部位，区内以冰达坂-夏热噶断裂带为界一级构造分属于北部哈萨克斯坦-准噶尔板块和南部属中天山（离散）地块（可能属于塔里木地块）。

艾维尔沟一带在晚古生代以前，以北天山洋的形成和演化为主。该洋盆为震旦纪形成的古亚洲洋的分支，志留纪时，洋盆向南俯冲，并于晚志留世闭合进入造山后阶段。该区早古生代以北天山洋从形成—发展—闭合的演化为特征，而东延博格达地区始终处于浅海相环境，准噶尔板块则始终为古陆剥蚀区。进入晚古生代阶段，北天山洋盆基本消失，北天山地区已经进入陆内造山阶段，而此时博格达地区则具有弧后盆地特征，测区未出现下-中泥盆统的沉积。此时，南天山洋进入俯冲碰撞阶段（董云鹏等，2005），早泥盆世末洋盆已经闭合从而使南侧的麦兹阔克塔勒地区形成陆缘盆地活动大陆边缘，为滨海-浅海环境的基性-中性-酸性火山岩和火山碎屑岩沉积（姜常义等，2001），反映了活动大陆边缘的特征。而库鲁克塔格地区在早泥盆世已经隆起成陆，中泥盆世时处于隆起边缘的海岸相沉积环境，晚泥盆世应为滨海相沉积。此时中天山地块及相邻的北天山地区由于南天山洋的收缩，岩浆侵入活动明显增强。

南天山洋在泥盆纪早期已开始向北俯冲，并转入碰撞闭合阶段（周鼎武等，2004），早石炭世转入碰撞后的陆内造山演化阶段，并导致中天山地区的快速抬升，缺失泥盆系沉积地层。到早石炭世末期，南天山洋消失，中天山地块与塔里木板块碰撞闭合，并褶皱隆起成山，中、南天山地区普遍发育的石炭系多以不整合接触覆盖在前石炭系之上，说明早石炭世已进入造山期后阶段。而北天山地区则出现地壳不同程度的拉张，晚泥盆世在研究区内地层为天格尔岩组，是一套火山岩海相复理石建造，具有岛弧环境俯冲加积楔构造特征，从而形成金、铜、铬、镍多金属成矿带。测区东南角的小热泉子组则为一套火山岩建造，具有岛弧构造环境特征，并在该套火山岩中主要形成铜、镍、金、钼多金属成矿带。向西在依连哈比尔尕地区泥盆纪见有弧后盆地沉积特征，其上是一套下石炭统的火山-沉积岩系（肖序常等，2004）。博格达地区则由弧后盆地环境演变为初始海盆，泥盆纪和早石炭世地层缺乏。研究区内中天山婆罗科努一带岩浆活动频繁，二长花岗岩、花岗闪长岩单颗粒锆石 U-Pb 年龄为 332～353Ma，属造山期前-造山期壳幔混源火山弧环境；西邻区的二长花岗质岩体的单颗粒锆石 U-Pb 年龄为 374Ma，属壳幔混源的造山期后陆缘火山弧环境，说明晚泥盆世—早石炭世为北天山地区一重要的有限拉张阶段。

2. 博格达-巴里坤塔格一带石炭纪构造演化

博格达-巴里坤塔格地区位于准噶尔板块和塔里木微板块之间，北临卡拉麦里缝合带，西边与传统的博格达晚古生代裂谷相连，东边与哈尔里克晚古生代火山弧相交，位于吐哈盆地北缘。

石炭纪，该区的沉积环境和火山活动具有以下特征（表4-2）：早石炭世早期为浅海-滨海相沉积环境，构造环境极不稳定，火山活动强烈，火山活动以溢流相为主，夹有爆发相，极少见到沉积岩出露，表明了其火山活动的连续性，主要为一套双峰式火山岩；中期火山活动逐渐减弱，构造环境稳定，为浅海相沉积，适宜生物生长，该期以稳定沉积为主，伴随有少量火山喷发，火山活动为爆发相，岩性主要为大量的灰岩和砂岩，沉积层理及交错层理发育；晚期发生了海退，为滨海相沉积，火山活动较弱，以爆发相为主，沉积了一套下细上粗的碎屑沉积岩，沉积岩中含有少量的火山碎屑岩，岩性主要为灰色厚层砾岩，灰色、灰黑色、黑色厚层状碳质凝灰粉砂岩；末期发生了海侵，海水深度变深，沉积序列总体上表现为一套下粗上细的碎屑沉积岩，火山活动有进一步增强的趋势，火山活动为爆发相，碎屑沉积岩中夹杂有大量磨圆度极差的火山角砾，砂岩中火山灰成分占据了一定的分量。

表 4-2　博格达-巴里坤塔格石炭纪构造演化简表

时代	地层名称	演化阶段	岩石组合特征	火山活动特征	厚度/m		岩相	主要岩石类型	沉积环境
晚石炭世	柳树沟组	晚期	碎屑沉积岩	微弱	680	2545	稳定沉积	沉积岩	滨海（海退）
		中期	双峰式火山岩	强烈	952		溢流相	火山岩	浅海
		早期	火山碎屑岩、灰岩	中等	913		爆发相	火山碎屑岩 沉积岩	浅海
早石炭世	七角井组	末期	下粗上细的碎屑沉积岩	较弱	881	3435	爆发相	沉积岩	浅海（海侵）
		晚期	下细上粗的碎屑沉积岩	弱	566		爆发相	沉积岩	滨海（海退）
		中期	碎屑沉积岩	微弱	1288		稳定沉积	沉积岩	浅海（稳定）
		早期	双峰式火山岩	强烈	700		溢流相	火山岩	浅海-滨海
	塔普捷尔泉组		碎屑沉积岩	极弱	>420		稳定沉积	碎屑沉积岩	浅海-滨海

注：据 1：20 万哈萨克自治县幅和哈密市幅，梁婷 2011 年研究，以及野外实测综合编制

晚石炭世早期为浅海相沉积，构造环境较为稳定，气候温暖，适合生物繁殖，中间火山以爆发相为主，火山活动中等，主要岩性为火山碎屑岩和碎屑沉积岩，沉积岩中砾石成分以火山角砾为主；中期环境仍为浅海相沉积，但火山活动强烈，火山活动以溢流相为主，夹有爆发相，中间具有较长的火山间歇期，适合生物繁殖，岩性主要为中酸性熔岩夹有中基性熔岩和灰岩透镜体；晚期发生了海退，沉积环境变为滨海相，沉积环境相对稳定，火山活动极为微弱或者已经停息，适宜生物生长，岩性以碎屑沉积岩为主，未见火山熔岩，只有下部可见少量火山凝灰岩。

目前研究普遍认为博格达地区为石炭纪裂谷环境，主要在西伯利亚大陆与吐-哈地块之间的古亚洲洋向南俯冲作用下，来自板块俯冲的侧向撕力为裂谷最初撕裂的动力（顾连兴等，2001）。

早石炭世初期，整个准噶尔-吐哈地块受到古亚洲洋从北向南俯冲，准噶尔-吐哈地块的东部哈密一带向东突出，受洋盆向南俯冲的影响，突出部分受到洋壳俯冲自北而南的应力较大，向东突出部分发生了顺时针旋转，博格达东段及巴里坤塔格一带受到了侧向应力的影响，形成了该区的区域性伸展拉张的构造背景，准噶尔-吐哈陆块开始拉张；早石炭世早期，地壳的拉张减薄引起软流圈地幔因为减压而部分熔融，形成玄武质岩浆，岩浆在上涌过程中，由于压力的不断变化，部分岩浆在地壳内部和深部侧向流动所产生的水平力矩以及热力对岩石圈的软化进一步加大了地壳的伸展变形。但总体而言裂谷发育早期，岩石圈撕裂程度不大，幔源岩浆上升缓慢，在下地壳中停留时间较长，玄武质岩浆除部分喷发到地表以外，在地壳深部形成了一定规模的次生岩浆房，为结晶分异形成中酸性岩浆提供了时间和空间条件，造成了辉石和橄榄石的分离结晶以及岩浆受到地壳物质的混染，分异之后的玄武质岩浆随后上升喷出地表，形成了早期的中酸性火山岩，由于中酸性岩浆是玄武质岩浆分异结晶的产物，这就造成了下石炭统七角井组玄武岩明显比流纹岩分布广泛（顾连兴等，2000b）。

然而石炭纪早期古亚洲洋并未完全闭合（李锦轶等，2006a），洋壳的继续俯冲导致研究区早石炭世早期的地壳的短暂隆升，俯冲洋壳与岩石圈的撕裂相互作用，岩浆上涌受到了一定的阻碍，两者在地壳深部中达到了某种平衡作用，地壳深部次生岩浆房不断加大，地表火山活动出现了火山活动减弱或短暂性的停歇，形成了该区早石炭世中期短暂性的稳定沉积环境（图 4-3）。

随着洋壳的继续俯冲，以及深部岩浆作用上涌和地壳深部次生岩浆房的不断扩大，地壳抬升，造成了该区的区域性隆升，岩浆上涌受到了俯冲洋壳的影响，岩浆上升过程较为缓慢，次生岩浆房不断扩张；但由于岩浆上涌以及次生岩浆房的岩浆热力对岩石圈的不断软化和水平力矩对地壳的拉张应力，地壳厚度不断减薄，地壳总体上隆升程度不大，形成了研究区早石炭世晚期从浅海相到滨海相的小规模海退作用，同时火山活动也逐渐加剧。

岩石圈一旦发生撕裂，地幔压力发生变化，深部地幔岩浆在压力的作用下不断上涌，岩浆上涌过程中及地壳深部次生岩浆房所产生的热力加速了下地壳以及俯冲洋壳的软化，其最终结果是加大了岩石圈的撕裂程度和拉张应力，因此在早石炭世末期，拉张应力进一步加大，地壳伸展变形强烈，俯冲洋壳与岩浆上涌以及次生岩浆房不断扩大所产生的隆升已不足以造成地表的上升，地壳在下部岩浆热动力以及拉张应力的条件下继续减薄，岩浆开始

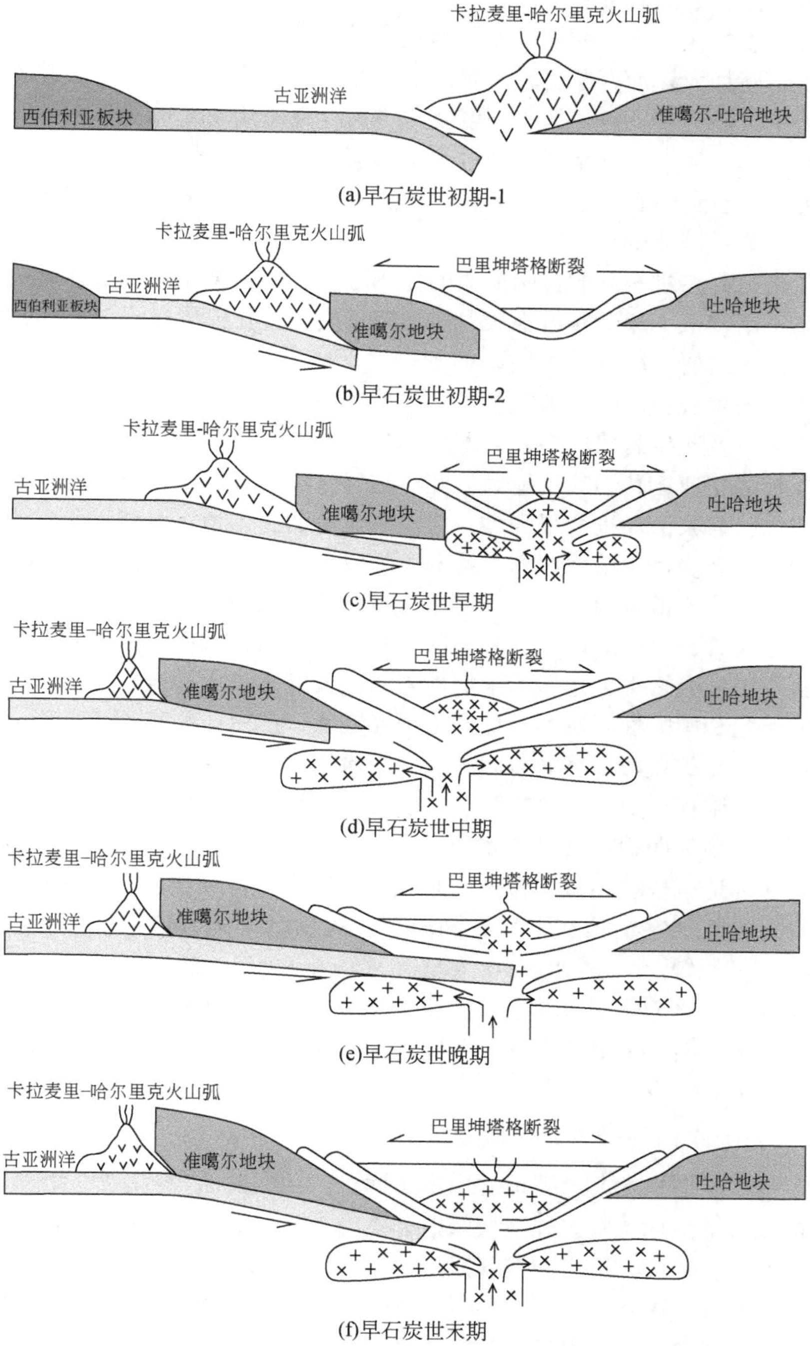

图 4-3　早石炭世构造–岩浆演化图

冲破或熔融上面阻挡的俯冲洋壳，岩浆上涌过程中受到的阻碍逐渐减小，岩浆侵入地表越来越多，地表高度不断变化，造成了早石炭世末期的海侵，同时火山活动强度也逐渐加剧。

晚石炭世早期，上涌岩浆和次生岩浆房的规模明显加大，导致了岩浆热力对地壳和俯冲洋壳的软化速度加快，岩浆的水平漫流和上涌过程中对地壳的拉张应力也显著增强，岩石圈撕裂程度不断加大，地壳厚度越来越薄，地壳物质重熔所产生的中酸性岩浆在下部岩浆压力的影响下开始逐步上侵，地表高度变化不大，火山活动随着地壳的拉张减薄而较前期有加大的趋势，总体上以岩浆在上涌过程中迅速减压而形成爆发式火山喷发，火山活动加剧所产生的热量也让海水温度有所升高，更适宜生物生长，形成了研究区晚石炭世早期火山碎屑岩夹灰岩透镜体的独特岩性。

中期，上部地壳在进一步的拉张应力的作用下，拉张程度不断增加，地壳重熔所产生的中酸性岩浆不断侵入，逐渐接近地表，压力突然发生变化，岩浆迅速喷出地表，开始形成了大量的火山碎屑岩，随着火山活动的加剧，形成了研究区晚石炭世大量的中酸性岩，中酸性岩中残留的斜长石表明尚未完全重熔的地壳物质紧跟着一起喷发出地表，地幔中上涌的玄武质岩浆以及次生岩浆房中发生了结晶分异的玄武质岩浆也由于压力的剧减紧跟着中酸性岩浆向地表快速运移，喷出地表，此时裂谷已经发育到了全盛时期，岩石圈的撕裂程度达到了最大，岩浆活动也变得强烈，岩浆快速上涌达到地表。然而裂谷发育并未持续较长时间，随着晚石炭世天山地区古洋盆的关闭以及各大板块的碰撞（陈衍景，1996；李锦轶等，2006b），岩石圈同时遭受下部岩浆上涌所产生的拉张应力以及区域性挤压应力的作用，开始逐渐闭合，上涌的地幔岩浆和次生岩浆房中的玄武质岩浆在经历了短期的喷发之后再次被挡在了地壳之下，重熔的中酸性岩浆上侵继续喷出地表，同时下部地壳中玄武质岩浆提供的热量和中酸性岩浆不断地同化地壳物质，但由于距离地表较近，地壳重熔岩浆中含有大量斜长石的残留；然而时间不长，随着区域性挤压应力的逐渐加剧，导致岩石圈闭合，中酸性岩浆在经历过短暂的喷发之后也逐渐被挡在了地壳深部或下部，火山活动趋于微弱，裂谷逐渐走向消亡（图 4-4）。

晚期新疆北部地区板块的持续碰撞，研究区挤压应力持续作用，甚至逐渐变强，撕裂的岩石圈闭合，岩浆被完全挡在了岩石圈以下，火山活动逐渐停息，裂谷最终走向消亡（流纹岩 Rb-Sr 等时线年龄为 298.4±0.76Ma）（王银喜，2005）；地壳在挤压应力作用下不断抬升，海水深度逐渐变浅，发生了大规模的海退，研究区逐渐从浅海环境变为滨海环境，最终地壳浮出海面，形成末期陆相环境，这与研究区早二叠世呈现不整合或者断层覆盖于柳树沟组之上是一致的。

3. 北山黑山岭东南一带石炭纪构造演化

黑山岭东南位于塔里木盆地腹地北山山系西段，比邻罗布泊和敦煌盆地。区域构造上是夹持于库鲁克塔格微地块与敦煌地块间的北山晚古生代裂谷带。截至目前的研究，对北山裂谷的主流认识是北山构造带在前寒武纪时期与塔里木板块具有亲缘性（张良臣和吴乃元，1985；成守德等，1986；王作勋等，1990；肖序常，1990；李锦轶等，2002），即北山裂谷为从塔里木地台老基底上发展起来的海西中晚期陆内裂谷，但其形成以后的发展是相对独立的。

该区的板内裂解最早始自新元古代时期的塔里木运动，直到志留纪末期的加里东运动使得早古生代裂解海槽有过一次短暂的挤压闭合，地层发生浅变质弱变形，同时在研究区西北缘形成规模较大的中-酸性侵入岩带，总体属挤压-地壳重熔型花岗岩。

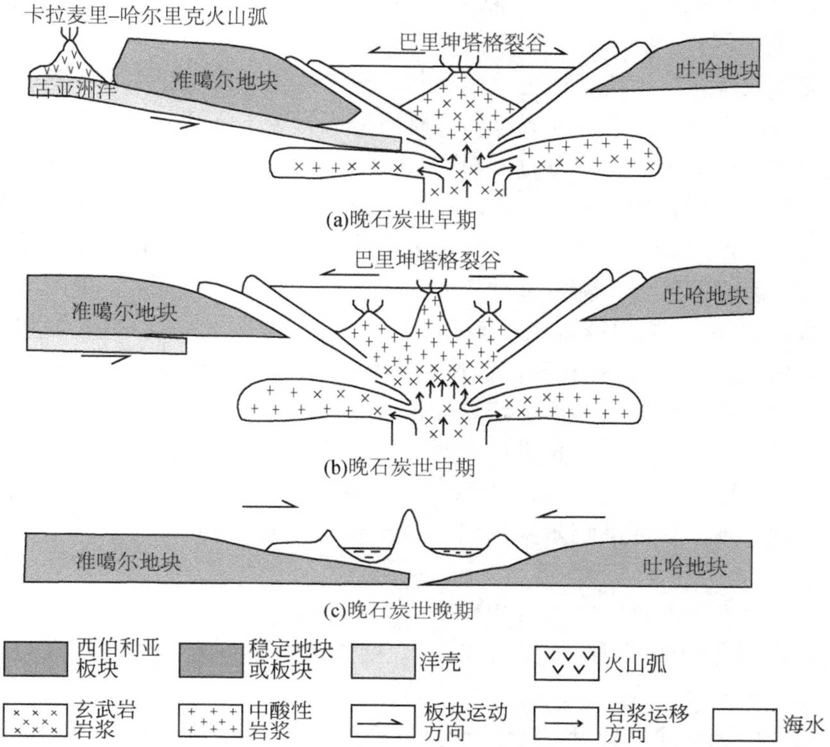

图 4-4　晚石炭世构造-岩浆演化图

晚古生代石炭纪—二叠纪是北山火山裂谷发育的鼎盛时期，石炭纪开始出现新的大规模拉张，火山裂谷的形成和演化明显受边界断裂的控制。

早石炭世在拉张伸展的构造背景下，研究区北部黑山岭以南淤泥河以北首先出现带状分布的火山活动中心，随着持续的拉张伸展作用，在淤泥河北逐渐形成裂谷盆地，同时发育滨浅海相的陆源碎屑岩-碳酸岩-火山岩建造，总体为退积型沉积序列，这一期的火山岩浆活动明显受到淤泥河断裂带的活动控制，该断裂深达上地幔为地幔岩浆的上升、喷发和侵位提供了通道和空间；晚石炭世早期研究区处于火山活动的相对平静期，裂谷作用加强，成为区内海盆海水最深时期，主要沉积了一套浅海-半深海的细碎屑岩，具有复理石建造特征，总体为加积型沉积序列，沉积层中出现含放射虫硅质岩表明曾出现半深海的宁静还原环境，这些特点也体现了总体引张伸展的持续作用。

二、晚石炭世—早二叠世构造-地貌特点

（一）构造演化信息

阿尔泰造山带的碰撞造山作用结束于早石炭世（350Ma），中-晚石炭世区域可能一直处于相对平静期，目前未见区域变质变形，该时期的花岗岩目前报道也很少。晚石炭世末—早

二叠世初，区内各大洋均已消失，发生强烈的岩浆作用、大型走滑等构造运动。区域进入全面的拉张（童英等，2006）。

西伯利亚板块南缘持续向南增生，准噶尔周边洋盆于晚石炭世之前普遍完成闭合，自早二叠世，闭合的区域开始发育大规模的后碰撞深成岩浆，该活动在准噶尔北邻的阿尔泰造山带和南邻的天山造山带普遍发育（韩宝福等，2006）。另外，据前人对我国西部火山岩储层成因、形成构造背景与岩相模式研究论文的摘要，其对准噶尔盆地陆东区石炭系火山岩研究认为，该区火山机构具有沿大断裂呈串珠式弧形排列的正向凸起形态特征，以中心式喷发为主，裂隙式喷发为辅，可分为火山爆发相（包括空落亚相、热基浪亚相、热碎屑流亚相、溅落亚相）、火山溢流相（包括上、中、下部亚相）、火山通道相（包括火山颈亚相、次火山亚相）、火山沉积相、浅成侵入相五个相九个亚相。陆东地区火山岩主要为正长斑岩，次为火山碎屑岩和火山碎屑沉积岩，少量基性火山熔岩（玄武岩）和火山碎屑沉积岩。锆石 LA-ICP-MS U-Pb 测年表明，陆东地区火山喷发主要在早石炭世（321～369Ma），辉绿岩侵位时间发生在早二叠世（约 283Ma）。火山岩在侏罗纪（190～149Ma）曾遭受过热事件改造。说明准噶尔盆地内部也出现有大规模的石炭纪—早二叠世火山-岩浆活动。

天山地区洋盆在该时期闭合，沉积环境发生从海相到陆相的改变、形成快速堆积的巨厚沉积岩系、富铝富钾的岩浆岩、区域性动力变质岩系、具有明显构造极性的逆冲褶皱构造。

塔里木北缘西段碰撞造山开始于早石炭世（345Ma），结束于晚石炭世末（300Ma 左右）；其东段新甘交界红柳河碰撞可能早于 412Ma（郭召杰等，2006），库米什-榆树构碰撞时间为 390Ma（周鼎武等，2004），说明南天山碰撞造山为一“剪刀式”，东段较早，西段较晚，但整体上碰撞事件在二叠纪之前完成（Chen et al.，1999）。二叠纪时期，进入后碰撞演化阶段（高俊等，2006）。

新疆北部晚石炭世—早二叠世古地理格局以发育北面的西伯利亚南部活动陆缘体系为特征，通过南天山洋与塔里木隔岸相对。这一阶段早期，北面的西伯利亚南部活动陆缘体系在新疆北部主体包括分布于北部的阿尔泰陆缘岩浆弧、紧邻其产出的东准噶尔、哈尔里克-大南湖岛弧与星星峡地块，以及分布于西部的西准噶尔洋内弧与南面的伊犁-西天山陆缘岩浆弧（图 4-5）。这一阶段晚期（主体为二叠纪早期），可能发生塔里木拼贴到北面的西伯利亚南部活动陆缘体系的构造事件，导致南天山洋主体逐渐封闭，其中南天山西段残余古洋盆最终闭合的时间应为二叠纪末（李曰俊等，2002，2005；张立飞等，2005）。这一阶段构造演化应该归纳为具有以下特征：①新疆区域早古生代是古大洋和洋内古块体群发育时期，早古生代开始了洋盆俯冲消减、洋内块体拼贴增生。古亚洲洋南部构造域在晚泥盆世—早石炭世，由于北天山洋盆向北部俯冲，形成大南湖-头苏泉岛弧，并伴有高侵位的花岗质岩体分布。②复杂增生造山作用最后结束于晚石炭世晚期甚至二叠纪早期。与复杂拼贴增生造山期相关的前陆盆地发育不明显，也没有大规模发育碰撞型花岗岩。③晚石炭世—二叠纪早期岩浆活动活跃，壳幔物质交换复杂，形成过渡性地壳，为成矿作用提供了良好条件。在晚石炭世—早二叠世，大量镁铁-超镁铁质和碱性花岗质岩浆侵位，形成大量的岩浆铜镍硫化物。此外，新疆北部在石炭纪—早二叠世，发育了一系列独特的构造-成矿作用：发育于晚石炭世—二叠纪的阿尔泰岛弧及其变质事件、阿尔泰麻粒岩、西南天山放射虫硅质岩和高压-超高压-低压麻粒岩相变质事件；石炭纪（—早二叠世）埃达克岩-高镁安山岩-富 Nd 玄武质岩组合、阿拉斯加型基性-超基性杂岩和大量的与俯冲相关的钙碱性岩浆活动与成矿作用；天山晚石炭世晚期蛇绿岩与岛弧火山岩等。因此，新疆北部在石炭纪—早二叠世挤压-伸展-走滑并存，岩浆活动与成矿作用活跃（肖文交等，2006b）。

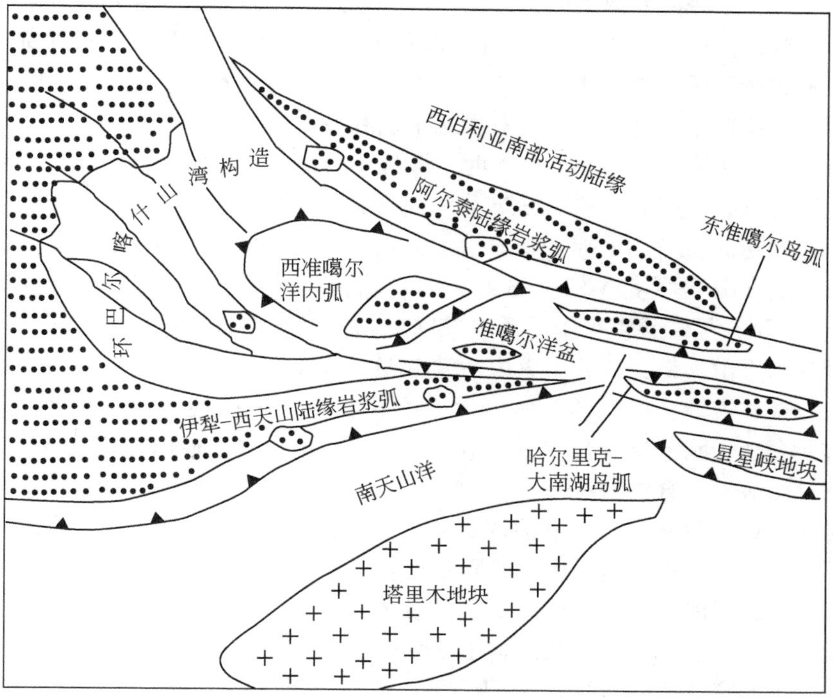

图 4-5 新疆北部地区晚石炭世—早二叠世早期复杂活动陆缘古地理图（据肖文交等，2006b）

以上研究进展表明新疆北部在晚石炭世—二叠纪早期仍存在活动陆缘。因此，很可能在晚二叠世新疆北部或其局部地区仍然可能存在一定规模的古洋盆及其相关的俯冲作用。进一步推论古亚洲洋构造域南部复杂增生造山作用最后结束于晚石炭世晚期—二叠纪。

（二）地层信息（以不整合接触面为主）

不整合指示一次重大构造事件的发生，代表一次沉积旋回结束与新一次旋回开始的分割面。天山及邻区早二叠世地层与下伏地层之间呈广泛的区域性不整合接触，该区域性不整合界面的存在对于我们重塑该地区的地质演化历史具有重要意义。如图 4-7 所示，从准噶尔地区到天山一带，再到塔里木盆地北缘，下二叠统与下伏地层间普遍呈角度不整合接触，仅在乌鲁木齐以东下二叠统石人子沟组和上石炭统奥尔吐沟组，以及塔里木北缘西段下二叠统棋盘组和上石炭统塔合奇组、下二叠统贝勒克勒克组和上石炭统康克林组之间均为整合接触。这可能暗示了新疆北部在石炭纪末期—二叠纪初期，发生过一次大规模的地质事件。在西准噶尔地区局部有石炭纪地层的缺失，可能是因为该区在整个石炭纪期间没有经历过裂谷沉积，也可能是该区原有的石炭纪沉积在后期的强烈造山过程中被抬伸剥蚀。

对比各个不整合面上下层位的岩性，可以发现，不整合面以下的前二叠纪地层，在准噶尔地区大部分为砂岩、砾岩等沉积地层，局部地层中夹有火山岩及其火山碎屑岩夹层；在天山一带，均为灰岩、砂岩、粉砂岩等地层，除了康古尔塔格地区为火山岩地层；到塔里木北缘地区，除了磁海西南地区为火山岩地层，其余均为厚层灰岩沉积地层。而不整合面以上的下二叠统地层基本上均为火山岩以及火山碎屑岩，在天山一带局部有沉积岩夹层，在塔里木北缘西段为与下伏地层连续沉积的岩层。由此看来，整个新疆北部，在早石炭世开始的大规模拉张活动，可能在石炭纪末期有一次闭合，导致了早二叠世初期的大量火山岩不整合于下伏沉积地层之上。同时，该柱状对比图中统计了大部分二叠纪火山岩地层的厚度，数据显示东准噶尔—三塘湖一带，早二叠世火山岩厚度最大（2059.4 ~ 4694m），西准噶尔一带为 122 ~ 2195m；东天山早二叠世火山岩厚度（716 ~ 1453.27m）大于西天山同期火山岩厚度（128 ~ 310.1m）；塔里木北缘早二叠世火山岩厚度为 237 ~ 1542m，由此可见，早二叠世火山活动以准噶尔盆地东、西部边缘最为剧烈，其次为塔里木北缘东段和东天山一带，西天山火山活动较弱（表 4-3）。

后峡组与奇尔古斯套组间的不整合面发生在晚石炭世依连哈比尔尕洋盆褶皱回返期间，奇尔古斯套组受到的挤压要比后峡组强烈，因此，它属于造山期内连续构造演化过程中的一条三级褶皱不整合类型。

阿尔巴萨依组与后峡组间的不整合发生在天山造山带末期，阿尔巴萨依组与后峡组间的不整合发生在天山造山带造山末期，阿尔巴萨依组具有火山磨拉石建造的特征，标志着天山造山带造山旋回的结束，显然它属于二级磨拉石型褶皱不整合。此后，天山造山带进入了一个新的演化阶段——陆内裂陷盆地演化阶段。

目前，相关研究认为晚古生代时期，北天山处于塔里木板块、哈萨克斯坦-准噶尔板块之间，为古亚洲洋演化史上一个重要的构造域，经历了晚古生代北天山的裂陷和造山回返过程（晚泥盆世—晚石炭世天格尔组、小热泉子组、塔普捷尔泉组、七角井组、柳树沟组和奇尔古斯套组、后峡组等）。中二叠世早期，是天山发展的转折时期，天山及邻区的古裂谷已完全被消减掉，塔里木、哈萨克斯坦-准噶尔板块、欧亚大陆又一次拼合。天山造山带发生快速上升，接受了陆相磨拉石沉积（阿尔巴萨依组），形成古天山山脉。从此以后，天山进入新一轮的造山后陆内发展时期，以陆内断陷、走滑构造运动为特征（高俊，1997；徐学义等，2002；舒良树等，2004）。上述不整合面就是其演化的重要证据。奇尔古斯套组为一套深水硅质岩、硅质细碎屑岩沉积，代表古天山裂谷的最大裂陷程度。后峡组为一套浅水灰岩、生物碎屑灰岩、生物灰岩沉积，代表古裂谷消亡阶段的产物。显然其间的不整合面代表了古裂谷构造体制由裂陷阶段向收缩阶段转变的标志。自晚石炭世以后，天山地区再也没有海相沉积。阿尔巴萨依组与后峡组之间的不整合及阿尔巴萨依组的磨拉石建造又一次标志天山构造旋回的最重要的转变-造山运动结束，哈萨克斯坦-准噶尔板块与塔里木板块拼合为统一的大陆。西天山特克斯达坂一带晚古生代存在的 6 个不整合面，各代表了一次幕式运动（表 4-4）。

表 4-3　天山及邻区石炭纪—早二叠世火山岩系对比（据夏林圻，2013）

	天山西段（伊犁裂谷）		天山中段（天山中段裂谷）	天山东段			准噶尔（准噶尔裂谷）		塔里木裂谷		北山裂谷
位置	果子沟、昭苏、特克斯、则克台、新源		后峡南、骆驼沟、马鞍桥、独-库公路	（博格达-哈尔里克裂谷）天池、艾维尔沟、达坂城、七角井、巴里坤、伊吾、吐哈盆地	（觉罗塔格裂谷）托克逊南、土屋、雅满苏		陆梁、姜尕		柯坪（塔里木西北缘）	塔里木盆地西部（钻探揭露）	新疆北山 甘肃北山
	地层（组）	年龄	地层（组）	地层（组）	地层（组）	年龄	地层（组）	年龄	地层（组）		地层（组）
早二叠世火山岩系	乌郎组（厚度2141～7507m）火山岩系（流纹岩、安山岩夹玄武岩、火山碎屑岩）、沉积岩（含早二叠世化石）	273～292Ma（赵振华等，2003）	阿尔巴萨依组（厚度198m）上部：流纹岩、安山岩、火山碎屑岩 下部：火山岩系（辉绿岩、安山岩夹玄武岩、流纹岩）、沉积岩（含早二叠世化石）	阿尔巴萨依组（厚度1111～1679m）上部：双峰式火山岩系（玄武岩、流纹质熔结凝灰岩）下部：砾岩、砾岩夹砂岩、凝灰质砂岩。270～285Ma（邢秀娟，2004）	阿尔巴萨依组（厚度310m）火山沉积岩系：砾岩、砂岩、页岩夹灰岩（含早二叠世化石）、玄武岩、安山岩、流纹岩		石人子沟组（厚度264m）陆源碎屑岩夹灰岩（含早二叠世化石）、凝灰岩		库普库兹满组、开派兹雷克组（厚度207～780m）上部：碱性玄武岩夹泥质岩石（含早二叠世化石）。278.5Ma（陈汉林等，1997）下部：泥质岩石、砂岩、凝灰岩		红柳河组（厚度320～3260m）火山沉积岩系（含早二叠世化石）
晚石炭世火山岩系	伊什基里克组（厚度326～9536m） 碱流岩、粗面安山岩、玄武安山岩、碱性玄武岩、碧玄岩和火山碎屑岩	313Ma（朱永峰等，2005）	奇尔古斯套组（厚度1914～6492m）海相细碎屑岩夹双峰式火山岩系（玄武岩、流纹岩、火山碎屑岩）	柳树沟组、居里得能组、沙雷塞尔克组（厚度1181～5755m）双峰式火山岩系（玄武岩、玄武安山岩、流纹岩、火山碎屑岩）夹粉砂岩和灰岩（含晚石炭世化石）			弧形梁组（厚度69～220m） 火山沉积岩系（含巴什基尔阶化石）		石炭系：海相碳酸盐岩和陆源碎屑岩		干泉组（厚度800～1600m）基性、中基性火山岩夹沉积岩（含晚石炭世化石）

续表

	天山西段（伊犁裂谷）		天山中段（天山中段裂谷）		天山东段			准噶尔（准噶尔裂谷）		塔里木裂谷		北山裂谷
位置	果子沟、昭苏、特克斯、则克台、新源		后峡南、骆驼沟、马鞍桥、独-库公路		（博格达-哈尔里克裂谷）天池、艾维尔沟、达坂城、七角井、巴里坤、伊吾、吐哈盆地	（觉罗塔格裂谷）托克逊南、土屋、雅满苏		陆梁、姜尕		柯坪（塔里木西北缘）	塔里木盆地西部（钻探揭露）	新疆北山 甘肃北山
早石炭世火山岩系	阿克沙克组（厚度298～1667m）沉积岩（含谢尔普霍夫期化石）夹火山岩（玄武岩、玄武安山岩、火山碎屑岩）				七角井组（厚度1300～1900 m） 上部：双峰式火山岩（玄武岩、玄武安山岩、流纹英安岩、流纹岩、火山碎屑岩）、微量砂岩、板岩和硅质岩 下部：凝灰岩、砾岩、砂岩、粉砂岩夹灰岩（含早石炭世化石）、流纹岩、安山岩、英安岩 底部：底砾岩	企鹅山群（厚度1061～8812m）双峰式火山岩（玄武岩、玄武安山岩、英安岩、流纹岩、火山碎屑岩）、沉积岩	319～322Ma（李向民等，2004）337Ma（侯广顺等，2005）	山梁砾石组（厚度500～3000m）双峰式火山岩系（玄武岩、流纹英安岩、流纹岩、火山碎屑岩）、砾岩、砂砾岩、砂岩、粉砂岩和页岩（含早石炭世化石）	323～345Ma（王方正等，2002）			红柳园组（厚度1200～4500m）碎屑岩夹碳酸盐岩和火山岩（含早石炭世维宪期化石）
	大哈拉军山组（厚度1041～3771m） 上部：安山岩、玄武安山岩、玄武岩、火山碎屑岩；中部：安山岩、粗面安山岩、火山碎屑岩夹砂岩、砂砾岩；下部：砂岩和灰岩（含维宪期和杜内期化石）、流纹岩、英安岩、碱流岩； 底部：底砾岩	325～345Ma（李华芹等，1998） 354Ma（朱永峰等，2005）	马鞍桥组（厚度200～1600m） 顶部：含石膏层 上部：凝灰岩、砂岩夹泥灰岩、砂质灰岩、灰岩夹粉砂岩（含维宪期化石） 中部：辉绿岩、玄武岩、微量碱性玄武岩、安山岩、微量粗面安山岩、微量流纹英安岩、微量流纹岩、火山碎屑岩、薄层状灰岩和砂砾岩（含维宪期化石） 下部：砂砾岩、砂岩、粉砂岩与页岩互层，夹灰岩（含维宪期和杜内期化石） 底部：底砾岩			雅满苏组、小热泉子组（厚度3400～7000 m）上部：灰岩、砂岩、粉砂岩、砾岩、双峰式火山岩；下部：玄武岩、安山岩、英安岩、流纹岩、火山碎屑岩夹灰岩和陆缘碎屑岩						
基底	中-新元古界（MP-NP）：冰碛岩、砂岩、叠层石灰岩、变粒岩、片麻岩、片岩、大理岩（6.5～15.5Ma）		中-新元古界（MP-NP）：变粒岩、片麻岩、片岩、大理岩（6.5～15.5Ma）	早-中奥陶世（O_1-O_2）变玄武岩和绿片岩	泥盆纪（D）岛弧火山岩系			早古生代-泥盆纪（PZ_1-D）岛弧和弧后盆地火山-沉积岩系		泥盆系（D）：陆源碎屑岩		泥盆系（D）：火山岩、碎屑岩夹火山岩

注：据夏林圻等（2006）表修改。

表 4-4　西天山特克斯达坂晚古生代地层不整合面（据李永军等，2008）

时代	地层单位	建造	时代依据	构造运动
J	八道湾组（J_1b）	陆相含煤建造	双壳 *Sibireconchsha sitnikova*，*Ferganoconcha burejensis*，“*ytilus*” *karamaica* 等及大量植物化石	尼勒克运动
P_2	晓山萨依组（P_2x）	山前及山间拗陷陆相砾岩-砂砾岩（磨拉石）	植物 *Noeggerrathiopsis* cf. *dertavinii*，*N.* cf. *latifolia*，*Walchia* sp. *Paracalamites* cf. *stenocostatus* 等及叶肢介等	新源运动
P_1	乌郎组（P_1w）	陆相裂谷型碱性双峰式火山岩	全岩 Rb-Sr 等时线年龄为 293±3Ma	因尼卡拉运动
C_2	科古琴山（C_2k）	海陆交互相厚层山前磨拉石建造	珊瑚 *Amygdalophylloides* cf. *kepingensi*，*Neokoninckophyllum* cf. *Posttortuosum*；腕足类 *Dielasma bovidens*，*Martinia kunlunia*（张天继等，2006）	特克斯运动
	东图津河组（C_2dt）	海陆交互相砂岩-细砂岩夹砂砾岩及泥灰岩	瓣鳃类 *Obliquipecten xinjianggensis* 等；腹足类 *Bellerophon tamugangensis*；植物 *Angaridium* sp. 等（张天继等，2006）	博格达上升
	依什基里克组（C_2y）	海相裂谷型玄武岩-流纹岩火山岩建造	锆石 SHRIMP 年龄为 313Ma（朱永峰等，2006；刘静等，2006）	鄯善运动
C_1	阿克沙克组（C_1a）	浅海相钙质砂岩-泥灰岩-生物碎屑灰岩夹砂砾岩	腕足类 *Gigantoproductus of latixxmus* 等；珊瑚类 *Gangamophyllum vetiforme*，*yamansuense* 等；苔藓虫 *Fenestella*	伊犁运动
	大哈拉军山组（C_1d）	岛弧钙碱性中酸性火山熔岩及其火山碎屑岩	全岩 Rb-Sr 等时线年龄为 351±2Ma（李注苍等，2006）、353.7±4.5Ma（朱永峰等，2006）	

早石炭世末的伊犁运动，结束了原来的岛弧环境，并造成阿克沙克组残余海不整合沉积于大哈拉军山组之上；晚石炭世早期，发生的鄯善运动标志着伊连哈比尔尕小洋盆的残余海发展阶段告终，即有限洋盆的最终封闭而使得塔里木板块与准噶尔板块碰撞缝合，因而是区内多个褶皱幕中的主褶皱幕；晚石炭世地壳处于上述两大板块碰撞缝合后的后碰撞拉张期，在赛里木湖陆缘拉伸出现阿拉套晚古生代陆缘盆地；在伊犁地块的边缘拉伸产生阿吾拉勒-伊什基里克裂谷带，形成伊什基里克组双峰式裂谷火山岩系，同时伴有少量后造山碱性花岗岩侵入。稍后的沉积为东图津河组浅海相碎屑岩建造。晚石炭世中期，导致科古琴山组与东图津河组之间的不整合，建议命名为特克斯运动，主要表现为东图津河组残余海盆的结束，以及褶皱回返过程中的山间和山前磨拉石堆积；晚石炭世末的因尼卡拉运动影响甚大，完成了新疆北部的洋陆转换，洋壳全部封闭，海退成陆，并形成了科古琴山组磨拉石建造，由此进入陆内发展阶段；晚石炭世末的因尼卡拉运动影响甚大，完成了新疆北部的洋陆转换，洋壳全部封闭，海退成陆，并形成了科古琴山组磨拉石建造，由此进入陆内发展阶段。

早-中二叠世处于后碰撞的松弛拉张期，使伊犁地块拉伸再现陆壳火山裂谷，在伊什基里克山等地产生二叠纪裂谷，形成下-中二叠统乌郎组，它不但发育双峰式火山岩系，而且这时有较多的偏碱性花岗岩的侵入。

（三）典型洋-陆转化期地貌特征及其演化

1. 萨日达拉—艾维尔沟一带晚古生代中期构造演化

晚石炭世以后中天山北缘和南天山已进入造山期后陆内伸展阶段，岩浆侵入活动明显，发育了三次花岗质岩浆活动（姜常义等，2001）。北天山依连哈比尔尕有限洋盆的拉张在晚石炭世已停止扩张而转向聚合，但有残留海盆的存在，巴音沟一带晚石炭世完整的蛇绿岩套组合说明了这一点。且岩浆活动明显，研究区内侵入于晚泥盆世地层的二长花岗质岩体单颗粒锆石 U-Pb 年龄为 291Ma，与西邻区交接处的花岗闪长岩体单颗粒锆石 U-Pb 年龄为 302Ma，且在西邻区红五月桥察汗诺尔花岗质岩体的单颗粒锆石 U-Pb 年龄为 310Ma。其北侧博格达地区此时进入裂陷槽发展阶段，研究区内发育巨厚的上石炭统奇尔古斯套组火山沉积岩系，其火山岩构造环境判别属于岛弧造山带玄武岩、安山岩区，而其细粒碎屑岩组成的沉积序列反映该套火山沉积岩系的沉积环境应属深海盆地。上覆不整合上石炭统后峡组地层，为一套碳酸盐台地沉积。

该时期受新源运动的影响，天山褶皱造山带不断隆升，而使塔里木板块、中天山地块和准噶尔板块开始下降接受沉积。

2. 博格达—巴里坤塔格一带晚古生代中期构造演化

晚石炭世末期，伴随着新疆北部地区板块的继续碰撞，该区北侧的古亚洲洋盆和南侧的康古尔塔格洋盆可能已经完全闭合，北部的准噶尔板块和南部的塔里木板块开始发生硬碰撞，主要板块的硬碰撞所产生的巨大能量开始重熔地壳物质，形成了早期的中性岩浆，中性岩浆首先侵入地表，形成了区内晚石炭世闪长岩，口门子闪长岩锆石 SHRIMP U-Pb 年龄为 316±3Ma（孙桂华等，2005），随着碰撞作用的持续，能量不断加大，地壳物质不断得到重熔，形成大量酸性岩浆，哈尔里克花岗岩年龄为 289. 9±6. 2Ma、294±3Ma（赵明等，2002）、307±6Ma 和 311±9Ma（孙桂华等，2007），而后大量的岩浆侵入活动逐渐开始，造成了现今巴里坤塔格—哈尔里克一带规模较大的海西中期花岗岩侵入体。

在石炭纪末期—早二叠世，天山地区进入了较长的后碰撞阶段（韩宝福等，1998，1999；李锦轶等，2002，2004，2006b；赵明等，2002；王京彬等，2006），与此同时整个新疆北部地区发生着大规模的幔源岩浆活动，早期的火山岩和侵入岩在后碰撞体制所产生的伸展作用下，产生了大量的断层和裂隙，花岗质岩体的深度较大，受到伸展作用强烈，内部断层和裂隙较多；同时后碰撞阶段幔源岩浆底垫作用所导致的地壳伸展作用加强，幔源岩浆沿着早期的裂隙和断层向上沿着上覆地层和岩体侵入地表，由于温度和压力的不断减少，幔源岩浆上升速度快，未发生过明显的斜长石的结晶；但由于底部裂隙和断层可能并未完全伸出地表，部分岩浆在地壳深部由于水平漫流和上涌过程中对地壳的拉张应力作用下在地壳深部产生了次生岩浆房，受到了地壳物质的一定混染，但时间并不长，伴随着伸展作用的进一步加强，次生岩浆房中的岩浆很快就沿着上覆裂隙和断层上涌，形成了区内的中基性岩脉（柴窝铺辉绿岩锆石 $^{206}Pb/^{238}U$ 表面年龄为 288. 9±4. 7Ma）。

3. 北山黑山岭东南一带晚古生代中期构造演化

晚古生代石炭纪—二叠纪是北山火山裂谷发育的鼎盛时期，石炭纪开始出现新的大规模的拉张，火山裂谷的形成和演化明显受边界断裂的控制。

晚石炭世末期是研究区内继早石炭世红柳园组时期之后的又一个火山活动剧烈期，火山岩总体为一套钙碱性火山岩或有少量碱性火山岩，通过对该套火山岩地球化学特征、成岩模式及形成构造背景等问题的分析研究，结合其沉积建造特点和沉积相的变化，确定其产出于与消减作用有关的大地构造背景，即北山裂谷在晚石炭世末经历了一次较大规模的挤压收缩。晚石炭世末期是北山裂谷逐渐消亡的转折期，它结束了石板山组时期和胜利泉组时期槽态建造的特点，此后二叠纪火山活动与裂谷演化又体现出了新的特征。伴随着晚石炭世末期的挤压汇聚作用石炭纪裂谷海盆规模明显减小，形成了由北向南的高角度韧性–脆性韧性推覆剪切带，并发育形成大规模的地壳局部熔融与侵位。

二叠纪随着区域应力由挤压转为拉张，受主断裂的控制分别在黑山岭东南麓和盐滩断裂一带出现两个火山活动带，发育基性–中基–中酸性火山岩夹火山碎屑岩–碎屑岩建造，这种沉积建造特点反映出构造背景力学机制在这段时期复杂转化。

三、二叠纪以来的构造–地貌特点

经历了石炭纪—早二叠世的洋–陆转化阶段，新疆北部二叠纪以来主要是板内演化阶段。古亚洲洋在全区已经消亡，局部可能有残留洋盆。

（一）构造演化信息（以陆内拉张为主）

二叠纪期间，整个中亚地区发生大规模的岩浆作用，不仅阿尔泰造山带发育花岗岩，而且在东准噶尔和西准噶尔、天山，乃至整个中亚地区，也发育大量的花岗岩、碱性岩（王式洸等，1995），并伴生（超）基性岩（如喀拉通克、黄山）（韩宝福等，2006），岩体均不变形（童英等，2006）。此外，还发育大规模的火山岩系，并认为是形成于裂谷环境（Xia et al.，2004a）。这些岩浆作用不局限于某一个地区，而具有区域性面状分布特征。反映了一种区域性的伸展裂解作用。这个时期，俯冲造山作用已经结束，目前没有这个时期大洋生成的证据，区域内只有陆相火山岩喷发和陆相地层沉积。

额尔齐斯剪切带在早二叠世期间（283～275Ma）具有左行走滑性质，与哈萨克斯坦境内同名剪切带时代和运动性质一致，说明额尔齐斯断裂带的剪切带属性和早二叠世期间的左行走滑事件具有大尺度上的区域意义。早二叠世之后，中国阿尔泰造山带南缘额尔齐斯断裂带经历了一次右行走滑剪切运动，其规模小于前期的左行走滑剪切事件，活动时限可能为晚二叠世至早三叠世（刘飞等，2013）。

二叠纪以来，准噶尔地区持续晚石炭世开始的后碰撞构造演化，以继续发育广泛的后碰撞深成岩浆活动（韩宝福等，1998，1999）。攀婷婷、周小虎等为了获得准噶尔盆地基底时代和属性的信息，选择盆地石南地区 SN4 钻井下二叠统佳木禾组凝灰质细砂岩进行碎屑锆石 U-Pb 定年研究。样品在显微镜下主要为凝灰岩屑，含量占碎屑颗粒 80% 以上，喷出岩屑含量小于 5%。从 SN4 井紫红色凝灰质细砂岩样品中挑选出 100 颗锆石进行 LA-

ICP-MS U-Pb 定年，得到和谐度为 90% ~110% 的谐和年龄 92 个。样品中大多数锆石为岩浆锆石，石炭纪的锆石最多，为 49 个，占总数的 53.26%；其次是二叠纪 31 个，占总数的 33.7%；泥盆纪 6 个，占总数的 6.52%，三叠纪 3 个，志留纪 1 个。在凝灰质细砂岩样中获得 3 个三叠纪锆石年龄，但均为变质锆石年龄，最新的岩浆成因锆石年龄为 257±2Ma，沉积时代为晚二叠世。

柳益群等（2011）认为中石炭世—二叠纪是中亚区域洋陆转换关键期，新疆三塘湖地区在二叠纪处于造山期后板内伸展环境，发育一个呈北西–南东向展布的狭长状陆内裂谷型欠补偿湖盆，其中发育由多种过碱性岩浆岩和多种地幔热液喷流岩（纹层状“白烟囱”型和“黑烟囱”型岩石组合）组成的层状岩浆–沉积组合，出现在该区芦草沟组，可见到残留的方沸石响岩、碳酸熔岩及中酸性凝灰岩等。芦草沟组上覆的条湖组还发育 2000 余米粗面玄武岩、橄榄玄武岩、拉斑玄武岩（4 个玄武岩$^{40}Ar/^{39}Ar$ 年龄为 274.3±0.39 ~262.7±0.4Ma）、英安岩及少量苦橄岩。确定其为地幔喷流岩的证据有：①纹层状构造及泥晶结构；②13 个白云岩$^{87}Sr/^{86}Sr$ 值为 0.704570 ~0.706339，平均为 0.705285，显示地幔热液经历了与湖水混合的特征；③宏观上具有下部为强烈变形、裂缝极发育的石炭纪火山岩，中部为中二叠统芦草沟组各类纹层岩，上部则为中二叠统条湖组含苦橄质岩石的火山岩组合。说明三塘湖地区在早中二叠世时，均处在持续性深源幔源岩浆强烈活动期，是一个有岩浆活动及岩浆期后热液活动的较深水“热盆”，来自地幔的岩浆和热液流体呈幕式喷发和喷流。该区二叠纪板内伸展裂陷，控制了同期地幔热物质流和岩浆活动。另外，柳益群等（2011）对三塘湖盆地橄榄玄武岩和粗面玄武岩分析表明，这类岩石具有亲 E-MORB，远离 N-MORB，OIB 以及上下地壳，岩浆来源于亏损的软流圈地幔，但该软流圈地幔在发生部分熔融之前可能受到俯冲断离的洋壳或者拆沉岩石圈地幔的交代富集作用，致使轻稀土富集以及 Nb、Ta 亏损。晚石炭世该区处于板内环境，早–中二叠世形成于大陆裂谷环境。

天山地区二叠纪以来为陆内演化阶段，除了有陆内大型沉积盆地的形成与演化，主要的地质事件有二叠纪初期的钙碱系列岩浆活动与挤压变形（290 ~300Ma）、早二叠世幔源及壳源的岩浆活动（270 ~280Ma）、二叠纪中–晚期的走滑运动（260Ma）、二叠纪末至三叠纪的碱性岩浆活动（260 ~240Ma）、晚三叠世的走滑运动（220Ma）、晚三叠世至侏罗纪早期的岩浆活动（220 ~180Ma）、白垩纪的岩浆活动等。

塔里木板块与伊犁地块在早二叠世连为一体（Bazhenov et al.，2003）。自二叠纪晚期开始，塔里木北缘开始进入板内演化阶段（肖文交等，2006b）。

汪集旸等根据多年来收集的中国大陆主要沉积盆地的镜质组反射率（R_o）资料和古地温研究成果，初步归纳出塔里木、华北和扬子三大板块自古生代以来地表古热流的总体变化：塔里木盆地早古生代的平均热流值约 40mW/m^2，石炭纪—二叠纪期间仍保持在 40 ~45mW/m^2，中生代和新生代热流值为 46mW/m^2 左右。这种低的平均热流值是古老的克拉通和稳定的元古宇地质体现今的热流特点。准噶尔盆地，石炭纪—二叠纪准噶尔微板块经历了海西期造山运动，致使其古热流值高达 120 ~150mW/m^2。到三叠纪热流值已经降至 87mW/m^2，到侏罗纪时降至 77mW/m^2，白垩纪降至 67mW/m^2，到新生代降至 50 ~55mW/m^2。由此可见，位于天山造山带两侧的塔里木盆地和准噶尔盆地，分别有着不同的岩石圈热演化历史。塔里木盆地的热结构随时间呈微弱递增变化；而准噶尔盆地热流随时间呈急剧的递减变化。另外，对准噶尔盆地综合地球物理探测研究表明（赵俊猛等，2003），准噶尔盆地地壳的平均地震波速度比塔里木盆地和柴达木盆地的都高，如准噶尔盆地的基底速度为6.2～6.3km/s，塔里木盆地基底的平均速度为6.0km/s，而柴达木盆地基底的平均速度只有5.8～5.9km/s。准噶尔盆地的地壳内部具有较高的磁化强度。在准噶尔盆地内部存在数条近南北向的深断裂，断裂附近是基性超基性物质。据此推断，在南北挤压的应力环境下，准噶尔盆地东西向拉张，盆地内部发育数条南北向断裂，上地幔物质沿此断裂向地壳内部迁移，并对地壳物质进行改造，致使地壳的平均速度增高，磁性增强。再者，大量高热的上地幔物质的加入，形成对准噶尔盆地的强烈改造，使准噶尔盆地成为一个热盆，热流值高。这一事件大概发生在二叠纪末期。那时南天山洋关闭，碰撞开始，天山造山带形成，准噶尔盆地上地幔物质改造了地壳物质。在随后的过程中，准噶尔盆地的构造活动性随天山-兴蒙造山带西部的逐渐稳定，致使准噶尔盆地的热流逐渐降低。

（二）地层信息（以不整合接触面为主）

天山艾维尔沟一带二叠纪不整合（杨兴科等，2006）：

二叠系芦草沟组与阿尔巴萨依组间的不整合是发生在陆内断陷盆地中的第一个不整合面，是湖相沉积（芦草沟组）不断超覆在阿尔巴萨依组火山岩、火山碎屑岩扇之上的三级沉积超覆型不整合；小泉沟群与芦草沟组之间的不整合面、八道湾组与小泉沟群之间的不整合面是盆地不对称性的断陷，即断块的掀斜造成晚期地层角度不整合在早期地层之上，它不同于由挤压褶皱作用形成的褶皱不整合，所以称为断块掀斜不整合。

艾维尔沟盆地中的芦草沟组与阿尔巴萨依组之间的不整合和小泉沟群与芦草沟组之间、八道湾组与小泉沟群之间的不整合面之上的地层层序均以正旋回层序为特征。岩性层序由粗变细，沉积相演化序列为冲积扇相-河流相、湖泊相，没有见到反旋回的地层层序。李忠权等（1998）、陈发景和汪新文（2004）研究了此类不整合，分别称为“拉张伸展角度不整合”、正旋回超覆不整合，都认为该类不整合是拉张背景下的产物。在艾维尔沟盆地中，没有挤压褶皱作用的显示，却指示了差异升降作用。其角度不整合一般产于断陷盆地的边缘，向盆地内部可过渡为整合接触。显示了与拉张过程中的同生断裂对断块产生的掀斜作用有关。因此，二叠纪中期以后到中生代中期，天山及邻区进入了陆内剥蚀（山）-沉积（盆地）阶段，以陆相拉张断陷盆地为主，形成“天山-断陷盆地”型盆-山耦合关系；不存在挤压、推覆的构造环境，因而也就不是以挤压为主的“前陆盆地”式盆-山耦合方式。

天山艾维尔沟二叠系芦草沟组与三叠系小泉沟组之间发育一典型不整合面，最新的研究认为该不整合面上下地层的沉积特征均为冲积扇-湖相陆相沉积，其碎屑锆石特征也十分相似，说明天山北缘在晚二叠世到晚三叠世期间的构造地貌没有发生显著的改变，因此该不整合是盆地在经由早二叠世的断陷作用之后发生断块掀斜作用，导致晚期拗陷期地层超覆于早期掀斜地层之上而形成。早侏罗世与晚三叠世之间的不整合也是相似的成因（刘冬冬等，2013）。

早-中二叠世末的新源运动，结束大陆裂谷发展，从而使西天山一带进入以正断裂为主的断陷盆地（伸展构造）发展的新阶段。晚二叠世造山带上升剥蚀，在盆地堆积磨拉石，形成晓山萨依组河湖相碎屑岩沉积，末期发生尼勒克运动，宣告海西期结束。

晚石炭世末的因尼卡拉运动影响甚大，完成了新疆北部的洋陆转换，洋壳全部封闭，海退成陆，并形成了科古琴山组磨拉石建造，由此进入陆内发展阶段。

（三）典型区域构造地貌特征

1. 萨日达拉—艾维尔沟一带晚古生代晚期构造演化

受新源运动的持续影响，该时期天山褶皱造山带向两侧的盆地逆掩，从而使塔里木盆地，中天山地块及准噶尔盆地持续下降接受沉积。天山造山带内部则为后造山伸展作用阶段，研究区内二叠系明显不整合覆盖在石炭系之上，岩性组合为明显的陆内拉张环境下的火山磨拉石建造，地层归属为中二叠统阿尔巴萨依组和芦草沟组，其构造环境为早–中二叠世造山后期陆内拉张背景下的深部热力塌陷–火山喷发环境。可能与准噶尔–哈萨克斯坦板块与塔里木板块石炭纪末期碰撞闭合后进入二叠纪时处在陆内伸展拉张背景下的深部热力构造作用有关（杨兴科，2006）。阿尔巴萨依组与芦草沟组之间也为不整合接触，代表该时期内构造活动的不稳定性。

2. 博格达裂谷带晚古生代晚期构造演化

博格达裂谷的演化，早石炭世为裂谷的初始开裂，晚石炭世为裂谷发育的顶峰，至早二叠世早期裂谷再次张裂，中–晚二叠世裂谷拗陷萎缩。

3. 北山黑山岭东南一带晚古生代构造演化

中二叠世开始区域应力状态由拉张转化为挤压，在早二叠世形成的火山裂谷带之上形成中二叠统骆驼沟组磨拉石建造、二叠纪汇聚–碰撞型侵入岩大面积分布于盐滩断裂南部和研究区的东南部。可见海西晚期是北山构造带构造体制重大转换期。复杂而巨大的构造聚合运动，使北山板内裂谷发生全面汇聚–闭合，完全结束了北山裂谷的发展历程。板块活动进入陆内造山演化阶段。

受天山巨大的聚合造山作用向板内迁移，导致地壳收缩，促使该区构造场向南北向挤压收缩转换。由北向南的多级韧性剪切推覆构造不仅切截–改造早期伸展构造，而且造成该区不同构造–岩石地质体，以逆掩–逆冲推覆构造等为界分划限定，形成多级岩片构造叠置的构造格局。受构造汇聚作用促使上部地壳构造热动力聚集，形成局部热隆，造成地壳局部重熔，形成该区广为发育的晚古生代中–酸性侵入岩侵位。

（四）中基性岩墙（脉）群

岩墙（脉）群是地壳中大量同时代岩墙按一定规律组成的集群，是伸展体制下深源岩浆在地壳浅部就位的产物（侯贵廷等，2001；邵济安等，2001），作为岩石圈（或地壳）伸展的重要标志，是一种特殊的构造岩浆类型，在大陆地壳演化中具有重要的研究意义，已经得到了国内外许多学者的重视（齐进英，1993；李江海等，1997；周鼎武等，1998，2000；邵济安和张履桥，2002）。地表分布数量最大的岩墙群是基性岩墙群，一般是由源自地幔的玄武质岩浆及其分异的或受地壳混染的岩浆充填张性裂隙形成，常作为大陆或大洋伸展构造的标志（李献华等，1997）。研究大型岩墙群的几何特征有助于确定地幔柱、建立区域古应力场和了解岩墙形成前后的变形事件（邵济安等，2001）。

新疆北部中基性岩脉的广泛发育与晚古生代后碰撞岩浆活动有密切的关系（韩宝福等，1998，1999，2006），同时也为新疆地区的大地构造演化、地球动力学以及陆壳垂向生长提供了重要的示踪信息。近年来，不断有学者提出塔里木盆地，甚至整个天山南北，存在二叠纪大火成岩省和地幔柱构造，并从玄武岩分布规模、沉积纪录、岩石学和地球化学等多个方面论证其可能性（姜常义等，2004c；陈汉林等，2006b；杨树锋等，2007）。

在晚古生代，新疆北部准噶尔盆地及其周缘地区进入了地壳垂向增生阶段，表现为大规模的辉长、辉绿岩到花岗岩等岩浆岩的就位（韩宝福等，1998，1999），它们普遍以具有正 $\varepsilon_{Nd}(t)$ 和低 $(^{87}Sr/^{86}Sr)_i$ 值为特征（Chen and Jahn，2004；Chen and Arakawa，2005）。这些辉长岩、辉绿岩以及衍生的闪长岩等在西准噶尔扎伊尔山、额尔齐斯构造带上的富蕴、乌伦古构造带上的恰库尔特、东天山托克逊以及博格达天山七角井、巴里坤等地区呈非常密集的陡立岩墙分布，在西天山冰达坂、沙乌尔的和布克赛尔等地区呈零星岩脉分布。

1. 地质特征

准噶尔盆地周缘的中基性岩脉（辉长岩、辉绿岩、闪长岩、闪长玢岩等）：和布克赛尔地区，岩脉以陡立岩墙的形式侵位到石炭系的砂岩中，走向220°，岩性为闪长岩；托克逊的岩脉以网脉状侵入古生代的钾长花岗岩中，走向为330°，岩性为辉绿岩、辉长岩，侵位于下石炭统雅满苏组。西准噶尔克拉玛依采样点的岩脉宽2～3m，走向220°～230°，延伸稳定，岩性主要为辉长岩和辉绿岩，以陡峭山脊的形式出露。恰库尔特乌仑古河北采样点的岩脉走向近南北，岩脉宽2～15m，岩性为辉长岩，侵位到下石炭统巴塔玛依内山组中。

巴里坤塔格地区二叠纪大量的基性（主要为辉长-辉绿岩）岩脉群或岩墙的发现，反映深部幔源岩浆上涌的过程。岩墙与陡立的地层高角度相交（照片），岩墙多数向盆地缓倾，可见到“X”交叉的基性岩墙，反映出深部上隆的力学机制。

巴里坤塔格北坡中基性岩脉主要侵入早期的中酸性岩体之中（图4-6a），少数侵入早期的地层之中（图4-6b），同时对侵入其中的基性岩脉进行了重点的研究和观察，进行了

图4-6　巴里坤塔格地区二叠纪基性岩脉

系统的统计归纳，共统计辉绿岩脉近 30 条，岩脉宽多为 0.5 ~ 2m，岩脉测量产状多集中在 323°∠65°、80°∠65°、140°∠40°、330°∠82°等（表 4-5），大多岩脉长约数米到十几米，一般不会超过 50m，但是局部地区见到部分岩脉延长达 200m 左右。

表 4-5　巴里坤塔格北坡岩脉野外分布特征

地点	岩脉岩性	产状	地点	岩脉岩性	产状
三道沟	辉绿岩脉	325°∠82°	葫芦沟	辉绿岩脉	149°∠75°
三道沟	辉绿岩脉	320°∠80°	葫芦沟	辉绿岩脉	155°∠60°
四道沟	辉绿岩脉	30°∠60°	葫芦沟	辉绿岩脉	100°∠89°
六道沟	辉绿玢岩	31°∠57°	葫芦沟	辉绿岩脉	120°∠75°
葫芦沟	辉绿玢岩	323°∠65°	葫芦沟	辉绿岩脉	75°∠64°
葫芦沟	辉绿岩脉	80°∠65°	葫芦沟	辉绿岩脉	85°∠70°
葫芦沟	辉绿岩脉	140°∠40°	葫芦沟	辉绿岩脉	70°∠65°
葫芦沟	辉绿岩脉	330°∠82°	月牙山	辉绿岩脉	275°∠62°
葫芦沟	辉绿岩脉	305°∠60°	科瑞克	辉绿岩脉	322°∠75°
葫芦沟	辉绿岩脉	310°∠55°	科瑞克	辉绿岩脉	260°∠60°
葫芦沟	辉绿岩脉	35°∠31°	科瑞克	辉绿岩脉	310°∠70°
葫芦沟	辉绿岩脉	28°∠30°	夏尔巴克	辉绿岩脉	310°∠60°
葫芦沟	辉绿岩脉	243°∠72°	夏尔巴克	辉绿岩脉	280°∠40°
葫芦沟	辉绿岩脉	243°∠88°	夏尔巴克	辉绿岩脉	35°∠57°
葫芦沟	辉绿岩脉	120°∠45°			

通过对研究区内基性岩脉分布情况的资料整理，将基性岩脉的产状进行了分析归纳，投影到走向玫瑰花图上，从图上可以看见基性岩脉的走向主要是三个优势方位，分别是 53°、306°和 358°（图 4-7），这与研究区内区域性大断裂走向具有一定的相似性（图 4-8），显示了基性岩脉的侵入时间可能晚于该区的断裂构造活动，同时根据其走向的一致可以推断其可能主要是沿着早期的断裂向上侵入，形成了现在的基性岩脉。

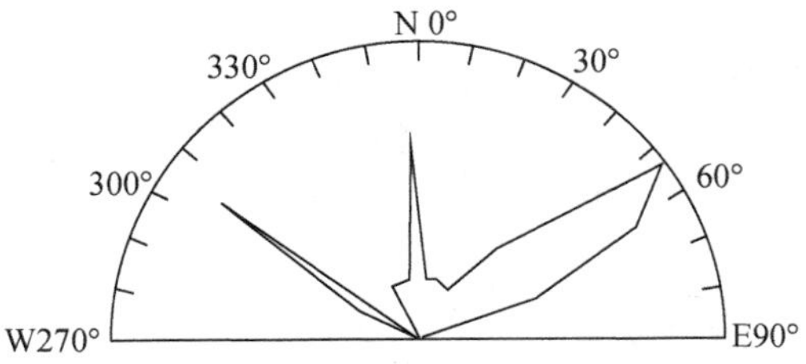

图 4-7　辉长-辉绿岩脉走向玫瑰花图

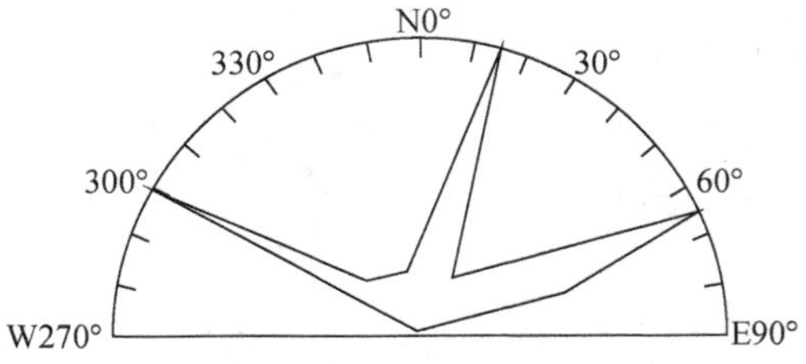

图 4-8　调研区断层走向玫瑰花图

塔里木盆地东北部的库鲁克塔格地块，是新疆北部以辉绿岩脉为主体的脉岩群最为发育的地区。该区基性脉岩的表面均呈灰黑色，宽 2 ~ 10m，长几百米至几千米，直立或近于直立，走向多变（产状约为 240°∠78°），呈网脉状产出，在地貌上突兀而立（刘玉琳等，1999；姜常义等，2005）。脉岩群的主要岩石类型是辉绿岩，并有数量很少的煌斑岩、斜长玢岩和花岗斑岩。后三种岩脉散布于辉绿岩脉之间产出，其走向多与相邻的辉绿岩脉近于平行。

北山地区作为塔里木板块北缘晚古生代裂谷带，处于天山造山带（中亚造山带南缘）和塔里木克拉通关键位置，西起罗布泊东缘，东至星星峡-明水，属于北山构造带西段。区内中基性火山岩、晚古生代花岗岩以及密集的基性岩墙群和铁镁质超铁镁质杂岩体出露广泛（姜常义等，2006；Su Y P et al.，2012），断裂极为发育，主要呈北东东向平行排列。该区出露大量与幔源岩浆作用相关的基性岩墙群（图 4-9、图 4-10）（校培喜等，2006；Qin et al.，2011；Mao Q et al.，2012；Su Y P et al.，2012）。不同位置的岩墙群地球化学和同位素年代学研究显示，这些基性岩墙群形成时代主要为二叠纪（Qin et al.，2011；Zhang Z H et al.，2012），岩墙与围岩的穿插关系也证实，这些岩墙群侵入了石炭纪、二叠纪地层（校培喜等，2006）。

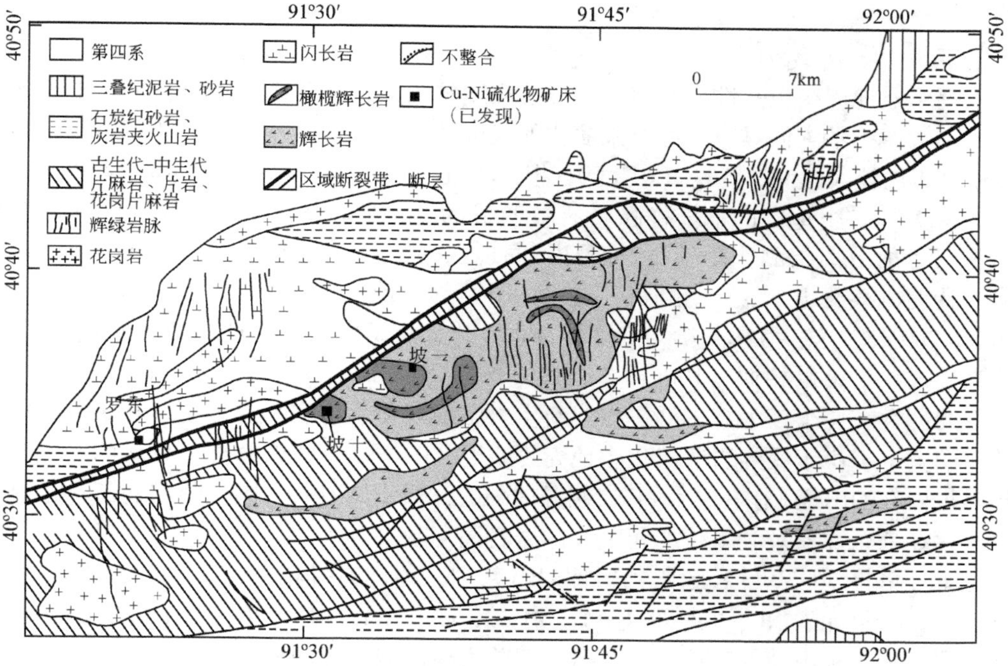

图 4-9　北山地区地质简图及基性岩脉分布图（据 Pirajno et al.，2008）

图 4-10　北山地区近南北走向基性岩脉（据 Pirajno et al.，2008）

基性岩墙分布不均，与侵入岩体伴生主要沿断裂两侧分布。岩墙单体长 34 ~ 250km，平均约 50km；厚度为 1 ~ 31m，平均 7.9m，长度和厚度均呈负指数分布。约 70% 的岩墙呈近南北向展布。受 NE 向走滑断层影响，岩墙在断裂带附近发生强烈扭曲。陈宁华等（2013）通过对北山地区基性岩墙数量、厚度与围岩的时空关系统计，发现岩墙多侵入海西中期侵入岩体，岩墙密度为 0.1 ~ 0.87，在海西中期第一次侵入的超基性/基性岩体中密度最大。北山地区二叠纪地壳伸展率为 0.59% ~ 2.01%，自南向北地壳伸展率逐渐减小。在侵入岩体伸展率高达 8.32%，沉积岩伸展率仅为 0.05% ~ 0.3%。从而反映该区岩墙群可能来自岩浆侵位形成的多个岩浆房，岩浆从各岩浆房沿着受控于区域断裂的裂隙系统侧向侵位。岩墙群厚度与已知地幔柱活动有关的岩墙群相比较窄，可能与地表剥蚀深度不够有关。

2. *岩石地球化学特征*

准噶尔盆地周缘中基性岩脉表现出分馏程度较明显，配分模式相似，重稀土元素总体上变化不大，指示它们具有同源岩浆演化的成因关系，并且具有连续演化的特征；LREE/HREE 值变化较大、Nb、Th、Ta 明显亏损以及 U 富集等特点可能指示岩脉与地壳物质的加入有关。各个地区的部分样品具有较明显的 Eu 负异常，说明岩浆演化过程中辉石和斜长石等的分离结晶作用明显，而且不同地区的结晶分异作用有所差异。同位素特征方面，普遍以具有正 $\varepsilon_{Nd}(t)$ 和低（$^{87}Sr/^{86}Sr$）$_i$ 值为特征，Nd 模式年龄 T_{DM} 都相对较年轻，为 363 ~ 769Ma，这一亏损年龄与新疆北部古生代地壳垂向生长时期的地幔源花岗岩的 Nd 同位素模式年龄结果相似（Han et al.，1997；韩宝福等，1999；Jahn et al.，2000）。说明在新疆北部存在一个较为统一的古生代新生岩石圈地幔的事实不容置疑。在 Sr-Nd 同位素初始值图解上，由于受到岩浆演化中地壳物质混合、结晶分异以及部分熔融的影响，大部分样品投影在 OIB 范围内，指示其岩浆源区与大洋岩石圈有关。暗示新疆北部在二叠纪时期普遍存在残余洋盆及其下伏的相关大洋岩石圈。

巴里坤塔格地区基性岩脉属钙碱性岩石系列，均具有轻稀土富集的配分模式，Eu 异常不明显；微量元素 Nb、Ta、Ti 显著亏损，K、Sr、Ba、Rb 富集，与大陆玄武岩特征相似，主要形成于板内裂谷环境，综合研究区前人对区域上幔源研究期的研究，认为巴里坤塔格地区基性岩脉是后碰撞阶段幔源岩浆底垫作用所导致的地壳伸展作用的结果（韩宝福等，2004a），而其中部分样品落入了岛弧区域，其可能反映在岩浆形成之前，地幔源区发生了俯冲交代富集作用，而这与石炭纪古亚洲洋向南俯冲具有一致性。基性岩脉走向的优势方位（53°、306°和 358°）与区内地层以及侵入体中的断裂走向极为相似，因此，研究区基性岩脉可能是沿着早期花岗岩中断裂侵入，石炭纪末—二叠纪初期的后碰撞阶段的拉张应力形成了区内的张性断裂，基性岩脉的侵入应该是后碰撞阶段中期或晚期；是后碰撞阶段地幔岩浆底垫作用所导致的地壳伸展作用的结果，基性岩脉的岩浆源区为亏损地幔，上升过程中受到一定陆壳物质的混染。

张志诚等（1998）对库鲁克塔格地区辉绿岩脉做了初步研究，并获得 4 个方面的研究成果：全岩 K-Ar 等时线年龄为 282.3Ma、287±13Ma（刘玉琳等，1999），属早二叠世；岩石化学组成基本上属钙碱性系列；稀土元素配分曲线属轻稀土富集型；脉岩群形成于大陆伸展背景。姜常义等（2005）在此基础上进一步研究认为该区钙碱性系列基性岩脉是由

表 4-6　新疆北部晚古生代中基性岩墙产状特征及时代

样品号	采样位置	岩性	产状	时代/Ma	测试方法及来源
YM-21	克拉玛依（45°40′26″N，84°39′29″E）	辉长岩	220°～230°	253.7±1.6	Ar-Ar 法，周晶等，2008
YM-43	克勒玛依（45°44′35″N，84°50′56″E）	辉绿岩		252.6±1.6	
YM-59	和布克赛尔（46°40′59″N，85°46′33″E）		走向 220°	332.7±1.9	
YM-70	富蕴（46°57′47″N，89°29′30″E）	辉长岩		270±5	
YM-107	恰库尔特（46°22′07″N，89°19′07″E）	辉长闪长岩	走向近南北	244±2	
YM-124	托克逊（42°31′16″N，88°30′58″E）	辉绿岩	走向 330°	194.3±0.6	
BDB-05	冰达坂山丫口北侧			174±9	
BLK3-5	巴里坤县城北 17km			215.4±1.2	
QJ1-1	七角井（43°37′50″N，91°33′05″E）			187.9±1.8	
	库鲁克塔格		240°∠78°	282.3	K-Ar，刘玉琳等，1999
				287±13	
	巴里坤塔格		323°∠65°、80°∠65°、140°∠40°、330°∠82°		李希，2012
YM-5	克拉玛依			271.5±8.1	K-Ar 法，徐芹芹等，2008
YM-9		闪长玢岩		265.6±5.4	
YM-21		辉长岩		267.1±8.0	
YM-23				270.2±8.1	
YM-32		辉绿岩		256.5±7.7	
YM-37		闪长玢岩		257.9±7.7	
YM-43		辉长岩		251.4±7.5	
YM-46				241.3±7.2	
YM-64	和布克赛尔			262.2±7.9	
YM-70	富蕴-可可托海	辉长岩		187.0±5.6	
YM-77		辉绿岩		217.5±6.5	
YM-85	扎河坝一带	辉长岩		241.4±8.2	
YM-87		辉长闪长岩		232.5±7.0	
YM-89				228.6±6.8	
YM-108		辉绿岩		229.4±6.9	
YM-111	托克逊以南			205.2±6.2	
YM-117				188.8±5.7	
YM-122				202.2±6.0	
YM-124				195.5±5.9	
02QKT11	准噶尔周边	辉长岩		266.6±8.0	
QJ1-1				204.2±6.1	
GN-97				255.9±7.7	
BLK2-4		辉绿岩		210.2±6.3	
04-B32	塔里木西北缘（麻扎尔塔格）		走向 135°～180°（885 条）；90°～135°（144 条）	281±4	LA-ICP-MS，李勇等，2007
04-B15				272±6	
04-B07	塔里木西北缘（一间房）	辉长岩		274±15	

续表

样品号	采样位置	岩性	产状	时代/Ma	测试方法及来源
	博格达（白杨河）	辉绿岩、闪长玢岩	走向近东西，倾角变化在 75° ~ 83°，与区域断裂走向一致	早二叠世早期或以后	欧阳征健等，2006
		辉绿玢岩		289±10	锆石 U-Pb，舒良树等，2005
	包古图	基性岩墙		255±28、255±52	全岩 Rb-Sr，齐进英等，1993
	克拉玛依			241.3 ~ 271.5	K-Ar，李辛子等，2004
	塔里木盆地	辉绿岩		259±57	Sm-Nd，陈汉林等，1997
	博格达东（色皮口一带）		走向以 60°为主，少量为 150°，与域内主断裂方向一致	300.5±1.7	LA-ICP-MS，高景刚等，2013
	博格达（柴窝铺）			288.9±4.7	锆石 U-Pb
	康古尔塔格图幅一（89°00′ ~ 90°00′，41°20′ ~ 42°20′）	辉长岩、闪长岩	走向约 45°，与断裂带走向近垂直，明显受断裂带形成过程中侧向拉张的控制	侵入海西中期岩体中	
	康古尔塔格图幅二（90°00′ ~ 91°00′，41°40′ ~ 42°20′）	闪长岩	走向主要有 3 个大体趋势 45°、325°、0°	大部分侵入海西中晚期岩体中	
	康古尔塔格图幅三（91°00′ ~ 92°00′，41°40′ ~ 42°20′）	辉长岩、闪长岩	辉长岩走向 60°、45°、90°（50 条）；北部发育约 100 条走向相交的闪长岩脉（340° ~ 0° 与 45° ~ 70°）	侵入海西中期花岗岩中	
	笔架山幅地质图（91°30′ ~ 93°00′，40°00′ ~ 41°00′）	辉绿岩	断裂带中：走向大体为 80° ~ 90°，与断裂走向一致；断裂带北：走向主体为 350° ~ 10°，大部分近南北向展布	主要侵位于石炭纪、二叠纪的中基性侵入岩体中	
	克孜勒塔什奥吐腊幅（89°30′ ~ 89°45′，42°20′ ~ 42°30′）	辉长闪长岩、辉绿岩、闪长岩	辉长闪长岩：255°∠50°；闪长岩和辉绿岩：走向大体为 20° ~ 60°		
	阔台克力克能厄格孜幅（89°45′ ~ 90°00′，42°10′ ~ 42°20′）	辉长闪长玢岩、闪长岩、闪长玢岩、辉绿岩、辉绿玢岩	辉长闪长玢岩：走向 345° ~ 10°，倾角为 75°左右；闪长岩和辉绿岩：走向为 80° ~ 90°，倾角为 60° ~ 75°	侵入中石炭世沉积地层中	
	克孜勒塔什塔格幅（89°30′ ~ 89°45′，42°10′ ~ 42°20′）	闪长岩、闪长玢岩	走向约 45°	侵入早二叠世晚期的正长花岗岩体中	

来自富集地幔的镁铁质岩浆与地壳中古老的长英质物质同化混染的结果。由于该区基性岩脉富集程度大于塔里木板块西缘的岩石圈地幔，说明这两个地区岩石圈地幔的演化历史存在较明显的差异。并认为该区岩墙群的形成与地幔柱作用相关（刘玉琳等，1999；姜常义等，2005）。

3. 侵位时代

据前人对新疆北部中基性岩墙（脉）群的同位素年龄的研究（表4-6），共收集到相关可靠数据45个，岩脉整体上形成于晚石炭世—早侏罗世，柱状图（图4-11）显示大部分岩脉形成于二叠纪—三叠纪，并以二叠纪最为发育。结合部分中基性岩脉侵位的地层，大多为二叠纪地层或同时期的中酸性岩体，进一步佐证新疆北部地区中基性岩脉发育的时代为二叠纪，并持续到三叠纪。区域上中基性岩脉的普遍发育，揭示了地壳拉张的大地构造背景（Halls and Fahring，1987），这与新疆北部地区在海西晚期广泛发育的后碰撞伸展构造事件相一致（Feng et al.，1989；赵振华等，1996；Han et al.，1997；李华芹等，1998）。

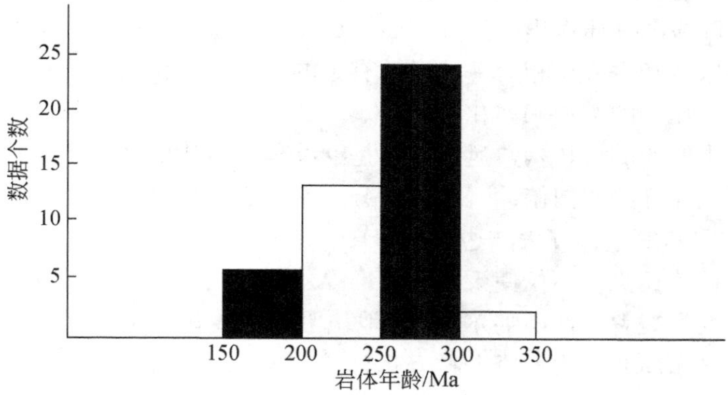

图4-11　新疆北部地区中基性岩墙（脉）群侵位时代分布柱状图

综合以上地区基性岩脉特征，岩性上主要为辉长岩、辉绿岩以及衍生的闪长岩，脉体走向大多为NNW–NNE向，其余走向可能是受区域断裂带控制影响，大都侵入海西期二叠纪以前的地层或中酸性岩体中。就现有的基性岩脉规模数据来看，北山–库鲁克塔格地区基性岩脉数量最多，单个脉体规模最大，向北博格达–巴里坤塔格地区次之，准噶尔周边基性岩脉相对较少，脉体规模也最小。在岩石地球化学特征上，各个区域的基性岩脉较一致，均属钙碱性岩石系列，稀土元素特征属轻稀土富集型，北山、库鲁克塔格、巴里坤Eu异常不明显，准噶尔周边脉体具明显Eu负异常，这可能与岩浆上升过程中斜长石的结晶程度相关；脉体均属板内裂谷环境的产物。总体上，这些地区的基性岩脉可能是同一时期的构造岩浆作用的产物，成因可能与天山石炭纪—早二叠世大火成岩省相关，可能是古特提斯拉伸裂解作用的深部地球动力学在新疆北部地区的地表响应，新疆北部地区基性岩墙群的形成与这一地区早二叠世裂谷岩浆作用有关，岩墙群的形成可能是地幔柱上涌、“三连点式”，破裂之后，在废弃的石炭纪裂谷或裂谷陆缘上于早二叠世重新裂解的岩浆作用的产物（校培喜等，2006）。

第三节　新疆北部晚古生代构造–地貌成因解释

一、板块构造解释

构造地貌学是近30年来发展起来的地貌学新分支。用板块构造理论来解释区域构造地貌的形成与演化则是近十多年的事。虽然目前板块构造理论体系尚不十分完备，但它已被公认是解释中–新生代地球构造历史最科学的理论。这一观点也为构造地貌学家普遍接受，并形成了一套板缘–板内构造地貌形成、演化的理论。

我们认为，板块构造模式除了具普遍适用意义的活动论原则外，该模式的重要意义还在于通过各类蛇绿岩或蛇绿混杂岩带的研究，恢复各种古洋构造团，这是将大洋地质研究与大陆地质研究联系起来的关键，也是认识古板块构造格局和划分古板块构造的基础；古洋构造的恢复自然也指示了古陆缘的位置，并且可以根据古板块的相对位置和总体的相对运动规律，对古陆缘的性质做出一般性判断，如海底扩张时期的被动陆缘，古洋消减时期的各类活动陆缘以及和古板块相对平移运动有关的各类转换构造带等；古板块相对运动的特征还决定着造山作用的类型和演化进程等。

新疆北部晚古生代的板块构造运动主要是继续早古生代的洋陆扩张俯冲，至少从中泥盆世开始，古亚洲洋开始双向俯冲，北、南分别俯冲于西伯利亚、塔里木大陆之下，并带动吐哈–伊犁–准噶尔等地体朝大陆边缘运移。

早泥盆世的持续拉张，不仅使天山和西准噶尔洋盆内生成了新的洋壳，而且在西伯利亚古板块东南缘发生裂解，使准噶尔–吐哈地块沿克拉麦里—莫钦乌拉一线与西伯利亚古板块再度张离，自南向北依次形成卡拉麦里洋盆、额尔齐斯陆缘裂谷和红山嘴–诺尔特断陷盆地等，显示出张裂规模自南而北依次减小。同时，形成了横贯东西准噶尔的达尔布特–卡拉麦里蛇绿岩带。扎河坝–阿尔曼泰蛇绿岩带可能代表与卡拉麦里蛇绿岩同时期的弧后盆地扩张带，而北侧额尔齐斯一带形成陆缘拉张型边缘海盆，广泛发育大陆边缘火山岩组合。泥盆纪末至早石炭世，新疆内的西伯利亚古板块沿达尔布特—卡拉麦里一线、哈萨克斯坦古板块沿巴音沟–吐哈盆地南缘的苦水一线和塔里木古板块沿托什干河—黑英山—霍拉山一线拼接，洋盆转化为陆间残余海盆，并于石炭纪中晚期发生了广泛而强烈的焊接造山运动，基本结束了新疆北部洋陆转化的历史。此后，新疆北部进入板内构造演化阶段。这期间，由于强烈的造山作用，断块隆起不但伴随基性–超基性岩浆的侵入以及大量的火山活动，而且有钙碱性系列花岗质岩浆侵入，整个区域处于强烈的挤压环境。

新疆北部地区石炭纪开始的洋盆闭合整体上呈现自北向南，由西向东的发展演化趋势。古亚洲洋在阿尔泰区域斋桑古洋盆的闭合时限为早石炭世；达尔布特–卡拉麦里蛇绿岩带所代表的洋盆闭合时间由西向东从中泥盆世至晚石炭世逐渐变新，揭示西伯利亚板块与准噶尔–哈萨克斯坦板块的碰撞自西准噶尔开始，于东准噶尔区域的闭合作为结束；塔里木板块与准噶尔–哈萨克斯坦板块的碰撞在天山一带引起复杂的拼贴过程，西天山一带以那拉提–中天山南缘蛇绿岩带作为两大板块的缝合线，闭合时间为晚石炭世，而东天山一带以康古尔断裂带为缝合边界，闭合时间也为晚石炭世；天山地区是形成于早古生代的多岛洋，在后期的洋盆俯冲收缩过程中，逐渐向陆缘环境拼贴，从洋岛向陆缘环境演化；南天山南缘所代表的区域为塔里木板块与哈萨克斯坦-准噶尔板块的最后缝合带。

二、大陆裂谷解释

板块构造学说带动了地学的一次重大革命，这一划时代的地学理论对于地学理论的发展和指导地学实践都是一个重要的里程碑。然而，板块构造和板块运动理论的发展现状尚不能成功地解释所有重大的地学问题，如陆内造山问题。究其原因可能是多方面的，首先，在大陆确定板块边界有一定的困难，位置不肯定。非洲大陆与欧亚大陆间存在一个宽度为1500km的板块相互作用带；亚洲板块与印度次大陆之间板块边界同样不确定。地质历史中的每一次构造活动均留下其本身的痕迹，当新的构造运动开始时老的构造事件痕迹并没有完全消失，这样一来便造成了多次重叠的褶皱、断裂和块状构造，构成解释大陆地壳成因及其演化的特殊困难。其次，板块运动的动力学机制问题仍未解决，板内和板缘运动的复杂性尚未得以精细的描述，非均匀微动态信息的精细鉴别还没有达到较高的水平，更何况板块构造理论自身的发展具有多样化趋势。

新疆北部晚古生代期间，板块构造理论解释了自泥盆纪开始，到晚石炭世的洋陆俯冲碰撞的动力学过程，但是晚石炭世—早二叠世，统一的亚洲大陆形成以后，全区爆发的大规模构造-岩浆活动却是大陆裂谷作用的产物。晚石炭世—早二叠世，西伯利亚板块与塔里木-华北板块全面碰撞，形成亚洲北大陆。同时，伴随着后碰撞伸展运动的兴起，新疆北部再次处于拉张环境，虽然未产生新的洋盆，但形成了喀拉通克、博格达和北山等裂陷槽。强烈的构造岩浆活动及伴生的沉积作用不仅对已有的构造格局进行改造，而且也促进了新疆北部重要矿床的形成。

新疆北部晚古生代准噶尔洋和南天山洋分别于中泥盆世末和晚泥盆世末通过洋壳向北俯冲消减先后转化为残留海盆。早石炭世中晚期，沿伊犁地块中央、博格达山、吐哈盆地南缘和北山地区发生地壳引张，分别形成晚古生代中期伊宁裂谷和三个裂陷槽。到早石炭世末和中石炭世末，新疆北部的残留海盆、裂谷和裂陷槽先后封闭，导致各陆块之间的陆-陆碰撞。

（一）天山北部博格达-巴里坤塔格晚石炭世—二叠纪大陆裂谷特征

博格达-巴里坤塔格位于北天山东段，即北天山山脉东段，属中亚最大山系之一，地貌形态属于中高山-低山丘陵，海拔多在1500～5445m。地势总体北高南低，主体显示为中间高，向南北两边变低。

区内普遍发育石炭纪—早二叠世双峰式火山岩岩石组合，显著缺乏中性端元岩石，火山岩岩石地球化学特征支持板内裂谷环境，玄武岩及基性岩墙的铂族元素（PGE）配分模式研究也表明其为陆内板块拉张裂解的产物（高洪林等，2001）；早石炭世发育有类磨拉石建造，早二叠世晚期发育有造山磨拉石建造；未见岩浆弧安山岩、蛇绿岩套、高压-低温变质岩等俯冲标志；发育有大量水下滑塌构造沉积组合，深水-半深水浊流沉积，风暴沉积岩石组合，说明区内存在拉张裂陷作用；剖面上不对称的半地堑式裂陷形式和平面上的分段性特征复合典型的大陆裂谷特征；区内航磁、重磁等地球物理资料支持晚古生代研究区陆内裂谷构造属性（卢苗安，2007）。以上证据显示，博格达-巴里坤塔格地区为石炭纪—早二叠世的大陆裂谷，这与新疆北部地区石炭纪—二叠纪普遍发育后碰撞陆内拉张裂谷结论相一致（夏林圻等，2008）。

在形态特征方面，通过古沉积环境的研究，认为裂谷的南北边界为吐哈盆地中央断裂-阜康断裂，西部边界为伊连哈比尔尕山所围限，东北部边界为卡拉麦里-麦钦乌拉构造带围限，向东延伸至巴里坤塔格，与哈尔里克构造带相交。裂谷的轴心部位与现今博格达山体主峰及南坡的位置基本对应。裂谷剖面上表现为一个半地堑式裂谷形态，并具有东西分段性，在东段，北坡陡而南坡缓，在西段，南坡陡而北坡缓。受控于不同地形梯度和潮汐、重力作用的影响，缓坡一般发育潮坪环境，表现出低水位体系的特征，陡坡则主要受风浪和重力搬运作用影响，发育风暴岩、浊流沉积和水下扇等快速堆积岩石组合，表现出高水位体系的特征。

在演化特征方面，博格达-巴里坤塔格裂谷总体上表现为多阶段性和东西向分段性，多阶段性表现为早石炭世为裂谷的初始开裂，晚石炭世至早二叠世早期裂谷再次张裂，中-晚二叠世裂谷拗陷萎缩。分段性体现在博格达西段（88°00′~90°00′E）、博格达东段（90°00′~92°00′E）、巴里坤塔格（92°00′~94°00′E）在沉积特征和岩浆活动特征等方面的差异及过渡性。

自早石炭世—早二叠世，博格达西段经历了陆相-海相的环境变化，地壳持续减薄，裂谷拉伸作用自晚石炭世开始，持续至早二叠世达到顶峰，发育海进序列沉积岩石组合；博格达东段，早石炭世裂谷拉伸作用开始，晚石炭世达到顶峰，晚石炭世晚期，裂谷短暂回返，由海相-海陆交互相-陆相，发育海进-海退完整的沉积岩石组合，至二叠纪，大部为陆相环境，并再次开裂，至中-晚二叠世回返萎缩；巴里坤塔格早石炭世为陆相环境，仅在其东北部靠近卡拉麦里碰撞带为滨浅海相-三角洲相，具有海退岩石组合特征，晚石炭世为滨浅海相环境，发育海进-海退的沉积序列，晚期回返为陆相环境，早二叠世再度拉伸，发育陆相双峰式火山岩，至中-晚二叠世回返萎缩，发育巨厚红色磨拉石。以此为基础，复原了古裂谷环境格局。

石炭纪—早二叠世，博格达-巴里坤塔格广泛发育双峰式火山岩，具有可对比的主微量元素特征和同位素特征，基性火山岩来源于亏损地幔，早期酸性火山岩来源于玄武岩的分离结晶，晚期则来源于底侵的年轻玄武岩壳的熔融，在此过程之中，有地壳组分的加入。玄武岩微量元素原始地幔标准化配分模式为强不相容元素富集性，具有一致的Nb、Ta、Ti、Sr、P负异常，具有大陆板内酸性熔岩的特征。由早石炭世—早二叠世，玄武岩的Sr-Nd-Pb同位素变化增大，$(^{87}Sr/^{86}Sr)_i$增高，ε_{Nd}值降低，Pb同位素比值增高，说明源区相对更加富集。同时代的玄武岩在不同区段表现出一定的变化特征，这种区别是源区特征的差异及受岩石圈地幔或地壳的混染程度不同所导致的。早石炭世，自西向东，地壳厚度由最厚—最薄—较厚转变；晚石炭世，西段厚度变化较大，东段-巴里坤塔格，陆壳增厚；早二叠世，西段厚度变化较大，总体而言，自西向东，厚度逐渐增大（表4-7）。

表 4-7　博格达-巴里坤塔格地区玄武岩地球化学特征对比研究表

时代	早石炭世	晚石炭世	早二叠世
岩石系列	亚碱性系列 以拉斑系列为主	亚碱性系列 巴里坤塔格含碱性系列	亚碱性系列 巴里坤塔格含碱性系列
配分模式	REE 轻稀土富集性 Spider 强不相容元素富集性 普遍具有 TNT 异常	REE 轻稀土富集性 Spider 强不相容元素富集性 普遍具有 TNT 异常	REE 轻稀土富集性 Spider 强不相容元素 富集性 普遍具有 TNT 异常
$(^{87}Sr/^{86}Sr)_i$	0. 703172 ~ 0. 704463	0. 703882 ~ 0. 7067	0. 70293 ~ 0. 70317
$(^{143}Nd/^{144}Nd)_t$	0. 512408 ~ 0. 512624	0. 5125 ~ 0. 512944	0. 512407 ~ 0. 512422
ε_{Nd}	+4. 18 ~ +8. 41	+5. 64 ~ +8. 33	+2. 8 ~ +3. 1
$(^{206}Pb/^{204}Pb)_t$	17. 703 ~ 17. 989	17. 626 ~ 18. 053	17. 622 ~ 17. 835
$(^{207}Pb/^{204}Pb)_t$	15. 407 ~ 15. 498	15. 443 ~ 15. 545	15. 374 ~ 15. 463
$(^{208}Pb/^{204}Pb)_t$	37. 147 ~ 37. 825	37. 252 ~ 37. 797	38. 163 ~ 38. 339
岩浆源区	亏损地幔	亏损地幔	亏损地幔
成岩环境	陆内裂谷环境	陆内裂谷环境	陆内裂谷环境
自西向东变化特征	地壳厚度由最厚—最薄—较厚转变，轻稀土富集程度增高，强不相容元素的富集程度增强，Nb-Ta-Ti 的亏损程度增强，Ce/Y 值增大，$(^{87}Sr/^{86}Sr)_i$增高，ε_{Nd}降低	西段厚度变化较大，东段-巴里坤塔格，陆壳增厚，轻稀土富集程度增强，强不相容元素的富集程度降低，博格达西段 Nb、Ta、Ti 负异常最显著，巴里坤塔格次之、Ce/Y 值东段最低，西段次之，巴里坤塔格最高，$(^{87}Sr/^{86}Sr)_i$增高，ε_{Nd}变化小	西段厚度变化较大，总体而言，自西向东，厚度逐渐增大，轻稀土富集程度增强，强不相容元素富集程度递增，Nb、Ta、Ti 的亏损程度递减，Ce/Y 值增大，$(^{87}Sr/^{86}Sr)_i$增高

（二）西天山伊宁晚石炭世—二叠纪大陆裂谷特征

伊宁盆地是天山造山带中的山间盆地，南北分别以哈尔克-那拉提中、南天山板块间的早、中古生代碰撞造山带（简称哈-那带）与科古琴-婆罗科努早、中古生代陆内造山带（简称科-博带）作为盆地边界。在大地构造上归属天山造山带中的伊犁-中天山微地块，现有研究大多认为该微地块总体属哈萨克斯坦-准噶尔板块（包括北、中天山），其南侧与塔里木（包括南天山）板块邻接，呈狭长三角形东西向夹持于新疆中部，向西撒开通向中亚。

伊犁盆地剖面结构的总特点是：自下而上为 3 层结构，即由中-新元古界变质基底、中-下石炭统裂谷火山岩系褶皱变形基底和二叠纪以来的盆地沉积岩系三大构造层组成；自南而北的横剖面总体形态为一南北两侧造山带（科-博带和哈-那带）相对向盆内逆冲的对冲构造几何样式（图 4-12）。

伊犁盆地是石炭纪以来发育在前震旦纪基底之上的裂谷断陷，主要由 3 套火山岩系组成：①早石炭世初期，以大哈拉军山火山岩组为代表，主要分布在恰普恰勒山地区和科古琴—婆罗科努山南坡阿希金矿—彼利克溪河东西一线上（图 4-12），在阿吾拉勒山缺失。

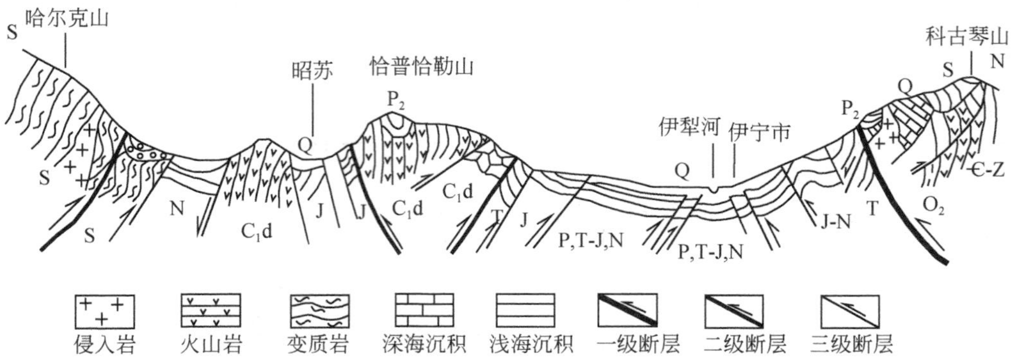

图 4-12　伊犁盆地南北向剖面示意图（据张国伟等，1999）

②早石炭世晚期，阿克沙克组主要为滨浅海相碎屑岩和碳酸盐岩，夹火山熔岩，阿吾拉勒山最发育。③中石炭统东图津河组浅海碎屑岩与碳酸盐岩，夹中基-中酸性火山岩，也以阿吾拉勒山东西一线最发育。

石炭纪火山岩以双峰式和碱性火山岩及相关岩浆活动（345～325Ma，U-Pb，Rb-Sr）为主，其岩石组合与地球化学综合特征证明它们属扩张裂谷型建造。而且从伴生的大量陆源碎屑岩，特别是其下部发育的近源粗砾碎屑岩及夹层，并严格受断裂控制来看，也证明它们是属于断陷裂谷型滨海相-海陆交互相沉积环境的产物，而且与新疆同期的博格达、大黄山等石炭纪扩张裂谷型火山岩系相一致，表明它们是在相似的区域构造背景下产生的。火山岩系的分布和沉积岩相变化，反映伊犁盆地石炭纪，乃至早二叠世，表现为地堑和地垒相间排列的裂谷构造型式。早石炭世，火山和沉积中心在恰普恰勒山东西一线和北部科-博一带，但到早石炭世晚期至早二叠世，火山沉积中心移至阿吾拉勒山一线，而其两侧的恰普恰勒山和科-博山区则完全缺失，充分反映了这种受断裂控制的地垒地堑式裂谷构造的反复演变，为伊犁盆地其后的形成演化和构造格局奠定了基础，具有重要的控制作用（张国伟等，1999）。

伊犁石炭纪裂谷的形成与西天山晚古生代北天山洋和南天山洋的俯冲引起板块与微板块间的碰撞后拉张作用相关。泥盆纪时期，早古生代南天山洋向北部伊犁-中天山地块之下的俯冲，引起塔里木板块北缘的拉张，持续的拉张最终导致该陆缘块体从塔里木板块脱离，拉张部位形成了晚古生代南天山洋。石炭纪，该洋盆的向北俯冲伴随着伊犁-中天山地块与准噶尔板块之间古缝合带的再次拉张，在中天山北缘形成晚古生代裂陷槽。伊犁石炭纪—早二叠世裂谷带，就是形成于该时期的拉张背景之下。

（三）北山晚石炭世—二叠纪大陆裂谷特征

北山地区位于甘肃西部，西邻东天山，东接阿拉善，构造位置上以阿尔金和星星峡两大走滑断层为界，发育在一个巨大的构造楔形区，其大地构造归属一直存在争议（左国朝等，1990，2003；龚全胜等，2003）。近年来，多数学者偏重于将北山地区从南到北划分为塔里木板块、哈萨克斯坦板块和西伯利亚板块（左国朝等，1990；龚全胜等，2003）。北山裂谷带发育在塔里木板块北缘，是在近EW向古老构造基础之上，于中晚海西期形成的强烈活动地槽，早二叠世活动达到高潮，晚二叠世早期裂谷封闭，全面褶皱回返，形成断裂造山带（张旺生，1992）。

北山造山带北有中天山隆起带，南有敦煌地块，西邻塔里木地台，东接南阿拉善地块，中间穹塔格等地出露塔里木陆壳残片，出露地层多为中-新元古界兴地塔格群、星星峡群和帕尔岗群。主干断裂走向为NEE向和近EW向，从北到南依次为中天山隆起带南缘、红柳河、依格孜塔格和疏勒河深大断裂。该带经历了复杂的构造演化过程，前寒武纪与塔里木地台曾经为一个古陆整体，古生代由于古陆内部拉张和伸展裂陷作用，统一古陆裂离，形成古生代陆内造山带。该区已确定有3个造山旋回，即早古生代、石炭纪和二叠纪。空间表现为由近EW向平行或相互叠置的3个断裂造山带组成，即红石山-塔水早古生代断裂、中坡山-白山石炭纪断裂造山带和中坡山-白山二叠纪断裂造山带（程松林等，2008）。

北山地区晚古生代火山岩十分发育，主要集中在石炭—二叠纪，火山活动以裂隙式海底喷发为主。早石炭世火山岩多数为钙碱性系列，部分为碱性岩系列；中石炭世火山岩多数为钙碱性系列，个别为拉斑玄武岩系列；二叠纪火山岩碱性程度增加，有半数为碱性岩，其中早二叠世火山岩既有碱性系列，又有亚碱性系列，亚碱性系列中有拉斑玄武岩系列和钙碱性系列。北山地区火山岩总体表现为板内造山火山岩特征，但不同时代构造环境有所差异：早石炭世和早二叠世为拉张、中石炭世为挤压构造环境。该区晚古生代侵入岩也十分发育，其岩石系列主要相当于钙碱性玄武岩系列，岩石组合为拉斑玄武岩-安山岩-英安岩和高铝玄武岩-安山岩-英安岩-流纹岩等成分相应的侵入岩组合，即辉长岩及橄榄辉长岩-闪长岩-花岗闪长岩-花岗岩组合。其岩石化学特征显示该区侵入岩类为活动板块边缘形成的同造山、同碰撞S型花岗岩，也是与深断裂拉张有关的幔源型花岗岩。

北山造山带构造演化大致可划分出三个断裂造山旋回：①早古生代断裂造山旋回是在古老结晶变质褶皱基底上，寒武纪开始局部呈现拉张，在裂陷沉积碳泥质和碳酸盐岩，硅质岩、含磷（V、U）层和臭灰岩。早奥陶世开始，裂陷扩大，出现磁海-红柳河（加里东晚期出现洋盆）-牛圈子和红十井-花牛山（海西晚期出现洋盆）-大奇山裂谷系，其间的白玉山-方山口-营毛沱裂隆（地垒），构成二地块夹一裂谷（地堑）系，二（裂）谷夹一（裂）隆的构造型式，泥盆纪裂陷关闭。②石炭纪断裂造山旋回是在加里东褶皱基底上，经早石炭世开裂、断坳形成。中晚石炭世挤压造山，剪切推覆等一系列发展演化过程。从而构成中坡山-白山石炭纪断裂造山带。③二叠纪断裂造山旋回是在石炭系以前褶皱基底上，经早二叠世强烈开裂、裂陷，晚二叠世挤压褶皱造山，使二叠纪断裂造山带分南北两支，呈NE向斜叠于其他陆内造山带之上。经过上述三个断裂造山旋回发展演化，二叠纪末北山地区基本固结，结束北山陆内造山带构造演化历史，从而进入中新生代陆内断陷盆地和断块发展阶段。

黑山岭东南一带位于塔里木地块东北部，属于古生代塔里木板块东北部的北山古生代裂谷带。该区早石炭世处于北山晚古生代裂谷带发育的初始阶段，在区域性的伸展作用下火山活动作用逐渐加强，形成了红柳园组火山岩-火山碎屑岩-碎屑岩建造，体现了研究区红柳园组是位于东西两侧喷发活动中心的相对平静的初始裂陷盆地。典型的早石炭世化石资料证明了其喷发活动时代应为早石炭世。其火山岩岩石组合中性岩较少，具双峰式火山岩特征，岩石以钙碱性为主，部分为拉斑玄武岩系列，地球化学性质反映初始陆内裂解的特征。晚石炭世早期由于持续伸展，沉积中心由北向南迁移，主要沿矛头山断裂带两侧活动，从北向南经历了石板山组沉积阶段、胜利泉组沉积阶段和晚石炭世末期干泉组活动阶段。石板山组时期，由于持续伸展，早期以浅海近缘相为主，而晚期以半深海远源相为主，组成一套半深海复理石沉积；胜利泉组时期沉积了一套细碎屑岩与硅质岩组合，极少有火山活动的扰动说明裂谷的扩张暂时停止，为稳定还原条件下的非补偿沉积环境；晚石炭世晚期干泉组时期，北山与北天山一起进入裂谷发育鼎盛期，火山活动再次发育，但是中间经历了火山活动的平静期形成了大套的含有䗴科化石的碳酸盐岩，这样一大套的灰岩是研究区在进入晚石炭世之后首次出现的，同时在干泉组的顶部出现成熟度很高的石英砾岩，说明裂谷在晚石炭世期间有过一次闭合。研究区 2 件二长花岗岩 SHRIMP U-Pb 年龄为 294±4Ma 和 296±4Ma，其岩石化学特征显示属于大陆地壳重熔改造型，其物质来源于上地壳，推测其构造环境为大陆裂谷汇聚收缩期的产物，进一步说明北山地区在晚石炭世末期—早二叠世早期有过一次收缩闭合。

早二叠世的火山活动是在经历了晚石炭世收缩的基础上的继续和发展，也就是说是在持续收缩的基础上的短期裂解事件。早二叠世红柳河组时期以基性、中基性火山熔岩为主，其间出现少量的正常沉积的碎屑岩与碳酸盐岩且在区域上存在多个火山活动的中心，火山岩相变较大，可见研究区和区域上均具有火山盆地活动特征，火山活动中心围限着一系列正常的沉积盆地或海水较深的槽态区域。早二叠世的火山岩特征与晚石炭世干泉组时期比较具有一定的继承性，主要表现在岩石化学及岩石地球化学性质方面，晚石炭世火山岩与早二叠世火山岩具有相似的成岩模式；具有相似的源区特征；岩浆在上升过程中都受到一定程度的地壳混染。同时，早二叠世火山活动也有其自身显著特点，表现在这一时期基性熔岩的规模明显较大，基性岩的地球化学性质具更为明显的陆内裂解的特点。

综合以上沉积建造、火山岩组合性质及岩浆岩性质，研究区在晚石炭世晚期经历了一次较大规模的挤压收缩。甘泉组时期是北山裂谷逐渐消亡的转折期，它结束了石板山旋回和胜利泉旋回槽态建造的特点，从晚石炭世干泉组时期到早二叠世红柳河组时期火山活动持续发展，而在红柳河组时期的裂解是在此基础上伸展和反发展，而其整体的活动背景应为挤压收缩。

北山地区晚古生代时期构造演化以石炭纪—二叠纪陆内裂谷的发展为主。早石炭世，区域上开始大规模的拉张，持续至晚石炭世早期，火山活动减弱，晚石炭世末期裂谷收缩闭合，早二叠世随着区域应力由挤压转为拉张，裂谷火山活动出现一次短暂的复活，于二叠纪中晚期最终闭合，过程中发育大面积分布的海西晚期中酸性侵入岩体，北山板内裂谷至此全面汇聚-闭合，完全结束了北山裂谷的发展历程，进入陆内造山演化阶段（图 4-13）。

三、构造演化时空模型建立

（一）泥盆纪—中石炭世古亚洲洋中支再次扩张与俯冲

自志留纪末，新疆北部地区开始古生代以来的二次扩张。晚古生代期间，该区的构造演化主要是古亚洲洋残留洋盆再次拉张形成有限小洋盆的扩张俯冲与闭合的过程。洋盆的扩张作用至中泥盆世达到高峰。

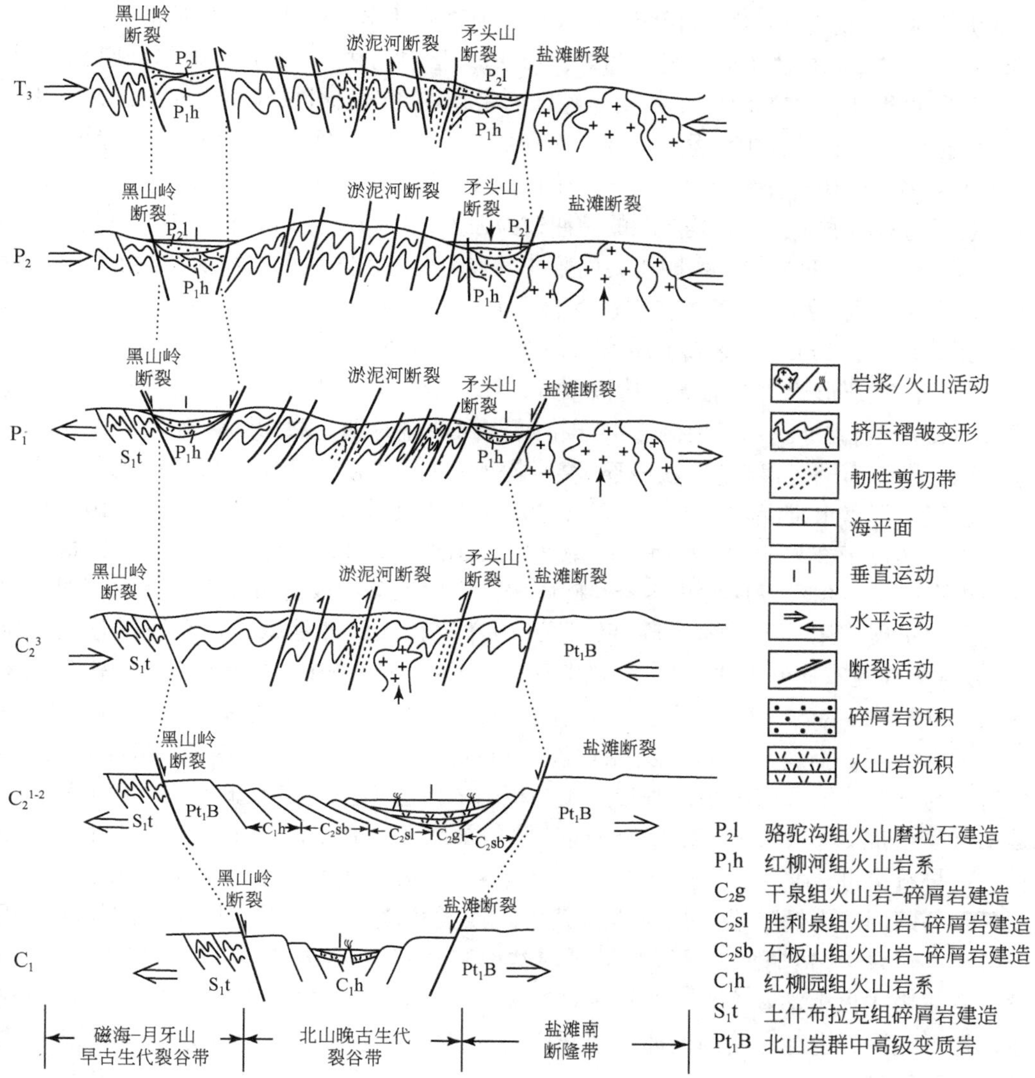

图 4-13　北山地区晚古生代沉积建造及岩浆活动构造演化图

晚泥盆世，阿尔泰地区俯冲增生加剧，随着南缘活动陆缘的发育，发生陆缘裂解，形成弧后盆地及陆缘裂解（何国琦等，1990；许继峰等，2001；Xu et al.，2003）。该时期形成大量花岗质岩体，并具有不同程度的变形，显示了区域挤压汇聚环境。早石炭世（355～318Ma），阿尔泰碰撞拼合接近尾声，主造山期已近结束。约350Ma的布尔根碱性花岗岩侵入已褶皱的泥盆纪—早石炭世地层，标志着古生代主期造山作用基本结束。区域转入拉张背景，进入晚或后造山阶段（王涛等，2010）。此时，额尔齐斯洋可能已闭合，在东部（蒙古国）局部可能存在残留陆缘环境。中晚石炭世，区域可能一直处于相对平静期，未见区域变质变形，该时期的花岗岩目前报道也很少。

准噶尔洋作为古亚洲洋在准噶尔–吐哈陆块北部的分支，是晚古生代期间扩张规模最大的古亚洲洋区域。东准噶尔上志留统上部大量火山物质的出现反映区域构造活动性的增强与准噶尔残余洋盆开始再次扩展（何国琦等，2001）。至中泥盆世，已在准噶尔–吐哈陆块北缘形成一条向北凸出的达拉布特–卡拉麦里蛇绿岩带，发育含放射虫硅质岩深海洋盆沉积，标志洋盆的扩展达到高峰。中泥盆世晚期，分隔准噶尔地块与西伯利亚板块（包括阿尔泰陆块）的东准噶尔洋开始收缩关闭，与早古生代的洋盆以向南单向俯冲消减为主不同，这一阶段洋盆表现为双向消减，尤其是向北的俯冲较为强烈，反映新疆北部地区块体向北与西伯利亚板块的强烈汇聚。准噶尔洋同时也向南俯冲消减，准噶尔陆块东北缘下泥盆统托让格库都克组岛弧火山岩系中富铌玄武岩和埃达克岩石的发现标志着大洋板片的俯冲自早泥盆世就开始（张海祥等，2003），形成了洋盆另一侧的达拉布特–纸房–哈尔里克岛弧火山岩带，洋盆的俯冲消减还形成了西准噶尔达拉布特蛇绿岩带中的蓝片岩相高压变质矿物组合（冯益民，1986）。当时准噶尔洋地区多岛洋格局达到鼎盛时期，微型陆壳碎块、岛弧和洋盆海盆间列，发育海陆过渡环境–浅海环境–半深海各种活动陆缘环境的火山–沉积作用，相变显著。至晚泥盆世准噶尔洋已基本闭合进入陆表残余洋盆阶段（张二朋等，1998）。

北天山洋位于准噶尔–吐哈地块以南、中天山地块以北，根据“305”项目报道在乌鲁木齐市东南艾维尔沟发现枕状熔岩及硅质岩，含中泥盆世放射虫化石，反映当时就存在一定的洋盆扩展作用。中泥盆世晚期，北天山洋也转入俯冲消减，在东段洋盆向南俯冲（也有人认为存在双向俯冲作用），其南北两侧对称发育阿奇山–雅满苏晚古生代岛弧系和小热泉子–镜儿泉晚古生代岛弧系（张达玉等，2012），伴随大规模的岩浆与成矿作用，形成东天山大型多金属矿化带（秦克章等，2003），其中中泥盆统头苏泉组陆相火山–碎屑建造，与下泥盆统大南湖组为海相岛弧沉积间的构造不整合较为显著，文献中称为大草滩运动（李生虎等，2002）；而西段伊连哈比尔尕地区洋壳以向南俯冲消减为主，强度可能稍弱。早石炭世，北天山洋处于向南俯冲消减的高峰，俯冲带上盘的中天山陆块北缘发育规模宏伟的同造山钙碱性花岗岩带，其中东段觉罗塔格岛弧带挤压伴生的拉张作用强烈，形成小热泉子–梧桐窝子早石炭世弧内盆地和阿齐山–雅满苏早–中石炭世弧后盆地，发育伴有双峰式火山活动深海–半深海碎屑夹碳酸盐沉积（周守沄，2000），西段伊连哈比尔尕地区蛇绿岩也随洋盆的俯冲消减开始构造侵位，但未出现沟弧体系。早石炭世末上述弧内/弧后盆地均告闭合，北天山洋开始进入残余洋盆状态。从其沉积构造横向组合特征来看，北大山洋盆也具有自东向西逐渐闭合差异发展的特点。

南天山洋位于中天山地块以南，泥盆纪仍处于持续的向北俯冲消减，在中天山块体南缘形成断续出露的火山岛弧带，沿中天山南缘断裂蛇绿岩混杂岩及蓝片岩高压变质带的发育达到高潮（张立飞等，2000），是晚志留世—中泥盆世南天山洋壳俯冲的重要标志，强烈的板块碰撞造成了沿断裂带发育的大规模糜棱岩带，早期为自南向北的韧剪推覆（晚志留世—早泥盆世初），晚期（早泥盆世末）转化为左行走滑韧剪，反映南天山洋当时呈向西开口的残余洋盆和自东向西剪刀状的闭合，海水自塔里木东北缘逐渐向西退出，对应塔里木块体快速北移并顺时针旋转（Chen et al.，1999）。中泥盆世，南天山洋仍然处于顺时针旋转闭合的高峰，板块的向北俯冲消减熔融在中天山南缘形成了同造山期的晚古生代早期花岗岩带，在榆树沟等地见蛇绿岩构造侵位与中泥盆统沉积呈叠瓦状产出（Allen et al.，1992），洋盆的闭合也伴有强烈的区域韧性变形作用。早石炭世，南天山洋处于持续的斜向俯冲消减状态，表现与前一阶段基本接近。洋盆的俯冲碰撞造山在中天山和塔里木地块北部造成了下石炭统与下伏地层普遍的不整合，文献中称为晚中大山运动或库米什运动，榆树沟蛇绿岩等主要侵位于此时期。值得注意的是，中天山块体内部发育张裂形成近东西向展布的伊犁石炭纪裂谷，发育大规模双峰式火山活动和浅海相-海陆交互相碎屑岩碳酸盐岩沉积，裂谷扩张在早石炭世晚期达到最大状态，晚石炭世裂谷活动明显减弱至暂告结束（金海龙和张成立，1998）。

关于晚古生代初期新疆北部地区地壳拉张的机制，目前文献中探讨较少，古地磁数据反映当时北侧西伯利亚块体不再向北移动而转为略向南移动，并伴随大规模顺时针旋转；而南侧塔里木块体持续快速北移，也伴随大规模顺时针旋转及其南南天山洋的快速向北顺时针旋转消减，因此本书认为新疆北部地区的拉张可能与南北块体的上述对挤及南天山洋的斜向俯冲作用有关，其中西太平洋板块斜俯冲碰撞下岛弧及弧后盆地的发育机制值得借鉴参考。

（二）晚石炭世—早二叠世陆间残余海盆封闭与巨型后碰撞花岗岩活动、陆陆最终碰合形成亚洲北大陆

这一阶段，新疆北部地区古亚洲洋洋盆全面进入强烈消减闭合，南北各陆块开始碰撞拼合，伴随强烈的岩浆作用及成矿作用。从区域背景来看，古亚洲洋的消减闭合与南部古特提斯洋的扩展驱动新疆地区块体向北运移有关。

早二叠世（290～270Ma），阿尔泰地区大洋均已消失，在阿尔泰南缘及额尔齐斯带（薄弱带）发生强烈的底侵岩浆作用，导致酸性和基性岩浆活动和高温低压麻粒岩变质作用（Wang T et al.，2009），显示了区域幔源岩浆底侵的伸展构造环境。二叠纪岩体群总体不变形的特征表明，该时期没有发生强烈的区域性韧性变形，变形主要集中于额尔齐斯走滑构造带，该带中略早的二叠纪岩体发生变形（童英等，2007），是该时期大型走滑的反应。这个时期，中亚古亚洲洋已经大大缩减，仅仅在南部局部地区存在（Xiao et al.，2010）。阿尔泰造山带早二叠世岩浆是否有可能是其大洋俯冲的远程效应还有待研究，但至少从阿尔泰造山带本身演化来看，该时期已经处于后造山阶段。

东天山地区晚石炭世时期已基本完成碰撞造山作用，在局部地区存在残余洋盆。觉罗塔格地区在320Ma前后结束了岛弧系统增生作用，岩石圈地幔进入了短暂的、挤压性质的主碰撞阶段，岩浆作用不发育，在310Ma左右，觉罗塔格地区进入了后碰撞环境，早期的拆沉作用引发了强烈的地壳抬升，岩石圈地幔的部分熔融产生了沿深大断裂分布的玄武质岩浆作用（张达玉等，2012）。随后，从早二叠世早期开始，岩石圈拆沉引起短暂的拉张（300～290Ma），早二叠世晚期，由于新疆塔里木二叠纪大火成岩省（292～272Ma）具有地幔柱成因（姜常义等，2004c；杨树锋等，2005；陈汉林等，2006b；Yu et al.，2011；Zhang D Y et al.，2012），与觉罗塔格地区早二叠世岩浆作用（290～270Ma）时代上恰好吻合，因而觉罗塔格地区早二叠世晚期受地幔柱侧向流动和热传导作用的影响，使得觉罗塔格地区的深大断裂、剪切带等处薄弱岩石圈带再次发生了部分熔融作用，形成了沿深大断裂分布的基性-酸性岩浆作用，并伴生多种类型的成矿作用，形成大规模双峰式火山岩、垮塌堆积岩、高钾钙碱性花岗岩以及基性/超基性岩墙群。与此同时，发生区域规模的韧性走滑剪切作用（陈希节，2013）。姜常义等（2012）通过对北山罗东岩体的研究，认为

其成因与地幔柱活动相关，是地幔柱轴部部分熔融的产物，表明塔里木板块东北部早二叠世幔源岩浆岩也应该隶属于塔里木大火成岩省。

南天山洋晚石炭世仍处于斜向俯冲消减状态，海水快速向西退出，至石炭纪末塔里木陆块北缘的海相沉积已仅见于和田河以西，南天山洋主体闭合（肖序常等，1992；何国琦等，1994；Gao et al.，1998；何国琦和李茂松，2000；夏林圻等，2002a，2002b），塔里木地块与伊犁地块完成最后碰撞（Gao J et al.，1998）。西天山出露的大规模石炭纪火山岩为古南天山洋向伊犁-中天山板块俯冲形成的岛弧火山岩，火山作用随着俯冲作用一直持续到晚石炭世末期（朱永峰等，2005）。早-中二叠世塔里木盆地西北缘与南天山地区的沉积作用和岩浆作用分析表明，该时期地质演化主要受控于塔里木盆地内部地幔柱引起的伸展作用和南天山造山带内部的碰撞后伸展作用的共同影响（罗金海等，2012），整体上处于伸展状态。南天山造山带更显主动性，岩石圈下部岩浆的拱托，导致西南天山南缘向塔里木地块之上逆冲推覆，并引起沉积中心的南移。

因此，到石炭纪末，除局部有水流不畅的残留海沉积外（残留的南天山洋海湾），新疆北部地区普遍为陆相碎屑岩、火山岩沉积组合，未见海相夹层和正常海相化石，表明古亚洲洋残余洋盆已完全闭合，西伯利亚陆块、蒙古湖区陆块、哈萨克斯坦-准噶尔-吐哈陆块、中大山陆块和塔里木陆块已完成对接，形成了统一的亚洲北大陆，而且新疆北部地区自那以后基本停留在与今相当的纬度位置，这得到大量古地磁和古生物证据的支持（李永安等，1999），新疆北部地区从此进入以大型陆相盆地沉降和山脉隆升为特征的陆内演化阶段（冯益民，1991）。

与碰撞造山带的快速崛起同时，新疆北部地区石炭纪晚期发生了强烈的壳幔相互作用，形成大规模的岩浆作用、热变质作用及成矿作用，构成新疆地壳变动最为活跃的时期。这一时期的岩浆活动与地壳垂向增生作用覆盖了位于西伯利亚、中朝和塔里木板块之间的整个中亚地区，包括各种形式的岩浆活动，除造山带大面积的喷出岩和侵入体外，准噶尔等中间地块的地壳底部可能存在大量基性岩浆的底垫作用（韩宝福等，1999）。在新疆北部东准噶尔、西准噶尔、阿尔泰和天山诸造山带这一时期的花岗质深成岩体往往表现为众多的大型复式岩基沿造山带走向形成巨大的花岗质岩浆活动性质自早到晚表现出由S型花岗岩—I型花岗岩—A型花岗岩的明显规律变化，岩浆源区深度越来越大，陆壳不断挤压增厚，反映构造环境自同碰撞造山—后碰撞造山—后造山期的顺序演化，构成一个完整的造山带演化旋回（顾连兴等，1990；金成伟和张秀棋，1993；王式洸等，1994；王金荣等，1996；吴郭泉等，1997；赵东林等，2000）。

以晚古生代晚期的岩浆活动，揭示出新疆北部在石炭纪中期统一大陆块体形成以后，经历了大规模的地壳伸展作用，产生比较强烈的壳幔相互作用，导致明显的地幔物质注入和地壳的垂向增生作用以及地壳物质的重新组合（肖序常等，2010）。壳幔相互作用主要表现为喀拉通克和黄山等地幔源岩浆侵入到地壳之中或喷出到地表，以及幔源岩浆底侵，以热源的形式引起地壳物质重新组合产生大规模岩浆活动。地壳物质重组在这里是指新疆北部地壳在石炭纪晚期至二叠纪期间重熔形成中酸性岩浆，侵入地壳之中冷凝结晶形成花岗质岩基或喷出地表形成比较年轻的火山岩。其中A型花岗岩类的广泛分布标志着古生代古亚洲洋构造域洋陆转化与海西期造山作用的结束和板内构造期的来临（王式洸等，1994；刘家远和袁奎荣，1996；许保良等，1998）。

整体上，早-中二叠世为在继承了晚古生代的特殊背景下盆山构造格局初现雏形期，主要表现为造山带的持续快速隆升，造山带前缘的准噶尔、吐哈等古陆下拗形成挤压前陆型盆地，但陆块各边缘的盆地相互分割独立。晚期盆地沉降扩大形成了巨厚的泥页岩，为后期重要的油气烃源岩，盆山构造格局。当时在阿尔曼泰山前、博格达地区和吐哈东南部等地还伴有一定的陆壳伸展裂陷，可能与其位于新疆北部地区东部靠近兴蒙海槽位置和先存断裂带走滑伴生的局部拉张有关。

（三）晚二叠世以来大陆板内演化阶段

晚二叠世至早三叠世，该区已是后碰撞向板内阶段过渡的演化阶段（王京彬和徐新，2006）。在全球板块构造格局快速重整导致的块体剧烈扭动与走滑作用下，新疆北部地区发生具有变革性质的印支运动，各造山带普遍发生了强烈的构造隆升，古博格达裂谷也全面回返，准噶尔盆地、吐哈盆地开始表现为统一的沉降拗陷，新疆北部地区盆山相间的现代构造格局基本定形。三叠纪时新疆北部地区受到了特提斯构造体制的陆内远程挤压影响（李锦轶等，2000a；郭召杰等，2002；陈正乐等，2006；许志琴等，2006），大陆地壳有明显挤压引起的缩短增厚的特征（肖序常等，1992），晚二叠世—早三叠世形成于康古尔剪切带内的中酸性岩体可能与南部的特提斯俯冲的远程效应有关的挤压效应有关。

该时期地质作用主要包括：①二叠纪幔源及壳源的岩浆活动（侵入形成含铜镍矿的杂岩，喷发形成双峰式火山岩系）（洪大卫，1991；杨树锋等，1996；林克湘等，1997；陈汉林等，1997，1998；韩宝福等，1998，2004a；徐学义等，2002；邢秀娟，2004）；②大型盆地的形成，包括塔里木盆地北缘二叠纪前陆盆地，博格达山开始隆升使准噶尔盆地和吐哈盆地的形成等；③大型断裂走滑运动，包括额尔齐斯断裂带左行走滑运动（Laurent-Charvet et al.，2002）、阿其克库都克断裂和康古尔塔格断裂的右行走滑运动（杨兴科等，1999；王瑜等，2002）、阿尔金断裂系的左行走滑运动、中亚地区大型断裂的左行走滑运动以及西准噶尔右行走滑-逆冲双重构造的发育等；④二叠纪晚期至三叠纪富碱质岩株的侵入；⑤天山中三叠世走滑断裂活动和构造热事件（李向东等，1998；李锦轶等，2000b）等。这些地质作用对新疆北部及邻区古生代晚期地壳侧向构造分区和构造样式的最终形成具有重要的贡献；同时，这一时期也是该区地壳物质生长和金属矿产成矿作用的重要时期。

觉罗塔格地区在晚二叠世—中三叠世总体处于挤压的地球动力学背景。随着塔里木地幔柱远程影响结束，觉罗塔格地区的地球动力学环境逐渐恢复到之前的后碰撞挤压变形演化阶段，康古尔和雅满苏深大断裂的早期扩张中心在经过多期次（260～240Ma）的挤压-剪切的变质变形和走滑作用，最终形成了康古尔韧性剪切带。在韧性剪切带活动过程中，形成了康古尔金矿化带的剪切带流体成矿晚期作用。240Ma 进入到板内演化阶段，此时在南方特提斯体制的远程影响下，该区地壳再次出现明显挤压引起的缩短增厚，并在新生地壳的薄弱部位（韧性剪切带内）发生岩浆作用，并形成了斑岩型铝铜矿床。

综上所述，新疆北部晚古生代期间构造地貌主要取决于古洋盆的演化与关闭和二叠纪地幔柱的共同作用。晚古生代期间的洋盆为早古生代古亚洲洋的残余，洋盆的关闭显示由北向南、自西向东的俯冲碰撞闭合的过程，并伴随相应的后碰撞伸展时序。晚石炭世—早二叠世，区域洋盆主体已全部关闭，西伯利亚、哈萨克斯坦-准噶尔、塔里木板块聚合，形成统一的亚洲大陆，进入稳定发展阶段，仅局部地区出现有继承的或新生的裂谷作用，伴随着后碰撞伸展作用的发展，并叠加了二叠纪强烈的地幔柱活动，该时期成为新疆北部岩浆活动和内生成矿作用最为活跃的时期，形成了博格达、伊犁和北山等火山岩带，喀拉通克、黄山、北山等基性、超基性岩带，以及分布广泛的富碱质花岗岩类。进入中生代以来，主要是二叠纪地幔柱活动之后，造成陆内深部岩浆-热力构造的后续演化及其多层次的热力衰减与近地表拗陷、准平原化等活动，到新生代后，又由于印度板块向欧亚大陆俯冲和碰撞，新疆北部的主要断裂带的新构造活动一直延续至今。

四、进一步研究问题分析

（一）新疆北部晚古生代洋盆演化时限问题

新疆北部古洋盆主要发育在古生代期间，对此目前在中国地质界已经没有异议。然而，该区古洋盆何时打开，何时最后闭合？该区是曾经存在一个连续演化的洋盆还是经历了多个洋盆的开与合？该区洋盆最后的缝合线位于何处？对于所有这些问题，不同学者给出了不同的解释。目前，随着新疆北部晚石炭世至早二叠世碱性花岗岩和雅满苏石炭纪火山岩双峰式特征的确认，北天山后峡一带后峡组与博格达山石炭系构造背景的亲缘性以及其下不整合隐伏有可能与巴音沟泥盆纪至石炭纪洋盆建造类似的浊积岩的最新发现，结合以前获得的喀拉通克和东黄山含铜镍矿床基性超基性杂岩以及沉积环境变迁等方面的资料，揭示出天山及其以北地区的古洋盆在石炭纪期间都相继闭合了。但是对于各个分支洋盆以及伴随的裂谷作用的演化过程依然很有争议。如关于南天山洋的闭合和增生造山作用的时间存在晚古生代（Gao and Klemd. 2003；高俊等，2006；Gao et al.，2009）和三叠纪（Zhang C L et al.，2007b；Xiao et al.，2009a，2009b）两种代表性认识，分歧的关键是西天山榴辉岩峰期变质年龄的确定；现有的蛇绿岩年代学资料可以限定北天山洋盆在早石炭世存在，但该洋盆的打开时间没有确切的地质记录。

（二）东、西天山构造演化的差异性原因

东天山基底隆升过程主要发生在新生代之前，白垩纪后该地区没有发生过快速隆升。东天山隆起带构造面貌基本继承了中生代的特征，这与天山西段主要是新生代陆内造山形成的构造地貌明显不同。此外，天山东西段在地质和地球物理特征上有明显的差别，主要表现在：空间上，天山西段发育较宽的南天山构造带，塔里木北缘古生代大陆边缘沉积系统保存比较完整，发育多条蛇绿岩带；而天山东段（库米什以东）南天山构造带，只保留有几处断续分布的蛇绿混杂岩露头点，库鲁克塔格地块与中天山地块（或星星峡地块）基本连接在一起。从物质组成看，天山隆起带东段出露大面积前寒武纪角闪岩相变质岩系，在尾亚地区还出露含麻粒岩包体的片麻岩系；而在天山西段，大面积分布古生界火山岩和沉积层系。西天山基底物质组成与塔里木北缘的库鲁克塔格、东天山、巴伦台等地完全不同，东、西天山地槽演化有明显差异，从吉尔吉斯斯坦向东延入我国西天山境内的吉尔吉

斯帖尔斯克伊古海洋，沙雅-布尔津和库尔勒-吉木萨尔剖面揭示了东、西天山不同的深部动力学过程，以及东天山地区活化作用相对弱于西天山等。由此可见，东、西天山可能分属不同的构造演化体制。现今所见天山东西段的明显差异始于何时？形成机制是什么？仍是有争议的问题。

（三）二叠纪中基性岩墙群与地幔柱的关系

研究大型岩墙群的几何特征有助于确定地幔柱、建立区域古应力场和了解岩墙形成前后的变形事件（邵济安等，2001）。新疆北部中基性岩脉的广泛发育与晚古生代后碰撞岩浆活动有密切的关系（韩宝福等，1998，1999，2006），同时也为新疆地区的大地构造演化、地球动力学以及陆壳垂向生长提供了重要的示踪信息。近年来，不断有学者提出塔里木盆地，甚至整个天山南北，存在二叠纪大火成岩省和地幔柱构造，并从玄武岩分布规模、沉积纪录、岩石学和地球化学等多个方面论证其可能性（姜常义等，2004c；陈汉林等，2006b；杨树锋等，2007）。在晚古生代，新疆北部准噶尔盆地及其周缘地区进入了地壳垂向增生阶段，表现为大规模的辉长、辉绿岩到花岗岩等岩浆岩的就位（韩宝福等，1998，1999），它们普遍以具有正 $\varepsilon_{\mathrm{Nd}}(t)$ 和低（$^{87}\mathrm{Sr}/^{86}\mathrm{Sr})_{\mathrm{i}}$ 值为特征（Chen and Jahn，2004；Chen and Arakawa，2005）。这些辉长岩、辉绿岩以及衍生的闪长岩等在西准噶尔扎伊尔山、额尔齐斯构造带上的富蕴、乌伦古构造带上的恰库尔特、东天山托克逊以及博格达天山七角井、巴里坤等地区呈非常密集的陡立岩墙分布，在西天山冰达坂、沙乌尔的和布克赛尔等地区呈零星岩脉分布。

二叠纪期间，天山地区以伸展走滑体制下的幔源岩浆活动为主，发育双峰式火山岩以及钙碱性、碱性花岗岩，李文渊等（2012）认为其成因很可能与二叠纪地幔柱作用有关。关于近几年兴起的地幔柱学说，徐义刚等（2007）总结了古地幔柱的 5 个鉴别特征：①大规模火山作用前的地壳抬升；②放射状岩墙群；③火山作用的物理特征-陆内环境；④火山链的年代学变化；⑤地幔柱产出岩浆的化学组成。在此基础上，夏林圻（2013）分别从区域地层不整合分布、岩浆岩岩石地球化学以及岩浆作用时限方面总结了地幔柱存在的证据。但是放射状岩墙群作为地幔柱存在最直观的证据，已有研究显示新疆北部地区发育大量二叠纪基性岩墙群，但是由于研究程度的不足，对于岩墙群的几何特征还没有区域上的全面统计，笔者仅对北山、东天山以及准噶尔周边区域的基性岩墙产状作以统计，发现基性岩墙的分布和形态各异，大部分在地表的展布显示受区域断裂走向的控制，推测新疆北部地区的基性岩墙群可能来自岩浆侵位形成的多个岩浆房，岩浆从各岩浆房沿着受控于区域断裂的裂隙系统侧向侵位。对于区域上基性岩墙群的几何特征、空间展布对二叠纪地幔柱的指示还需要从更广的空间来做更全面和细致的研究。除了受各区断裂走向控制以外，可能在宏观上形成放射状的展布效果，但这一观点尚待统计研究。

第五章　新疆北部晚古生代构造-岩浆-成矿动力学讨论

第一节　新疆北部石炭纪沟弧盆系/活动大陆边缘岩浆作用认识

一、蛇绿岩的存在及其指示意义

（一）蛇绿岩的分布规律

蛇绿岩套是准确厘定构造演化的重要研究对象之一。新疆北部存在多条蛇绿岩带。前人对新疆北部蛇绿岩的岩石学、构造属性及与中亚地区的蛇绿岩进行了横向对比与综合研究（李春昱等，1982；肖序常，1990；肖序常等，1991，2004；王宗秀等，2003b；李锦轶等，2006a；董连慧等，2010），并认为这些蛇绿岩是古亚洲洋盆演化的产物。

新疆北部古生代蛇绿岩在各造山带内分布广泛，由于受后期构造破坏，一般呈团块状、带状分布于构造混杂带中，由南向北主要有8条蛇绿岩带：①南天山南缘蛇绿岩带；②那拉提-中天山南缘蛇绿岩带；③干沟-康古儿蛇绿岩带；④巴音沟蛇绿岩带；⑤卡拉麦里蛇绿岩带；⑥西准噶尔蛇绿岩带；⑦塔城北-阿尔曼泰蛇绿岩带；⑧斋桑-额尔齐斯蛇绿岩带。这些蛇绿岩带主要分布在东准噶尔造山带、西准噶尔造山带和天山造山带中。

额尔齐斯构造蛇绿岩带在中国境内主要分布在科克森套、玛因鄂博、沙尔布拉克金矿东部等。西部科克森套地区有二辉橄榄岩，基性火山岩具有MORB特征（陈哲夫等，1997）。沙尔布拉克以东一带主要为上洋壳的辉长岩、玄武岩、放射虫硅质岩，在其南侧中泥盆统北塔山组有玻安岩系出露（何国琦等，1994；牛贺才等，1999）。该蛇绿混杂岩带所代表的前生洋盆，李锦轶（2004）认为可能是在震旦纪或更早的地质时期形成，在沙尔布拉克东一带放射虫时代为中-晚泥盆世，同时认为在该带向北发育较完整的沟-弧-盆体系。目前大多数观点认为该带向西与哈萨克斯坦境内的查尔斯克蛇绿岩带相连，向东延至蒙古国南部的大博格多一带，长达1000km以上，与其伴生的最新沉积岩系时代为石炭纪，是西伯利亚板块和哈萨克斯坦-准噶尔板块在早石炭世时期的俯冲-碰撞型边界。近年来在1∶5万区域地质调查中发现玛因鄂博蛇绿混杂岩呈混杂岩残片产于石炭系中。由下向上划分出基性-超基性岩段、席状岩墙、枕状玄武岩、泥质粉砂岩段、硅质岩段5个组合段。基性熔岩MORB特征，结合其产于上石炭统火山-沉积盆地中，认为该蛇绿混杂岩形成于晚泥盆世—早石炭世之前。玛因鄂博蛇绿混杂岩两侧背景不同：北部奥陶纪为陆缘盆地沉积，早石炭世为弧后盆地，火山岩不发育。南部经历D-C岛弧体系阶段从而说明该洋盆的岩石圈板块可能向南北两侧俯冲。该区蛇绿岩的发现，使斋桑-额尔齐斯蛇绿岩在中国境内向东延伸提供了新证据。

额尔齐斯构造带南部有一条线性明显的古生代岛弧带，即塔尔巴哈台-扎河坝-阿尔曼泰岛弧带，该岛弧至今没有发现前寒武纪结晶基底，一般认为是早古生代时期发育起来的洋内弧，由早古生代、晚古生代钙碱性火山岩组成，在其南侧发育一条早古生代蛇绿混杂岩，该蛇绿混杂岩在中国境内从西向东断续出露于塔城北、洪古勒楞、扎河坝、二台、阿尔曼泰等地，向西与哈萨克斯坦西塔尔巴哈台蛇绿岩带相连，向东可能延伸至蒙古国，延伸大于500km，沿线出露数十个沿断裂呈断片产出、大小不一的超基性岩体分布于奥陶纪、泥盆纪、石炭纪火山岩、硅质岩中。塔城蛇绿岩由蚀变辉长岩、蛇纹岩和硅质岩组成，辉长岩SHRIMP年龄为478.3±3.3Ma（朱永峰和徐新，2006）。洪古勒楞蛇绿岩以堆晶岩层发育为特征，枕状玄武岩和放射虫硅质岩不发育，蛇绿岩Sm-Nd等时线年龄为625±25Ma（黄建华等，1995）。扎河坝阿尔曼泰蛇绿岩单元总体齐全，向东一带玄武岩、放射虫硅质岩出露增多，简平等（2003）在扎河坝蛇绿岩中辉长岩获SHRIMP年龄为489±4Ma；肖文交等（2006a）认为阿尔曼泰蛇绿岩硅质岩中放射虫时代为奥陶纪（李锦轶，1991；刘伟和张湘炳，1993）。部分学者认为东-西准噶尔的蛇绿岩连接还值得进一步研究（李锦轶等，2006a）。塔城北-阿尔曼泰带所代表的洋盆有可能是在震旦纪晚期或寒武纪初打开，在晚泥盆世—早石炭世闭合。

卡拉麦里蛇绿岩带沿卡拉麦里山呈NWW向延伸，长400km，宽10～15km，向东延入蒙古国南部。带内由中泥盆统和下石炭统下部的基性熔岩、凝灰岩、硅质岩及大量镁铁-超镁铁杂岩组成。蛇绿岩自下而上为堆晶橄榄岩-堆晶异剥橄榄岩、辉石岩-堆晶辉长岩-石英闪长岩-斜长花岗岩。辉长岩全岩K-Ar年龄为338～392Ma，与蛇绿岩伴生的斜长花岗岩锆石SHRIMP年龄为373Ma（唐红峰等，2007）。该蛇绿岩带硅质岩中含有泥盆纪和早石炭世的放射虫化石（舒良树和王玉净，2003）。据蛇绿岩组成中的玄武质岩石地球化学和微量元素特征，其可能形成于洋中脊和洋岛（李锦轶，1991；李嵩龄等，1999）。何国琦等（2001）认为该蛇绿岩形成时代与北部阿尔曼泰蛇绿岩形成时代相近，从新元古代晚期开始发育，扩张时期为寒武纪，奥陶纪—早志留世为俯冲闭合期。近年来新疆地矿局第一区调大队完成的1∶5万区域地质调查揭示，该蛇绿岩各单元齐全，蛇绿混杂岩被上泥盆统克安库都克组（D_3k）不整合覆盖，蛇绿岩中的玄武岩具大洋中脊环境的地球化学特征，其中蛇绿岩上部的石英闪长岩锆石U-Pb年龄分别为357Ma、375Ma、492Ma，认为该洋盆闭合时间由西向东从中泥盆世到晚石炭世逐渐变新。

西准噶尔蛇绿岩主要出露于玛依勒山、达拉布特断裂两侧及唐巴勒、白碱滩一带，分布于奥陶纪、志留纪、泥盆纪、石炭纪地层中。唐巴勒蛇绿岩缺少堆晶岩，由超镁铁岩、辉长岩、斜长花岗岩和中奥陶统科克萨依组的枕状玄武岩、细碧岩、角斑岩、凝灰岩、放射虫硅质岩和少量生物灰岩透镜体组成，下志留统不整合于蛇绿岩之上。玛依勒蛇绿岩与其伴生的地层时代为中晚志留世，并被下泥盆统不整合覆盖，1∶5万区域地质调查在玛依勒一带建立由下而上完整的蛇绿岩层序：变质橄榄岩（蛇纹岩）-辉长岩-基性岩墙（辉绿岩）-枕状玄武岩为主的火山岩-放射虫硅质岩等。在基性熔岩中所采两组Rb-Sr测年结果为435.3±6.5Ma和432.5±7.4Ma，确定玛依勒蛇绿岩形成时代为志留纪。达拉布特蛇绿岩由超镁铁岩和晚石炭世太勒古拉组时期块状及枕状玄武岩、硅质岩、凝灰岩组成，并有少量辉长岩、辉绿岩。辜平阳等（2009）报道了达拉布特蛇绿岩中辉长岩锆石LA-ICP-MS年龄为391Ma；舒良树等（2001）认为该带硅质岩中也有奥陶纪放射虫。白碱滩蛇绿岩是近年来新发现的一个蛇绿岩带，各单元较完整，发育蛇纹石岩，含石榴子石橄榄岩、辉长岩、角闪辉石岩、纤闪石岩、杏仁状玄武岩、硅质岩等。徐新等（2006）在辉长岩中得到414Ma、323Ma两组锆石SHRIMP年龄，而蛇绿岩产于含奥陶纪牙形石的地层中。岩石地球化学研究表明，该蛇绿岩为早古生代洋中脊型蛇绿岩。西准噶尔蛇绿岩大多是肢解的蛇绿岩，基性熔岩以钙碱性为主。西准噶尔存在奥陶纪、志留纪、泥盆纪三个不同时代的蛇绿岩及不同时代的不整合，说明不同时代的蛇绿岩为不同洋盆的洋壳残片，但同时它们均属于古亚洲洋的一部分。

天山造山带蛇绿岩可以进一步划分为北天山造山带和南天山造山带蛇绿岩。其中北天山造山带蛇绿岩位于准噶尔-吐哈盆地与伊犁-中天山地块间，从西向东蛇绿岩集中出露于巴音沟、干沟、康古尔等地，可能为北天山洋盆的洋壳残片。其中巴音沟蛇绿岩沿婆罗科努断裂北侧分布，长280km，宽5～20km，北邻准噶尔盆地，在其南部与其伴生的为一条依连哈比尔尕奥陶纪—石炭纪的岩浆弧。带内与其伴生的为石炭系玄武岩、细碧岩、硅质岩、凝灰岩等。混杂带中蛇绿岩组分完整，带内有超镁铁岩上百个，聚集为27个岩群，岩性以斜辉辉橄岩为主，少量斜辉橄榄岩、二辉橄榄岩和纯橄岩。硅质岩中放射虫时代为石炭纪（肖序常等，1992），而舒良树等（2001）认为该带硅质岩中也有奥陶纪—泥盆纪放射虫。秦克章（2000）则获得硅质岩中放射虫的时代为晚泥盆世—早石炭世。蛇绿岩组分的斜长花岗岩的锆石SHRIMP年龄为324.7Ma（徐学义等，2005）。其前生洋盆其他学者认为是边缘海盆或准噶尔早古生代洋盆。李锦轶等（2009）认为其经达拉布特可能与北部的斋桑构造带相连，为西伯利亚与哈萨克斯坦-伊犁地块的缝合线。Han B F等（2010）报道的侵入于北天山蛇绿岩中四棵树花岗岩的锆石SHRIMP U-Pb年龄为316±3Ma，很好地限定了北天山洋的闭合时间。结合其南部的依连哈比尔尕岩基为晚石炭世（280～310Ma）同碰撞花岗岩，确定该洋盆闭合时代应在310Ma之前，向东西两侧延伸有待进一步研究。

干沟蛇绿岩带主要分布于干沟至却勒塔格一带，呈北西西向沿阿其克库都克断裂和康古尔断裂交会西延端分布，出露宽度为0.5～4km。干沟一带出露有早古生代蛇绿混杂岩和志留纪前陆盆地沉积。中天山北缘志留纪因前陆和岛弧的碰撞而形成前陆盆地，充填序列显示了碰撞造山作用过程。朱宝清等（2002）对碎屑岩中陆源锆石同位素测年表明其最新物源的年龄不小于461Ma，而侵入该前陆盆地碎屑岩中的花岗闪长岩锆石年龄为386.1±4.1Ma，从而限定了前陆盆地的上限。前陆盆地的终结标志着碰撞造山作用的结束。在干沟一带糜棱岩化辉长岩中的锆石SHRIMP年龄为353.7±1.10Ma。康古儿蛇绿岩带分布于吐哈盆地南缘，呈东西向带状展布，长度大于500km。其组成主要为上洋壳枕状玄武岩和放射虫硅质岩，近年来陆续发现了下洋壳部分的超基性岩。北侧由奥陶纪—志留纪（?）、泥盆纪、石炭纪火山沉积岩系和泥盆纪、石炭纪深成侵入岩组成的活动陆缘残片与其相伴生。蛇绿岩分布在早石炭世地层中，放射虫硅质岩中的放射虫时代具有泥盆系的分子，玄武岩具洋中脊的岩石地球化学特征。李文铅等（2008）测得康古儿塔格蛇绿岩中的辉长岩锆石 SHRIMP 年龄为 494±10Ma，一些学者认为其前身洋盆为石炭纪弧间盆地、古生代洋盆、石炭纪裂陷槽、弧后盆地。李锦轶等（2002）则认为是东天山中间地块与吐哈地块间有一定规模的洋盆。杨兴科等（1996）认为是哈萨克斯坦-准噶尔板块与塔里木板块的缝合线。综合近年来的地质调查成果，认为康古儿塔格蛇绿岩带向西和干沟蛇绿岩带相连，具有一定的区域构造分区意义，带内存在早古生代和晚古生代的洋壳残片，洋盆闭合于晚石炭世。

南天山造山带位于伊犁地块-中天山地块与塔里木盆地间，是中亚地区线性构造最为明显的一个带，该带内分布有南北两条蛇绿岩带：那拉提-中天山南缘蛇绿混杂岩带和南天山南缘蛇绿混杂带。两条蛇绿岩带均为南天山古生代洋盆的洋壳残片。那拉提-中天山南缘蛇绿岩带西起境外的吉尔吉斯斯坦，沿那拉提南缘深大断裂，经夏特南的长阿吾子，达鲁巴依、努尔散拉等地，至巴音布鲁克被盆地覆盖，向东可能与古洛沟、乌瓦门、榆树沟、库米什和东天山的卡瓦拉布拉克相接。其中达鲁巴依、努尔散拉蛇绿岩是近年来 1∶25 万和 1∶5 万区域地质调查中新划出的地质体。达鲁巴依蛇绿混杂带走向 15°～20°，地表出露长约 5km，宽 250～300m，岩带内以北西向组成的叠瓦式构造为主。宏观上其南北两侧均为大型韧性逆冲断层所控。蛇绿岩组分主要有变质橄榄岩、变质玄武岩、堆晶辉长岩、含长辉石岩及硅质岩等，蛇绿岩组分呈断块产出于变质火山岩、变质沉积岩中。由于受后期构造变质作用的影响，岩石普遍发生低绿片岩相变质。朱志新（2007）提出达鲁巴依、努尔散拉带可能形成于俯冲带环境，古洛沟-乌瓦门蛇绿岩中的玄武岩地球化学特征具洋中脊和洋岛特征。该蛇绿岩带北部发育一条由奥陶至早石炭世钙碱性岩浆岩带。南侧西部与其伴生的为一条高压-超高压的榴辉岩、蓝片岩带。从蓝片岩的形成年龄看，古生代的变质可能存在俯冲时的变质（300～400Ma）以及折返阶段的退变质作用阶段（250～270Ma）（高俊等，2000；张立飞等，2005）。郝杰和刘小汉（1993）在长阿吾子蛇绿岩中获辉石 Ar-Ar 年龄为 439Ma。王润三等（1998）测得榆树沟蛇绿岩的形成年龄为 440Ma。该蛇绿岩带是新疆境内最长的一条蛇绿岩带，其所代表的南天山洋盆在震旦纪已有一定规模，在晚石炭世闭合。该蛇绿岩向东延伸不明显，仅在卡瓦布拉克附近的碱泉有蛇绿岩出露，研究程度较低，向东怎么延伸有待研究，新发现的玉西蓝片岩还需进一步的研究和证实。现在普遍认为是哈萨克斯坦-准噶尔板块和塔里木板块的缝合带。Qian 等（2009）报道了那拉提山北坡一带存在一条早古生代蛇绿岩，其中玄武岩 SHRIMP 定年为 516.3±7.4Ma，可以与吉尔吉斯斯坦的尼古拉耶夫线的蛇绿岩相连。区域资料显示，该洋盆在早古生代闭合，该带两侧的早古生代侵入岩与菁布拉克的早古生代基性-超基性杂岩均与该洋盆演化有关。

南天山南缘蛇绿岩带主要分布在南天山-西南天山的南缘，从境外吉尔吉斯斯坦经境内东阿赖吉根、阿合奇、米斯布拉克、色日克牙依拉克附近至虎拉山南缘乌陆沟一带出露，向东延伸可能进入焉耆盆地，也可能从库鲁克塔格南向东延伸。与俄罗斯南天山蛇绿岩带费尔干纳盆地南缘剖面可对比。龙灵利等（2006）在库勒湖蛇绿岩 N-MORB 中进行锆石 SHRIMP 定年结果为 425±8Ma。玄武岩地球化学特征与大洋拉斑玄武岩相似，部分微量元素特征与岛弧拉斑玄武岩相似。肖序常等（2004）认为是其是南天山洋盆闭合的晚古生代次洋盆。在其南侧的塔里木北缘以前一直认为古生代是被动陆缘，朱志新等（2008）

根据泥盆纪俯冲型花岗岩的确定，提出了在塔里木北缘至少在晚古生代存在活动陆缘的特征，并综合研究认为洋盆在早古生代已存在，洋盆闭合时间可能为石炭纪，因此该带可能是塔里木板块与哈斯克斯坦–准噶尔板块的最后缝合带。

（二）蛇绿岩的构造意义

广泛发育的蛇绿岩带为准确厘定各造山带的构造演化及各板块边界提供了有利的证据。对新疆北部蛇绿岩带的研究表明不同造山带经历了不同的构造演化过程，其中东准噶尔蛇绿岩带所代表的准噶尔洋盆闭合时间由西向东从中泥盆世至晚泥盆世逐渐变新，表明洋盆的最终闭合时间一直持续到晚泥盆世。西准噶尔蛇绿岩带中各蛇绿岩套的形成时代较为复杂，从奥陶纪、志留纪一直到泥盆纪都较发育，这些不同时代的蛇绿岩带可能代表了不同的洋壳残片，这也暗示其复杂性要大于东准噶尔地区，可能存在多个洋盆，从蛇绿岩发育的时间上看，尽管可能存在多岛洋，但其洋盆的闭合时间最晚为泥盆纪，明显早于东准噶尔地区。天山造山带发育大量的蛇绿岩套，且它们多可以和境外蛇绿岩带进行对比，也表明天山造山带构造演化的复杂性及连续性，其中北天山造山带蛇绿岩的年代学研究表明其所代表的洋盆闭合时间应在310Ma之前，之后进入了碰撞造山阶段。南天山造山带蛇绿岩作为中亚地区线性构造最为明显的一个带，其代表了南天山古生代洋盆的洋壳残片。从对蛇绿岩的年代学及高压–超高压变质带的研究，表明由西向东不同部位洋盆的闭合时限不同，但总体是连续的。如在天山西部，洋盆在早古生代已经闭合，而向东侧，洋盆的闭合时间一直持续到石炭纪，尽管目前有一些学者认为南天山洋的闭合一直持续到三叠纪，但更多学者仍倾向于认为其闭合时限为晚泥盆世。关于蛇绿岩带的构造属性及发育时代目前都还存在较大争议，且不同地区蛇绿岩带的研究程度也各不相同，因此要准确地厘定各构造单元之间的相互关系及演化历史，有必要对蛇绿岩带的分布及时代进行进一步深入的研究，且应深入开展中亚区域构造综合对比研究及编图工作。

二、安山岩作为岛弧的证据

安山岩的形成与俯冲作用密切相关，但不同类型的安山岩其成因也各不相同。目前关于安山岩的成因模式主要存在俯冲洋壳部分熔融（王焰等，2000；熊小林等，2005）、增厚下地壳熔融（张旗，2001；翟明国，2004；肖龙等，2004）、拆沉下地壳熔融（Gao et al. ,2004）、与幔源岩浆活动有关（Qian et al.，2003）等。王强等（2006）研究认为天山北部石炭纪埃达克岩最有可能是俯冲洋壳部分熔融的产物。原因如下：①富钠贫钾，类似于洋壳组分，但不同于由下地壳部分熔融形成的较富钾的埃达克质岩石；②类似于洋壳而不同于变质基底的Sr-Nd同位素组成；③MgO含量较高，不同于变玄武岩、榴辉岩在高压下熔融形成的实验熔体，但类似于这些实验熔体受橄榄岩混染后的熔体。因此天山北部石炭纪埃达克岩的原岩最可能是俯冲洋壳，且俯冲洋壳部分熔融形成的岩浆与地幔橄榄岩发生了相互作用，导致岩浆中MgO含量显著增高。天山北部发育的石炭纪高镁安山岩大多与埃达克岩密切共生。因此这些高镁安山岩很可能与板片熔体和地幔楔橄榄岩之间强烈的相互作用有关。与埃达克岩相比，高镁安山岩总体显示了略微偏高的Y和重稀土元素含量，且部分样品具有 Sr 负异常，这可能与熔体-地幔橄榄岩的作用发生在较浅处且熔体中包含埃达克岩更多的地幔组分有关。这些高硅的安山岩异常高的 MgO 以及 Cr、Ni 含量，暗示其成因与地幔熔融或含有相当多的地幔组分有关。东塔尔别克的安山岩与阿希金矿区的火山岩性质相似，都具有较高的 MgO 含量和 $Mg^{\#}$，高的 Cr 和 Ni 含量，以及低的 FeO^{T}/MgO，类似于高镁安山岩。同时与阿希金矿的火山岩相比，东塔尔别克安山岩具有埃达克岩的特征；无明显的 Eu 负异常，其中个别样品具有高的 Sr 含量和低 Y 含量，以及高 Sr/Y 值（47.1～48.1）。通过对比研究表明，在天山北部地区存在石炭纪洋壳的俯冲和熔融作用，并形成了典型的岛弧岩浆岩组合；埃达克岩-高镁安山岩-富 Nb 玄武岩组合，据此唐功建等（2009）认为东塔尔别克高镁埃达克岩岩浆的形成更可能与洋壳的俯冲有关，可能是由俯冲洋壳熔融所形成，同时其高的 MgO 含量和 $Mg^{\#}$暗示可能受到地幔橄榄岩的混染。

西天山大哈拉军山组中赋存大量的铁、铜、铅、锌等元素的含矿建造，对其开展系统的研究工作不仅具有重要的理论意义也具有重要的找矿意义。在玉希莫勒盖达坂不但出现了玄武安山岩-高钾钙碱性玄武安山岩-橄榄粗安岩组合，还出现了双峰式火山岩组合（上石炭统伊什基里克组）和类磨拉石建造（二叠系铁木里克组），同时在该地区还分布着相当数量的二叠纪石英正长斑岩、煌斑岩等碱性侵入岩体（脉）及辉绿岩岩脉。据此，罗勇等（2009）认为玉希莫勒盖达坂玄武安山岩-高钾钙碱性玄武安山岩-橄榄粗安岩组合的出现标志着阿吾拉勒东段在晚石炭世进入了造山的最后演化阶段。钙碱性玄武安山岩的形成与板片俯冲作用有关，它是俯冲板片上部被交代的富集地幔楔部分熔融的产物；而高钾钙碱性玄武安山岩和粗安岩的形成则与俯冲板片断裂诱发的软流圈上涌过程有关。高钾钙碱性岩浆及橄榄粗安质岩浆的形成温度要明显高于一般的钙碱性岩浆，因此俯冲板片上部被交代的地幔楔部分熔融很难形成高钾岩浆。当俯冲板片断裂，其下部热的软流圈上涌并与被交代的地幔楔作用，使其不同程度地部分熔融才能形成富钾的高钾钙碱性岩浆及橄榄粗安质岩浆，这时构造体制也相应开始由俯冲挤压转换为伸展，对金属成矿及矿体定位十分有利。玉希莫勒盖达坂大哈拉军山组三类火山熔岩具有相近的 Zr/Nb、Nb/Th、Nb/Y 和 Zr/Y 值，揭示三者都形成于岛弧构造环境，并具有相同的成岩物质来源；相似的稀土元素及微量元素地球化学特征也指示玉希莫勒盖大哈拉军山组三类熔岩具有相似的物质来源。

长期以来，天山造山带的构造演化受到广泛关注。一些研究者认为，在天山北部可能存在“石炭纪北天山洋”、“石炭纪亚洲洋”或“早石炭纪的有限洋盆”（肖序常等，1992；何国琦等，1994）。近期所报道的巴音沟蛇绿岩的年代学资料证实了上述认识。王强等（2006）在北天山地区新发现了石炭纪埃达克岩-高镁安山岩-富 Nb 岛弧玄武质岩组合，特别是阿希地区赞岐岩类的首次发现，暗示天山北部的石炭纪洋可能在早石炭世晚期已经开始闭合。这样，根据天山北部石炭纪埃达克岩-高镁安山岩-富 Nb 岛弧玄武质岩组合的成因，指出在早石炭世晚期，北天山洋的洋壳向南俯冲到伊犁-中天山微板块之下，并形成天山北部的石炭纪岛弧，在俯冲过程中，俯冲的洋壳在浅部释放流体加入到地幔楔中形成含水相。同时俯冲的年轻洋壳很快达到固相线，在榴辉岩相的条件下发生部分熔融形成埃达克质岩浆。埃达克质岩浆以及少量板片流体在上升过程中交代地幔楔橄榄岩或与其发生反应；一方面，触发地幔橄榄岩发生部分熔融形成富 Nb 岛弧玄武质岩；另一方面，地幔组分迅速进入板片熔体中，导致其地幔组分增加，乃至形成高镁安山岩。

一些学者研究认为东天山-北山地区的早二叠世镁铁-超镁铁质侵入岩、基性岩墙群是地幔柱活动的产物（Qin et al.，2011；李文渊等，2012；Liu et al.，2016），并且地幔柱活动可能为同期 A 型花岗岩的形成提供了热源。年代学研究表明中亚造山带 A 型花岗岩的形成时代可能主要集中于 300 ~ 120Ma（洪大卫等，2000；Heinhorst et al.，2000）。中亚造山带的地壳垂向生长可能主要开始于二叠纪。天山北部石炭纪埃达克岩-高镁安山岩-富 Nb 岛弧玄武质岩组合的存在表明，天山地区石炭纪的地壳生长仍旧以侧向增生为主。因此早二叠世以前，中亚造山带的地壳增生方式主要为侧向增生，但此后，可能以垂直增生为主。龙灵利等（2008）认为伊犁板块南北缘石炭纪火山岩类似于俯冲带之上大陆边缘火山岛弧岩特征，可能是大陆边缘环境下的产物。详细的岩石学和地球化学研究表明，越来越多的数据显示该区的火山岩以钙碱性为主，碱性岩很少。另外西天山的中基性熔岩的时代为 354 ~ 313Ma，时限大于 40Ma，该区火山岩具有典型大陆弧岩浆的地球化学特征。唐功建等（2009）研究认为西天山东塔尔别克的安山岩与俯冲带岩浆岩地球化学特征相似，因此趋向于认为西天山北缘在早石炭世为岛弧环境。

三、花岗岩形成环境

（一）花岗岩时空分布规律

花岗岩作为造山带的重要组成部分其记录了造山过程的多种重要信息，对于探讨区域构造岩浆演化具有十分重要的意义。前人已经对新疆北部晚古生代花岗岩类进行了较为详细的野外区域地质调查和高质量的地球化学测试工作，这些资料的积累使我们可以更全面地对区内花岗质岩浆的形成与演化过程，及其所反映的大陆动力学机制做出较为准确的探讨。

花岗岩类在阿尔泰造山带、天山造山带内广泛发育。前人研究表明阿尔泰地区花岗岩的形成时代主要集中在奥陶纪—侏罗纪（Yuan et al.，2007；Wang T et al.，2009；王涛等，2010；童英等，2010）。大量测年结果统计显示，阿尔泰造山带的古生代花岗岩集中形成在四个阶段：①中晚奥陶世（470 ~ 440Ma）花岗岩；②晚志留世—泥盆纪（425 ~ 360Ma）花岗岩；③早石炭世（355 ~ 318Ma）花岗岩；④早二叠世（290 ~ 270Ma）侵入岩（王涛等，2010）。王涛等（2010）对阿尔泰造山带内仅在中国境内花岗岩的高精度锆石 U-Pb 同位素测年结果进行了梳理，阿尔泰地区出露的花岗岩主要形成于早-中古生代，并在 400Ma 左右出现一个明显的峰值；另外，在 270 ~ 290Ma 期间也形成一个明显的峰值，但岩体都很小，规模有限（童英等，2007）。晚志留世—泥盆纪花岗岩在阿尔泰造山带分布较为广泛，主要由黑云母花岗闪长岩、二长花岗岩组成；在阿尔泰地区广泛分布的早石炭世花岗岩则主要出露于阿尔泰东南部，整体上由黑云母花岗岩和碱性花岗岩构成；早二叠世花岗岩则主要分布于阿尔泰造山带的南缘及额尔齐斯断裂地区。位于谢米斯台山及其北侧的花岗岩集中形成于三个阶段（韩宝福等，2006；Zhou et al.，2008；Chen M M et al.，

2010)，分别为晚志留世—早泥盆世（422～405Ma）、早石炭世（346～321Ma）、晚石炭世—二叠纪（304～263Ma）（Chen M M et al.，2010）。西准噶尔南部地区的花岗岩（韩宝福等，2006；苏玉平等，2006；Geng et al.，2009）形成时代相对较为集中，主要形成于晚石炭世—早二叠世（287～315Ma）。西准噶尔北部地区晚志留世—早泥盆世花岗岩绝大多数出露于谢米斯台山和塞尔山，且多为碱长花岗岩；早石炭世花岗岩岩石组合为闪长岩-花岗闪长岩-二长花岗岩，在塔尔巴哈台和萨吾尔山均有出露；晚石炭世—早二叠世花岗岩主要在岩吾尔喀什山和萨吾尔山分布，岩石类型主体为碱长花岗岩。西准噶尔南部地区花岗岩（320～280Ma）的岩石类型和西准噶尔北部地区晚石炭世—早二叠世花岗岩较为相似，整体均以碱性花岗岩居多；但西准噶尔南部有一定数量的与成矿作用相关的花岗斑岩、石英斑岩体（岩株）出露（唐功建等，2009）。

通过系统总结天山西段中酸性侵入岩形成时代，花岗岩主要形成于以下四个阶段：第一阶段的花岗岩形成时代介于495～460Ma，主体分布在木扎尔特-那拉提复合岩浆带西段。此阶段形成的花岗岩从外部特征看有较强的变形，以森木塔斯黑云母花岗闪长岩为例，其暗色矿物显示出明显的定向性。岩石组合主要为闪长岩-花岗闪长岩-花岗岩系列。第二阶段的花岗岩形成时代介于440～390Ma，主要分布在巴伦台地区且在那拉提西段有零星出露，变形程度不一。形成于此阶段的中酸性侵入岩，以花岗岩分布数量相对较多，伴有少量花岗闪长岩和闪长岩。第三阶段的花岗岩形成时代介于370～310Ma，此阶段形成的花岗岩主要分布在木扎尔特-那拉提复合岩浆带的中东段。除受后期强构造变形带影响的花岗岩外，区域上的花岗岩变形程度明显较弱，多数岩体并未观察到明显的变形特征。该阶段形成的花岗岩岩石类型组合为花岗闪长岩-二长花岗岩-碱长花岗岩系列，含有少量的闪长岩。第四阶段的花岗岩形成于300～260Ma，主要为碱性花岗岩。周涛发等（2010）对东天山地区花岗岩时代进行了详细的研究，认为东天山觉罗塔格构造岩浆带内花岗岩类的形成年龄主要分布在386～230Ma，岩浆活动可分为晚泥盆世（386.5～369.5Ma）、早石炭世（349～330Ma）、晚石炭世—早二叠世（320～252Ma）、早中三叠世（246～230Ma）4个阶段。花岗岩类岩浆活动在时空分布上表现为，自哈尔里克-大南湖岛弧带→阿齐山-雅满苏岛弧带→康古儿-黄山韧性剪切带，岩体侵位由早到晚。

（二）花岗岩岩石成因

新疆北部晚古生代花岗岩由南向北，由西向东均有大面积分布，花岗岩的成因类型也不尽相同。阿尔泰造山带中晚古生代岩体主要有喀纳斯岩体、琼库尔岩体、布尔根碱性花岗岩、玛因鄂博岩体、喇嘛昭岩体等。其中喀纳斯岩体和琼库尔岩体的形成时代分别为398±5Ma和399±4Ma，为早泥盆世花岗岩。两个岩体具有高硅（SiO_2=71.77%～77.43%）、富钾（K_2O=3.88%～4.42%）的地球化学特征，为钙碱性-高钾钙碱性的岩石系列；铝饱和指数ACNK均大于1，CIPW标准矿物出现刚玉，为过铝质岩石（童英等，2007）。两个岩体的球粒陨石标准化图解均显示出轻稀土富集、重稀土亏损，具有明显Eu负异常（δEu=0.27～0.56）的微量元素地球化学特征；在原始地幔标准化图解中整体富集大离子亲石元素（Rb、Ba、K），亏损高场强元素（Nb、Ti），显示出典型弧花岗岩的地球化学特征。这些花岗岩均具有负的ε_{Nd}值（-1.5～-0.1），反映了喀纳斯岩体和琼库尔岩体为陆壳部分熔融成因。布尔根碱性花岗岩由两个小岩体组成，岩体呈不规则圆形、未变形，主要岩石类型为钠铁闪石碱性花岗岩。SHRIMP 和 LA-ICP-MS 锆石测年结果分别为 358±4Ma 和 353±3Ma（童英等，2006）。布尔根碱性花岗岩均显示有高钾钙碱性的特点，ACNK 值均小于 1.1，在 SiO_2-A. R. 图解中位于碱性–过碱性岩区；贫铁、镁，具有较高的铁镁比值及略高的 Al_2O_3 含量。此岩体的稀土元素总量均较高，轻稀土相对富集、重稀土相对亏损，具有很明显的 Eu 负异常（δEu 主要集中在 0.05～0.10），显示出强烈的结晶分离作用。玛因鄂博岩体由片麻状英云闪长岩、黑云母花岗闪长岩和二长花岗岩构成，锆石 SHRIMP U-Pb 同位素测年结果显示其形成时代为 283Ma，为二叠纪花岗质岩浆侵位的产物（周刚，2007）。所有样品均为钙碱性系列的过铝质花岗岩，且绝大多数花岗岩样品的 ACNK 大于 1.1，为强过铝质系列（周刚，2007）。从该岩体的矿物学特征和主量元素地球化学特征可以看出，玛因鄂博岩体为一典型的 S 型花岗岩。喇嘛昭岩体由黑云母二长花岗岩和二云母二长花岗岩构成，锆石测年结果显示其形成时代为 276±9Ma（王涛等，2005）；该岩体为高硅、富碱的钾质花岗岩，其 ACNK 为 1.03～1.05，ANK 为 1.13～1.29。喇嘛昭岩体属于钙碱性 I 型花岗岩和 A 型花岗岩的过渡类型。

中天山西段形成于 370～310Ma 的花岗岩发育广泛，多为中钾–高钾钙碱性系列的准铝或弱过铝质岩石，多显示 Eu 的微弱异常，表明其可能经历过轻微的斜长石结晶分异作用或岩浆部分熔融过程中存在少量的斜长石作为稳定残留相。此外，比开河花岗岩具有较为显著的 Sr、Eu、Nb 和 Ti 的亏损，暗示其物质源区中不会存在石榴子石作为残余相。形成于 300～260Ma 的花岗岩多为碱长花岗岩，属准铝质–弱过铝质系列。其多显示出富碱、强烈 Eu 负异常的岩石地球化学特征，但如前所述，其并非典型的 A 型花岗岩，而可能为一类高分异类型的花岗岩。综上所述，除少数高分异型花岗岩外，中天山中西段形成于不同阶段的花岗岩基本属于 I 型花岗岩。研究表明 I 型花岗岩往往含有大量的幔源信息，从整个演化过程来看多属于壳源–幔源物质相互作用的产物（Kemp et al.，2007），可能代表了多种源区物质充分均一化的产物。而且研究区内不同时间段内形成的花岗岩在岩石类型和地球化学特征上均反映出其物质源区的差异性。锆石 Hf 同位素分析表明形成于晚泥盆世的那拉提塔勒木吉尔尕郎河花岗闪长岩（锆石 U-Pb 年龄为 371.8Ma）的主要物质源区由元古宙的古老地壳组成，但仍有幔源物质的少量加入。提塔勒木吉尔尕郎河北石英闪长岩（锆石 U-Pb 年龄为 344.6Ma）锆石 Hf 同位素研究表明，该石英闪长岩由亏损地幔分异出的新生地壳部分熔融而成，并可能有中元古代古老的地壳物质混入。提恰布河岩石英闪长岩的 Hf 同位素分析结果表明该岩体的岩浆源区为早泥盆世新生地壳和新元古代地壳，且前寒武纪新生地壳物质的部分熔融在花岗岩形成过程中起了主导作用。由此可见，中天山花岗岩类的物质组成主要为中–新元古代的古老地壳和志留纪有亏损地幔形成的新生地壳或壳幔混合源。那拉提地区花岗岩在早石炭世存在一期明显的地幔物质的加入事件，形成了代表新生地壳熔融产物的具有正 $\varepsilon_{Nd}(t)$ 值的岩体（徐学义等，2005）。

（三）花岗岩形成环境

花岗岩的岩石组合及岩石地球化学特征对指示区域构造演化具有重要的作用。综合花岗岩及区域地层、构造等方面的资料表明阿尔泰地区在晚志留世—泥盆纪岩体中出现大量二长花岗岩和花岗闪长岩，并有少量碱性花岗岩。晚志留世—泥盆纪同中奥陶世花岗岩在矿物组成上的主要差别体现在，不同程度的夕线石、堇青石和石榴子石等典型S型花岗岩特征矿物的出现（韩宝福，2008；王涛等，2010；董连慧等，2012），此可能与晚志留世—泥盆纪末期碰撞造山作用引发地壳泥、砂质沉积物的部分熔融作用有关。至早石炭世(355～318Ma)，碰撞拼合已接近尾声，主造山期已经结束。布尔根碱性花岗岩侵入已褶皱的泥盆纪—早石炭世地层，标志着古生代主期造山作用基本结束（童英等，2006）。区域转入拉张背景，进入晚或后造山阶段。此时，额尔齐斯洋可能已经闭合，在东部（蒙古国）可能存在残留陆缘环境。早二叠世（290～270Ma），二叠纪岩体群总体不变形的特征表明，该时期没有发生强烈的区域性韧性变形。研究区内大洋均已消失，在阿尔泰南缘及额尔齐斯带发生强烈的底侵作用，导致酸性、基性岩浆活动和高温低压麻粒岩变质作用(Wang T et al.，2009)。早石炭世—早二叠世阿尔泰地区花岗岩大多数具有较高的$\varepsilon_{\mathrm{Nd}}(t)$值（童英等，2010），如布尔根岩体、玛因鄂博岩体和喇嘛昭岩体（王涛等，2005；周刚，2007）的地球化学和同位素特征均显示了强烈伸展机制下幔源岩浆的加入，构成二叠纪阿尔泰侵入岩的物质源区。

中天山地区390～360Ma为一个相对宁静的花岗质岩浆活动期，可能代表了天山造山带的大洋岩石圈板片俯冲阶段末期至主碰撞期。因为大洋岩石圈板块俯冲消减末期至主碰撞期造山阶段地壳会发生强烈的挤压缩短，在一定程度上会限制花岗质岩浆的上升，不利于岩浆的最终侵位。且研究表明大陆地壳的构造加厚并不是造山带大规模地壳熔融的主要机制。在360～310Ma，研究区内花岗岩的形成时代显示有一峰值，暗示区内存在早石炭世大规模花岗质岩浆的活动，Hf同位素研究也反映有幔源物质的加入，形成于该阶段的花岗质岩石的锆石$\varepsilon_{\mathrm{Hf}}(t)$值多为正值，反映了石炭纪天山地区有明显幔源物质的加入促使地壳发生垂向增生，结合中天山东段的研究认为中天山全区极有可能在360Ma左右进入主碰撞之后的后造山阶段，随后进入碰撞后伸展阶段。二叠纪之后花岗质岩浆活动在南天山地区表现较为强烈，尤其是早二叠世（300～270Ma）花岗岩最为发育。中天山南北缘断裂所显示的二叠纪右旋走滑的构造特征说明西天山地区自二叠纪已经由碰撞造山阶段转化为陆内走滑的演化阶段（Wang et al.，2010）。

东天山地区也发育有大量的花岗岩类，在东天山觉罗塔格，晚古生代中酸性岩浆活动剧烈，岩浆活动与构造演化的耦合关系对区域构造背景及其演化具有重要的指示意义。基于前人的研究成果，周涛发等（2010）认为在该区域中酸性岩浆活动的第一阶段为(386.5～369.5Ma）所形成的花岗质岩体，对应于区域构造演化中的板块碰撞前的岛弧阶段。第二阶段（349～330Ma）所形成的花岗质岩体（西风山、石英滩、红云滩等）对应于区域构造演化中的主碰撞构造演化阶段；第三阶段所形成的花岗质岩体（赤湖、天目、白灵山等），分布最为广泛，对应于区域构造演化中的后碰撞构造演化阶段，从岩石类型上看也与后碰撞演化阶段普遍具有强烈高钾钙–碱性系列岩浆活动的认识是一致的。随着时间的变新，该区岩浆活动的持续时间、岩浆活动强度也都逐渐加剧，在第三阶段达到顶峰，随后逐渐变弱。

第二节　新疆北部石炭纪大陆裂谷/碰撞后伸张环境岩浆作用认识

一、石炭系与泥盆系不整合接触

天山及邻区早石炭世火山岩系与下伏地层（包括前寒武纪结晶基底和前石炭纪褶皱基底）之间呈广泛的区域性不整合接触，该区域性不整合界面的存在对于我们重塑该地区的地质演化历史具有重要意义。无论是准噶尔地区，还是天山地区，直至塔里木盆地北缘，下石炭统与下伏地层之间普遍呈角度不整合接触。仅在准噶尔的西北端白杨河一处，下石炭统和布克河组与下伏上泥盆统塔尔巴哈台组间呈整合过渡。这一规模巨大的区域性角度不整合面上、下的地层，在岩相古地理、变质程度和变质样式上均迥然有别。其上，石炭纪火山岩系地层变质轻微或未变质，变形不强呈舒缓褶皱；其下地层变质程度深，具强烈褶皱变形。这些暗示着下石炭统之下的不整合界面应当是代表着一个重大的地质事件，即在古生代洋盆（古亚洲洋）闭合后又发生了广泛的裂谷伸展。

夏林圻等（2002a，2002b）在天山中段东部托克逊县南马鞍桥地区，下石炭统马鞍桥组与下伏下-中奥陶统可可乃克群之间产出有厚约43.4m的砾岩层，该砾岩层（砾石为下伏基底岩石）与下伏可可乃克群变凝灰质砂岩、变凝灰岩和变基性熔岩呈角度不整合接触，下石炭统马鞍桥组又以角度不整合覆盖在这套砾岩层之上。该套砾岩层应当就是古生代洋盆闭合后造山作用的产物，其与下伏下-中奥陶统之间的不整合可称作造山不整合。此种粗碎屑造山作用堆积物在天山中段西部的巴仑台北至骆驼沟道班一带也可以见到，它表现为厚度大于300m的巨砾岩和砾岩层（砾石为下伏基底花岗片麻岩）呈角度不整合覆盖于元古宇巴仑台群的花岗片麻岩之上（夏林圻等，2002a），再向上亦不整合覆盖有下石炭统马鞍桥组。同样，在天山西段特克斯县城南，也可以见到厚80～100m由砾岩、砂砾岩和砂岩构成的粗碎屑岩层与新元古界青白口系的灰岩-大理岩-白云岩层呈角度不整合接触，下石炭统大哈拉军山组火山岩系又呈角度不整合覆盖于这套粗碎屑岩层之上。尤其引人注目的是，在前述第一个不整合面之上的粗碎屑岩层中，可以见到十分醒目的韵律构造，每一个韵律层内，粒度下细上粗，具有磨拉石建造所特有的退积序列特征，它们显然是碰撞造山作用的产物。

无论是马鞍桥地区或是巴仑台以北或是特克斯地区，下石炭统马鞍桥组或下石炭统大哈拉军山组，都是以由陆相转化为海相的进积序列为特征。例如，马鞍桥地区：自前述砾岩层（磨拉石建造）顶部的不整合界面（该第二个不整合可称作伸展不整合）向上，依次为风化壳、砂砾岩、含砾砂岩、粗砂岩、钙质砂岩、砂质页岩、生物碎屑灰岩、生物灰岩，更向上发育有裂谷火山岩系（车自成等，1996）。巴仑台北：自厚层巨砾岩-砾岩层向上，依次为砂砾岩、砂岩、砂岩-粉砂岩和页岩互层夹灰岩（灰岩中含早石炭世化石）、由基性熔岩和少量流纹岩构成的裂谷双峰式火山岩系。特克斯地区：自前述具磨拉石建造特点的粗碎屑岩顶部的不整合界面向上，依次为砾岩、砂砾岩、砂岩、玄武岩和杏仁状玄武岩夹角砾熔岩和凝灰岩。此外，在库米什以南的南天山甘草湖地区，同样也见到下石炭统甘草湖组呈高角度不整合覆盖于上泥盆统破城子组复理石建造（由变质砂岩和千枚岩组成）之上，自不整合面向上依次为风化壳、钙质含砾砂岩、粒屑灰岩、钙质砂岩、灰岩。它们都反映了一种递进的裂谷拉伸作用。

上述下石炭统底部不整合面之下磨拉石建造的发现表明，在早石炭世时天山古生代洋盆已经闭合，前述磨拉石建造就是随着洋盆闭合而接踵发生的板块间碰撞挤压造山作用的地质记录。所以，早石炭世应当是天山古生代洋盆闭合时限的上限（夏林圻等，2002a，2002b）。至于下石炭统底部自下向上所观察到的由粗变细的递进裂谷拉伸序列也并不只是局限于前述几个地段，它们与下石炭统底部的角度不整合界面一样，普遍发育于南自塔里木北缘，向北经天山直至准噶尔北部的广大地域内。它标志着自早石炭世开始，整个天山造山带及其相邻地区这一广袤的地域内，又进入了一个新的地质历史演化阶段，即“造山后陆内裂谷拉伸阶段”。

二、混染玄武岩解释

（一）高 Ti 低 Ti 玄武岩

根据 Ti/Y 值，天山玄武岩可以划分为两个岩浆类型，即高-Ti/Y（HT，Ti/Y>500，分布于天山西段）和低-Ti/Y（LT，Ti/Y<500）玄武岩（夏林圻等，2002a，2004）。采用 Ti/Y 值，而不采用 TiO_2 含量来判别岩浆类型，是由于在分离结晶过程中，TiO_2 含量会总体升高，但 Ti/Y 值却不会受到什么影响而发生明显变化（Peate et al.，1992）。天山玄武岩中，Ti/Y 值与 Ce/Y 值（指示岩浆产生的深度）、Nb/Zr 值（指示源区部分熔融程度）和 $\varepsilon_{Nd}(t)$ 值（指示源区的性质或受到岩石圈同化混染的程度）间存在某种相关性。总体上，与大多数 LT 熔岩相比，HT 熔岩具有较高的 Ce/Y 值，较低的 Nb/Zr 值（<0.11）和较低的 $\varepsilon_{Nd}(t)$ 值（-1.15）。而 LT 熔岩又可进一步划分为 LT1 和 LT2 两个亚类。LT1 熔岩分布于天山中段和东段及准噶尔地区，以具有较低的 Nb/Zr 值（<0.15）和较高的 $\varepsilon_{Nd}(t)$ 值（+3.1 ~ +9.7）为特征；LT2 熔岩分布于塔里木北缘，具有较高的 Nb/Zr 值（>0.16）和较低的 $\varepsilon_{Nd}(t)$ 值（-0.98 ~ -2.91）。大多数 HT 熔岩属于碱性系列，LT2 熔岩也属于碱性系列，而绝大多数 LT1 熔岩则属于拉斑系列（夏林圻等，2002a，2004）。

（二）玄武岩地球化学特征及解释

国际岩石学界根据多年对大火成岩省岩石成因的研究，发现未受到混染的由地幔柱产生的玄武质岩石，通常具有平坦的稀土元素配分模式或 LREE 富集的配分模式，并以缺乏 Nb、Ta 和 Ti 的负异常为特征（Condie，2001；Ernst and Buchan，2003）。夏林圻等（2012）将天山石炭纪玄武岩与主要大火成岩省玄武岩进行了对比，发现大多数早石炭世玄武岩显示了非常醒目的“隆起”状微量元素原始地幔标准化配分模式。这些玄武岩在微量元素配分模式和微量元素的浓度上与 OIB 非常接近。在 OIB 中观察到的这种舒缓、平滑的微量元素原始地幔标准化配分模式，一般被当作板内环境下由软流圈地幔产生的熔体的典型特征。

也有相当多的天山玄武质熔岩的微量元素原始地幔标准化配分模式显示有负的 Nb、Ta 异常，这表明天山（中亚）大火成岩省玄武岩的生成和演化过程中，除了地幔柱组分之外，还应当有其他的组分卷入。这些地幔柱组分之外的其他组分最有可能是来自于岩石圈。目前，有关岩石圈是以何种方式对于大火成岩省岩浆形成做出贡献的问题，仍然存在着十分激烈的争论。迄今为止，国际地学界对此已经提出了多种假设：部分学者（Arndt et al.，1993）认为，岩石圈源熔体对地幔柱岩浆发生混染，是岩石圈组分卷入大火成岩省岩石成因的主要方式；另有一些学者（Gallagher and Hawkesworth，1992；Hooper and Hawkesworth，1993；Hawkesworth et al.，1995；Hooper et al.，1995）则认为大陆岩石圈地幔可以发生全部熔融，由岩石圈地幔部分熔融所产生的熔体在大火成岩省岩浆中占优势比例，而地幔柱源熔体数量很少，地幔柱在很大程度上是起着使得岩石圈软化进而发生部分熔融的热源的作用；还有学者（Macdonald et al.，2001）提出用岩石圈地幔的热机械侵蚀模式来描述大火成岩省形成过程中岩石圈组分做出贡献的机制，即岩石圈组分的卷入是由于地幔柱源岩浆渗透进入岩石圈，从而导致地幔柱源岩浆熔体与岩石圈围岩发生相互反应。

就天山而言，前已述及，天山（中亚）大火成岩省的初始岩浆体积应当远远大于 $0.7\times10^6 km^3$。很难想象，如此巨大体积的岩浆会是单独由长期稳定地处于非对流状态的岩石圈地幔的部分熔融所产生。热机械模式表明，从地幔柱传导的热只能使岩石圈地幔产生少量的熔体（McKenzie and Bickle，1988；Arndt and Christensen，1992）。因此，巨量的天山（中亚）大火成岩省岩浆的产生很可能仅限于对流的软流圈或地幔柱。此外，我们在一些玄武质熔岩中所观测到的似 OIB 或似地幔柱信号，也表明天山（中亚）大火成岩省熔岩的母岩浆应当是源于软流圈地幔或地幔柱（夏林圻等，2004，2012）。

三、安山岩成因认识

（一）安山岩产出特点与地质分布

新疆北部安山岩主要分布在东准噶尔盆地东部及东北部、东天山部分地区及西天山阿吾拉勒地区。

1. 东准噶尔盆地东部及东北部

准噶尔盆地安山岩在东准噶尔盆地东部巴里坤县塔克札勒山南麓有出露，为杏仁珍珠状玄武安山岩和杏仁珍珠状安山岩，有的枕状体中含杏仁构造（Wang et al.，2003；吴国干等，2005；Shen et al.，2012）。枕状岩体表面具深灰色、灰褐色玻璃质氧化壳；内部为灰绿色、暗灰绿色细晶质、显晶质枕状体（吴国干等，2005；Xiao Y et al.，2011）。样品 Na_2O 平均为 3.25%，而 K_2O 平均为 4.18%，随着 K_2O 的增高 Na_2O 降低（Wang et al.，2003；吴国干等，2005）。样品的稀土元素含量总量高，基本上具有完全一致右倾斜的稀土元素配分模式，LREE 富集，且具轻微 Eu 负异常。吴国干等（2005）对该区安山岩与蛇绿岩成因玄武岩进行了对比研究，在 K-Rb、Zr-Nb、Zr-Y、La-Sm 几个二元图中发现，玄武岩类的各成员彼此有很好的线性关系，玄武安山岩类的各成员彼此也有很好的线性关系，尤其是这两类岩石也同在一直线上，并各在一端，呈高一级的二端元线性关系。这些暗示它们有成因关系，即表明安山岩类与蛇绿岩的形成有关，该安山岩可能是蛇绿岩成员，它及玄武岩所代表的蛇绿岩可能形成于俯冲带之上（SSZ）的岛弧环境，属于某种弧间构造背景的蛇绿岩。

安山岩在准噶尔盆地东部的三塘湖盆地的卡拉及其邻近地区也有分布，时代属中二叠世（汪双双，2013）。SiO_2 为 47.91%～63.63%，Al_2O_3 为 14.40%～19.19%，K_2O 为 0.61%～3.08%，Na_2O 为 2.28%～7.40%，MgO 为 1.70%～7.17%，属于低镁火山岩（Long et al.，2008；Mao K et al.，2012；Yang et al.，2013）。卡拉岗组以钙碱性火山岩为主，里特曼指数（σ）在 0.06～5.84，反映该区火山岩为火山岛弧-陆缘的环境建造（Zhang Z C et al.，2009b；Chen et al.，2011；Xiao Y et al.，2011）。样品稀土元素在球粒陨石标准化图解上表现出一致的 LREE 右倾的富集型配分模式，具弱 Eu 负异常。在原始地幔标准化图解中，样品富集大离子亲石元素，亏损高场强元素，Ba、Nb、Ta 和 Ti 显示明显的负异常，但 Sr 负异常不明显的配分模式与岛弧火山岩相似（Long et al.，2008；Mao Q et al.，2012；Yang et al.，2013）。邢秀娟（2004）通过对三塘湖盆地二叠纪火山岩岩石学、岩石地球化学的研究，认为该套包括安山岩的火山岩套强烈亏损，具有 TNT 负异常，火山岩源区与“滞后型弧火山岩”特征类似，既显示碰撞后的陆内环境，又携带俯冲带地球化学信息，认为二叠纪火山岩形成于造山期后的伸展裂陷环境，三塘湖盆地是在前二叠纪造山带之上的伸展、裂陷型盆地（邢秀娟，2004）。

2. 东天山地区

典型的安山岩主要在南湖乡南企鹅山组出现，且占主导地位。全区安山岩的 $Mg^{\#}$ 较低，为 0.34～0.36，表明安山质岩浆经历过较高程度的岩浆演化过程。同时安山岩 MgO 含量为 1.70%～1.78%（均小于 8%），且具有低的 Sr/Y 值（10.33～16.50）和高 Y 含量（15.6×10^{-6}～33.5×10^{-6}），表明研究区安山岩与高镁安山岩或俯冲洋壳部分熔融形成的埃达克岩的地球化学特征有所不同。由于 K、Rb、Cs、Ba、La、U、Th 等元素极易受俯冲沉积物的影响，因而可以很大程度上反映俯冲沉积物的地球化学特征（Plank and Langmuir，1998）。全区安山岩的 Cs 为 0.84×10^{-6}～3.39×10^{-6}，Rb 为 1.75×10^{-6}～57.2×10^{-6}，U 为 0.80×10^{-6}～1.05×10^{-6}，与全球大洋俯冲沉积物 GLOSS 的相应平均组分（3.48×10^{-6}、57.2×10^{-6}、1.68×10^{-6}）（Plank and Langmuir，1998）并不相符，表明岩石在成因上与俯冲沉积物关系不大。稀土元素球粒陨石标准化配分模式中安山岩中存在的 Eu 负异常和微量元素球粒陨石标准化配分模式中，有明显的 Sr、Ti 负异常，表明分离结晶矿物有斜长石和铁钛氧化物。因此，安山岩最有可能的成因是同源玄武质岩浆演化的产物，而该区的玄武岩是原始石榴子石二辉橄榄岩源区经过 10% 部分熔融的产物（张涛，2014）。

此外，东天山地区也有高镁安山岩，主要分布在土屋-延东、企鹅山、国道东以及尾亚北等地，与铜金矿化关系密切（王强等，2006）。岩石普遍具有高的 MgO 或 $Mg^{\#}$ 和 Cr、Ni 含量，类似高镁安山岩。在天山北部地区，石炭纪的高镁安山岩大多与埃达克岩或富 Nb 玄武质岩共生。因此，这些高镁安山岩很可能与板片熔体和地幔楔橄榄岩之间强烈的相互作用有关（Defant and Kepezhinskas，2001）。同埃达克岩相比，高镁安山岩总体显示了略微偏高的 Y 和重稀土元素含量，且部分样品具有 Sr 负异常，这可能与熔体–地幔橄榄岩的作用发生在较浅处（即板片熔融区之上）且熔体中包含比埃达克岩更多的地幔组分有关。这里必须强调的是：此次研究中在阿希金矿区发现有类似于日本西南 Setouchi 新生代岛弧火山岩带中的赞岐岩类的高镁安山岩。这些高硅的安山岩异常高的 MgO 以及 Cr、Ni 含量，暗示其成因与地幔熔融或含有相当多的地幔组分有关。实验岩石学的资料（Tatsumi，1981）显示，这些异常高镁的安山岩不可能来自干的地幔橄榄岩的熔融，而只可能来自橄榄岩-H_2O 体系的熔融或与其相关的过程。这表明这些岩石很难来自板内的伸展或裂谷环境，而最可能来自与俯冲共生的岛弧环境（王强等，2006）。

早石炭世晚期，北天山的年轻洋壳向南俯冲，板片发生熔融，同时少量流体释放出来。板片熔体以及少量流体上升交代地幔楔橄榄岩或与其发生反应，这也触发了地幔楔橄榄岩的熔融以及地幔中金属硫化物被氧化，地幔熔融形成玄武质岩浆，同时包括铜（金）等成矿物质在内的地幔物质进入板片熔体中，最终导致埃达克岩–高镁安山岩–富 Nb 玄武质岩以及相关的铜（金）矿床的形成（王强等，2006）。

3. 西天山地区

西天山安山岩主要分布在石炭纪大哈拉军山组以及早二叠世乌郎组时期。

大哈拉军山组火山岩的主要岩石类型，全区均有分布。在伊犁地块中部的阿吾拉勒和南部的乌孙山–塔斯巴山、哈拉军山地区出露比较广泛，厚度占 45% 左右。在伊犁地块北部的婆罗科努地区出露相对少，仅在西段的琼阿希一带有所出露，厚度占 38%；向东的胡吉尔台一带安山岩更少，为粗面质；再向东尼勒克水泥厂一带缺失安山岩（茹艳娇等，2012）。

前人对大哈拉军山组火山岩年代学进行了 K-Ar、$^{40}Ar/^{39}Ar$、Rb-Sr 以及锆石 SHRIMP 年代学研究，主要的年龄结果如下：特克斯林场大哈拉军山组辉长斑岩中辉石单矿物 $^{40}Ar/^{39}Ar$ 坪年龄为326Ma（刘友梅等，1994），阿吾拉勒大哈拉军山组火山岩全岩 Rb-Sr 等时线年龄为 337Ma（李注苍等，2006），而最近得到的拉尔敦达坂安山岩锆石 SHRIMP U-Pb 年龄为 312Ma（朱永峰等，2005），而新源县南玄武岩锆石 SHRIMP U-Pb 年龄为 354Ma（朱永峰等，2005），对应于早石炭世–晚石炭世。

大哈拉军山组玄武安山岩全区安山岩样品的 LOI 为 2.05%~8.20%。SiO_2 含量为 54.18%~63.63%，TiO_2 含量为 0.57%~1.36%，Al_2O_3 含量变化较大，为 13.45%~18.3%，平均为 16.31%，MgO 含量变化较大，为 1.43%~7.14%，$Mg^{\#}$ 为 0.38~0.61，Na_2O 含量为 2.21%~5.28%，K_2O 含量为 0.89%~3.99%，Na_2O+K_2O 含量为 3.75%~9.27%（茹艳娇等，2012）。

安山岩分布广泛而玄武岩仅有少量分布。因此，大规模分布的安山质岩浆不可能由玄武质岩浆结晶分异形成。另外，熔浆–矿物平衡热力学研究指出，SiO_2 含量为 55%~60% 的安山质岩浆不可能与上地幔橄榄岩相平衡。并且，全区安山岩的 $Mg^{\#}$ 较低，为 0.38~0.61，表明安山质岩浆不是地幔橄榄岩部分熔融的产物。同时安山岩 MgO 含量为 1.43%~7.14%（均小于 8%），且具有低 Sr/Y 值（7.46~45.13）和高 Y 含量（15.2×10^{-6}~33.4×10^{-6}），表明其与高镁安山岩或俯冲洋壳部分熔融形成的埃达克岩的地球化学特征有所不同（茹艳娇等，2012）。

全区安山岩的$\varepsilon_{Nd}(t)$值比较小且变化范围也小，为-0.22、0.87、0.89，初始$^{87}Sr/^{86}Sr$值为0.704972～0.706766，在$\varepsilon_{Nd}(t)$-（$^{87}Sr/^{86}Sr$）$_i$相关图解中，3个安山岩样品投在第一象限内，表明Nd同位素组成为亏损型，岩浆形成过程中具有亏损地幔部分熔融的特征。Sr同位素组成为富集型，除了受俯冲流体交代影响外，地壳组分的大量加入应该是造成安山岩源区为富集型的主要因素。结合全区安山岩的岩石学、地球化学特征，认为安山岩的岩浆源区应该是受到地幔楔影响的岛弧地壳根部。消减板片脱水使得楔形地幔部分熔融，这些幔源岩浆和地壳根部物质熔融后相互混合，形成了安山质岩浆（茹艳娇等，2012）。

在Zr/Y-Nb/Y图解上，样品落入了N-MORB亏损地幔与平均大陆地壳的混合线上，向着平均大陆地壳演化。全区安山岩的La/Yb值为7.32～20.0，在Sc/Ni-La/Yb图解中，主要落入了安第斯型陆缘弧和大陆岛弧型的范围内，说明地壳组分对岩浆生成的贡献比较大，但参与程度略小于安第斯型，可能与区域地壳厚度有关。由于K、Rb、Cs、Ba、La、U、Th等元素极易受俯冲沉积物的影响，因而可以很大程度上反映俯冲沉积物的地球化学特征。全区安山岩的Cs为$2.89\times10^{-6}\sim9.72\times10^{-6}$，Rb为$37.8\times10^{-6}\sim115\times10^{-6}$，U为$0.65\times10^{-6}\sim3.92\times10^{-6}$，与全球大洋俯冲沉积物GLOSS的相应平均组分（$3.48\times10^{-6}$、$57.2\times10^{-6}$、$1.68\times10^{-6}$）接近，表明俯冲沉积物对源区组分的贡献比较明显（茹艳娇等，2012）。

吐拉苏火山盆地之中的下石炭统大哈拉军山组火山岩与金矿成矿密切相关，自下而上可划分为5个岩性段，分别为石英霏细斑岩段（C_1d^1）、酸性凝灰岩段（C_1d^2）、下安山岩段（C_1d^3）、火山碎屑岩段（C_1d^4）、上安山岩段（C_1d^5）。除了底部的第一岩性段以正常沉积的陆源碎屑岩为主，其余4个岩性段主要由火山岩组成，局部夹很少量正常沉积岩（王晓地，2001）。

区内金矿潜在资源十分丰富，已发现大型金矿1处（阿希金矿），中小型金矿4处，金矿化点多处，它们属于浅成低温热液型金矿。大哈拉军山组酸性凝灰岩段是吐拉苏地区不同类型金矿成矿的主要矿源层（王晓地，2001），安山岩不是金矿的矿源层（王晓地，2001），大哈拉军山组是铁矿的赋矿层位，是查岗诺尔等铁矿矿区最重要的地层。

大哈拉军山组的沉积构造环境仍有几种不同的观点：①大陆裂谷环境（车自成等，1996）；②与地幔柱有关的大火成岩省（夏林圻等，2004；Xia et al.，2004a）；③岛弧环境（姜常义等，1995；Zhu et al.，2005，2009；钱青等，2006；朱永峰等，2006；龙灵利等，2008；李永军等，2009；李继磊等，2010；夏换等，2011）。该组地层在阿希金矿区所处的吐拉苏盆地是陆相喷发的产物（杨金中，2003；翟伟等，2006），而在西天山特克斯、那拉提、阿吾拉勒、博罗霍洛等地区则有可能产于海相环境。查岗诺尔矿区的火山岩属于钙碱性-高钾碱性-碱玄岩系列，其形成环境可能为岛弧环境或大陆边缘弧环境（蒋宗胜等，2012）。

安山岩在新疆西天山阿吾拉勒西段群吉萨依地区也有分布，产于下二叠统乌郎组火山岩，该岩组火山岩是铜铁矿床的重要赋矿围岩。安山岩稀土元素配分模式图中出现轻稀土富集，重稀土亏损并且重稀土（Ho、Yb）轻微亏损的现象。群吉萨依粗面安山岩富集大量子亲石元素（如U、Th、K）、轻稀土元素和Pb，明显亏损高场强元素（如

Nb、Ta、Sr、P和Ti)，相对于Rb和Th亏损Ba，都说明安山岩经历了一定程度的分离结晶作用，富Ti的矿物相（如钛铁矿和金红石）的分离，使得岩浆亏损Nb、Ta和Ti，而P的强烈亏损指示了母岩浆发生了磷灰石的分离结晶，Eu的亏损表明岩浆经历了斜长石和钾长石的分离结晶作用（朱弟成等，2009），这与镜下看到大量的斜长石晶体也是一致的。安山岩样品的$\varepsilon_{Nd}(t)$为+4.53～+4.90，$(^{87}Sr/^{86}Sr)_i$值为0.7052～0.7059，具有相对较低的初始Sr比值和正的$\varepsilon_{Nd}(t)$值，与伴生的玄武岩的同位素组成相对一致，表明安山岩可能与玄武岩一样来源于相同的亏损源区。同样，在初始$(^{87}Sr/^{86}Sr)_i-\varepsilon_{Nd}(t)$图解中，安山岩均投影在了地幔演化序列中，表明地幔源区的特征。粗面安山岩样品有继承锆石颗粒的发现，表明岩浆是被古老的地壳物质混染过的（Wang B et al.，2009）。锆石饱和温度计算表明形成群吉萨依乌郎组粗面安山岩的母岩浆具有较高的温度（748～768℃），与幔源物质参与形成的华南佛冈花岗岩类的范围值（728～840℃）相对接近。

由于粗面安山岩由玄武质岩浆结晶分异而来，锆石的饱和温度会比岩浆早期结晶的温度要低，同时锆石饱和温度要比原始母岩浆的温度要低。所以笔者认为该安山岩很可能是来自地幔的源区，也表明安山岩与玄武岩是同源的，来自大陆岩石圈地幔部分熔融的母岩浆。安山岩形成的构造背景前人也做了大量研究，认为早二叠世新疆西天山处在碰撞造山后板内构造环境，推测伴随北天山洋壳岩石圈向南持续俯冲，板块不断变陡，俯冲洋壳的尾部很可能发生断离，出现伸展背景，地幔软流圈物质和能量从断离窗上涌，造成壳-幔边界早石炭世新生下地壳部分熔融（Chen and Arakawa，2005；Han B F et al.，2010；Long et al.，2011）。阿吾拉勒西段群吉萨依地区乌郎组火山岩的岩浆起源很可能与这种深部过程密切相关，安山岩也在这样的构造背景下经玄武岩演化形成。

乌郎组火山岩本身不可能形成直接的矿床，但是后期构造岩浆-热液的作用会迁移富矿地层中的金属元素在有利位置沉积成矿，阿吾拉勒西段就有很多这种后期热液矿床。阿吾拉勒西段在空间上受构造控制明显，主要发育北西西向断裂，围岩为二叠纪火山岩，以乌郎组火山岩为主，在岩浆热液和成矿流体的作用下，铜、铅、锌等金属元素发生迁移，在有利的构造位置富集成矿。

（二）安山岩形成认识总结

安山岩广泛出露于汇聚板块边界，表明其成因与板块俯冲有关（代富强，2015）。另外，大陆地壳整体上被认为是地幔部分熔融的产物，平均成分为安山质，是与亏损地幔（DM）互补的地球化学储库。然而，地幔部分熔融的产物通常具有玄武质成分，这与大陆地壳的安山岩平均成分不符，这个问题一直困扰着地球化学家。因此，揭示安山岩的成因对于理解大陆地壳的形成和壳幔分异历史具有十分重要的意义。目前普遍接受的汇聚板块边界安山岩的成因模型包括：①玄武岩输入模型；②安山岩模型。这两个的主要区别在于地幔来源的初始岩浆是玄武质还是安山质。玄武岩输入模型认为初始岩浆为玄武质，安山质是由初始玄武质岩浆在壳内的分异，如分离结晶、地壳混染以及岩浆混合等地质过程形成的。安山岩模型则认为初始岩浆为安山质，是富水地幔橄榄岩部分熔融或俯冲板片部分熔融产生的埃达克质熔体与地幔橄榄岩反应的产物。无论哪种模型，俯冲隧道内的板片-地幔相互作用是形成安山岩地幔源区的关键过程，俯冲地壳物质是形成汇聚板块边界安山岩重要的组分来源（代富强，2015）。

针对新疆北部地区前人研究成果可以发现，除与铜金矿有关的高镁玄武岩认为是安山岩模型外，新疆北部安山岩的成因一致认为是玄武岩输入模式。安山岩的构造背景主要有蛇绿岩带、岛弧、后碰撞伸展（有板片拆沉软流圈上涌）和大陆裂谷等观点。新疆北部安山岩与铁铜金矿化有关，如东天山的高镁安山岩与铜金矿有关而西天山的大哈拉军山组安山岩与铁矿有关。

四、大陆裂谷成因分析

（一）大陆裂谷特点

裂谷是板块构造运动过程中，大陆崩裂至大洋开启的初始阶段的构造类型，也是岩石圈板块生长边界的构造类型，其在陆壳区、大洋中脊上均有发育。

现今规模最大的裂谷发育在各大洋盆的洋中脊上，裂谷形态保持良好，特征明显。一般谷宽25～30km，高出最深洋底2～3km，与附近洋底高差为0.5～1.5km。全球洋中脊裂谷总长在6万余千米。洋中脊裂谷带虽经常被转换断层截断错开，但仍明显地连贯分布。大陆裂谷按形成方式的不同，可分为主动裂谷和被动裂谷两类。主动裂谷是地幔上升热对流的长期作用，使大陆岩石圈减薄、上隆而致破裂，然后出现拗陷而成裂谷，如东非裂谷、红海亚丁湾。被动裂谷则是由于地壳的伸展作用或剪切作用，使岩石圈减薄、破裂而导致裂谷的形成。

（二）新疆北部晚古生代大陆裂谷主要表现

新疆北部晚古生代大陆裂谷发育于天山石炭纪—二叠纪，裂谷系由7个部分组成，它们是位于塔里木板块西北缘的柯坪裂谷、天山西段伊犁裂谷、天山中段裂谷、天山东段北部博格达裂谷、天山东段南部觉罗塔格裂谷、准噶尔裂谷和位于塔里木板块东北缘的北山裂谷（包括新疆北山和甘肃北山）。

整个天山石炭纪—二叠纪裂谷火山岩系呈带状分布，除天山地区外，它们在天山以北的准噶尔地区、天山以南的塔里木盆地北缘、西部境外的巴尔喀什湖南缘至吉尔吉斯山，向东经甘肃北山北部至境外的蒙古地区也有广泛分布，其在中国境内的露头面积约为$2.1\times10^5km^2$，初步估算其总体露头面积约为$3.43\times10^5km^2$。天山（中亚）大火成岩省的总体分布范围可达$1.5\times10^6km^2$。整个火山岩系的总厚度在天山东段可大于13000m，天山中段为数百米至1500m，天山西段可达10000m。天山（中亚）大火成岩省的火山岩系主要由基性玄武质熔岩组成，其次为中性和酸性熔岩及同质火山碎屑岩。若天山（中亚）大火成岩省的平均熔岩厚度按2000m计，天山玄武岩的总体喷发体积至少为$0.7\times10^6km^3$。应当指出，这一数字只是经过长期地质时期的剥蚀之后目前被保存下来的体积数，其初始体积无疑应大于此数。地球物理探测结果（重力、深地震测深）表明，现今天山的地壳厚度（相当于莫霍面的深度），在天山西段较厚，为52km，在天山东段较薄，为46km（肖序常等，1992；李秋生等，2001）。虽然此数据只是反映了天山地区现今地壳厚度的变化，但是它与基底的性质一致，似乎与天山石炭纪—二叠纪裂谷火山岩系的岩石成因有着某种耦合关系。伴随着空间上火山岩系厚度和地壳厚度的变化，天山（中亚）大火成岩省中火山岩系的岩性也相应有一定变化。例如，塔里木西北缘的柯坪地区，火山岩仅由单一的碱性玄武岩组成；而天山西段，火山岩系的岩性明显多种多样，包括碧玄岩、玄武岩、玄武安山岩、安山岩、粗面安山岩、英安岩、流纹岩、碱流岩、安山质火山碎屑岩和玄武质火山碎屑岩等；相反，在天山中-东段和准噶尔地区，火山岩系则主要由亚碱性（拉斑玄武质）玄武岩、玄武安山岩、安山岩、英安岩、流纹英安岩、流纹岩和火山碎屑岩组成，仅在天山中段发育极少量碱性玄武岩和粗面安山岩。

（三）大陆裂谷成因认识

古亚洲洋闭合-碰撞造山后，板块缝合带成为一个地壳增厚的地区，由于迅速上隆，增厚的陆下地幔根发生拆离和下沉，造成热的软流圈物质替代、上涌，发生部分熔融，从而导致强烈后造山岩浆活动，并在天山及相邻地区诱发产生石炭纪—二叠纪裂谷拉伸体系（简称“天山石炭纪—二叠纪裂谷系”）。这一时期除了大规模裂谷火山活动之外，还广泛发育同时代的花岗质岩浆和层状基性-超基性岩侵入活动，它们共同构成了天山（中亚）大火成岩省。

但从更大的尺度上看，天山及邻区的石炭纪—早二叠世裂谷拉伸活动可能还有着更为深刻的地球动力学背景，它很可能是古特提斯拉伸裂解作用的深部地球动力学在天山地区的地表响应。可以推想，导致在这一时期发生具有全球意义古特提斯拉伸裂解的古地幔柱（很可能有数个）上涌活动也影响到了位于古亚洲系和古特提斯系交界部位的天山地区，所以才造成天山及其邻区出现规模巨大的石炭纪—早二叠世大火成岩省活动，该大火成岩省活动很显然对于中亚地区此一时期众多大-特大型矿床的形成具有独特而重要的背景意义。

第三节　塔里木早二叠世大火成岩省认识

一、当代大火成岩省认识进展

大火成岩省（Large Igneous Provinces，LIPs）是指连续的、体积庞大的由基性火山岩及伴生的侵入岩所构成的岩浆建造，包括大陆溢流玄武岩、火山被动陆缘、大洋高原、海岭、海山群和洋盆溢流玄武岩，覆盖面积在 1×10^6 km^2 以上（Coffin and Eldholm，1994；Todal and Edholm，1998）。大规模的岩浆活动离不开地幔或地壳物质的大规模熔融，地幔柱作用通常伴随着地壳向上隆升、伸展和基性岩浆沿深大断裂上升喷出地表而形成溢流玄武岩省和岩墙。岩性主要为镁铁质的喷出岩和侵入岩。这些连续的、体积庞大的（约）岩浆建造是在相当短的时间内形成的，如此高的喷发速率表明在地幔深部有巨大的热异常存在，这是传统的构造板块理论难以解释的现象，是十分特殊的地幔动力学过程。

LIPs 具有以下重要特征（徐义刚，2002）：其一，它由面积广瀚的基性熔岩流组成

（某些地区具有双峰式分布的特征），覆盖面积通常超过 10^6km²，且最大厚度可达 5km，甚至一些地区的剖面长达数十千米至上百千米，如埃塞俄比亚玄武岩体积约为 1×10^6km³。其二，LIPs 的岩石种类以玄武质熔岩为主，大多数为 SO_2 含量比较高的石英拉斑玄武岩，含少量碱性玄武岩和玄武安山岩。其三，地幔柱对岩石圈的撞击及地幔柱所带来热的影响导致玄武质岩浆喷发之前地壳通常发生隆升。垂直幅度一般达 500m 以上，甚至在 1km 以上。穹窿区与玄武岩覆盖范围基本相当。其四，大陆区 LIPs（即大陆溢流玄武岩 CFB）的同位素由典型洋岛玄武岩组成直到接近古老地壳组成，范围很大。大多数 CFB 显示强烈的 Nb-Ta 负异常，不相容元素中等或强烈富集。

大火成岩省是地球上近几百万年来最大的火成岩事件，对陆壳的生成起了不可替代的作用（Mahoney and Coffin，1997）。Ontong Java 和 Kerguelen-Broken Ridge 大洋高原，北大西洋火山北东边缘、德干和哥伦比亚河大陆溢流玄武岩是 5 个代表了 3 个不同类型的大火成岩省，其中 2 个大洋高原是全球最大的火成岩省。目前研究已证明不同大火成岩省之间具有时间、空间和组成上的相似性（Coffin and Eldholm，1994）。近 10 年来，大火成岩省形成过程的研究备受重视，主要开展了地震层析、地球化学、海洋地球物理学、岩石学、地球动力学模拟以及其他相关地质学科的研究。大火成岩省不是通常的洋中脊玄武岩，它的形成过程不是正常的“海底扩张”，而通常被认为与地幔热柱或热点有关。因此，大火成岩省是研究地幔的一个重要窗口。

根据组成大火成岩省的岩浆类型不同，大火成岩省可分为两类：一是以基性火成岩为主的镁铁质大火成岩省；二是以酸性火成岩为主的长英质大火成岩省。

（一）镁铁质大火成岩省

镁铁质大火成岩省是指规模巨大，岩性主要为镁铁质的喷出岩和侵入岩区域（Campbell and Griffiths，1990）。它们具有以下重要特征：①由面积广瀚的基性熔岩流组成（在一些地区具有双峰式分布特征），覆盖面积通常超过 10^6km²，最大厚度可达 5km。一些地区的剖面长达数十千米至上百千米。基性侵入岩通常为层状辉长岩类和岩墙群。②玄武质岩浆喷发之前，地壳通常发生隆升，垂直幅度 1km 的隆升区基本与玄武岩覆盖范围相当。③大陆区的镁铁质大火成岩省（即大陆溢流玄武岩，CFB）的同位素组成范围很大，由洋岛玄武岩组成到接近古老地壳组成。镁铁质大火成岩省的形成背景包括大陆内部（如德干高原、西伯利亚和峨眉山溢流玄武岩等）、被动火山边缘（如 Voring 边缘）、洋脊高地（如 Ontong Java 高地）、大洋盆地（如加勒比海溢流玄武岩）以及火山岛链（如夏威-皇帝海链）。表 5-1 列出了全球主要的镁铁质大火成岩省形成时代和空间分布。

表 5-1　全球主要的镁铁质大火成岩省形成时代和空间分布（据 Condie，2001，有补充）

大火成岩省	形成时间/Ma	地层边界时代	喷发期间/Ma	体积/10^6km²	分布区域
哥伦比亚河	16±1	早/中-中新世，16.4Ma	1	0.25	哥伦比亚河
埃塞俄比亚	31±1，37±1	早/晚-更新世，30	1	1	埃塞俄比亚
北大西洋	57±60.5	古新世/始新世，54.8	1	>1	北大西洋

续表

大火成岩省	形成时间/Ma	地层边界时代	喷发期间/Ma	体积/10^6km^2	分布区域
环地中海	60～70	新生代，60～70	?	?	环地中海
德干	66±1	白垩纪、古近纪，65.0±0.1	1	2	印度
马达加斯加	88±1，94±1	森若曼阶/土伦阶（K_1/K_2），93.5±0.2	6?	?	马达加斯加
Kerguelen	110，85～95，38～82		>10	3	西南印度洋
Rajmahal	116～118	阿普第阶/阿尔布阶（K_1），112.2±1.1	2	2.5	印度东部
Ontong Java	120～124，90	早/中白垩世	4	5	西太平洋
Parana-Etendeka	132±1	侏罗纪、白垩纪，142 ±2.6（132±1.9）	1 或 5	>1	巴西
南极洲	176±1，183±1	阿连阶/巴柔阶（J_1/J_2），（176.5±4）	1	>0.5	南极
开罗	183.1±1，190±3	早/中-侏罗世，180.1	0.5～1	>2	南非
Newark	201±1	三叠纪/侏罗纪，205.7±4	0.6	>1	北美洲东
西伯利亚	236～253.4	二叠纪/三叠纪，248.2±4.8	2	>2	西伯利亚
峨眉山	260	中/晚-二叠世，260.4±0.4	3	0.5	中国西南
Antrim	513±12，508±2	寒武纪/奥陶纪			澳大利亚
Bangemall	1070	中元古代/新元古代，1050	?	0.25	澳大利亚
Keweenaw	1109～1087	中元古代/新元古代，1050	2～22	0.42	美国北部

1. 大陆溢流玄武岩

全球大陆溢流玄武岩分布状况的基本特征如分布面积、形成时代和岩石组合等已被众多学者研究确认。

（1）北美哥伦比亚河玄武岩的体积为175000km^3，其中85%以上是在16.5～15.5Ma期间喷发，构成了哥伦比亚河高原。该火成岩省主要由拉斑玄武岩组成，含少量碱性玄武岩和玄武安山岩，很多人认为与黄石热点有关。多数研究者认为巨量的玄武质岩浆来自不同的储源（Hooper，1997；Condie，2001）。

（2）西伯利亚暗色岩的玄武质岩浆是在二叠纪—三叠纪的1Ma期间喷溢的。该玄武岩面积为$4\times10^6km^2$，平均厚度为1km。一个重要特征是含有大量基性火山碎屑岩，在某些盆地中玄武质凝灰岩与角砾岩的最大厚度达700m，有的地方火山碎屑岩的量超过熔岩。从化学成分看，主要为拉斑玄武岩、碱性玄武岩、苦橄岩和玄武安山岩，且伴有少量A型花岗岩（Lightfoot et al.，1993）。西伯利亚暗色岩的形成与二叠纪末期的生物灭绝有关（Condie，2001）。

（3）印度中西部德干高原暗色岩的溢流玄武岩喷发于65Ma前（白垩纪—新近纪）的1Ma期间，当时位于Réunion热点之上。其体积为$8.2\times10^6km^3$（Chandrasekharam，2003），主要由拉斑玄武岩组成，碱性玄武岩较少，其次有少量超镁铁质岩和碱性长英质岩。这种溢流玄武岩在白垩纪末的喷发可能造成了大规模生物灭绝（Condie，2001）。

（4）中国西南峨眉山玄武岩是在259～261.5Ma喷发的，其体积为$3\times10^5km^3$，岩石类型主要为拉斑玄武岩，含少量苦橄岩、玄武安山岩、流纹岩和粗面岩（Xu et al.，2001）。Wignall（2001）认为，中国峨眉山玄武岩的喷发造成晚二叠世早期的大规模生物灭绝。

（5）巴西南部的“Paranú”溢流玄武岩和非洲纳米比亚的 Etendeka 溢流玄武岩是与南大西洋 Tristan 热点有关的巨大溢流玄武岩省的残留。其面积分别为 $1.2\times10^6km^2$ 和 $0.8\times10^5km^2$。其中拉斑玄武岩占 90%，出现一些流纹岩、中性岩、碱性杂岩（Garland et al.，1995）和大的岩墙群。Paranú-Etendeka 大火成岩省熔岩的喷发与南大西洋在 150Ma 前后开始裂开有关（Hawkesworth et al.，1992；Condie，2001）。

（6）Gondwana 大陆侏罗纪时的裂解在非洲和南极留下的溢流玄武岩构成 Karoo-Ferrar 大火成岩省（Hergt et al.，1991）。南非 Karoo 省溢流玄武岩的范围达 $3\times10^6km^2$，熔岩以拉斑玄武岩为主，有一定量的苦橄岩、流纹岩、霞石岩。出现辉绿岩、辉长岩、花岗岩、正长岩和碱性岩的岩墙。玄武质岩浆分别在 195Ma 和 180～177Ma 喷发。南极洲的 Ferrar 省主要由基性岩流、岩墙和岩床构成，体积超过 10^6km^3。分别在 193Ma 和 180～170Ma 喷发（Condie，2001）。

（7）非洲东北部 Karoo 省溢流玄武岩的范围达 3×10^6 km^2，熔岩以拉斑玄武岩为主，有一定量的苦橄岩、流纹岩、霞石岩。出现辉绿岩、辉长岩、花岗岩、正长岩和碱性岩的岩墙。玄武质岩浆分别在 195Ma 和 180～177Ma 喷发。南极洲的 Ferrar 省主要由基性岩流、岩墙和岩床构成，体积超过 10^6km^3。分别在 193Ma 和 180～170Ma 喷发（Condie，2001）。

（8）非洲东北部 Ethiopian（埃塞俄比亚）和 East African 高原是非洲最大的古近纪大火成岩省。玄武岩的体积达 10^6km^3。熔岩主要是拉斑玄武岩及部分碱性玄武岩，高原上覆盖的主要是 30～15Ma 的呈盾火山出现的碱性玄武岩。它们的喷发与埃塞俄比亚的 Afar 地幔柱及肯尼亚地幔柱有关（Rogers et al.，2000；Condie，2001）。

2. 被动陆缘火山岩

LIPs 广泛分布在陆壳和洋壳，位于现在或古老的板块边缘和大陆边缘。由于在大陆裂谷期间软流圈上隆，位于大陆裂谷边缘的火山被动边缘发生广泛的岩浆作用，伴随着岩浆的侵入和喷发。“北大西洋火成岩”是典型的被动陆缘大火成岩省。西边从加拿大开始，向东南过格陵兰、冰岛直到裂谷化的欧洲西北大陆边缘。水下、陆上的火山-侵入岩的体积为 $6.6\times10^6km^3$（Eldholm et al.，1994），其形成与现今仍在活动的冰岛热点有关（Fitton et al.，2000）。在 61～58Ma 喷发巨大体积的玄武岩、苦橄岩，这一事件使格陵兰从欧洲西北缘分离出去。其后有 Skaergaar 等巨大层状侵入体定位。冰岛是北大西洋火成岩省中最大的火山岩露头，其中 90% 是拉斑玄武岩，并有少量中性岩和酸性岩。火山岩岩浆来自冰岛地幔柱（Condie，2001）。

3. 大洋高原玄武岩

现已研究确定的有 Caribbean、Ontong Java 和 Kerguelen 大洋高原玄武岩：①“Caribbean 大洋高原”（92～74Ma）熔岩面积约达 $3\times10^6km^2$，但熔岩的主量元素、不相容元素及 Nd-Pb 同位素的初始成分相当均一。熔岩的同位素及微量元素的富集特性表明，地幔柱头在短时间内把留在下地幔的再循环大洋岩石圈带回到浅部亏损的 MORB 地幔源（Hauff et al.，2000）。②西太平洋 Solomon 岛东北的 Ontong Java 大洋高原是世界上最大的大洋高原之一，面积 1. 86×10^6km^2（Neal et al.，1997），主要岩石类型为枕状构造的拉斑玄武岩及岩墙、岩床。大部分玄武岩是在 122Ma 喷发的。Ontong Java 地幔柱头位于扩张的洋脊附近，因而 Ontong Java 熔岩的地球化学及同位素特征可用地幔柱－洋脊的相互作用来解释（Gladczenko et al.，1997；Condie，2001）。③南印度洋 Kerguelen 大洋高原是 Kerguelen 地幔柱的活动产物。玄武质岩浆主要在 114～110Ma 喷发，喷发速率为 3. 5km^3/a。拉斑玄武岩占 85% 以上，玄武岩中发现石榴子石－黑云母片麻岩的陆壳碎屑，火山作用以富挥发分的硅质岩浆的爆发结束。地球化学、地球物理资料证明，该大火成岩省中含有大陆岩石圈组分，可能代表 Gondwana 古陆裂解、印度洋形成之初有“大陆碎片”或“循环的地壳”进入 Kerguelen 地幔柱（Frey et al.，2000）。

4. 大岩墙群

大岩墙群由成因上有联系的岩墙构成，许多放射状岩墙群是大火成岩省中溢流玄武岩剥蚀的残留。分布面积可达数十万平方千米，单个岩墙延伸 1000km，根据地球物理资料推测，许多岩墙甚至可延伸 2000km 以上。大多数大岩墙群的成因与地幔柱有关。中大西洋火成岩省（CAMP）是一典型实例，在这个火成岩省中，地幔柱头（Fernando 地幔柱）接近潘吉亚泛大陆 200Ma 裂开前南美、北美与非洲的三联点（Ernst and Buchan，1997），岩墙侵入处可以距地幔柱头 2800km，岩墙分布面积超过 7×10^6km^2，伴生的溢流玄武岩较少。三大洲的岩墙群的方向各异，其会聚点即为超级地幔柱的位置。另一个有名的大岩墙群是加拿大北部 1267Ma 时定位的 Mackenzie 岩墙群，覆盖面积 2. 7×10^6km^2，岩墙距地幔柱头达 2600km。在岩墙群交会处，出现同源的溢流玄武岩和大的层状侵入杂岩（Condie，2001）。

5. 大层状侵入体

大层状侵入体也是地幔柱岩浆作用的重要产物，有的大层状侵入体与溢流玄武岩和大岩墙群伴生。南非的 Bushveld 层状杂岩是世界上最大的层状侵入体之一。在 2060Ma 时侵入稳定的克拉通内，是与溢流玄武岩相当的侵入岩。Bushveld 层状杂岩可分为下部带、临界带、主要带和上部带 4 个带。下部带由辉石岩、方辉橄榄岩和纯橄榄岩组成。临界带的下部为层状辉石岩夹铬铁矿条带，上部为铬铁矿、辉石岩、苏长岩和斜长岩构成的韵律层。主要带由辉长苏长岩、斜长岩和苏长岩构成。上部带由辉长苏长岩、闪长岩构成。Bushveld 层状杂岩的母岩可能是科马提岩，岩浆受到上地壳不同程度的混染（Condie，2001）。

（二）长英质大火成岩省

长英质大火成岩省是指主要由酸性、中酸性熔结凝灰岩及与之有成因联系的花岗岩构成的巨型岩浆岩建造。表 5-2 列出了全球主要的长英质大火成岩省形成时代和空间分布。它们的主要特征包括：①火成岩的体积大于 105km^3；②75% 以上为英安岩和流纹岩，大部分为熔结凝灰岩，具有钙碱性 I 型特征；③形成时间跨度较长，可达 40Ma 或更长；④可能在时间和空间上与镁铁质大火成岩省及板块裂解有关（Bryan et al.，2002a；Bryan and Ernst，2008）。从目前为数不多的文献报道来看，长英质大火成岩省几乎均与酸性、中酸性熔结熔结凝灰岩有关。巨量的熔结凝灰岩堆积体空间上往往与破火山机构（caldera）有密切联系。当低黏度、高流速的火山灰流（ash flow）大量涌出地面时，岩浆房顶部被掏空，导致岩浆房的顶板塌陷而形成破火山口（Fisher and Schmincke，1984）。单个破火山口的规模有时可达数百平方千米，如果几个破火山口叠置在一起，则所联系的熔结凝灰岩的总体积可以与镁铁质大火成岩省相等。熔结凝灰岩中可夹有数量不多的熔岩夹层，包括流纹质、安山质和玄武质熔岩，往往出现流纹岩-玄武岩双峰式组合，反映一种伸展构造背景。此外，熔结凝灰岩还可伴有与之呈时、空、源一致的花岗岩类，其体积有时相当可观，这些花岗岩体亦属长英质火成岩省的重要组成部分。

表 5-2 全球主要的长英质大火成岩省形成时代和空间分布

长英质大火成岩省名称	形成时间/Ma	火成岩体积/km^3	覆盖范围/km	岩浆产率/(km^3/ka)	资料来源
Whitsunday（澳大利亚东部）	132 ~ 95	>1.5×10^6	>2500×200	>37.5	Bryan et al.，1997，2000
Kennedy-Connors-Auburn（澳大利亚东北部）	320 ~ 280	>5×10^5	>1900×300	>12.5	Bain and Draper，1997；Bryan et al.，2002b
Sierra Madre Occidental（墨西哥）	38 ~ 20	>3.9×10^5	>2000×2-500	>22	Ferrari et al.，2002
Chon Aike（南美-南极洲）	188 ~ 153	>2.3×10^5	>3000×1000	>7.1	Pankhurst et al.，1998，2000
Altiplano-Puna（安第斯中部）	10 ~ 3	>3×10^4	>300×200	>4.3	De Silva，1989
Coromandel-Taupo（火成岩带新西兰）	12 ~ 1.6	>2×10^4	300×60	9.4–13	Adams et al.，1994；Wilson et al.，1995；Houghton et al.，1995；Carter et al.，2003
华南（浙-赣-闽-湘）	180 ~ 100	>3×10^5	5×10^5	30	陶奎元等，1999；王德滋，2004；王德滋和周金城，2005

南美洲南端的 Patagonia 及与之毗邻的 West Antarctica 存在一巨大的长英质火成岩省（Pankhurst et al.，1998）。火山岩以流纹质熔结凝灰岩为主，夹有少量玄武岩。熔结凝灰岩包括简单的和复杂的冷却单元，厚度自 10cm 至几十米，个别达 100m 以上，时代为侏罗纪。大火成岩省由几个空间上彼此隔开的建造构成。Chon Aike 建造是该火成岩省最主要的建造，面积 100000km^2。同位素年龄为 140 ~ 160Ma（K-Ar）和 162 ~ 168Ma（Rb-Sr）。Marifil 建造，以熔结凝灰岩为主，熔岩和空落凝灰岩次之，面积 50000km^2。Bajo Pobre 建造主要是镁铁质熔岩，夹镁铁质火山碎屑岩，穿插粗玄岩和闪长岩小岩体，顶部被 Chon Aike 熔结凝灰岩覆盖。Lonco Trapial 建造，面积 40000km^2，主要为熔结凝灰岩夹薄层玄武岩，年龄 176 ~ 146Ma。上述建造的总面积超过 200000km^2，按平均厚度 1km 计算，估计体积达到 235000km^3，是全球最大的长英质火成岩省之一。与 Patagonid 毗邻的西南极，特别是南极半岛，亦存在类似的岩石组合，以流纹质和英安质熔结凝灰岩为主，夹少量基性熔岩，构成双峰式。年龄 160 ~ 174Ma，时代和岩石组合与 Patagonid 十分相似。

澳大利亚昆士兰州东部及其海域存在一个规模与 Patagonia 火成岩省相当的长英质大火成岩省，即 Whitsunday 火成岩省。岩石组合主要为英安质至流纹质熔结凝灰岩，下部以英安质为主，上部以流纹质为主，顶部夹玄武岩，呈双峰式，被后期粗玄岩岩墙侵入。火山岩及与之同源的侵入岩均属钙碱系列。同位素定年 132～95Ma，峰期 120～105Ma，属早白垩世。该火成岩省不同寻常之处是，除了熔结凝灰岩和熔岩外，大部分火山物质以火山碎屑沉积物的形式保存于邻近的沉积盆地中，体积达 $1.4\times10^6km^3$。若将火山碎屑沉积物的体积折算统计在火成岩省内，则其规模应是世界上最大的长英质火成岩省（Bryan et al., 2000）。

墨西哥的 Sierra Madre Occidental 地区广泛分布流纹质熔结凝灰岩，时代为中第三纪，面积超过 $250000km^2$，夹有 5%～10% 的熔岩（流纹岩、安山岩）。I_{sr} 为 0.7042～0.7050，平均为 0.7047（Lanphere et al., 1980）。火山岩属钙碱系列，这是又一规模宏伟的长英质火成岩省。根据钇含量，流纹质岩石可分高钇（32×10^{-6}）和低钇两类。约三分之二的熔结凝灰岩属高钇类，而近 90% 的熔岩为低钇类。高钇流纹质熔结凝灰岩在 p_{H_2O} 较低的条件下分异形成，不含或含少量普通角闪石；而低钇熔结凝灰岩是在较高的 p_{H_2O} 条件下形成，含普通角闪石。

美国黄石公园火成岩省以发育流纹质熔结流纹岩为特征，夹有拉斑玄武岩，构成双峰式。同位素年龄为 2.2Ma，体积约 $6000km^3$。火成岩区由三个部分重叠的破火山口构成延伸 115km 的火山岩带，向西南与斯内克河平原相接，后者为一宽 100km，长 350km 的拗陷，其中同样发育双峰式火山岩。玄武岩为橄榄拉斑玄武岩，流纹岩为富硅流纹岩。据同位素研究，它们可能来自不同的源区（Hildreth et al., 1991）。

中国东南部广泛分布晚中生代酸性、中酸性火山岩及与之有成因联系的花岗岩，位于太平洋板块与欧亚板块的结合部位，构成典型的长英质大火成岩省。浙、闽、赣三省火山岩总面积为 $100000km^3$，若按平均厚度 1km 计算，则体积可达 $100000km^3$。如果把与火山岩有成因联系的花岗岩考虑在内，岩浆总量将不少于 $1.5\times10^5km^3$，这应是太平洋周边相当巨大的长英质火成岩省了。火山岩的时代为白垩纪，可分上、下两个火山岩系。下火山岩系为英安岩、流纹岩组合，以流纹质熔结凝灰岩为主。上火山岩系为流纹岩-玄武岩组合，构成双峰式，但玄武岩的量远逊于流纹岩。下火山岩系的面积远远超过上火山岩系，后者多在断陷盆地和火山洼地中叠加于下火山岩系之上。上、下火山岩系均属钙碱性和高钾钙碱性系列，$\varepsilon_{Nd}(t)>-6$，$I_{sr}<0.709$，表明成岩物质来源属于壳幔混源性质。

酸性、中酸性岩浆的大量产生可能有 3 种成因模式：①玄武质岩浆底侵于壳幔边界处，促使中、下地壳大规模熔融产生长英质岩浆；②安山质岩浆通过分离结晶作用形成酸性岩浆；③幔源玄武质岩浆经分离结晶作用产生安山岩、流纹岩系列。后两种模式尚存疑问。由于玄武质岩浆经分离结晶作用一般仅能产生 5% 体积的流纹岩，欲从玄武质岩浆结晶分异产生大量长英质岩浆，可能性不大。再者，在熔结凝灰岩的巨厚堆积体中，安山岩仅占很小比重，故第二种模式似乎可信度不大。比较可信的是第一种模式，以中国东南部晚中生代火山-侵入杂岩的成因为例，其形成模式可以概括为：洋壳消减-脱水作用-地幔楔（富集型）湿熔融-玄武质岩浆底侵-中、下地壳部分熔融产生巨量长英质岩浆。由于近期基性麻粒岩包体的陆续发现，结合地球物理资料可以确证玄武质岩浆底侵作用的存在，因而这一模式的可信度较大。

大火成岩省研究是当前固体地球科学领域优选课题之一。研究这一重大课题有赖于开展多学科（岩石学、大地构造学、地球化学和地球物理学）综合研究。研究内容包括大火成岩省与地幔动力学的联系以及它与大陆增生、大陆裂解和生物灭绝的关系。此外还包括大火成岩省与成矿的关系。如前所述，大火成岩省可分为镁铁质的和长英质的，二者的差异与深层次的地幔对流有关。大火成岩省促进了大陆增生。地幔物质输入大陆地壳具4种方式：大洋高原玄武岩通过水平位移增生于大陆边缘；以大陆溢流玄武岩堆积于地表或作为岩墙群或层状侵入体侵位于壳内；玄武质岩浆底垫于壳幔边界处，成为下地壳的组成部分；以幔源物质与壳源物质混合的形式进入陆壳，如I型花岗岩类的成因。以往认为太古宙和元古宙是陆壳的主要成壳期，显生宙的大陆增生可以忽略，这一观点受到了质疑。从250Ma以来全球镁铁质大火成岩省的分布来看，新生地壳的体积仍相当可观。如中亚造山带海西期A型花岗岩省的面积估计在10^6km^2以上。这类A型花岗岩具有独特的正$\varepsilon_{Nd}(t)$值（+1～+7），显然属于幔源成因。通过地幔柱活动首先产生玄武岩，后经部分熔融及随后的分离结晶作用形成花岗岩。

大火成岩省的形成与超级地幔柱活动有关。如西冈瓦纳大陆裂解前，导致Karoo-Ferrar省岩浆作用的几个地幔柱位于南极、非洲、南美洲结合部位。一个位于Karoo省北部，形成高Ti拉斑玄武岩，一个形成Karoo省的低Ti拉斑玄武岩和导致阿根廷的Chon Aike熔结凝灰岩。还有一个位于南极东部，导致Ferrar省岩浆作用。3个地幔柱构成了一个大的超级地幔柱。

250Ma以来，有些大陆溢流玄武岩的喷发年龄与生物灭绝的时间成对应关系。如西伯利亚暗色岩与二叠纪末生物大灭绝有密切联系。火山喷出的大量CO_2、SO_2和火山微尘影响古气候变化，促使海相碳酸盐的$\delta^{13}C$值向轻碳方向飘移。尽管如此，生物灭绝是否主要与火山大规模喷发有关仍有不确定性。外来天体与地球碰撞可能引起生物大量灭绝，并已在地层中发现Ir异常证据。这是一个全新课题，仍需继续探索，相信通过多学科综合研究将会得出符合实际的结论。

（三）大火成岩省形成的源区和构造背景

岩石学和地球化学研究表明，LIPs的岩浆源区为下地幔到上地幔，根据同位素组成至少来自4个不同的源区：亏损的洋中脊玄武岩（DMM）、高U/Pb值（HIMU）和富集的地幔（EMⅠ和EMⅡ）（Zindler and Hart，1986），许多LIPs导源于地幔源区岩浆的长期聚集。在喷发初期，喷发速率非常大，在短暂的时间间隔（1Ma），大量的镁铁质岩浆进入地壳，但是后来喷发的速率相当小，而且喷发的时间间隔非常长（10～100Ma）。在LIPs形成期间，大陆溢流玄武岩和火山被动边缘玄武质岩浆的快速喷发是十分明显的。例如，据大量^{40}Ar-^{39}Ar资料，印度德干暗色岩是在白垩纪—三叠纪大约1Ma期间喷发的（Duncan and Richards，1991），西伯利亚暗色岩是在二叠纪—三叠纪大约1Ma期间喷发的（Campbell et al.，1992）。与此类似，北大西洋火山被动边缘大火成岩省和其他火山被动边缘大火成岩省是在大陆破裂期间和之后立即喷发的，并伴随洋底扩张。如此短暂的火成岩事件也包括大洋高原的形成。大火成岩省在短暂的岩浆作用期间大大增加了全球的地壳产出率，而且地壳结构相似，具有高地震速度（7.0～7.6km/s），与“正常”大洋或大陆壳不同，因此，这些LIPs通常被认为与来自下地幔的热柱“头”有关。在过去的150Ma期间，LIPs 的地壳产物远远大于洋中脊的地壳产物（Larson，1991），这表明 LIPs 产物和洋底扩张反映了不同的地幔过程。

LIPs 出现在不同的构造背景中，包括洋底扩张中心的轴部（如冰岛）、三联点（如 Shatsky 中脊）、老的大洋岩石圈（如夏威夷）、被动边缘（如北大西洋和南大西洋火山被动边缘）和克拉通（如西伯利亚）。位于扩张中心的 LIPs，如冰岛、Azores 等已因其异常大的体积和地球化学特征程度可与“正常”的洋壳区分开。然而，地幔热柱和板块构造之间是否有关，目前尚未获得统一的认识。LIPs 就位于板块边缘是无可置疑的，包括那些已观察到的位于活动扩张中心的 LIPs，它们和火山被动边缘具有相同的年龄，当大陆分离时大量的火山作用可能是相当普遍的。然而许多 LIPs 的形成并不伴随板块的分离，这是由于大多数洋壳是白垩纪的或者更年轻，几乎所有伴随 LIPs 较老的洋壳都被俯冲掉了，使较老的和较年轻的 LIPs 在一起出现。在大陆上缺乏热点轨迹可能表明板块的分离对热异常地幔的上隆是有利的。

（四）大火成岩省形成的地幔动力学

LIPs 是地幔动力学过程在地壳中的体现，其形成与地幔过程有关，因此 LIPs 参数可作为边界条件去反演这个过程。其主要的相关参数为：①火成岩就位的速率和规模；②火成岩岩体的组成；③空间位置与已知热点的相关性；④就位时的地质背景，特别是大火成岩省与裂谷以及其他类型的岩石圈变形的关系。

LIPs 的不同规模反映地幔熔体的体积变化范围非常大。熔体体积的大小是评价 LIPs 形成的基础，它至少受到 3 个因素的影响：地幔源区的强度、岩石圈的脆性以及源区上面岩石圈板块的运动速率。地震层析资料提供了源区强度的三维测量数据，即软流圈热异常的体积和相对大小。全球的研究指出，上地幔受俯冲的控制，而下地幔的循环受涌升作用（upwelling）的控制，地幔对流的主要模式受板块的控制和调节（Anderson et al.，1992）。对于过去的 90Ma，全球板块运动以热点为参照已经得到了很好的限定，在源区上面岩浆作用没有受到板块运动速度的影响，但岩石圈的结构如构造带和裂谷是软流圈熔体的通道。在大多数板内构造中，热柱头熔融被大于 125km 厚的机械边界层阻止。因此，Kent 等指出在巨大的溢流玄武岩产生之前，存在热柱的潜伏期和边界层的减薄和移动。在大多数情况下，导致 LIPs 形成的岩浆作用与岩石圈在地幔热柱上面移动有关。Wilson（1963）最初提出的热点/地幔热柱的概念目前已得到进一步的发展。关于地幔热柱和热点，许多学者从不同的角度给予定义，如 Sigurdsson 将热柱定义为：热异常或化学异常产生的浮力穿过地幔使大区域的地幔物质上升，可能是 LIPs 岩浆源区和现代火山活动热点的源区；热点定义为：地球上异常高速火山作用的源区，通常伴随着大量玄武质岩浆的喷出，热点可能起源于深部地幔热柱。又如 Hofmann 将热柱定义为地幔中固态的直径为 100km 的上升流，它起源于热的低密度的边界层，这个边界层位于 660km 深的地震不连续面上或者接近 2900km 深的核幔边界（Hofmann，1997）；将热点定义为相对于移动的岩石圈板块火山作用的位置是固定的，作为距离的函数，从现代活动火山逐渐变老，著名的热点形成长的火山链（如夏威夷皇帝火山链）。虽然地幔热柱结构和时间演化的模式发生了非常大的变化，但是一般的特征是热柱能够产生大量的熔体。在岩石圈下面产生大区域热地幔热柱的模式已用于解释 LIPs 的形成：在热柱地区热异常伴随着大陆破裂，短暂的岩浆作用形成了火山被动边缘玄武岩和邻区的大陆溢流玄武岩；如果热柱穿过大洋岩石圈，就可能形成大洋高原玄武岩，而当板块在上隆中心上面移动时，就形成了水下的海岭或海山；在一定条件下热柱和大陆岩石圈相互作用可能就形成大陆溢流玄武岩。

根据实验还有人提出地幔对流的模式：热柱从地幔上升并与弱的非均质的热边界层“D”分离，这种地幔对流导致了 LIPs 的形成（Richards et al.，1991）。在岩石圈的基底上，当来自深处的热柱拼接在边界层上时，岩石圈的传导热和减薄导致了大规模的熔融。这个模式为“主动裂谷”，即应力和变形是从热柱转换到岩石圈板块，上隆在先，同时伴随岩浆作用，而裂谷形成是在主要岩浆事件之后。这个“主动的”热柱模式也反映了核、幔、壳之间的相互作用。推测在地核中形成的地磁场倒转可能与主要板块构造的变化以及 LIPs 的形成有关（Larson，1991）。中、新生代 LIPs 出现的峰期大约在中白垩世，其原因还没有得到统一的认识，可能与核幔边界的动力学过程有关。Larson（1991）、Larson 和 Olson（1991）指出白垩纪地磁场正向超时异常与大规模岩浆活动、高速洋壳增生和大洋高原形成可能有联系，并可能与核幔边界（D 层）作用及地幔对流系统的调整相关。目前推断西太平洋包括 Ontong Java 高原在内的大火成岩省起源于核幔边界。从火山边缘地壳结构和岩石学模拟发展起来的另一个地幔模式提出绝热上升和热软流圈的减压熔融应是岩石圈扩张的结果。来自热柱的热导致了岩石圈上隆，加大了扩张速度和熔融数量。因此，岩浆作用不是由于热柱而是岩石圈扩张的结果，最大的熔融出现在地壳破裂期间。这个模式有“主动”和“被动”两种类型，可用来解释大陆溢流玄武岩和火山被动边缘玄武岩的形成。来自地震层析研究的另一个模式取决于热化学和同位素组成不均一的软流圈的性质。原来薄弱的克拉通岩石圈或由于板块重新组合而减弱的岩石圈，由于地幔热区域物质的侵入而形成 LIPs。这些模式反映了地幔中原始对流体系的主要差异。Albarede 和 Rob 于 1999 年提出了 5 种地幔对流的模式，但概括起来仍为两种，即全地幔对流和分层地幔对流。全地幔对流把软流圈底部（670km 深）的地幔转换带解释为一个等化学的相变，而分层地幔对流模式假定地幔转换带是一个热的边界层。地幔热柱使大量的熔融成为可能，但仍需要大量的资料去检验是否热柱产生 LIPs，特别是所有的 LIPs 是否都与热柱有关。有证据表明不是所有 LIPs 都与热点有明显的联系，特别是一些被动边缘，如美国东海岸和澳大利亚西北的 Cuvier 边缘，它们的形成似乎都远离热点。因此，火山边缘是否与热柱有关仍有异议。目前地幔热柱模式的许多特征与 Morgan（1981）提出的相反，认为与板块运动学无关，夏威夷-皇帝海山链强烈地支持了这个观点。但有一些例子却不然，如 Ontong Java 大洋高原和通常的早白垩世太平洋事件是如此之大，它们可能反映了地幔变异，较晚的 LIPs 形成可能与早白垩世太平洋扩张速度变化有关。

为了比较地幔中 LIPs 源区的大小，Coffin 和 Eldhdm（1994）根据假设的玄武质岩浆是由 30%~50% 地幔部分熔融而来推测的体积，提出了一个最小和最大的球形热异常，并根据观察的 LIPs 规模和这个热异常的大小，得出 Ontong Java 大洋高原和 Kerguelen 高原的形成物质可能至少有一部分来源于下地幔（>670km）。由于大洋岩石圈比大陆岩石圈薄，而且岩石圈下面的局部熔融程度大于后者，因此北大西洋火成岩省、德干火成岩省和哥伦比亚河火成岩省的来源除上地幔外也可能包括下地幔。

由上述可知，各种类型大火成岩省的形成往往伴随着大陆的破裂。热柱头或热地幔模式可以解释大部分 LIPs 的成因；对流的模式可解释一些火山被动边缘 LIPs。地幔层析分析指出，俯冲是当今主要的上地幔动力过程，有一些热柱形成于下地幔。LIPs 的下地幔成因得到 LIPs 巨大体积的支持，然而大多数 LIPs 也能够形成于上地幔。

（五）大火成岩省与成矿

1. 与镁铁质大火成岩省有关的成矿作用

镁铁质大火成岩省形成大陆溢流玄武岩和洋底高原。当熔岩被剥蚀后就暴露出大量的脉岩、席状杂岩和岩浆房（层状侵入体）。基性岩墙群、席状与 LIPs 有关的成矿作用研究已经取得了不少的成果。根据 Pirajno 的研究和分类，可以把与 LIPs 地幔柱有关的成矿作用分为两类：一类是与地幔柱活动直接相关的岩浆硫化物矿床和氧化物矿床。这些矿床的成矿物质直接由地幔柱活动的岩浆提供；第二类是与地幔柱活动间接相关的热液矿床和沉积型矿床。地幔柱活动在这类矿床形成中的作用主要是提供热源和形成环境。前者以南非 Bushveld 层状杂岩有关的 Cr、PGE 和 V 等多金属矿，西伯利亚大火成岩省中的 Noril'sk-Talnakh 铜镍矿和峨眉山大火成岩省中的攀西钡钛磁铁矿等为典型代表。后者有现代裂谷中的成矿作用（如东非裂谷和红海盐池）、沉积-热液矿床（卡林型浅成低温热液矿床、密西西比河谷型硫化物矿床、SEDEX 型块状硫化物矿床和层状铜矿床和铜钴矿床）和一些中温热液矿床等。

1）岩浆铜镍硫化物矿床

岩浆硫化物矿床主要存在于基性-超基性层状侵入体、席状杂岩、大陆溢流玄武岩和太古宙科马提岩中（Naldrett，1997，1999）。例如：①赋存在基性-超基性层状侵入体中的富 Cu-Ni-PGE 硫化物矿床、铬铁矿和钡钛铁氧化物矿床（如 Bushveld 杂岩、南非大岩脉）；②与玄武岩和辉长岩有关的铜镍硫化物矿床（如美国的 Duluth、俄罗斯的 Noril'sk-Talnakh）；③太古宙科马提岩镍硫化物矿床（如西澳大利亚的 Kambalda）。根据金属矿物组合的分类，岩浆硫化物矿床可以分为含 PGE 的铜镍矿床（如西澳大利亚的 Kambalda、俄罗斯的 Noril'sk、加拿大的 Voisey's Bay）和含铜镍的 PGE 矿床（Bushveld 杂岩中的 UG-2 铬铁矿和 Merensky Reef、津巴布韦的大岩脉、美国 Stillwater 杂岩的 J-M Reef）（Li et al.，2001）。

科马提岩是一种超基性岩，MgO>18%，无水条件下 TiO_2<1% 和 Na_2O+K_2O<1%（Le Maitre et al.，2002）。科马提岩是太古宙绿岩带中重要的 Fe-Ni-Cu 硫化物矿化的载体，如澳大利亚、加拿大、津巴布韦和巴西。科马提岩中的 Ni-Cu（±PGE）矿床可分为两类（Lesher and Keays，2002）：一类是科马提熔岩流底部呈港湾状或槽状堆积的 Fe-Ni-Cu 硫化物（如西澳大利亚的 Kambalda）；另一类是厚层纯橄榄岩堆积岩中浸染状硫化物矿床（如西澳大利亚的 Mt Keith）。太古宙绿岩带中的科马提岩-拉斑玄武岩序列是地幔柱活动的产物，也可能是被肢解的、与地幔柱活动有关的洋底高原，与显生宙 Gorgona Island 科马提岩类似。太古宙 Abitibi-Wawa 花岗-绿岩带（加拿大 Superior Province）是洋底高原与岛弧岩浆拼接在一起形成的，构成了完整的地幔柱活动-俯冲-增生系统。Campbell 和 Hill（1988）、Hill 等（1992）提出西澳大利亚 Yilgarn 克拉通内的东部金矿省新太古代绿岩带

序列是地幔柱岩浆作用的产物，可以视为太古宙溢流玄武岩省（Hill et al.，1992）。

2）镁铁质岩浆为主的大火成岩省中镁铁质和长英质侵入体成矿系统

镁铁质岩浆为主的 LIPs 也表现为双峰式的岩浆活动，形成包括 A 型花岗岩、流纹岩和英安质火山岩区。例如南非 Karoo 大火成岩省除玄武岩和粗玄岩/辉绿岩岩床外，还有厚层的长英质熔岩（Lebombo Monocline），局部与破火山口构造有关（如 Bumbeni 杂岩）（Bristow and Duncan，1983；Cox，1988）。Lebombo Monocline 是 Tuli-Sabi-Lebombo 三联裂谷系统的一部分，可能与 Karoo 地幔柱活动有关（Pirajno，2000）。这一地区主要由碱性侵入体组成，包括碳酸岩和环状侵入体，与广泛分布的钾化和赤铁矿热液蚀变、断层控制的低硫化低温热液石英脉、树枝状和席状脉，以及热泉泉华和玉髓脉中的金矿化等有关。在同一地区，著名的默西那（Messina）角砾岩筒有 Cu 硫化物矿化。

许多以镁铁质岩石为主的大火成岩省也有多种非造山 A 型岩浆作用。非造山碱性杂岩存在于多个 LIPs 中（如 Deccan、Siberian traps、Paraná-Etendeka、Keeweenawan）。这些非造山岩浆富集不相容元素（如 Ti、P、Y、Nb、K、Th、U、F、Ba、REE）并产生过铝质和过碱性花岗岩类，它们通常与 Sn、W、Zn、Cu、U、Nb 矿化有关（Pirajno，2000）。非造山岩浆作用的性质是复杂和多样的，与矿化有关的主要有三类：①板内 A 型岩浆杂岩；②钙长岩-辉长岩-橄长岩杂岩；③金伯利岩、煌斑岩和碳酸岩。

辉长岩-钙长岩-橄长岩杂岩体通常形成于裂谷和/或地体边界环境，主要形成岩浆矿床。大量的钙长岩岩浆作用（Massif-type anorthosite magmatism）在 15 亿～13 亿年广泛分布，形成了长 5000km 和宽 1000km 的岩带，它跨越了 Laurentian 地盾。这些钙长岩侵入体形成了重要的 Fe-Ti-V 矿床和 Ni-Cu-Co 矿床，但其成因还不太清楚。Windley 提出这一火成岩省是地幔柱头上方伸展作用导致下部地壳熔融的产物。Fe-Ti-V 矿石（钛铁矿-磁铁矿）形成于岩浆熔离作用，可能是氧逸度的提高导致 Fe-Ti 氧化物液滴被捕获在斜长石和单斜辉石的晶体裂隙中。

这类 Fe-Ti-V 矿床见于澳大利亚中部 Musgrave 杂岩体圣伊来斯（Giles）侵入体中（Pirajno et al.，2006）。圣伊来斯基性-超基性侵入体是 Warakurna 大火成岩省的一部分，该火成岩省形成于 1076Ma，东西延长 1600km，横跨西澳大利亚和澳大利亚中部（Wingate et al.，2004；Morris and Pirajno，2005）。圣伊来斯侵入体在时间和空间上与 Bentley 超组双峰式火山岩和各种 A 型环斑花岗岩类有关。Warakurna LIP 提供了一个很好的多种岩浆作用的实例，该 LIP 包含岩墙群、基性岩床杂岩体、双峰式火山岩、A 型花岗岩类和大量的基性-超基性侵入体（Pirajno et al.，2006）。Warakurna LIP 可能的成矿系统应该包括基性-超基性层状侵入体和岩床杂岩中的原生岩浆矿床（Noril'sk 型和/或 Voisey's Bay 型）和热液矿床。

包括在非造山岩浆作用中的还有金伯利岩、煌斑岩和碳酸岩。这些岩石具有洋岛玄武岩的同位素特征（He、Os、Sr、Nd、Pb、O）而被认为与地幔柱活动有关（Bell，2001）。它们可能代表了地幔柱活动晚期的岩浆作用。众所周知，金伯利岩和煌斑岩可能与金刚石的成矿有关，而碳酸岩可能含有重要的稀有金属、REE 和 Cu 矿（Pirajno，2000）。

此外，西澳大利亚 Pilbara 地体有地球上最老的（35 亿年）火山岩块状硫化物矿床（VHMS），包含 Whim Creek-Mons Cupri 和 Panorama 两个热液成矿系统（Brauhart et al.，

2000；Huston，2006）。Pilbara 地体东部有以科马提岩和相关的长英质岩石单元为主的绿岩岩石组合，形成于多个古太古代地幔热柱事件，是多个洋底高原叠加在一起形成的（Hickman and Van Kranendonk，2004；Smithies et al.，2005）。东 Pilbara 地体状硫化物矿床形成于洋底高原热液环境。这种 VHMS 成矿系统也可能在后太古宙洋底高原中的双峰式火山地体中存在。

东 Pilbara 地体中也有几个 35.5 亿年左右的斑岩和 Cu-Mo 成矿系统。其中 Spinifex Ridge 矿床有 500Mt 矿石，品位为 0.09% Cu 和 0.06% Mo（Huston et al.，2007）。Spinifex Ridge 斑岩成矿系统存在于花岗闪长岩侵入体中，它侵位于洋底高原层序的镁铁质和长英质火山岩中，侵位年龄为 3314±3Ma。Van Kranendonk 和 Pirajno（2004）论述了 Panorama 群中的一个热液系统，它是 Warrawoona 地幔柱事件（3.52～3.42Ga）的产物（Huston et al.,2007）。

2. 与长英质大火成岩省有关的成矿作用

长英质大火成岩省是近年来刚刚被认识的大火成岩省（Bryan et al.，2002a，2002b）。对它们的成矿作用研究程度较低。Bryan（2007）评述了与长英质大火成岩省有关的成矿系统，主要包括低硫化型贵金属浅成低温热液矿床，如墨西哥 Sierra Madre Occidental 有超过 800 个浅成热液矿床。另外一个具有重要经济意义的是阿根廷 Chon Aike 低温热液 Au-Ag 矿区。Bryan（2007）还指出长英质热液系统产于火山塌陷构造、火山口周边断裂和沿着裂谷构造的伸展性断层中。Bryan（2007）还指出上述 Sierra Madre Occidental 裂谷系统与盆岭式的伸展构造有关。其中的热液矿床分布于边缘断裂中。

在世界范围内，华南长英质大火成岩省中的成矿作用的研究程度相对较高。该 LIP 中，中生代花岗岩省产生了大规模的 W-Sn-Sb-As 矿化及铅锌、稀有、稀土矿床的成矿集中区（毛景文等，1998；贾大成等，2004）。华仁民等（2002，2003，2005）对华南中-新生代大火成岩省的形成背景、成矿作用特点作了很好的总结。在该火成岩省中，按时间先后将中生代花岗岩与成矿作用的关系分为三个阶段：①南岭地区与燕山早期（180～170Ma）岩浆活动相关的成矿作用主要是湘南与高钾钙碱性岩石（花岗闪长质小岩体）伴生的铜铅锌多金属成矿作用，并形成了一批大、中型矿床，如水口山、宝山、铜山岭等，但这些矿床精确的成矿年龄数据很少。与此相伴随的金矿化也颇具规模，典型例子是在水口山铅锌矿田发现的康家湾 Au-Ag-Pb-Zn 矿床；在宝（山）-黄（沙坪）成矿带西部发现的大坊金矿，其矿体产在花岗闪长斑岩体内及其与灰岩的接触带上。此外，赣南一些准铝质的 A 型花岗岩与稀土矿化的关系比较密切，这些岩体一般富含稀土元素，尤其是重稀土。赣南地区广泛分布的大规模风化淋积型稀土矿床往往与这些 A 型花岗质岩石关系密切。②燕山中期（170～140Ma）的成矿作用以湘南、赣南等地的部分 W（Mo）多金属等为主，如柿竹园、漂塘等，且主要发生在该阶段的稍后期（150Ma 左右）；晚阶段（150～140Ma）则是南岭地区 W、Sn（尤其是 Sn）等有色-稀有金属矿化大规模发生的阶段。③燕山晚期（139～100Ma）中酸性岩浆活动十分强烈。赣江以东至东南沿海地区明显受太平洋板块活动的影响，火山岩发育，伴随 Au、Ag、Cu、Pb、Zn 等金属的成矿作用。而南岭的主体则以花岗质火山-侵入杂岩的发育及基性岩脉的贯入为主，壳-幔作用的增强主要导致了 Sn、U 等金属的重要成矿作用。

二、塔里木大火成岩省认识的提出及证据

（一）塔里木大火成岩省概况及分布范围的重新厘定

塔里木大火成岩省分布面积广，岩石类型丰富，包括超基性岩类、基性岩类和中酸性岩类。陈业全和李宝刚（2004）根据火山岩的岩性及电性特征，对塔里木盆地中部地区下二叠统火山岩地层进行了划分与对比。结果表明，以岩流组作为该区火山岩地层划分对比单元，确定了塔中地区西部有 6 期火山喷发，中部有 4 期火山喷发，东部无火山喷发。该区二叠纪火山以断裂式喷发为主，火山活动由西北向东南逐渐减弱。其中主体为溢流玄武岩，厚度几十米至几百米，残余分布面积约 20 万 km^2。大部分火成岩均被覆盖，结合野外出露情况大致介绍火成岩的岩石组合类型及分布范围。

1. *主要岩石类型及其分布范围*

超基性岩类：塔里木大火成岩省超基性岩类主要出露在巴楚小海子地区和瓦吉里塔格地区。小海子地区出露的超基性岩，以岩墙形式产出，岩墙直立，走向近南北向，宽约 2m。与超镁铁质岩墙并排相邻产出的为细粒辉绿岩墙，宽 5m 左右，两者在露头上被一透镜体状地层相隔，地层为灰绿色致密粉砂岩，因与岩浆相互作用而呈现浅绿色。瓦吉里塔格地区超基性岩类主要为辉石岩和爆破角砾岩。辉石岩呈岩体状侵入地层当中，围岩地层经岩体烘烤而呈黄褐色。岩石节理发育，风化后呈块状散落。爆破角砾岩筒为隐爆角砾云母橄辉岩，岩筒产于泥盆纪红色砂岩区，在地貌上为以中间凹陷的负地形。爆破角砾岩岩筒被晚期辉绿岩脉切割，据此推测辉绿岩侵入时间晚于爆破角砾岩。

基性岩类：基性岩类主要包括玄武岩和辉绿岩，玄武岩分布范围广，主要位于阿瓦提拗陷、满加尔拗陷西部、塔北隆起西部、巴楚隆起、塔中隆起和塔西南拗陷等，面积在 20 万 km^2以上。

最典型的玄武岩野外剖面位于柯坪地区。遥感影像清晰显示柯坪地区存在两大套黑色玄武岩，均产于二叠系内，顺层产出，由于构造变动，玄武岩层倾角为 40°～60°，由于印干断层及其次级断层的影响，玄武岩在平面上被截成三个不连续段，两条断层的水平断距分别为 7km 和 3km，均为左行走滑断裂。两套玄武岩间的沉积夹层厚度变化较大，为 800～1500m。底部一套玄武岩位于库普库兹曼组内，可划分为 2 个小层；上部一套位于开派兹雷克组内，可分为 6 个小层。库普库兹曼组玄武岩出露总长度约 76km，开派兹雷克组玄武岩出露 47km，虽受后期构造运动发生错断和褶曲，两套玄武岩基本呈平行条带状分布。依据野外实地测量，库普库兹曼组两层玄武岩累计最大厚度可能为 75m，开派兹雷克组地层玄武岩累计最大厚度可达 420m 左右。

辉绿岩均以岩墙形式产出，主要分布于巴楚小海子地区、瓦吉里塔格地区和柯坪印干村地区，其中巴楚地区分布最密集。岩墙一般宽度在 0.5～1m，宽的可达 5m 以上。辉绿岩墙常切穿地层，与地层产状明显不同，也有部分辉绿岩岩墙沿层间裂隙贯入，呈顺层水平状。辉绿岩岩墙可与其他超基性岩墙或酸性岩墙并排产出，体现双峰式火成岩特征。辉绿岩岩墙在区域上走向多变，多条岩墙可以相互交叉，不同岩墙之间的相交关系，可以反

映岩墙侵入期次。小海子和瓦吉里塔格地区的辉绿岩岩墙较柯坪地区发育，这可能与该地区分别存在正长岩岩体和辉石岩体有关，及区域上裂缝的发育与岩浆上侵地壳隆升有关。

中酸性岩类：塔里木大火成岩省中发育的中酸性岩类主要包括正长岩、石英正长岩、石英正长斑岩、正长斑岩、安山岩、英安岩、流纹岩、花岗闪长岩、花岗岩、花岗斑岩、酸性凝灰岩。其中正长岩和正长斑岩主要分布于小海子地区，分别呈岩体和岩墙的形式产出。凝灰岩出露于柯坪、夏河南等玄武岩分布区，在钻井中也有揭示，往往位于玄武质熔岩喷发的末期。中酸性火山岩主要分布在哈尔克山南坡，在库车河剖面为一套流纹岩，上部为紫色流纹岩，下部为肉红色含集块的流纹岩，同时在钻孔中也通常会发现一些中酸性火山岩。

2. *火成岩岩相学特征*

前人对组成塔里木大火成岩省的各种岩石类型的岩相学特征进行了详细的描述，总结如下。

超镁铁质岩：小海子水库南闸附近的超基性岩墙，岩石为全晶质，斑状结构，斑晶为橄榄石、辉石，基质为细小的橄榄石、辉石和斜长石。岩石中橄榄石约占50%，辉石占30%，斜长石含量小于10%，其余为磁铁矿等副矿物，以及少量方解石等蚀变矿物。橄榄石无色，裂理发育，沿裂隙发育蛇纹石化，并有细粒的磁铁矿析出。橄榄石和辉石斑晶较大，粒径达8～10cm。辉石斑晶具有反应边，裂隙发育，充填斜长石微晶和铁质矿物。基质中的斜长石呈半自形，蚀变较弱。

隐爆角砾岩：爆破角砾岩岩筒由两类岩石组成，一类是角砾，另一类是胶结物。角砾的粒径从毫米级到数十厘米之间，形态从棱角状、次棱角状到浑圆状。粒级大者往往呈浑圆形，表面常呈舒缓波状起伏，表明在上升过程中还呈塑性状态。角砾的成分均呈岩屑和晶屑，粒级大者都是岩屑，岩屑主要是纯橄榄岩、单辉橄榄岩、橄榄辉石岩、单斜辉石岩等。这些岩石都具有全晶质中粗粒结构，块状构造，没有显示塑性变形组构。主要造岩矿物有橄榄石、单斜辉石、褐色角闪石和金云母。晶屑的矿物种属与岩屑的造岩矿物相同。角砾中常见绿泥石化、绿帘石化等较弱的蚀变。胶结物均为火山熔岩，黑色，斑状结构。斑晶主要为橄榄石，其次为金云母和磷灰石，金云母斑晶常见暗化边。基质呈显微晶质结构见有橄榄石、辉石、金云母微晶和蚀变矿物有绿泥石、绿帘石、阳起石、蛇纹石、滑石、碳酸盐等，角砾和胶结物中的副矿物有磷灰石、磁铁矿、钛铁矿、铬铁矿、钙钛矿、锆石、榍石和尖晶石（王懿圣和苏犁，1990；姜常义等，2004c）；角砾和胶结物的副矿物基本相同。此外，新疆地矿局第二地质大队在分选金刚石的过程中还发现了刚玉、金红石、镁铝榴石、锐钛矿和碳硅石（王懿圣和苏犁，1990）。苏犁（1991）发现胶结物的橄榄石、金云母和磷灰石斑晶中的岩浆包裹体晶出的子矿物相有橄榄石、透辉石、金云母、磷灰石、磁铁矿、铬铁矿、钙钛矿、角闪石和残余的玻璃相。这些子矿物相的矿物组合与寄主岩石的矿物组合相同，这从一个侧面证明了角砾和胶结物是同源岩浆的产物。

辉石岩：岩石为全晶质结构，几乎全为辉石晶体，辉石含量大于90%，等粒结构。在柱状辉石颗粒间充填有磁铁矿颗粒，构成典型的海绵陨铁结构。部分辉石具双晶和环带结构。暗色橄榄辉长岩：具有半自形柱粒状结构，块状构造。橄榄石含量为31%～52%，单斜辉石含量为14%～37%，斜长石含量为16%～27%，可见少量的褐色普通角闪石和黑云母。副矿物见有磁铁矿和磷灰石，前者含量为6%~9%。闪斜煌斑岩：具清楚的煌斑结构，斑晶以自形褐色普通角闪石为主，其次为更长石，还有少量被熔蚀成不规则粒状的透辉石斑晶。

玄武岩：斑晶主要由斜长石、单斜辉石和橄榄石组成，部分样品中具有含长结构，蚀变主要为蛇纹石化、绿泥石化等。基质以辉绿结构为主，局部发育间粒间隐结构。部分岩石见轻度绿泥石化、绿帘石化和碳酸盐化。各层内部玄武岩呈现一定的演化趋势，早期熔岩中辉石含量高，且结晶较好；晚期熔岩结晶较差，斑晶小，基质为间隐结构。

辉绿岩：具有典型的辉绿结构，辉石呈他形粒状充填在长条状自形斜长石组成的三角格架中。板条状斜长石长轴一般为0.4~0.8mm，粗粒的斜长石大于1mm。不透明矿物主要为磁铁矿，含量为5%~8%；部分辉绿岩样品有轻微蚀变，斜长石发生轻微的钠黝帘石化蚀变。

正长岩：详细的矿物学研究表明，小海子正长岩可划分为两种类型，即铁橄榄正长岩和角闪正长岩两类（位荀和徐义刚，2011）。铁橄榄正长岩相对新鲜，灰色，中-粗粒结构主要矿物成分为碱性长石（85%~90%）、角闪石（<7%）、单斜辉石（<5%）、铁橄榄石（≤2%）、石英和斜长石均少于1%。副矿物为磷灰石、钛铁氧化物和锆石。碱性长石主要为条纹长石，少量钠长石和微斜长石，粒径为0.1~1.5cm。镁铁质和氧化物集合体通常包括角闪石、单斜辉石、铁橄榄石、钛铁矿和磷灰石。角闪石是最为常见的镁铁质矿物，通常围绕铁橄榄石和单斜辉石生长，形成反应边，含有锆石、磷灰石和钛铁矿等的包裹体。辉石通常被角闪石包裹，一些辉石小颗粒被碱性长石包裹。大多数铁橄榄石边部通常被伊丁石化，沿裂隙被蚀变成不透明的铁氧化物。钛铁矿通常呈不规则的他形围绕单斜辉石、角闪石或铁橄榄石生长。少量斜长石通常呈他形位于碱性长石颗粒间。角闪正长岩显示轻微的蚀变，浅肉红色，中-粗粒结构，主要矿物成分为碱性长石（85%）、角闪石（4%）、黑云母（5%）、石英（2%~4%）和斜长石（1%~2%）。副矿物为磷灰石、钛铁氧化物和锆石。碱性长石主要为钠长石和条纹长石。镁铁质矿物集合体主要为黑云母和角闪石。自形的黑云母，通常和角闪石共生，颗粒大小为0.2~3.5mm，通常含有磷灰石和铁氧化物包裹体。角闪石，半自形到自形，粒径为0.2~1.5mm，常包含有磷灰石、铁氧化物等包裹体。石英含量为2%~4%，颗粒大小为0.1~1.0mm，通常位于碱性长石颗粒间，和角闪石、黑云母接触。

正长斑岩：棕红色浅成岩，板状结构，斑晶为淡黄色正长石，呈板状、柱状，含量约5%，正长石表面呈浑浊的土褐色，偶尔可见两组正交的解理，大的正长石斑晶长轴达3mm；基质致密，多由正长石微晶组成，呈长条状，呈一定的定向性，构成粗面结构，正长石具卡氏双晶。此外，基质中还含有暗色的磁铁矿等副矿物。

石英正长斑岩：手标本呈紫红色，致密块状，钾长石斑晶多见，并有少量斜长石斑晶。基质以微晶斜长石为主（70%~90%）以及含少量斜长石。细致的镜下观察表明，在约1.5m宽的岩脉中，出现粒度不同的两种岩石类型，一类斑晶和基质颗粒稍粗，基质以0.5mm左右多见；而另一类基质以0.25mm多见。它们粒度的变化反映了结晶程度的不同。基质中还有少量细粒石英颗粒，呈他形充填在微晶钾长石和/或斜长石之间，稍大者达0.25mm，一般少于0.15mm。部分样品微晶斜长石具定向排列，基质呈交织构造。多数样品中有少量角闪石和黑云母，为后期结晶的产物。副矿物有磷灰石、锆石、榍石和铁质矿物。

安山岩：斑状结构，斑晶主要为斜长石。基质由斜长石微晶组成，略具定向排列，构成交织结构。部分安山岩由斜长石微晶和玻璃质组成，构成玻基交织结构。

英安岩：手标本上岩石呈深灰-灰绿色，斑状结构，斑晶主要为长石和石英。在薄片中可见斑晶含量达35%左右，其中斜长石斑晶多为自形-半自形晶，含量达30%~40%、石英斑晶为他形粒状，发育熔蚀边，含量占25%~30%。其次还见角闪石斑晶。基质为微粒结构，主要由细小的长石和石英构成，部分样品有微弱的碳酸盐化。

流纹岩：紫红色，砖红色，常具斑状结构，基质为隐晶质。斑晶主要为条纹长石、斜长石、石英和黑云母。其中石英斑晶呈高温石英形态，常受熔蚀而呈浑圆状、港湾状，常具裂纹。基质由长石、石英等组成，岩石具霏细结构，局部呈显微花岗结构。

凝灰岩：包括沉凝灰岩和晶屑凝灰岩。沉凝灰岩具沉凝灰结构，火山灰物质经过水体的短距离搬运及沉淀作用，显示一定的分选呈层特征。石英碎屑呈棱角状，磨圆差，表面干净，与长英质微晶基质界线清晰，分选性差。晶屑凝灰岩含长石和石英晶屑，晶屑颗粒较大，粒径0.5~1mm，呈棱角状，磨圆较差，晶屑含量约20%，火山灰胶结。

3. *火成岩矿物晶体化学*

各类火成岩中常见的矿物有橄榄石、单斜辉石、斜方辉石、斜长石、黑云母、金云母等，这些矿物蕴藏着丰富的成岩成矿信息。

姜常义等（2004b）对麻扎尔塔格暗色橄榄辉长岩脉岩中矿物晶体化学研究认为，大部分橄榄石的Fo值为72~78，属贵橄榄石；其中有一件样品的Fo值为60，属透铁橄榄石。辉绿岩中的单斜辉石为普通辉石。暗色橄榄辉长岩中斜长石An为59~69，均为高牌号拉长石。

姜常义等（2004c）对瓦吉里塔格超镁铁岩中的矿物晶体化学进行了较为详细的研究，瓦吉里塔格超基性岩中胶结物和角砾中的橄榄石没有扭折带、机械双晶和波状消光，其结构特点表明它们是从岩浆中结晶的；它们的Fo值为79~91，为贵橄榄石-镁橄榄石。Breddam（2002）证明，地幔柱超镁铁质原生岩浆中最初结晶的橄榄石的Fo值应为90~91。Hess（1992）认为原生岩浆中能结晶出Fo值为88~91的橄榄石，该区橄榄石分析数据中，有2粒橄榄石的Fo值为90、91，可能代表了与原生岩浆平衡的最初液相线矿物。单斜辉石主要是透辉石。褐色角闪石的晶体化学全部属钙闪石组（Leake，1978），主要是钛角闪石和韭闪石。金云母的 $Mg/(Mg+Fe^{2+})$ 值为0.83~0.94，平均为0.90；晶体化学式中 $Si \leqslant 6.0$，$Ti \geqslant 0.13$。该区金云母最主要的特点是富铝，大部分样品Al原子数为1.96~2.46。

杨树锋等（2007）对塔里木大火成岩省小海子超基性岩脉中的矿物晶体化学进行了详细的研究。小海子橄榄二辉岩中橄榄石的MgO较高，为39.87%~42.89%，其中Fo值为78~81，属贵橄榄石。单斜辉石在En-Fs-Wo分类图解上大部分落在普通辉石范围，少部分落在普通辉石和透辉石的过渡区，En=40~53，Fs=10~20。斜长石中 Al_2O_3 含量为26.47%~30.10%，An=45~68，属中长石-拉长石。

角闪正长岩中角闪石为钙角闪石组，为浅闪石，与铁橄榄石正长岩相比，具有相对低的

$Fe^{2+}/(Fe^{2+}+Mg)$ 值，为 0.40～0.44。黑云母属铁黑云母，$Fe^{2+}/(Fe^{2+}+Mg)$ 值为 0.51～0.60。位荀和徐义刚（2011）通过对铁橄榄石正长岩的研究认为，橄榄石的 Fa 变化范围为 88～93，为铁橄榄石，SiO_2 含量为 30.58%～31.54%，MnO 含量为 4.11%～5.70%，MgO 含量为 2.83%～4.54%。单斜辉石端元组成为 Wo＝42.7～47.7，En＝20.3～24.5，Fs＝32.0～32.9，属钙铁辉石-普通辉石。角闪石为钙角闪石，位于铁普通角闪石和铁浅闪石区域，为富铁角闪石，$Fe^{2+}/(Fe^{2+}+Mg)$ 值为 0.60～0.74。钛铁矿 TiO_2 含量为 47.9%～49.1%，FeO^T 含量为 48.5%～48.7%，MnO 含量为 2.41%～2.43%，含少量的 SiO_2 和 MgO。

综上所述，塔里木大火成岩省火成岩中橄榄石的 Fo 值（7～91）变化范围较大，其中贵橄榄石所占比例最大。辉石成分主要为单斜辉石，未见斜方辉石；单斜辉石主要为普通辉石，部分落在普通辉石和透辉石的过渡区域，正长岩中的单斜辉石部分为钙铁辉石。斜长石 An（45～69）变化范围较大，属中长石-拉长石。角闪石主要为钙角闪石组，$Fe^{2+}/(Fe^{2+}+Mg)$ 值变化范围大，正长岩中值角闪石的 $Fe^{2+}/(Fe^{2+}+Mg)$（0.4～0.74）和基性-超基性岩中的角闪石的 $Fe^{2+}/(Fe^{2+}+Mg)$（0.08～0.35）存在较大差异。这些矿物晶体化学较大的变化范围表明，塔里木大火成岩省中火成岩岩石类型的多样性，同时也反映了不同区域岩浆演化过程的不均一性。

4. 塔里木大火成岩省形成时限研究及分布范围重新厘定

塔里木大火成岩省的形成时限一直是研究的重点，前人运用不同的同位素定年方法对其形成时限进行了探讨。近年来随着高精度测年技术的应用，对塔里木大火成岩省的形成时限及各期次岩浆作用的先后顺序均进行了更加准确系统的限定。

通过对比不同同位素测年方式的优劣，主要选择可信度较高的锆石 LA-ICP-MS 和 SHRIMP 测年结果对大火成岩省各期次火成岩的形成时限及火成岩序列进行限定。柯坪玄武岩最早喷发时限为 290Ma 左右（289.5±2.0Ma），最后一次喷发的时代大概在 289Ma（288.9±3.4Ma）。玄武岩上部的角砾熔岩和沉凝灰岩样品的分析数据也证实了这一年龄结果。在允许误差范围内，角砾熔岩最小年龄（291.1±4.4Ma）和沉凝灰岩最小年龄（289±3Ma）都与 290Ma 相吻合。通过与前人研究成果（刘金坤和李万茂，1991；张师本，2003；杨树锋等，2006）的对比，不难发现这些年龄结果在误差范围内均与 290Ma 一致，这一结论对柯坪玄武岩的喷发年限进行了精确的限定，同时也表明 K-Ar 方法的有效性。柯坪玄武岩年龄的精确厘定，为塔里木大火成岩省其他玄武岩露头的定年提供了参考。余星（2009）测得塔西南玄武岩的 ^{40}Ar-^{39}Ar 坪年龄为 290.1±3.5Ma，与杨树锋等用 K-Ar 法对同一样品的定年结果（289.6±5.6Ma）一致，这一年龄结果与柯坪玄武岩相同。这些年龄结果表明，在塔里木盆地，空间上相距 400～500km 的玄武岩可能是同期喷发的，这也表明了此次岩浆事件影响范围的广泛性。同时张师本对英买 8 井玄武岩的定年结果（290.5±4.21Ma）和上官时迈等对 HA2 井覆盖于玄武岩之上的流纹岩的定年结果（287.3±2.0Ma）都证明了这一结论。

前人对产出玄武岩的典型剖面中的古生物化石时代的研究也佐证了塔里木大火成岩省形成于早二叠世这一结论。孙柏年等在沙井子四石厂剖面的库普库兹曼组玄武岩之间的泥岩和开派兹雷克剖面的开派兹雷克组玄武岩之间的泥岩中找到了大量早二叠世的植物化石。1975 年新疆地矿局地层队在沙井子开派兹雷克组下亚段中找到了可以与华北下二叠统下石盆子组相对比的植物化石，确定了开派兹雷克组与华北下石盒子组相当，属于早二叠世中-晚期。黄智斌等从库普库兹曼组合开派兹雷克组获得了大量的古生物化石，从古生物的特征看，库普库兹曼组产介形类 *Whiphlella- Darwinula* 组合，大植物化石 *Autuniaconferta- Pecopertis- Cordaites* 组合和 *Dichophyllum flabellifera* 组合，时代为中二叠世早期，属中二叠统栖霞阶-祥播阶；开派兹雷克组产植物化石 *Autunia confeeta- Pecopertis-Cordaites* 组合、*Dichophyllum flabellifera* 组合和 *Sphenophyllum verticillatun-"Noeggerathiopsis" subangusta* 组合，时代为中二叠世晚期，对应的年代地层是中二叠统祥播阶-冷坞阶；塔西南的棋盘组，产腕足类 *Liraplecta aspera-Choristites tarimensis* 组合、*Potonieisporites-Vestigisporites*（PV）孢粉组合，时代为中二叠世早期，对应的年代地层为中二叠统栖霞阶。

以上通过同位素年代学和古生物化学研究，认为塔里木大火成岩省玄武岩的大面积喷发主要集中在 290Ma。但是不同学者在测定柯坪玄武岩形成年龄时都获得了一些较年轻的年龄，主要集中在 272～282Ma，通过分析认为，这一年龄可能代表了后期中酸性侵入岩、脉岩及辉绿岩脉形成的年龄。

大量的侵入岩体和岩脉也是大火成岩省的重要组成部分。侵入岩体主要有小海子正长岩岩体和瓦吉里塔格辉石岩岩体；脉岩主要为辉绿岩岩墙、正长岩岩脉，其次还有超镁铁质岩墙、爆破角砾岩筒。前人多次研究表明，小海子正长岩的形成年龄为 278Ma，正长斑岩的年龄也基本确定，为 278.4±2.2Ma，与正长岩体的年龄相近。对后期切穿玄武岩的辉绿岩岩脉的形成时限的有效限定可以很好地限定大火成岩省的持续时间，对此前人进行了大量的研究工作，但结果相对比较分散，故辉绿岩岩墙的精确定年还需进一步研究。此外，瓦吉里塔格辉石岩、爆破角砾岩岩筒和小海子超镁铁质岩岩墙的精确年龄仍需进一步研究。

（二）塔里木大火成岩省岩石地球化学特征

前人对塔里木大火成岩省的研究，为我们系统地探讨各类火成岩的岩石地球化学特征提供了丰富的数据。本书在前人研究的基础上，通过系统收集前人数据，对塔里木大火成岩省整个区域的各类火成岩进行系统的总结，探讨各类火成岩的岩浆演化过程、演化序列及地球动力学过程。

1. *超基性岩类地球化学特征*

前已述及，超基性岩类主要包括瓦吉里塔格爆破角砾岩、辉石岩和小海子超镁铁质岩，前人对这些岩石进行了详细的地球化学研究。

1）主量元素

小海子南闸橄榄二辉岩 SiO_2=40.88%～42.80%，平均为 42%，属于超基性岩（<45%）；TiO_2=1.59%～1.17%，Al_2O_3=5.46%～5.85%，CaO=7.20%～10.38%，比一般超基性岩含量高。铁镁含量高，Fe_2O_3=16.29%～19.37%，MgO=18.82%～21.78%，具有高的 $Mg^{\#}$ 值（67～69），属于正常超基性岩范围。按照 SiO_2-(Na_2O+K_2O) 分类方案，橄榄二辉岩属于亚碱性系列（图 5-1）。在 AFM 图解中，橄榄二辉岩具有拉斑玄武岩系列演化趋势。

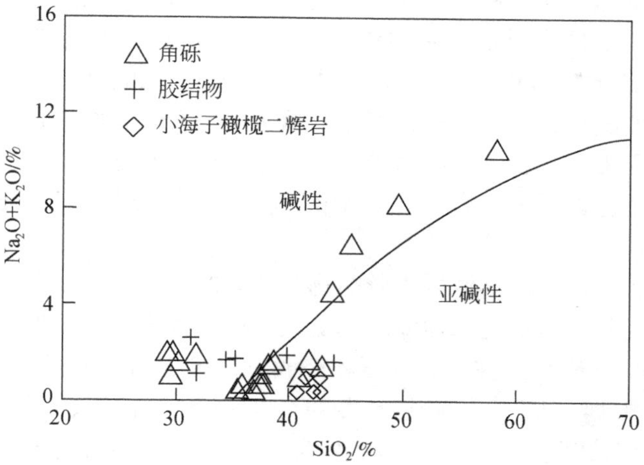

图5-1 塔里木大火成岩省超镁铁岩 SiO_2-Na_2O+K_2O 图解

主量元素数据引自李昌年等，2001；姜常义等，2004a，2004b；杨树锋等，2007；余星，2009；励音骐等，2011

瓦吉里塔格超镁铁岩角砾岩岩筒中胶结物的 MgO = 15.02% ~ 21.52%。按照最新的 IUGS 高镁和苦橄质火山岩分类方案（Le Bas，2000），主要岩石类型为麦美奇岩和苦橄岩，这种岩石学名称并无特定的岩相学意义。除个别样品 FeO^T 较低外，其余大部分样品属铁富集型（姜常义等，2004c）。值得注意的是角砾岩全岩和胶结物均具有高的 P_2O_5 含量（2.27% ~ 3.16%），而角砾中的 P_2O_5 含量（0.38%）比较低，说明 P_2O_5 主要赋存在胶结物中，显微镜下观察显示胶结物中含有较多的磷灰石。Al_2O_3 = 0.55% ~ 5.56%，显著贫化。CaO 含量呈现出大幅度的变化，为 1.73% ~ 18.08%。角砾岩的全岩烧失量较高（LOI = 8.10% ~ 10.46%），这与角砾岩中含有较多的含水矿物（角闪石、金云母等）有关。

麻扎尔塔格地区暗色橄榄辉长岩 SiO_2 = 44.02% ~ 44.94%，属超基性岩范畴，TiO_2 = 1.58% ~ 1.87%，与同类岩石相比，明显偏高。它们的最主要特征是镁含量高，MgO 为 17.21% ~ 18.59%，此外，全铁含量也明显偏高，Fe_2O_3 + FeO = 14.40% ~ 16.88%。暗色橄榄辉长岩位于亚碱性系列区，且全部位于拉斑玄武岩系列区。

2）稀土和微量元素

小海子二辉橄榄岩的稀土元素相对总量较低，$\sum REE = 73.29\times10^{-6} \sim 76.27\times10^{-6}$，轻重稀土元素之间分馏较强，$(La/Yb)_N = 7.52 \sim 9.20$；轻稀土元素之间和重稀土元素之间分馏作用较弱，$(La/Sm)_N = 2.03 \sim 2.32$，$(Gd/Yb)_N = 2.67 \sim 2.89$。小海子南闸超基性脉岩的稀土元素配分模式与二辉橄榄岩相似，但稀土元素总量较高，其中辉绿玢岩 $\sum REE = 189.27\times10^{-6}$，辉绿岩 $\sum REE = 205.21\times10^{-6} \sim 273.59\times10^{-6}$。

瓦吉里塔格超镁铁岩中胶结物的 $\sum REE = 259.2\times10^{-6} \sim 1554.8\times10^{-6}$，$(La/Yb)_N = 14.6 \sim 52.5$，平均为 34.2，角砾的 $\sum REE = 35.2\times10^{-6} \sim 206.1\times10^{-6}$；$(La/Yb)_N = 21.1 \sim 32.4$，平均为 25.3。轻重稀土元素之间分馏较强，$(La/Yb)_N = 45.88 \sim 64.90$，轻稀土元素内部分馏较弱，$(La/Sm)_N = 3.43 \sim 4.40$，重稀土元素内部分馏较强，$(Gd/Yb)_N = 8.09 \sim 9.17$。所有的超基性岩的稀土元素配分曲线都为轻稀土富集型，与板内岩浆岩中最常见的

轻稀土元素富集和重稀土元素贫化型配分曲线特征一致；轻稀土元素和重稀土元素的配分曲线斜率基本一致。不是像板块汇聚边缘玄武岩那样，轻稀土元素配分曲线普遍向右陡倾，而重稀土元素配分曲线相对平坦（王仁民等，1987；Gill，1981）。不同地区各种岩性之间稀土元素配分曲线较为一致，这也可能暗示了这些岩浆岩可能是来自于相同的岩浆源区。超基性岩大多无 Eu 异常（δEu =0.95 ~ 1.08），这可能是斜长石分离结晶程度很低造成的，麻扎尔塔格暗色橄榄辉长岩具有明显正 Eu 异常，这可能与该岩石中含有较多斜长石有关（姜常义等，2004b）。

前已述及，瓦吉里塔格超镁铁岩中胶结物与角砾的主要差异表现在前者的稀土元素总量明显高于后者，而且前者的配分曲线斜率更大一些。稀土元素在橄榄石和玄武质熔体间的分配系数为 0.008 ~ 0.013，在单斜辉石和玄武质熔体之间的分配系数为 0.08 ~ 1.1。而且，在这两种矿物和熔体间，重稀土元素的分配系数都高于轻稀土元素（Henderson，1984）。由此可见，以橄榄石为主，并有一定数量单斜辉石参与的堆晶作用，不但显著降低了角砾岩中的稀土元素总量，而且增加了其 $(La/Yb)_N$ 值。

小海子橄榄二辉岩的微量元素配分曲线具有多组峰谷，大离子亲石元素 Sr 呈明显的低谷，Ba、Rb 也显示出不同程度的负异常，Th、U、LREE 等高场强元素相对富集。由于稀土元素特征指示母岩浆中斜长石的分离结晶程度较低，因而 Sr 的负异常并非斜长石分离结晶造成的，而是热液蚀变作用造成的。若不考虑热液蚀变作用的影响，微量元素配分曲线呈大隆起特征，指示板内拉张环境玄武岩的微量元素地球化学特征。小海子南闸的辉绿岩和辉绿玢岩岩墙具有与橄榄二辉岩类相似的微量元素分布特征，只是元素含量较橄榄二辉岩高，这表明小海子基性岩脉和超基性岩形成于相同的构造环境。

3）Sr-Nd-Pb 同位素

瓦吉里塔格爆破角砾岩中角砾和胶结物具有相同的 Nd、Sr、Pb 同位素组成。$(^{143}Nd/^{144}Nd)_i$ =0.512651 ~0.512767，$\varepsilon_{Nd}(t)$ = +3.3 ~ +5.4；$(^{87}Sr/^{86}Sr)_i$ =0.703816 ~0.704126，$\varepsilon_{Sr}(t)$ = −4.27 ~ −10.78；$^{206}Pb/^{204}Pb$ = 18.47 ~ 22.78，$^{207}Pb/^{204}Pb$ = 15.52 ~ 15.90，$^{208}Pb/^{204}Pb$ = 38.45 ~39.62，据此，可以证明角砾和胶结物是同源岩浆的产物。由此可见，该区超镁铁岩具有地幔柱和洋岛岩浆岩的 Nd、Sr、Pb 同位素组成特征。

2. 基性岩类

塔里木大火成岩省主要由基性岩类组成，基性岩类主要包括玄武岩和辉绿岩。其中玄武岩是早期岩浆作用的产物，分布范围最广，辉绿岩为较晚期岩浆作用的产物。

1）主量元素

玄武岩样品 SiO_2 含量为 41.06% ~ 53.60%，平均为 47.00%，辉绿岩 SiO_2 含量为 43.65%~51.98%，平均为 47.82%，与玄武岩相近。基性岩类的主量元素丰度比较集中，总体上 SiO_2 含量为 41.06%~53.60%，主体在 44%~52%，与典型的基性火山岩的 SiO_2 含量相吻合。基性岩的 TiO_2 含量为 1.95%~5.04%，主体在 2.5%~4.0%。Al_2O_3 和 Fe_2O_3 的含量分别为 11.52%~17.86% 和 9.97%~19.44%。MgO 含量较低，为 2.34%~8.14%，代表演化的岩浆。CaO 丰度变化较大，最小为 4.88%，最大为 10.69%。Na_2O 含量主体位于 0.55%~5.23%，除了瓦吉里塔格辉绿岩的 Na_2O 含量极高，平均为 9.5% 左右，因为含有大量的霞石矿物。K_2O 含量为 0.26%~2.31%，P_2O_5 含量为 0.25%~1.68%。在 TAS 图解

上，辉绿岩和玄武岩都落在碱性分界线附近，即同时有碱性系列和亚碱性系列。对于玄武岩，塔北隆起西部钻孔样品及柯坪早期玄武岩样品都位于分界线下方，属亚碱性系列。对于辉绿岩，柯坪辉绿岩属亚碱性系列，瓦吉里塔格辉绿岩强烈富碱，Na_2O+K_2O 达 9.5%～10.4%。

柯坪玄武岩以明显富集 TiO_2、$FeO+Fe_2O_3$ 和 P_2O_5 为特征。TiO_2 含量为 2.68%～5.25%；Na_2O+K_2O 总量比较高。SiO_2、Al_2O_3、MgO 和 CaO 不同程度地贫化。尤以 SiO_2 的贫化最为显著，柯坪玄武岩多属碱性玄武岩系列，只有一少部分属于亚碱性系列。按照 TAS 分类方案，它们分属玄武岩、碱玄岩、碧玄岩、苦橄玄武岩和钾质粗面玄武岩。

库普库兹曼组玄武岩的 SiO_2=42.1%～50.86%，除个别样品外，均大于45%，平均为 47.23%，属典型的基性岩；TiO_2 = 2.85%～3.79%，Al_2O_3 = 12.92%～14.59%，CaO = 6.57%～10.49%，K_2O 含量小于 Na_2O。MgO 含量较低，$Mg^{\#}$ 值小于 50。铁含量较高，Fe_2O_3=15.29%～17.97%，均大于 10%，比 MORB 富铁，指示其深源以及地幔柱源的特征。

塔西南玄武岩中 SiO_2 含量为 44.85%～46.19%，TiO_2 较高，为 4.22%～4.41%，Al_2O_3 含量为 13.99%～14.06%，MgO 含量为 3.58%～4.78%，Al_2O_3 含量为 13.99%～14.60%，K_2O+Na_2O 总量高（4.00%～4.20%），K_2O 含量低于 Na_2O，在 SiO_2-(K_2O+Na_2O) 图解上，样品全部落入碱性区域。样品 $Mg^{\#}$ 为 0.31～0.36，P_2O_5 含量为 1.17%～1.57%。该区玄武岩 TiO_2 含量在塔里木地表露头剖面中为最高，且 Ti/Y 值为 522～624，属高钛系列。

2）稀土和微量元素

在稀土元素球粒陨石标准化配分曲线图上，塔北玄武岩（包括哈 1 井、胜利 1、英买 5 井、羊塔 6 井和夏河南等）和柯坪玄武岩的区别明显，两类玄武岩的轻稀土丰度相似，但重稀土含量明显不同。柯坪地区玄武岩的重稀土含量较高，夏河南黑山头地区，塔西南达木斯地区以及位于塔北隆起中部的哈 1 井和位于塔中西部的哈 4 井，其 $\sum$REE 为 169×10^{-6}～324×10^{-6}，轻重稀土元素之间分馏明显，$(La/Yb)_N$=5.48～7.74，轻稀土和重稀土元素内部分馏较弱，$(La/Sm)_N$=2.31～2.85，$(Gd/Yb)_N$=1.82～2.40，δEu 为 0.84～1.02，大部分样品 $\delta Eu<1$，存在较弱的负 Eu 异常。微量元素特征与辉绿岩相似，总体富集不相容元素，亏损 K、Sr 和重稀土元素，Nb/Ta 值为 14.67～17.50，略小于原始地幔的 Nb/Ta 值（17.57），为幔源岩浆适度演化的产物。

重稀土含量相对较低的玄武岩来自于塔北隆起西部的羊塔 6 井、英买 5 井、英买 8 井和胜利 1 井，即塔北玄武岩。镜下观察表明，这一类玄武岩具安山结构，属安山质玄武岩。该类玄武岩的稀土元素总量 $\sum$REE = 163×10^{-6}～253×10^{-6}，轻重稀土元素分馏明显，$(La/Yb)_N$=10.74～18.08，轻稀土和重稀土元素内部分馏较弱，$(La/Sm)_N$=2.78～3.94，$(Gd/Yb)_N$=2.73～3.15，δEu 为 0.92～1.08，基本无 Eu 异常。微量元素特征与第一类玄武岩相似，轻度亏损 Sr，个别样品具有 U 和 K 的负异常。Nb/Ta 值为 14.11～15.59，小于原始地幔的 Nb/Ta 值（17.57），且大部分样品小于第一类玄武岩的 Nb/Ta 值，表明该类安山质玄武岩可能为幔源岩浆适度演化的产物。

塔西南玄武岩稀土元素总量较其他地区高（288×10^{-6}～358×10^{-6}），$(La/Yb)_N$=6.9～7.2，说明轻、重稀土元素之间分馏明显，$(La/Sm)_N$=2.4～2.6，$(Gd/Yb)_N$=2.0～2.2，

表明轻、重稀土元素内部分馏较弱。样品 $\delta Eu=0.9\sim1.0$，显示无 Eu 异常或弱的负 Eu 异常。来自柯坪、巴楚和瓦吉里塔格三个地区的辉绿岩稀土元素特征显示细微差别，柯坪辉绿岩的稀土元素特征与柯坪玄武岩相似，巴楚和瓦吉里塔格辉绿岩的稀土元素特征与塔北玄武岩相似，这可能暗示它们在成因上的联系。

在原始地幔标准化多元素配分曲线图上柯坪玄武岩的 Cs、Rb、Sr 普遍贫化，部分样品中的 K 略有贫化。Sr 的贫化与斜长石斑晶的数量及 δEu 值的正负和大小无关，所以，不应将 Sr 的贫化归因于斜长石的分离结晶作用。这些元素的贫化应当与橙玄玻璃的蚀变有关，它们在热液蚀变期间活动性明显。柯坪玄武岩的另一个地球化学特征是 P 的显著富集。如前所述，柯坪玄武岩的主要岩石类型是碧玄岩、碱玄岩和碱性玄武岩，显然是地幔岩低度熔融（<5%）的产物。在地幔岩熔融的初期阶段，磷灰石变得不稳定而优先进入岩浆。柯坪玄武岩 $\delta Eu=0.84\sim1.3$，部分具有弱的正 Eu 异常，大部分具有弱的负 Eu 异常，表明在深部岩浆房中发生过比较弱的斜长石分离结晶/堆晶作用。

3）Sr-Nd-Pb 同位素

柯坪玄武岩 $\varepsilon_{Nd}(t)=-4.0\sim-1.8$，Sr 同位素初始比值$(^{87}Sr/^{86}Sr)_i=0.70678\sim0.70771$，变化范围较小，$^{206}Pb/^{204}Pb=17.7621\sim18.0517$，$^{207}Pb/^{204}Pb=15.5173\sim15.5318$，$^{208}Pb/^{204}Pb=38.3953\sim38.5256$。鉴于采用多种微量元素比值和丰度都证明柯坪玄武岩没有地壳物质的同化混染，所以上述同位素比值应当代表了岩浆源区的同位素组成，而不应视为同化混染的结果。这些同位素数据表明，柯坪玄武岩源自于富集型大陆岩石圈地幔（Zindler and Hart，1986；Rollison，2000）。

柯坪辉绿岩的（$^{143}Nd/^{144}Nd)_i=0.512372\sim0.512483$，$\varepsilon_{Nd}(t)=+1.8\sim+3.9$。除部分样品外，小海子辉绿岩的 $\varepsilon_{Nd}(t)$ 均为正值（$+2.6\sim+5.2$），（$^{87}Sr/^{86}Sr)_i=0.70382\sim0.70439$，比玄武岩的（$^{87}Sr/^{86}Sr)_i$ 低，$^{206}Pb/^{204}Pb=18.6918\sim19.0585$，$^{207}Pb/^{204}Pb=15.5948\sim15.7199$，$^{208}Pb/^{204}Pb=39.131\sim39.448$。小海子辉绿岩和柯坪辉绿岩的 $\varepsilon_{Nd}(t)$ 值均与柯坪玄武岩明显不同，小海子辉绿岩的 $\varepsilon_{Nd}(t)$ 值稍高于柯坪辉绿岩。

（三）塔里木大火成岩省岩浆作用过程

塔里木大火成岩省岩石类型丰富，岩浆作用过程也较为复杂，前人通过系统的岩石学、同位素地球化学、铂族元素地球化学等方面进行了深入的探讨，为我们进一步认识塔里木大火成岩省的岩浆作用过程提供了很好的基础。

1. 蚀变作用

塔里木大火成岩省形成于早二叠世，自形成以来经历了复杂的地质构造运动，在显微镜下也随处可见蚀变作用的发生。在热液蚀变作用过程中，一些大离子亲石元素如 Cs、K、Rb、Ba、Sr 等是容易活动的，因此会导致在微量元素原始地幔标准化图解上这些元素往往变化范围较大；而稀土元素和一些高场强元素（如 Nb、Ta、Zr、Hf、Ti、Th 等）活动性弱；其中 Zr、Th 活动最弱（Staudigel and Hart，1983）。我们可以通过研究其他元素与 Zr、Th 的关系来判断这些元素的活动性。Th 与 La、Nb 以及 Zr 与 Sm、Nb 之间具有明显的正相关。表明稀土元素和 Nb、Ta 等高场强元素在热液蚀变过程中是基本不活动的。

Rb、Sr 与 Th 之间没有相关性，这表明在热液蚀变作用过程中大离子亲石元素是活动的。蚀变作用对岩体中高场强元素和稀土元素的影响很小，因此我们反演岩浆演化过程时应首先排除蚀变作用的影响，尽量选择稳定的元素来探讨岩浆演化作用过程。

2. 同化混染

岩浆从地幔或地壳深部上升过程中，必然会或多或少地同化一些地壳物质，对同化混染作用进行有效的限定有助于我们更加深刻地了解岩浆的运移及演化作用过程，同时同化混染作用也是促进成矿的有利因素。除了野外宏观地质特征外，还有一系列地球化学指标可以判定同化混染作用。在岩浆体系中，元素在不同的矿物中具有不同的相容性，随着结晶作用的进行，残余岩浆会逐渐亏损早期结晶相中的相容元素，并逐渐富集早期结晶相中的不相容元素。伴随结晶作用，岩浆中的元素丰度也随之改变。但是，总分配系数相同或很相近的元素比值不会因结晶作用而改变。根据总分配系数相同或很相近，同时对同化混染又敏感的元素比值（如 Ce/Pb、Th/Yb、Nb/Ta、Ta/Yb、K_2O/P_2O_5、Ti/Yb、Zr/Nb 等）间的协变关系，可以检验是否存在同化混染作用，并判断混染程度（Pirajno，2000；Mecdonnald et al.，2001）。在 La/Yb-Th/Ta 和 Ta/Yb-Th/Yb 上，部分样品具有弱的正相关性，表明岩浆上升过程中发生了较弱的同化混染作用。原始地幔的 Th/Ta 值为 2.3，大陆地壳约为 10。库普库兹曼组玄武岩的 Th/Ta 值为 2.97～4.41，处于原始地幔附近，但受到了少量大陆地壳物质的混染。MORB 和 OIB 的 Nb/U 值为 47±10，大陆地壳的 Nb/U 值在 12 左右（Hofmann et al.，1986；Woodhead and McCulloch，1989；Taylor and McLennan，1995）。库普库兹曼组玄武岩的 Nb/U 值为 14.27～21.05，处于 MORB 与地壳之间，这也说明岩浆上升过程中遭受了地壳物质的混染。但研究表明，柯坪玄武岩并没有发生陆壳物质的混染作用（姜常义等，2004a）。

3. 原生岩浆

准确厘定原生岩浆成分有助于我们深入理解岩浆形成时地幔所处的物理化学条件，这也直接影响我们对岩浆形成时的动力学机制的认识。通常情况下，原生岩浆一旦离开源区便会发生分离结晶和同化混染作用，这影响了我们对原生岩浆的认识，尽管如此，许多学者还是提出了很多鉴别与地幔橄榄岩平衡的原生岩浆的标志：$Mg^\# = 63 \sim 73$（Green，1995）；$FeO^T < MgO < 1$（Tatsumi et al.，1983；$Ni = 235\times10^{-6} \sim 400\times10^{-6}$（Sato，1977）；$Mg^\# = 68 \sim 73$；Hess（1992），$Mg^\# > 68$，$Ni = 300\times10^{-6} \sim 400\times10^{-6}$（Freg and Green，1978）。该区玄武岩的 $Mg^\#$ 值普遍较低，可能是原生岩浆在深部岩浆房发生了分离结晶作用，且橄榄石的 Fo 值都较低，不能代表与原生岩浆平衡的初始液相线矿物。姜常义等（2004c）在研究瓦吉里塔格角砾岩时发现，角砾岩岩筒中的胶结物的 $Mg^\# = 68 \sim 76$，$Ni = 318\times10^{-6} \sim 538\times10^{-6}$，依据以上判别标准，认为这些胶结物属于或接近于原生岩浆的范畴，认为胶结物样品的 MgO = 18.78%，$Mg^\# = 70$，$Ni = 411\times10^{-6}$ 可能最接近于原生岩浆的化学组成。同时通过对橄榄石的晶体化学研究认为，Fo 值为 90、91 的橄榄石代表了与原生岩浆平衡的最初液相线矿物的组成，通过计算认为与 Fo 值（91）处于平衡状态的岩浆的 MgO 含量为 18.8%，与样品的 MgO 一致，据此认为瓦吉里塔格角砾岩的原生岩浆 MgO>18%。孙林华等（2007）利用姜常义等（2004c）文章的数据反演计算瓦吉里塔格超镁铁岩原生岩浆

MgO 含量为 11.46%，是地幔石榴子石橄榄岩高程度部分熔融的产物。研究认为，柯坪玄武岩是富集地幔小于 5% 部分熔融的产物，由此可见，在塔里木大火成岩省的不同部位，岩浆形成时的物理化学条件存在巨大差异。

4. 岩浆源区性质

研究表明塔里木大火成岩省不同岩石类型的岩浆源区性质也有所差异（姜常义等，2004a，2004b，2004c；杨树锋等，2007；余星，2009；励音骐等，2011）。

柯坪玄武岩的岩石地球化学特征和其 Sr-Nd-Pb 同位素特征表明，柯坪玄武岩源自富集型大陆岩石圈地幔（Zindler and Hart，1986；Rollison，2000），并通过对比认为柯坪玄武岩源自于前寒武纪大陆岩石圈地幔。依据柯坪玄武岩的岩石地球化学特征结合相关的实验岩石学实验，表明柯坪玄武岩的源区深度较大，可能位于岩石圈地幔底部。张达玉等（2010）通过对库普库兹曼组玄武岩的锆石 $\varepsilon_{\mathrm{Hf}}(t)$ 同位素的研究表明，该组玄武岩岩浆源区为富集岩石圈地幔。杨树锋等（2007）通过对比小海子橄榄二辉岩与附近产出的辉绿玢岩、辉绿岩认为，该区岩浆岩的岩浆源区为亏损的软流圈地幔。姜常义等（2004b）通过对麻扎尔塔格超镁铁岩的 Sr-Nd-Pb 和橄榄石 Si 原子的研究认为，麻扎尔塔格的岩浆源区应为比较原始的下地幔。姜常义等（2005）对库鲁克塔格地区的二叠纪脉岩群研究认为，该区辉绿岩的 Nd、Sr 同位素结果及地球化学特征显示，该区岩石圈地幔在中新太古代属亏损型地幔，至少在元古宙已转化为富集型地幔，在新元古代进一步富集，且 Nd、Sr 和 Pb 同位素组成变化大，其富集程度大于塔里板块西缘的岩石圈地幔。研究认为，瓦吉里塔格地区的超镁铁岩具有适度亏损的 Nd-Sr-Pb 同位素组成，与一些大洋岛屿和地幔柱火成岩的 Nd、Sr、Pb 同位素组成相同或相近，结合其他地球化学指标，认为其岩浆源区为位于核幔边界的 D″层。但是鲍佩声等（2009）依据隐爆角砾岩中的包体矿物温压估算其成岩深度仅为 150km。研究结果表明，小海子正长岩具有相对低的（$^{87}\mathrm{Sr}/^{86}\mathrm{Sr})_{\mathrm{i}}$ 值和正的 $\varepsilon_{\mathrm{Nd}}(t)$ 值暗示它们来自亏损的地幔源区，且没有地壳物质的加入（位荀和徐义刚，2011）。

（四）塔里木大火成岩省的地幔动力学机制

岩浆活动总是与区域构造背景密切相关，不同的大地构造环境具有不同的火成岩组合类型和火成岩特征。前人的研究反复表明，塔里木大火成岩省的火成岩具有板内岩浆岩的典型特征，同位素研究表明，塔里木大火成岩省中火成岩的岩浆源区最深可涉及核幔边界的 D″层，同时也有具有初始 Sr-Nd 同位素特征的原始地幔、富集型及亏损型地幔，这也从一方面证明了塔里木大火成岩省可能与地幔柱有关。瓦吉里塔格超镁铁岩的原生岩浆 MgO 大于 18%，这暗示其形成时源区具有很高的温度，通常情况下，只有地幔柱能提供足够的热量。

结合塔里木大火成岩省自身特点，余星（2009）认为塔里木大火成岩省是早期高温地幔柱引起了岩石圈地幔的低程度部分熔融（柯坪玄武岩），后期地幔柱绝热减压引起地幔柱自身熔融（瓦吉里塔格超镁铁岩），结合火成岩的岩浆演化序列总结了其演化模式。

（五）与塔里木大火成岩省有关的成矿作用研究现状

很多大型矿床往往和大火成岩省密切相关，如攀枝花钒钛磁铁矿与峨眉山大火成岩省密切相关；俄罗斯 Noril'sk 铜镍硫化物矿床与西伯利亚大火成岩省密切相关。塔里木大火成岩省与峨眉山大火成岩省面积相当，那么塔里木大火成岩省是否赋存有大型的矿床也成为我们研究的重点。已有地质事实表明，与大火成岩省有关的矿床可能是钒钛磁铁矿、铜镍硫化物矿床或铂族元素矿床等与岩浆作用有关的矿床，依据目前的研究现状，主要从以上矿种出发分析与塔里木大火成岩省有关的成矿作用研究现状。

目前已有报道的与塔里木大火成岩省相关的矿床有瓦吉里塔格钒钛磁铁矿，其余矿种均未见报道。瓦吉里塔格钒钛磁铁矿位于塔里木板块西北的巴楚隆起瓦吉里突起上。钒钛磁铁矿主要与基性-超基性杂岩体有关，一般为贫矿，有后期贯入型的富铁矿脉，估计铁矿石资源量 1 亿 t，品位 20%；二氧化钛资源量 600 万 t，品位 7%；五氧化二钒资源量 13 万 t，钒品位 0.14%。

前已述及，瓦吉里塔格超镁铁岩岩浆源区为适度亏损的地幔源区，可能来自核幔边界的 D″层，位于该层位的地幔物质富含 Fe 质，地幔源区物质发生部分熔融形成富铁的岩浆，随着岩浆的结晶分异作用，矿质和岩浆之间可能发生了熔离作用，形成了矿浆和含贫矿岩浆，矿浆沿构造贯入形成我们现在所看到的富矿体，含少量矿质的岩浆固结后形成了低品位矿石。

励音骐等（2011）通过对瓦吉里塔格角砾岩 PGE 研究认为，该区岩石的 Cu/Pd 值略高于原始地幔，但变化相对较小。如此稳定的 Cu/Pd 值表明瓦吉里塔格隐爆角砾岩的母岩浆在上升过程中没有发生明显的硫化物熔离作用，而瓦吉里塔格隐爆角砾岩的 Cu/Pd 值略高于原始地幔值以及岩石本身相对较低的 PGE 含量，暗示其岩浆源区在部分熔融过程中可能有少量残留的硫化物存在。与白石泉镁铁-超镁铁岩相比，推测瓦吉里塔格地区超镁铁岩的岩浆源区可能存在少量残留的硫化物，致使其 PGE 含量相对较低，并且在岩浆上升过程中也发生明显的硫化物熔离作用，因此不利于形成铜镍硫化物矿床或 PGE 矿床。

研究表明，与岩浆硫化物矿床密切相关的岩体的 m/f [$Mg^{2+}+Ni^{2+}$/($Fe^{2+}+Fe^{3+}+Mn^{2+}$)] 值为 2~6.5，TiO_2 含量都小于 2%（半数以上样品小于 1%），P_2O_5 含量均小于 1%，大多数样品小于 0.2%。与铜镍硫化物矿床相关的岩体中，镁铁质岩石与超镁铁质岩石所占比例相差甚大，有些岩体仅由镁铁质岩石组成，另有一些岩体则仅由超镁铁质岩石组成。已有研究成果表明，形成铜镍硫化物矿床的原生岩浆主要是拉斑玄武质岩浆，个别岩体有一定数量的钙碱性玄武质岩浆，本书通过对塔里木大火成岩省中玄武岩及超镁铁岩研究表明，瓦吉里塔格爆破角砾岩和辉绿岩、塔北玄武岩、小海子超镁铁岩和辉绿岩均为碱性系列；柯坪玄武岩和辉绿岩大多属碱性系列，仅部分属于亚碱性系列，具有拉斑玄武岩演化趋势；从这一角度看，是否存在与塔里木大火成岩省相关的大规模铜镍硫化物矿床仍需进一步的探索。矿床勘查实践表明，该区可能存在大规模的钒钛磁铁矿矿床，故该类型矿床应作为下一步勘查的重点。

第四节　新疆北部石炭纪—二叠纪板块构造/地幔柱并存的概念模型讨论

一、地幔柱、热点和地幔异常熔融概念比较

（一）地幔柱形成认识

大火成岩省通常指的是在较短的时间内以镁铁质成分为主的喷出岩和侵入岩在地壳内的巨量侵位，与洋中脊海底扩张和消减作用有关的大规模岩浆事件不属于大火成岩省的范畴。国际地学界目前认为大火成岩省包括大陆溢流玄武岩、火山裂谷边缘、大洋台地、大洋盆地溢流玄武岩、海岭、洋岛和海山链（Coffin and Eldholm，1994；Courtillot et al.，1999）。此外，某些大火成岩省，也可以主要由长英质岩石组成（Campbell and Hill，1988）。大陆溢流玄武岩通常是与火山裂谷边缘相伴（White and McKenzie，1989；Coffin and Eldholm，1994）。大多数 LIPs 是在小于 10Ma 的时间内侵位，其主体岩浆作用在小于 1Ma 的时间内完成；但是，某些情况下，大火成岩省的岩浆活动可以持续几千万年；活动时间最长的，如加拿大的 Keweenawan 大火成岩省，可以延续 1.1 亿～1.2 亿年（Ernst et al.，2005）。通常认为 LIPs 的形成与地幔柱活动有关（Morgan，1971；Richards et al.，1989；White and McKenzie，1989；Campbell and Griffiths，1990；Saunders et al.，1992；Arndt et al.，1993；Ewart et al.，1998；Ernst and Buchan，2001；Macdonald et al.，2001；Xu et al.，2001，2004；Xia et al.，2003，2004a）。通常，大陆大火成岩省至少在其喷发序列中显示有岩石圈，包括地壳和岩石圈地幔卷入的成分证据。大量的研究表明，除去地壳混染作用不谈，在大火成岩省的形成中，除了来自深部地幔的地幔柱物质外，岩石圈地幔也起着重要的作用（Ellam and Cox，1991；Saunders et al.，1992；Gallagher and Hawkesworth，1992；Hooper and Hawkesworth，1993；Hooper et al.，1995；Hawkesworth et al.，1995；Macdonald et al.，2001；Bogaard and Wörner，2003）。当然，也还有一些研究者，如 McKenzie 和 Bickle（1988）、Ewart 等（2004）始终反对岩石圈地幔在大火成岩省的岩石成因中有重要贡献。

Ernst 等（2005）总结提出了当代国际大火成岩省研究的四大前缘领域，它们是：①对地球历史中曾经产生或出现过的大火成岩省和大火成岩省群加以鉴别和特征化，包括单个事件（包括喷出和侵入事件）的大小、熔体产生的速率、使得岩浆在地壳中侵位和分布的输送系统的几何形态、地幔源区的地球化学性质和位置、与大规模成矿事件的关系；②确定地球上大火成岩省在时间上（从太古宙至现代）和空间上（指对古大陆恢复、重建之后的状况）的分布，对大火成岩省活动和超大陆裂解、新生地壳诞生、气候变化和生物灭绝、地球磁场反转的频率变化间的关系进行评估；③调查研究和检验有关大火成岩省成因的地幔柱和非地幔柱假说；④将地球上大火成岩省的特点、成因和分布与缺乏板块构造的金星、火星、水星和月球上的大火成岩省进行对比，以便更好地了解行星内部地幔中

的对流作用。

亚洲地区已被国际地学界公认分布有 4 个大火成岩省，它们是俄罗斯的 Siberian 暗色岩（248～253Ma）（Campbell et al.，1992；Basu et al.，1995；Kamo et al.，1996）、中国的峨眉山溢流玄武岩（251～253Ma）（骆耀南，1985；李昌年，1986；徐义刚和钟孙霖，2001；张招崇等，2001，2003，2004；Xu et al.，2001，2004；张招崇和王福生，2002；何斌等，2003）、印度的 Deccan 暗色岩（63～69Ma）（Baksi and Farrar，1991；Widdowson et al.，1997，2000；Allègre et al.，1999）和印度的 Panjal 火山岩（P_2/P_3）（Papritz and Rey，1989；Veevers and Tewari，1995）。除了印度的 Panjal 火山岩由于自然地理条件的制约，研究程度极低之外，Siberian 和 Deccan 暗色岩都已经进行了大量研究。我国的峨眉山溢流玄武岩虽然研究程度相对偏低，但近年来已经引起中外地学界的关注，研究工作投入开始大量增加。对于 Siberian、Deccan 和峨眉山这三个大火成岩省，已发表了许多论文，相继讨论了大火成岩省形成与地幔柱活动、大火成岩省活动与二叠纪/三叠纪、白垩纪/古近纪界限上的生物灭绝事件及大火成岩省活动与超大型 Cu-Ni 硫化物矿床和 V-Ti 磁铁矿矿床成矿作用间的关系。

国际火山学与地球内部化学协会（International Association of Volcanology and Chemistry of the Earth's Interior，IAVCEI）成立于 1993 年的大火成岩省委员会（Large Lgneous Provinces Commission）主办的大火成岩省网站（Large Lgneous Provinces Home），2009 年接受了中国地质调查局西安地质调查中心夏林圻提出的天山及邻区石炭纪—早二叠世大火成岩省的观点，并将其 LIPs 分布的位置标识在了其的大火成岩省判识图中。西澳大利亚地质调查局的 Pirajno 等（2008）撰文支持新疆北部石炭纪—早二叠世大火成岩省是超地幔柱作用的产物。新疆北部重要成矿时期石炭纪—二叠纪的成矿背景，由过去较为单一的石炭纪/二叠纪古亚洲洋盆闭合时限的争议，陷入到了闭合后岩浆作用物质来源和动力源更大的争论之中。

（二）热点概念

从软流圈或深部地幔涌起并穿透岩石圈的一股固体物质热塑性流，呈圆柱状者称地幔柱（热柱），呈羽缕状者称地幔羽（热羽）。地幔柱（热羽柱）在洋底或地表出露时即为热点，热点是地幔柱的一种表现。地幔柱特别是热点是分析板块绝对运动的参照系统（参考架）之一，但热点位置是否不随时间变化而变化的问题还有待更进一步的验证。

太平洋中的夏威夷海岭和天皇海岭，是由呈线状展布的一系列火山堆构成的火山链，其岩石年龄的分布具有明显的定向性。岛链东南端的夏威夷岛火山年龄不超过 80 万年，岛上的基拉韦厄火山是目前仍在活动的活动火山。从夏威夷岛沿岛链向西北，随着距离的增加火山岩的年龄依次增加。在夏威夷海岭与天皇海岭的转折处，火山年龄约 4000 万年。天皇海岭呈 NNW 走向伸向堪察加半岛东侧，北端的明治海山的年龄则达 7000 万年。

威尔逊（Wilson，1963）为解释火山岛链年龄的递变现象而提出了热点的概念。所谓热点是地幔中相对固定和长期的热物质活动中心，它们向活火山提供富集各种微量元素的岩浆。随着岩石圈板块经过热点的不停运动，先形成的火山从热点处移开并逐渐熄灭成为死火山，新的火山又在热点上方形成，结果就形成了一串年龄定向分布的线状火山链。这类火山活动时，熔浆向外溢出，无地震发生，因此，所形成的火山链也叫无震海岭。上述夏威夷–天皇海岭火山链的走向，实际上记录了太平洋板块的运动方向：在4000万年前是从南向北沿NNW向运动，最晚在2600万年以后转变为从东向西沿NWW向运动。

地幔柱是Morgan（1972）为解释热点成因而提出的概念。地幔柱是地幔深处，甚至核–幔边界上产生的圆柱状上升的热物质流。它携带地幔物质和热能直至地幔上层，并在岩石圈和软流圈分界处四散外流，激起软流圈中的水平运动，从而可将地幔柱当作板块运动的驱动机制。热点处的火山活动是地幔柱物质喷出地表的反映。炽热的地幔物质向上涌流，导致密度较高的物质盈余，形成正重力异常，因而重力特高的地方，也往往是火山分布的地方。摩根还强调，热点大体上固定于地幔中，因此，板块相对于热点的运动，便是相对于地幔固定部分的运动，也就是相对地理极或地球自转轴的绝对运动。Morgan（1972）用夏威夷–天皇海岭、莱恩–土阿莫土海岭和马绍尔海岭这三列热点轨迹资料，计算了8000万年来太平洋板块相对于热点的运动。所得结果与后来的板块绝对运动模型AM-1和AM-2求得的相对于热点系的运动大体相同。

热点假说在深海钻探第55航次钻探夏威夷–天皇海岭时证明了其正确性，船上所做的古生物鉴定和陆上所做的放射性测年提供的年龄，证明了所预言的太平洋板块向北的运动。由火山岛年龄和它们距夏威夷基拉韦厄火山的距离，推导出的太平洋板块的运动速度大约为8cm/a，运动方向的改变（山链变曲）发生在43Ma之前，几乎等于Morgan预测的年龄。

（三）地幔异常熔融

大多数太古宙绿岩系下部主要为互层的玄武质和科马提质（超镁铁质）熔岩。尽管这两类岩浆在岩石学和地球化学方面明显不同，但它们在空间和时间上关系密切。基于太古宙热结构和地幔组成，人们已对异常高温的科马提质流体成因进行了大量的讨论。在此我们认为：在较热的太古宙地幔中，上升的初始热地幔柱可以产生玄武岩和科马提岩。流体动力学研究表明，初始地幔柱是一种轴向喷流，其前部为夹杂周围较冷地幔物质头部。我们对这种喷流的计算表明：在高温的地幔柱轴部，熔融可以产生科马提岩；在较低温的地幔柱头部，熔融可以产生玄武岩。这个模式解释了澳大利亚西部和其他地区玄武岩/科马提岩呈互层出现的现象。

像峨眉山大火成岩省丽江地区的苦橄岩位于峨眉山大火成岩省的西部，其与辉斑玄武岩、无斑玄武岩和玄武质火山碎屑岩共生。苦橄岩中的斑晶主要为富镁橄榄石，其Fo值最高达91.6，CaO含量最高达0.42%，其内含有少量玻璃包裹体，指示了橄榄石是在熔体中结晶形成的。苦橄岩中的铬尖晶石具有高的$Cr^{\#}$值（73～75）。计算的初始岩浆的MgO含量大约为22%，初始熔融的温度为1630～1680℃。研究结果表明，玄武质岩石是苦橄质岩浆通过橄榄石和单斜辉石分离结晶形成的。苦橄岩和玄武岩的Nd-Sr-Pb同位素比值差别不大，只落在一个很小的范围内［如$\varepsilon_{Nd}(t)=-1.3\sim+4.0$］。高的$\varepsilon_{Nd}(t)$值以及抗蚀变不相容元素的原始地幔标准化图解与洋岛玄武岩相似，并且其重稀土元素特征指示了源区有石榴子石的残余，而且是低部分熔融的产物。同位素比值与抗蚀变不相容元素比值（如Nb/La）的相关性表明，岩浆形成过程中有少量的大陆地壳物质或者相对低$\varepsilon_{Nd}(t)$组分的大陆岩石圈地幔的混染。因此，总体上苦橄岩的地球化学特征的研究结果支持了峨眉山大火成岩省是地幔柱头部熔融的成因模型。

二、现代板块边缘与地幔柱作用岩浆活动并存实例启示

（一）板块边缘岩浆活动

板块边缘的岩浆活动，主要表现为板块边缘裂解或俯冲的地质事实，不同板块的边缘地质性质、构造背景及演化特点不同，也就表现了不同的岩浆作用与成矿特征。

岛弧是板块边缘常见的地质体，是大陆边缘连绵呈弧状的一长串岛屿。与强烈的火山活动、地震活动及造山作用过程相伴随的长形曲线状大洋岛链。这类地质特征如阿留申-阿拉斯加岛弧和千岛-堪察加岛弧。火山全球岛弧分布图活动与火山岩：岛弧是剧烈的火山活动区，地球上有800多个活火山。在新近纪至第四纪期间，已有成千上万座火山曾经一度活动过，其中2/3与岛弧相伴。一般以喷发或喷溢形成的层状熔岩、熔结凝灰岩和火山碎屑岩为特征。火山一般平行于岛弧轴向分布，通常在海沟陆侧200～300km的地方突然开始喷发，此界线称为“火山前锋”，可能反映俯冲带之中（或之上）熔融作用的开始，前锋是火山活动最频繁的地区。靠海沟一侧，无火山活动，向大陆方向，火山活动迅速减弱。火山带之下有同源侵入岩。

岛弧火山岩以安山岩和玄武岩为主，安山岩属于大陆型地壳的岩石，有别于大洋盆地内岛屿上的基性玄武岩。由于这种差异，早在1912年，马歇尔就提出了“安山岩线”的概念，认为该线是岛弧外缘的边界线。岛弧的火山岩有分带性，这种分带性与岛弧地震活动带有紧密联系。邻近海沟有拉斑玄武岩系列火山岩的产出，其物质来源相对比较浅，位于浅源地震震源带地区；离海沟更远的是高钾的钙碱性和碱性火山岩系列，位于中、深源地震震源地区。火山岩中的含钾量以及Rb、Sr等大离子亲石元素的含量与下伏震源带的深度密切相关，K、Rb、Sr等含量向着震源带倾斜方向增多，表明板块俯冲带可能是岛弧地区岩浆的重要源地，各类岩浆源的形成与震源深度有关。重力异常：岛弧本身为重力正异常，相邻海沟为重力负异常，两者相差超过400mGal①，反映地壳处于不均衡状态。重力负异常反映高密度岩石下移至较深部位，而水层或沉积层在原位增厚；重力正异常反映那里分布着源于地幔的深成岩体和火山岩。沟-弧-盆系所测得的重力异常可用以解释地壳内部密度和构造的变化。热流：沟-弧-盆系有显著的热流异常。在海沟一侧，热流低于正常值；在火山岛弧一侧和弧后盆地，热流高于正常值。低热流是冷而致密的地壳物质沉潜于上地幔造成，高热流是上地幔物质（岩浆）向上流动所引起。

板块边缘俯冲带岩浆活动具有独特的形成特点与过程，当大洋地壳俯冲到70～100km时，大洋地壳中的角闪石要大量脱水转变为石英榴辉岩，这些水进入地幔楔引起部分熔融，产生含水的拉斑玄武质岩浆，它在上升过程中分异出橄榄石、铬尖晶石，结果便派生出岛弧拉斑玄武岩系列的主要岩石类型——玄武安山岩。当大洋地壳俯冲到100～150km

① 1Gal=1cm/s^2。

时，温度将升高到700~900℃，洋壳中的滑石、蛇纹石、水镁石等不稳定而脱水，使已变为石英榴辉岩的洋壳发生带水的部分熔融，生成含水富碱金属和硅等大离子亲石元素的岩浆。富硅的熔浆上升与上覆地幔橄榄岩反应形成被大离子亲石元素所混染的橄榄石辉石岩。由于其密度略低于上覆橄榄岩和含有隙间液体，其具有很大的活动性而以底辟方式上升。含水的榴辉岩底辟体在上升过程中因压力低而发生部分熔融，在60~100km深处分离出橄榄拉斑玄武质岩浆或石英拉斑玄武质岩浆，在40~60km深处分离出一般具有玄武安山岩成分的岩浆，在地壳底部或地幔上部20~40km深处开始形成安山质岩浆。该作用的最终结果是形成以安山岩为主包括玄武岩到流纹岩的钙碱系列岩浆。当大洋地壳俯冲深度大于200km时，在俯冲洋壳上的水和低熔组分大部分已消耗了。因此，熔融和喷发数量大大减少。某些地区在这一深度上产生岛弧碱性系列或富钾的钙碱性系列岩浆，其成分与钙碱系列过渡，形成过程与钙碱系列相似。在更大深度上，俯冲岩石圈全部由强烈亏损低熔组分和不相容元素的难熔的榴辉岩和橄榄岩组成，具有比地幔岩更高的初始熔融温度。因此，不可能再次充当玄武岩的岩浆源，岩浆的析出基本停止。

（二）地幔柱岩浆活动

深部地幔热对流运动中的一股上升的圆柱状固态物质的热塑性流，即从软流圈或下地幔涌起并穿透岩石圈而成的热地幔物质柱状体。它在地表或洋底出露时就表现为热点。热点上的地热流值大大高于周围广大地区，甚至会形成孤立的火山。地幔柱概念是由Morgan于1972年提出的，其所根据的事实是：洋底有一系列海山，即呈链状分布的死火山脉，它一端连接着现代活火山，沿此链距离活火山越远，其年龄越老。这被认为是当岩石圈板块运动时，固定不动的地幔柱在板块表面留下的热点迁移的轨迹，也可以说是由一系列死火山组成的无震海岭。如夏威夷活火山热点，因太平洋板块西移而在洋底留下一条由死火山形成的海山链，经年龄值4000万年的中途岛转折而呈向北西延伸的皇帝海岭，一直到阿留申岛西端，年龄增至7500万年。地幔柱估计至少来自700km，直径在100~250km，上升速率约每年几厘米，由此导致地幔顶部成直径达上百千米的穹状隆起，高出四周1~2km。全球热点大多位于洋中脊的转折拐点或三联点上，少数在板块内部，总共约30余个。陆上较少，约5个。

自从Morgan（1971，1972）提出地幔柱假说以来，地幔柱是否存在及相关研究一直是地学界的热点课题。经过30多年的发展，在地幔热柱的全球分布、鉴别特征、形态学和成因理论方面都有了长足的进步，特别是通过下地幔不均匀性的研究，发现了下地幔中存在的超级热柱和下地幔底层中的超低速带，为探讨热柱成因提供了重要依据。目前已经在有关地幔柱和地幔柱动力学方面的知识取得了比Morgan 30多年前要丰富得多的观察和资料（牛耀龄，2005），由此带来地幔柱的原始概念发生了一些变化。最新的地幔柱概念为：地幔中存在的由自身浮力驱动的地幔上涌，其形式可以是直径约1000km的巨大的圆柱状“柱头”，也可以是直径100~200km的狭窄“柱尾”。

地球历史上不同时期均出现过被称为大火成岩省的地幔柱型岩浆活动。二叠纪西伯利亚大火成岩省、中国西南部峨眉山大火成岩省和印度北西部Panjal大火成岩省是目前国内外广泛接受的二叠纪地幔柱型岩浆作用（Chung and Jahn，1995；Chung et al.，1998；

Condie，2001；Xu et al.，2001，2004；Xiao et al.，2004a；张招崇等，2005）。峨眉山、西伯利亚大火成岩省目前已经积累了大量资料，初步的对比研究显示它们可能起源于同一个来自于核幔边界的超级地幔柱（张招崇等，2005）。对于 Panjal 大火成岩省，虽然其研究历史较长（Nakazawa and Kapoor，1973；Bhat and Zainuddin，1978；Papritz and Rey，1989），但目前积累系统的、可靠的资料非常有限。因此，研究形成 Panjal 大火成岩省的地幔柱的特点和起源，长期以来就是国内外地学界关注的热点课题之一。一些学者对阿曼二叠纪玄武岩研究后提出，冈瓦纳大陆北缘二叠纪时可能存在一个规模长达 2000 ~ 3000km 的大火成岩省，并将形成该大火成岩省的地幔柱命名为特提斯地幔柱（Lapierre et al.，2004）。但该特提斯地幔柱是否就是形成 Panjal 大火成岩省的地幔柱，以及它们是否与新特提斯开启具有因果联系，目前均未见讨论。侏罗纪时西冈瓦纳大陆的裂解是一个起源于核幔边界的超级地幔柱活动导致大陆裂解的重要例子。西冈瓦纳大陆裂解前，在南极、非洲、南美洲结合部位存在 3 个地幔柱（White，1997；Elliot et al.，1999）：一个位于 Karoo 大火成岩省北部，形成高 Ti 拉斑玄武岩，一个形成 Karoo 大火成岩省的低 Ti 拉斑玄武岩和阿根廷 Chon Aike 熔结凝灰岩，还有一个位于南极东部，导致 Ferrar 大火成岩省岩浆作用。这 3 个地幔柱被认为构成了一个大的超级地幔柱（Storey and Kyle，1997），其活动结果导致西冈瓦纳大陆裂解。白垩纪是全球地幔物质异常活跃的另外一个重要时期，巴西 Parana-Etendeka 大火成岩省（138 ~ 128Ma）、西太平洋 Ontong Java 大火成岩省（124 ~ 120Ma）以及印度洋 Kerguelen 大火成岩省（132 ~ 110Ma）（Coffin et al.，2002）是此时期地幔物质异常活动记录下的著名大火成岩省，这些大规模的地幔柱型火成岩岩浆活动分别与南大西洋的开启（Hawkesworth et al.，1992；Condie，2001）、南美洲从非洲-印度分离出来、印度从南极洲-澳大利亚分离出来导致印度洋开启（Veevers and McElhinny，1976；Larson，1977；Coffin et al.，2002；Ingle et al.，2002）等岩石圈构造重组事件一致。

地幔柱、超级地幔柱型岩浆活动除了导致大陆裂解和诱导新洋盆开启外，在促进大陆增生、与成矿作用的关系（如 Ni-Cu 硫化物、铂族元素（PGE）、铬铁矿床和钒钛磁铁矿床等）以及与生物集群灭绝事件的联系等方面，也取得了许多非常重要的进展。在全球角度上，地幔柱在大陆裂解、大陆增生、大火成岩省与地幔动力学的联系上以及在大火成岩省与成矿作用的关系等方面具有重要的理论和现实意义。地幔柱型岩浆作用（大火成岩省）及超级地幔柱研究已经成为当前固体地球科学领域优选课题之一。

（三）两种岩浆活动并存特征与表现

板块边缘岩浆活动与地幔柱岩浆活动具有显著不同的地质表现，板块边缘岩浆活动基本都呈带状分布，围绕板块边缘的岛弧或俯冲带集中表现。而地幔柱岩浆活动主要是面状分布，面积往往比较大，岩浆活动与成矿表现类型多样，成群成带分布。两种岩浆活动并存基本都表现了各自的地质特征，在岩浆成矿方面表现了叠加的特点。

（四）并存实例的启示

两种构造体制并存的实例像美国的夏威夷、冰岛，都是地幔柱构造与板块构造叠加的主要表现，形成的一系列岛链，说明了板块构造运动的主要方向。并存的实例启示我们，新疆北部过去也存在具有夏威夷岛链特征的岩浆活动轨迹。

三、石炭纪—二叠纪板块构造/地幔柱并存动力学模型讨论

就板块构造与地幔柱两种构造体制自身而言，地幔柱是一级地球动力学机制，可以导致板块相对位移。另外，板块构造的相对运动，是否反过来也为地幔柱活动创造了条件呢，还没有充分的证据能够证明这一点。但无论如何，板块构造与地幔柱活动两种构造体制并存叠加的动力学模式可以很好地解释我们现在所看到的新疆北部晚古生代的地质特征和成矿表现，尤其是成矿大爆发的特点。

四、需进一步研讨的问题与内容

当然，板块构造与地幔柱两种构造体制叠加并存的动力学模式还是概念性的，具体的细节内容还需要进一步研究与详细刻画，仅是从较大的尺度范围提出了这种模式的可能性及可靠性，以及对于解释岩浆成矿作用认识及进一步找矿方向的指导与服务。具体进一步研讨的问题与内容主要涉及这种并存机制的区域限制和具体表现特点，换言之，板块的边缘、板块的内部，地幔柱的中心、地幔柱的边部及外围，所表现出来的岩浆活动肯定不同，当然成矿作用与勘查找矿方向也就不同。

另外，板块构造与地幔柱两种构造体制叠加并存的动力学模式具体的深部过程，以及地球化学所表现出来的各自基本特征的获取，是制约该概念模型进一步认识和指导找矿的具体内容。如果是地幔柱成矿系统，在各个区域的成矿表现、地质特征及与岩浆活动的耦合关系也需要进一步研究和明确。

第六章　结　　语

第一节　本书研究取得主要成果

一、古亚洲洋构造演化历史与岩浆成矿作用认识

中国古生代板块构造的探讨，离不开对古特提斯洋和古亚洲洋的研究，特别是西北部的构造演化史，其实就是古特提斯洋和古亚洲洋的关系史。但以往的研究，不论是区域构造研究，还是区域成矿探索，多是对古亚洲洋或古特提斯洋形成演化和成矿作用开展各自独立的研究。二者的关系，有过古特斯洋是古亚洲洋或古太平洋组成的猜想（Sengör et al.,1993；涂光炽，1999），或古亚洲洋是古特提斯洋部分的设想（Yakubchuk，2002），但均未纳入一体开展研究。因此，二者的关系问题，并未引起学术界真正的重视。以全球视野和超大陆演化视角，审视中国西北部整个古生代洋陆转化景观和地质历史，古特提斯洋和古亚洲洋之间的关系问题，是以活动论的观点解释西北地质构造的关键，也是更加逼近客观，认识其地质演化史和成矿史的关键。

中亚造山带（CAOB）是晚古生代造山带的认识由来已久，也深入人心，主要原因是天山及邻区石炭纪大规模的岩浆作用和成矿大爆发，吸引了大家的注意力，而忽略了早古生代大洋作用的地质事实。塔里木早二叠世大火成岩省的确认（Yang et al.，2006），唤起了人们对天山及邻区晚古生代，特别是石炭纪—二叠纪构造环境的探索。前人通过对天山及邻区石炭纪火山岩的研究，尤其是石炭纪玄武岩的深入研究，提出了天山及邻区石炭纪—早二叠世大陆裂谷背景大火成岩省的认识（Xia et al.，2004b），激起了学术界对中亚造山带的重新思考。随着中亚哈萨克斯坦石炭纪—二叠纪油气资源的利用，中国境内新疆准噶尔和银根-额尔济斯盆地二叠纪油气的发现，对石炭纪—二叠纪岛弧火山岩的认识受到了更多质疑。从更大视野考察，在劳亚大陆与冈瓦纳大陆之间整个古生代同时存在两个大洋不太可能，应是两个大洋的接替比较符合地球表部洋陆之间的几何学展布。早古生代是古亚洲洋的主要发育期，早古生代的祁连洋、秦岭洋和昆仑洋都是其分支或次生有限洋盆，在早古生代就先于古亚洲洋主洋而闭合，最终古亚洲洋于泥盆纪末闭合。

就目前研究，天山及邻区（古亚洲洋中南部）晚古生代晚期早二叠世已是板内演化似乎存在较小争议，而且塔里木早二叠世大火成岩省已为国际学术界认同。争议较大的是石炭纪构造环境，为此我们提出了一种新的主张：石炭纪该地区可能是板块俯冲消减与地幔柱共同作用，两种地球动力学机制并存的环境（李文渊等，2012）。展开来阐释就是一种构造体制的结束在时空上存在差异性，志留纪古亚洲洋就开始闭合，泥盆纪已经基本完成了闭合。石炭纪古亚洲洋的主闭合作用虽已完成，但就古亚洲洋板块构造体制缝合作用尚

未完成，俯冲消减物质的重熔作用不仅没有减弱，反而由于来自深部地幔的地幔柱热能的作用，含水的消减物质和软流圈地幔物质大规模重熔，故而形成大量中性安山质岩浆的喷发和 A 型花岗岩类的产出，但少见含铜镍镁铁-超镁铁岩的形成，这与早二叠世存在显著差异。早二叠世时古亚洲洋的板块构造体制已经结束，代之以地幔柱作用的动力学背景（秦克章等，2017）。但为什么早二叠世岩浆作用的产物还多有地壳消减物质的地球化学特点呢？主要是地幔柱作用软流圈地幔重熔混有消减的地壳物质所致，后期地壳物质强大的地球化学屏蔽效应，使上侵岩浆岩在微量元素地球化学具有俯冲带岩浆的特点，但成矿物质和岩浆主体物质则来源于地幔重熔或地幔柱。

石炭纪在新疆北部的成矿占有重要的地位，除铜镍矿外，斑岩型铜钼矿床、岩浆型铁矿床等大部分金属矿床主要形成于这一时代，也即石炭纪是新疆北部的成矿爆发期。为什么会形成成矿的爆发？必然与其特殊的构造环境和地球动力学背景有关。单纯的板块构造俯冲消减不足以提供成矿爆发的物质基础和动力学能量，板块构造机制与地幔柱作用机制双重叠加，才可能提供独特而强有力的物源和能量。两种构造体制并存指的是：板块构造体制是处于行将结束期，而地幔柱动力学体系则是开始期或孕育期。板块构造的贡献更多表现为可见的中性或中酸性喷出岩和侵入岩，构造体制上可鉴别为浅部后碰撞的动力学机制阶段，但实质上深部地幔柱热动力的贡献更为关键，是大规模熔融作用发生的主要因素。可表达为地壳物质的重熔物源和地幔深部热源两种构造体系叠加的特点。例如，东天山土屋—延东—东戈壁一线的斑岩型铜钼矿床，有中亚型斑岩型铜矿的认识，以示与太平洋东岸安第斯活动大陆边缘洋-陆碰撞成矿构造背景的区别，暗示大陆裂谷或裂陷槽的背景。而这种构造背景，只能是新旧两种构造体制交织的结果。再如，西天山阿吾拉勒火山岩型铁矿田，表现为大规模岩浆喷发作用不混溶凝结铁矿石的堆积特点，而如此熔融作用的发生，没有深部高温异常是难以形成的。Xia 等（2004a）将天山及邻区石炭纪玄武岩分为高 Ti 系列和低 Ti 系列两种，认为前者是未受地壳物质混染的幔源熔融作用直接分异的产物，后者是强烈遭受地壳物质混染后的结果，因为没有对安山岩和安山质流纹岩进行地球化学和成因深究，所以也就导致了较大的争议，至今仍是板块岛弧/地幔柱裂谷两种不相容观点同时存在，各有重要证据支持。因此，两种深、浅地球动力学机制并存是可能的，也可以较好解释相互矛盾的地质事实。我们假设太平洋闭合，板块体制行将结束，沿板块缝合带浅部板块机制的岛弧动力热能不足，岩浆作用消减了，但夏威夷洋岛为代表的地幔柱动力学机制并未结束，而是进一步加强，缩减的太平洋缝合带初始岩浆作用显然是两种地球动力学共同贡献的结果。只是一个时代是正在结束，而另一个时代正在开始罢了。

二、板块构造/地幔柱并存概念模型的提出

本书提出了新疆北部晚古生代板块构造与地幔柱活动两种构造体制并存叠加岩浆成矿作用的动力学概念模型，板块构造与地幔柱活动在时间上的叠加和空间上的并存，造就了新疆北部晚古生代的成矿大爆发以及成矿类型上的时空变化。

为什么奥陶纪—泥盆纪俯冲消减作用、成矿作用不显著，到了石炭纪—二叠纪反而成

了成矿的高峰期，特别是晚石炭世—早二叠世？板块俯冲碰撞产生沟-弧-盆体系，形成大规模岩浆作用和斑岩型铜矿床等；同时还存在裂谷岩浆作用，发育岩浆铜镍硫化物矿床和氧化物钒钛磁铁矿矿床，可能是地幔柱作用的结果。就新疆北部晚古生代成矿动力学机制而言，主要表现为板块构造体制和地幔柱构造体制，单纯一种构造动力学机制都不能很好解释新疆北部晚古生代岩浆成矿作用的特点。我们所提出的板块构造与地幔柱岩浆活动并存叠加的动力学机制认为，板块俯冲的末期，核幔边界处的地幔热柱主动上升，于新疆北部形成两种体制的并存叠加，产生大规模的岩浆作用，形成众多内生金属矿床。由于表壳物质的不同，与深部上来的地幔物质反应，产生不同类型的岩石和矿床。

新疆北部晚古生代构造-岩浆作用认识，也表现了深部地幔岩浆作用的信息。哈萨克斯坦板块与西伯利亚地台之间的古洋盆于奥陶纪开始由北向南不断俯冲增生，分别形成额尔齐斯增生杂岩带、泥盆纪增生楔及卡拉麦里构造带，最终于泥盆纪完成哈萨克斯坦与西伯利亚增生拼合，成为西伯利亚板块。南天山洋盆从奥陶纪开始向北俯冲，于早石炭世末闭合，塔里木板块和西伯利亚板块增生拼贴成一体。进入晚石炭世后，新疆北部就进入后碰撞伸展裂谷阶段，到了早二叠世，应该是一次较大规模的裂谷作用，极有可能是受到了地幔柱的影响。

板块构造与地幔柱活动构造体制的并存叠加，实际上并非单纯意义上的并存，也不是完全割裂的两种体制，而是存在密切联系的，只是在新疆北部石炭纪—二叠纪时期都有典型的地质表现和成矿特征。

三、岩浆岩调查研究新发现

在上述认识的基础上，岩浆岩调查研究新发现了坡东、白鑫滩、路北等铜镍矿化的镁铁-超镁铁质侵入岩，以及玉海等斑岩型铜钼矿床。坡东铜镍矿床位于北山裂谷带坡一、坡十等铜镍矿床的东部。而白鑫滩、路北铜镍矿床则在东天山土屋、延东等斑岩型铜矿床附近发现，玉海斑岩型铜钼矿床又发育在东天山黄山、黄山东等岩浆铜镍硫化物矿床的北部。

在新疆北部的阿勒泰、吐哈、东天山与北山等地区，岩浆作用的时间也主要集中在280～320Ma。古生代晚期的岩浆活动，揭示出新疆北部在统一大陆地壳形成以后，经历了大规模的地壳伸展作用，比较强烈的壳幔相互作用（如喀拉通克和黄山等地幔源岩浆侵入地壳之中或喷出到地表），明显的地幔物质注入和地壳的垂向增生作用，以及地壳物质的重新组合作用（重熔形成的中酸性岩浆侵入冷却或喷出）。

不同大火成岩省玄武岩和天山玄武岩的多元素原始地幔标准化配分模式。表现出相似的地球化学特征，明显的Nb和Ta负异常，形成Nb-Ta槽，可能是遭受地壳混染的结果，因表壳物质的不同，也表现了些许不同的特点。从天山玄武岩Sr、Nd、Pb同位素组成，结合区域裂谷火山岩的形成环境、岩浆结晶分离作用、熔融条件与源区特点，其玄武岩既表现了地壳混染的性质，又有地幔柱和岩石圈卷入的表现。

四、地球化学研究进展

确立东天山、北山地区大约280Ma与镁铁–超镁铁质岩密切相关的岩浆铜镍硫化物矿床是塔里木（–天山及邻区）大火成岩省脉动岩浆作用晚期根部的物质组成。板块俯冲的末期，以垂直运动为主的地幔热柱持续上涌，伴随壳–幔物质交换的加剧和不断进行，表壳物质被交换的逐渐减少，深部地幔物质可直接到达浅部地壳，并形成与镁铁–超镁铁质岩有关的岩浆铜镍硫化物矿床或氧化物钒钛磁铁矿矿床。

Nb、Ta、Ti负异常是受俯冲事件交代地幔部分熔融岩浆的典型特点之一，在岛弧系统中，地幔楔受流体交代作用，如果在交代过程中角闪石发生分异或者在地幔楔发生部分熔融时金红石及榍石作为残留相，都会使得产生的岩浆中亏损Nb、Ta、Ti（Ionov and Hofmann，1995）。由此可见，黄山岩体Nb、Ta、Ti负异常指示岩体的地幔源区可能经历了俯冲事件的交代作用。另外，Nd、Sr、Pb同位素研究表明，岩体岩浆均来自亏损地幔。并且多数样品落入OIB区域，表现出深部地幔来源特征。全岩REE低且平坦，Eu正异常明显，东天山–北山的晚古生代地幔具有Sr-Nd-Pb同位素略显富集的亏损特征，亏损高场强元素Zr、Hf、Nb、Ta，富集LILE/HSFE和洋壳流体交代的特征，进一步表明该区的地幔受到了俯冲板片的改造。

通过开展天山及邻区石炭纪—二叠纪火山岩成因及其成矿作用研究，夏林圻研究员为首的研究团队创造性地提出了石炭纪—早二叠世岩浆岩为地幔柱成因多次脉动大火成岩省的产物，并明确提出泥盆纪末古亚洲洋闭合的观点。这些创新的认识，在国际重要学术刊物上发表了一系列有重要影响力的论文，激起了国际学术界广泛的关注和争论。创新提出消减带玄武岩与大陆溢流玄武岩地球化学判别指标，夏林圻研究员利用世界上已知火山岩岩石地球化学数据对比资料，提出以往火山岩岩石地球化学研究，将容易遭受地壳物质混染的微量元素Nb、Ta的亏损，作为消减带玄武岩判别的标准是值得商榷的，而不容易遭受混染的Zr、Ti和Yb的地球化学图解判别，才可能得出正确的结论。

五、矿床特征新发现

新发现了多期次脉动叠加成矿的矿床特点，像北山地区的坡东、坡一等铜镍矿化的镁铁–超镁铁质岩体，符合地幔柱活动的基本特点，深部地幔物质的部分熔融受到了板块构造的影响。

从新疆北部晚古生代海相/陆相矿床时代分布图上可以看出，在300Ma出现转折，海陆发生转换，也是洋盆闭合与增生造山结束的时间。这也从另一个方面说明了板块构造与地幔柱岩浆活动在新疆北部晚古生代时期也都是存在的。板块构造、地幔柱活动，各自岩浆成矿作用的具体特征叠加在一起，表现了该时期与岩浆作用密切联系矿床的新特征，进一步明确了找矿的方向重点。

查岗诺尔、智博铁矿区的所有赋矿中性岩（主要是安山岩）具有相似的主量元素组成和微量元素配分模式，显示其可能源自同一源区且演化过程相似。其赋矿围岩（主要是安山岩）源自幔源基性/超基性岩浆混染地壳物质形成的中性岩浆。通过查岗诺尔、智博和备战铁矿的研究发现：①块状矿石（FeO^T>85%）中的TiO_2含量非常低（<1%），且P_2O_5和TiO_2含量不随着矿石中全铁含量的增高而增高；②矿石包裹体都是低温包裹体（洪为等，2012b）；③在TiO_2-V_2O_5图解中，查岗诺尔、备战和智博铁矿矿石均落在Kiruna和夕卡岩型铁矿区域之间，与孤山铁矿具有相似性，表明成矿与岩浆活动有关。随着深部地幔物质的不断上涌，壳-幔相互作用的规模在逐渐加大，形成大量的火山岩岩浆于构造薄弱地带喷出地表，并与表壳的物质发生交换，产生岩浆喷溢型铁矿床。如果与玄武质岩浆有关，要产生如此大量的Fe，岩浆作用的规模也是空前的。假设地幔柱活动是第一驱动力，它的形成类似于科马提岩流有关的科马提岩型岩浆Ni-Co硫化物矿床。但地幔柱作用的表征或地球化学表现，还有待于深入研究。

六、矿床认识进展

对与镁铁-超镁铁质侵入岩有关的岩浆铜镍硫化物矿床、斑岩型铜钼矿床，以及与火山岩-次火山岩有关的岩浆型磁铁矿矿床，在成矿机理认识方面取得新的进展。综合以上三种成矿类型和形成特征，无论新疆北部晚古生代的岩浆活动，还是成矿作用都有地幔柱活动的征兆或印迹，也许是后期的造山作用将大量的溢流玄武岩剥蚀殆尽，而表现出了不同以往的大火成岩省与地幔柱活动的认识特点。

塔里木大火成岩省存在两期比较明显的岩浆作用，一期是290Ma峰值的喷出岩，另一期是280Ma峰值的侵入岩，是塔里木地幔柱活动的产物。徐义刚等（2013）研究认为，塔里木克拉通岩石圈未能减薄，深部的幔源岩浆也只能通过边缘上涌。所以其成矿作用主要集中在克拉通边缘，特别是与造山带交会部位，从而得到了天山及邻区石炭纪—二叠纪大量内生金属矿床集中爆发的地球动力学模型，是塔里木地幔柱多期次岩浆活动的结果。

新疆天山大地构造演化伴随板块俯冲、陆-陆碰撞而形成今天的构造格局。板块构造运动贯穿于整个演化过程，发育在板块边界的岩浆作用为成矿提供了热源和物源，形成相应的内生金属矿床。在320～340Ma，西天山以板块俯冲为主，作为南邻的塔里木地幔柱，恰处于喷发前的能量聚集期，深部地幔物质开始活动，尽管部分熔融的地幔物质还达不到上涌的程度，但至少能提供一些热量和气体，为上部的部分熔融提供条件。随着气体和热量的汇聚，软流圈顶部与岩石圈底部发生大量部分熔融，形成的岩浆与表壳的物质发生交换，进而形成了西天山阿吾拉勒铁矿带。320～300Ma，随着塔里木地幔柱活动程度的加剧，部分熔融产生的岩浆大量形成，深部的地幔物质可沿岩石圈底部有少量上涌，但多数还是热量和气体，也为表壳俯冲物质的熔融和交换提供条件，在以俯冲为主，伴随地幔柱活动的共同作用下，形成了斑岩型铜（钼）矿床。随着时间的进行，塔里木地幔柱活动加剧，大量的深部地幔岩浆围绕刚性的塔里木克拉通边缘上涌，于造山带的薄弱区域结合，到达表壳部分与之发生物质交换，形成大量的镁铁-超镁铁质侵入岩及岩浆铜镍硫化物矿床，东天山的黄山岩带、北山裂谷带的坡北地区，是板块构造与地幔柱共同作用的结果。上述三个阶段，板块构造和地幔柱活动在空间上的共存和在时间上的延续/叠加，导致了天山晚古生代的成矿大爆发。

新疆北部晚古生代大规模的岩浆活动，是板块构造与地幔柱共同作用的结果。它们在时间上的并存和空间上的叠加，造就了内生金属矿床的巨量爆发，并表现出了时空变化。天山及邻区石炭纪—二叠纪的岩浆活动与成矿作用，或多或少都有塔里木地幔柱的贡献，启示我们岩浆形成的深部过程与成矿作用是今后研究的主要方向，也是指导区域找矿实现突破的基础和关键。

第二节　进一步研究方向

板块构造与地幔柱活动两种构造体制叠加并存的动力学模式还是概念性的，需要在野外地质表现详细观察、典型成矿特征总结、深部过程信息获取以及地球化学特征表现等方面进行完善细化，以更有效支撑服务成矿认识研究与找矿实践。既然要探讨新疆北部晚古生代地幔柱深部过程和成矿作用，地幔来源深度则是解决问题的关键，是哪部分地幔物质与表壳物质在什么部位发生交换而成矿的，表壳板块物质是相对运动的，深部地幔物质又是持续上涌的，这给问题带来了更大的难度。

对比分析国内外大火成岩省，俄罗斯西伯利亚大火成岩省发育了世界上最大的岩浆铜镍硫化物矿床，而中国的峨眉山大火成岩省，则发育了世界上最大的钒钛磁铁矿矿床，德干高原大火成岩省则没有任何成矿表现，这些特征也许与地球动力学机制及板块构造运动存在某些联系。大多数古地幔柱玄武岩都侵入大陆地壳，并且上升过程中与陆壳发生混染。不相容微量元素、微量元素配分模式与岛弧苦橄岩非常相似。被陆壳混染的地幔柱岩浆具有明显的 Nb、Ta、Ti 负异常，微量元素配分模式与 IAB 相似。与 MORB 相似，地幔柱岩浆同样显示出亏损不相容微量元素、HREE 亏损的特征。富集 LREE 和其他强不相容元素，亏损 Nb、Ta、Ti 的玄武岩可能是地幔柱成因。流体组分由于活动性强，赋存在矿物岩石中的不同位置，并与捕获历史和流体来源密切相关，保存着不同演化过程的流体介质信息（Zhang Z C et al.，2009b）。大火成岩省矿物岩石中流体的可能来源一般有大气或饱和大气水（ASW）、地幔流体、地壳流体及矿物内后期放射性成因组分。各来源流体端元在 C、H、O、S 和稀有气体元素与同位素组成上具有自身独特的定量内涵，相互之间的差异很大，如$^{3}He/^{4}He$值在地质历史过程中已经由接近球粒陨石的10^{-3}演化到10^{-5}，地壳和地幔的$^{3}He/^{4}He$值差异高达近 1000 倍，这种显著的差异是其他示踪体系所不具备的。另外，化学惰性的稀有气体的同位素组成可示踪有关的物理过程而不涉及复杂的化学过程。核-幔边界赋存着地球形成时捕获的大量原始流体。因此，流体组分及稀有气体同位素组成在示踪地幔柱相关的深源物质、混染地壳组分和壳幔相互作用等方面具有灵敏而独特的作用（Burnard，1997；张铭杰，2009）。通过岩矿地球化学、流体组成、稀有气体同位素地球化学研究，确定成矿控制因素，重点探讨地幔柱岩浆分异演化过程与成矿作用的内在联系、硫化物熔浆富集成矿机制及铂族元素分异的控制因素。

深入系统研究板块构造、地幔柱岩浆活动与成矿作用的耦合关系，进一步明确成矿机理认识与找矿模型，支撑服务具体找矿实践。新疆觉罗塔格构造带是两种地球动力学机制共同作用的典型区域，通过对区内岩浆岩属性、物质来源和成矿演化的系统研究，深入刻画区内岛弧岩浆岩系列和裂谷岩浆岩系列共存的特点，揭示其形成斑岩型铜（钼）矿、岩浆型铜镍矿的区域成矿机理和形成过程，进一步探讨两种体制叠加并存的岩浆活动和成矿表现。

参考文献

安芳，朱永峰．2007. 新疆西准噶尔哈图金矿蚀变岩型矿体地质和地球化学研究．矿床地质，26（6）：621-633.

安芳，朱永峰．2008. 西北天山吐苏拉盆地火山岩 SHRIMP 年代学和微量地球化学研究．岩石学报，24（12）：2741-2748.

白建科．2011. 西天山阿吾拉勒地区下石炭统大哈拉军山组火山岩 LA-ICPMS 锆石 U-Pb 年龄及地质意义//中国矿物岩石地球化学学会．中国矿物岩石地球化学学会第 13 届学术年会论文集．

白建科，李智佩，徐学义，等．2004. 新疆西天山吐拉苏–也里莫墩火山岩带年代学：对加曼特金矿成矿时代的约束．地球学报，32（3）：322-330.

鲍佩声，苏犁，翟庆国，等．2009. 新疆巴楚地区金伯利质角砾橄榄岩物质组成及含矿性研究．地质学报，83（9）：1276-1301.

蔡克大，袁超，孙敏，等．2007. 阿尔泰塔尔浪地区斜长角闪岩和辉长岩的形成时代、地球化学特征和构造意义．岩石学报，（5）：877-888.

蔡志超．2006. 新疆阿舍勒铜锌块状硫化物矿床的成矿规律．资源环境与工程，（3）：211-215.

蔡志慧，许志琴，何碧竹，等．2012. 东天山–北山造山带中大型韧性剪切带属性及形成演化时限与过程．岩石学报，28（6）：1875-1895.

蔡忠贤，陈发景，贾振远．2000. 准噶尔盆地的类型和构造演化．地学前缘，（4）：431-440.

柴凤梅，张招崇，毛景文，等．2006. 新疆哈密白石泉含铜镍镁铁–超镁铁质岩体铂族元素特征．地球学报，27（2）：123-128.

柴凤梅，董连慧，杨富全，等．2010. 阿尔泰南缘克朗盆地铁木尔特花岗岩体年龄、地球化学特征及成因．岩石学报，26（2）：377-386.

车自成，刘良，刘洪福，等．1996. 论伊犁古裂谷．岩石学报，（3）：478-490.

陈必河，罗照华，贾宝华，等．2007. 阿拉套山南缘岩浆岩锆石 SHRIMP 年代学研究．岩石学报，23（7）:1756-1764.

陈斌，贺敬博，陈长健，等．2013. 东天山白石泉镁铁超镁铁杂岩体的 Nd-Sr-Os 同位素成分及其对岩浆演化的意义．岩石学报，29（1）：294-302.

陈波，夏明哲，汪帮耀，等．2011. 新疆东天山黄山岩体岩石地球化学特征与岩石成因．矿物岩石，31（1）：11-21.

陈丹玲，刘良，车自成，等．2001. 中天山骆驼沟火山岩的地球化学特征及其构造环境．岩石学报，（3）：378-384.

陈发景，汪新文．2004. 中国西北地区陆内前陆盆地的鉴别标志．现代地质，（2）：151-156.

陈富文，李华芹，陈毓川，等．2005. 东天山土屋–延东斑岩铜矿田成岩时代精确测定及其地质意义．地质学报，79（2）：256-261.

陈汉林，杨树锋，董传万，等．1997. 塔里木盆地二叠纪基性岩带的确定及其大地构造意义．地球化学，26（6）：77-87.

陈汉林，杨树锋，贾承造，等．1998. 塔里木盆地北部二叠纪中酸性火成岩带的厘定及其对塔北构造演化的新认识．矿物学报，（3）：370-376.

陈汉林，杨树锋，厉子龙，等．2006a. 阿尔泰造山带富蕴基性麻粒岩锆石 SHRIMP U-Pb 年代学及其构造意义．岩石学报，22（5）：1351-1358.

陈汉林，杨树锋，王清华，等．2006b. 塔里木板块早–中二叠世玄武质岩浆作用的沉积响应．中国地质，33（3）：545-552.

陈汉林，杨树锋，厉子龙，等.2009. 塔里木盆地二叠纪大火成岩省发育的时空特点. 新疆石油地质，30（2）：179-182.
陈立辉，韩宝福.2006. 新疆北部乌恰沟地区镁铁质侵入岩的年代学、地球化学和Sr-Nd-Pb同位素组成：对地幔源区特征和深部过程的约束. 岩石学报，（5）：1201-1214.
陈宁华，董津津，厉子龙，等.2013. 新疆北山地区二叠纪地壳伸展量估算：基性岩墙群厚度统计的结果.岩石学报，29（10）：3540-3546.
陈升平，朱云海.1992. 新疆北山石炭纪、二叠纪火山岩岩石化学及其构造环境分析. 地球科学，（6）：647-656.
陈文，张彦，赵海滨，等.2006. 新疆东天山红山金矿成矿时代研究. 中国地质，33（3）：632-640.
陈希节.2013. 东天山古生代构造-岩浆作用及地球动力学演化. 南京：南京大学.
陈希节，舒良树.2010. 新疆哈尔里克山后碰撞期构造-岩浆活动特征及年代学证据. 岩石学报，26（10）:3057-3064.
陈新，卢华复，舒良树，等.2002. 准噶尔盆地构造演化分析新进展. 高校地质学报，8（3）：257-267.
陈衍景.1996. 准噶尔造山带碰撞体制的成矿作用及金等矿床分布规律. 地质学报，（3）：253-261.
陈业全，李宝刚.2004. 塔里木盆地中部二叠系火山岩地层的划分与对比. 石油大学学报（自然科学版），（6）：6-10.
陈义兵，胡霭琴，张国新，等.1997. 天山东段尾亚麻粒岩REE和Sm-Nd同位素特征. 地球化学，（4）：70-77.
陈毓川.2000. 阿尔泰海西期成矿系列及其演化规律//中国地质学会.“九五”全国地质科技重要成果论文集.
陈毓川，刘德权，王登红，等.2004. 新疆北准噶尔苦橄岩的发现及其地质意义. 地质通报，（11）：1059-1065.
陈哲夫，成守德，梁云海，等.1997. 新疆开合构造与成矿. 乌鲁木齐：新疆科技卫生出版社.
陈正乐，刘健，宫红良，等.2006. 准噶尔盆地北部新生代构造活动特征及其对砂岩型铀矿的控制作用.地质学报，（1）：101-111.
陈志明.1993 华南海西-印支期成矿地质背景. 地质科学，（1）：61-67.
成守德，王广瑞，杨树德，等.1986. 新疆古板块构造. 新疆地质，（2）：1-26.
程松林，王新昆，吴华，等.2008. 新疆北山晚古生代内生金属矿床成矿系列研究. 新疆地质，（1）：43-48.
崔军文，郭宪璞，丁孝忠，等.2006. 西昆仑-塔里木盆地盆-山结合带的中、新生代变形构造及其动力学.地学前缘，（4）：103-118.
崔日武.1988. 新疆克拉麦里蛇绿岩的岩石化学特征及其生成环境探讨. 新疆地质，6（3）：70-82.
代富强.2015. 板片-地幔相互作用：大别造山带碰撞后安山质火山岩成因//中国矿物岩石地球化学学会.中国矿物岩石地球化学学会第15届学术年会论文摘要集（2）.
代华五，申萍，沈远超，等.2010. 西准噶尔包古图含矿岩体矿物学特征及意义. 新疆地质，28（4）：440-447.
代雅建.2006. 阿尔泰布尔根碱性花岗岩的年代学及其地质意义研究. 武汉：中国地质大学（武汉）.
邓宇峰，宋谢炎，陈列锰，等.2011. 东天山黄山西含铜镍矿镁铁-超镁铁岩体岩浆地幔源区特征研究.岩石学报，27（12）：3640-3652.
邓宇峰，宋谢炎，周涛发，等.2012. 新疆东天山黄山东岩体橄榄石成因意义探讨. 岩石学报，28（7）：2224-2234.
丁振信.2014. 西天山群吉萨依地区早二叠世火山岩岩石学，地球化学和岩石成因. 北京：中国地质大学

（北京）.
董虎臣，康春华 . 1986. 新疆克拉美里超基性岩带铬铁矿的形成机理 . 西北地质，(1)：6-11.
董连慧，朱志新，屈迅，等 . 2010. 新疆蛇绿岩带的分布、特征及研究新进展 . 岩石学报，26（10）：2894-2904.
董连慧，屈迅，赵同阳，等 . 2012. 新疆北阿尔泰造山带早古生代花岗岩类侵入序列及其构造意义 . 岩石学报，28（8）：2307-2316.
董云鹏，周鼎武，张国伟，等 . 2005. 中天山南缘乌瓦门蛇绿岩形成构造环境 . 岩石学报，(1)：39-46.
杜世俊，屈迅，邓刚，等 . 2010. 东准噶尔和尔赛斑岩铜矿成岩成矿时代与形成的构造背景 . 岩石学报，26（10）：2981-2996.
段超，李延河，毛景文，等 . 2012. 宁芜火山岩盆地凹山铁矿床侵入岩锆石微量元素特征及其地质意义 . 中国地质，39（6）：1874-1884.
樊婷婷，周小虎，柳益群，等 . 2011. 新疆大黑山东部姜巴斯套组下段的凝灰岩锆石 LA-ICP-MS U-Pb 年龄及其地质意义 . 沉积学报，29（2）：312-320.
方国庆 . 1994. 东天山古生代板块构造特点及其演化模式 . 甘肃地质学报，3（1）：34-40.
方琳浩，陈丽华，郭建钢，等 . 2009. 准噶尔盆地腹部二叠系火山岩岩石学及演化分异研究 . 新疆地质，27（1）：15-20.
冯益民 . 1986. 西准噶尔蛇绿岩生成环境及其成因类型 . 西北地质科学，(2)：37-45.
冯益民 . 1991. 新疆东准噶尔地区构造演化及主要成矿期 . 西北地质科学，(32)：47-60.
傅飘儿，胡沛青，张铭杰，等 . 2009. 新疆黄山铜镍硫化物矿床成矿岩浆作用过程 . 地球化学，38（5）：432-448.
高福平，周刚，雷永孝，等 . 2010. 新疆阿尔泰山南缘沙尔布拉克一带早二叠世花岗岩的年龄、地球化学特征地质意义 . 地质通报，29（9）：1281-1293.
高洪林，穆治国，靳新娣，等 . 2001. 新疆吐哈盆地南北缘石炭纪火山岩铂族元素配分及其指示意义 . 北京大学学报（自然科学版），(3)：385-393.
高景刚，李文渊，周义，等 . 2013. 新疆博格达东缘色皮口地区柳树沟组流纹岩地球化学、LA-MC-ICP-MS 锆石 U-Pb 年代学及地质意义 . 地质与勘探，49（4）：665-675.
高俊 . 1993. 西南天山板块构造及造山运动动力学 . 北京：中国地质科学院 .
高俊 . 1997. 西南天山榴辉岩的发现及其大地构造意义 . 科学通报，(7)：737-740.
高俊，汤耀庆，赵民，等 . 1995. 新疆南天山蛇绿岩的地质地球化学特征及形成环境初探 . 岩石学报，(S1)：85-97.
高俊，张立飞，刘圣伟 . 2000. 西天山蓝片岩榴辉岩形成和抬升的 $^{40}Ar/^{39}Ar$ 年龄记录 . 科学通报，(1)：89-94.
高俊，龙灵利，钱青，等 . 2006. 南天山：晚古生代还是三叠纪碰撞造山带？岩石学报，22（5）：1049-1061.
高俊，钱青，龙灵利，等 . 2009. 西天山的增生造山过程 . 地质通报，28（12）：1804-1816.
高长林，崔可锐，钱一雄，等 . 1995. 天山微板块构造与塔北盆地 . 北京：地质出版社 .
龚全胜，刘明强，梁明宏，等 . 2003. 北山造山带大地构造相及构造演化 . 西北地质，(1)：11-17.
辜平阳，李永军，张兵，等 . 2009. 西准达尔布特蛇绿岩中辉长岩 LA-ICP-MS 锆石 U-Pb 测年 . 岩石学报，25（6）：1364-1372.
顾连兴 . 2006. 东天山黄山–镜儿泉地区幔源岩浆内侵与过铝花岗岩成因//中国地质学会 . 2006 年全国岩石学与地球动力学研讨会论文摘要集 .
顾连兴，杨浩，陶仙聪，等 . 1990. 中天山东段花岗岩类铷–锶年代学及构造演化 . 桂林冶金地质学院学报，(1)：49-55.
顾连兴，胡受奚，于春水，等. 2000a. 东天山博格达造山带石炭纪火山岩及其形成地质环境. 岩石学报，(3)：305-316.
顾连兴，于春水，李宏宇，等. 2000b. 博格达上大河沿岩体铷-锶同位素年龄及其地质意义. 矿物岩石地球化学通报，(1)：19-21.
顾连兴，胡受奚，于春水，等. 2001. 博格达陆内碰撞造山带挤压-拉张构造转折期的侵入活动. 岩石学报，17（2）：187-198.
顾连兴，张遵忠，吴昌志，等. 2007. 东天山黄山-镜儿泉地区二叠纪地质-成矿-热事件：幔源岩浆内侵及其地壳效应. 岩石学报，(11)：2869-2880.
郭芳放，姜常义，苏春乾，等. 2008. 准噶尔板块东南缘沙尔德兰地区A型花岗岩构造环境研究. 岩石学报，24（12）：2778-2788.
郭芳放，姜常义，卢荣辉，等. 2010. 新疆北部卡拉麦里地区黄羊山碱性花岗岩的岩石成因. 岩石学报，26（8）：2357-2373.
郭谦谦，潘成泽，肖文交，等. 2010. 哈密延东铜矿床地质和地球化学特征. 新疆地质，28（4）：419-426.
郭瑞清，尼加提·阿布都逊，秦切，等. 2013. 新疆塔里木北缘志留纪花岗岩类侵入岩的地质特征及构造意义. 地质通报，32（Z1）：220-238.
郭召杰，马瑞士，郭令智，等. 1993. 新疆东部三条蛇绿混杂岩带的比较研究. 地质评论，39（3）：236-247.
郭召杰，张志诚，廖国辉，等. 2002. 天山东段隆升过程的裂变径迹年龄证据及构造意义. 新疆地质，(4)：331-334.
郭召杰，史宏宇，张志诚，等. 2006. 新疆甘肃交界红柳河蛇绿岩中伸展构造与古洋盆演化过程. 岩石学报，(1)：95-102.
韩宝福. 2008. 中俄阿尔泰山中生代花岗岩与稀有金属矿床的初步对比分析. 岩石学报，24（4）：655-660.
韩宝福，何国琦，王式洸，等. 1998. 新疆北部后碰撞幔源岩浆活动与陆壳纵向生长. 地质论评，(4)：396-406.
韩宝福，何国琦，王式洸. 1999. 后碰撞幔源岩浆活动、底垫作用及准噶尔盆地基底的性质. 中国科学（D辑：地球科学），(1)：16-21.
韩宝福，何国琦，吴泰然，等. 2004a. 天山早古生代花岗岩锆石U-Pb定年、岩石地球化学特征及其大地构造意义. 新疆地质，22（1）：4-11.
韩宝福，季建清，宋彪，等. 2004b. 新疆喀拉通克和黄山东含铜镍矿镁铁-超镁铁杂岩体的SHRIMP锆石U-Pb年龄及其地质意义. 科学通报，49（22）：2324-2328.
韩宝福，季建清，宋彪，等. 2006. 新疆准噶尔晚古生代陆壳垂向生长（I）——后碰撞深成岩浆活动的时限. 岩石学报，22（5）：1077-1086.
韩春明，肖文交，赵国春，等. 2006. 新疆喀拉通克铜镍硫化物矿床Re-Os同位素研究及其地质意义. 岩石学报，22（1）：163-170.
郝建荣，周鼎武，柳益群，等. 2006. 新疆三塘湖盆地二叠纪火山岩岩石地球化学及其构造环境分析. 岩石学报，22（1）：189-198.
郝杰，刘小汉. 1993. 南天山蛇绿混杂岩形成时代及大地构造意义. 地质科学，(1)：93-95.
何斌，徐义刚，肖龙，等. 2003. 峨眉山大火成岩省的形成机制及空间展布：来自沉积地层学的新证据. 地质学报，(2)：194-202.

何登发，贾承造，柳少波，等. 2002. 塔里木盆地轮南低凸起油气多期成藏动力学. 科学通报，(S1)：122-130.

何登发，陈新发，况军，等. 2010. 准噶尔盆地石炭系烃源岩分布与含油气系统. 石油勘探与开发，37（4）：397-408.

何国琦，李茂松. 1996. 关于岩浆型被动陆缘. 北京地质，(S1)：29-33.

何国琦，李茂松. 2000. 中亚蛇绿岩带研究进展及区域构造连接. 新疆地质，(3)：193-202.

何国琦，韩宝福，岳永君，等. 1990. 中国阿尔泰造山带的构造分区和地壳演化. 新疆地质科学，2（9）：9-20.

何国琦，李茂松，刘德权，等. 1994. 中国新疆古生代地壳演化及成矿. 乌鲁木齐：新疆人民出版社；香港：香港文化教育出版社.

何国琦，刘德权，李茂松，等. 1995. 新疆主要造山带地壳发展的五阶段模式及成矿系列. 新疆地质，(2)：99-176，178-196.

何国琦，李茂松，贾进斗，等. 2001. 论新疆东准噶尔蛇绿岩的时代及其意义. 北京大学学报（自然科学版），(6)：852-858.

何国琦，成守德，徐新，等. 2004. 中国新疆及邻区大地构造图（1：2500000）说明书. 北京：地质出版社.

何金有，徐备，孟祥英，等. 2007. 新疆库鲁克塔格地区新元古代层序地层学研究及对比. 岩石学报，23（7）：1645-1654.

洪大卫. 1991. 花岗岩等级体制的基本思想. 矿物岩石地球化学通讯，(3)：222-224.

洪大卫，王式，谢锡林，等. 2000. 兴蒙造山带正 $\varepsilon_{Nd}(t)$ 值花岗岩的成因和大陆地壳生长. 地学前缘，(2)：441-456.

洪为. 2012. 新疆西天山查岗诺尔铁矿地质特征与矿床成因. 北京：中国地质科学院.

洪为，张作衡，李凤鸣，等. 2012a. 新疆西天山查岗诺尔铁矿床稳定同位素特征及其地质意义. 岩矿测试，31（6）：1077-1087.

洪为，张作衡，赵军，等. 2012b. 新疆西天山查岗诺尔铁矿床矿物学特征及其地质意义. 岩石矿物学杂志，31（2）：191-211.

侯广顺，唐红峰，刘丛强，等. 2005. 东天山土屋–延东斑岩铜矿围岩的同位素年代和地球化学研究. 岩石学报，(6)：1729-1736.

侯广顺，唐红峰，刘丛强. 2006. 东天山觉罗塔格构造带晚古生代火山岩地球化学特征及意义. 岩石学报，22（5）.

侯贵廷，李江海，钱祥麟. 2001. 晋北地区中元古代岩墙群的地球化学特征和大地构造背景. 岩石学报，(3)：352-357.

侯贵廷，李江海，刘玉琳，等. 2005a. 华北克拉通古远古代末的伸展事件：拗拉谷与岩墙群. 自然科学进展，15（11）：1366-1373.

侯贵廷，李江海，钱祥麟. 2005b. 岩墙群圆柱状节理的发现和成因机制探讨. 北京大学学报（自然科学版），41（2）：235-239.

侯贵廷，刘玉琳，李江海. 2005c. 关于基性岩墙群的 U-Pb SHRIMP 地质年代学的探讨——以鲁西莱芜辉绿岩岩墙为例. 岩石矿物学杂志，24（3）：179-185.

胡霭琴，韦刚健，邓文峰，等. 2006. 阿尔泰地区青河县西南片麻岩中锆石 SHRIMP U-Pb 定年及其地质意义. 岩石学报，22（1）：1-10.

胡霭琴，韦刚健，张积斌，等. 2007. 天山东段天湖东片麻状花岗岩的锆石 SHRIMP U-Pb 年龄和构造演化意义. 岩石学报，(8)：1795-1802.

胡沛青，任立业，傅飘儿，等. 2010. 新疆哈密黄山东铜镍硫化物矿床成岩成矿作用. 矿床地质，29（1）：158-168.

胡瑞忠，陶琰，钟宏，等. 2005. 地幔柱成矿系统：以峨眉山地幔柱为例. 地学前缘，12（1）：42-54.

华仁民，陈培荣，张文兰，等. 2002. 初论华南中、新生代与花岗质岩浆活动有关的成矿系统. 矿床地质，21（S1）：132-135.

华仁民，陈培荣，张文兰，等. 2003. 华南中、新生代与花岗岩类有关的成矿系统. 中国科学（D 辑：地球科学），（4）：335-343.

华仁民，陈培荣，张文兰，等. 2005. 论华南地区中生代 3 次大规模成矿作用. 矿床地质，（2）：99-107.

黄汲清. 1994. 中国主要地质构造单位. 北京：地质出版社.

黄建华，吕喜朝，朱星南，等. 1995. 北准噶尔洪古勒楞蛇绿岩研究的新进展. 新疆地质，（1）：20-30.

黄建华，金章东，李福春. 1999. 洪古勒楞蛇绿岩 Sm-Nd 同位素特征及时代界定. 科学通报，（9）：1004-1007.

黄萱，金成伟，孙宝山，等. 1997. 新疆阿尔曼太蛇绿岩时代的 Nd-Sr 同位素地质研究. 岩石学报，（1）：86-92.

姬金生，杨兴科，苏生瑞. 1994. 东天山康古尔塔格金矿带成矿条件分析. 地质找矿论丛，9（4）：49-56.

贾大成，胡瑞忠，李东阳，等. 2004. 湘东南地幔柱对大规模成矿的控矿作用. 地质与勘探，（2）：32-35.

贾志永，张铭杰，汤中立，等. 2009. 新疆喀拉通克铜镍硫化物矿床成矿岩浆作用过程. 矿床地质，28（5）：673-686.

简平，刘敦一，张旗，等. 2003. 蛇绿岩及蛇绿岩中浅色岩的 SHRIMP U-Pb 测年. 地学前缘，10（4）：439-455.

姜常义，吴文奎，张学仁，等. 1995. 从岛弧向裂谷的变迁——来自阿吾拉勒地区火山岩的证据. 岩石矿物学杂志，（4）：289-300.

姜常义，穆艳梅，白开寅，等. 1999. 南天山花岗岩类的年代学、岩石学、地球化学及其构造环境. 岩石学报，（2）：139-149.

姜常义，穆艳梅，赵晓宁，等. 2001. 塔里木板块北缘活动陆缘型侵入岩带的岩石学与地球化学. 中国区域地质，（2）：158-163.

姜常义，张蓬勃，卢登蓉，等. 2004a. 柯坪玄武岩的岩石学、地球化学、Nd、Sr、Pb 同位素组成与岩石成因. 地质论评，（5）：492-500.

姜常义，贾承造，李良辰，等. 2004b. 新疆麻扎尔塔格地区铁富集型高镁岩浆的源区. 地质学报，（6）：770-780.

姜常义，张蓬勃，卢登荣，等. 2004c. 新疆塔里木板块西部瓦吉里塔格地区二叠纪超镁铁岩的岩石成因与岩浆源区. 岩石学报，（6）：132-143.

姜常义，姜寒冰，叶书锋，等. 2005. 新疆库鲁克塔格地区二叠纪脉岩群岩石地球化学特征，Nd、Sr、Pb 同位素组成与岩石成因. 地质学报，79（6）：823-833.

姜常义，程松林，叶书锋，等. 2006. 新疆北山地区中坡山北镁铁质岩体岩石地球化学与岩石成因. 岩石学报，22（1）：115-126.

姜常义，夏明哲，余旭，等. 2007. 塔里木板块东北部柳园粗面玄武岩带：软流圈地幔减压熔融的产物. 岩石学报，（7）：1765-1778.

姜常义，夏明哲，钱壮志，等. 2009. 新疆喀拉通克镁铁质岩体群的岩石成因研究. 岩石学报，25（4）：749-764.

姜常义，郭娜欣，夏明哲，等. 2012. 塔里木板块东北部坡一镁铁质-超镁铁质层状侵入体岩石成因. 岩石学报，28：2209-2223.
姜超，钱壮志，张江江，等. 2014. 新疆东天山香山岩体橄榄石特征及其成因意义. 现代地质，28（3）：478-488.
姜晓，郭勇明，杨良哲，等. 2012. 哈密沙东大型钨矿床地质特征及成因探讨. 新疆地质，30（1）：31-35.
蒋宗胜，张作衡，侯可军，等. 2012. 西天山查岗诺尔和智博铁矿区火山岩地球化学特征、锆石 U-Pb 年龄及地质意义. 岩石学报，28（7）：2074-2088.
焦建刚，闫海卿，钱壮志，等. 2006. 龙首山岩带典型镁铁-超镁铁质岩体岩石地球化学特征. 矿物岩石，（1）：49-56.
金成伟，张秀棋. 1993. 新疆西准噶尔花岗岩类的时代及其成因. 地质科学，（1）：28-36.
金海龙，张成立. 1998. 伊犁石炭纪裂谷的时空演化特征. 西安工程学院学报，（2）：31-34.
匡立春，张越迁，查明，等. 2013. 新疆北部石炭纪构造背景及演化. 地质学报，87（3）：311-320.
况军. 1993. 准噶尔盆地南缘超压泥岩层及其构造地质意义. 石油实验地质，（2）：168-173.
李昌年. 1986. 四川攀西裂谷带峨眉玄武岩的岩石学及其成因研究. 地球科学，（6）：577-584.
李昌年. 1992. 构造岩浆判别的地球化学方法及其讨论. 地质科技情报，（3）：73-78，84.
李昌年，路凤香，陈美华. 2001. 巴楚瓦吉里塔格火成杂岩体岩石学研究. 新疆地质，（1）：38-42.
李春昱，王荃，刘雪亚，等. 1982. 亚洲大地构造图说明书. 北京：地质出版社.
李大鹏，杜杨松，庞振山，等. 2013. 西天山阿吾拉勒石炭纪火山岩年代学和地球化学研究. 地球化学，34（2）：176-192.
李德东，王玉往，王京彬，等. 2012. 新疆香山杂岩体的成岩与成矿时序. 岩石学报，28（7）：2103-2112.
李涤. 2011. 准噶尔盆地石炭系火山岩岩石地球化学特征及构造环境. 北京：中国地质大学（北京）.
李宏博，张招崇，吕林素. 2010. 峨眉山大火成岩省基性岩墙群几何学研究及对地幔柱中心的指示意义. 岩石学报，26（10）：3143-3152.
李宏博，张招崇，吕林素，等. 2012. 岩墙群的岩石学、地球化学和几何学特征及其大地构造意义. 岩石矿物学杂志，1：91-103.
李华芹，陈富文. 2002. 东疆小热泉子铜锌矿床成岩成矿作用年代学及矿床成因讨论. 矿床地质，21（增刊）：401-404.
李华芹，谢才富，常海亮，等. 1998. 新疆北部有色贵金属矿床成矿作用年代学. 北京：地质出版社.
李华芹，陈富文，蔡红，等. 1999. 新疆东部马庄山金矿成矿作用同位素年代学研究. 地质科学，（2）：126-131.
李华芹，陈富文，路远发，等. 2004. 东天山三岔口铜矿区矿化岩体 SHRIMP U-Pb 年代学及锶同位素地球化学特征研究. 地球学报，25（2）：191-195.
李华芹，陈富文，梅玉萍，等. 2006. 新疆坡北基性-超基性岩带 I 号岩体 Sm-Nd 和 SHRIMP U-Pb 同位素年龄及其地质意义. 矿床地质，25（4）：463-469.
李华芹，梅玉萍，屈文俊，等. 2009. 新疆坡北基性-超基性岩带 10 号岩体 U-Pb 和矿石 Re-Os 同位素定年及其意义. 矿床地质，28（5）：633-642.
李继磊，钱青，高俊，等. 2010. 西天山昭苏东南部阿登套地区大哈拉军山组火山岩及花岗岩侵入体的地球化学特征、时代和构造环境. 岩石学报，26（10）：2913-2924.
李江海，何文渊，钱祥麟. 1997. 元古代基性岩墙群的成因机制、构造背景及其古板块再造意义. 高校地质学报，（3）：33-42.
李金祥，秦克章，徐兴旺，等. 2007. 新疆东天山白石泉 Cu-Ni 硫化物矿床杂岩体的地球化学特征及其对矿床成因和构造背景的制约．矿床地质，26（1）：43-57.
李锦轶．1991. 试论新疆东准噶尔早古生代岩石圈板块构造演化．中国地质科学院院报，（2）：1-12.
李锦轶．1995. 新疆东准噶尔蛇绿岩的基本特征和侵位历史．岩石学报，（S1）：73-84.
李锦轶．2004. 新疆东部新元古代晚期和古生代构造格局及其演变．地质论评，（3）：304-322.
李锦轶，肖序常．1999. 对新疆地壳结构与构造演化几个问题的简要评述．地质科学，（4）：405-419.
李锦轶，肖序常，汤耀庆，等．1990. 新疆东准格尔卡拉麦里地区晚古生代板块构造的基本特征．地质论评，36（4）：305-315.
李锦轶，肖序常，陈文，等．2000a. 新疆北部晚石炭世至晚三叠世地壳热演化——东准噶尔考克塞尔盖山荒草坡群的^{40}Ar-^{39}Ar定年．地质学报，（4）：303-312.
李锦轶，肖序常，陈文．2000b. 准噶尔盆地东部的前晚奥陶世陆壳基底——来自盆地东北缘老君庙变质岩的证据．中国区域地质，（3）：297-302.
李锦轶，王克卓，李文铅，等．2002. 东天山晚古生代以来大地构造与矿产勘查．新疆地质，（4）：295-301.
李锦轶，宋彪，王克卓，等．2006a. 东天山吐哈盆地南缘二叠纪幔源岩浆杂岩：中亚地区陆壳垂向生长的地质记录．地球学报，27（5）：424-446.
李锦轶，王克卓，李亚平．2006b. 天山山脉地貌特征、地壳组成与地质演化．地质通报，25（8）：895-909.
李锦轶，杨天南，李亚萍，等．2009. 东准噶尔卡拉麦里断裂带的地质特征及其对中亚地区晚古生代洋陆格局重建的约束．地质通报，28（12）：1817-1826.
李乐，侯贵廷，杨彦平，等．2013. 新疆克拉玛依北西西向岩墙群侵位的磁组构证据．地质学报，6：814-822.
李秋生，卢德源，高锐，等．2001. 新疆地学断面（泉水沟-独山子）深地震测深成果综合研究．地球学报，（6）：534-540.
李舢，王涛，童英，等．2011. 北山辉铜山泥盆纪钾长花岗岩锆石 U-Pb 年龄、成因及构造意义．岩石学报，27（10）：3055-3070.
李少贞，任燕，冯新昌，等．2006. 吐哈盆地南缘克孜尔塔格复式岩体中花岗闪长岩锆石 SHRIMP U-Pb 测年及岩体侵位时代讨论．地质通报，（8）：937-940.
李生虎，李文铅，夏明，等．2002. 新疆东天山地区“大草滩运动”的建立与其地质意义．西北地质，35（3）：48-52.
李嵩龄，冯新昌，董富荣，等．1999. 克拉麦里-塔克札勒-大黑山蛇绿岩建造稀土元素特征．新疆地质，17（4）：356-364.
李嵩龄，董富荣，冯新昌，等．2001. 克拉麦里-塔克札勒-大黑山超镁铁岩岩石化学特征及其形成环境．新疆地质，19（2）：155-156.
李彤泰．2011. 新疆哈密市黄山基性-超基性岩带铜镍矿床地质特征及矿床成因．西北地质，44（1）：54-60.
李玮，柳益群，董云鹏，等．2012. 新疆三塘湖地区石炭纪火山岩年代学、地球化学及其大地构造意义．中国科学（D 辑：地球科学），42（2）：1716-1728.
李文明，任秉琛，杨兴科，等．2002. 东天山中酸性侵入岩浆作用及其地球动力学意义．西北地质，35（4）:41-64.
李文铅，夏斌，王克卓，等．2006. 新疆东天山彩中花岗岩体锆石 SHRIMP 年龄及地球化学特征．地质学报，80（1）：43-52.
李文铅，马华东，王冉，等．2008. 东天山康古尔塔格蛇绿岩 SHRIMP 年龄、Nd-Sr 同位素特征及构造意义. 岩石学报, 24 (4): 773-780.
李文渊. 1996. Re-Os 同位素体系及其在岩浆 Cu-Ni-PGE 矿床研究中的应用. 地球科学进展, (6): 62-66.
李文渊. 2007. 块状硫化物矿床的类型、分布和形成环境. 地球科学与环境学报, (4): 331-344.
李文渊, 张照伟, 高永宝, 等. 2011. 秦祁昆造山带重要成矿事件与构造响应. 中国地质, 38 (5): 1135-1149.
李文渊, 牛耀龄, 张照伟, 等. 2012. 新疆北部晚古生代大规模岩浆成矿的地球动力学背景和战略找矿远景. 地学前缘, 19 (4): 41-50.
李伍平, 王涛, 李金宝, 等. 2001. 东天山红柳河地区晚加里东期花岗岩类岩石锆石 U-Pb 年龄及其地质意义. 地球学报, (3): 231-235.
李希. 2012. 东天山巴里坤塔格一带石炭纪—早二叠世构造-岩浆演化特征分析. 西安: 长安大学.
李献华, 胡瑞忠, 饶冰. 1997. 粤北白垩纪基性岩脉的年代学和地球化学. 地球化学, (2): 19-21, 25-36.
李向东, 王庆明, 王克卓. 1998. 天山后碰撞阶段构造演化的新信息——来自阿吾拉勒山中段动力变质岩的证据. 地质论评, (4): 443-448.
李向民, 董云鹏, 徐学义, 等. 2002. 中天山南缘乌瓦门地区发现蛇绿混杂岩. 地质通报, (6): 304-307.
李向民, 夏林圻, 夏祖春, 等. 2004. 东天山企鹅山群火山岩锆石 U-Pb 年代学. 地质通报, (12): 1215-1220.
李辛子, 韩宝福, 李宗怀, 等. 2005. 新疆克拉玛依中基性岩墙群形成力学机制及其构造意义. 地质论评, 5: 39-44.
李亚萍, 孙桂华, 李锦轶, 等. 2006. 吐哈盆地东缘泥盆纪花岗岩的确定及其地质意义. 地质通报, (8): 932-936.
李永安, 孙东江, 郑洁. 1999. 新疆及周边古地磁研究与构造演化. 新疆地质, (3): 2-44.
李永军, 庞振甲, 栾新东, 等. 2007a. 西天山特克斯达坂花岗岩基的解体及钼矿找矿意义. 大地构造与成矿学, 31 (4): 435-440.
李永军, 杨高学, 郭文杰, 等. 2007b. 西天山阿吾拉勒阔尔库岩基的解体及地质意义. 新疆地质, 25 (3): 223-236.
李永军, 辜平阳, 庞振甲, 等. 2008. 西天山特克斯达坂库勒萨依序列埃达克岩的确立及钼找矿意义. 岩石学报, 24 (12): 2713-2719.
李永军, 杨高学, 张天继, 等. 2009. 西天山伊宁地块主褶皱幕鄯善运动的确立及地质意义. 地球科学进展, 4: 420-427.
李永军, 李注苍, 佟丽莉, 等. 2010. 论天山古洋盆关闭的地质时限——来自伊宁地块石炭系的新证据. 岩石学报, 10: 2905-2912.
李永军, 杨高学, 李鸿, 等. 2012. 新疆伊宁地块晚泥盆世火山岩的确认及其地质意义. 岩石学报, 28 (4):1225-1237.
李勇, 苏文, 孔屏, 等. 2007. 塔里木盆地塔中-巴楚地区早二叠世岩浆岩的 LA-ICP-MS 锆石 U-Pb 年龄. 岩石学报, 23 (5): 1097-1107.
李源, 杨经绥, 张健, 等. 2011. 新疆东天山石炭纪火山岩及其构造意义. 岩石学报, 1: 193-209.
李曰俊, 贾承造, 胡世玲, 等. 1999. 塔里木盆地瓦基里塔格辉长岩 ^{40}Ar-^{39}Ar 年龄及其意义. 岩石学报, (4): 594-599.
李曰俊, 王招明, 买光荣, 等. 2002. 塔里木盆地艾克提克群中放射虫化石及其意义. 新疆石油地质, (6): 496-500+445.
李曰俊, 孙龙德, 胡世玲, 等. 2003. 塔里木盆地塔参 1 井底部花岗闪长岩的 ^{40}Ar-^{39}Ar 年代学研究. 岩石学报, (3): 530-536.

李曰俊，孙龙德，吴浩若，等. 2005. 南天山西端乌帕塔尔坎群发现石炭–二叠纪放射虫化石. 地质科学，(2)：220-226+236-308.

李月臣，赵国春，屈文俊，等. 2006. 新疆香山铜镍硫化物矿床 Re-Os 同位素测定. 岩石学报，22（1）：245-251.

李月臣，杨富全，赵财胜，等. 2007. 新疆贝勒库都克岩体的锆石 SHRIMP U-Pb 年龄及其地质意义. 岩石学报，(10)：2483-2492.

李月臣，李美姣，刘锋，等. 2012. 新疆阿尔泰铁木里克花岗闪长岩锆石 U-Pb 年龄及地质意义. 新疆地质，30（3）：268-271.

李志纯. 1996. 阿尔泰造山带构造演化研究中的几个关键问题剖析. 大地构造与成矿学，(4)：283-297.

李忠权，张寿庭，陈更生，等. 1998. 准噶尔南缘拉张伸展角度不整合的形成机理及动力学意义. 成都理工学院学报，(1)：119-120.

李注苍，李永军，李景宏，等. 2006. 西天山阿吾拉勒一带大哈拉军山组火山岩地球化学特征及构造环境分析. 新疆地质，(2)：120-124.

李宗怀，韩宝福，宋彪. 2004. 新疆东准噶尔二台北花岗岩体和包体的 SHRIMP 锆石 U-Pb 年龄及其地质意义. 岩石学报，(5)：274-281.

厉子龙，杨树锋，陈汉林，等. 2008. 塔西南玄武岩年代学和地球化学特征及其对二叠纪地幔柱岩浆演化的制约. 岩石学报，24（5）：959-970.

励音骐，厉子龙，孙亚莉，等. 2011. 塔里木二叠纪玄武岩的铂族元素特征及其对岩浆演化和硫化物成矿作用的启示. 矿物学报，31（S1）：366.

林锦富，喻亨祥，余心起，等. 2007. 新疆东准噶尔萨北富碱花岗岩 SHRIMP 锆石 U-Pb 测年及其地质意义. 岩石学报，(8)：1876-1884.

林锦富，喻亨祥，吴昌志，等. 2008. 东准噶尔萨北锡矿 SHRIMP 锆石 U-Pb 测年及地质意义. 中国地质，35（6）：1197-1205.

林克湘，闫春德，龚文平. 1997. 新疆三塘湖盆地早二叠世火山岩地球化学特征与构造环境分析. 矿物岩石地球化学通报，16（1）：39-42.

凌锦兰. 2011. 新疆北山地区罗东镁铁质–超镁铁质层状岩体的地球化学特征与岩石成因. 西安：长安大学.

凌锦兰，夏明哲，郭娜欣，等. 2011. 新疆北山地区罗东镁铁质–超镁铁质层状岩体岩石成因. 地球化学，40（6）：499-515.

刘斌，钱一雄. 2003. 东天山三条高压变质带地质特征和流体作用. 岩石学报，(2)：283-296.

刘德权，唐延龄，周汝洪. 1996. 中国新疆矿床成矿系列类型. 矿床地质，(3)：16-24.

刘德权，陈毓川，王登红，等. 2003. 土屋–延东铜钼矿田与成矿有关问题的讨论. 矿床地质，(4)：334-344.

刘冬冬，郭召杰，张子亚. 2013. 一个不整合面引发的构造故事——从天山艾维尔沟不整合谈起. 大地构造与成矿学，37（3）：349-365.

刘飞，王镇远，林伟，等. 2013. 中国阿尔泰造山带南缘额尔齐斯断裂带的构造变形及意义. 岩石学报，29（5）：1811-1824.

刘家远. 2001. 论新疆东准噶尔陆相火山成矿作用. 大地构造与成矿学，25（4）：434-438.

刘家远，袁奎荣. 1996. 新疆乌伦古富碱花岗岩带碱性花岗岩成因及其形成构造环境. 高校地质学报，(3)：18-22，26-33.

刘金坤，李万茂. 1991. 塔里木盆地玄武岩岩石特征及其时代归属. 中国塔里木盆地北部油气地质研究第1辑，地层沉积. 北京：中国地质大学出版社：194-201.

刘静，李永军，王小刚，等. 2006. 西天山阿吾拉勒-带伊什基里克组火山岩地球化学特征及构造环境. 新疆地质，24（2）：105-108.
刘良，车自成，刘养杰. 1994. 中天山冰达坂一带斜长花岗岩的地球化学特征. 西北大学学报（自然科学版），（2）：157-161.
刘伟，张湘炳. 1993. 乌伦古-斋桑泊构造杂岩带特征及其地质意义. 新疆北部固体地球科学新进展. 北京：科学出版社：217-228.
刘友梅，杨蔚华，高计元. 1994. 新疆特克斯县林场大哈拉军山组火山岩年代学研究. 地球化学，（1）：99-104.
刘羽，王乃文，姚建新. 1994. 新疆库车地区放射虫新资料及其意义. 新疆地质，（4）：344-350，363.
刘玉琳，张志诚，郭召杰，等. 1999. 库鲁克塔格基性岩墙群 K-Ar 等时年龄测定及其有关问题讨论. 高校地质学报，1：55-59.
刘艳荣，吕新彪，梅微，等. 2012. 新疆东天山镁铁-超镁铁岩体中橄榄石成分特征及其成因意义：以黄山东和图拉尔根为例. 地球化学，41（1）：78-88.
刘月高，吕新彪，阮班晓，等. 2019. 新疆北山早二叠世岩浆型铜镍硫化物矿床综合信息勘查模式. 矿床地质，38（3）：644-666.
刘源，杨家喜，胡健民，等. 2013. 阿尔泰构造带喀纳斯群时代的厘定及其意义. 岩石学报，29（3）：887-898.
刘志强，韩宝福，季建清，等. 2005. 新疆阿拉套山东部后碰撞岩浆活动的时代、地球化学性质及其对陆壳垂向增长的意义. 岩石学报，21（3）：623- 639.
柳益群，焦鑫，李红，等. 2011. 新疆三塘湖跃进沟二叠系地幔热液喷流型原生白云岩. 中国科学（D辑：地球科学），41（12）：1862-1871.
龙灵利，高俊，熊贤明，等. 2006. 南天山库勒湖蛇绿岩地球化学特征及其年龄. 岩石学报，（1）：65-73.
龙灵利，高俊，熊贤明，等. 2007. 新疆中天山南缘比开（地区）花岗岩地球化学特征及年代学研究. 岩石学报，23（4）：719-732.
龙灵利，高俊，钱青，等. 2008. 西天山伊犁地区石炭纪火山岩地球化学特征及构造环境. 岩石学报，24（4）：699-710.
龙灵利，王玉往，唐萍芝，等. 2012. 西天山 Cu、Ni-V、Ti、Fe 复合型矿化镁铁-超镁铁杂岩——哈拉达拉岩体成岩成矿背景特殊性讨论. 岩石学报，28（7）：2015-2028.
娄峰，马浩明，刘延勇，等. 2011. 中国东南部中生代基性岩脉时空分布与形成机理. 地学前缘，1：15-23.
卢苗安. 2007. 天山东段盆山构造格局的多期演变. 北京：中国地震局地质研究所.
卢荣辉. 2010. 新疆北山地区红石山镁铁质-超镁铁质层状岩体的地球化学特征与岩石成因. 西安：长安大学.
路凤香，桑隆康. 2002. 岩石学. 北京：地质出版社.
罗金海，车自成，张国锋，等. 2012. 塔里木盆地西北缘与南天山早-中二叠世盆山耦合特征. 岩石学报，28（8）：2506-2514.
罗勇，牛贺才，单强，张兵，等. 2009. 西天山玉希莫勒盖达坂玄武安山岩-高钾玄武安山岩-粗安岩组合的发现及其地质意义. 岩石学报，25（4）：934-943.
罗照华，白志达，赵志丹，等. 2003. 塔里木盆地南北缘新生代火山岩成因及其地质意义. 地学前缘，（3）：179-189.
骆耀南. 1985. 攀西古裂谷研究中的认识和进展. 中国地质，（1）：27-31，33.

吕书君，杨富全，柴凤梅，等. 2012. 东准噶尔北缘老山口铁铜金矿区侵入岩 LA-ICP-MS 锆石 U-Pb 定年及地质意义. 地质论评，58（1）：149-164.
马宗晋，曲国胜，陈新发. 2008. 准噶尔盆地构造格架及分区. 新疆石油地质，（1）：1-6.
毛景文，李红艳，王登红，等. 1998. 华南地区中生代多金属矿床形成与地幔柱关系. 矿物岩石地球化学通报，（2）：63-65.
毛景文，杨建民，屈文俊，等. 2002. 新疆黄山东铜镍硫化物矿床 Re-Os 同位素测定及其地球动力学意义. 矿床地质，21（4）：323-330.
毛景文，Pirajno F，张作衡，等. 2006. 天山–阿尔泰东部地区海西期后碰撞铜镍硫化物矿床. 地质学报，80（7）：925-942.
毛景文，余金杰，袁顺达，等. 2008. 铁氧化物–铜–金（IOCG）型矿床：基本特征、研究现状与找矿勘查. 矿床地质，（3）：267-278.
毛景文，段超，刘佳林，等. 2012. 陆相火山–侵入岩有关的铁多金属矿成矿作用及矿床模型——以长江中下游为例. 岩石学报，28（1）：1-14.
毛启贵，肖文交，韩春明，等. 2006. 新疆东天山白石泉铜镍矿床基性–超基性岩体锆石 U-Pb 同位素年龄、地球化学特征及其对古亚洲洋闭合时限的制约. 岩石学报，22（1）：153-162.
毛启贵，肖文交，韩春明，等. 2010. 北山柳园地区中志留世埃达克质花岗岩类及其地质意义. 岩石学报，26（2）：584-596.
毛翔，李江海，张华添，等. 2012. 准噶尔盆地及其周缘地区晚古生代火山机构分布与发育环境分析. 岩石学报，28（8）：2381-2391.
毛亚晶，秦克章，唐冬梅，等. 2014. 东天山岩浆铜镍硫化物矿床的多期次岩浆侵位与成矿作用——以黄山铜镍矿床为例. 岩石学报，30（6）：1575-1594.
聂保锋，于炳松，李正科，等. 2009. 新疆三塘湖盆地牛东区块晚石炭世—二叠纪火山岩特征与构造环境分析. 新疆地质，27（3）：217-221.
牛贺才. 2006. 新疆扎河坝–阿尔曼泰蛇绿岩中的退变质榴辉岩的发现//中国地质学会. 2006 年全国岩石学与地球动力学.
牛贺才，许继锋，于学元，等. 1999. 新疆阿尔泰富镁火山岩系的发现及其地质意义. 科学通报，（9）：1002-1004.
牛耀龄. 2005. 关于地幔柱大辩论. 科学通报，（17）：3-6.
欧阳征健，周鼎武，林晋炎，等. 2006. 博格达山白杨河地区中基性岩墙地球化学特征及其地质意义. 大地构造与成矿学，4：495-503.
潘长云，王润民，赵昌龙. 1994. 新疆喀拉通克 Y1 含矿岩体的岩石化学特征及其与成矿的关系. 岩石学报，10（3）：261-274.
齐进英. 1993. 新疆准噶尔脉岩群地质及成因. 岩石学报，（3）：288-299.
齐进英，熊义大. 1992. 新疆包古图金矿床特征及其成因. 矿床地质，11（2）：154-164.
钱青，高俊，熊贤明，等. 2006. 西天山昭苏北部石炭纪火山岩的岩石地球化学特征、成因及形成环境. 岩石学报，22（5）：1307-1323.
钱壮志，王建中，姜常义，等. 2009. 喀拉通克铜镍矿床铂族元素地球化学特征及其成矿作用意义. 岩石学报，25（4）：832-844.
秦克章. 2000. 新疆北部中亚型造山与成矿作用. 北京：中国科学院地质与地球物理研究所.
秦克章，方同辉，王书来，等. 2002. 东天山板块构造分区，演化与成矿地质背景研究. 新疆地质，20（4）：302-308.
秦克章，彭晓明，三金柱，等. 2003. 东天山主要矿床类型、成矿区带划分与成矿远景区优选. 新疆地质，(2)：143-150.
秦克章，丁奎首，许英霞，等. 2007. 东天山图拉尔根、白石泉铜镍钴矿床钴、镍赋存状态及原岩含矿性研究. 矿床地质，(1)：1-14.
秦克章，田野，姚卓森，等. 2014. 新疆喀拉通克铜镍矿田成矿条件、岩浆通道与成矿潜力分析. 中国地质，41（3）：912-935.
秦克章，翟明国，李光明，等. 2017. 中国陆壳演化、多块体拼合造山与特色成矿的关系. 岩石学报，33（2）：305-325.
冉红彦，肖森宏. 1994. 喀拉通克含矿岩体的微量元素与成岩构造环境. 地球化学，(4)：392-401.
任燕，郭宏，涂其军，等. 2006. 吐哈盆地南缘彩霞山东石英闪长岩岩株锆石 SHRIMP U-Pb 测年. 地质通报，(8)：941-944.
戎嘉树. 1997. 花岗伟晶岩研究概况. 国外铀金地质，(2)：97-108.
茹艳娇，徐学义，李智佩，等. 2012. 西天山乌孙山地区大哈拉军山组火山岩 LA-ICP-MS 锆石 U-Pb 年龄及其构造环境. 地质通报，31（1）：50-62.
芮宗瑶，王龙生，王义天，等. 2002. 东天山土屋和延东斑岩铜矿床时代讨论. 矿床地质，(1)：16-22.
三金柱，秦克章，汤中立，等. 2010. 东天山图拉尔根大型铜镍矿区两个镁铁–超镁铁岩体的锆石 U-Pb 定年及其地质意义. 岩石学报，26（10）：3027-3035.
邵济安，张履桥. 2002. 华北北部中生代岩墙群. 岩石学报，(3)：312-318.
邵济安，李献华，张履桥，等. 2001. 南口–古崖居中生代双峰式岩墙群形成机制的地球化学制约. 地球化学，(6)：517-524.
沈远超，金成伟. 1993. 西准噶尔地区岩浆活动与金矿化作用. 北京：科学出版社.
舒良树，王玉净. 2003. 新疆卡拉麦里蛇绿岩带中硅质岩的放射虫化石. 地质论评，(4)：408-412，450.
舒良树，卢华复，印栋浩，等. 2001. 新疆北部古生代大陆增生构造. 新疆地质，(1)：59-63.
舒良树，郭召杰，朱文斌，等. 2004. 天山地区碰撞后构造与盆山演化. 高校地质学报，(3)：393-404.
舒良树，朱文斌，王博，等. 2005. 新疆博格达南缘后碰撞期陆内裂谷和水下滑塌构造. 岩石学报，(1)：27-38.
宋彪，李锦轶，李文铅，等. 2002. 吐哈盆地南缘克孜尔卡拉萨依和大南湖花岗质岩基锆石 SHRIMP 定年及其地质意义. 新疆地质，(4)：342-345.
宋会侠. 2007. 新疆包古图斑岩铜矿地质地球化学特征及成矿时代. 北京：中国地质科学院.
宋谢炎，邓宇峰，劼炜. 2010. 新疆古生代造山带岩浆硫化物含矿岩体地幔源区性质及其地质意义. 矿床地质，29（S1）：881-882.
苏本勋，秦克章，孙赫，等. 2009. 新疆北山地区红石山镁铁–超镁铁岩体的岩石矿物学特征：对同化混染和结晶分异过程的启示. 岩石学报，25：873-887.
苏本勋，秦克章，孙赫，等. 2010. 新疆北山地区旋窝镁铁–超镁铁岩体的年代学、岩石矿物学和地球化学研究. 岩石学报，26：3283-3294.
苏本勋，秦克章，唐冬梅，等. 2011. 新疆北山地区坡十镁铁–超镁铁岩体的岩石学特征及其对成矿作用的指示. 岩石学报，27（12）：3627-3639.
苏犁. 1991. 新疆巴楚瓦吉里塔格金伯利岩矿物中岩浆包裹体研究. 西北地质科学，(32)：33-46.
苏玉平，唐红峰，刘丛强，等. 2006. 新疆东准噶尔苏吉泉铝质 A 型花岗岩的确立及其初步研究. 岩石矿物学杂志，25（3）：175-184.
孙桂华，李锦轶，高立明，等. 2005. 新疆东部哈尔里克山闪长岩锆石 SHRIMP U-Pb 定年及其地质意义. 地质论评，(4)：463-469.
孙桂华，李锦轶，王德贵，等. 2006. 东天山阿其克库都克断裂南侧花岗岩和花岗闪长岩锆石 SHRIMP U-

Pb 测年及其地质意义．地质通报，25（8）：945-952.
孙桂华，李锦轶，朱志新，等．2007. 新疆东部哈尔里克山片麻状黑云母花岗岩锆石 SHRIMP U-Pb 定年及其地质意义．新疆地质，25（1）：4-10.
孙桂华，李锦轶，杨天南，等．2009. 阿尔泰山脉南部线性花岗岩锆石 SHRIMP U-Pb 定年及其地质意义．中国地质，36（5）：976-987.
孙赫．2009a. 地幔部分熔融程度对东天山镁铁质-超镁铁质岩铂族元素矿化的约束——以图拉尔根和香山铜镍矿为例//中国科学院地质与地球物理研究所科技与成果转化处．中国科学院地质与地球物理研究所 2008 学术论文汇编．
孙赫．2009b. 东天山镁铁-超镁铁岩铜镍硫化物矿床通道式成矿机制与岩体含矿性评价研究．北京：中国科学院地质与地球物理研究所．
孙赫，秦克章，李金祥，等．2006. 东天山图拉尔根铜镍钴硫化物矿床岩相、岩石地球化学特征及其形成的构造背景．中国地质，33（3）：606-617.
孙赫，秦克章，徐兴旺，等．2007. 东天山镁铁质-超镁铁质岩带岩石特征及铜镍成矿作用．矿床地质，26（1）：98-108.
孙吉明，马中平，徐学义，等．2012. 新疆西天山备战铁矿流纹岩的形成时代及其地质意义．地质通报，31（12）：1973-1982.
孙敬博，陈文，刘新宇，等．2012. 东天山红石金矿区石英钠长斑岩 Ar-Ar 和 U-Pb 年龄及构造和成矿意义讨论．地球学报，33（6）：907-917.
孙林华，彭头平，王岳军．2007. 新疆特克斯东南大哈拉军山组玄武安山岩地球化学特征：岩石成因和构造背景探讨．大地构造与成矿学，(3)：372-379.
孙涛．2011. 新疆东天山黄山岩带岩浆硫化物矿床及成矿作用研究．西安：长安大学．
孙涛，钱壮志，汤中立，等．2010. 新疆葫芦铜镍矿床锆石 U-Pb 年代学、铂族元素地球化学特征及其地质意义．岩石学报，26（11）：3339-3349.
孙善平，刘永顺，钟蓉，等．2001. 火山碎屑岩分类评述及火山沉积学研究展望．岩石矿物学杂志，20（3）:313-317.
孙燕，慕纪录，肖渊甫．1996. 新疆香山铜镍硫化物矿床浅富矿体特征．矿物岩石，(1)：51-57.
谭佳奕，王淑芳，吴润江，等．2010. 新疆东准噶尔石炭纪火山机构类型与时限．岩石学报，26（2）：440-448.
谭绿贵．2007. 新疆西准噶尔萨吾尔地区后碰撞岩浆活动研究．合肥：合肥工业大学．
汤庆艳，张铭杰，李晓亚，等．2012. 西秦岭新生代高钾质玄武岩流体组成及地幔动力学意义．岩石学报，28（4）：1251- 1260.
汤耀庆．1995. 西南天山蛇绿岩和蓝片岩．北京：地质出版社．
汤中立．2004. 中国镁铁、超镁铁岩浆矿床成矿系列的聚集与演化．地学前缘，(1)：113-119.
汤中立，李文渊．1995. 金川铜镍硫化物（含铂）矿床成矿模式及地质对比．北京：地质出版社．
汤中立，李小虎．2006. 两类岩浆的小岩体成大矿．矿床地质，25（S1）：35-38.
汤中立，闫海卿，焦建刚，等．2006. 中国岩浆硫化物矿床新分类与小岩体成矿作用．矿床地质，(1)：1-9.
唐冬梅，秦克章，孙赫，等．2009a. 天宇铜镍矿床的岩相学、锆石 U-Pb 年代学、地球化学特征．岩石学报，25：817-831.
唐冬梅，秦克章，孙赫，等．2009b. 东疆天宇岩浆 Cu-Ni 矿床的铂族元素地球化学特征及其对岩浆演化，硫化物熔离的指示．地质学报，83（5）：680-697.
唐功建，陈海红，王强，等．2008. 西天山达巴特 A 型花岗岩的形成时代与构造背景．岩石学报，

24 (5): 947-958.
唐功建，王强，赵振华，等. 2009. 西天山东塔尔别克金矿区安山岩 LA-ICP-MS 锆石 U-Pb 年代学，元素地球化学与岩石成因. 岩石学报，6：1341-1352.
唐红峰，苏玉平，刘丛强，等. 2007. 新疆北部卡拉麦里斜长花岗岩的锆石 U-Pb 年龄及其构造意义. 大地构造与成矿学，31 (1): 110-117.
唐红峰，赵志琦，黄荣生，等. 2008. 新疆东准噶尔 A 型花岗岩的锆石 Hf 同位素初步研究. 矿物学报，28 (4): 335-342.
唐俊华，顾连兴，张遵忠，等. 2007. 东天山咸水泉片麻状花岗岩特征、年龄及成因. 岩石学报，23 (8): 1803-1820.
唐俊华，顾连兴，张遵忠，等. 2008. 东天山黄山–镜儿泉过铝花岗岩矿物学、地球化学及年代学研究. 岩石学报，24 (5): 921-946.
陶奎元，毛建仁，邢光福，等. 1999. 中国东部燕山期火山–岩浆大爆发. 矿床地质，(4): 316-322.
田敬全，胡敬涛，易习正，等. 2009. 西天山查岗诺尔–备战一带铁矿成矿条件及找矿分析. 西部探矿工程，21 (8): 88-92.
童英，王涛，洪大卫，等. 2005. 阿尔泰造山带西段同造山铁列克花岗岩体锆石 U-Pb 年龄及其构造意义. 地球学报，26 (增刊): 74-77.
童英，洪大卫，王涛，等. 2006. 阿尔泰造山带南缘富蕴后造山线性花岗岩体锆石 U-Pb 年龄及其地质意义. 岩石矿物学杂志，25 (2): 85-89.
童英，王涛，洪大卫，等. 2007. 中国阿尔泰北部山区早泥盆世花岗岩的年龄、成因及构造意义. 岩石学报，(8): 1933-1944.
童英，王涛，洪大卫，等. 2010. 北疆及邻区石炭–二叠纪花岗岩时空分布特征及其构造意义. 岩石矿物学杂志，29 (6): 619-641.
涂光炽. 1993. 新疆北部固体地球科学新进展. 北京：科学出版社.
涂光炽. 1999. 初议中亚成矿域. 地质科学，(4): 397-404.
汪帮耀. 2011. 新疆西天山查岗诺尔和智博火山岩型铁矿矿床地质特征与成因研究. 西安：长安大学.
汪传胜，顾连兴，张遵忠，等. 2009. 新疆哈尔里克山二叠纪碱性花岗岩–石英正组合的成因及其构造意义. 岩石学报，25 (12): 3182-3196.
汪传胜，张遵忠，顾连兴，等. 2010. 东天山伊吾二叠纪花岗质杂岩体的锆石定年、地球化学及其构造意义. 岩石学报，26 (4): 1045-1058.
汪双双. 2013. 新疆三塘湖地区中二叠世岩浆活动与成盆动力学背景示踪. 西安：西北大学.
汪云亮，张成江，修淑芝. 2001. 玄武岩形成的大地构造环境的 Th/Hf—Ta/Hf 图解判别. 岩石学报，17 (3): 413-421.
王博，舒良树. 2007. 伊犁北部博罗霍努岩体年代学和地球化学研究及其大地构造意义. 岩石学报，23 (8): 1885-1990.
王超，马瑞士，郭令智，等. 1990. 塔里木东北部新生代的侧向排挤作用. 南京大学学报（自然科学版），(3): 499-504.
王超，刘良，罗金海，等. 2007. 西南天山晚古生代后碰撞岩浆作用以阔克萨彦岭地区巴雷公花岗岩为例. 岩石学报，23 (8): 1830-1840.
王德滋. 2004. 华南花岗岩研究的回顾与展望. 高校地质学报，(3): 305-314.
王德滋，周金城. 2005. 大火成岩省研究新进展. 高校地质学报，(1): 1-8.
王登红，李天德. 2001. 阿尔泰东部新生代火山岩的地球化学特点及构造环境. 大地构造与成矿学，(3): 282-289.

王登红，陈毓川，徐志刚，等.2000. 新疆北部 Cu-Ni-（PGE）硫化物矿床成矿系列探讨. 矿床地质，19（2）：147-155.

王登红，李华芹，应立娟，等.2009. 新疆伊吾琼河坝地区铜、金矿成矿时代及其找矿前景. 矿床地质，28（1）：73-82.

王方正，杨梅珍，郑建平.2002. 准噶尔盆地陆梁地区基底火山岩的岩石地球化学及其构造环境. 岩石学报，（1）：9-16.

王广瑞.1996. 新疆北部及邻区地质构造单元与地质发展史. 新疆地质，（1）：12-27.

王行军，王根厚，专少鹏，等.2012. 新疆和硕县包尔图一带花岗岩 LA-ICP-MS 锆石 U-Pb 年龄及其地质意义. 地质通报，31（8）：1251-1266.

王金荣，宋春晖，黄华芳，等.1996. 西准噶尔扎依尔山花岗岩类地球化学与构造环境. 兰州大学学报，（4）：159-160，163-166.

王京彬，王玉往.2006. 新疆尾亚钒钛磁铁矿矿床成矿年龄探讨. 矿床地质，25（S1）：327-330.

王京彬，徐新.2006. 新疆北部后碰撞构造演化与成矿. 地质学报，80（1）：23-31.

王京彬，王玉往，何志军.2006. 东天山大地构造演化的成矿示踪. 中国地质，33（3）：461-468.

王京彬，王玉往，周涛发.2008. 新疆北部后碰撞与幔源岩浆有关的成矿谱系. 岩石学报，24（4）：743-752.

王居里，王守敬，柳小明.2009. 新疆天格尔地区碱长花岗岩的地球化学、年代学及其地质意义. 岩石学报，25（4）：925-933.

王龙生，李华芹，陈毓川，等.2005. 新疆哈密百灵山铁矿地质特征及成矿时代. 矿床地质，（3）：264-269.

王敏芳，夏庆霖，肖凡，等.2012. 新疆东天山土墩铜镍硫化物矿床岩石地球化学和铂族元素特征及其对成矿的指示意义. 矿床地质，31（6）：1195-1210.

王平，朱志新，赵同阳，等.2011. 新疆觉罗塔格地区却勒塔格一带小热泉子组火山岩地球化学特征及构造意义. 新疆地质，29（4）：372-375.

王强，赵振华，许继峰，等.2006. 天山北部石炭纪埃达克岩-高镁安山岩-富 Nb 岛弧玄武质岩：对中亚造山带显生宙地壳增生与铜金成矿的意义. 岩石学报，22（1）：11-30.

王庆明，林卓斌，黄诚，等.2001. 西天山查岗诺尔地区矿床成矿系列和找矿方向. 新疆地质，（4）：263-267.

王仁民，贺高品，陈珍珍，等.1987. 变质岩原岩图解判别法. 北京：地质出版社.

王瑞，朱永峰.2007. 西准噶尔宝贝金矿地质与容矿火山岩的锆石 SHRIMP 年龄. 高校地质学报（董申葆院士九十诞辰纪念专辑），13（3）：590-602.

王润民，李楚思.1987. 新疆哈密黄山东铜镍硫化物矿床成岩成矿的物理化学条件. 成都地质学院学报，（3）：1-9.

王润民，赵昌龙.1991. 新疆喀拉通克一号铜镍硫化物矿床. 北京：地质出版社.

王润三，王焰，李惠民，等.1998. 南天山榆树沟高压麻粒岩地体锆石 U-Pb 定年及其地质意义. 地球化学，（6）：517-522，604.

王润三，王居里，周鼎武，等.1999. 南天山榆树沟遭受麻粒岩相变质改造的蛇绿岩套研究. 地质科学，34（2）：166-176.

王式洸，韩宝福，洪大卫，等.1994. 新疆乌伦古河碱性花岗岩的地球化学及其构造意义. 地质科学，29（4）：373-383.

王式洸，韩宝福，洪大卫，等.1995. Geochemistry and Tectonic Significance of Alkali Granites along the Ulungur River，Xinjiang. Chinese Journal of Geochemistry，（4）：323-335.

王涛，洪大卫，童英，等 . 2005. 中国阿尔泰造山带后造山喇嘛昭花岗岩体锆石 SHRIMP 年龄、成因及陆壳垂向生长意义 . 岩石学报，21（3）：640-650.
王涛，童英，李舢，等 . 2010. 阿尔泰造山带花岗岩时空演变、构造环境及地壳生长意义——以中国阿尔泰为例 . 岩石矿物学杂志，29（6）：595-618.
王晓地 . 2001. 新疆伊犁地区下石炭统大哈拉军山组火山岩含矿特征及金、铜成矿规律探讨 . 成都：成都理工大学 .
王亚磊，张照伟，张铭杰，等 . 2013. 新疆坡北镁铁-超镁铁质岩体地球动力学背景探讨 . 岩石矿物学杂志，32（5）：693-707.
王亚磊，张照伟，尤敏鑫，等 . 2015. 东天山白鑫滩铜镍矿锆石 U-Pb 年代学、地球化学特征及对 Ni-Cu 找矿的启示 . 中国地质，42（3）：452-467.
王亚磊，李文渊，张照伟，等 . 2016. 新疆圪塔山口含铜镍岩体锆石 SHRIMP U-Pb 年龄、岩石地球化学特征及其地质意义 . 大地构造与成矿学，40（6）：1275-1288.
王亚磊，张照伟，张江伟，等 . 2017. 新疆坡北铜镍矿床铂族元素特征及其对成矿过程的约束 . 西北地质，50（1）：13-24.
王彦斌，王永，刘训，等 . 2000. 南天山托云盆地晚白垩世—早第三纪玄武岩的地球化学特征及成因初探 . 岩石矿物学杂志，（2）：131-139，173.
王焰，张旗，钱青 . 2000. 埃达克岩（adakite）的地球化学特征及其构造意义 . 地质科学，（2）：251-256.
王一剑，刘洪军，周娟萍，等 . 2011. 东准噶尔卡姆斯特北海相火山-沉积岩碎屑锆石 LA-ICP-MS U-Pb 年龄及地质意义 . 现代地质，25（6）：1047-1058.
王懿圣，苏犁 . 1990. 新疆巴楚瓦吉尔塔格金伯利岩中金云母成分特征及形成条件讨论 . 西北地质科学，（28）：47-55.
王银宏，薛春纪，刘家军，等 . 2014. 新疆东天山土屋斑岩铜矿床地球化学、年代学、Lu-Hf 同位素及其地质意义 . 岩石学报，30（11）：3383-3399.
王银喜 . 2005. 博格达裂谷闭合和区域隆起的同位素年代学证据及地质意义//中国地质学会 . 第八届全国同位素地质年代学和同位素地球化学学术讨论会论文集 .
王银喜，顾连兴，张遵忠，等 . 2006. 博格达裂谷双峰式火山岩地质年代学与 Nd-Sr-Pb 同位素地球化学特征 . 岩石学报，（5）：1215-1224.
王瑜，李锦轶，李文铅 . 2002. 东天山造山带右行剪切变形及构造演化的 ^{40}Ar-^{39}Ar 年代学证据 . 新疆地质，（4）：315-319.
王玉往，姜福芝 . 1997. 北山地区各时代火山岩组合特征及分布 . 中国区域地质，（3）：74，76-81.
王玉往，王京彬，王莉娟，等 . 2004. 新疆哈密黄山地区铜镍硫化物矿床的稀土元素特征及意义 . 岩石学报，20（4）：935-948.
王玉往，王京彬，王莉娟，等 . 2005. 新疆尾亚钒钛磁铁矿——一个岩浆分异-贯入-热液型复成因矿床 . 矿床地质，24（4）：349-359.
王玉往，王京彬，王莉娟，等 . 2006. 岩浆铜镍矿与钒钛磁铁矿的过渡类型——新疆哈密香山西矿床 . 地质学报，80（1）：61-73.
王玉往，王京彬，王莉娟，等 . 2008. 新疆尾亚含矿岩体锆石 U-Pb 年龄、Sr-Nd 同位素组成及其地质意义 . 岩石学报，24（4）：781-792.
王玉往，王京彬，王莉娟，等 . 2009. 新疆香山铜镍钛铁矿区两个镁铁-超镁铁岩系列及特征 . 岩石学报，25（4）：888-900.
王玉往，王京彬，王莉娟，等 . 2010a. Cu、Ni-V、Ti、Fe 复合型矿化镁铁-超镁铁杂岩体岩相学及岩石地球化学特征：以新疆北部为例．岩石学报，26（2）：401-412.

王玉往，王京彬，王莉娟，等．2010b. 新疆北部镁铁–超镁铁质岩的PGE成矿问题．地学前缘，17（1）：137-152.

王玉往，王京彬，李德东，等．2013. 新疆北部幔源岩浆矿床的类型、时空分布及成矿谱系．矿床地质，2：223-243.

王元龙，成守德．2001. 新疆地壳演化与成矿．地质科学，（2）：129-143.

王中刚，赵振华，邹天人，等．1998. 阿尔泰花岗岩类地球化学．北京：科学出版社．

王宗秀，李涛，周高志，等．2003a. 博格达山晚石炭纪造山活动的变形地质记录．地学前缘，（1）：63-69.

王宗秀，周高志，李涛．2003b. 对新疆北部蛇绿岩及相关问题的思考和认识．岩石学报，（4）：683-691.

王作勋，邬继易，吕喜朝，等．1990. 天山多旋回构造演化与成矿．北京：科学出版社．

位荀，徐义刚．2011. 塔里木巴楚小海子正长岩杂岩体的岩石成因探讨．岩石学报，27（10）：2984-3004.

魏荣珠．2010. 新疆西准噶尔拉巴花岗岩地球化学特征以及年代学研究．岩石矿物学杂志，29（6）：663-674.

魏少妮，程军峰，喻达兵，等．2011. 新疆包古图Ⅲ号岩体岩石学和锆石SHRIMP年代学研究．地学前缘，18（2）：212-222.

吴昌志，张遵忠，Khin Z，等．2006. 东天山觉罗塔格红云滩花岗岩年代学、地球化学及其构造意义．岩石学报，（5）：1121-1134.

吴春伟，廖群安，李奇祥，等．2008. 东天山觉罗塔格地区晚石炭世岛弧火山岩．地质科技情报，（6）：29-36.

吴郭泉，刘家远，袁奎荣．1997. 新疆卡拉麦里富碱花岗岩带组成．桂林工学院学报，（1）：19-20，22-24，26.

吴国干，夏斌，李文铅，等．2005. 新疆塔克札勒蛇绿混杂岩中安山岩的地球化学特征及其构造环境．大地构造与成矿学，29：242-251.

吴华，李华芹，莫新华，等．2005. 新疆哈密白石泉铜镍矿区基性–超基性岩的形成时代及其地质意义．地质学报，79（4）：498-502.

吴晓智，齐雪峰，唐勇，等．2008. 新疆北部石炭纪地层、岩相古地理与烃源岩．现代地质，（4）：549-557.

夏换，陈根文，刘群，等．2011. 西天山吐拉苏盆地大哈拉军山组火山岩地球化学特征及构造意义．大地构造与成矿学，35（3）：429-438.

夏林圻．2001. 造山带火山岩研究．岩石矿物学杂志，（3）：225-232.

夏林圻．2013. 超大陆构造、地幔动力学和岩浆–成矿响应．西北地质，46（3）：1-38.

夏林圻，张国伟，夏祖春，等．2002a. 天山古生代洋盆开启、闭合时限的岩石学约束——来自震旦纪、石炭纪火山岩的证据．地质通报，（2）：55-62.

夏林圻，夏祖春，徐学义，等．2002b. 天山古生代洋陆转化特点的几点思考．西北地质，35（4）：9-20.

夏林圻，夏祖春，徐学义，等．2004. 天山石炭纪大火成岩省与地幔柱．地质通报，23（9-10）：903-910.

夏林圻，李向民，夏祖春，等．2006. 天山石炭–二叠纪大火成岩省裂谷火山作用与地幔柱．西北地质，39（1）：1-49.

夏林圻，夏祖春，徐学义，等．2008. 天山及邻区石炭纪—早二叠世裂谷火山岩岩石成因．西北地质，41（4）：1-68.

夏林圻，徐学义，李向民，等．2012. 亚洲3个大火成岩省（峨眉山、西伯利亚、德干）对比研究．西北地质，45（2）：1-26.

夏明哲，姜常义，钱壮志，等 . 2008. 新疆东天山葫芦岩体岩石学与地球化学研究 . 岩石学报，24（12）：2749-2760.
夏明哲，姜常义，钱壮志，等 . 2010. 新疆东天山黄山东岩体岩石地球化学特征与岩石成因 . 岩石学报，26（8）：2413-2430.
夏昭德，王垚，姜常义，等 . 2013. 新疆北山地区漩涡岭镁铁质—超镁铁质层状岩体岩石学与矿物学研究 . 地质学报，87（4）：486-497.
相鹏，张连昌，吴华英，等 . 2009. 新疆青河卡拉先格尔铜矿带Ⅱ－Ⅲ矿区含矿斑岩锆石年龄及地质意义 . 岩石学报，25（6）：1474-1483.
肖凡 . 2013. 岩浆硫化物矿床中 Pt 元素赋存形式研究：以香山铜镍矿床为例//中国地质学会 . 中国地质学会 2013 年学术年会论文摘要汇编 .
肖国平，何维国 . 1997. 吐哈盆地古生代盆地类型与火山岩分布 . 吐哈油气，（2）：16-20.
肖龙，Robert P R，许继峰 . 2004. 深部过程对埃达克质岩石成分的制约 . 岩石学报，（2）：219-228.
肖庆华，秦克章，唐冬梅，等 . 2010. 新疆哈密香山西铜镍-钛铁矿床系同源岩浆分异演化产物-矿相学、锆石 U-Pb 年代学及岩石地球化学证据 . 岩石学报，26（2）：503-522.
肖文交，韩春明，袁超，等 . 2006a. 新疆北部石炭纪二叠纪独特的构造成矿作用对古亚洲洋构造域南部大地构造演化的制约 . 岩石学报，22（5）：1062-1076.
肖文交，阎全人，秦克章，等 . 2006b. 北疆地区阿尔曼太蛇绿岩锆石 SHRIMP 年龄及其大地构造意义 . 地质学报，80（1）：32-37.
肖序常 . 1990. 青藏高原的构造演化//中国地质学会 . 中国地质科学院文集（20）.
肖序常 . 2001. 试论东天山及其邻区多金属和铜镍矿床成矿地质背景（摘要）//中国地质学会 . 东天山铜金多金属矿床成矿过程和成矿动力学及找矿预测新技术新方法会议论文及摘要集 .
肖序常，何国琦，徐新，等 . 2010. 中国新疆地壳结构与地质演化 . 北京：地质出版社 .
肖序常，汤耀庆，李锦轶，等 . 1991. 古中亚复合巨型缝合带南缘构造演化 . 北京：北京科学技术出版社 .
肖序常，汤耀庆，冯益民，等 . 1992. 新疆北部及其邻区大地构造 . 北京：地质出版社 .
肖序常，刘训，高锐，等 . 2001. 塔里木盆地与青藏高原西北缘碰撞构造——西昆仑山地质、地球物理多学科调查新成果 . 地质学报，（2）：286.
肖序常，刘训，高锐 . 2004. 中国新疆天山-塔里木-昆仑山地学断面说明书 . 北京：地质出版社 .
校培喜，黄玉华，王育习，等 . 2006. 新疆哈密南部北山地区基性岩墙群的地质特征及形成构造环境 . 地质通报，（Z1）：189-193.
校培喜 . 2004. 笔架山幅 1：25 万区域地质调查（修测）. 西安地质矿产研究所基础地质调查研究室 .
解洪晶，武广，朱明田，等 . 2013. 西天山喇嘛苏岩体年代学、地球化学及成矿意义 . 地学前缘，20（1）：190-205.
邢秀娟 . 2004. 新疆三塘湖盆地二叠纪火山岩研究 . 西安：西北大学 .
熊小林，赵振华，白正华，等 . 2001. 西天山阿吾拉勒埃达克质岩石成因：Nd 和 Sr 同位素组成的限制 . 岩石学报，（4）：514-522.
熊小林，Adam J，Green T H，等 . 2005. 变质玄武岩部分熔体微量元素特征及埃达克熔体产生条件 . 中国科学（D 辑：地球科学），（9）：41-50.
徐芹芹，季建清，韩宝福，等 . 2008. 新疆北部晚古生代以来中基性岩脉的年代学、岩石学、地球化学研究 . 岩石学报，24（5）：977-996.
徐新，何国琦，李华芹，等 . 2006. 克拉玛依蛇绿混杂岩带的基本特征和锆石 SHRIMP 年龄信息 . 中国地质，33（3）：470-475.

徐学义，夏林圻，张国伟，等 . 2002. 下石炭统马鞍桥组在天山构造演化中的地位 . 新疆地质，（4）：338-341.
徐学义，马中平，夏林圻，等 . 2005. 北天山巴音沟蛇绿岩形成时代的精确厘定及意义 . 地球科学与环境学报，27（2）：17-20.
徐学义，李向民，马中平，等 . 2006a. 北天山巴音沟蛇绿岩形成于早石炭世：来自辉长岩 LA-ICPMS 锆石 U-Pb 年龄的证据 . 地质学报，80（8）：1168-1176.
徐学义，马中平，夏祖春，等 . 2006b. 天山中西段古生代花岗岩 TIMS 法锆石 U-Pb 同位素定年及岩石地球化学特征研究 . 西北地质，39（1）：50-76.
徐学义，夏林圻，马中平，等 . 2006c. 北天山巴音沟蛇绿岩斜长花岗岩 SHRIMP 锆石 U-Pb 年龄及蛇绿岩成因研究 . 岩石学报，22（1）：83-94.
徐学义，何世平，王洪亮，等 . 2009. 东天山–北山地区成矿背景图 . 北京：地质出版社 .
徐学义，王洪亮，马国林，等 . 2010. 西天山那拉提地区古生代花岗岩的年代学和锆石 Hf 同位素研究 . 岩石矿物学杂志，29（6）：691-706.
徐义刚 . 2002. 地幔柱构造、大火成岩省及其地质效应 . 地学前缘，（4）：341-353.
徐义刚，钟孙霖 . 2001. 峨眉山大火成岩省：地幔柱活动的证据及其熔融条件 . 地球化学，30（1）：1-9.
徐义刚，何斌，黄小龙，等 . 2007. 地幔柱大辩论及如何验证地幔柱假说 . 地学前缘，（2）：1-9.
徐义刚，王焰，位荀，等 . 2013. 与地幔柱有关的成矿作用及其主控因素 . 岩石学报，29（10）：3307-3322.
徐祖芳 . 1984. 新疆查铁矿主矿体赋矿岩石的成因探讨 . 新疆地质，（2）：30-47.
许保良，韩宝福，阎国翰，等 . 1998. 富集性和亏损性 A 型花岗岩——以华北燕山和新疆乌伦古河地区岩石为例 . 北京大学学报（自然科学版），（Z1）：220-230.
许继峰，陈繁荣，于学元，等 . 2001. 新疆北部阿尔泰地区库尔提蛇绿岩：古弧后盆地系统的产物 . 岩石矿物学杂志，（3）：344-352.
许志琴，杨经绥，李海兵，等 . 2006. 中央造山带早古生代地体构架与高压/超高压变质带的形成 . 地质学报，（12）：1793-1806.
许志琴，李思田，张建新，等 . 2011. 塔里木地块与古亚洲/特提斯构造体系的对接 . 岩石学报，27（1）：1-22.
薛春纪，姬金生，杨前进 . 2000. 新疆磁海铁（钴）矿床次火山热液成矿学 . 矿床地质，（2）：156-164.
鄢云飞，谭俊，李闫华，等 . 2007. 中国浅成低温热液型金矿床地质特征及研究现状 . 资源环境与工程，（1）：7-11+46.
闫永红，薛春纪，张招崇，等 . 2013. 西天山阿吾拉勒西段群吉萨依花岗斑岩地球化学特征及其成因 . 岩石矿物学杂志，32（2）：139-153.
杨福新，李为民，陈岱，等 . 2010. 内蒙古小红山钒钛磁铁矿床成矿特征及成因探讨 . 西北地质，43（3）:66-74.
杨富全，毛景文，闫升好，等 . 2008. 新疆阿尔泰蒙库同造山斜长花岗岩年代学，地球化学及其地质意义 . 地质学报，82（4）：485-499.
杨富全，张志欣，刘国仁，等 . 2012. 新疆准噶尔北缘玉勒肯哈腊苏斑岩铜矿床年代学研究 . 岩石学报，28（7）：2029-2042.
杨高学 . 2008. 新疆东准噶尔卡拉麦里地区花岗岩类研究 . 西安：长安大学 .
杨高学，李永军，司国辉，等 . 2008. 东准库布苏南岩体 LA-ICP-MS 锆石 U-Pb 测年 . 中国地质，（5）：849-858.
杨高学，李永军，吴宏恩，等 . 2009. 东准噶尔卡拉麦里地区黄羊山花岗岩和包体 LA-ICP-MS 锆石 U-Pb

测年及地质意义．岩石学报，25（12）：3197-3207.
杨高学，李永军，司国辉，等．2010a. 新疆贝勒库都克铝质A型花岗岩LA-ICP-MS锆石U-Pb年龄、地球化学及其成因．地质学报，84（12）：1759-1769.
杨高学，李永军，司国辉，等．2010b. 东准库布苏南岩体和包体的LA-ICP-MS锆石U-Pb测年及地质意义．地球科学（中国地质大学学报），35（4）：597-610.
杨高学，李永军，司国辉，等．2010c. 东准卡拉麦里地区贝勒库都克岩体锆石LA-ICPMS U-Pb测年及地质意义．大地构造与成矿学，34（1）：133-138.
杨海波，高鹏，李兵，等．2005. 新疆西天山达鲁巴依蛇绿岩地质特征．新疆地质，23（2）：1223-126.
杨金中．2003. 西天山吐拉苏地区金矿遥感找矿模型研究．黄金科学技术，（5）：1-6.
杨树锋，陈汉林，董传万，等．1996. 塔里木盆地二叠纪正长岩的发现及其地球动力学意义．地球化学意义．岩石学报，21（3）：640-650.
杨树锋，陈汉林，翼登武，等．2005. 塔里木盆地早-中二叠世岩浆作用过程及地球动力学意义．高校地质学报，11（4）：504-511.
杨树锋，厉子龙，陈汉林，等．2006. 塔里木二叠纪石英正长斑岩岩墙的发现及其构造意义．岩石学报，（5）：1405-1412.
杨树锋，余星，陈汉林，等．2007. 塔里木盆地巴楚小海子二叠纪超基性脉岩的地球化学特征及其成因探讨．岩石学报，（5）：1087-1096.
杨树锋，陈立峰，肖中尧，等．2009. 塔里木盆地东南缘新生代断裂系统．大地构造与成矿学，33（1）：33-37.
杨天南，李锦轶，孙桂华，等．2006. 中天山早泥盆世陆弧：来自花岗质糜棱岩地球化学及SHRIMP-U/Pb定年证据．岩石学报，22（1）：41-48.
杨文平，张招崇，周刚，等．2005. 阿尔泰铜矿带南缘希勒克特哈腊苏斑岩铜矿的发现及其意义．中国地质，（1）：107-114.
杨兴科．2006. 鄂尔多斯盆地东部紫金山一带岩浆-热力作用的活动期次及地球动力学意义//中国地质学会．2006年全国岩石学与地球动力学研讨会论文摘要集．
杨兴科，陶洪祥，罗桂昌，等．1996. 东天山板块构造基本特征．新疆地质，14（3）：221-227.
杨兴科，姬金生，陈强，等．1999. 东天山区域韧性剪切带特征．新疆地质，（1）：56-65.
杨兴科，苏春乾，陈虹，等．2006. 天山冰达坂—后峡一带二叠纪火山岩的发现及其地质意义．地质通报，（8）：969-976.
杨兴科，晁会霞，郑孟林，等．2008. 鄂尔多斯盆地东部紫金山岩体SHRIMP测年地质意义．矿物岩石，（1）：54-63.
易鹏飞，杨兴科，杨正坤．2012. 东天山东段北部晚古生代中酸性侵入岩体特征与成矿关系．西北地质，45（S1）：85-88.
尹继元，袁超，王毓婧，等．2011. 新疆西准噶尔晚古生代大地构造演化的岩浆活动记录．大地构造与成矿学，35（2）：278-291.
于淑艳，许英霞，郭正林，等．2011. 新疆苏普特背斜花岗岩和变安山质凝灰岩LA-ICP-MS锆石U-Pb年代学特征及意义．西北地质，44（2）：15-24.
余星．2009. 塔里木早二叠世大火成岩省的岩浆演化与深部地质作用．浙江：浙江大学．
袁超，肖文交，陈汉林，等．2006. 新疆东准噶尔扎河坝钾质玄武岩的地球化学特征及其构造意义．地质学报，80（2）：254-263.
袁峰，周涛发，岳书仓．2001. 阿尔泰诺尔特地区花岗岩形成时代及成因类型．新疆地质，19（4）：292-296.

袁明生，张映红，韩宝福，等. 2002. 三塘湖盆地火山岩地球化学特征及晚古生代大地构造环境. 石油勘探与开发，29（6）：32-34.

翟明国. 2004. 埃达克岩和大陆下地壳重熔的花岗岩类. 岩石学报，（2）：193-194.

翟伟，孙晓明，高俊，等. 2006. 新疆阿希金矿床赋矿围岩——大哈拉军山组火山岩 SHRIMP 锆石年龄及其地质意义. 岩石学报，（5）：1399-1404.

张弛，黄萱. 1992. 新疆西准噶尔蛇绿岩形成时代和环境的探讨. 地质论评，38（6）：509-524.

张达玉，周涛发，袁峰，等. 2010. 塔里木柯坪地区库普库兹曼组玄武岩锆石 LA-ICPMS 年代学、Hf 同位素特征及其意义. 岩石学报，26（3）：963-974.

张达玉，周涛发，袁峰，等. 2012. 新疆东天山觉罗塔格地区自然铜矿化玄武岩的成岩年代及其地质意义. 岩石学报，28（8）：2392-2400.

张东阳，张招崇，艾羽，等. 2009. 西天山莱历斯高尔一带铜（钼）矿成矿斑岩年代学，地球化学及其意义. 岩石学报，6：1319-1331.

张栋，路彦明，范俊杰，等. 2010. 东准噶尔北缘两类花岗质岩石及其地质意义. 地质与勘探，47（4）：577-592.

张二朋，顾其昌，郑文林. 1998. 西北区区域地层. 武汉：中国地质大学出版社.

张功成，陈新发，刘楼军，等. 1999. 准噶尔盆地结构构造与油气田分布. 石油学报，（1）：3-4，21-26.

张国伟，李三忠，刘俊霞，等. 1999. 新疆伊犁盆地的构造特征与形成演化. 地学前缘，（4）：203-214.

张海祥，牛贺才，于学元，等. 2003. 准噶尔板块东北缘富铌玄武岩的发现及其地质意义. 地质找矿论丛，（1）：71-72.

张海祥，年贺才，单强，等. 2004. 新疆北部晚古生代埃达克岩，富铌玄武岩组合：古亚洲洋板块南向俯冲的证据. 高校地质学报，10（1）：106-113.

张海祥，牛贺才，沈晓明，等. 2008. 阿尔泰造山带南缘和准噶尔板块北缘晚古生代构造演化及多金属成矿作用. 矿床地质，（5）：596-604.

张江伟，张照伟，李文渊，等. 2012. 新疆菁布拉克含铜镍矿杂岩体形成时代与地球化学特征. 西北地质，45（4）：302-313.

张立飞. 1997. 新疆西准噶尔唐巴勒蓝片岩 $^{40}Ar/^{39}Ar$ 年龄及其地质意义. 科学通报，42（20）：2178-2181.

张立飞，高俊，艾克拜尔，等. 2000. 新疆西天山低温榴辉岩相变质作用. 中国科学（D 辑：地球科学），（4）：345-354+449.

张立飞，艾永亮，李强，等. 2005. 新疆西南天山超高压变质带的形成与演化. 岩石学报，（4）：1029-1038.

张连昌，姬金生，李华芹，等. 1999. 东天山康古尔金矿区潜火山岩同位素年代学及其意义. 第四届全国青年地质工作者学术讨论会.

张连昌，万博，焦学军，等. 2006. 西准包古图含铜斑岩的埃达克岩特征及其地质意义. 中国地质，33（3）：626-631.

张良臣. 1995. 中国新疆板块构造与动力学特征. 新疆第三届天山地质矿产学术讨论会论文编辑. 乌鲁木齐：新疆人民出版社：1-14.

张良臣，吴乃元. 1985. 天山地质构造及演化史. 新疆地质，（3）：1-14.

张良臣，吴乃元，王广平. 1991. 新疆板块构造格局及地壳演化. 新疆第二届天山地质矿产讨论会文集. 乌鲁木齐：新疆人民出版社.

张明民，陈红汉，郑建平，等. 2010. 新疆东北部三塘湖盆地卡拉岗组火山岩的形成时代：锆石 U-Pb 定年. 矿物岩石地球化学通报，29（4）：400-408.

张铭杰. 2009. 大陆岩石圈地幔流体挥发分的化学组成//中国矿物岩石地球化学学会. 中国矿物岩石地球

化学学会第12届学术年会论文集.
张旗. 2001. 燕山期中国东部高原下地壳组成初探：埃达克质岩 Sr、Nd 同位素制约//中国科学院地质与地球物理研究所科技与成果转化处. 中国科学院地质与地球物理研究所 2001 学术论文汇编（第二卷）.
张瑞，孙涛，张江江，等. 2012. 新疆二红洼镁铁-超镁铁质杂岩体地球化学特征. 西北地质，45（增刊）：89-92.
张师本. 2003. 塔里木盆地南缘早侏罗世叶肢介化石的首次发现//中国古生物学会. 中国古生物学会第22届学术年会论文摘要集.
张涛. 2014. 东天山觉罗塔格地区晚石炭世火山岩岩石成因及构造环境. 西安：长安大学.
张天继，李永军，王晓刚，等. 2006. 西天山伊什基里克山一带东图津河组的确立. 新疆地质，(1)：13-15，99.
张旺生. 1992. 新疆北山大地构造属性及演化特征. 新疆地质，(2)：129-137.
张维，廖卓庭. 1998. 天山东部晚石炭世碳酸盐岩隆岩石学与成岩作用. 岩石学报，(4)：154-162.
张玉萍，王瑞，王德贵. 2008. 新疆博乐科克赛花岗闪长斑岩锆石 SHRIMP U-Pb 定年及找矿意义. 新疆地质，26（4）：340-342.
张元厚，张世红. 2005. 岩浆热液系统金矿床研究进展. 黄金，(10)：14-18.
张元元，郭召杰. 2008. 甘新交界红柳河蛇绿岩形成和侵位年龄的准确限定及大地构造意义. 岩石学报，24（4）：803-809.
张元元，郭召杰. 2010. 新疆北部蛇绿岩形成时限新证据及其东、西准噶尔蛇绿岩的对比研究. 岩石学报，26（2）：421-430.
张招崇，王福生. 2002. 峨眉山玄武岩区两类玄武岩的地球化学：地幔柱-岩石圈相互作用的证据. 地质学报，(2)：287-288.
张招崇，王福生，范蔚茗，等. 2001. 峨眉山玄武岩研究中的一些问题的讨论. 岩石矿物学杂志，(3)：239-246.
张招崇，闫升好，陈柏林，等. 2003. 新疆喀拉通克基性杂岩体的地球化学特征及其对矿床成因的约束. 岩石矿物学杂志，22（3）：217-224.
张招崇，王福生，郝艳丽，等. 2004. 峨眉山大火成岩省中苦橄岩与其共生岩石的地球化学特征及其对源区的约束. 地质学报，(2)：171-180.
张招崇，闫升好，陈柏林，等. 2005. 阿尔泰造山带南缘中泥盆世苦橄岩及其大地构造和岩石学意义. 地球科学，(3)：289-297.
张招崇，闫升好，陈柏林，等. 2006. 阿尔泰造山带南缘镁铁质-超镁铁质杂岩体的 Sr、Nd、O 同位素地球化学及其源区特征探讨. 地质论评，52（1）：38-42.
张招崇，周刚，闫升好，等. 2007. 阿尔泰山南缘晚古生代火山岩的地质地球化学特征及其对构造演化的启示. 地质学报，(3)：344-358.
张招崇，董书云，黄河，等. 2010. 西南天山二叠纪中酸性侵入岩的地质学和地球化学：岩石成因和构造背景. 地质通报，28（12）：1827-1839.
张志诚，郭召杰，刘树文. 1998. 新疆库鲁克塔格地区基性岩墙群的形成时代及其大地构造意义. 地质学报，(1)：93-94.
张志诚，郭召杰，刘玉琳，等. 2004. 新疆库鲁克塔格地区基性岩墙群氦氩同位素组成及其地质意义. 新疆地质，1：12-15.
张志德. 1990. 新疆区域地质基本特征概述. 中国区域地质，(2)：112-125.
张作衡，柴凤梅，杜安道，等. 2005. 新疆喀拉通克铜镍硫化物矿床 Re-Os 同位素测年及成矿物质来源示

踪 . 岩石矿物学杂志，24（4）：285-293.
赵东林，杨家喜，胡能高，等 . 2000. 新疆东准噶尔老鸦泉含锡花岗岩体同位素年代学特征 . 地球科学与环境学报，(2)：15-17.
赵俊猛，李植纯，马宗晋 . 2003. 天山分段性的地球物理学分析 . 地学前缘，(S1)：125-131.
赵路通，王京彬，王玉往，等 . 2015. 新疆索尔库都克铜钼矿床锆石 SHRIMP 年代学及其地质意义 . 岩石学报，31（2）：435-448.
赵明，舒良树，朱文斌，等 . 2002. 东疆哈尔里克变质带的 U-Pb 年龄及其地质意义 . 地质学报，76（3）：379-383.
赵霞，贾承造，张光亚，等 . 2008. 准噶尔盆地陆东—五彩湾地区石炭系中、基性火山岩地球化学及其形成环境 . 地学前缘，15（2）：272-279.
赵泽辉，郭召杰，韩宝福，等 . 2006. 新疆三塘湖盆地古生代晚期火山岩地球化学特征及其构造-岩浆演化意义 . 岩石学报，22（1）：199-214.
赵泽辉，郭召杰，王毅 . 2007. 甘肃北山柳园地区花岗岩类的年代学、地球化学特征及构造意义 . 岩石学报，(8)：1847-1860.
赵振华，王中刚，邹天人，等 . 1996. 新疆乌伦古富碱侵入岩成因探讨 . 地球化学，(3)：205-220.
赵振华，白正华，熊小林，等 . 2003. 西天山北部晚古生代火山-浅侵位岩浆岩 $^{40}Ar/^{39}Ar$ 同位素定年 . 地球化学，32（4）：317-327.
赵振华，王强，熊小林，等 . 2006. 新疆北部的两类埃达克岩 . 岩石学报，22（5）：1249-1265.
钟玉婷，徐义刚，2009. 与地幔柱有关的 A 型花岗岩的特点——以峨眉山大火成岩省为例 . 吉林大学学报（地球科学版），39（5）：828-838.
钟长汀，邓晋福，武永平，等 . 2006. 华北克拉通北缘中段古元古代强过铝质花岗岩地球化学特征及其构造意义 . 地质通报，25（3）：389-397.
周鼎武，张成立，刘颖宇 . 1998. 大陆造山带基底岩块中的基性岩墙群研究——以南秦岭武当地块为例 . 地球科学进展，(2)：40-45.
周鼎武，张成立，周小虎 . 1999. 武当地块基性岩墙群 ^{40}Ar-^{39}Ar 定年及其地质意义 . 岩石学报，15（1）：14-20.
周鼎武，张成立，刘良，等 . 2000. 秦岭造山带及相邻地块元古代基性岩墙群研究综述及相关问题探讨 . 岩石学报，(1)：22-28.
周鼎武，苏犁，简平，等 . 2004. 南天山榆树沟蛇绿岩地体中高压麻粒岩 SHRIMP 锆石 U-Pb 年龄及构造意义 . 科学通报，(14)：1411-1415.
周鼎武，柳益群，邢秀娟，等 . 2006. 新疆吐-哈、三塘湖盆地二叠纪玄武岩形成古构造环境恢复及区域构造背景示踪 . 中国科学（D 辑：地球科学），36（2）：143-153.
周刚 . 2007. 新疆阿尔泰玛因鄂博断裂带两侧后碰撞花岗岩类的年代学-岩石学和地球化学研究 . 北京：中国地质大学（北京）.
周刚，张招崇，何斌，等 . 2006. 新疆北部玛因鄂博断裂带中片麻岩锆石 U-Pb SHRIMP 定年及其地质意义 . 中国地质，33（6）：1209-1216.
周晶，季建清，韩宝福，等 . 2008. 新疆北部基性岩脉 $^{40}Ar/^{39}Ar$ 年代学研究 . 岩石学报，24（5）：997-1010.
周守沄 . 2000. 新疆石炭纪古地理 . 新疆地质，(4)：324-329.
周涛发，袁峰，张达玉，等 . 2010. 新疆东天山觉罗塔格地区花岗岩类年代学，构造背景及其成矿作用研究 . 岩石学报，26（2）：478-502.
朱宝清，冯益民，杨军录，等 . 2002. 新疆中天山干沟一带蛇绿混杂岩和志留纪前陆盆地的发现及其意

义 . 新疆地质，20（4）：326-330.
朱弟成，莫宣学，王立全，等 . 2009. 西藏冈底斯东部察隅高分异 I 型花岗岩的成因：锆石 U-Pb 年代学、地球化学和 Sr-Nd-Hf 同位素约束 . 中国科学（D 辑：地球科学），39（7）：833-848.
朱明田，武广，解洪晶，等 . 2010. 新疆西天山莱历斯高尔斑岩型铜钼矿床辉钼矿 Re-Os 同位素年龄及流体包裹体研究 . 岩石学报，26（12）：3667-3682.
朱毅秀，金之钧，林畅松，等 . 2005. 塔里木盆地塔中地区早二叠世岩浆岩及油气成藏关系 . 石油实验地质，（1）：50-54+61.
朱永峰 . 2012. 西南天山科桑溶洞新元古代–早奥陶世花岗岩锆石 U-Pb 年代学研究 . 岩石学报，28（7）：2113-2120.
朱永峰，徐新 . 2006. 新疆塔尔巴哈台山发现早奥陶世蛇绿混杂岩 . 岩石学报，（12）：2833-2842.
朱永峰，张立飞，古丽冰，等 . 2005. 西天山石炭纪火山岩 SHRIMP 年代学及其微量元素地球化学研究 . 科学通报，50（18）：2004-2014.
朱永峰，张立飞，古丽冰，等 . 2006. 西天山石炭纪火山岩 SHRIMP 年代学及其微量元素地球化学研究 . 科学通报，50（18）：2004-2014.
朱永峰，安芳，薛云兴，等 . 2010. 西南天山特克斯科桑溶洞火山岩的锆石 U-Pb 年代学研究 . 岩石学报，26（8）：2255-2263.
朱志敏，赵振华，熊小林，等 . 2010. 西天山特克斯晚古生代辉长岩岩石地球化学 . 岩石矿物学杂志，29（6）：675-690.
朱志新 . 2007. 新疆南天山地质组成和构造演化 . 北京：中国地质科学院 .
朱志新，田文全，倪梁，等 . 2004. 新疆东天山西段却勒塔格蛇绿岩地球化学特征 . 新疆地质，（2）：131-135.
朱志新，王克卓，郑玉洁，等 . 2006. 新疆伊犁地块南缘志留纪和泥盆纪花岗质侵入体锆石 SHRIMP 定年及其形成时构造背景的初步探讨 . 岩石学报，22（5）：1193-1200.
朱志新，李锦轶，董连慧，等 . 2008. 新疆南天山盲起苏晚石炭世侵入岩的确定及对南天山洋盆闭合时限的限定 . 岩石学报，24（12）：2761-2766.
朱志新，李锦轶，董连慧，等 . 2011. 新疆西天山古生代侵入岩的地质特征及构造意义 . 地学前缘，18（2）：170-179.
朱志新，董连慧，王克卓，等 . 2013. 西天山造山带构造单元划分与构造演化 . 地质通报，32（2）：297-306.
庄育勋 . 1994. 中国阿尔泰造山带变质作用 PTSt 演化和热–构造–片麻岩穹窿形成机制 . 地质学报，（1）：35-47.
邹天人，曹惠志，吴柏青 . 1988. 新疆阿尔泰造山花岗岩和非造山花岗岩及其判别标志 . 地质学报，62（3）：229-243.
邹欣 . 2006. 江西淘锡坑钨矿地球化学特征及成因研究 . 北京：中国地质大学（北京）.
左国朝，张淑玲，何国琦，等 . 1990. 北山地区早古生代板块构造特征 . 地质科学，（4）：305-314，411.
左国朝，刘义科，刘春燕 . 2003. 甘新蒙北山地区构造格局及演化 . 甘肃地质学报，（1）：1-15.
Abbott D H，Drury R，Mooney W D. 1997. Continents as lithological icebergs：the importance of buoyant lithospheric roots. Earth and Planetary Science Letters，149（1-4）：15-27.
Adams C，Graham I，Seward D，et al. 1994. Geochronological and geochemical evolution of late Cenozoic volcanism in the Coromandel Peninsula，New Zealand. New Zealand Journal of Geology and Geophysics，37（3）：359-379.
Aguirre-Díaz G J，Labarthe-Hernández G. 2003. Fissure ignimbrites：Fissure-source origin for voluminous

ignimbrites of the Sierra Madre Occidental and its relationship with Basin and Range faulting. Geology, 31 (9): 773-776.

Albarède F, van der Hilst R. 1999. New mantle convection model may reconcile conflicting evidence. Eos, Transactions American Geophysical Union, 80 (45): 535-539.

Allègre C J, Birck J L, Capmas F, et al. 1999. Age of the Deccan traps using ^{187}Re-^{187}Os systematics. Earth and Planetary Science Letters, 170 (3): 200-204.

Allen M B, Windley B F, Zhang C . 1992. Palaeozoic collisional tectonics and magmatism of the Chinese Tien Shan, central Asia. Tectonophysics, 220: 89-115.

Andersen D L. 1985. Hotspots, basalts and evolution of the mantal. Science, 213: 82-89.

Anderson O L, Oda H, Isaak D. 1992. A model for the computation of thermal expansivity at high compression and high temperatures: MgO as an example. Geophysical Research Letters, 19 (19): 1987-1990.

Ao S J, Xiao W J, Han C M, et al. 2010. Geochronology and geochemistry of Early Permian mafic-ultramafic complexes in the Beishan area, Xinjiang, NW China. Gondwana Research, 18: 466-478.

Arndt N T, Christensen U. 1992. The role of lithospheric mantle in continental flood volcanism: thermal and geochemical constraints. Journal of Geophysical Research: Solid Earth, 97 (B7): 10967-10981.

Arndt N T, Czamanske G K, Wooden J L, et al. 1993. Mantle and crustal contributions to continental flood volcanism. Tectonophysics, 223 (1-2): 39-52.

Avdeyev A V. 1984. Ophiolite zones and the geologic history of Kazakhstan from the mobilist standpoint. International Geology Review, 26 (9): 995-1005.

Badarch G, Cunningham W D, Windley B F. 2002. A new terrane subdivision for Mongolia: implications for the Phanerozoic crustal growth of Central Asia. Journal of Asian Earth Sciences, 21: 87-110.

Bain J H, Draper J. 1997. North Queensland Geology. Australian Geological Survey Organisation Canberra, 240.

Bakirov A B, Kakitaev K. 2000. Information about geology of the Kyrgyz Republic (Kyrgyzstan) . International Consortium of Geological Surveys Asia-Pacific Newsletter, 3: 4-12.

Baksi A K, Farrar E. 1991. $^{40}Ar/^{39}Ar$ dating of the Siberian Traps, USSR: Evaluation of the ages of the two major extinction events relative to episodes of flood-basalt volcanism in the USSR and the Deccan Traps, India. Geology, 19 (5): 461-464.

Ballard J R, Palin J M, Williams I S, et al. 2001. Two ages of porphyry intrusion resolved for the super-giant Chuquicamata copper deposit of northern Chile by ELA-ICP-MS and SHRIMP. Geology, 29 (5): 383.

Barker J A, Menzies M A, Thirlwall M F, et al. 1997. Petrogenesis of Quaternary internary intraplate volcanism Sana'a Yenmen: Implication and polybaric melt hybridization. Journal of Petrology, 38 (10): 1359-1390.

Barnes S J, Naldrett A, Gorton M. 1985. The origin of the fractionation of platinum- group elements in terrestrial magmas. Chemical Geology, 53: 303-323.

Basu A R, Renne P R, Dasgupta D K, et al. 1993. Early and late alkali igneous pulses and a high-^{3}He plume origin for the deccan flood basalts. Science, 261 (5123): 902-906.

Basu A R, Poreda R J, Renne P R, et al. 1995. High-^{3}He plume origin and temporal-spatial evolution of the Siberian flood basalts. Science, 269 (5225): 822-825.

Bazhenov M L, Collins A Q, Degtyarev K E, et al. 2003. Paleozoic northward drift of the North Tien Shan (Central Asia) as revealed by Ordovician and Carboniferous paleomagnetism. Tectonophysics, 366 (1-2): 113-141.

Bell K. 2001. Carbonatites: relationships to mantle-plume activity. Special Papers-Geological Society of America, 352: 267-290.

Bhat M I, Zainuddin S M. 1978. Environment of eruption of the Panjal Traps. Himalayan Geology, 8: 727-738.

Biske Y S, Seltmann R. 2010. Paleozoic Tian-Shan as a transitional region between the Rheic and Urals-Turkestan oceans. Gondwana Research, 17: 602-613.

Bogaard P, Wörner G. 2003. Petrogenesis of basanitic to tholeiitic volcanic rocks from the Miocene Vogelsberg, Central Germany. Journal of Petrology, 44 (3): 569-602.

Brauhart C, Huston D, Andrew A. 2000. Oxygen isotope mapping in the Panorama VMS district, Pilbara Craton, Western Australia: applications to estimating temperatures of alteration and to exploration. Mineralium Deposita, 35 (8): 727-740.

Breddam K. 2002. Kistufell: Primitive melt from the Iceland mantle plume. Journal of Petrology, 43 (2): 345-373.

Bristow J, Cleverly R. 1983. A note on the volcanic stratigraphy and intrusive rocks of the Lebombo monocline and adjacent areas. Transactions of the Geological Society of South Africa, 86 (1): 55-61.

Bristow J, Duncan A. 1983. Rhyolitic dome formation and plinian activity in the Bumbeni Complex, southern Lebombo. South African Journal of Geology, 86 (3): 273-279.

Bryan S. 2007. Silicic large igneous provinces. Episodes, 30 (1): 20.

Bryan S, Ernst R E. 2008. Revised definition of large igneous provinces (LIPs). Earth Science Reviews, 86 (1-4): 175-202.

Bryan S, Constantine A, Stephens C, et al. 1997. Early Cretaceous volcano-sedimentary successions along the eastern Australian continental margin: Implications for the break-up of eastern Gondwana. Earth and Planetary Science Letters, 153 (1-2): 85-102.

Bryan S, Ewart A, Stephens C, et al. 2000. The Whitsunday Volcanic Province, Central Queensland, Australia: lithological and stratigraphic investigations of a silicic-dominated large igneous province. Journal of Volcanology and Geothermal Research, 99 (1-4): 55-78.

Bryan S, Holcombe R, Fielding C, et al. 2002a. Revised Middle to Late Palaeozoic tectonic evolution of the northern New England Fold Belt, Queensland. Geological Society of New Zealand Miscellaneous Publication A, 112: 9.

Bryan S, Riley T R, Jerram D A, et al. 2002b. Silicic volcanism: an undervalued component of large igneous provinces and volcanic rifted margins. Special Papers-Geological Society of America: 97-118.

Buckman S, Aitchison J C. 2001. Middle Ordovician (Llandeilan) radiolarians from West Junggar, Xinjiang, China. Micropaleontology, 47: 359-367.

Buckman S, Aitchison J C. 2004. Tectonic evolution of Paleozoic terranes in West Junggar, Xinjiang, NW China//Malpas J, Fletcher C J N, Aitchison J C (Eds.). Aspects of the Tectonic Evolution of China. Special Publication. Geological Society of London, London: 101-129.

Burnard P. 1997. Vesicle-Specific Noble Gas Analyses of "Popping Rock": Implications for Primordial Noble Gases in Earth. Science, 276 (5312): 568-571.

Burtman V S. 2008. Nappes of the southern Tien Shan. Russian Journal of Earth Sciences, 10 (1): 1-35.

Buslov M M, Saphonova I Y, Watanabe T, et al. 2001. Evolution of the Paleo-Asian Ocean (Altai-Sayan Region, Central Asia) and collision of possible Gondwana-derived terranes with the southern marginal part of the Siberian continent. Geoscience Journal, 5: 203-224.

Cameron M, Bagby W C, Cameron K L. 1980. Petrogenesis of voluminous mid-Tertiary ignimbrites of the Sierra Madre Occidental, Chihuahua, Mexico. Contributions to Mineralogy and Petrology, 74 (3): 271-284.

Campbell I H. 1988. A two-stage model for the formation of granite-greenstone terrains of the Kalgoorlie-Norseman area, Western Australia. Earth & Planetary Science Letters, 90 (1): 11-25.

Campbell I H, Griffiths R W . 1990. Implications of mantle plume structure for the evolution of flood basalts. Earth & Planetary Science Letters, 99 (1): 79-93.

Campbell I H, Griffiths R W. 1992. The Changing Nature of Mantle Hotspots through Time: Implications for the Chemical Evolution of the Mantle. The Journal of Geology, 100 (5): 497-523.

Campbell I H, Griffiths R W. 1993. The evolution of the mantle's chemical structure. Lithos, 30 (3-4): 389-399.

Campbell I H, Hill R. 1988. A two-stage model for the formation of the granite-greenstone terrains of the Kalgoorlie-Norseman area, Western Australia. Earth and Planetary Science Letters, 90 (1): 11-25.

Campbell I H, Czamanske G, Fedorenko V, et al. 1992. Synchronism of the Siberian Traps and the Permian-Triassic boundary. Science, 258 (5089): 1760-1763.

Carmichael R. D. 1924. The Domain of Natural Science. Science, 59 (1519): 145-146.

Carroll A R, Liang Y, Graham S A, et al. 1990. Junggar basin, northwestern China: trapped Late Paleozoic ocean. Tectonophysics, 181: 1-14.

Carroll A R, Graham S A, Hendrix M S, et al. 1995. Late Paleozoic tectonic amalgamation of northwestern China: sedimentary record of the northern Tarim, northwestern Turpan, and southern Junggar basins. Geological Society of America Bulletin, 107: 571-594.

Carter L, Shane P, Alloway B, et al. 2003. Demise of one volcanic zone and birth of another—a 12 my marine record of major rhyolitic eruptions from New Zealand. Geology, 31 (6): 493-496.

Casey J F, Dewey J F. 1984. Initiation of subduction zones along transform and accreting plate boundaries, triple-junction evolution, and forearc spreading centres—implications for ophiolitic geology and obduction. Geological Society, London, Special Publications, 13 (1): 269-290.

Chai F M, Zhang Z C, Mao J W, et al. 2008. Geology, petrology and geochemistry of the Baishiquan Ni-Cu-bearing mafic-ultramafic intrusions in Xinjiang, NW China: implications for tectonics and genesis of ores. Journal of Asian Earth Sciences, 32: 218-235.

Chai G, Naldrett A J. 1992. The Jinchuan Ultramafic Intrusion: Cumulate of a High-Mg Basaltic Magma. Journal of Petrology, 33 (2): 277-303.

Chandrasekharam D. 2003. Deccan flood basalts. Memoirs-Geological Society of India, 54 (376): 523.

Chang E Z, Coleman R G, Ying D X. 1995. Tectonic Transect Map across Russia-Mongolia-China. Stanford University Press.

Charvet J, Shu L S, Laurent-Charvet S. 2007. Paleozoic structural and geodynamic evolution of eastern Tianshan (NW China): welding of the Tarim and Junggar plates. Episodes, 30: 162-186.

Charvet J, Shu L S, Laurent-Charvet S, et al. 2011. Paleozoic tectonic evolution of the Tianshan belt, NW China. Science China Earth Sciences, 54 (2): 166-184.

Chen B, Arakawa Y. 2005. Elemental and Nd-Sr isotopic geochemistry of granitoids from the West Junggar fold belt (NW China), with implications for Phanerozoic continental growth. Geochimica et Cosmochimica Acta, 69: 1307-1320.

Chen B, Jahn B M. 2002. Geochemical and isotopic studies of the sedimentary and granitic rocks of the Altai orogen of northwest China and their tectonic implications. Geological Magazine, 139: 1-13.

Chen B, Jahn B M. 2004. Genesis of post-collisional granitoids and basement nature of the Junggar Terrane, NW China: Nd Sr isotope and trace element evidence. Journal of Asian Earth Sciences, 23: 691-703.

Chen C M, Lu H F, Jia D, et al. 1999. Closing history of the southern Tianshan oceanic basin, western China:

anoblique collisional orogeny. Tectonophysics, 302: 23-40.

Chen H L, Li Z L, Yang S F, et al. 2006. Mineralogical and geochemical study of a newly discovered mafic granulite, northwest China: Implications for tectonic evolution of the Altay Orogenic Belt. The Island Arc, 15: 210-222.

Chen J F, Han B F, Ji J Q, et al. 2010. Zircon U-Pb ages and tectonic implications of Paleozoic plutons in northern West Junggar, North Xinjiang, China. Lithos, 115: 137-152.

Chen M M, Tian W, Zhang Z L, et al. 2010. Geochronology of the Permian basic-intermediate-acidic magma suite from Tarim, Northwest China and its geological implications. Acta Petrologica Sinica, 26 (2): 559-572.

Chen X J, Shu L S, Santosh M, et al. 2011. Late Paleozoic post-collisional magmatism in the Eastern Tianshan Belt, Northwest China: New insights from geochemistry, geochronology and petrology of bimodal volcanic rocks. Lithos, 127 (3-4): 581-598.

Chesley J T, Ruiz J. 1998. Crust-mantle interaction in large igneous provinces: implications from the Re-Os isotope systematics of the Columbia River flood basalts. Earth and Planetary Science Letters, 154 (1-4): 1-11.

Choulet F, Cluzel D, Faure M, et al. 2012. New constraints on the pre-Permain continental crust growth of Central Asia (West Junggar, China) by U-Pb and Hf isotopic data from detrial zircon. Terra Nova, 24 (3): 189-198.

Chung S L, Jahn B M. 1995. Plume-lithosphere interaction in generation of the Emeishan flood basalts at the Permian-Triassic boundary. Geology, 23 (10): 889-892.

Chung S L, Jahn B M, Genyao W, et al. 1998. The Emeishan flood basalt in SW China: A mantle plume initiation model and its connection with continental breakup and mass extinction at the Permian-Triassic boundary. Mantle dynamics and plate interactions in East Asia, 27: 47-58.

Clift P D, Dixon J E. 1998. Jurassic ridge collapse, subduction initiation and ophiolite obduction in the southern Greek Tethys. Eclogae Geologicae Helvetiae, 91: 123-138.

Coffin M F, Eldholm O. 1994. Large igneous provinces: Crustal structure, dimensions, and external consequences. Reviews of Geophysics, 32 (1): 1-36.

Coffin M F, Eldholm O, Ernst R E, et al. 2001. Mantle Plumes: Their Identification Through Time. Geological Society of America.

Coffin M F, Pringle M, Duncan R, et al. 2002. Kerguelen hotspot magma output since 130Ma. Journal of Petrology, 43 (7): 1121-1137.

Coleman R G. 1989. Continental growth of northwest China. Tectonics, 8: 621-635.

Collins W J, Beams S D, White A J R, et al. 1982. Nature and origin of A-type granites with particular reference to south-eastern Australia. Contributions to Mineralogy and Petrology, 80: 189-200.

Condie K C. 2001. Mantle plumes and their record in Earth history. Cambridge: Cambridge University Press.

Courtillot V, Jaupart C, Manighetti I, et al. 1999. On causal links between flood basalts and continental breakup. Earth and Planetary Science Letters, 166 (3-4): 177-195.

Courtillot V, Davaille A, Besse J, et al. 2003. Three distinct types of hotspots in the Earth's mantle. Earth and Planetary Science Letters, 205: 295-308.

Cox K G. 1980. A model for flood basalt vulcanism. Journal of Petrology, 21 (4): 629-650.

Davies G F. 1995. Penetration of plates and plumes through the mantle transition zone. Earth and Planetary Science Letters, 133 (3-4): 507-516.

Davies G F. 2005. A case for mantle plumes. Chinese Science Bulletin, 50 (15): 1541-1554.

De Silva S. 1989. Altiplano-Puna volcanic complex of the central Andes. Geology, 17 (12): 1102-1106.

Defant M J, Kepezhinskas P. 2001. Evidence suggests slab melting in arc magmas. Eos, Transactions American Geophysical Union, 82 (6): 65-69.

Deng Y F, Song X Y, Chen L M, et al. 2014. Geochemistry of the Huangshandong Ni-Cu deposit in northwestern China: Implications for the formation of magmatic sulfide mineralization in orogenic belts. Ore Geology Reviews, 56: 181-198.

Dong Y P, Zhang G W, Neubauer F, et al. 2011. Syn- and post-collisional granitoids in the Central Tianshan orogeny: geochemistry, geochronology and implications for tectonic evolution. Gondwana Research, 20: 568-581.

Duncan R A, Richards M. 1991. Hotspots, mantle plumes, flood basalts, and true polar wander. Reviews of Geophysics, 29 (1): 31-50.

Eldholm O, Myhre A, Thiede J. 1994. Cenozoic tectono-magmatic events in the North Atlantic: potential paleoenvironmental implications//Cenozoic plants and climates of the Arctic. Springer: 35-55.

Ellam R M, Cox K G. 1991. An interpretation of Karoo picrite basalts in terms of interaction between asthenospheric magmas and the mantle lithosphere. Earth and Planetary Science Letters, 105 (1): 330-342.

Elliot D H, Fleming T H, Kyle P R, et al. 1999. Long-distance transport of magmas in the Jurassic Ferrar large igneous province, Antarctica. Earth and Planetary Science Letters, 167 (1-2): 89-104.

Ernst R E, Baragar W R A. 1992. Evidence from magnetic fabric for the flow pattern of magma in the Mackenzie giant radiating dyke swarm. Nature, 356 (6369): 511-513.

Ernst R E, Buchan K L. 1997. Layered mafic intrusions: a model for their feeder systems and relationship with giant dyke swarms and mantle plume centres. South African Journal of Geology, 100 (4): 319-334.

Ernst R E, Buchan K L. 2001. Mantle plumes: their identification through time. Geological Society of America: 593.

Ernst R E, Buchan K L. 2003. Recognizing mantle plumes in the geological record. Annual Review of Earth and Planetary Sciences, 31 (1): 469-523.

Ernst R E, Buchan K L, Campbell I H. 2005. Frontiers in large igneous province research. Lithos, 79 (3-4): 271-297.

Ewart A. 2004. Petrology and Geochemistry of Early Cretaceous Bimodal Continental Flood Volcanism of the NW Etendeka, Namibia. Part 2: Characteristics and Petrogenesis of the High-Ti Latite and High-Ti and Low-Ti Voluminous Quartz Latite Eruptives. Journal of Petrology, 45 (1): 107-138.

Ewart A, Milner S, Armstrong R, et al. 1998. Etendeka volcanism of the Goboboseb mountains and Messum Igneous Complex, Namibia. Part I: geochemical evidence of early cretaceous Tristan plume melts and the role of crustal contamination in the Paranά-Etendeka CFB. Journal of Petrology, 39 (2): 191-225.

Ewart A, Marsh J S, Milner S C, et al. 2004. Petrology and geochemistry of early cretaceous bimodal continental flood volcanism of the NW Etendeka, Namibia. Part 1: Introduction, mafic lavas and re-evaluation of mantle source components. Journal of Petrology, 45 (1): 59-105.

Farnetani C G, Samuel H. 2005. Beyond the thermal plume paradigm. Geophysical Research Letters, 32 (7): 1-4.

Feng Y M, Coleman R G, Tilton G, et al. 1989. Tectonic evolution of the West Junggar Region, Xinjiang, China. Tectonics, 8: 729-752.

Ferrari L, López-Martínez M, Rosas-Elguera J. 2002. Ignimbrite flare-up and deformation in the southern Sierra Madre Occidental, western Mexico: Implications for the late subduction history of the Farallon plate. Tectonics, 21 (4): 1-17.

Filippova I B, Bush V A, Didenko A N. 2001. Middle Paleozoic subduction belts: The leading factor in the formation of the Central Asian fold-and-thrust belt. Russian Journal of Earth Sciences, 3: 405-426.

Fisher R V, Schmincke H U. 1984. Submarine volcaniclastic rocks//Pyroclastic Rocks. Springer: 265-296.

Fitton J, Larsen L, Saunders A, et al. 2000. Palaeogene continental to oceanic magmatism on the SE Greenland continental margin at 63 N: a review of the results of Ocean Drilling Program Legs 152 and 163. Journal of Petrology, 41 (7): 951-966.

Forsyth D W, Scheirer D S. 1998. Imaging the deep seismic structure beneath a mid-ocean ridge: The MELT experiment. Science, 280 (5367): 1215-1220.

Foulger G R. 2005. Mantle plumes: Why the current skepticism. Chinese Science Bulletin, 50 (15): 1555-1560.

Freg F A, Green D. 1978. Integrated models of basalt petrogenesis: A study of quartz tholeiites to olivine melilities from south eastern Australia utilizing geochemical and experimental petrological data. Journal of Petrology, 19: 463-513.

Frey F A, Coffin M, Wallace P, et al. 2000. Origin and evolution of a submarine large igneous province: the Kerguelen Plateau and Broken Ridge, southern Indian Ocean. Earth and Planetary Science Letters, 176 (1): 73-89.

Fu P E, Tang Q Y, Zhang M J, et al. 2012. The ore genesis of Kalatongke Cu-Ni Sulfide Deposit, west China: Constrains from volatile chemical and carbon isotopic compositions. Acta Geologica Sinica-English Edition, 86 (3): 568-578.

Furman T Y, Bryce J G, Karson J, et al. 2004. Easr African rift system (EARS) plume structure: insight from quaternary mafic lavas of Turkana, Kenya. Journal of Petrology, 45 (5): 1069-1088.

Gallagher K, Hawkesworth C. 1992. Dehydration melting and the generation of continental flood basalts. Nature, 358 (6381): 57-59.

Gao J, Klemd R. 2003. Formation of HP-LT rocks and their tectonic implications in the western Tianshan Orogen, NW China: geochemical and age constraints. Lithos, 66: 1-22.

Gao J, He G Q, Li M S, et al. 1995. The mineralogy, petrology, metamorphic PTDt trajectory and exhumation mechamism of blueschists, south Tianshan, northwestern China. Tectonophysics, 250: 151-168.

Gao J, Li M, Xiao X, et al. 1998. Paleozoic tectonicevolution of the Tianshan orogen, northwestern China. Tectonophysics, 287: 213-231.

Gao J, Long L L, Klemd R, et al. 2009. Tectonic evolution of the South Tianshan orogen and adjacent regions, NW China: geochemical and age constraints of granitoid rocks. International Journal of Earth Sciences, 98: 1221-1238.

Gao S, Rudnick R L, Yuan H L, et al. 2004. Recycling lower continental crust in the North China craton. Nature, 432 (7019): 892.

Garland F, Hawkesworth C, Mantovani M. 1995. Description and petrogenesis of the Parana rzhyolites, southern Brazil. Journal of Petrology, 36 (5): 1193-1227.

Geng H Y, Sun M, Yuan C, et al . 2009. Geochemical, Sr-Nd and zircon U-Pb-Hf isotopic studies of Late Carboniferous magmatism in the West Junggar, Xinjiang: Implications for ridge subduction? Chemical Geology, 266: 364-389.

Ghiorso M S. 1995. Chemical mass transfer in magmatic processes IV. A revised and internally consistent thermodynamic model for the interpolation and extra-polation of liquid-solid equilibria in magmatic systems at elevated temperatures and pressures. Contributions to Mineralogy and Petrology, 119 (2-3): 197-212.

Ghiorso M S, Sack R O. 1995. Chemcial mass transfer in magmatic processes Ⅳ. A rebised and internally consistent thermodynamic model for the interprolation and extrapllation of liquid-solid equilitria in magmatic systems at elevated temperatures and pressures. Contributions to Mineralogy and Petrology, 119 (2-3): 197-212.

Gill J B. 1981. Orogenic andesites and plate tectonics. Berlin: Springer: 401.

Gladczenko T P, Coffin M F, Eldholm O. 1997. Crustal structure of the Ontong Java Plateau: modeling of new gravity and existing seismic data. Journal of Geophysical Research: Solid Earth, 102 (B10): 22711-22729.

Gradstein F M, Ogg J G, Smith A G, et al. 2004. A new geologic time scale, with special reference to Precambrian and Neogene. Episodes, 27 (2): 83-100.

Green D H, Falloon T J. 2005. Primary magmas at mid-ocean ridges, hot-spots, and other intraplate settings: Constraints on mantle potential temperature. Special Papers-Geological Society of America, 388: 217.

Green T H. 1995. Significance of Nb/Ta as an indicator of geochemical processes in the crust-mantle system. Chemical Geology, 120 (3-4): 347-359.

Halls H, Fahrig W F. 1987. Mafie dyke swarms. Geologieal Assoeiation of Canada Speelal Papers: 483-491.

Han B F, Wang S G, Jahn B M, et al. 1997. Depleted-mantle source for the Ulungur River A-type granites from North Xinjiang, China: Geochemistry and Nd-Sr isotopic evidence, and implications for Phanerozoic crustal growth. Chemical Geolgy, 138 (3-4): 135-159.

Han B F, He G Q, Wang S G. 1999. Postcollisional mantle-derived magmatism, underplating and implications for basement of the Junggar Basin. Science in China (SeriesD: Earth Sciences), 2: 113-119.

Han B F, Ji J Q, Song B, et al. 2004. SHRIMP zircon U-Pb of Kalatongke No. 1 and Huangshandong Cu-Ni-bearing mafic-ultramafic comples, North Xinjiang, and geological implications. Chinese Science Bulletin, 49 (22): 2424-2429.

Han B F, Ji J Q, Song B, et al. 2006. Late Paleozoic vertical growth of continental crust around the Junggar Basin, Xinjiang, China (Part I): Timing of postcollisional plutonism. Acta Petrologica Sinica, 22: 1077-1086.

Han B F, Guo Z J, Zhang Z C, et al. 2010. Age, geochemistry, and tectonic implications of a late Paleozoic stitching pluton in the North Tian Shan suture zone, western China. Geological Society of America Bulletin, 122: 627-640.

Han B F, He G Q, Wang X C, et al. 2011. Late Carboniferous collision between the Tarim and Kazakhstan-Yili blocks in the western segment of South Tianshan Orogen, Central Asia, and implications for the Northern Xinjiang, western China. Earth Science Reviews, 109: 74-93.

Han C M, Xiao W J, Zhao G C, et al. 2007. Re-Os dating of the Kalatongke Cu-Ni deposit, Altay Shan, NW China, and resulting geodynamic implications. Ore Geology Reviews, 32: 452-468.

Han C M, Xiao W J, Zhao G C, et al. 2010. In-situ U-Pb, Hf and Re-Os isotopic analyses of the Xiangshan Ni-Cu-Co deposit in Eastern Tianshan (Xinjiang), Central Asia Orogenic Belt. Lithos, 120: 547-562.

Hanski E J, Smolkin V F. 1995. Iron- and LREE-enriched mantle source for early Proterozoic intraplate magmatism as exemplified by the Pechenga ferropicrites, Kola Peninsula, Russia. Lithos, 34 (1-3): 107-125.

Harrison T M, Watson E B. 1983. Kinetics of zircon dissolution and zirconium diffusion in granitic melts of variable water content. Contributions to Mineralogy and Petrology, 84 (1): 66-72.

Hauff F, Hoernle K, Tilton G, et al. 2000. Large volume recycling of oceanic lithosphere over short time scales: geochemical constraints from the Caribbean Large Igneous Province. Earth and Planetary Science Letters, 174 (3-4): 247-263.

Hawkesworth C, Gallagher K, Kelley S, et al. 1992. Paranά magmatism and the opening of the South Atlantic. Geological Society, London, Special Publications, 68 (1): 221-240.

Hawkesworth C, Lightfoot P, Fedorenko V A, et al. 1995. Magma differentiation and mineralisation in the Siberian continental flood basalts. Lithos, 34 (1-3): 61-88.

Hegner E, Klemd R, Kröner A, et al. 2010. Mineral ages and P-T conditions of Late Paleozoic high-pressure eclogite and provenance of mélange sediments from Atbashi in the south Tianshan orogen of Kyrgyzstan. American Journal of Science, 310: 916-950.

Heinhorst J, Lehmann B, Ermolov P, et al. 2000. Paleozoic crustal growth and metallogeny of Central Asia: evidence from magmatic-hydrothermal ore systems of Central Kazakhstan. Tectonophysics, 328 (1-2): 69-87.

Henderson P. 1984. General geochemical properties and abundances of the rare earth elements//Developments in geochemistry. Elsevier: 1-32.

Hergt J, Peate D, Hawkesworth C. 1991. The petrogenesis of Mesozoic Gondwana low-Ti flood basalts. Earth and Planetary Science Letters, 105 (1-3): 134-148.

Herzberg C, O'Hara M J. 2002. Plume-associated ultramafic magmas of Phanerozoic age. Journal of Petrology, 43 (10): 1857-1883.

Herzberg C, Condie K, Korenaga J. 2010. Thermal history of the Earth and its petrological expression. Earth and Planetary Science Letters, 292 (1-2): 79-88.

Hess P C. 1992. Phase equilibria constraints on the origin of ocean floor basalts. Mantle flow and melt generation at Mid-Ocean Ridges, 71: 67-102.

Hickman A, Van Kranendonk M. 2004. Diapiric processes in the formation of Archaean continental crust, East Pilbara granite-greenstone terrane, Australia//The Precambrian Earth: Tempos and Events. Elsevier, Amsterdam, 54-75.

Hildreth W, Halliday A, Christiansen R. 1991. Isotopic and chemical evidence concerning the genesis and contamination of basaltic and rhyolitic magma beneath the Yellowstone Plateau volcanic field. Journal of Petrology, 32 (1): 63-138.

Hill R I. 1991. Mantle plumes and continental tectonics. Lithos, 30: 193-206.

Hill R I, Chappell B, Campbell I. 1992. Late Archaean granites of the southeastern Yilgarn Block, Western Australia: age, geochemistry, and origin. Earth and Environmental Science Transactions of the Royal Society of Edinburgh, 83 (1-2): 211-226.

Hilton D R. 2007. The leaking mantle. Science, 318: 1389-1390.

Hofmann A W. 1997. Mantle geochemistry: the message from oceanic volcanism. Nature, 385 (6613): 219.

Hofmann A W, Jochum K, Seufert M, et al. 1986. Nb and Pb in oceanic basalts: new constraints on mantle evolution. Earth and Planetary Science Letters, 79 (1-2): 33-45.

Holmes A. 1945. Principles of physical geology. Thomas Nelson and Sons Ltd, London.

Honegger K, Dietrich V, Frank W, et al. 1982. Magmatism and metamorphism in the Ladakh Himalayas (the Indus-Tsangpo suture zone). Earth and Planetary Science Letters, 60 (2): 253-292.

Hooper P R. 1997. The Columbia River flood basalt province: current status. Washington DC American Geophysical Union Geophysical Monograph Series, 100: 1-27.

Hooper P R, Hawkesworth C J. 1993. Isotopic and Geochemical Constraints on the Origin and Evolution of the Columbia River Basalt. Journal of Petrology, 6 (6): 1203-1246.

Hooper P R, Bailey D, Holder G M. 1995. Tertiary calc-alkaline magmatism associated with lithospheric extension in the Pacific Northwest. Journal of Geophysical Research: Solid Earth, 100 (B6): 10303-10319.

Houghton B, Wilson C, McWilliams M, et al. 1995. Chronology and dynamics of a large silicic magmatic system: Central Taupo Volcanic Zone, New Zealand. Geology, 23 (1): 13-16.

Hu A, Jahn B M, Zhang G, et al. 2000. Crustal evolution and Phanerozoic crustal growth in northern Xinjiang: Nd isotopic evidence. Part I. Isotopic characterization of basement rocks. Tectonophysics, 328: 15-51.

Huang H, Zhang Z C, Kusky T, et al. 2012. Continental vertical growth in the transitional zone between South Tianshan and Tarim, western Xinjiang, NW China: Insight from the Permian Halajun A_1-type granitic magmatism. Lithos, 155: 49-66.

Huston D L. 2006. Mineralization and regional alteration at the Mons Cupri stratiform Cu-Zn-Pb deposit, Pilbara Craton, Western Australia. Mineralium Deposita, 41 (1): 17.

Huston D L, Morant P, Pirajno F, et al. 2007. 4 Paleoarchean Mineral Deposits of the Pilbara Craton: Genesis, Tectonic Environment and Comparisons with Younger Deposits. Developments in Precambrian Geology, 15: 411-450.

Ingle S, Weis D, Frey F. 2002. Indian continental crust recovered from Elan Bank, Kerguelen plateau (ODP Leg 183, site 1137). Journal of Petrology, 43 (7): 1241-1257.

Ionov D A, Hofmann A W. 1995. Nb-Ta-rich mantle amphiboles and micas: Implications for subduction-related metasomatic trace element fractionations. Earth and Planetary Science Letters, 131 (3-4): 341-356.

Irvine T N. 1975. Crystallization sequences in the Muskox intrusion and other layered intrusions-II. Origin of chromitite layers and similar deposits of other magmatic ores. Ceoohimica et Cosmochimica Acta, 39 (6-7): 991-1020.

Jahn B M, Wu F Y, Chen B. 2000. Granitoids of the Central Asian Orogenic Belt and continental growth in the Phanerozoic. Transactions of the Royal Society of Edinburgh: Earth Sciences, 91: 181-193.

Jahn B M, Capdevila R, Liu D Y, et al. 2004a. Sources of Phanerozoic granitoids in the transect Bayanhongor-Ulaan Baatar, Mongolia: geochemical and Nd isotopic evidence, and implications for Phanerozoic crustal growth. Journal of Asian Earth Sciences, 23: 629-653.

Jahn B M, Windley B, Natalin B, et al. 2004b. Phanerozoic continental growth in Central Asia. Journal of Asian Earth Sciences, 23 (5): 599-603.

Jian P, Liu D Y, Shi Y R, et al. 2005. SHRIMP dating of SSZ ophiolites fromnorthern Xinjiang Province, China: implications for generation of oceanic crust in the central Asian orogenic belt//Sklyarov E V (Ed.). Structural and tectonic correlation across the central Asian orogenic collage: northeastern segment. Guidebook and abstract volume of the Siberian workshop IGCP-480: 246.

Jordan T H. 1988. Structure and formation of the continental tectosphere. Journal of Petrology, (1): 11-37.

Kamenetsky V S, Eggins S M, Crawford A J, et al. 1998. Calcic melt inclusions in primitive olivine at 43° N MAR: evidence for melt-rock reaction/melting involving clinopyroxene-rich lithologies during morb generation. Earth & Planetary Science Letters, 160 (1-2): 115-132.

Kamo S L, Czamanske G K, Krogh T E. 1996. A minimum U-Pb age for Siberian flood-basalt volcanism. Geochimica Et Cosmochimica Acta, 60 (18): 3505-3511.

Kǘrason H, Van der Hilst R D. 2000. Constraints on mantle convection from seismic tomography. Geophysical monograph, 121: 277-288.

Kelemen P B, Hanghøj K. 2004. One view of the geochemistry of subductionrelated magmatic arcs, with an emphasis on primitive an desite and lower crust//Rudnick R L (Ed.). The crust: Treatise on Geochemistry. Elsevier-Pergamon, Oxford, (3): 593-659.

Kemp A, Hawkesworth C, Foster G, et al. 2007. Magmatic and crustal differentiation history of granitic rocks from Hf-O isotopes in zircon. Science, 315 (5814): 980-983.

Kent R, Storey M, Saunders A. 1992. Large igneous provinces: Sites of plume impact or plume incubation? Geology, 20 (10): 891-894.

Kröner A, Kovach V, Belousova E, et al. 2014. Reassessment of continental growth during the accretionary history of the Central Asian Orogenic Belt. Gondwana Research, 25 (1): 103-125.

Kwon S T, Tilton G R, Coleman R G, et al. 1989. Isotopic studies bearing on the tectonics of the west Junggar region, Xinjiang, China. Tectonics, 8: 719-727.

Lanphere M A, Cameron K, Cameron M. 1980. Sr isotopic geochemistry of voluminous rhyolitic ignimbrites and related rocks, Batopilas area, western Mexico. Nature, 286 (5773): 594.

Lapierre H, Samper A, Bosch D, et al. 2004. The Tethyan plume: geochemical diversity of Middle Permian basalts from the Oman rifted margin. Lithos, 74 (3-4): 167-198.

Larson R L. 1977. Early Cretaceous breakup of Gondwanaland off western Australia. Geology, 5 (1): 57-60.

Larson R L. 1991. Latest pulse of Earth: Evidence for a mid-Cretaceous superplume. Geology, 19 (6): 547-550.

Larson R L, Olson P. 1991. Mantle plumes control magnetic reversal frequency. Earth and Planetary Science Letters, 107 (3-4): 437-447.

Laurent-Charvet S, Charvet J, Shu L, et al. 2002. Palaeozoic late collisional strike-slip deformations in Tianshan and Altay, Eastern Xinjiang, NW China. Terra Nova, 14 (4): 249-256.

Le Bas M. 2000. IUGS reclassification of the high-Mg and picritic volcanic rocks. Journal of Petrology, 41 (10): 1467-1470.

Le Maitre R, Streckeisen A, Zanettin B, et al. 2002. Igneous rocks: a classification and glossary of terms: recommendations of the International Union of Geological Sciences//Subcommission on the Systematics of Igneous rocks. Cambridge University Press.

Leake B E. 1978. Nomenclature of amphiboles. American Mineralogist, 63 (11-12): 1023-1052.

LeCheminant A N, Heaman L M. 1989. Mackenzie igneous events, Canada: Middle Proterozoic hotspot magmatism associated with ocean opening. Earth and Planetary Science Letters, 96 (1-2): 38-48.

LeCheminant A N, Heaman L M. 1991. U-Pb ages for the 1.27 Ga Mackenzie igneous events, Canada: support for a plume initiation model. Geological Association of Canada, Programs with Abstracts, 16: A73.

Lei R X, Wu C Z, Chi G X, et al. 2013. The NeoproterozoicHongliujing A-type granite in Central Tianshan (NW China): LA-ICP-MS zircon U-Pb geochronology, geochemistry, Nd-Hf isotope and tectonic significance, 74: 142-154.

Lesher C M, Keays R. 2002. Komatiite-associated Ni-Cu-PGE deposits: Geology, mineralogy, geochemistry and genesis. Higher Education Research Data Collection Publications, 579-618.

Li C, Ripley E M. 2011. The Jinchuan Ni-Cu- (PGE) Deposit: tectonic setting, magma evolution, ore genesis, and exploration implications. Reviews in Economic Geology, 17: 163-180.

Li C, Maier W, De Waal S. 2001. Magmatic Ni-Cu versus PGE deposits: Contrasting genetic controls and exploration implications. South African Journal of Geology, 104 (4): 309-318.

Li C, Zhang M J, Fu P E, et al. 2012. The Kalatongke magmatic Ni-Cu deposit in the Central Asian Orogenic Belt, NW China. Mineralium Deposita, 47:51-67.

Li C, Zhang Z, Li W, et al. 2015. Geochronology, petrology and Hf- S isotope geochemistry of the newly-discovered Xiarihamu magmatic Ni- Cu sulfide deposit in the Qinghai- Tibet plateau, western China. Lithos, 216: 224-240.

Li J Y. 2006. Permian geodynamic setting of Northeast China and adjacent regions: closure of the Paleo-Asian

Ocean and subduction of the Paleo-Pacific Plate. Journal of Asian Earth Sciences, 26: 207-224.

Li J Y, Xiao W J, Wang K Z, et al. 2003. Neoproterozoic-Palaeozoic tectonostratigraphy, magmatic activities and tectonic evolution of eastern Xinjinag, China//Mao J W, Goldfarb R J, Seltmann R, et al (Eds.). Tectonic Evolution and Metallogeny of the Chinese Altay and Tianshan, IAGOD Guidebook Series, London, 10: 31-74.

Li Y J, Sun L D, Wu H R, et al. 2005. Permo-Carboniferous radiolarians from the Wupatarkan Group, western south Tianshan, Xinjiang, China. Acta Geologica Sinica, 79: 16-23.

Li Y Q, Li Z L, Chen H L, et al. 2012. Mineral characteristics and metallogenesis of the Wajilitag layered mafic-ultramafic intrusion and associated Fe-Ti-V oxide deposit in the Tarim large igneous province, northwest China. Journal of Asian Earth Sciences, 49: 161-174.

Li Z L, Chen H L, Song B, et al. 2011. Temporal evolution of the Permian large igneous province in Tarim Basin in northwestern China. Journal of Asian Earth Sciences, 42 (5): 917-927.

Li Z L, Li Y Q, Chen H L, et al. 2012. Hf isotopic characteristics of the Tarim Permian large igneous province rocks of NW China. Journal of Asian Earth Sciences, 49: 191-202.

Lightfoot P, Hawkesworth C, Hergt J, et al. 1993. Remobilisation of the continental lithosphere by a mantle plume: major-, trace-element, and Sr-, Nd-, and Pb-isotope evidence from picritic and tholeiitic lavas of the Noril'sk District, Siberian Trap, Russia. Contributions to Mineralogy and Petrology, 114 (2): 171-188.

Lightfoot P, Naldrett A, Gorbachev N, et al. 1994. Chemostratigraphy of Siberian Trap lavas, Noril' sk district, Russia: Implications for the source of flood basalt magmas and their associated Ni- Cu mineralization. Ontario Geol Surv Spec Publ, 5: 283-312.

Lightfoot P C, Keays R R, Evans- Lamswood D, et al. 2012. S saturation history of Nain Plutonic Suite mafic intrusions: origin of the Voisey's Bay Ni-Cu-Co sulfide deposit, Labrador, Canada. Mineralium Deposita, 47 (1): 23-50.

Lin W, Faure M, Shi Y, et al. 2009. Palaeozoic tectonics of the southwestern Chinese Tianshan: new insights from a structural study of the highpressure/ low-temperature metamorphic belt. International Journal of Earth Sciences, 98: 1259-1274.

Liu Y G, Lü X B, Wu C M, et al. 2016. The migration of Tarim plume magma toward the northeast in Early Permian and its significance for the exploration of PGE-Cu-Ni magmatic sulfide deposits in Xinjiang, NW China: As suggested by Sr-Nd-Hf isotopes, sedimentology and geophysical data. Ore Geology Reviews, 72: 538-545.

Liu Y G, Lü X B, Yang L S, et al. 2015. Metallogeny of the Poyi magmatic Cu- Ni deposit: revelation from the contrast of PGE and olivine composition with other Cu- Ni sulfide deposits in the Early Permian, Xinjiang, China. Geosciences Journal, 19 (4): 613-620.

Liu Y G, Li W Y, Lü X B, et al. 2017a. The Pobei Cu- Ni and Fe ore deposits in NW China are comagmatic evolution products: evidence from ore microscopy, zircon U- Pb chronology and geochemistry. Geologica Acta, 15 (1): 37-50.

Liu Y G, Li W Y, Lü X B, et al. 2017b. Sulfide saturation mechanism of the Poyi magmatic Cu-Ni sulfide deposit in Beishan, Xinjiang, Northwest China. Ore Geology Reviews, 91: 419-431.

Liu Y G, Li W Y, Jia Q Z, et al. 2018. The Dynamic Sulfide Saturation Process and a Possible Slab Break- off Model for the Giant Xiarihamu Magmatic Nickel Ore Deposit in the East Kunlun Orogenic Belt, Northern Qinghai-Tibet Plateau, China. Economic Geology, 113 (6): 1383-1417.

Liu Y G, Chen Z G, Li W Y, et al. 2019. The Cu- Ni mineralization potential of the Kaimuqi mafic- ultramafic complex and the indicators for the magmatic Cu-Ni sulfide deposit exploration in the East Kunlun Orogenic Belt,

Northern Qinghai-Tibet Plateau, China. Journal of Geochemical Exploration, 198: 41-53.

Long L, Gao J, Wang J B, et al. 2008. Geochemistry and SHRIMP Zircon U-Pb Age of Post-Collisional Granites in the Southwest Tianshan Orogenic Belt of China: Examples from the Heiyingshan and Laohutai Plutons. Acta Geologica Sinica-English Edition, 82 (2): 415-424.

Long L, Gao J, Klemd R, et al. 2011. Geochemical and geochronological studies of granitoid rocks from the Western Tianshan Orogen: Implications for continental growth in the southwestern Central Asian Orogenic Belt. Lithos, 126 (3): 321-340.

Long X P, Sun M, Yuan C. 2006. Genesis of Carboniferous volcanic rocks in the eastern Junggar: constraints on the closure of the Junggar Ocean. Acta Petrologica Sinica, 22 (1): 31-40.

MacDonald R, Rogers N, Fitton J, et al. 2001. Plume-lithosphere interactions in the generation of the basalts of the Kenya Rift, East Africa. Journal of Petrology, 42 (5): 877-900.

Machetel P, Weber P. 1991. Intermittent layered convection in a model mantle with an endothermic phase change at 670km. Nature, 350 (6313): 55-57.

Mahoney J J, Coffin M F. 1997. Large igneous provinces: continental, oceanic, and planetary flood volcanism. Washington DC American Geophysical Union.

Maier W D, Barnes S J. 2010. The kabanga Ni sulfide deposits, Tanzania: Ⅱ. Chalcophile and siderophile element geochemistry. Miner Deposita, 45: 443-460.

Malamud B D, Turcotte D L. 1999. How many plumes are there? . Earth and Planetary Science Letters, 174 (1-2): 113-124.

Mao J W, Goldfarb R D, Wang W T, et al. 2005. Late Paleozoic base and precious metal deposits, East Tianshan, Xinjiang, China: Characteristics and geodynamic setting. Episodes, 28 (1): 21-36.

Mao J W, Pirajno F, Zhang Z H, et al. 2008. A review of the Cu-Ni sulfide deposits in the Chinese Tianshan and Altay orogens (Xinjiang Autonomous Region, NW China): principal characteristics and ore-forming processes. Journal of Asian Earth Sciences, 32: 184-203.

Mao K, Milne R I, Zhang L, et al. 2012. Distribution of living Cupressaceae reflects the breakup of Pangea. Proceedings of the National Academy of Sciences, 109 (20): 7793-7798.

Mao Q, Xiao W, Fang T, et al. 2012. Late Ordovician to early Devonian adakites and Nb-enriched basalts in the Liuyuan area, Beishan, NW China: implications for early Paleozoic slab-melting and crustal growth in the southern Altaids. Gondwana Research, 22 (2): 534-553.

Marty B, Raphaël P, Gezahegn Y. 1996. Helium isotopic variations in Ethiopian plume lavas: Nature of magmatic sources and limit on lower mantle contribution. Earth and Planetary Science Letters, 144 (1-2): 223-237.

Matsumoto T, Seta A, Matsuda J, et al. 2002. Helium in the Archean komatiites revisited. Earth and Planetary Science Letters, 196: 213-225.

McCulloch M T, Gamble J A. 1989. Depleted source for volcanic arc basalts: constraints from basalts of Kenadec-Taupo volcanic zone based on trace elements, isotopes and subduction chemical geodynamics, continental magmatism. New Mexico: Bur Mine Resour Bull, 180.

McDonough W F, Sun S S. 1995. The composition of the Earth. Chemical Geology, 120 (3-4): 223-253.

McKenzie D. 1977. Surface deformation, gravity anomalies and convection. Geophysical Journal International, 48 (2):211-238.

McKenzie D, Bickle M. 1988. The volume and composition of melt generated by extension of the lithosphere. Journal of Petrology, 29 (3): 625-679.

Mecdonald R, Rogers N W, Fitton J G, et al. 2001. Plume-Lithosphere interactions in the generation of the basales of the Kenya Rift, East Africa. Journal of Petrology, 42: 877-900.

Mitchell C, Widdowson M. 1991. A geological map of the southern Deccan Traps, India and its structural implications. Journal of the Geological Society, 148 (3): 495-505.

Miyashiro A. 1974. Volcanic rock series in island arcs and active continental margins. American Journal of Science, 274 (4): 321-355.

Morgan W J. 1968. Rises, trenches, great faults, and crustal blocks. Journal of Geophysical Research, 187 (1-3): 6-22.

Morgan W J. 1971. Convection plumes in the lower mantle. Nature, 230 (5288): 42-43.

Morgan W J. 1972. Deep Mantle Convection Plumes and Plate Motions. AAPG Bulletin, 56 (2): 203-213.

Morgan W J. 1981. 13. Hotspot tracks and the opening of the Atlantic and Indian Oceans. The Oceanic Lithosphere, 7: 443.

Morgan W J, Wandless G A, Petrie R K. 1971. Strangway's Crater: Trace Elements in Melt Rocks// Lunar & Planetary Science Conference. Lunar and Planetary Science Conference.

Morris P A, Pirajno F. 2005. Mesoproterozoic sill complexes in the Bangemall Supergroup, Western Australia: geology, geochemistry and mineralization potential. Geological Survey of Western Australia.

Mossakovsky A A, Ruzhentsov S V, Samygin S G, et al. 1994. The Central Asian fold belt: geodynamic evolution and formation history. Geotectonics, 27: 455-473.

Nakazawa K, Kapoor H M. 1973. Spilitic pillow lava in Panjal trap of Kashmir, India. Kyoto University, XXXIX (2): 83-98.

Naldrett A J. 1989. Magmatic Sulfide Deposits (Oxford Monographs on Geology and Geophysics) . Geological Magazine, 127 (2): 188.

Naldrett A J. 1992. A model for the Ni-Cu-PGE ores of the Noril´sk region and its application to other areas of flood basalt. Economic Geology, 87 (8): 1945-1962.

Naldrett A J. 1997. Key factors in the genesis of Noril'sk, Sudbury, Jinchuan, Voisey's Bay and other world-class Ni-Cu-PGE deposits: Implications for exploration. Journal of the Geological Society of Australia, 44 (3): 283-315.

Naldrett A J. 1999. World-class Ni-Cu-PGE deposits: key factors in their genesis. Mineralium Deposita, 34 (3): 227-240.

Neal C R, Mahoney J J, Kroenke L W, et al. 1997. The Ontong Java Plateau. Geophysical Monograph-American Geophysical Union, 100: 183-216.

Niu Y, O'Hara M J. 2003. Origin of ocean island basalts: A new perspective from petrology, geochemistry, and mineral physics considerations. Journal of Geophysical Research Solid Earth, 108 (B4): 2209.

O'hara M J. 1973. Non-primary magmas and dubious mantle plume beneath Iceland. Nature, 243 (5409): 507.

Oxburgh E R, Parmentier E M. 1977. Compositional and density stratification in oceanic lithosphere-causes and consequences. Journal of the Geological Society, 133 (4): 343-355.

Pankhurst R, Leat P, Sruoga P, et al. 1998. The Chon Aike province of Patagonia and related rocks in West Antarctica: a silicic large igneous province. Journal of Volcanology and Geothermal Research, 81 (1-2): 113-136.

Pankhurst R, Riley T, Fanning C, et al. 2000. Episodic silicic volcanism in Patagonia and the Antarctic Peninsula: chronology of magmatism associated with the break-up of Gondwana. Journal of Petrology, 41 (5): 605-625.

Papritz K, Rey R. 1989. Evidence for the occurrence of Permian Panjal Trap Basalts in the Lesser and Higher

Himalayas of the western syntaxis area, NE Pakistan. Ecologae Geologicae Helvetiae, 82: 603-627.

Peate D W, Hawkesworth C J, Mantovani M S. 1992. Chemical stratigraphy of the Paraná lavas (South America): classification of magma types and their spatial distribution. Bulletin of Volcanology, 55 (1-2): 119-139.

Pinto V M, Hartmann L A, Santos J O S, et al. 2011. Zircon U-Pb geochronology from the Paraná bimodal volcanic province support a brief eruptive cycle at ~ 135 Ma. Chemical Geology, 281 (1-2): 93-102.

Pirajno F. 2000. Ore Deposits and Mantle Plumes. Kluwer Academic: 556.

Pirajno F, Luo Z Q, Liu S F, et al. 1997. Gold deposit in the Eastern Tianshan Northwestern China. Geology Review, 39: 891-904.

Pirajno F, Smithies H, Howard H. 2006. Mineralisation associated with the 1076 Ma Giles mafic-ultramafic intrusions. Musgrave Complex, central Australia: a review. SGA News, 20: 1-20.

Pirajno F, Mao J W, Zhang Z C, et al. 2008. The association of mafic-ultramafic intrusions and A-type magmatism in the Tian Shan and Altay orogens, NW China: implications for geodynamic evolution and potential for the discovery of new ore deposits. Journal of Asian Earth Sciences, 32 (2-4): 165-183.

Pirajno F, Ernst R E, Borisenko A S, et al. 2009. Intraplate magmatism in central Asia and China and associated metallogeny. Ore Geology Reviews, 35: 114-136.

Plank T, Langmuir C H. 1998. The chemical composition of subducting sediment and its consequences for the crust and mantle. Chemical Geology, 145 (3-4): 325-394.

Prasad G, Khajuria C. 1995. Implications of the infra-and inter-trappean biota from the Deccan, India, for the role of volcanism in Cretaceous-Tertiary boundary extinctions. Journal of the Geological Society, 152 (2): 289-296.

Putirka K D. 2005. Mantle potential temperatures at Hawaii, Iceland, and the mid-ocean ridge system, as inferred from olivine phenocrysts: Evidence for thermally driven mantle plumes. Geochemistry, Geophysics, Geosystems, 6 (5): 1-4.

Qian Q, Chung S L, Lee T Y, et al. 2003. Mesozoic high-Ba-Sr granitoids from North China: geochemical characteristics and geological implications. Terra Nova, 15 (4): 272-278.

Qian Q, Gao J, Klemd R, et al. 2008. Early Paleozoic tectonic evolution of the Chinese South Tianshan Orogen: constraints from SHRIMP zircon U-Pb geochronology and geochemistry of basaltic and dioritic rocks from Xiate, NW China. International Journal of Earth Sciences, 98: 551-569.

Qian Q, Gao J, Klemd R, et al. 2009. Early Paleozoic tectonic evolution of the Chinese South Tianshan Orogen: constraints from SHRIMP zircon U-Pb geochronology and geochemistry of basaltic and dioritic rocks from Xiate, NW China. International Journal of Earth Sciences, 98 (3): 551-569.

Qin K Z, Zhang L C, Xiao W J, et al. 2003. Overview of major Au, Cu, Ni and Fe deposits and metallogenic evolution of the eastern Tianshan Mountains, Northwest China//Mao J W, Goldfarb R, Seltmann R, Wang D H, Xiao W J, Hart C (Eds.). Tectonic Evolution and Metallogeny of the Chinese Altay and Tianshan. IAGOD Guidebook Series, London, 10: 27-248.

Qin K Z, Su B X, Sakyi P A, et al. 2011. SIMS zircon U-Pb geochronology and Sr-Nd isotopes of Ni-Cu-Bearing Mafic-Ultramafic Intrusions in Eastern Tianshan and Beishan in correlation with flood basalts in Tarim Basin (NW China): Constraints on a ca. 280 Ma mantle plume. American Journal of Science, 311 (3): 237-260.

Reichow M K, Saunders A D, White R V, et al. 2002. $^{40}Ar/^{39}Ar$ dates from the West Siberian Basin: Siberian flood basalt province doubled. Science, 296 (5574): 1846-1849.

Renne P R, Basu A R. 1991. Rapid eruption of the Siberian Traps flood basalts at the Permo-Triassic boundary. Science, 253 (5016): 176-179.

Richards M A, Duncan R A, Courtillot V E. 1989. Flood basalts and hot-spot tracks: Plume-heads and tails. Science, 246: 103-107.

Richards M A, Jones D L, Duncan R A, et al. 1991. A mantle plume initiation model for the Wrangellia flood basalt and other oceanic plateaus. Science, 254 (5029): 263-267.

Ripley E M, Li C S. 2003. Sulfur isotope exchange and metal enrichment in the formation of magmatic Cu- Ni (PGE) deposits. Economic Geology, 98 (3): 635-641.

Ripley E M, Li C. 2013. Sulfide saturation in mafic magmas: is external sulfur required for magmatic Ni- Cu-(PGE) ore genesis? Economic Geology, 108 (1): 45-58.

Ripley E M, Taib N I, Li C, et al. 2007. Chemical and mineralogical heterogeneity in the basal zone of the Partridge River Intrusion: implications for the origin of Cu- Ni sulfide mineralization in the Duluth Complex, midcontinent rift system. Contributions to Mineralogy and Petrology, 154 (1): 35.

Roeder P L, Emslie R. 1970. Olivine-Liquid Equilibrium. Contributions to Mineralogy and Petrology, 29 (4): 275-289.

Rogers N W, Macdonald R, Fitton J G, et al. 2000. Two mantle plumes beneath the East African rift system: Sr, Nd and Pb isotope evidence from Kenya Rift basalts. Earth and Planetary Science Letters, 176 (3-4): 387-400.

Rogers N W, Davies M K, Parkinson I J, et al. 2010. Osmium isotopes and Fe/Mn ratios in Ti-rich pricrite basalts from the Ethiopian flood basalt province: No evidience for core contribution to the Afar plume. Earth and Planetary Science Letters, 296 (3-4): 413-422.

Rollison H. 2000. Lithogeochemistry. Yang X M, Yang X Y, Chen S X (translation) . University of Science and Technology of China Publishing House: 1-275.

Rui Z Y, Goldfarb R J, Qiu Y M, et al. 2002. Paleozoic-early Mesozoic gold deposits of the Xinjiang Autonomous region, northwestern China. Mineralium Deposita, 37: 393-418.

Rundnick R L, Gao S. 2003. Composition of the continental crust. Treat Geochem, 3: 1-64.

Sager W W, Foulger G R. 2005. What built Shatsky Rise, a mantle plume or ridge tectonics? Special Papes-Geological Society of America, 388: 721.

Sarah-Jane B, Peter C. 2005. Lightfoot. Formation of magmatic nickel sulfide deposits and processes affecting their copper and platinum group element contents. Economic Geologists, 100: 179-213..

Sato H. 1977. Nickel content of basaltic magmas: identification of primary magmas and a measure of the degree of olivine fractionation. Lithos, 10 (2): 113-120.

Saunders A D, Norry M J, Tarney J. 1988. Origin of MORB and chemically-depleted mantle reservoirs: trace element constraints. Journal of Petrology, Special, (1): 415-445.

Saunders A D, Storey M, Kent R, et al. 1992. Consequences of plume-lithosphere interactions. Geological Society, London, Special Publications, 68 (1): 41-60.

Scarsi P, Craig H. 1996. Helium isotope ratios in Ethiopian Rift basalts. Earth and Planetary Science Letters, 144 (3-4): 510-516.

Sengör A M C, Natal'in B A. 1996. Turkic-type orogeny and its role in the making of the continental crust. Annual Reviews of Earth and Planetary Sciences, 24: 263-337.

Sengör A M C, Natal'in B A, Burtman U S. 1993. Evolution of the Altaid tectonic collage and Paleozoic crustal growth in Eurasia. Nature, 364: 209-304.

Shen P, Pan H D. 2013. Country-rock contamination of magmas associated with the Baogutu porphyry Cu deposit,

Xinjiang, China. Lithos, 177: 451-469.

Shen P, Shen Y C, Liu T B, et al. 2008. Geology and geochemistry of the Early Carboniferous Eastern Sawur caldera complex and associated gold epithermal mineralization, Sawur Mountains, Xinjiang, China. Journal of Asian Earth Sciences, 32: 259-279.

Shen P, Shen Y C, Pan H D, et al. 2012. Geochronology and isotope geochemistry of the Baogutu porphyry copper deposit in the West Junggar region, Xinjiang, China. Journal of Asian Earth Sciences, 49: 99-115.

Shu L, Charvet J, Lu H, et al. 2002. Paleozoic accretion-collision events and kinematics of deformation in the eastern part of the Southern-Central Tianshan belt, China. Acta Geologica Sinica, 76: 308-323.

Smithies R H, Champion D C, Van Kranendonk M J, et al. 2005. Modern-style subduction processes in the Mesoarchaean: geochemical evidence from the 3. 12 Ga Whundo intra-oceanic arc. Earth and Planetary Science Letters, 231 (3-4): 221-237.

Song X Y, Li X R. 2009. Geochemistry of the Kalatongke Ni-Cu- (PGE) sulfide deposit, NW China. Mnineralium Deposita, 44 (3): 303-327.

Song X Y, Zhou M F, Wang C Y, et al. 2006. Role of Crustal Contamination in Formation of the Jinchuan Intrusion and Its World-Class Ni-Cu- (PGE) Sulfide Deposit, Northwest China. International Geology Review, 48: 1113-1132.

Song X Y, Keays R R, Zhou M F, et al. 2009. Siderophile and chalcophile elemental constraints on the origin of the Jinchuan Ni-Cu- (PGE) sulfide deposit, NW China. Geochimica et Cosmochimica Acta, 73: 404-424.

Song X Y, Xie W, Deng Y F, et al. 2011. Slab break-off and the formation of Permian mafic- ultramafic intrusions in southern margin of Central Asian Orogenic Belt, Xinjiang, NW China. Lithos, 127 (1-2): 128-143.

Staudigel H, Hart S R. 1983. Alteration of basaltic glass: Mechanisms and significance for the oceanic crust-seawater budget. Geochimica Et Cosmochimica Acta, 47 (3): 337-350.

Stein S, Melosh H J, Minster J B. 1977. Ridge migration and asymmetric sea-floor spreading. Earth and Planetary Science Letters, 36 (1): 51-62.

Storey B C. 1995. The role of mantle plumes in continental breakup: case histories from Gondwanaland. Nature, 377 (6547): 301.

Storey B C, Kyle P. 1997. An active mantle mechanism for Gondwana breakup. South African Journal of Geology, 100 (4): 283-290.

Su B X, Qin K Z, Sakyi P A, et al. 2010. Geochemistry and geochronology of acidic rocks in the Beishan region, NW China. Journal of Asian Earth Sciences, 41: 31-43.

Su B X, Qin K Z, Sakyi P A, et al. 2011. U-Pb ages and Hf-O isotopes of zircons from Late Paleozoic mafic-ultramafic units in the southern Central Asian Orogenic Belt. Gondwana Research, 20 (2-3): 516-531.

Su B X, Qin K Z, Sun H, et al. 2012a. Subduction- induced mantle heterogeneity beneath Eastern Tianshan and Beishan. Lithos, 134-135: 41-51.

Su B X, Qin K Z, Sakyi P A, et al. 2012b. Occurrence of an Alaskan-type complex in the Middle Tianshan Massif, Central Asian orogenic belt: inferences from petrological and mineralogical studies. Geology Review, 54 (3): 249-269.

Su B X, Qin K Z, Sakyi P A, et al. 2012c. Geochronologic-petrochemical studies of the Hongshishan mafic-ultramafic intrusion, Beishan area, Xinjiang (NW China) . International Geology Review, 54: 270-289.

Su Y P, Zheng J P, Griffin W L, et al. 2012. Geochemistry and geochronology of Carboniferous volcanic rocks in the eastern Junggar terrane, NW China: Implication for a tectonic transition. Gondwana Research, 22 (3-4):

1009-1029.

Sun L H, Wang Y J, Fan W M, et al. 2007. Petrogenesis and tectonic significances of the diabase dikes in the Bachu area, Xinjiang. Acta Petrologica Sinica, 23 (6): 1369-1380.

Sun T, McDonough W F. 1989. Chemical and isotopic systematics of oceanic basalts: Implications for mantle composition and processes. Geological Society London Special Publications, 42 (1): 313-345.

Sun T, Qian Z Z, Deng Y F, et al. 2013. PGE and Isotope (Hf-Sr-Nd-Pb) Constraints on the Origin of the Huangshandong Magmatic Ni-Cu Sulfide Deposit in the Central Asian Orogenic Belt, Northwestern China. Economic Geology, 108: 1849-1864.

Takahashi E, Kushiro I. 1983. Melting of a dry peridotite at high pressures and basalt magma genesis. American Mineralogist, 60 (3): 859-879.

Tang D M, Qin K Z, Li C, et al. 2011. Zircon dating, Hf-Sr-Nd-Os isotopes and PGE geochemistry of the Tianyu sulfide-bearing mafic-ultramafic intrusion in the Central Asian Orogenic Belt, NW China. Lithos, 126 (1-2): 84-98.

Tang D M, Qin K Z, Sun H, et al. 2012. The role of crustal contamination in the formation of Ni-Cu sulfide deposits in Eastern Tianshan, Xinjiang, Northwest China: Evidence from trace element geochemistry, Re-Os, Sr-Nd, zircon Hf-O, and sulfur isotopes. Journal of Asian Earth Sciences, 49: 145-160.

Tang G J, Wang Q, Wyman D A, et al. 2010. Ridge subduction and crustal growth in the Central Asian Orogenic Belt: evidence from Late Carboniferous adakites and high-Mg diorites in the western Junggar region, northern Xinjiang (west China). Chemical Geology, 277 (3-4): 281-300.

Tang G J, Wang Q, Wyman D A, et al. 2012. Recycling oceanic crust for continental crustal growth: Sr-Nd-Hf isotope evidence from granitoids in the western Junggar region, NW China. Lithos, 128-131: 73-83.

Tang Q Y, Zhang M J, Li C, et al. 2013. The chemical compositions and abundances of volatiles in the Siberian large igneous province: contraints on the volatile emissions. Chemical Geology, 339: 84-91.

Tatsumi Y. 1981. Melting experiments on a high-magnesian andesite. Earth and Planetary Science Letters, 54 (2): 357-365.

Tatsumi Y, Sakuyama M, Fukuyama H, et al. 1983. Generation of arc basalt magmas and thermal structure of the mantle wedge in subduction zones. Journal of Geophysical Research: Solid Earth, 88 (B7): 5815-5825.

Taylor S R, McLennan S M. 1995. The geochemical evolution of the continental crust. Reviews of Geophysics, 33 (2): 241-265.

Thompson R N. 1982. British Tertiary volcanic province. Scottish Journal of Geology, 18: 49-107.

Tian W, Campbell I H, Allen C M, et al. 2010. The Tarim picrite-basalt-rhyolite suite. Contrib. Mineral. Petrol., 160 (3): 407-425.

Todal A, Edholm O. 1998. Continental margin off Western India and Deccan Large Igneous Province. Marine Geophysical Researches, 20 (4): 273-291.

Toth J, Gurnis M. 1998. Dynamics of subduction initiation at preexisting fault zones. Journal of Geophysical Research: Solid Earth, 103 (B8): 18053-18067.

Trieloff M. 2000. The Nature of Pristine Noble Gases in Mantle Plumes. Science, 288 (5468): 1036-1038.

Van der Hilst R D, Widiyantoro S, Engdahl E R. 1997. Evidence for deep mantle circulation from global tomography. Nature, 386 (6625): 578.

Van Kranendonk M J, Pirajno F. 2004. Geochemistry of metabasalts and hydrothermal alteration zones associated with c. 3. 45 Ga chert and barite deposits: implications for the geological setting of the Warrawoona Group, Pilbara Craton, Australia. Geochemistry: Exploration, Environment, Analysis, 4 (3): 253-278.

Veevers J J, McElhinny M W. 1976. The separation of Australia from other continents. Earth-Science Reviews, 12 (2-3): 139-143.

Veevers J J, Tewari R C. 1995. Permian-Carboniferous and Permian-Triassic magmatism in the rift zone bordering the Tethyan margin of southern Pangea. Geology, 23 (5): 467.

Wang B, Shu L S, Faure M, et al. 2007. Geochemical constraints on Carboniferous volcanic rocks of the Yili Block (Xinjiang, NW China): implication for the tectonic evolution of western Tianshan. Journal of Asian Earth Sciences, 29: 148-159.

Wang B, Dominique C, Shu L S, et al. 2009. Evolution of calc-alkaline to alkaline magmatism through Carboniferous convergence to Permian transcurrent tectonics, western Chinese Tianshan. International Journal of Earth Sciences, 98: 1275-1298.

Wang B, Faure M, Shu L S, et al. 2010. Structural and geochronological study of high-pressure metamorphic rocks in the Kekesu section (northwestern China): implications for the late Paleozoic tectonics of the southern Tainshan. Journal of Geology, 118: 59-77.

Wang J B, Wang Y W, Zhou T F. 2008. Metallogenic spectrum related to post-collisional mantle-derived magma in north Xinjiang. Acta Petrologica Sinica, 24 (4): 743-752.

Wang Q, Wyman D A, Zhao Z H, et al. 2007. Petrogenesis of Carboniferous adakites and Nb-enriched arc basalts in the Alataw area, northern Tianshan Range (western China): implications for Phanerozoic crustal growth in the Central Asia orogenic belt. Chemical Geology, 236: 42-64.

Wang T, Hong D W, John B M, et al. 2006. Timing, petrogenesis, and setting of Paleozoic synorogenic intrusions from the Altai Mountains, Northwest China: implications for the tectonic evolution of an accretionary orogen. The Journal of Geology, 114: 735-751.

Wang T, Jahn B M, Kovach V P, et al. 2009. Nd-Sr isotopic mapping of the Chinese Altai and implications for continental growth in the Central Asian orogenic belt. Lithos, 110: 359-372.

Wang Y L, Zhang C J, Xiu S Z. 2001. Th/Hf-Ta/Hf identification of tectonic setting of basalts. Acta Petrologica Sinica, 17 (3): 413-421.

Wang Z H, Sun S, Li J L, et al. 2003. Paleozoic tectonic evolution of the northern Xinjiang, China: geochemical and geochronological constraints from the ophiolites. Tectonics, 22: 1014.

Weaver J S, Langmuir C H. 1990. Calculation of phase equilibrium in mineral-melt systems. Computers and Geosciences, 16 (1): 1-19.

Wegener A. 1912. Die entstehung der kontinente. Geologische Rundschau, 3 (4): 276-292.

White R. 1997. Mantle plume origin for the Karoo and Ventersdorp flood basalts, South Africa. South African Journal of Geology, 100 (4): 271-282.

White R, McKenzie D. 1989. Magmatism at rift zones: The generation of volcanic continental margins and flood basalts. Journal of Geophysical Research Solid Earth, 94 (B6): 7685-7729.

Widdowson M. 1997. Tertiary palaeosurfaces of the SW Deccan, Western India: implications for passive margin uplift. Geological Society, London, Special Publications, 120 (1): 221-248.

Widdowson M, Walsh J N, Subbarao K V. 1997. The geochemistry of Indian bole horizons: palaeoenvironmental implications of Deccan intravolcanic palaeosurfaces. Geological Society, London, Special Publications, 120 (1):269-281.

Widdowson M, Pringle M S, Fernandez O A. 2000. A post K-T boundary (Early Palaeocene) age for Deccan-type feeder dykes, Goa, India. Journal of Petrology, 41 (3): 1651-1652.

Wignall P B. 2001. Large igneous provinces and mass extinctions. Earth Science Reviews, 53 (1-2): 1-33.

Wilson C, Houghton B, McWilliams M, et al. 1995. Volcanic and structural evolution of Taupo Volcanic Zone, New Zealand: a review. Journal of Volcanology and Geothermal Research, 68 (1-3): 1-28.

Wilson J T. 1963. A possible origin of the Hawaiian Islands. Canadian Journal of Physics, 41 (6): 863-870.

Wilson J T. 1973. Mantle plumes and plate motions. Tectonophysics, 19 (2): 149-164.

Wilson M, Guiraud R, Moreau C, et al. 1998. Late Permian to Recent magmatic activity on the African-Arabian margin of Tethys. Geological Society, London, Special Publications, 132 (1): 231-263.

Windley B F, Allen M B, Zhang C, et al. 1990. Paleozoic accretion and Cenozoic redeformation of the Chinese Tien Shan Range, central Asia. Geology, 18 (2): 128.

Windley B F, Kröner A, Guo J, et al. 2002. Neoproterozoic to Paleozoic geology of the Altai orogen, NW China: new zircon age data and tectonic evolution. Journal of Geology, 110: 719-739.

Windley B F, Alexeiev D, Xiao W J, et al. 2007. Tectonic models for accretion of the Central Asian Orogenic Belt. Journal of the Geological Society, 164 (12): 31-47.

Wingate M T, Pirajno F, Morris P A. 2004. Warakurna large igneous province: A new Mesoproterozoic large igneous province in west-central Australia. Geology, 32 (2): 105-108.

Woodhead J D, McCulloch M T. 1989. Ancient seafloor signals in Pitcairn Island lavas and evidence for large amplitude, small length-scale mantle heterogeneities. Earth and Planetary Science Letters, 94 (3-4): 257-273.

Xia L Q, Xu X Y, Xia Z C, et al. 2003. Carboniferous post-collisional rift volcanism of the Tianshan Mountains, northwestern China. Acta Geologica Sinica, 77 (3): 338-360.

Xia L Q, Xu X Y, Xia Z C, et al. 2004a. Petrogenesis of Carboniferous rift-related volcanic Xinjiang, Nothwest China. Chemical Geology, 209: 233-257.

Xia L Q, Xu X Y, Xia Z C, et al. 2004b. Petrogenesis of Carboniferous rift-related volcanic rocks in the Tianshan, northwestern China. Geological Society of America Bulletin, 116 (3-4): 419-433.

Xiao W F, Wang Z X, Li H L. 2011. A discussion on the age of volcanic rocks in Xiaorequanzi Formation, Queletag, Xinjiang. Acta Petrologica Sinica, 27 (12): 3615-3626.

Xiao W J, Windley B F, Hao J, et al. 2003. Accretion leading to collision and the Permian Solonker suture, Inner Mongolia, China: Termination of the central Asian orogenic belt. Tectonics, 22 (6): 1069.

Xiao W J, Windley B F, Badarch G, et al. 2004a. Palaeozoic accretionary and convergent tectonics of the southern Altaids: implications for the lateral growth of Central Asia. Journal of the Geological Society, 161: 339-342.

Xiao W J, Zhang L C, Qin K Z, et al. 2004b. Paleozoic accretionary and collisional tectonics of the Eastern Tianshan (China): implications for the continental growth of central Asia. American Journal of Science, 304: 370-395.

Xiao W J, Han C M, Yuan C, et al. 2008. Middle Cambrian to Permain subduction-related accretionary orogenesis of Northern Xinjiang, NW China: Implications for the tectonic evolution of central Asia. Journal of Asian Earth Science, 32: 102-117.

Xiao W J, Windley B F, Huang B C, et al. 2009a. End-Permian to mid-Triassic termination of the accretionary processes of the southern Altaids: implications for the geodynamic evolution, Phanerozoic continental growth, and metallogeny of Central Asia. International Journal of Earth Sciences, 98: 1189-1217.

Xiao W J, Windley B F, Yuan C, et al. 2009b. Paleozoic multiple subduction-accretion processes of the southern Altaids. American Journal of Science, 309: 221-270.

Xiao W J, Huang B H, Han C M, et al. 2010. A review of the western part of the Altaids: a key to understanding the architecture of accretionary orogens. Gondwana Research, 18 (2-3): 253-273.

Xiao W J, Windley B F, Allen M B, et al. 2013. Paleozoic multiple accretionary and collisional tectonics of the Chinese Tianshan orogenic collage. Gondwana Research, 23 (4): 1316-1341.

Xiao X C, Tang Y Q. 1991. Tectonic Evolution of the Southern Margin of the Central Asian Complex Megasuture Belt. Beijing: Beijing Science and Technology Press.

Xiao X C, Tang Y Q, Wang J, et al. 1994. Tectonic evolution of the Northern Xinjiang, N. W. China: an introduction to the tectonics of the southern part of the Paleo-Asian Ocean//Coleman R G (Ed.). Reconstruction of the Paleo-Asian Ocean. Proceeding of the 29th International Geological Congress, Part B. VSP, Utrecht: 6-25.

Xiao Y, Zhang H F, Shi J A, et al. 2011. Late Paleozoic magmatic record of East Junggar, NW China and its significance: Implication from zircon U-Pb dating and Hf isotope. Gondwana Research, 20 (2-3): 532-542.

Xie W, Song X Y, Deng Y F, et al. 2011. Geochemistry and petrogenetic implications of a Late Devonian mafic-ultramafic intrusion at the southern margin of the Central Asian Orogenic Belt. Lithos, 144-145: 209-230.

Xu B, Xiao S H, Zou H B, et al. 2009. SHRIMP zircon U-Pb age constraints on Neoproterozoic Quruqtagh diamictites in NW China. Precambrian Research, 168: 247-258.

Xu Q Q, Ji J Q, Han B F, et al. 2008. Petrology, geochemisity and geochronology of the intermediate to mafic dykes in northern Xinjiang since Late Paleozoic. Acta Petrologica Sinica, 24 (5): 977-996.

Xu X W, Ma T L, Sun L Q, et al. 2003. Characteristics and dynamic of the large-scale Jiaoluotage ductile compressional zone in the eastern Tianshan Mountain, China. Journal of Structural Geology, 25: 1901-1915.

Xu Y G, Chung S L, Jahn B M, et al. 2001. Petrologic and geochemical constraints on the petrogenesis of Permian-Triassic Emeishan flood basalts in southwestern China. Lithos, 58 (3-4): 145-168.

Xu Y G, He B, Chung S L, et al. 2004. Geologic, geochemical, and geophysical consequences of plume involvement in the Emeishan flood-basalt province. Geology, 32 (10): 917-920.

Xue S C, Qin K Z, Li C S, et al. 2016. Ripley. Geochronological, Petrological, and Geochemical Constraints on Ni-Cu Sulfide Mineralization in the Poyi Ultramafic-Troctolitic Intrusion in the Northeast Rim of the Tarim Craton, Western China. Economic Geology, 111: 1465-1484.

Yakubchuk A. 2002. The Baikalide-Altaid, Transbaikal-Mongolian and North Pacific orogenic collages: Similarity and diversity of structural patterns and metallogenic zoning. Geological Society London Special Publications, 204 (1):273-297.

Yakubchuk A, Nikishin A. 2004. Noril'sk-Talnakh Cu-Ni-PGE deposits: a revised tectonic model. Mineralium Deposita, 39 (2): 125-142.

Yang F Q, Mao J W, Pirajno F, et al. 2012. A review of the geological characteristics and geodynamic setting of Late Paleozoic porphyry copper deposits in the Junggar region, Xinjiang Uygur Autonomous Region, Northwest China. Journal of Asian Earth Sciences, 49: 80-98.

Yang G X, Li Y J, Santosh. 2013. Geochronology and geochemistry of basalts from the Karamay ophiolitic melange in West Junggar (NW China): Implications for Devonian-Carboniferous intra-oceanic accretionary tectonics of the southern Altaids. Geological Society of America Bulletin, 125 (3-4): 401-419.

Yang S H, Zhou M F. 2009. Geochemistry of the 430-Ma Jingbulake mafic-ultramafic intrusion in Western Xinjiang, NW China: implications for subduction related magmatism in the South Tianshan orogenic belt. Lithos, 113: 259-273.

Yang S H, Zhou M F, Lightfoot P C, et al. 2014. Re-Osisotope and platinum-group element geochemistry of the Pobei Ni-Cu sulfide-bearing mafic-ultramafic complex in the northeastern part of the Tarim Craton. Miner

Deposita, 49: 381-397.

Yang T N, Li J Y, Sun G H, et al. 2006. Mesoproterozoic continental arc type granite in the central Tianshan Mountains: Zircon SHRIMP U-Pb dating and geochemical analyses. Aata Geologica Sinica, 82: 117-125.

Yang W B, Niu H C, Shan Q, et al. 2012. Late Paleozoic calc-alkaline to shoshonitic magmatism and its geodynamic implications, Yuximolegai area, western Tianshan, Xinjiang. Gondwana Research, 22 (1): 325-340.

Yang X F, He D F, Wang Q C, et al. 2012. Tectonostratigraphic evolution of the Carboniferous arc-related basin in the East Junggar Basin, northwest China: Insights into its link with the subduction process. Gondwana Research, 22: 1030-1046.

Yang X K, Cheng H B, Ji J S, et al. 1999. Analysis of gold and copper ore-forming systems with collision orogeny of the eastern Tianshan. Geotectonica et Metallogenia, 23: 315-322.

Yin J Y, Yuan C, Sun M. 2010. Late Carboniferous high Mg dioritic dikes in Western Junggar, NW China: Geochemical features, petrogenesis and tectonic implications. Gondwana Research, 17: 145-152.

Yu X, Yang S F, Chen H L, et al. 2011. Permian flood basalts from the Tarim Basin, Northwest China: SHRIMP zircon U-Pb dating and geochemical characteristics. Gondwana Research, 20 (2-3): 485-497.

Yuan C, Sun M, Xiao W J, et al. 2007. Accretionary orogenesis of the Chinese Altai: Insight s from Paleozoic granitoids. Chemical Geology, 242: 22-39.

Yuan C, Sun M, Wilde S, et al. 2010. Post-collisional plutons in the Balikun area, East Chinese Tianshan. Lithos, 119 (3-4): 269-288.

Yuan F, Zhou T F, Zhang D Y, et al. 2012. Siderophile and chalcophile metal variations in basalts: Implications for the sulfide saturation history and Ni-Cu-PGE mineralization potential of the Tarim continental flood basalt province, Xinjiang Province, China. Ore Geology Reviews, 45 (S1): 5-15.

Yue Y J, Liou J G, Graham S A. 2001. Tectonic correlation of Beishan and Inner Mongolia orogens and its implications for the palinspastic reconstruction of north China//Hendrix M S, Davis G A (Eds.) . Paleozoic and Mesozoic tectonic evolution of central Asia.: From continental assembly to intracontinental deformation. Geological Society of America Memoir, Boulder, Colorado, 194: 101-116.

Zhang C, Zhai M G, Allen M B, et al. 1993. Implications of Paleozoic ophiolites from Western Junggar, NW China, for the tectonics of central Asia. Journal of the Geological Society, London, 150: 551-561.

Zhang C L, Zou H B. 2013. Comparison between the Permian mafic dykes in Tarim and the western part of Central Asian Orogenic Belt (CAOB), NW China: Implications for two mantle domains of the Permian Tarim Large Igneous Province. Lithos, 174 (1): 15-27.

Zhang C L, Li X H, Li Z X, et al. 2007a. Neoproterozoic ultramafic-mafic-carbonatite complex and granitoids in Quruqtagh of northeastern Tarim Block, western China: geochronology, geochemistry and tectonic implications. Precambrian Research, 152: 149-169.

Zhang C L, Li Z X, Li X H, et al. 2007b. An early Paleoproterozoic high-K intrusive complex in southwestern Tarim Block, NW China: Age, geochemistry, and tectonic implications. Gondwana Research, 12 (1-2): 101-112.

Zhang C L, Li X H, Li Z X, et al. 2008. A Permian layered intrusive complex in the Western Tarim Block, northwestern China: product of a ca. 275-Ma mantle plume? The Journal of Geology, 116 (3): 269-287.

Zhang C L, Xu Y G, Li Z X, et al. 2010. Diverse Permian magmatism in the Tarim Block, NW China. Lithos, 119 (3-4): 537-552.

Zhang C L, Zou H B, Li H K, et al. 2013. Tectonic framework and evolution of the Tarim Block in NW China.

Gondwana Research, 23 (4): 1306-1315.

Zhang D Y, Zhou T F, Yuan F. 2012. Geochronology and geological indication of the native copper mineralized basalt formation in Jueluotage area, Eastern Tianshan, Xinjiang. Acta Petrologica Sinica, 28 (8): 2392-2400.

Zhang H X, Niu H C, Sato H, et al. 2005. Late Palaeozoic adakites and Nb-enriched basalts from northern Xinjiang, northwest China: Evidence for the southward subduction of the Paleo-Asian Oceanic Plate. Island Arc, 14: 55-68.

Zhang L C, Qin K Z, Xiao W J. 2008. Multiple mineralization events in the eastern Tianshan district, NW China. Journal of Asian Earth Sciences, 32 (2-4): 236-246.

Zhang L F, Ai Y L, Li X P, et al. 2007. Triassic collision of western Tianshan orogenic belt, China: Evidence from SHRIMP U-Pb dating of zircon from HP/UHP eclogitic rocks. Lithos, 96: 266-280.

Zhang L F, Ellis D J, et al. 2002a. Ultrahigh pressure metamorphism in western Tianshan, China, part I: Evidences from the inclusion of coesite pseudomorphs in garnet and quartz exsolution lamellae in omphacite in eclogites. American Mineralogist, 87: 853-860.

Zhang L F, Ellis D J, Williams S, et al. 2002b. Ultrahigh pressure metamorphism in western Tianshan, China, part II: evidence from magnesite in eclogite. Am Mineral, 87: 861-866.

Zhang M J, Wang X B, Liu G, et al. 2004. The compositions of upper mantle fluids beneath Eastern China: Implications for mantle evolution. Acta Geologica Sinica (English), 78 (1): 125-130.

Zhang M J, Hu P Q, Niu Y, et al. 2007. Chemical and stable isotopic constraints on the origin and nature of volatiles in sub-continental lithospheric mantle beneath eastern China. Lithos, 96 (1-2): 55-66.

Zhang M J, Niu Y L, Hu P Q. 2009. Volatiles in the mantle lithosphere//Anderson J E, Coates R W (Eds.). "The Lithosphere" New York: Nova Science Publishers, Chapter 5: 171-212.

Zhang M J, Kamo S L, Li C, et al. 2010. Precise U-Pb zircon-baddeleyite age of the Jinchuan sulfide ore-bearing ultramafic intrusion, western China. Mineralium Deposita, 45 (1): 3-9.

Zhang M J, Li C, Fu P E, et al. 2011. The Permian Huangshanxi Cu-Ni deposit in western China. Mineralium Deposita, 46 (2): 153-170.

Zhang M J, Tang Q Y, Hu P Q, et al. 2013. Noble gas isotopic constraints on the origin and evolution of the Jinchuan Ni-Cu-(PGE) sulfide ore-bearing ultramafic intrusion, Western China. Chemical Geology, 339: 301-312.

Zhang T W, Zhang M J, Bai B J, et al. 2008. Origin and accumulation of carbon dioxide in the Huanghua depression, Bohai Bay basin, China. AAPG Bulletin, 92 (3): 341-358.

Zhang X, Tian J Q, Gao J, et al. 2012. Geochronology and geochemistry of granitoid rocks from the Zhibo syngenetic volcanogenic iron ore deposit in the Western Tianshan Mountains (NW-China): Constraints on the age of mineralization and tectonic setting. Gondwana Research, 22 (2): 585-596.

Zhang X B, Sui J X, Li Z, et al. 1996. Tectonic Evolution of the Irtysh Zone and Metallogenesis. Beijing: Science Press: 89-91.

Zhang Y T, Liu J Q, Guo Z G. 2010. Permian basaltic rocks in the Tarim basin, NW China: Implications for plume-lithosphere interaction. Gondwana Research, 18 (4): 596-610.

Zhang Y Y, Dostal J, Zhao Z H, et al. 2011. Geochronology, geochemistry and petrogenesis of mafic and ultramafic rocks from Southern Beishan area, NW China: Implications for crust-mantle interaction. Gondwana Research, 20 (4): 816-830.

Zhang Z C, Mao J W, Cai J H, et al. 2008. Geochemistry of picrites and associated lavas of a Devonian island arc in the Northern Junggar Terrane, Xinjiang (NW China): implications for petrogenesis, arc mantle sources and tectonic setting. Lithos, 105: 379-395.

Zhang Z C, Mao J W, Chai F M, et al. 2009a. Geochemistry of the Permian Kalatongke mafic intrusions, Northern Xinjiang, NW China. Economic Geology, 104: 185-203.

Zhang Z C, Zhou G, Kusky T M, et al. 2009b. Late Paleozoic volcanic record of the Eastern Junggar terrane, Xinjiang, Northwestern China. Gondwana Research, 16 (2): 201-215.

Zhang Z H, Mao J W, Du A D, et al. 2008. Re-Os dating of two Cu-Ni sulfide deposits in northern Xinjiang, NW China and its geological significance. Journal of Asian Earth Sciences, 32: 204-217.

Zhang Z H, Hong W, Jiang Z S. 2012. Geological characteristics and zircon U-Pb dating of volcanic rocks from the Beizhan iron deposit in Western Tianshan Mountains, Xinjiang, NW China. Aacta Geologica Sinica, English-edition, 86 (3): 737-747.

Zhang Z W, Tang Q Y, Li C S, et al. 2017. Sr-Nd-Os-S isotope and PGE geochemistry of the Xiarihamu magmatic sulfide deposit in the Qinghai-Tibet plateau, China. Mineralium Deposita, 52 (1): 51-68.

Zhao Z H, Guo Z J, Han B F. 2006. Comparative study on Permian basalts from eastern Xinjiang-Beishan area of Gansu province and its tectonic implications. Acta Petrologica Sinica, 22 (5): 1279-1293.

Zheng J P, Sun M, Zhao G C, et al. 2007. Elemental and Sr-Nd-Pb isotopic geochemistry of Late Paleozoic volcanic rocks beneath the Junggar basin, NW China: Implications for the formation and evolution of the basin basement. Journal of Asian Earth Sciences, 29: 778-794.

Zhou D, Graham S A, Chang E Z, et al. 2001. Paleozoic tectonic amalgamation of the Chinese Tian Shan: evidence from a transect along the Dushanzi-Kuqa highway//Hendrix M S, Davis G A (Eds.). Paleozoic and Mesozoic Tectonic Evolution of Central Asia: From Continental Assembly to Intracontinental Deformation. Geological Society of America Memoir. Geological Society of America, Boulder, 194: 23-46.

Zhou J Y, Cui B F, Xiao H L, et al. 2001. The Kangguertag-Huangshan collision zone of bilateral subduction and its metallogenic model and prognosis in Xinjiang, China. Volcanology and Mineral Resources, 22: 252-263.

Zhou M F, Lesher C M, Yang Z X, et al. 2004. Geochemistry and petrogenesis of 270 Ma Ni-Cu- (PGE) sulfide-bearing mafic intrusions in the Huangshan district, Eastern Xinjiang, Northwest China: implications for the tectonic evolution of the Central Asian orogenic belt. Chemical Geology, 209: 233-257.

Zhou M F, Robinson P T, Lesher C M, et al. 2005. Geochemistry, petrogenesis, and metallogenesis of the Panzhihua gabbroic layered intrusion and associated Fe-Ti-V-oxide deposits, Sichuan Province, SW China. Journal of Petrology, 46 (11): 2253-2280.

Zhou M F, Zhao J H, Jiang C Y, et al. 2009. OIB-like, heterogeneous mantle sources of Permian basaltic magmatism in the western Tarim Basin, NW China. Lithos, 113: 583-594.

Zhou T F, Yuan F, Tan L G, et al. 2006. Geodynamic significance of the A-type granites in the Sawuer region in west Junggar, Xinjiang: Rock geochemistry and SHRIMP zircon age evidence. Science in China (Series D: Earth Sciences), 2: 113-123.

Zhou T F, Yuan F, Fan Y, et al. 2008. Granites in the Saur region of the west Junggar, Xinjiang Province, China: geochronological and geochemical characteristics and their geodynamic significance. Lithos , 106: 191-206.

Zhu B Q, Hu Y G, Zhang Z W, et al. 2003. Discovery of the copper deposits with features of the Keweenawan type in the border area of Yunnan-Guizhou Provinces. Science in China (D), 46: 60-72.

Zhu M T, Wu G, Xie H J, et al. 2012. Geochronology and fluid inclusion studies of the Lailisigaoer and Lamasu porphyry-skarn Cu-Mo deposits in Northwestern Tianshan, China. Journal of Asian Earth Sciences, 49:

116-130.

Zhu Y F, Zhang L, Gu L, et al. 2005. The zircon SHRIMP chronology and trace element geochemistry of the Carboniferous volcanic rocks in western Tianshan Mountains. Chinese Science Bulletin, 50 (19): 2201-2212.

Zhu Y F, Zhou J, Guo X. 2006. Petrology and Sr-Nd isotopic geochemistry of the Carboniferous volcanic rocks in the western Tianshan Mountains, NW China. Acta Petrologica Sinica, 22 (5): 1341-1350.

Zhu Y F, Guo X, Song B, et al. 2009. Petrology, Sr-Nd-Hf isotopic geochemistry and zircon chronology of the Late Palaeozoic volcanic rocks in the southwestern Tianshan Mountains, Xinjiang, NW China. Journal of the Geological Society, 166 (6): 1085-1099.

Zhu Z X, Wang K Z, Xu D, et al. 2006. SHRIMP U-Pb dating of zircons from Carboniferous intrusive rocks on the active continental margin of Eren Habirga, West Tianshan, Xinjiang, China and its geological implications. Geological Bulletin of China, 25: 986-991.

Zindler A, Hart S. 1986. Chemical geodynamics. Annual Review of Earth and Planetary Sciences, 14 (1): 493-571.